GUANGZHOU BAIYUN INTERNATIONAL AIRPORT TERMINAL 2 AND SUPPORTING
FACILITIES DESIGN AND CONSTRUCTION MANAGEMENT PRACTICE

广州白云国际机场

二期扩建工程设计及建设管理实践

广东省机场管理集团有限公司工程建设指挥部　广东省建筑设计研究院有限公司
　　　　　　　　冯兴学　　　　　　　　　　　　　　陈雄　主编

中国建筑工业出版社

图书在版编目（CIP）数据

广州白云国际机场二期扩建工程设计及建设管理实践＝
GUANGZHOU BAIYUN INTERNATIONAL AIRPORT TERMINAL 2
AND SUPPORTING FACILITIES DESIGN AND CONSTRUCTION
MANAGEMENT PRACTICE/广东省机场管理集团有限公司工
程建设指挥部等主编．—北京：中国建筑工业出版社，2021.5
　ISBN 978-7-112-25985-4

　Ⅰ．①广… Ⅱ．①广… Ⅲ．①国际机场－建筑设
计－广州②国际机场－工程施工－施工管理－广州　Ⅳ．
① TU248.6

中国版本图书馆 CIP 数据核字（2021）第 044373 号

广州白云国际机场与北京机场、上海机场一同组成国家重点三大国际枢纽机场。枢纽机场的良好发展对整个国家的空中交通的良性发展具有决定性作用，通过枢纽机场的良好发展可以很好地带动中小机场的发展。广州白云国际机场二期扩建工程主要包括第三跑道、二号航站楼、交通中心、站坪工程和 110kV 变电站等内容。本书是对参与广州白云国际机场二号航站楼及配套设施工程全过程、全专业设计以及建设管理实践进行认真总结和反思，从而编写的一套较完整的专业技术著作。本书可供广大建筑设计从业者及高等院校建筑学等相关专业师生参考阅读。

责任编辑：唐　旭　吴　绫
文字编辑：李东禧　孙　硕　吴人杰
责任校对：王　烨

广州白云国际机场二期扩建工程设计及建设管理实践
GUANGZHOU BAIYUN INTERNATIONAL AIRPORT TERMINAL 2 AND SUPPORTING
FACILITIES DESIGN AND CONSTRUCTION MANAGEMENT PRACTICE
广东省机场管理集团有限公司工程建设指挥部　广东省建筑设计研究院有限公司
冯兴学　　　　　　　　陈雄　主编
*
中国建筑工业出版社出版、发行（北京海淀三里河路 9 号）
各地新华书店、建筑书店经销
恒美印务（广州）有限公司印刷
*
开本：787 毫米×1092 毫米　1/8　印张：49　字数：861 千字
2021 年 6 月第一版　　2021 年 6 月第一次印刷
定价：688.00 元
ISBN 978-7-112-25985-4
（37247）

《广州白云国际机场二期扩建工程设计及建设管理实践》编委会

主 编 单 位： 广东省机场管理集团有限公司工程建设指挥部

广东省建筑设计研究院有限公司

参 编 单 位： 民航机场规划设计研究总院有限公司

上海民航新时代机场设计研究院有限公司

主 编： 冯兴学 陈 雄

副 主 编： 罗 灿 彭 胜 段冬生 李雪晖 潘 勇 周 昶 彭 霄

编 写 组： 陈文伟 刘先南 梁家明 宣 勇 凌语珍 焦振理 王国新
(建设单位) 赵金明 罗志新 李 革 廖剑涛 周娅群 罗耿峰 李临高

魏 玲 黄春涛 黄颖思 欧阳赟 曾 威 罗春颂 高长敏

李 博 李海红 陈力强 林赣军 崔子辉 宋 健 彭 卫

韩增文 麦云峰 卢光兆 鲍 磊 吴玉婷 马 磊 葛 炜

叶华春 吴志忠 吴 菲 李炯青 陈伟刚 陈卓宇 叶 翠

申冠鹏 张 琼 唐新宇 饶 旗 郑卫国 闫广煜 孙晓霞

马河东 张 昇 刘嘉聪 施海峰 高志刚 李沅沅 滕小楷

郭 飞 田应国 李 斌 贺小辉 袁 飞 高 翔 李 强

王健宇 张永真 阮 柯 杨淞博 胡武文 闫 伟 丘立坚

陈沛强 王 斌 王弥光 张桓瑞

编 写 组： 赖文辉 郭其轶 易 田 钟伟华 陈 星 区 彤 李桢章
(设计单位) 李恺平 陈建飚 钟世权 廖坚卫 陈小辉 符培勇 梁景晖

黎 洁 陈 伟 许海峰 彭国兴 林 娜 许春燕 许爱斌

彭岳陵 叶昌金 许凯涛 张合青 邓章豪 温云养 许尧强

戴志辉 倪 俍 金少雄 谭 坚 傅剑波 谭 和 劳智源

黄日带 李村晓 周小蔚 何 军 赵 骥 何 花 赖文彬

郭林文 赖振贵 普大华 彭 康 王世晓 陈东哲 刘 明

纪 鹏 刘亚超 胡智敏 饶欣频 邬龙刚 史 超 石 磊

张晨曦 张 建 高学奎 潘春花 陈钦文 曾晓玲

执 行 编 辑： 马 磊 郭其轶 温云养 金少雄

审 查： 钟维新 许玉洁

序言

广州白云国际机场扩建工程是我国"十二五"规划和《珠三角规划纲要》重点建设项目，是我国"十二五""十三五"时期国家、广东省、广州市重点工程。2012年8月3日，白云机场扩建工程举行开工典礼，全面拉开了白云机场扩建的序幕。2018年4月26日，白云机场二号航站楼投入使用，至此二期工程全面完成。白云机场拥有了三条跑道、两座航站楼，硬件设施达到世界级水准，为广东机场打造世界一流机场集团、白云机场打造国际航空枢纽提供了硬件保障。

在规划设计方面，扩建工程的建筑布局遵循白云机场总体规划，延续了一期迁建工程总体风格，二号航站楼与一号航站楼形成"双子星"航站楼。此外，航站楼还遵循航空枢纽设计理念，注重满足大型航空枢纽机场功能需求，楼内应用"混流模式"，创新设计"可转换机位""便捷中转通道"及未来的APM系统，部分值机、安检柜台和行李提取转盘实现了国际、国内互换，设置了自助行李托运系统，着力提升中转和自助功能，是我国首次大规模使用自助行李交运系统的机场。二号航站楼还充分应用环保节能技术，按国内最高等级的绿色三星建筑标准设计，屋面采用光伏发电技术，成为国内首家直接利用航站楼屋面进行发电的机场。

扩建工程面临的是我国不停航施工范围最大、民航标记牌改造数量最多、钢结构吊装跨度最大的航站楼，还面临地质条件最复杂及溶洞最多等挑战。因此，在五年多的建设历程中，扩建工程也采用了大量新技术和工法，在我国首个采用了全DCV行李分拣系统，也首次将建筑信息模型（BIM）与地理信息系统（GIS）融合应用于设计、施工各阶段，编写了行业BIM应用统一标准，建立了EGIS与BIM模型，并研发了BIM协同管理平台。也是我国第一个将市政综合管廊设计理念引入到大型航空综合交通枢纽的机场，为广东省住建厅收集管廊建设数据提供案例，比全国大力推广建设综合管廊时间提早了三年。

在扩建工程建设历程中，集团公司历任领导都倾注了智慧和心血，工程建设指挥部（建设公司，以下简称指挥部）带领广大机场建设者忠于职守、忠诚担当，用辛勤和汗水塑造了机场建设精神，形成了一种淬炼在胸膛里的情怀、一种熔铸在骨血里的倔强、一种生长在脊梁里的担当，在一代代机场建设者中传承和弘扬。

在国家、省市政府的大力支持及推进下，在广东军民融合、空域精细化改革等政策利好下，白云机场国际航空枢纽建设正在进入发展的快车道。在白云机场二期扩建工程启用后，为及时对扩建工程进行总结，以便于为后续机场建设项目提供借鉴和经验参考，指挥部特组织编写了本书。

本总结共五篇约四十六万字，包括战略决策与项目实施、飞行区设计、航站区设计、建设管理、新技术应用等。

目　录

附录

第 1 篇

战略决策与项目实施

1.1 概述

1.1.1 机场的性质与定位

广州白云国际机场（以下简称"白云机场"）是国家定位发展的三个大型国际航空枢纽之一，也是"一带一路"倡议提出进一步强化的两个国际航空枢纽之一。打造广州国际航空枢纽是国家对外竞争战略和民航强国战略重要的组成部分。中国民用航空局在2007年12月《全国民用机场布局规划》中明确将白云机场列为中南机场群的主要机场，重点培育白云机场为国际枢纽，增强其国际竞争力。目前，白云机场航线网络覆盖东南亚、连接欧美澳、辐射中国内地各主要城市，是中国南方航空的总部基地机场。近几年，白云机场运输生产和枢纽建设取得了显著进步：2018年，白云机场旅客吞吐量6974.3万人次，位居全球机场客运排名第13位；2019年，白云机场旅客吞吐量7338.6万人次，位居全球机场客运排名第11位；2020年，在极其特殊和艰难的情况下，白云机场旅客吞吐量达到4376.8万人次，位居全球机场客运排名首位。

1.1.2 机场扩建的必要性

1. 适应区域经济社会发展的需要

"十一五"规划指出广州市要实现经济社会发展和城市建设水平的全面提升，现代化大都市建设取得重要的阶段性进展，2010年广州跻身全球发达地区之列。

制药、电子信息等高新技术产业以及金融、会展、物流、咨询、设计等生产服务业得到长足的发展，"十一五"期间，广东依然加强结构调整，推进工业向技术、资金密集和集群化转型，服务业向现代经营方式和现代服务业转型。这样的变化必将需要高水平的航空服务，这样的经济战略也将为机场的发展提供重要支持。

各种统计显示，民航的发展与外贸有很强的相关性，经济越外向，民航发展越迅速。广东外向型经济较为发达，与世界上200多个国家和地区建立了贸易关系。出口结构的改善，高新技术等高附加值产品的贸易比重上升，提供了更广阔的航空运输市场。机电产品、高新技术产品出口屡创新高，传统大宗商品出口增势良好。

2. 满足航空业务量需求持续快速增长的需要

2009年白云机场共完成起降30.8万架次，旅客吞吐量3705万人次，货邮吞吐量95.5万t，全面超过了一期工程年旅客吞吐量2500万人次的设计容量，许多设施已经饱和，急需建设第二旅客航站楼、相应的站坪设施和第三跑道飞行区工程。

由于近年民航运输价格一再下降，与铁路争夺长途客源，加上南方航空兼并重组使航空运能得到扩张，民航旅客运输量所占份额不断上升。广州是华南地区最大的经济中心城市，对珠三角地区及全国经济和社会发展具有重要作用。2010年，广州航空旅客吞吐量达到了4097.6万人次，飞机起降达到32.92万架次。联邦快递亚太转运中心工程已经竣工试运行。为解决现有航站区和飞行区设施能力不足的突出矛盾，满足包括联邦快递亚太中心投入运行后不断增长的市场需求，需要对白云机场进行扩建。

3. 建设广州枢纽机场的需要

根据《全国民航运输机场2020年布局和"十一五"建设规划》，白云机场是全国三大枢纽机场之一，不仅对广州建成国际大都市具有重要意义，而且对珠三角地区区域经济协调发展具有重要意义。实现民航大国向民航强国的跨越，建设航空枢纽是国家战略。白云机场的长远发展，将着眼于构建完善的国内、国际航线网络，成为连接世界各地与中国的空中门户，建成亚太地区的核心枢纽，最终成为世界航空网络的重要节点的目标。

同时，将白云机场建成航空枢纽，必将给驻场基地航空公司带来拓展国内网络、提高国际航线衔接能力的机会，将为基地航空公司发展提供非常好的平台。因此，以白云机场为主构建航空枢纽，需要基地航空公司及其联盟建立更加合理、完善的航线网络结构。同样，基地航空公司要实现中枢航线网络的有效运作，需要机场能够提供更好的硬件设施，具备很强的中转功能，能为客货中转提供极大便利。因此，实施扩建工程也就是满足建设枢纽机场的需要。

4. 亚太地区航空枢纽机场竞争的迫切需要

白云机场建设成为亚太地区航空枢纽体现了国家战略和意志。要实现这个战略，白云机场将来势必与香港机场、深圳机场共同组成优势互补的珠三角区域机场体系，同周边新加坡、曼谷、成田、仁川、吉隆坡等大型枢纽机场之间就亚太地区航空运输中心的地位展开竞争，上述机场都基本具备成为航空枢纽的基本雏形和各自的优势条件。香港机场在航线网络、运营效率、航权政策等各方面具有非常明显的优势条件，但受到周围土地资源及环境保护等各方面压力，其发展空间已经非常有限，机场业务量的进一步增长将受到很大限制，其业务量尤其是作为其客运业务量主体部分的国际旅客已经出现饱和迹象。深圳机场的容量已经呈现饱和，即使2011年第二条跑道建成投入使用，终端容量也是有限的。而白云机场则具有非常广阔的发展空间。可以预见，未来珠三角航空运输量的增量部分将主要由白云机场来承担，目前这种发展趋势已经逐步显现。上述各枢纽机场也都在不遗余力地扩大自身的基础设施规模，因此，对亚太地区航空运输中心地位的竞争态势也对白云机场基础设施规模的扩大提出了比较迫切的要求。

1.2　项目概况

1.2.1　主要建设内容

白云机场扩建工程包括机场工程、空管工程和供油工程，同步实施的轨道交通工程包括地铁和城轨工程。其中，机场工程项目法人为广东省机场管理集团有限公司（后变更为白云国际机场股份有限公司），机场工程批复总概算为197.4亿元，包括第三跑道、二号航站楼、交通中心、站坪工程和110kV变电站等内容。扩建工程以2020年为设计目标年，建成后，白云机场将满足年旅吞吐量8000万人次、货邮吞吐量250万t、飞机起降量62万架次的使用需求。主要工程范围如下：

第三跑道：长3800m、宽60m，飞行区等级指标为4F，满足A380起降要求。

二号航站楼：建筑面积约65.87万㎡，包括主楼、北指廊及西五、西六、东五、东六指廊，设计容量4500万人次。

交通中心：总建筑面积20.84万㎡，建筑基底面积49571.8㎡；建筑层数五层，其中地上三层，地下二层，地下二层设有地铁、城轨站厅，建筑高度14.770m，总停车数3771辆（含屋面停车252辆）。建筑类别为一类，建筑耐火等级一级。

站坪工程：包括98万㎡的机坪及滑行道，12.5万㎡的服务车道，77个停机位（近机位65个，远机位12个）。

110kV变电站：负荷120MW，主要提供二号航站楼、交通中心、第三跑道及北工作区用电。场内部分由机场投资建设，外线工程由广州供电局投资建设。

1.2.2　主要报建手续

白云机场扩建工程作为国家、省市重点工程，认真履行国家规定基本建设程序，严格遵守国家的有关建设管理法规和规定，具体如下：

1．立项（项目建议书）批复

2008年8月，取得国家发改委关于白云机场扩建工程项目建议书的批复（发改交运〔2008〕2177号）。

2．可行性研究报告批复

2012年7月，取得国家发改委关于白云机场扩建工程可行性研究报告的批复（发改基础〔2012〕2171号）。

3．初步设计及概算批复

第三跑道：2012年7月，取得民航局初步设计及概算批复（民航函〔2012〕909号）。

除了第三跑道以外的其他项目：2013年4月，取得民航局初步设计及概算批复（民航函〔2013〕545号）。

4．建设工程规划许可证

二号航站楼：2013年10月，取得《建设工程规划许可证》（穗规证〔2013〕1867号）。

交通中心及停车楼：2014年5月，取得《建设工程规划许可证》（穗规证〔2014〕900号）。

总图工程（市政工程、跨线桥、出港高架桥等）办理了相应的建设手续。

5．施工规划许可

（1）质监和安监

办理施工许可证前，分别向民航局质监总站、广州市质监安监站、广州市政工程质监站、广州市园林绿化质监站办理了民航专业工程、房建工程、市政工程、绿化工程办理了质监安监手续。

（2）施工许可证

①二号航站楼：2016年2月，分别取得土建一标、土建二标、土建三标、土建四标《建筑工程施工许可证》。之后，根据广州市住建委要求，后续钢结构、金属屋面、幕墙、装饰装修、建筑智能化等专业均纳入土建一标的施工总承包管理范围，不再单独核发施工许可证。由土建一标省建工总包履行施工总承包单位职责。

②交通中心：2016年4月，取得《建筑工程施工许可证》。

③总图工程：出港高架桥于2014年7月取得临时施工复函；二号航站楼及配套设施室外工程（陆侧）、市政工程等于2017年8月取得临时施工复函。

1.2.3　主要建设历程

扩建工程按照总体项目策划有序推进，并分阶段建成投产，其中：第三跑道2014年7月完工，并于12月完成校飞、试飞及行业验收，2015年2月5日正式投入使用；跨线桥于2016年6月30日完工，7月12日正式通车；

110kV机场北变电站工程2016年8月30日完工正式送电；下穿隧道2016年10月30日完工，11月8日正式通车；站坪工程于2017年8月1日完成竣工验收，8月17日～18日完成行业验收，10月12日正式启用。2018年4月23日，民航中南局对二号航站楼及配套设施工程行业验收进行整改复查，同意该项目投入试运行。2018年4月26日，二号航站楼及配套设施工程正式投入使用。2018年5月19日，南航航班整体搬迁至二号航站楼，二号航站楼进入全面运营阶段。

主要里程碑如下：

2012年8月3日，举行开工仪式，第三跑道工程正式开工；

2013年5月31日，二号航站楼桩基础工程开始施工；

2014年2月17日，二号航站楼主体结构开始施工；

2014年7月，第三跑道完工，并于12月完成校飞、试飞及行业验收，2015年2月5日正式投入使用；

2014年6月，交通中心及停车楼工程开工；

2014年7月，站坪工程开工，并于2017年8月1日完成竣工验收，8月17日～18日完成行业验收，10月12日正式启用；

2016年6月30日，完成跨线桥，7月12日正式通车；

2016年7月30日，完成航站楼屋面、幕墙封闭；

2016年8月30日，完成110kV机场北变电站工程，并正式送电；

2016年10月30日，完成下穿隧道，11月8日正式通车；

2017年12月20日，综合信息大楼完成竣工验收并移交使用单位；

2018年2月7日、10日，二号航站楼及配套设施工程分别通过竣工验收和行业验收；

2018年4月23日，民航中南局对二号航站楼及配套设施工程行业验收进行整改复查，同意该项目投入试运行；

2018年4月26日，二号航站楼及配套设施工程正式投入使用；

2018年5月19日，南航航班整体搬迁至二号航站楼，二号航站楼进入全面运营阶段。

扩建工程严格按照规定办理分部分项验收、行业验收，除了环保验收、二号航站楼规划验收之外的各项专项验收基本完成，2018年10月30日，取得广州市消防支队核发的《建设工程消防验收意见书》（穗应急消验字〔2018〕第1301号）。

1.2.4 工程特点及难点

本期扩建工程是在运行繁忙、年旅客吞吐量超过5000万人次的白云机场进行的，机场工程本身具有地下管线复杂、陆侧交通疏解难度大、大型设备材料运输受既有设施限制、空侧存在不停航施工等特点，同时由于地铁、城轨同步实施，多业主协调、施工场地、施工道路等施工资源紧张、施工接口和工序复杂相互制约矛盾突出。具体列举以下几方面：

1．结构交叉施工多

（1）机场北进场路下穿隧道、地铁、城轨与二号航站楼及站坪结构交叉施工。

机场北进场路下穿隧道、东西两侧综合管廊、地铁机场北站和其东侧的城轨机场二号航站楼站及其线路工程贯穿交通中心及停车楼、二号航站楼和北站坪地下，且地下均采用明挖法施工，不同业主项目的桩基础、土石方及主体结构交叉施工，相互制约，相互影响非常严重。

（2）出港高架桥与交通中心、二号航站楼交叉施工。

出港高架桥四、五、六联部分桥墩基础设置在交通中心及停车楼基坑范围之内，地上有第五联箱体桥梁结构紧邻交通中心屋面和东西人行天桥。二号航站楼部分承台与交通中心共用承台，交通中心中墙内有二号航站楼的结构暗柱。

2．协调难度大、工期紧张

（1）本工程施工内容多，交叉施工协调量大，施工道路紧张，施工组织安排困难，不仅要保质保量完成施工内容，还要及时协调各专业之间相互影响的工序内容，协调事项往往涉及业主、监理和多家施工单位，协调难度大，施工进度经常受制于其他专业。

（2）地铁车站和城轨车站结构底板的埋深均深于交通中心及停车楼底板结构的埋深，且地铁车站和城轨车站底板结构施工方案均采用了放坡开挖的支护形式，必须在地铁车站和城轨车站完成顶板施工并回填后，才能开始本项目的底板结构施工，施工作业面难以按计划进度全面展开。

（3）出港高架桥第五联是整个扩建项目的关键线路，必须确保其工作面，为此，交通中心屋面及东西人行天桥近两跨结构梁板进行避让延后施工，给后续消防、空调、装修等专业施工造成较大工期压力。

3．工程技术复杂，施工管控难度大

（1）白云机场场区土洞、溶洞发育，冲孔灌注桩施工时处理不当会造成掉钻、卡锤、漏浆、塌孔等事故，甚至影响周边构筑物的结构安全，该项目桩基位置超前钻揭露溶洞最高达18.1m，部分为串珠溶洞，增加了桩基施工成孔的困难。

（2）为确保下穿隧道能按2016年10月30日重要节点计划通车，必须克服地铁车站和城轨车站施工的影响，将隧道独立出来，方能实现隧道的按期通车。通过采取一系列的技术和管理措施，确保下穿隧道2016年"10·30"目标，按时通车。

4．总平面管理协调难度大

本工程点多面广，交叉施工严重，协调难度大。本身由于城轨、地铁下穿隧道与交通中心、二号航站楼、出港高架桥、地下管廊、大巴及的士隧道等都集中在一个区域交叉施工，施工平面和工序安排特别复杂，特别是站坪提前投入使用后，加剧了施工平面资源的紧缺。

5．需求不稳定

用户后期商业规划变化以及联检单位需求稳定滞后，导致规模变大，技术更迭较多，规模调整极大影响了消防报建工作，给工程实施带来巨大困难。

此外，工程还有以下特点：

（1）工程规模大、施工组织难度高；

（2）由于场地所限，涉及不停航施工，安全要求非常高；

（3）由于涉及地铁、城际轨道的路由和施工方案严重滞后，无法与航站楼同步确定，造成施工的策划和现场实施的困难非常多；

（4）由于在既有的运营场地进行施工，涉及大量地下管线迁移，难度很大；

（5）施工场地处于岩溶发育地区，地质条件复杂，对基础工程带来了很大的挑战；

（6）深基坑、高支模及复杂的塔吊群，也是本工程的显著特点；

（7）采用了大量的新技术、新工艺、新材料，施工一次性投入量巨大；

（8）各行业各专业施工交叉界面多，协调工作量大，施工场地资源紧张；

（9）受结构空间影响管线综合条件非常复杂，机电弱电设备安装量很大；

（10）工期紧。

1.3　项目实施

1.3.1　总体模式

白云机场是全国三大枢纽机场之一，建设航空枢纽

是国家战略，不仅对广州建成国际大都市具有重要意义，而且对珠三角地区区域经济协调发展具有重要意义，实施扩建工程是建设枢纽机场的需要，因此省、市政府对扩建工程高度重视。

省、市政府成立了由省市政府主要领导组成的广州市白云机场扩建工程领导小组，协调解决建设中包括报批、用地、空域和其他重大事项的决策；集团公司成立由集团董事长任组长的扩建工程建设协调领导小组，负责扩建工程的统筹部署，协调解决工程重大问题和重要事项决策；工程建设指挥部（建设公司，以下简称"指挥部"）作为扩建工程的实施主体，领导班子领导高度重视、带头参加扩建工程工作会、碰头会、工程例会和安全例会、现场巡场等，深入扩建工程推进、协调和过程决策各个环节，有效驱动由指挥部、设计、监理、施工总承包和专业分包单位构成的工程实施体系的健康运转，确保工程安全、质量和进度等目标得到较好实现。

1.3.2　组织方式

为加强对白云机场扩建工程的组织领导，全力推进扩建工程建设，2012年4月10日，省政府成立由省市和广州军区主要领导任组长的白云机场扩建工程领导小组，时任省长朱小丹任组长。省领导小组是扩建工程最高协调决策机构，及时协调解决了扩建工程建设包括前期项目报批、空域、征地拆迁、供电及配套交通设施建设、建设规模调整、与城轨地铁同步建设等的重大事项，为扩建工程正常推进创造了良好条件，并对扩建工程实施情况进行检查、督导，全方位、多层次促进扩建工程建设。

为加强对白云机场扩建工程建设工作的组织领导，集团公司成立广东省机场管理集团有限公司白云机场扩建工程建设工作领导小组及专责小组。集团领导小组的成立，健全了扩建工程在集团层面的领导和决策体系，确保扩建工程实施过程重大事项能及时协调解决，促进工程推进。2016年4月根据建设和启用计划，集团公司适时成立白云机场扩建工程建设与启用工作领导小组，统筹对白云机场扩建工程建设与启用的组织领导，其中工程建设领导专责小组负责扩建工程建设的推进并协调决策集团内部的事项。

指挥部是扩建工程的实施主体，负责扩建工程从前期决策工作到勘察设计、施工和验收移交的项目实施。指挥部设立白云机场扩建工程现场指挥部，负责扩建工程的现场协调管理。

股份公司是扩建工程的最终用户，参与相关技术审

查，确认需求，派出专业骨干人员到指挥部参与建设，全过程参与工程建设和各阶段调试、联调和验收，接收扩建资产，负责项目试运转和正式运营。

1.3.3 实施效果

在国家、省市政府的领导下，广东省机场集团积极推进白云机场国际航空枢纽建设，举全集团之力推进白云机场扩建工程。经过几任集团公司领导和数以万计的建设者历经六年的努力，白云机场扩建工程总体推进顺利。在项目实施过程中，涌现出了一大批劳动模范和岗位能手。他们忠于职守、忠诚担当，用辛勤和汗水塑造了机场建设者的精神，这种精神在白云机场一期迁建、二期扩建及今后的建设过程中传承和发扬。

白云机场扩建工程完成后，使白云机场拥有三条跑道、两座航站楼，硬件设施达到世界级水准，白云机场国际航空枢纽建设正在进入发展的快车道。白云机场扩建工程在落实国家"一带一路"战略、促进区域经济发展、加快推动广州国际航空枢纽建设和空港经济发展、推动广东省在构建中国对外开放新格局等方面发挥了重要的作用。

第 2 篇

飞行区设计

2.1 站坪设计

2.1.1 设计概述

2.1.1.1 机场现状

白云机场现有东、西两条独立平行进近跑道，跑道间距为2200m，东跑道3800m×60m，飞行区指标为4F，西跑道3600m×45m，飞行区指标为4E。东西飞行区以两组东西垂直联络道连接。东跑道为双向Ⅱ类精密进近跑道，西跑道为双向Ⅰ类精密进近跑道。

机场现有平面布置图如图2.1.1.1所示。

机场现有机位分配如下所述：

目前白云机场站坪机位总数为128个（其中16个为B类机位），分配如表2.1.1.1所示。

白云机场现状机位统计表　　表 2.1.1.1

类别	位置	机型					合计
		F类	E类	D类	C类	B类	
国际	东一指廊	1	5	6	—	—	12
	东南站坪	—	3	5			8
	小计	1	8	11			20
国内	东二指廊	1	1	7	2	—	11
	东三指廊	1	1	5	3		10
	西一指廊	—	6	7			13
	西二指廊	—	4	5	1		10
	西三指廊	—	2	5	5		12
	小计	2	14	29	11		56
其他	东三西三北站坪	1	1		9		11
	公务机坪	—	2	1	10	16	29
	东四过夜机坪	—	—	—	6	—	6
	西四过夜机坪	—	—	—	6	—	6
	小计	1	3	1	31	16	52
总计	—	4	25	41	42	16	128

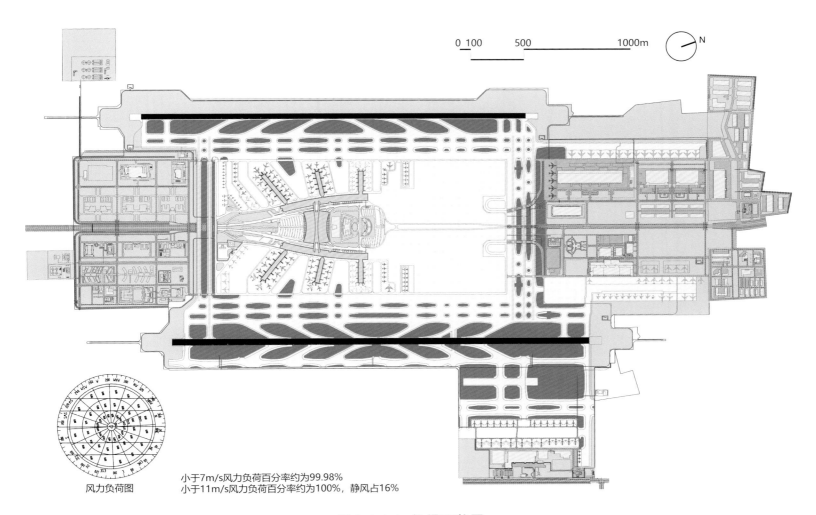

0　100　　　500　　　　　1000m　　N

小于7m/s风力负荷百分率约为99.98%
小于11m/s风力负荷百分率约为100%，静风占16%

风力负荷图

图 2.1.1.1　机场现状图

2.1.1.2 设计内容

航站区站坪设计包括七个子项，分别为总图工程、场道工程、地基处理工程、机坪照明、供电及助航灯光工程、站坪消防工程、飞机外接空调工程、1、2号下穿通道改造工程。

主要设计内容为：

新建二号航站楼主楼和东、西六指廊前站坪，东西五、六指廊间站坪，东、西过夜机坪与东、西五指廊间站坪。新建机位共77个，其中近机位65个、远机位12个。配套建设站坪排水、灯光、消防、安防等设施。

2.1.2　总图设计

2.1.2.1　设计范围及内容

扩建工程总图主要设计内容为二号航站楼主楼及东五、东六和西五、西六四条指廊相应的站坪及滑行道系统。

2.1.2.2　总平面设计

1.　总平面布置

从设计范围看，本期扩建工程南侧与现有的东四、西四过夜机位相接，北至现有北垂滑北侧。在总平面布置图中可以发现，东四过夜机位（GY07-GY12）侵入东五指廊南侧机位调度道的安全距离内，需要向南移动才能保证新建机位的使用，因此本期工程中需首先对东四过夜机位进行改造。

过夜机位改造后，结合机位开始进行不同类型滑行通道的设计。东四过夜机位改造后，与东五指廊间设置一条E类滑行通道，东五指廊与东六指廊间设置两条F类滑行通道，西四过夜机位与西五指廊间设置两条C类机位滑行通道，西五指廊与西六指廊间设置四条C类机位滑行通道，东六指廊、西六指廊与北垂滑之间各设置一条C类滑行通道和一条E类滑行通道，主楼北侧站坪设置两条E类机位滑行通道。

2.　站坪机位布置

在机位数量及类型设计方面，本期扩建工程新建机位78个，其中包括65个近机位和13个远机位。站坪设置C、E、F类机位，D类机位兼容于E、F类机位内，以与未来的机型发展趋势相适应。

在机位编号方面，近机位的编号延续现有近机位编号原则，以航站楼中轴线为分界线，东侧采用以"1"开头的三位数（由南至北依次为144~170），西侧采用以"2"开头的三位数（由南至北依次为249~282），并按照远期规划预留东四、西四指廊近机位的编号。新建东侧远机位由西向东依次为309~313，西五、西六指廊之间的远机位为430、431，西侧远机位由东向西依次为432~437。

在国际及国内机位布置方面，国内机位布置在西五、西六指廊及北站坪西侧，国际机位布置在东五、东六指廊及北站坪东侧。在设计中充分考虑提高机位使用的灵活性，国内部分和国际部分共设计了9个组合机位。

除此之外，为了适应国际旅客量增长的不确定性，设计中，在国际机位中还设置了8个国际国内可转换机位，即154（154-A）、155、165~170，其中，为弥补F类可转换机位不足的问题，在154与155机位之间还增加一条停止线，仅停放A380机型。

国内组合机位按照2个小机位计算，国际组合机位按照1个大机位计算，则近机位数量如表2.1.2.2所示。

机位数量表　　　　表2.1.2.2

规划机位	机位类型	近机位			远机位	合计
		国内	国际	小计		
本期工程新建机位	C	32	8	40	13	52
	E	6	16	22	0	22
	F*	0	3	3	0	3
	总机位数	38	27	65	13	78

注：1.表中机位数量为本期新建机位数量，未计入改造机位（GY07-GY12）；2.F类机位中未计入154-A，154-A在154、153机位不使用的前提下可以停放F类机位。

2.1.2.3　服务车道

服务车道与下穿通道的巧妙结合可以有效联系机场各功能区，提高机场的服务效能。因此本期扩建工程对通过V滑、G滑的下穿通道（东西两侧各一）局部进行改造，与新建的站坪服务通道连接，形成连接航站区与货运区、机务维修区的联系道路。站坪服务车道最小宽度为8m，局部服务车道宽度为16m。

在设备停放区设计方面，本次工程将V滑与北站坪之间（原3号、4号特种车辆桥之间）的两块土面区设计为设备停放区，以缓解场内特种车辆停放场地不足的问题。

另外，尽管V滑设计标准为F类滑行道，但实际运行的最大机型为E类，根据建设单位的需求，将3号、4号特种车辆桥之间的服务车道以北10m的范围内设计为场坪，用于车辆的停放，场坪与V滑之间的安全距离按照E类标准控制。若未来V滑运行F类飞机，须清除该位置的停放车辆。

2.1.2.4　管线综合

本次管线综合在飞行区总平面设计和各专业管线设计的基础上进行，需要统筹布置管线之间、管线与建（构）筑物之间的水平相互关系。还需要避免管线在垂直方向上重叠直埋敷设，尽可能减少不同专业管线之间的交叉，当交叉问题不可避免时遵守：

①压力管线让重力自流管线；
②可弯曲管线让不易弯曲管线；
③分支管线让主干管线；
④小管径管线让大管径管线的原则。

此外，设计在服务车道交叉口处、站坪上、滑行道上、各种管线交叉处，供电管线、消防管线、供油管线均采用加套管等措施加强对管线的保护。依据以上原则，完成各专业管线的平面定位。

其中远机位监控系统管线和灯光管线同路由。

2.1.3　场道设计

2.1.3.1　道面工程

1．道面平面布置及尺寸

新建的道面工程包括整个二号航站楼站坪和部分滑行道。

（1）站坪、滑行道系统

站坪及滑行道系统主要结合二号航站楼和现有的东西滑行道进行设计，在二号航站楼周围新建站坪，并与现有的东西滑行道系统以及V滑、G滑相接，具体包括：二号航站楼主楼北站坪（宽 221m）、西六指廊以北站坪（宽 162.5m）、东六指廊以北站坪（宽 162.5m）；东西五、六指廊间站坪（东五东六指廊间站坪宽384m、西五西六指廊间站坪西宽382m）；东、西过夜机坪与东、西五指廊间站坪（东过夜机坪与东五指廊间站坪宽约92m，西过夜机坪与西五指廊间站坪宽103m）。东西两侧各在G滑北新建一块远机坪。

为配合机坪调度使用，本次新建东西区站坪分开独立运行。除现有V滑为F类，G滑为E类标准外，东西侧站坪滑行道系统包括F类、E类和C类标准滑行道。新建的滑行道系统包括：延长C和D机位滑行通道并与现有G、V滑相连，并与各预留道口相接。结合站坪上的机位滑行线在G、V滑之间新建若干连接道口。

在机位数量及类型方面，本次设计新建近机位共65个（包括东西侧各6、3个组合机位）。其中E类机位20个、C类机位32个。新建远机位13个，改造现有东过夜机坪机位11个。

（2）围界

围界的设计可以使飞机运行避免受外界干扰，为机场提供安全的屏障，本次设计根据现场情况和《民用航空运输机场安全保卫设施建设标准》MH 7003-2008的要求，在东西五指廊南侧设置围界，与现有围界相连；在管廊开口处的陆侧与空侧之间也设置围界。围界高 2.5m（不包括刺刀圈），上设刺刀圈，为飞机运行提供了安全的环境。

（3）服务车道和设备车辆停放区

在服务车道方面，在航站楼前设计内侧服务车道边线距离航站楼边线8m。在设备车辆停放区方面，为便于车辆使用管理，设计在主楼前站坪北侧设置设备车辆停放区。

2．道面结构层设计

本工程采用的道面结构类型及厚度如表 2.1.3.1所示。

道面结构明细　　　　　表 2.1.3.1

部位	结构
机坪、滑行道	42cm 厚水泥混凝土板 20cm 厚水泥碎石上基层 20cm 厚水泥碎石下基层
C类停机坪道面	36cm 厚水泥混凝土板 20cm 厚水泥碎石上基层 20cm 厚水泥碎石下基层
站坪机头减薄道面	28cm 厚水泥混凝土板 20cm 厚水泥碎石上基层 20cm 厚水泥碎石下基层
服务车道路面	4cm 厚 AC-13（改性沥青） 黏层油 7cm 厚 AC-25 黏层油 1～2cmAC5 沥青混凝土 透层油 18cm 厚水泥混凝土上基层 18cm 厚水泥混凝土下基层
滑行道道肩	14cm 厚水泥混凝土板 1～2cm 石屑隔离层 18cm 厚水泥碎石基层
预制块混凝土道肩	10cm 厚混凝土预制块 2cm 厚 M7.5 水泥砂浆 18cm 厚水泥碎石基层

3．道面接缝设计

本次道面接缝设计中水泥混凝土道面纵向施工缝采用企口缝。道面自由边附近的三条假缝需加传力杆。道肩纵缝采用假缝或纵向施工平缝，横缝采用假缝，原则上每隔10～15m设一道2cm厚胀缝。在不同厚度板接缝处、机坪排水明沟边设置胀缝，胀缝材料均采用低发泡聚乙烯闭孔塑料泡沫板。在新老道面交接处的老道面一侧植传力杆钢筋。道面接缝处的灌缝材料可采用硅酮、改性聚硫类或聚氨酯，其性能应符合《民用机场飞行区水泥混凝土道面面层施工技术规范》MH 5006-2002有关要求。道面的主要分块尺寸为5m×5m、5m×3.15m、5m×3.10m，道肩的主要分块尺寸为2.5m×2.5m。

4．道面钢筋补强

道面灯坑、各种栓井所在的道面板，采用孔口钢筋补强。

供油管线、排水暗沟、给水消防干管、综合管廊、填挖量较大的挖填交界处、地下穿越道、地铁回填边界等部位上部的道面板采用双层钢筋网补强，紧邻排水明沟的道面板采用胀缝加筋补强。

在纵横缝变换方向处的道面胀缝两侧的道面板以及与规划道面相接处的道面板板边采用胀（平）缝加筋进行板边补强。在新建道面与现有道面相接处，在现有道面板内植传力杆筋，并且采用对缝施工或采用平缝加筋。

同一道面板既有灯坑、栓井补强又有双层钢筋网补强的，首先布置灯坑、栓井补强，然后在板的其余部位布置双层钢筋网补强。对于同一道面板既有平缝加筋又有双层钢筋网补强的，首先布置平缝加筋，然后在板的其余部位布置双层钢筋网补强。

5. 地锚

本次设计在C类以下飞机机位设置地锚，并改造现有的东过夜机位的地锚接地。

6. 道面标志设计

道面标志的设计有助于增强道面的识别性，本次设计按有关标准的规定，在道面及道肩上应划飞机滑行、引导标志线。

在规范方面，道面标志施工应满足《民用机场目视助航设施施工及验收规范》MH 5012-99的有关要求。道面标志应采用符合《路面标线涂料》JT/T 280-2004的水性普通型涂料，其VOC含量应低于150g/L。

7. 道面表面纹理深度

拉毛形成的表面平均纹理深度不小于0.4mm。道肩宜适当拉毛以保持美观。

2.1.3.2　土方工程

1. 地势设计考虑的主要因素

地势设计对机场日常运行起着重要作用，需要综合考虑坡度、排水、标高、道面等诸多因素，具体包括：

（1）坡度设计满足有关标准的规定，符合使用要求，保证飞行安全；

（2）标高设计满足排水方案的要求，飞行区雨水能够自流排放（5年重现期标准）；

（3）新建二号航站楼及指廊标高与机坪标高能够合理衔接，尽量考虑满足航站楼设计的方便性，使标高系统达到最优；

（4）现有道面与新建道面顺利衔接；

（5）新建站坪排水系统与现有排水系统合理衔接，并尽可能利用现有排水系统，减少或避免排水沟位于飞机滑行通道的位置；

（6）尽量减少飞行区土方工程量，节省工程投资。

2. 地势设计方案

（1）地势设计主要指标

本次站坪地势设计主要指标如下：

①停机位处站坪的坡度为 0.45%～0.8%；

②飞机滑行通道处的站坪坡度为 0.5%～1.2%；

③楼前服务车道的坡度为 0.5%～3%；

④滑行道横坡为 1%～1.3%。

（2）地势控制标高

本次设计中对地势控制标高进行了合理控制，场区标高主要在11～20m范围内，中间进场路标高较低，东西两侧站坪标高较高。场区地势设计三面受限：现有东四、西四过夜机坪、北滑行道系统（包括B、E、V滑行道），以及二号航站楼标高的限制，场区东侧 B 滑标高较西侧 E 滑标高最大高差近2m。经过与二号航站楼设计单位的协商，二号航站楼东部指廊和主楼为同一标高14.9m；西部主楼标高自东向西渐变，为14.9～13.9m；西部指廊标高为13.9m。

依据二号航站楼标高方案及地势设计参数，初步确定站坪主要控制点标高，地势方案的设计如下：

西五指廊西侧滑行道中线标高12.9m，指廊端部楼前标高13.6m，其间排水沟标高13.1m；西五、西六指廊间的站坪中部设高点标高14.1m，沿站坪中部服务车道边设置排水沟标高13.2m；西六指廊端部楼前标高13.7m，指廊西侧滑行道中线标高12.8m，其间排水沟标高13.2m；西六指廊与北侧 V 滑间排水沟标高13.1m，楼前站坪及 V 滑南侧站坪分别向排水沟降坡；二号航站楼主楼北侧设置排水沟标高13.14～14m；东六指廊楼前标高14.5m，东六指廊与 V 滑间排水沟标高13.8m；东六指廊东侧排水沟标高14m；东五、东六指廊间站坪设高点标高14.861m，沿站坪中部服务车道边设置排水沟标高14.0～14.25m。

2.1.3.3　排水工程

1. 排水设计方案和主要排水路线的布置

本次排水设计根据一期排水系统的总体布置方案，以进场路及延长线作为东西方向的分水岭，西四至西六指廊间机坪的雨水通过机坪、平行滑行道之间布设的排水沟汇流至现状排水沟311线，再通过西飞行区现状排水系统排至西北出水口（3号出水口）；东四至东六指廊间机坪的雨水同样通过机坪、平行滑行道之间布设的排水沟汇流至现状排水沟513线，然后再通过东飞行区排水系统汇流到东北出水口（5号出水口）。

在雨水设计方面，根据航站楼的雨水设计，主楼及指廊的雨水由楼前雨水管统一收集后，分别汇入东西飞行区站坪上的排水系统。为承接航站楼雨水，在东五指廊端、东六指廊端、主楼前、西六指廊端、西五指廊端分别预留了与机坪上主沟相连的暗沟。由于陆侧接入调节水池雨水泵站的水量有所增加，本次在1号泵站出口处新增两条排水沟，扩建的泵的出水量为 $4.42m^3/s$，将泵站出口雨水分别引入 220 线和 320 上游线。

飞行区排水线路结合地势设计布置，东西两侧大体对称。机坪上的明沟暗沟设法避开滑行线路和停机位。在排水沟交汇处设交汇井，道肩中心设集水井。

2．水力计算

水力计算采用广州市水务局《印发广州市中心城区暴雨强度公式及计算图表的通知》穗水〔2011〕214 要求的暴雨强度公式。

$$q=3618.427(1+0.438\lg P)/(t+11.259)0.75(L/s.ha)$$

飞行区排水设计径流系数如下：土面区 0.3，铺筑面区 0.9。

为保证航站楼和飞机运行的安全，站坪区排水系统采用 10 年设计暴雨重现期；滑行道和土面区的排水沟采用 5 年设计暴雨重现期。

本期扩建后，流入现状排水沟 311 线和 513 线的设计水量均超过其输水能力，在对 310 线和 511 线改线时，对这两条排水沟进行了加宽，可以起到部分调蓄的功能。用于调蓄的排水沟的体积约为 $5000m^3$。

由于现状排水沟的输水能力，特别是东区的输水能力略有不足。因此遭遇极端天气时允许土面区适当积水，而机坪则按 10 年重现期的设计标准把断面做大以尽量避免机坪上积水。

3．排水结构

站坪上的排水明沟采用 II 类铸铁篦子单孔箱涵；站坪下的暗沟采用 II 类钢筋混凝土盖板沟或 II 类双孔箱涵，其结构考虑 F 类飞机（600t）的作用要求。楼前服务车道上明沟采用 III 类铸铁篦子单孔箱涵；非站坪服务车道上的明沟采用 III 类铸铁篦子盖板明沟；服务车道下的暗沟采用 III 类钢筋混凝土盖板沟。其结构考虑 70t 顶推车荷载的作用。在土面区采用汽车荷载的 I 类钢筋混凝土盖板明沟或 I 类钢筋混凝土盖板暗沟或浆砌片石梯形明沟，设计荷载为 20t 汽车荷载。

2.1.4　地基处理

2.1.4.1　设计内容

根据勘察资料，白云机场存在的主要地基问题包括：

（1）沟（塘）内有厚薄不等的淤泥存在，使得浅层地基的均匀性和稳定性较差；

（2）填土（素填土和杂填土）结构松散、均匀性差、强度低，不能直接作为地基土层；

（3）部分地段地层中发育溶洞、土洞，在道面建设与运行过程中易造成地表沉降甚至塌陷。

对于填土问题，于 2013 年 6 月～9 月进行了强夯法处理工艺的现场试验。9 月 27 日，指挥部组织召开了北站坪工程地基处理试验段总结论证会，继 9 月 27 日北站坪工程地基处理试验段总结论证会后，10 月 14 日，指挥部再次组织召开了北站坪工程地基处理方案调整论证会。

2013 年 11 月 29 日，指挥部召开了二号航站楼站坪地基处理专题会，根据此次会议精神，完成了地基处理设计工作。

2.1.4.2　场区地质条件

1．地形地貌

场地原始地貌属于冲积阶地，后来经人工改造成为人和村居民区，现经机场征收，并无序回填了大量建筑物垃圾，东站坪北面形成面积约 19.5 万 m^2 的水域，西站坪多形成高差 1～5m 的陡坎，低洼地段多积水，局部分布建筑施工工棚或堆放建筑材料。场地内钻孔孔口标高 11.64～21.00m，相对高差 9.36m。

2．工程地质条件

（1）地基土层划分及岩性

勘察深度范围内岩土可划分为人工填土层（Qml）、第四系新近冲积层（Q4al）、冲洪积层（Qal），基岩为石炭系下统测水组岩系（C1dc）。各地层野外特征自上而下依次描述如下：

① 人工填土层①（Q4ml）

根据填筑材料不同，可分为杂填土①-1、素填土，由于素填土成分复杂不均、差异较大，细分为素填土①-2、素填土①-3，具体描述如下：

杂填土①-1：褐灰等色，主要由碎砖、碎混凝土等建筑垃圾组成，不均匀混杂着黏性土及炭质灰岩、页岩风化土，成分杂乱不均，结构松散。重型圆锥动力触探试验修正锤击数 N63.5=2.0～8.8 击，平均 4.6 击。该层广泛分布于场地东侧地表，局部堆填呈山包状，初详勘共 73 个勘探点遇见该层，层厚 0.50～8.50m，平均 2.84m，层底高程 5.91～17.74m。

素填土①-2：褐黄、褐灰色，主要由黏性土组成，局部夹少量的中、微风化碎块石，以微风化灰岩碎块石为主，局部为花岗岩、砂岩，碎块石粒径一般 5～25cm，最大粒径超过 1m，结构松散，密实程度不均，尚未完成自重固结。重型圆锥动力触探试验修正锤击数 N63.5=1.0～12.5 击，平均 4.0 击。该层局部小范围分布于场地，初详勘共 61 个勘探点遇见该层，层厚 0.50～9.50m，平均 3.80m，层底高程 6.79～15.06m。

素填土①-3：褐灰、灰黑色为主，局部混杂褐黄色，主要由炭质灰岩、页岩风化土混少量黏性土组成，不均匀夹少量中、微风化碎块石，以微风化灰岩碎块石为主，局部为花岗岩、砂岩，碎块石粒径一般5～25cm，局部灰岩块石含量较高且块径较大，最大块径超过1m，结构松散，密实程度不均，尚未完成自重固结，飞行区内多为稍压实状态。成分中的碳质灰岩、页岩风化土遇水软化。重型圆锥动力触探试验修正锤击数N63.5=1.0～28.5击，平均5.2击。该层广泛分布于场地西侧及东侧局部地段，初详勘共356个勘探点遇见该层，层厚1.00～10.50m，平均4.80m，层底高程4.82～15.61m。

②耕植土层①-4（Q4pd）

褐灰色，主要由黏性土混植物根茎组成，结构松散，尚未完成自重固结。该层主要分布于场地东北侧地势低洼地段及局部地段的人工填土层底部，初详勘共123个勘探点遇见该层，层厚0.20～5.50m，平均1.03m，层底高程5.05～13.09m。

③第四系冲积层（Qal）

粉质黏土②-1：褐黄、灰黄、灰白色等，呈可塑状态，局部少量硬塑状态，摇振无反应，光泽反应稍有光泽，干强度高，韧性中等。实测标贯击数N=6～11击，平均7.9击，液性指数I_L介于0.18～0.56，平均0.31。该层广泛分布于场地，初详勘共391个勘探点遇见，层厚0.20～14.80m，平均2.67m，顶面埋藏深度0.30～11.80m，相当于标高4.32～15.14m。

淤泥质黏土②-2：灰黑色，呈饱和、流塑状态，含有机质，略具腥臭味，摇振反应缓慢，光泽反应有光泽，干强度及韧性中等。实测标贯击数N=1～2击，平均1.6击，液性指数I_L介于1.14～1.23，平均1.20。该层呈零星分布，初详勘仅7个勘探点遇见，层厚0.50～4.30m，平均1.90m，顶面埋藏深度4.20～15.50m，相当于标高-4.02～9.32m。

黏土②-3：褐红色、褐黄色、浅黄色、灰白色等，可塑至硬塑状态，局部含5%～30%的中粗砂粒，摇振无反应，光泽反应有光泽，干强度高，韧性中等。实测标贯击数N=7～13击，平均9.9击，液性指数I_L介于0.06～0.59，平均0.30。该层主要于场地东北侧低洼地段小范围分布，初详勘共25个勘探点遇到该层，层厚0.50～12.90m，平均4.24m，顶面埋藏深度0.30～10.00m，相当于标高3.71～13.20m。

粉细砂②-4：灰黄色、灰白色，饱和、稍密，偶为松散，颗粒成分多为石英质，含粉黏粒15%～30%。实测标贯击数N=8～15击，平均11.9击，重型圆锥动力触探试验修正锤击数N63.5=2.8～9.8击，平均4.7击。该层场地内局部分布，初详勘共63个勘探点遇见，层厚0.10～5.70m，平均2.23m，顶面埋藏深度2.50～19.70m，相当于标

高-0.35～11.30m。

中粗砂②-5：灰黄色、灰白色、浅黄色等，饱和，稍密～中密，级配较好，颗粒成分多为石英质，含黏粒5%～30%。实测标贯击数N=11～23击，平均14.2击，重型圆锥动力触探试验修正锤击数N63.5=2.7～12.7击，平均6.9击。此层场区内普遍分布，初详勘共205个勘探点遇见，层厚0.40～21.25m，平均4.31m，顶面埋藏深度0.90～25.10m，相当于标高-9.18～11.95m。

黏土②-6：褐红色、褐黄色等，可塑状态，局部含5%～30%的中粗砂粒，摇振无反应，光泽反应稍有光泽，干强度及韧性中等。实测标贯击数N=5～10击，平均7.0击，液性指数I_L介于0.16～0.69，平均0.35。该层较广泛分布，初详勘共130个勘探点遇到该层，层厚0.20～13.75m，平均3.12m，顶面埋藏深度5.10～26.50m，相当于标高-9.12～9.78m。

砾砂②-7：灰黄色、灰白色，饱和，中密状态，级配较好，颗粒成分多为石英质，含粉粒、黏粒5%～20%。实测标贯击数N=16～24击，平均19.4击。该层呈零星分布，初详勘仅14个勘探点有揭露，基本呈不连续层状产出，层厚1.10～11.90m，平均5.86m，顶面埋藏深度10.50～24.00m，相当于标高-9.08～4.70m。

④第四系残积层（Qel）

黏土③：褐红、褐黄色，可塑至软塑状态，摇振无反应，光泽反应有光泽，干强度及韧性中等，实测标贯击数N=3～9击，平均5.4击，液性指数I_L介于0.15～0.79，平均0.51。该层零星分布于场地，初详勘仅34个勘探点遇见，层厚0.40～10.40m，平均2.94m，顶面埋藏深度8.90～25.10m，相当于标高-8.19～5.06m。

⑤石炭系下统岩系（C1dc）

微风化灰岩④-3：褐灰、灰黑色，隐晶质结构，厚层状构造，岩石裂隙发育，多为方解石脉充填，局部碳质充填，岩质新鲜，致密坚硬，岩芯呈柱状、短柱状，局部少量块状，岩石RQD指标60%～95%。该层为场地内的稳定基岩，由于勘察深度有限，初详勘仅60个钻孔揭露到此层。顶面埋藏深度为10.50～33.60m，相当于标高-16.84～3.46m，钻探深度内揭露厚度为0.15～7.53m。

溶蚀充填物：主要为褐红色软塑至流塑状态黏性土，混约5%～30%的粗砂组成，充填于土洞、溶洞中。初详勘共24个钻孔揭露到土洞、61个钻孔揭露到溶洞。

（2）地基土物理力学性质指标

主要土层物理力学性质指标和各地层的原位测试结果统计见表2.1.4.2-1～表2.1.4.2-3。

主要土层物理力学性质统计表　　　　　表 2.1.4.2-1

项目 统计项目	含水率	湿密度	孔隙比	液限	液性指数	压缩系数	压缩模量	直接快剪		先期固结压力	压缩指数
	w	ρ_0	e	W_L	I_L	av	Es	c	φ	Pc	Cc
	(%)	(g/cm³)	—	(%)	—	(MPa⁻¹)	(MPa)	(kPa)	(°)	(kPa)	—
素填土①-2											
统计数	15	15	12	—	—	12	12	—	—	—	—
最小值	10.5	1.82	0.688	—	—	0.22	3.6	—	—	—	—
最大值	37.2	2.00	1.008	—	—	0.55	7.7	—	—	—	—
平均值	26.2	1.90	0.860	—	—	0.40	4.8	—	—	—	—
标准值 ϕk	30.3	1.92	0.918	—	—	0.45	4.3	—	—	—	—
素填土①-3											
统计数	33	33	12	—	—	12	12	—	—	—	—
最小值	6.5	1.76	0.436	—	—	0.19	4.3	—	—	—	—
最大值	26.1	2.15	0.828	—	—	0.42	8.0	—	—	—	—
平均值	13.7	1.92	0.640	—	—	0.30	5.7	—	—	—	—
标准值 ϕk	15.3	1.95	0.713	—	—	0.35	5.0	—	—	—	—
粉质黏土②-1											
统计数	48	48	48	48	48	29	29	26	26	5	5
最小值	20.8	1.83	0.609	29.2	0.18	0.25	4.5	20	9.6	131.3	0.105
最大值	38.7	2.05	1.054	47.4	0.56	0.44	7.0	47	17.1	194.4	0.239
平均值	28.5	1.92	0.824	39.4	0.31	0.33	5.6	36	14.0	168.1	0.169
标准值 ϕk	29.4	1.93	0.849	40.4	0.34	0.35	5.4	33	13.4	—	—
淤泥质黏土②-2											
统计数	4	4	4	4	4	4	4	4	4	4	4
最小值	45.6	1.71	1.268	41.9	1.14	0.90	2.4	6	4.3	47.1	0.355
最大值	48.5	1.74	1.322	44.7	1.23	0.97	2.5	10	5.9	80.5	0.408
平均值	46.9	1.73	1.296	43.4	1.20	0.94	2.4	8	4.9	56.0	0.375
黏土②-3											
统计数	14	14	14	14	14	11	11	12	12	—	—
最小值	21.4	1.80	0.712	30.9	0.06	0.21	4.8	22	9.6	—	—
最大值	39.6	1.97	1.083	47.8	0.59	0.41	9.0	52	17.8	—	—
平均值	29.7	1.88	0.883	41.6	0.30	0.29	6.6	35	13.4	—	—
标准值 ϕk	32.0	1.91	0.936	43.5	0.36	0.33	5.9	30	12.0	—	—

标准贯入试验统计表　　　　　表 2.1.4.2-2

指标 地层	标准贯入试验修正锤击数（击）							
	统计个数	最小值	最大值	平均值	标准差	变异系数	修正系数	标准值
粉质黏土②-1	65	4.6	9.8	6.8	1.082	0.158	0.966	6.6
淤泥质黏土②-2	9	0.7	1.7	1.2	0.427	0.346	0.783	1.0
黏土②-3	24	5.8	13.0	8.9	2.078	0.235	0.916	8.1
粉细砂②-4	28	7.0	11.4	9.5	0.935	0.098	0.968	9.2
中粗砂②-5	169	8.4	17.5	11.3	1.405	0.124	0.984	11.2
黏土②-6	83	3.8	7.9	5.4	0.780	0.144	0.973	5.3
砾砂②-7	16	11.2	16.8	13.9	1.880	0.136	0.940	13.0
黏土③	22	2.1	6.9	4.0	1.573	0.392	0.854	3.4

重型圆锥动力触探试验统计表　　　　　　　　　　　　　　表 2.1.4.2-3

指标 地层	重型圆锥动力触探试验修正锤击数（击）						
	统计个数	最小值	最大值	平均值	标准差	变异系数	修正系数	标准值
杂填土①-1	23	2.0	8.8	4.6	1.661	0.362	0.868	4.0
素填土①-2	121	1.0	12.5	4.0	2.522	0.637	0.901	3.6
素填土①-3	174	1.0	28.5	5.2	3.367	0.644	0.917	4.8
粉细砂②-4	41	2.8	9.8	5.2	1.803	0.348	0.907	4.7
中粗砂②-5	187	2.7	12.7	7.2	2.266	0.315	0.961	6.9

3.　水文地质条件

场地内地下水主要为上层滞水、孔隙潜水、基岩裂隙水。地下水较为丰富；上层滞水主要赋存于杂填土、素填土和耕植土层中，受大气降水及生活污水补给，该层地下水未能形成统一的地下水位；孔隙潜水赋存于第四系砂层中，主要受大气降水及地表径流补给；基岩裂隙水主要赋存于微风化基岩裂隙中，主要受上层地下水的垂向越流补给，略具承压水性质。

勘察期间，测得综合稳定水面介于地表下 0.20~9.10m，水位标高 7.57~17.59m。根据广州地区水文地质资料，场地地下水稳定水位变化幅度可按 1.00~2.00m 考虑。

根据水质分析结果表明：场地地下水及地表水水质在强透水性地层中对混凝土结构具弱腐蚀性，在弱透水性地层中对混凝土结构具微腐蚀性；按长期浸水考虑对钢筋混凝土结构中钢筋具微腐蚀性，按干湿交替考虑对钢筋混凝土结构中钢筋具弱腐蚀性。

4.　地震效应

拟建场地抗震设防烈度为 6 度，设计地震分组为第一组，设计基本地震加速度值为 0.05g，地震设计特征周期值为 0.35s，场地属于对建筑抗震的不利地段。

经综合判定，在抗震设防烈度作用下，分布于站坪场地内埋藏的饱和砂土、冲积粉细砂②-4、中粗砂②-5 及砾砂②-7 均属不液化地层。

5.　存在的地基问题

（1）沟（塘）内有厚薄不等的淤泥存在，使得浅层地基的均匀性和稳定性较差；

（2）填土（素填土和杂填土）结构松散、均匀性差、强度低，不能直接作为地基土层；

（3）部分地段地层中发育溶洞、土洞，在道面建设与运行过程中易造成地表沉降甚至塌陷。

2.1.4.3　地基处理设计

1.　沟（塘）处理

（1）明沟（塘）处理

为进一步解决好浅层地基的均匀性，对填方区道肩边线外延 5m 范围内的沟（塘），必须先疏干积水，彻底清除淤泥，开挖成 1:2（高度 0.5m，宽度 1m）台阶式边坡，在沟塘底部有地下水渗透或较泥泞时，填筑 0.5m 厚的混石垫层，粒径要求不大于 25cm，级配良好，含泥量不大于 10%，然后分层回填素土（或场内可用的杂填土），填土的压实度（重型击实法）不小于 0.96。混石垫层的干密度不小于 1.9g/cm³，固体体积率不小于 80%。

为保证土基均匀性，对位于填土区范围内的沟塘，应结合周围填土的处理方案，一并进行处理。

对于上述范围外土面区的明沟（塘），不作特殊处理，但应排除积水，晒干淤泥，之后再分层回填素土（或场内可用的杂填土）至两岸土标高。

（2）暗塘处理

对道肩边线外延 5m 范围内的暗浜，结合填土一并处理。

2.　填土处理设计

根据现有的勘察资料显示，现状围界外的填土（素填土和杂填土）主要为白云机场一期建设及后续扩建产生的弃土和建筑垃圾，掺杂有少量的生活垃圾和杂物，成分复杂，结构松散，厚度分布变化较大，原始地势较低且没有建（构）筑物的区域填土厚度较大，土基顶面设计标高以下最大厚度达到 8m，普遍在 2~7m 之间。

现状围界内的区域一期工程时经过土方平整，现为土面区。西侧站坪填土厚度约 2.0~5.0m，东侧站坪填土厚度约 2.8~3.6m，北侧站坪填土厚度约 2.7~6.0m。东西联络滑行道以北的区域，填土厚度一般超过 3.0m。

根据填土（素填土和杂填土）的厚度与场地情况对填土实施分区处理。填土厚度不大时采用换填设置垫层与冲击碾压或振动碾压相结合的方法处理，填土厚度较大时采用强夯法处理。

对于现状围界外站坪区的填土（素填土和杂填土），当填土厚度小于 2m 时，采用"换填 120cm 厚填土＋冲击碾压"进行处理；当填土厚度大于 2m、小于 3m 时，采用"换填 150cm 厚填土＋冲击碾压"进行处理。换填处理时，挖除填土整平场地后，先暂按铺设 30cm 混石垫层对剩余填土进行冲击碾压处理，再回填山皮土，为改善土基强度，土基顶面设置 30cm 的级配碎石垫层，施工工序为：挖除填土→30cm 混石垫层→冲击碾压→回填山皮土→30cm 级配碎石垫层。

当填土厚度大于 3m 时，采用"70cm 混石施工垫层＋1500kN·m 强夯"进行处理。为改善土基强度，亦在土基顶面设置 30cm 的级配碎石垫层。

强夯设计参数见表 2.1.4.4。

强夯设计参数　　表 2.1.4.3

夯型	夯击能 (kN·m)	夯点间距 (m)	夯点布置	夯击遍数	单点击数	最后两击平均夯沉量（cm）	备注
点夯	1500	4.5	正方形	2 遍	10～12	≤8	锤底静压力 25～40kPa
满夯	1000	d/4 搭接	搭接型	—	3～5	≤5	

现状围界内的填土，在一期工程施工时按土面区要求进行了一定程度的压实，较一般填土的密实程度好些，为降低造价与便于施工，采用换填法与冲击碾压相结合的处理方法。对于道面区，采用"换填 80cm 混石垫层＋冲击碾压"进行处理；对于道肩区，采用"换填 30cm 混石垫层＋冲击碾压"进行处理。

对于新老道面相接部位原道肩改为道面的区域，当有地下水渗透或较泥泞时，采用"换填 50cm 混石垫层＋振动碾压"进行处理。对于新建的服务车道，采用"换填 50cm 混石垫层＋冲击碾压"进行处理。

对于试验段区域，在土基顶面采用 1000kN·m 能级进行满夯补强处理。满夯搭接 1/4 锤径，夯 3～5 击，且要求最后两击平均夯沉量≤5cm，最终参数根据试夯结果确定。

为增加冲击碾压对剩余填土的加固效果，在满足冲击碾压施工的前提下，冲击碾压垫层厚度宜尽量小，按不大于 30cm 厚考虑，剩余的换填料采用分层压实，压实工法可选择振动碾压或冲击碾压，分层厚度（松铺厚度）原则上按振动碾压不大于 30cm、冲击碾压不大于 80cm 控制。

强夯混石施工垫层粒径要求不大于 25cm，级配良好，含泥量不大于 10%；其他混石垫层粒径要求不大于 20cm，级配良好，含泥量 10%～30%；土基顶面级配碎石垫层要求粒径不大于 20cm，级配良好，含泥量不大于 10%。

在强夯或冲击碾压施工前，为了确保邻近的原道面或其他建（构）筑物不受破坏，应在原道肩（或道面）或其他建（构）筑物边开挖一条 1.0m（宽）×2.0m（深）的隔振沟。施工结束后，隔振沟需用混石或级配碎石回填，分层压实。

3. 溶洞、土洞处理设计

（1）溶洞、土洞处理判别标准

由勘察单位提供的勘察资料（主要是物探资料）显示，本次扩建工程站坪区岩溶较发育，为满足机场建设工程的需要，需对本区域存在的不稳定的土洞、溶洞进行相应处理。借鉴白云机场历次建设的相关成功经验，按以下原则进行判别：

1. 洞体顶面埋深 H 分别大于 20m、25m 的溶洞、土洞，不处理。

2. 洞体顶面埋深 H 分别小于 20m、25m 的溶洞、土洞，按其 H 与洞高 h 的关系确定是否处理：

①当 $H > 10h + 5$ 时，不处理；

②当 $H \leq 10h + 5$ 时，按下述方法继续判别：

a. 若土洞洞体顶板稳定或溶洞洞体顶板完整，且顶板厚度 H/洞体最大宽度 $D > 1$；或土洞洞体顶板不稳定或溶洞洞体顶板破碎，且顶板厚度 H/洞体最大宽度 $D > 2$，可不处理洞体。

b. 若土洞洞体顶板稳定或溶洞洞体顶板完整，但顶板厚度 H/洞体最大宽度 $D \leq 1$；或土洞洞体顶板不稳定或溶洞洞体顶板破碎，且顶板厚度 H/洞体最大宽度 $D \leq 2$，均需进行处理。

（2）土洞、溶洞处理

①未充填或半充填类型土（溶）洞的处理

对于未充填或半充填类型的土（溶）洞，采用地面搅拌后高压灌注低标号混凝土与袖阀管注浆相结合的处理方法。即先利用大型综合高压混凝土泵站在地面将混合料（水泥、粉煤灰、砂、石粉等）预先搅拌成低标号混凝土，然后利用高压混凝土泵由钻孔直接注入地下土（溶）洞中。再利用袖阀管注浆法可分段、定深、多次复注的优点，二次充填固结加固洞体顶底板及低标号混凝土四周未充填固结加固密实的部位，弥补低标号混凝土充填上的不足之处。其目的在于充分利用拌和混合料均匀性与充填性的同时，再结合注浆的充填与固结特性，对注入的混合料周围尤其是顶板进行补充加固，使洞体形成密实的整体。

A. 第一次序：泵注低标号混凝土

设计参数：

a. 孔距：4.0m，正方形布置；

b. 孔径：168mm；

c. 孔深：至洞体底板；

d. 注入混合料的配合比：

保证混合料有一定的强度（注入混合料的 7 天抗压强度不低于 3MPa）及和易性，易于泵送的情况下，尽可能降低水泥用量，增加粉煤灰及砂、石等其他材料的用量。根据白云机场前期建设工程的经验，低标号混凝土配合比暂按水泥∶粉煤灰∶砂∶石粉∶水（重量比）= 1∶0.55∶4.05∶4.14∶1.09，具体配合比应通过试验确定。

e.泵注压力：

灌注压力应通过试验确定。绝对不允许地面产生裂缝和抬升。

f.注入量：

应根据洞体的充填情况、空洞情况确定,以填充密实,并对洞体内原有充填物有一定加固效果为控制原则。

B.第二次序：袖阀管注浆

设计参数：

a.孔距：2.0m,正方形布置；

b.孔径：90～110mm；

c.孔深：至洞体底板；

d.浆液配合比：

满足浆液固结体有一定强度（7天抗压强度按0.8～1MPa考虑）的前提下,浆液可采用粉煤灰或砂和水泥配制。根据白云机场前期建设工程的经验,配合比暂按水:水泥=1:1～0.8:1,具体配合比应通过试验确定。

e.注浆压力：

在保证地面不产生裂缝和抬升的情况下,通过试验确定注浆压力。

f.终注标准：

在注浆压力下,吸浆量＜1～2L/min稳压15min终注（主要在后序孔中）。

②充填类型土（溶）洞的处理要求

对于充填类型的土（溶）洞,采用袖阀管注浆的处理方法。其目的在于充分利用袖阀管注浆法可分段、定深、多次复注的优点,利用浆液的固结特性,将洞体内原有充填物胶结密实,切断洞体与外界土层、岩层间的水力联系,杜绝溶蚀和潜蚀作用的继续发展,消除隐患。

袖阀管注浆设计参数和施工质量控制措施,同未充填或半充填类型的土（溶）洞第二次序袖阀管注浆的设计要求。

2.1.4.4　土基顶面设计

为保证土基的均匀性,改善土基强度,对填土范围外的其他区域（包括地下工程范围）,在土基顶面统一设置30cm的级配碎石垫层进行冲击碾压（地下工程范围进行振动碾压）。级配碎石垫层要求粒径不大于20cm,级配良好,含泥量不大于10%。

2.1.4.5　地下管线及地下构筑物区域设计

在拟建工程范围内有消防管线、供油管线等地下管线以及排水箱涵等地下构筑物。施工前,应查明施工影响范围内地下构筑物和地下管线的位置,并采取必要的保护措施。各种管线的保护措施详见相关专业设计图纸。

2.1.5　机坪照明与供电及助航灯光

2.1.5.1　设计范围

1.　概述

本次站坪工程的飞行区机坪照明工程包括机坪所有设施的供电及管线、滑行道灯光系统。

2.　设计范围

（1）助航灯光系统

（2）机坪照明

（3）飞机目视停靠引导系统

（4）机位指示牌

（5）飞机400Hz电源

（6）机坪照明集中监控系统

（7）机坪电能管理系统

（8）机坪供电

（9）机坪管线、电缆敷设及接地

2.1.5.2　设计内容

1.　机坪滑行道灯光系统

（1）滑行道中线灯

在安装位置方面,滑行道中线灯安装在距滑行道中心线0.5m处。

在安装类型方面,机坪内的滑行道上设深桶式滑行道中线灯；其他滑行道上设浅座式的滑行道中线灯,预留灯坑安装；新建滑行道与现有滑行道衔接的滑行道中线位于老道面上部分滑行道中线灯采用老道面切槽钻眼安装。

（2）中间等待位置灯

在中间等待位置处设滑行道中间等待位置灯,中间等待位置灯由3个相距1.5m黄色灯组成,设置在中间等待位置标志的等待侧距离0.3m处。中间等待位置灯的灯座型式及安装方式与滑行道中线灯相同。

（3）滑行道边灯

在新建滑行道道肩上距道面边3m线上设立式滑行道边灯。

（4）滑行引导标记牌

新建滑行道范围按照《飞行区技术标准》的要求,设置相应的滑行引导标记牌,并对部分原有标记牌牌面内容进行改造,与本次增加滑行道引导信息一致。

（5）隔离变压器箱

设计在某些无土面区或土面区较小无足够空间放置隔离变压器箱的弯道处采用平地式隔离变压器箱,滑行引导标记牌用的隔离变压器箱安装在标记牌基础内,其他滑行道灯的隔离变压器箱安装在土面区。

（6）滑行道灯光系统供电

本次工程增加的滑行道中线灯、滑行道边灯、滑行引导标记牌，按照机坪东西两侧范围，分别由现有2号灯光变电站出9个串联回路和3号灯光变电站出16个串联回路供电，并在3号灯光变电站增加3台低压开关柜，提供调光器的低压电源。

（7）滑行道灯光系统控制

设计中将新增滑行道灯光系统所有调光器接入现有的助航灯光监控系统中。

（8）一、二次电缆线路敷设

①一次电缆线路敷设

灯光一次电缆采用直埋敷设，埋深0.7m，在过道面处穿管保护，在站坪内穿PE管保护。

②二次电缆线路敷设

二次电缆穿镀锌钢管敷设，灯光二次电缆保护管的敷设采用在道面水稳基础层内切槽敷设，切槽宽度40mm，深度不小于80mm，并采用混凝土回填，不影响混凝土基础强度。

（9）灯光电缆回路的接地

每一灯光电缆回路由灯光站至第一个隔离变压器箱及之后的隔离变压器箱之间每300m做一组接地极，接地电阻小于10Ω。接地极与接地线均采用具有防腐性能的铜包钢材料。

2. 机坪照明

新建站坪照明分为近机位照明和远机位照明。近机位和远机位照明按照机位工作区范围内平均照度不小于30lx的标准设置高杆灯。

近机位单向照明的高杆灯按每座25m、9套1000W进口照明灯具配置，航站楼指廊转角处设扇形照明的高杆灯以达到较好照度效果，按每座30m、12套1000W进口照明灯具配置，为兼顾到对后侧服务车道的照明，每座高杆灯增加两套400W进口照明灯具。

自滑进顶推出远机位机坪照明设单向照明高杆灯，按每座25m、9套1000W进口照明灯具配置；自滑进自滑出远机位机坪照明设全向照明高杆灯，按每座30m、12套1000W进口照明灯具配置。

在每座灯塔上均设置两套带光控开关的障碍灯和避雷针。

3. 飞机目视停靠引导系统

本设计在近机位按每个机位设置一套目视停靠引导指示器，安装在机位正前方，安装方式采用立式门型架安装，仅在不可行时采用挂墙安装。本次设计的目视停靠引导指示器管理系统可接入现有的目视停靠引导系统，目视停靠引导指示器的通信线路敷设利用弱电桥架，由弱电桥架至每套装置。

每套目视停靠引导装置应具有接受航班动态信息和被系统集成的功能，在航站楼内设一个集中监控室，并根据运行要求分别在西五、西六、东五、东六指廊设分控室，对目视停靠引导装置进行监控和管理。系统可接入AODB系统中。

4. 机位标记牌

设计在每个机位均设置机位指示标记牌，牌面显示机位编号和机位停止点的经纬度。近机位每个机位设置一套机位指示标记牌，机位指示标记牌安装在目视停靠引导装置立式门型架的下方，同时在登机桥固定端上设一个三角机位牌显示机位编号，其牌面字符与本廊桥所服务的机位号码一致。远机位在每个机位前方设置一套机位指示标记牌，采用立式安装。机位标记牌均采用内部照明方式。

5. 飞机400Hz电源

设计在近机位每个机位设置固定式400Hz电源装置，安装在登机桥活动端头。C类和D类机位每机位设置一台容量为90kVA的400Hz电源装置，配一个中频电缆卷扬装置；E类机位每机位设置一台容量为180kVA的400Hz电源装置，安装在内桥，配两个中频电缆卷扬装置；E类组合机位每机位设置两台容量为90kVA的400Hz电源装置，分别安装在内外桥，配两个中频电缆卷扬装置；F类机位每机位设置两台容量为180kVA的400Hz电源装置，分别安装在内外桥，配4个中频电缆卷扬装置。

远机位设置固定安装400Hz电源装置，每套装置配一个中频电缆收放装置提供飞机使用400Hz电源。

6. 机坪照明集中监控系统

本次设计将设计范围内的高杆灯、机位标记牌进行集中控制，设集中控制监控室，并根据运行要求在东五指廊设分控室。机坪照明集中监控系统可接入现有的站坪（包括远、近机位）照明控制系统，通过扩展改造，使之能对包括本次设计在内的所有机坪高杆灯及机位标记牌进行集中控制。系统可接入航站楼管理系统中。

7. 机坪电能管理系统

设计中在每个机位综合配电亭供电的飞机外接空调、飞机400Hz电源、登机桥主电源以及高杆灯等的回路上设智能仪表，通过光缆连接，在航站楼内设置集中监控，分别对机坪上各用电对象的用电情况进行监控，并进行用电量统计，可作为计费的依据。系统可接入航站楼管理系统中。

8. 机坪供电

（1）近机位供电

近机位供电对象包括登机桥、飞机外接空调装置、飞机400Hz电源装置、机务维修用电、机坪高杆灯、机位标记牌（含立式和登机桥固定端顶安装的三角机位牌）、目视停靠引导装置、机坪上的弱电设施。

所有供电电源均由航站楼就近变电站低压提供，目视停靠引导装置由位于目视停靠引导监控中心的独立UPS电源供电。

在供电方式上，每个C类、D类和E类机位设两个综合配电亭：其中一个是外接空调及登机桥配电亭，包括一路市电电源和一路油机电源进线，油机电源仅提供登机桥的一个活动端电源使用；另一个是400Hz电源及高杆灯配电亭，包括一路市电源进线，提供飞机400Hz电源装置、机务维修用电、机坪高杆灯、机位标记牌（含立式和登机桥固定端顶安装的三角机位牌）、机坪上的弱电设施电源。一路UPS电源进线，提供目视停靠引导装置电源。考虑E类机位400Hz装置用电负荷为180kVA，该机位附近的高杆灯、机位标记牌、目视停靠引导装置、弱电设施的电源可从邻近的D类机位配电亭或单独设立的高杆灯电源箱提供；两个配电亭之间采用手动联络，当其中一个配电亭电源或线路故障时，可手动由另一配电亭电源提供登机桥工作电源或者高杆灯电源。

每个F类机位按两个E类机位考虑设四个综合配电亭，其中两个为400Hz电源配电亭，两个为外接空调及登机桥配电亭。

（2）远机位供电

远机位的供电对象包括飞机外接空调装置、飞机400Hz电源装置、机务维修用电、机坪高杆灯、机位标记牌（立式机位牌）、机坪上的弱电设施。

航站楼北侧的两个远机位机坪距离航站楼变电站较远，机位数较多，采用航站楼变电站低压直接供电，压降大，加大电缆截面不经济，因此在每个远机位机坪上设一座箱式变电站供电，箱式变电站的两路10kV电源引自航站楼10kV开闭所。在每个机位前端设综合配电亭，由箱式变电站引来两路电源，一路提供飞机外接空调装置电源，一路提供飞机400Hz电源装置、机务维修用电源，机位标记牌（立式机位牌）、机坪上的弱电设施，高杆灯组合配电箱的电源由箱式变电站低压直接提供。

航站楼西侧的两个远机位的综合配电亭的电源由航站楼变电站低压直接供电。

9．机坪管线、电缆敷设及接地

机坪内的电缆均穿管保护，埋设HFCM实壁管，采用混凝土进行包封，并按埋设距离和出线要求，在线路间设置加强型电缆人孔井。

接地：

设计在每个机位的综合配电亭或高杆灯组合配电箱处做一组接地，与登机桥、配电亭、配电箱、高杆灯、相邻电缆人口井等连为一体，接地电阻小于1Ω，接地装置及接地线采用铜包钢材料。

2.1.6　站坪消防

2.1.6.1　工程概况

本期在新建机坪处设计环状消防管网，与原有站坪消防管线相连。

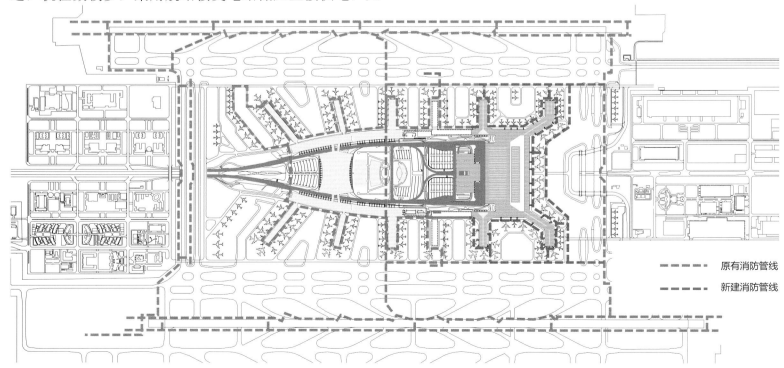

原有消防管线

新建消防管线

图 2.1.6.2　机场飞行区及站坪消防管网平面布置示意图

2.1.6.2　设计内容

通过对消防现状的调查可以发现，飞行区消防供水系统为一个独立的供水系统。消防泵房和消防水池与机场南供配水站合建，设计飞行区专用消防泵和专用出水管线；飞行区总消防用水量600m³，储存于南供配水站的清水池内。飞行区消防给水泵参数：型号8Sh-9，流量60～97.5L/s，扬程69～50m。由消防泵引出两路DN400的消防供水管线，分别在东跑道和西跑道形成DN400的环状消防管网。东、西跑道的南端头有两路DN400的连通管，东、西跑道南端头有一条DN400的连通管，中部还有一根DN250的消防管线，这条管线为站坪消防提供两路供水。原有站坪消防呈环状管网，西过夜机坪和东过夜机坪分别预留了两路DN250消防管线。

本期连接西过夜机坪和东过夜机坪预留的四处消防管线接口，在东五、东六、西五、西六指廊形成四个环状管网。再将西六、东六指廊北端头站坪消防管线与原有东、西跑道北端头DN400连通管相接。这样站坪消防管线与跑道消防有四路接口，较好地保证了站坪消防供水安全。站坪消防管线还兼顾航站楼空侧室外消防管线，因航站楼室内消火系统、自动喷水灭火系统需要设置消防水泵接合器，水泵接合器与室外消火栓的距离宜为15～40m，为保证该距离在水泵接合器附近增设了消火栓。

白云机场飞行区及站坪消防管网平面布置示意图如图2.1.6.2。

2.1.6.3　设计参数

（1）跑道消防设计管径DN250，设计流量30L/s；消防供水时按低压制考虑，即最不利点消火栓的出水压力不小于0.10MPa。

（2）消防给水干管埋深（覆土深度）1.60m。

（3）穿越滑行道口的消防管线外加焊接钢管套管保护，管径为DN400。

（4）消火栓的保护半径不应大于150m，沿航站楼周边设置的消火栓间距不应大于120m，并能同时供两台消防车辆取水。

（5）消火栓均采用地下式消火栓，型号为SA100/65-1.6型。

（6）消火栓井、阀门井、井体、井盖分别能承受飞机的最大胎压，且满足单人开启自如，井盖防水无渗漏。

（7）管线高点设自动排气阀。

廊桥的每个机位应设置一套灭火器材。远机位、维修机位、无廊桥机场的停机位，在航空器停场期间应保证每两个相邻的机位间至少设置一套灭火器材。每个灭火器材点的灭火剂容量应不少于55kg。

2.1.7　飞机外接空调

2.1.7.1　设计方案及参数

本工程在进行飞机空调设计时，需要遵循以下原则：C类机位设制冷量60RT飞机专用空调机组一台，E类机位设制冷量110RT飞机专用空调机组一台，E类复合机位设制冷量60RT飞机空调机组两台，F类机位设制冷量90RT飞机专用空调机组两台，E、F可转换复合机位按照F类机位设计。飞机专用空调机组须有三种运行方式，即夏季送1～3℃冷风、冬季送40～50℃热风和过渡季节纯送新风（表2.1.7.1）。

依据总图专业提供的机位类型及数量及业主要求的飞机专用空调机组设计原则，本工程共配置飞机专用空调84台。

空调机组参数表　　　表2.1.7.1

飞机专用空调型号	飞机专用空调参数	数量（台）	备注
110RT	制冷量：　385kW 制热量：≥140kW 送风量：17000m³/h 送风温度（制冷/制热）： 1～3℃/40～50℃ 机外静压：≥8000Pa 机组配置功率：230kW 噪声：≤80dB（A） 机组重量：≤4500kg	18	—
90RT	制冷量：320kW 制热量：≥100kW 送风量：12000m³/h 送风温度（制冷/制热）： 1～3℃/40～50℃ 机外静压：≥7900Pa 机组配置功率：180kW 噪声：≤80dB（A） 机组重量：≤3500kg	8	—
60RT	制冷量：　210kW 制热量：≥80kW 送风量：8000m³/h 送风温度（制冷/制热）： 1～3℃/40～50℃ 机外静压：≥7500Pa 机组配置功率：120kW 噪声：≤80dB（A） 机组重量：≤2800kg	58	—

2.1.7.2　安装及运行方式

本工程飞机专用空调有登机桥悬挂和落地安装两种安装方式，其中远机位及编号156、273、165、282、169、170近机位因登机桥活动端无足够位置悬挂安装，采用落地安装方式。其余近机位飞机专用改空调机组均采用登机桥吊挂安装方式，登机桥吊挂安装方式风管小车一般选用可旋转式万向轮架，需随登机廊桥移动轨迹一起平滑运动。

空调机组登机桥悬挂安装位置由登机桥中标厂家预留安装位置，落地安装空调机组基础采用在机坪上固定钢架，空调机组距机坪地面间距由中标厂家确定，落地安装机组四周需设安全警示护栏。安全警示护栏、空调悬挂支架与落地安装钢架基础均由空调设备厂家提供。飞机空调尺寸应满足以下条件：当廊桥缩到最短时，登机桥吊挂式飞机空调不能与后面转台立柱上的电箱等突出物体相碰，当廊桥降到最低时，飞机空调确保不碰地。

空调机组自配控制系统，空调机组送风口设有风阀，可根据飞机类型调节风量，满足复合机位的送风要求。同时为满足运营和管理需求，空调设备加装计量装置，可准确记录所服务机型、设备使用的时间、能耗（用电量）、故障信息等内容，以上数据和信息采用总线方式传输至监控中心，可查询、储存。近机位飞机外接空调与登机桥连锁动作（包括落地安装空调），当飞机外接空调工作时，对登机桥的任何操作均无效（紧急停止功能除外）。落地安装的飞机外接空调需预留通信线，以便将飞机外接空调数据接入登机桥综合管理系统（BMIS），通信线类型、要求由中标设备厂家提出，通信线路于强电电缆沟内走线。

飞机空调供应商应负责整个设备的指导安装工作，负责设备的调试及试运行，调试应在系统安装中或安装完后进行，飞机空调供应商需与登机桥承包商协调共同完成相互之间的联锁联动的调试。

2.1.8　1、2号下穿通道改造

2.1.8.1　工程概况

现有1、2号下穿通道位于北滑行道下，由南向北分别下穿飞行区服务车道、V滑和G滑，是北滑行道南北两侧沟通的重要通道。按照总体规划及本期建设方案，调整服务车道南侧下穿通道线位与拟建服务车道相接。本次设计两条下穿通道连接与拟建服务车道形成"T"形平交。对现有1、2号下穿通道在3号、4号特种车桥以南部分保留10mU槽，其余U槽及路面结构进行拆除，即现有1号下穿通道K0+10～K0+498.213路段和2号下穿通道K0+10～K0+498.213路段。拆除通道长度为976.426m。新建下穿通道长433.792m。

2.1.8.2　主要技术标准

（1）高程基准：1985国家高程基准；
（2）交通等级：中型交通，单车道标准轴载累计作用次数$7×10^6$；

（3）设计行车速度：30km/h；
（4）桥下净高：净高≥4.5m；
（5）路面结构设计年限：15年。

2.1.8.3　设计概要

1．本工程设计范围

本工程设计范围是道路的平面、纵断面、横断面和路面结构设计，路基设计、道路排水设计、U槽结构设计和交通工程设计。

2．主要线形技术指标（表2.1.8.3）

主要线形技术指标表　　　　表2.1.8.3

项目	单位	A线道路
设计行车速度	km/h	20
净空	m	≥4.5
设超高最小半径	m	45
缓和曲线最小长度	m	32
最大纵坡	%	4.4
最小纵坡	%	0.3
最小凸曲线半径	m	750
最小凹曲线半径	m	2000
最大超高值	%	2.0

3．道路平面设计

定线起点位于现有1号下穿通道3号特种车辆桥桥下，与现状1号下穿通道相接；终点位于2号下穿通道4号特种车辆桥桥下，与2号下穿通道相接；定线长度433.792m；在桩号AK0+216.896处与拟建服务车道平交。

4．纵断面设计

道路最大纵坡4.4%，最小纵坡0.3%；最小凸曲线半径750m，最小凹曲线半径1200m；AK0+000～AK0+027.500路段和AK0+406.292～AK0+433.792路段分别为3号、4号特种车辆桥桥下路段，作为纵坡调整路段，仅破除路面结构。本工程道路与服务车道接点高程为14.50m，路口两侧设置缓坡段，道路纵坡为1.0%。

5．横断面设计

全线道路采用双向行驶，四车道设计；内侧车道宽4.35m，外侧车道考虑货运拖车较宽，车道宽度为5.5m。

AK0+000～AK0+117.5路段和AK0+311.292～AK0+406.292路段道路总宽度25.2m，1m（检修道）+0.5m（路缘带）+9.85（车行道）+0.5m（路缘带）+1.5m（分隔带）+0.5m（路缘带）+9.85m（车行道）+0.5m（路缘带）+1m（检修道）=25.2m。

AK0+117.5～AK0+311.292路段道路总宽度23.2m，0.5m（路缘带）＋9.85（车行道）＋0.5m（路缘带）＋1.5m（分隔带）＋0.5m（路缘带）＋9.85m（车行道）＋0.5m（路缘带）＝23.2m。

6.　路面结构设计

按照自然区划分标准，本工程处于Ⅳ7区，路面结构组合：

（1）结构组合一（路基道路）

上面层：改性沥青混凝土（AC-13）4cm；

乳化沥青粘层油；

下面层：沥青混凝土（AC-25）8cm；

下封层；

乳化沥青透层油；

上基层：水泥稳定碎石18cm；

下基层：水泥稳定碎石18cm；

底基层：山皮石30cm；

总厚度：78cm。

（2）结构组合二（U槽道路）

上面层：改性沥青混凝土（AC-13）4cm；

乳化沥青粘层油；

下面层：沥青混凝土（AC-25）8cm；

下封层；

乳化沥青透层油；

路基：毛石混凝土。

总厚度：12cm；

人行步道结构：

人行步道砖6cm；

M10水泥砂浆3cm；

C15混凝土21cm；

路基：毛石混凝土；

总厚度：30cm。

7.　路基设计

（1）路基填料

路基填料要求：路基填料不得使用淤泥、沼泽土、有机土、草皮、生活垃圾和含有腐朽物质的土。

路基填土应分层铺筑，均匀压实，压实度标准及路堤填料最小强度应符合相应要求。

（2）边坡设计

挖方高度小于3m路段采用自然放坡，挖方边坡采用1:1.25的坡率，土路肩宽1.5m。挖方高度大于3m路段采用U槽结构护坡，U槽侧墙至地面采用1:1.25坡率放坡。填方边坡坡率1:1.5，全线边坡均采用六角砖植草护坡，六角砖采用C30混凝土材料。

（3）U槽设计

U槽全线共分为八个独立槽段，根据不同的埋深，分为A、B两种类型。每种类型的底板等厚度，侧墙采用变截面形式，墙顶厚度0.58m，墙底厚度分别为0.80m、1.00m。

桥梁、U槽结构依靠自重抵抗地下水的浮力。自重包括结构自重、毛石混凝土配重及路面。根据参考勘察资料，经计算，结构靠自重可以满足抗浮要求，抗浮安全系数$K_f \geqslant 1.05$。

为有效减少大体积混凝土的裂缝，底板及U槽结构采用补偿性收缩混凝土及加强型补偿性收缩混凝土分段浇注。混凝土采用C30，抗渗标号w8，钢筋为HRB400钢材。

本期改造需要拆除原有U槽，为节省造价，在3、4号特种车辆桥南侧各保留10m现状U槽，新建U槽与现状保留U槽湿接；在拆除现状U槽过程中应保留横向钢筋，断面应保证麻面，清除松动混凝土块，保证新老U槽粘结为一体，并为遇水膨胀腻子止水条开槽，以方便湿接缝中添加遇水膨胀腻子止水条。

U槽按照需要进行分段，每段之间设置2cm沉降缝，内置沥青泡制木板，U槽内侧采用聚硫密封胶嵌缝。

U槽防水：沉降缝处采用钢边橡胶止水带防水，U槽外侧铺设膨润土防水毯防水。

2.1.9　北进场路隧道

2.1.9.1　概述

根据本期机场扩建项目的需要，设计将原北进场路部分路段（与二号航站楼冲突部分）由地面交通改为地下交通。二号楼及站坪建成后，北进场路将从站坪及二号航站楼下穿过接入航站区道路系统。北进场路隧道工程按照工程所在区域分为空侧部分和陆侧部分。

北进场路隧道工程（空侧部分）即飞行区北进场路改建工程，设计全长410.527m，其中敞开段地面道路长86.527m，暗埋段隧道长324m。隧道南侧与航站区段的隧道相接，北侧的地面道路为对原北进场路的局部改造。本工程包括北进场路隧道324m暗埋段的结构、地基处理设计及与隧道同期建设的管廊逃生通道结构设计。

2.1.9.2　场地自然条件

根据本次勘察结果，结合区域地质资料，勘察场地除人工填土、溶土洞须进行处理外，未见断裂等其他影响场地稳定性的不良地质作用，经地基处理加固后场地是稳定的，适宜建设本期项目。

2.1.9.3 设计概要

1. 工程范围和设计内容

（1）设计范围

飞行区北进场路改建工程设计起点为新建北进场隧道入口（A5120，B6973.15），设计终点为飞行区航站楼外侧服务车道边线（A5120，B6649.15），起终点桩号为K0+86.527～K0+410.527。

（2）设计内容

设计内容包括飞行区北进场路改建工程的暗埋段隧道箱涵结构、地基处理及与隧道同期建设的综合管廊逃生通道。

2. 主要设计技术指标

（1）机坪位置活荷载：E类-B747-400；

（2）服务车道位置活载：飞行区特种车辆—顶推车重60t，重型加油车重80t；

（3）汽车通道净高：≥4.5m；

（4）抗震设防烈度：6度；设计基本地震动加速度值0.05g；

（5）隧道结构的设计基准期为100年；

（6）隧道结构的设计安全等级为一级；

（7）隧道结构的设计使用年限为100年。

3. 设计方案

（1）隧道主体结构

暗埋段隧道采用双孔箱涵结构，覆土深度0.8～5m，隧道中间段位于机坪下，其上机坪可供E类飞机滑行通过，隧道两端节段位于服务车道下，其上可供机场内的各种服务车辆通行。箱涵结构尺寸均为：顶底板厚1.5m，侧墙厚1.2m，中墙厚1.0m。

箱涵结构为适应沉降要求及变形要求，在纵向分为若干节段，节段之间设有2cm的变形缝，并置两相邻节段于一块垫板之上，以防发生不协调沉降。

路面结构下设50cm毛石混凝土配重，以利于结构抗浮及设置排水边沟。

（2）地基处理

隧道结构要求地基承载力特征值分别不小于300kPa和240kPa，天然地基承载力较低，无法满足设计要求。根据机场内类似工程经验，考虑采用CFG桩对地基进行加固处理。CFG桩平均设计桩长11.8m，桩径40cm，桩中心距1.5～2.0m，上设30cm碎石褥垫层。

4. 主要材料

（1）混凝土

隧道箱涵顶板、底板及侧墙均采用C40补偿收缩混凝土，防水等级为P8；节段间垫板采用C30混凝土；底板下垫层采用C15混凝土；路面结构下毛石混凝土，混凝土强度不低于C20，毛石参量25%左右，强度等级不低于

MU20，尺寸不应大于20cm。

（2）普通钢筋

钢筋直径≤10mm者采用HPB300，光圆钢筋，直径>10mm者采用HRB400带肋钢筋。其技术性能应分别符合中华人民共和国国家标准《钢筋混凝土用热轧光圆钢筋》GB 1499.1-2007、《钢筋混凝土用热轧带肋钢筋》GB 1499.2-2007的规定。在施工中对钢筋的焊接、搭接、锚固长度等应严格按照相关施工规范执行。

5. 耐久性设计

按照《公路工程混凝土结构防腐蚀技术规范》JTG/T B07-01-2006，根据地质勘察报告，本工程隧道主体结构所处环境主要分别为土中及地表、地下水中的化学腐蚀环境和大气污染环境，环境作用等级均为C级。

为保证结构混凝土的耐久性，混凝土材料应满足以下要求：单方混凝土中胶凝材料用量不小于320kg/m³，且不宜大于450kg/m³，水胶比不得大于0.45；每立方米混凝土中各类材料的总碱含量（Na_2O当量）不得大于3kg；按有关规定严格控制混凝土中Cl的含量，氯离子含量不应超过胶凝材料总量的0.1%；选用C3A少的水泥，C3A的含量不大于8%。

2.1.10 全场标记牌改造

2.1.10.1 设计范围

全场标记牌改造包括对现有跑道、滑行道系统重新编号后的所有滑行引导标记牌的改造。

2.1.10.2 设计内容

1. 滑行引导标记牌改造

本次扩建对机场跑道和滑行道系统进行了重新编号，因此也需多标记牌进行重新设计，标记牌的牌面内容设计按照《民用机场飞行区技术标准》MH 5001-2013中标记牌规范要求进行；除增加部分标记牌外，大部分有牌面内容及尺寸的变化，极少部分内容不变的标记牌由于使用年限较长，与新设计的标记牌视觉效果不一致，也一并进行了更换。

2. 供电线路

对于原标记牌电缆的回路不进行调整，维持原回路不变；本次设计标记牌就近接入原有电缆回路。

维持现有调光器容量维持不变，个别回路负荷超出调光器容量，则在相邻的标记牌回路中进行调整。现有东跑道以东的滑行引导标记牌的供电分别由三跑道南北灯光变电站供电，回路分配与三跑道标记牌统一考虑。

2.1.11　空侧地下综合管廊

空侧地下综合管廊建设内容包括新建二号航站楼站坪下的 A2 型综合管廊、B2 型综合管廊及综合管廊的逃生通道。A2 型综合管廊南侧与航站楼内综合管廊相接，全长 410m；B2 型综合管廊南侧与航站楼内综合管廊相接，全长 410m。A2、B2 管廊分别修建逃生通道通往北进场隧道。

管廊结构顶覆土在 3～4.5m 之间，逃生通道结构顶覆土不大于 1.5m。根据覆土深度、地面荷载、防水及耐久性设计的要求，确定结构厚度及钢筋的设置。管廊伸缩缝间距约 30m。节段间伸缩缝下设置钢筋混凝土垫板，以减小不均匀沉降的影响。

根据机场地质勘察报告，管廊主体结构地基持力层大部分为中粗砂层②-4，承载力特征值为 200kPa，部分地基位于粉土、粉细砂②-4 和黏土②-6，承载力特征值分别不小于 130kPa 和 140kPa，由于管廊埋置较深，经过深宽修正后地基承载力可满足要求。逃生通道结构要求地基承载力特征值不小于 200kPa，根据现有勘察资料，基底大多位于中粗砂层，能满足要求，当地基承载力达不到要求时进行换填处理，换填材料可采用级配碎石。

管廊地基开挖后铺设 30cm 厚碎石垫层，其固体体积率不小于 85%，在级配碎石层上做素混凝土垫层，碎石垫层顶宽为结构外墙宽＋20cm，向下 45°放坡。

2.2　第三跑道及其配套工程

2.2.1　设计内容

白云机场扩建工程第三跑道及其配套工程设计内容包括：

2.2.1.1　总图工程设计
根据本项目的初步设计及其批复意见，确定其总平面布局，包括确定新建跑道构型及尺寸、滑行道构型及尺寸以及灯光站、消防分站、场务车库的位置及建设规模等；确定飞行区围界、环场道路、排水沟、灌渠位置等。

2.2.1.2　场道工程设计
1．跑道工程
在现有东跑道东侧距离 400m 处，建设第三跑道，长 3800m（跑道北端 584m 及相应的滑行道系统在前期 FedEx 亚太运转中心工程中已实施），宽 60m，两侧道肩各 7.5m，采用水泥混凝土道面，按满足 F 类飞机使用进行设计。

2．滑行道工程
在第三跑道东侧，新建一条平行滑行道与 FedEx 亚太运转中心工程中现有的平滑相接，新建平行滑行道长 3185.2m。平滑道面宽 25m，两侧道肩各宽 17.5m，满足 F 类飞机的使用要求，跑滑中心线间距为 200m。

跑道东西两侧各建 6 条快速出口滑行道、2 条垂直联络道和 3 条快速穿越滑行道，按适合 F、E 类及以下飞机使用设计。

3．土石方工程
本次设计范围内的地势设计、土石方工程量计算、土石方调配设计。

4．排水工程
本次设计范围内的飞行区排水设施设计，进行水力计算及排水构筑物的设计。

5．附属设施工程
本次设计范围内的围场路、围界的设计。

6．地基处理工程
本次设计范围内道面区的沟塘、软土、土溶洞等不良地质岩土的地基处理设计。

2.2.1.3　灯光及配电工程工程设计
第三跑道双向按 II 类仪表精密进近运行类别，设置进近灯光、跑道灯光系统，滑行道灯光系统，滑行引导标记牌，灯光计算机监控系统，以及灯光变电站等。

2.2.1.4　消防工程设计
1．消防系统设施建设
第三跑道按 4F 建设，根据《民用机场安全保卫设施》标准建设消防管网及跑道取水点等设施。

2．消防分站工程
按机场消防等级要求建设消防分站，配备消防车辆及设备。

2.2.1.5　安防工程
第三跑道以机场现有东飞行区安防系统为基础，建设安防工程，包括围界防入侵报警及附属设施、出入口门禁控制系统、安防管道工程和综合管网工程。

2.2.1.6　场务车库工程
为保障场务车辆和设备使用，根据有关批复和要求建设场务车库。

2.2.2　机场现状介绍

2.2.2.1　场地工程地质概况

1.　场区岩土分层及评述

场区上覆第四系地层主要为填土、耕植土、黏性土及粗、砾砂，局部为粉细砂、中砂及圆砾等，局部夹淤泥质土层，下伏基岩为石炭系炭质页岩、砂岩、灰岩等。据本次钻探地质资料，将场地内岩土层自上而下划分为第四系人工填土层（Q4ml）、耕植土层（Q4pd）、冲积层（Q4al）和残积层（Qel），下伏基岩为石炭系炭质页岩、砂岩、灰岩等，现分述如下：

（1）表土层（层序号①）

主要有耕植土、填土等，地质年代属全新世（Q4）。

①-1素填土（Q4ml）：黄灰、红褐、灰黑等杂色，主要由黏性土、碎石土、砂土等组成，局部含砖瓦碎块、花岗岩块石、腐殖质等，松散至压实状，土质不均匀，多分布在村庄中或村庄附近及机耕道上。厚度0.5～8.20m，平均2.77m。

①-2耕植土（Q4pd）：灰、暗灰色，主要由黏性土组成，该层广泛分布于菜地及果林中，富含有机质及植物根系，厚度0.40～0.70m，平均厚度0.51m。

（2）冲积土层（Q4al，层序号②）

②-1黏土、粉质黏土：褐黄、黄灰、褐红间灰白色，常成不规则的花斑状构造，可塑至硬塑状，局部坚硬或软塑状，黏性一般，局部含砂粒较多。局部夹有砂层及淤泥质土透镜体。黏土土质较均匀，细腻，粉质黏土有砂感。该层分布广泛，层位稳定，仅个别地段有缺失。该层厚度1.10～18.10m，平均5.90m，层顶高程9.47～17.37m，平均16.23m，层顶深度0.40～7.00m，平均0.85m。

根据自由膨胀率测试结果（δ_{ef}=11%～30%），场地②-1黏土、粉质黏土层不具有胀缩性。

②-2砾砂、粗砂层：以砾砂、粗砂为主，夹有圆砾、中砂，局部含小卵石少量，局部夹有薄层粉细砂、黏性土透镜体。

褐黄、灰白、浅褐、棕褐等色，饱和，以稍密至中密为主，级配一般较好，常含粉粒及黏粒。该层分布广泛，层位稳定，厚度变化大，揭露厚度1.00～23.00m，平均厚度6.72m，层顶高程-1.08～15.13m，平均10.09m，层顶深度2.00～18.60m，平均7.01m。

②-2-1粉、细砂：浅灰白、黄白、黄褐、浅褐色等，饱和，松散至稍密，级配良好，常含粉粒及黏粒，局部夹中砂薄层，主要矿物成分为石英。该层在场区内零星分布，主要分布于场区内ZK20、ZK51、ZK68、ZK70、ZK82、ZK94等6钻孔一带。揭露厚度1.00～4.40m，平均厚度2.40m，层顶高程8.70～15.47m，平均11.96m，层顶深度1.60～8.20m，平均5.42m。

②-2-2：淤泥质粉质黏土：灰、深灰色，流塑至软塑状态，含腐殖质及腐木碎屑，性软。该层在场区内零星分布，主要分布于场区内ZK51、ZK72、ZK96等3个钻孔一带。揭露厚度0.60～6.00m，平均厚度3.10m，层顶高程6.27～16.75m，平均11.40m，层顶深度1.00～11.00m，平均6.30m。

②-3粉质黏土、黏土：褐黄、褐红、灰白、褐紫色等。土性呈可塑至硬塑状，局部为坚硬状或为软塑状，黏性一般至较差，局部含砂粒较多，夹有砂层薄层。该层分布较广泛，但不够稳定，共ZK1等56个钻孔有揭露，揭露厚度0.70～19.10m，平均厚度5.34m，层顶高程-5.18～8.67m，平均3.74m，层顶深度8.10～22.70m，平均13.36m。

②-4粗砂、砾砂：以粗砂、砾砂为主，常夹有圆砾、中砂、粉细砂、黏性土等，常混有小卵石。褐黄、褐浅、黄白等色，饱和，以稍密至中密为主，级配较好，局部含较多黏粒。

该层分布较广泛，但不够稳定，共ZK3等56个钻孔有揭露，揭露厚度1.00～11.60m，平均4.76m，层顶高程-15.76～7.27m，平均-1.43m，层顶深度9.50～33.00m，平均18.51m。

②-5粉质黏土、黏土：褐黄、褐紫、灰白、褐色，可塑至硬塑，局部为软塑状，黏性一般至较差，局部含砂粒较多，夹有砂层薄层，局部含小卵石少量及腐木碎屑。该层分布不够稳定，共ZK7等37个钻孔有揭露，揭露厚度0.70～22.40m，平均7.12m，层顶高程-18.03～6.25m，平均-3.20m，层顶深度10.20～34.70m，平均20.36m。

②-6粗砂、砾砂：以粗砂、砾砂为主，常夹有圆砾、黏性土等，常混有小卵石。褐黄、浅黄、灰白、褐红等色，饱和，以稍密至中密为主，级配较好，局部含较多黏粒。

该层在场区内零星分布，共ZK16等11个钻孔有揭露，揭露厚度1.80～12.90m，平均5.34m，层顶高程-27.87～-3.32m，平均-12.39m，层顶深度20.10～44.20m，平均29.55m。

②-7粉质黏土：褐紫、褐黄、褐红色，硬塑为主，局部为可塑或坚硬状，黏性一般至较差，局部含砂粒较多，夹砂土薄层，局部含小卵石。该层分布不够稳定，共ZK1等38个钻孔有揭露，揭露厚度1.30～22.50m，平均7.13m，层顶高程-24.25～5.53m，平均-7.73m，层顶深度11.30～41.80m，平均24.74m。

（3）残积层（Qel，层序号③）

③粉质黏土：褐紫色，硬塑，黏性一般至较差。该层零星分布，仅见于场区ZK16、ZK17、ZK57等3钻孔，揭露厚度1.40～7.20m，平均3.40m，层顶高程-

9.79～7.42m，平均−0.95m，层顶深度9.80～27.00m，平均18.07m。

（4）基岩（层序号④）

场区下伏基岩为石炭系炭质页岩、砂岩、灰岩等，按风化程度可划分为全风化、强风化、中风化、微风化等四个岩带。

④-1全风化岩：岩性主要为炭质页岩、泥质细砂岩，呈灰白、灰黑色，岩石风化剧烈，原岩组织结构已基本破坏，岩芯呈密实坚硬土状。

该层仅见于场区内ZK17、ZK50两钻孔，揭露厚度2.60～3.10m，层顶高程−4.17～0.22m，层顶深度17.00～21.00m。

④-2强风化带：岩性主要为炭质页岩、灰岩、泥质细砂岩、粉砂岩，呈黑灰、褐黄、褐色等色，矿物成分已显著变化，原岩结构构造尚可辨认，岩芯呈土状至半岩半土状、碎块状，可用手折断或捏碎，局部夹有中风化岩碎块。

该层仅见于场区内ZK14、ZK16、ZK17、ZK42、ZK50、ZK57、ZK62、ZK94等钻孔，揭露厚度1.40～18.40m，平均8.21m，层顶高程−11.39～3.28m，平均−2.65m，层顶深度14.60～28.60m，平均20.00m。

④-3中风化带：岩性主要为灰岩，灰色，隐晶质结构，块状构造，矿物成分基本未变，原岩结构构造较清楚，岩质较硬，锤击不易碎，岩芯呈短柱状，表面见溶蚀现象。

该层仅见于场区内ZK30钻孔，揭露厚度0.20m，层顶高程−4.35m，层顶深度21.20m。

④-4微风化带：岩性主要为灰岩，多呈灰白、浅红、浅灰色，岩质新鲜，原岩结构构造清晰，岩质坚硬，锤击声脆，岩芯多呈短柱至柱状，顶部多呈块状，柱面光滑。

该层在场区内大部分钻孔有揭露，揭露厚度0.10～3.70m，平均1.21m，层顶高程−34.79～−0.02m，平均−15.34m，层顶深度17.80～51.30m，平均32.44m。

本层取岩样17组，其中天然抗压强度试验9组，饱和抗压强度试验9组。岩石天然抗压强度f_c=23.2～63.2MPa，平均51.2MPa，标准差12.9，变异系数0.3，修正系数0.84，标准值43.1MPa。岩石饱和抗压强度f_r=34.2～54.5MPa，平均46.8MPa，标准差7.7，变异系数0.20，修正系数0.9，标准值42.1MPa。

2. 场地不良地质现象

（1）溶洞、土洞

土洞与岩洞的关系非常密切，往往是在岩面上先有了溶洞，在地下水的潜蚀作用下，上覆土层底面不断崩落致使土洞形成、扩展，严重时可导致地表下沉、开裂、塌陷。

岩溶发育的基本条件：一是具有可溶性岩层，二是具有溶蚀能力的流动的地下水。

场道区下伏基岩主要为石炭系灰岩，为可溶性岩层，分布广泛，为岩溶、土洞的发育具备了先决条件，也是场区的主要岩溶含水层。

场区土洞及溶洞发育程度较差，土洞、岩溶的分布在纵横向上变化很大，规律性差。

（2）膨胀土

本次勘察对第②-1层土作了膨胀土的工程特性指标试验，试验结果δ_{ef}=11%～30%。根据《膨胀土地区建筑技术规范》和《岩土工程勘察规范》，按膨胀率（δ_{ef}）划分膨胀潜势为三类：40%～65%为弱膨胀性土，65%～90%为中膨胀性土，大于90%为强膨胀性土。根据上述划分标准，场区内第②层土δ_{ef}<40%，为无膨胀性土。

（3）淤泥、淤泥质土

场区内软弱土层主要为淤泥质土，主要呈透镜体状分布于第②-2层土中，局部为人工填土覆盖的淤泥质土。该层在场区内仅ZK51、ZK72、ZK96等3个钻孔一带有钻遇，分布面积极局限，揭露厚度0.60～6.00m，层顶高程6.27～16.75m，层顶深度1.00～11.00m。

（4）地震效应

根据《建筑抗震设计规范》GB 50011-2001第4.3条的有关规定，拟建场地抗震设防烈度为6度，设计基本地震加速度值为0.10g，设计地震分组为第一组。

岩土层中人工填土、淤泥质土为软弱土，冲积层中粉质黏土、黏土、粉细砂粗、砾砂为中软土，残积土、全风化、强风化岩为中硬土，中、微风化岩层为坚硬土。综合评定本场地属中软场地土，建筑场地类别为Ⅱ类，属建筑抗震不利地段。

勘察场地存在厚度较大的饱和砂土（中、粗、砾砂），对地表下20m深度范围内饱和砂土进行地震液化判别，根据《建筑抗震设计规范》GB 50011-2001，采用标准贯入试验法进行砂土液化判定，判别结果表明在地震烈度为7度时，场地②-2饱和砂土层局部有液化的可能（ZK91钻孔），液化指数I_{lE}=0.96，液化等级轻微。

2.2.2.2 飞行区现状

白云机场一期工程建设了两条跑道。

西飞行区技术标准为4E，跑道长3600m，宽45m，道肩宽为7.5m，滑行道直线部分宽为23m，道肩宽为10.5m，水泥混凝土道面板主要厚度为42cm，除跑道道肩水泥混凝土板厚度为16cm外，其他道肩水泥混凝土板厚度为12cm。

东飞行区技术标准为4F，跑道长3800m，宽60m，道肩宽为7.5m，滑行道直线部分宽为25m，道肩宽为17.5m，水泥混凝土道面板主要厚度为44cm，除跑道道肩水泥混凝土板厚度为16cm外，其他道肩水泥混凝土板厚度为12cm。

原迁建工程中，东、西站坪共设58个机位，过夜机坪机位6个，专机坪机位2个，共66个机位，总面积为83万 m²。

2006年1月10日东南站坪通过民航行业验收，设计机位8个，站坪面积为9万 m²，该站坪目前已经投入使用。

东三西三指廊站坪共34个机位，其中含原东二西二12个远机位改造为11个近机位，新建站坪面积21万 m²（不包括联络滑行道及B、E滑行道部分）。

截至到目前，正在使用的各类机位共74个，总面积为92万 m²。

东三西三指廊站坪全部建成投入使用后，各类机位共96（74+34-12）个，总面积为113万 m²。

机场建设的FedEx亚太转运中心，在飞行区第三跑道东侧北端建设了21个机位的货机坪，在东跑道东侧与第三跑道之间建设一条平行滑行道及联络滑行道系统，为避免施工影响运营，该项目也提前设施了第三跑道北段部分。

2.2.2.3　给水排水、消防现状

机场一期工程给水水源是由广州市江村水厂提供，经两根DN800的场外输水管线接到机场水表房并最终接入场内供水站。机场南区和北区各布置一个供水站。

机场给水管网平面成环状布置，并设置分段分区的检修阀。机场的生活、生产用水与消防用水合用一条管线，在给水管网上设置地上式消火栓。机场内给水管网布置满足一期和远期发展的需要。每个供配水站的出水总管和场内给水干管可满足远期发展的需要，航站楼的供水压力不小于0.30MPa；机场场内最不利点的多层建筑物的供水压力不小于0.35MPa。

白云机场的雨水经五个飞行区排水口排到机场外的天然水体。这五个排水口的情况见表2.2.2.3所示。

排水口状况表　　　　　　　　　　　　　　　　　　　　　　表2.2.2.3

出水口编号	1	2	3	4	5
飞行区汇水面积	西飞行区南部	西飞行区中部	西飞行区北部	东飞行区南部	东飞行区北部
机场其他用地的汇水面积	航空公司用地及航站区南部	航站区北部及部分西侧规划站坪	货运区部分西侧规划站坪	机场办公用地及部分东侧规划站坪	维修基地用地及部分东侧规划站坪
雨水流量（m³/s）	27.6	32.9	48.4	41.6	43.7

注：机场各部分的雨水经管线汇集后自流或经泵提升进入飞行区排水系统。

2.2.3　总图工程

2.2.3.1　目标年航空业务量预测

本次第三跑道及其配套工程按照满足2015年机场航空业务量进行规划建设，机场2015年航空业务量如表2.2.3.1所示。

2015年航空业务量　　　　　　　　　　　　　　　　　　　表2.2.3.1

序号	项目	类型	2010年	2015年	2020年	2025年	2030年	2035年
1	年旅客吞吐量（万人次）	国内	3990	5520	6750	7476	7920	8265
		国际	210	480	750	924	1080	1235
		合计	4200	6000	7500	8400	9000	9500
2	年货邮吞吐量（万吨）	国内	104.50	149.04	195.3	246.53	296.56	339.30
		国际	5.50	12.96	21.7	30.47	40.44	50.70
		合计	110.00	162.00	217.00	277.00	337.00	390.00
3	年客机起降架次（架次）	国内	314943	469212	577753	630302	657803	694005
		国际	38425	36278	44953	54903	63620	73059
		合计	353368	505490	622706	685205	721423	767064
4	年货机起降架次（架次）	国内	2273	3672	5377	7131	8464	10298
		国际	310	598	1044	1565	2116	2575
		合计	2583	4270	6420	8696	10580	12872

2015年航空业务量（续表）　　　　　　　　　　　　　　表 2.2.3.1

序号	项目	类型	2010 年	2015 年	2020 年	2025 年	2030 年	2035 年
5	高峰小时飞机起降架次（架次）	国内	91	124	149	152	147	143
		国际	18	27	35	38	40	39
		合计	109	151	184	190	187	181

2.2.3.2　总平面设计方案

通过对两条近距跑道运行模式的分析研究，结合白云机场场址条件以及净空条件，最终确定了三跑道的构型和位置，并与现有东跑道形成一组近距离跑道。

1.　跑道的尺寸和方位

通过对起飞重量与跑道长度、起飞重量与飞行距离、不同跑道长度与各种机型起飞重量的变化幅度、较高温度的影响、飞行计划、航线效益、各种机型降落长度等诸多方面分析研究，从第三跑道的功能、节约用地、减少飞机噪声影响范围的各种因素考虑，最终认为第三跑道按3800m长度建设是可以满足使用要求的。

按照规划三跑道为一条近距跑道，位于现有东跑道东侧，近距平行跑道虽然对跑道系统容量提高较少，但它占用土地少，对空域影响小，靠近现有航站区，滑行距离短。三跑道和现有东跑道之间设有一条平行滑行道，滑行道与跑道间距按照F类标准不小于190m，在建设联邦快递区时已建成与东跑道等长度的平行滑行道，滑行道中心线与东跑道中心线间距按照200m设置，因此本期三跑道的建设也按照200m的跑滑间距进行设置。三跑道向南错600m，这种布局不仅有利于主降方向降落运行，而且降低了机场北端净空障碍影响范围。

本期三跑道按照4F标准建设，跑道3800m，道面宽60m，两侧道肩各宽7.5m，跑道与现有东跑道平行，第三跑道与现有东跑道间距400m，跑道相对东跑道向南错开600m。跑道西侧为航站区，东侧为联邦快递货运区以及未来第二航站区。两条近距跑道运行模式为：现有东跑道起飞、三跑道以降落为主，兼顾联邦快递的货机起飞。

三跑道中心点位置坐标为北纬23°23′10.13″，东经113°18′43.90″。

2.　滑行道系统

三跑道滑行道系统包括平行滑行道、快速出口滑行道、穿越滑行道、跑道端联络道、回转联络道等。

（1）平行滑行道

沿三跑道东、西两侧各设置一条与跑道等长的平行滑行道，跑滑间距均为200m。平行滑行道道面宽25m，两侧道肩各宽17.5m。三跑道西侧在前期建设联邦快递区时，已建成与现有东跑道等长的平行滑行道，本期仅需向南延长至与三跑道南端齐平；三跑道东侧平行滑行道北端614.8m已在FedEx亚太运转中心工程建成。

根据专项评估论证，为减少现有东跑道与第三跑道下滑台之间的相互干扰，第三跑道南北下滑台需放置在第三跑道的东侧。而平滑北端已经建成投产，不存在优化的可能，本次平滑方案重点考虑南段与下滑台保护区的关系。

（2）快速出口滑行道

根据飞机运行模拟成果，跑道第一快速出口滑行道距离跑道端1700m（切点），然而原东跑道与第三跑道间的快滑出口已预留接口，鉴于该原因本次快滑出口位置仍维持原规划位置进行设置。第一个快滑出口的位置（切点）为距跑道入口1765m处，第二和第三个快滑出口的位置分别设在距第一条滑行道的出口位置400m和800m的位置，即分别为距跑道入口2165m和2565m处。

（3）快速穿越滑行道

为了使三跑道两侧的飞机能迅速穿越，本次三跑道中部设计三条快速穿越滑行道，分别位于距三跑道南端612.5m（对应东跑道的南端滑行道的位置）、1900m及3125.5m处。各滑行道直线段道面宽30m，两侧道肩各宽17.5m。

（4）回转滑行道

考虑到少量从三跑道起飞的飞机可能因机械故障、空域或目的地天气等原因需从跑道返回的情况，在三跑道南端东、西两侧各设置一条回转联络道，西侧回转联络道中心线距跑道端联络道中心线220m，道面宽度44m，道肩宽度17.5m。

（5）预留滑行道接口

为降低未来飞行区扩建工程对机场空侧运行的影响，保证三跑道其东侧第二平行滑行道的不停航施工的开展，本期三跑道建设工程在东侧第一平行滑行道与规划的第二平行滑行道之间预留联络道的接口，由于接口位置涉及第二航站区航站楼方案及站坪构型，本阶段未能深入研究，滑行道接口位置暂按每个出口预留。接口施工面距离第一平行滑行道中心线距离满足F类飞机的安全间距，确保了不停航施工的进行。

2.2.3.3　竖向设计

1.　标高设计说明

竖向设计主要考虑结合现有地形，与现状地势整体衔接，三跑道与现状滑行道预留接口处标高一致，尽可能地减少土石方工程量，满足飞机运行及周边行车和排水的要求；同时根据跑道的标高控制机场整体竖向设计；

本竖向设计还利于排水，达到防洪标准；本竖向设计还依照民航有关规定，确保飞行安全和站台控制区的标准达标。

根据地形地貌及机场现状设施给予的设计条件，扩建部分的排水方向以地势设计后的坡度作为依据。三跑道扩建段本次设计标高在11.40～14.51m之间，设计中衔接处道面标高达到一致，整体道面坡度达到规范要求。整个扩建部分场区地势根据设计确定为北高、南低、东高、西低，扩建区域内环场路地势和道路的坡度控制在1%以内。

2．平面定位规划说明

平面定位主要是依据桩号定位，设计采用主要是相对位置关系，设计全部按照统一桩号进行设计。

2.2.3.4　主干管线综合

扩建区域的主干管线包括排水沟和截水沟，供电电缆和通信导航电缆以及消防供水管。

工程管线综合规划设计时，应减少管线在道路交叉口处交叉。当工程管线竖向位置发生矛盾时，宜按下列规定处理：

（1）压力管线让重力自流管线；

（2）可弯曲管线让不易弯曲管线；

（3）分支管线让主干管线；

（4）小管径管线让大管径管线。

最小水平净距（单位：m）　　　　表2.2.3.4-1

管线名称	给水管	雨水管	污水管	通信电缆	电力电缆	照明及弱电电柱
给水管	1.5	1～1.5	1.5	0.5	0.5	1.0
雨水管	1.5	—	1.5	0.5	0.5	1.0
污水管	1.5～3.0	1.5	—	0.5	0.5	1.0
通信电缆	0.5	0.5	0.5	—	0.5	0.5～1.0
电力电缆	0.5	0.5	0.5	0.5	—	0.5～1.0

最小垂直净距（单位：m）　　　　表2.2.3.4-2

管线名称	给水管	雨水管	污水管	通信电缆	电力电缆
给水管	0.1	0.15	0.25	0.5	0.5
雨水管	0.15	0.1	0.15	0.5	0.5
污水管	0.15	0.15	0.15	0.5	0.5
通信电缆	0.5	0.5	0.5	0.5	0.5
电力电缆	0.5	0.5	0.5	0.5	0.5

注：大于35kV直埋电力电缆与热力管线最小垂直净距应为1.00m。

各种工程管线不应在垂直方向上重叠直埋敷设。

工程管线之间及其与建（构）筑物之间的最小水平净距应符合表2.2.3.4-1的规定。当受道路宽度、断面以及现状工程管线位置等因素限制难以满足要求时，可根据实际情况采取安全措施后减少其最小水平净距（单位：m）。

当工程管线交叉敷设时，自地表面向下的排列顺序宜为电力管线、热力管线、燃气管线、给水管线、雨水排水管线、污水排水管线。

工程管线在交叉点的高程应根据排水管线的高程确定。

工程管线交叉时的最小垂直净距，应符合表2.2.3.4-2的规定（单位：m）。

2.2.4　场道工程

2.2.4.1　飞行区平面设计

根据国家民用航空局关于白云机场第三跑道及其配套工程初步设计及概算的批复，机场第三跑道飞行区按4F标准建设，最大使用机型为A380，飞行区平面尺寸设计如下：

1．跑道

第三跑道长3800m（在FedEx亚太运转中心工程已实施了跑道北端的584m及相应的滑行道系统），跑道道面宽60m，两侧道肩各宽7.5m。

2．平行滑行道

在三跑道东侧，新建一条平行滑行道与FedEx亚太运转中心工程中现有的平滑相接，新建平行滑行道长3185.2m。平滑道面宽25m，两侧道肩各宽17.5m，满足F类飞机的使用要求，跑滑中心线间距为200m。

3．快速出口滑行道

根据初设批复，本次在三跑道的两侧各修建6条快速滑行联络道与平行滑行道相连接，快速滑行联络道分别位于与三跑道南端的距离（中线交点）分别是1900m、2300m、2700m处，以及与三跑道北端的距离分别是1900m、2300m、2700m处。距跑道端1900m处的两条滑行道按E类及以下机型使用标准修建（直线段道面宽为

23m，每侧道肩宽度为10.5m，总宽44m），其余按滑行F类飞机A380的使用要求修建，直线段道面宽为25m，每侧道肩宽度为17.5m，总宽60m，在弯道部位设增补面，尺寸与现有东飞行区滑行道增补面相同：增补面长75m，最大宽度为9.5m。快速滑行道中心线与跑道夹角为28°。

4．快速穿越滑行道

为了使三跑道两侧的飞机能迅速穿越，本次三跑道中部设计三条快速穿越滑行道，分别位于距三跑道南端612.5m（对应东跑道的南端滑行道的位置）、1900m及3125.5m处。滑行道直线段道面宽30m，两侧道肩各宽17.5m，转弯部位按A380机型要求设计增补面。

5．联络滑行道

三跑道南端东西两侧跑滑之间各新建两条联络滑行道，滑行道道面宽44m，两侧道肩各宽17.5m。跑道北端的四条联络滑行道在FedEx亚太运转中心工程中已建成。

6．防吹坪

三跑道南端新建防吹坪，其尺寸为长120m、宽75m。跑道北端的防吹坪在FedEx亚太运转中心工程中已建成。

2.2.4.2　道面工程

1．道面结构层设计

道面及道肩均采用现浇水泥混凝土结构，防吹坪采用沥青混凝土结构。

（1）道面水泥混凝土28天设计弯拉强度采用5.0MPa，弯拉弹性模量为37000MPa。道肩水泥混凝土28天设计弯拉强度采用4.5MPa。水泥稳定碎石基层7天浸水抗压强度为4.0MPa，水泥稳定碎石底基层7天浸水抗压强度为2.5MPa。

（2）跑道道面：道面宽度60m，跑道两端各800m，道面水泥混凝土板厚度为42cm，其两侧各15m宽可减薄至34cm；下设隔离土工布，水泥稳定碎石基层、底基层共38cm，级配碎石垫层20cm。跑道中部混凝土减薄至38cm，其两侧各15m宽可减薄至30cm，其基层、底基层、垫层厚度保持不变。

（3）新建滑行道道面：

① 平行滑行道、快速穿越滑行道、联络滑行道，道面水泥混凝土板厚度均为42cm，下设隔离土工布，水泥稳定碎石基层、底基层共38cm，级配碎石垫层20cm。

② F类快速出口滑行道，道面水泥混凝土板厚度为38cm，下设隔离土工布，水泥稳定碎石基层、底基层共38cm，级配碎石垫层20cm。

③ E类快速出口滑行道，道面水泥混凝土板厚度为36cm，下设隔离土工布，水泥稳定碎石基层、底基层共38cm，级配碎石垫层20cm。

（4）道肩：跑道道肩水泥混凝土板面层厚15cm，下设1cm石屑层、水泥稳定碎石基层18cm；滑行道道肩水泥混凝土板面层厚12cm，下设1cm石屑层、水泥稳定碎石基层17cm。

防吹坪：防吹坪结构为AC-13沥青混凝土上面层厚5cm，AC-20沥青混凝土下面层厚7cm，下设一层土工布，水泥稳定碎石基层18cm，级配碎石垫层20cm。

2．水泥混凝土道面接缝设计

水泥混凝土道面分块综合考虑气温、板厚及道面的平面尺寸等条件，本工程道面分块的基本尺寸为5.0m×5.0m、4.5m×5.0m、4.0m×5.0m及3.5m×5.0m等。相应的道肩分块基本尺寸为2.5m×2.5m、2.625m×2.5m。

跑道、滑行道道面纵向接缝采用企口缝，跑道纵向中间五条施工缝及滑行道纵向中间三条施工缝，采用企口缝加拉杆；跑道、滑行道道面横缝采用假缝，跑道及滑行道两端各100m内假缝加设传力杠。道面自由边三条假缝及加筋混凝土板的假缝加设传力杆。道面横向施工缝采用平缝加传力杆。道肩面层纵向施工缝采用平缝，横缝采用假缝，一般每15m设置一条胀缝。

3．水泥混凝土道面补强、预埋件

跑道、滑行道新建道面上：

（1）灯坑等设施周围的道面混凝土板，采用孔口补强；

（2）排水箱涵、供电预埋管、消防管穿越的道面混凝土板，采用钢筋网补强；

（3）道面交叉口交接平缝设板边补强钢筋。

4．道面拉毛及刻槽设计

为改进混凝土道面表面抗滑性能，跑道及快速出口滑行道表面采用先拉毛后刻槽的处理方法。道面浇筑时应先对表面进行拉毛，拉毛纹理深度用填砂法测量不得小于0.6mm；其他滑行道表面拉毛纹理深度不得小于0.4mm。

5．道面标志设计

为了保证飞机的滑行及起降安全，按照《民用航空运输机场飞行区技术标准》MH 5001-2006及2009年修订版《国际民航公约　附件十四》，对机场道面标志进行合理的规划设计，本机场道面标志按4F类等级标准设计。

跑道标志包括跑道号码标志、跑道入口标志、瞄准点标志、接地带标志、跑道中线、边线标志等。跑道等待位置标志按I类运行标准设计。跑道标志尺寸及颜色按规范要求设计。

滑行道标志包括滑行道中线边线标志、滑行道道肩标志、中间等待标志等。道面强制性指令标志经咨询机场当局和空管部门后确定。滑行道标志尺寸及颜色按规范要求设计。

6．道面工程主要工程及材料数量（表2.2.4.2）

道面主要工程数量表　　　　表2.2.4.2

项　　目	面　积（m²）	体　积（m³）
水泥混凝土	822401	249566
沥青混凝土	8625	1035
水泥稳定碎石	1439963	267876
级配碎石垫层	574785	117937

道面工程主要材料消耗量为：水泥为111461t，沥青为146t，碎石材料为771396m³，砂为128113m³，钢材为1342t。

2.2.4.3　土石方工程

1．地势设计原则

（1）坡度设计符合相关规范的要求；

（2）满足大型民用机场的防洪标准，飞行区雨水能够自流排放（5年重现期标准）；

（3）满足飞行区内导航设施对场地保护区的坡度要求；

（4）道面土基保持干燥或中湿；

（5）与现有地势顺接，立足本期，考虑飞行区发展规划；

（6）土石方挖填基本平衡，优化设计，减少工程量。

2．场区地势设计方案

（1）东飞行区现状地势情况

白云机场现有东跑道南端标高为13.8m，向北1960m升高（坡度为0.07%）至15.2m，再向北1240m降低（坡度为0.1%）至13.97m，再向北600m升高（坡度为0.12%）至14.7m。

东跑道东侧平滑的南端高程为12.56m（平滑中心点），东跑道南端点高程为13.8m，FedEx亚太运转中心工程已修建的三跑道南端高程为14.32m，北端为13.54m，纵坡为0.133%。

（2）三跑道飞行区总体排水情况

结合机场排水现状，本工程的排水主要接两个出水口，分别位于三跑道的南北两端（南端的4号出水口、北端的5号出水口）。跑道中点以南的雨水主要从4号出水口排放，跑道中点以北的雨水主要从5号出水口排放。

（3）地势设计方案及控制标高

根据机场附近李溪拦河坝的资料，百年一遇的洪水位为12.6m（国家85高程系）。考虑跑道高程大于13.18m{12.6m+30m（半幅跑道道面宽）×0.015（跑道道面横坡）+7.5m（跑道道肩宽）×0.0175}时可满足防洪要求。同时复核飞行区排水系统坡度及高程可满足要

求。

根据机场地势设计原则、场区地形特点、场区洪水位及大型民用机场的防洪标准，按照机场总平面规划的布局，结合机场排水系统及出水口的位置，确定场区地势设计方案。通过在场区1：500的测量地形图上作业，利用计算机软件对场区多个方案的优化设计，得出场区主要控制点高程、坡度如下：

①白云机场第三跑道南端中心线高程为13.28m，本次修建的北端与FedEx亚台运转中心相节处的高程为14.32m，跑道北端高程为13.54m，最小纵坡为0%，最大纵坡为0.085%，平均纵坡为0.0032%，南端安全区纵坡为0.4%及0%；

②滑行道最高高程14.21m，最低高程12.94m，最小纵坡为0%，最大纵坡为0.085%；

③跑道道面横坡按1.5%，道肩横坡度1.75%；滑行道道面横坡按1.2%，道肩横坡度1.75%；

④土面区坡度按1.0%～2.5%考虑。

2.2.4.4　排水工程

1．机场东侧飞行区排水系统现状

目前白云机场东侧飞行区雨水的排放主要是通过南端4号出水口和北端5号出水口排出场区。FedEx工程扩建完毕后，北端5号出水口向东侧进行了延伸，南端4号出水口位置不变。

根据前期规划及有关设计资料，三跑道南端4号出水口最多只能再容纳17m³/s的流量（4号出水口最大泄洪量为58.6m³/s，现状设计流量为41.6m³/s），北端5号出水口的最大泄洪量还有比较大的富余空间（5号出水口最大泄洪量可达73.7m³/s以上，现状5号出水口设计流量为36.5m³/s，该数据不含FedEx工程扩建完毕后，部分飞行区雨水直接排往三跑道北端场外水沟的流量）。

2．本次扩建排水系统设计

本次场内排水设计主要指导思路：依据上述4号、5号出水口的最大泄洪量同时结合地势设计，将本次扩建工程4号出水口新增流量控制在17m³/s以内，其余流量主要通过5号出水口排出场区。

（1）在三跑道东西两侧跑滑之间分别设置4s1、4s2线（排往4号出水口）及5s1、5s2线（排往5号出水口），收集跑滑之间的雨水。

（2）在东平滑东侧设置4s3线（排往4号出水口）及5s3线（排往5号出水口），收集东侧平滑外侧土面区的雨水，排水沟结构断面尺寸对将来东侧第2平滑建成后的雨水量变化也一并考虑，其位置位于平滑和规划东侧第2平滑之间，不影响将来规划平滑的建设。

（3）在跑道南端土面区平整范围依地势设计布设

了若干条排水线路，将附近土面区雨水收集后排放至4号出水口。

（4）由于三跑道扩建后，汇流面积增大同时径流系数也有一定程度提高，经过详细的水力计算，FedEx亚太转运中心工程中建设的4F2和5F7线浆砌块石排水沟断面尺寸均不能满足三跑道扩建后相应地块排水量的要求，因此本次排水设计废弃这两处排水沟，将两处排水沟全部回填压实。压实度参照土方设计的要求。

（5）由于原4号出水口位于三跑道西侧平行滑行道道面下，本次设计在原4号出水口处向南延伸新建一条4S4线排水沟，绕过第三跑道南端头后再往东排出场外。

3. 暴雨强度公式及出水口流量计算

飞行区设计降雨重现期P为5年，径流系数混凝土采用0.9，土面区采用0.3，暴雨强度公式如下：

$$q = \frac{2424.17\left(1+0.533\lg P\right)}{\left(t+11\right)^{0.668}}(\text{L/s}\cdot\text{ha})$$

出水口流量计算结果如表2.2.4.4所示。

出水口流量计算结果   表2.2.4.4

编号	现状流量（m³/s）	本期扩建后流量（m³/s）	东侧第二平滑建成后流量（m³/s）
4号	41.6	57	58.5
5号	36.5	48.5	50

4. 排水构筑物设计荷载

排水主要构筑物设计荷载分为两类：跑道与平行滑行道之间钢筋混凝土排水沟、穿越围场路的钢筋混凝土排水沟以及下滑台保护区范围浆砌块石矩形盖板沟按L1类排水沟考虑，其设计荷载为公路Ⅱ级车辆荷载乘以0.7折减系数；穿越跑道和联络道的钢筋混凝土排水沟均按L4类排水沟考虑，其设计荷载为A380最大滑行重。

2.2.4.5 附属设施工程

飞行区附属设施工程的主要基本内容包括围场路设计、消防车车道设计、飞行区围界设计以及场道拆除工程。

1. 围场路工程

本次工程需拆除一部分原围场路，并根据新的平整范围，新建一部分围场路。本次围场道路结构荷载按汽—20级考虑，路面现浇混凝土设计28天抗折强度为4.5MPa，水泥碎石基层7天抗压强度不小于3.0MPa。面层为20cm水泥混凝土，基层为18cm水泥稳定碎石，底基层为20cm厚石碴垫层。路面宽度为3.5m，路两侧设20cm厚泥结碎石路肩，各宽0.5m。本次新建围场路面积为20940m²。

为连接新建消防分站，新建消防车车道，路面面层为25cm厚混凝土，上基层为15cm水泥稳定碎石基层，下基层为15cm水泥稳定碎石，垫层为15cm的石碴。本次新建消防车通道面积为3310m²，约每300m设一错车道，错车道的路面总宽度为7.75m，共设3个错车道。

水泥混凝土要求28d抗折强度不小于5.0MPa，水泥稳定碎石上基层7d浸水抗压强度要求不小于4.0MPa，水泥稳定碎石底基层7d浸水抗压强度要求不小于2.5MPa，压实度要求均为98%（重型击实标准），石碴垫层采用粒径不大于层厚三分之二的未筛分石料，石碴的固体体积率，要求不小于78%，石碴垫层表面采用石屑找平。

2. 围界工程

本次工程需拆除一部分围界，并根据新的红线范围布置围界，飞行区围界大部分采用双层围界的形式。根据《民用航空运输机场安全保卫设施》MH/T 7003-2008，考虑到围界应防爬、通视良好，结构坚固，本次新建围界主要采用钢筋网围界，高度为2.5m，在航向台和下滑台保护区周边设砖围界，为应付跑道两端可能发生的飞行事故，在新建跑道两端中部位置围界上设置活动式大门。本次给出按标准设计的钢筋网围界大样图供参考，实际施工时亦可通过招标采用符合标准要求的厂家成品。本次新建飞行区围界长度为13792.78m。围界设置同时考虑了征地红线内管理的方便和满足净空要求。

3. 场道拆除工程

拆除项目包括穿越新建道面围场路、排水沟、围界以及新旧道面交接的部分原道肩。

场区内构筑物拆除部分位于道槽内及道槽外侧3m内基础须清除，土面区仅清除至设计标高以下50cm的位置。拆除现有道肩时，道面基层拆至道面边线外20cm，现有道肩位于新建道肩范围内时，只拆除现有道肩面层。

2.2.5 地基处理工程

2.2.5.1 场区主要岩土工程问题

1. 软土地基问题

场区内典型的软弱土层主要为②-2层淤泥质粉质黏土，该土为软塑至流塑状，天然含水量为28.5%～67.5%，孔隙比为0.86～1.80。淤泥质土的主要特性是抗剪强度低、压缩性大、流变性显著、透水性差和变形稳定历时长。因该土层的存在，使得地基在填土、道面荷载及飞机荷载作用下将产生较大沉降，同时其透水性差且埋藏较深，沉降完成较慢，剩余沉降也较大，同时由于空间分布上的不均匀性，造成差异沉降较大，未经处理的软土地基难以满足工后沉降和差异沉降的要求。

根据《勘察报告》，场区内淤泥质土主要呈透镜体状分布于第②-1、②-2层土中，局部为人工填土覆盖的淤泥质土。该层在场区内 ZK51、ZK72、ZK96、SK12、SK13、SK42、SK97、SK166、SK273~SK276等钻孔一带有钻遇，分布在第三跑道北端、南部、平滑中部等范围，分布面积较局限，揭露厚度 0.50~10.10m，平均厚度 2.84m，层顶高程 -9.00~16.75m，平均 8.05m，层顶深度 1.00~25.20m，平均 8.79m。

根据天然地基沉降计算结果分析，该场区部分地段需要针对上述软土进行沉降控制处理。

2. 溶洞和土洞问题

根据《详勘报告》，场区内下伏基岩主要为石炭系灰岩，土洞、溶洞较发育。溶洞、土洞发育主要受基岩岩性及场地地下水活跃程度控制，土洞、岩溶的分布在纵横向上变化很大，规律性差。从分布情况看，场区东侧比西侧溶洞、土洞发育，数量和规模均是如此，南部岩溶发育深度及规模均比北部深、大。

根据《详勘报告》，场区内共施工勘察钻孔360个，其中80个为土、溶洞及软土层加密解剖孔。共揭露发育溶洞的钻孔10个，见洞率为2.78%，揭露发育土洞的钻孔31个，见洞率为8.61%。

勘察单位在场区内同时进行了物探勘察，采用高密度电法勘探，共布置226条测线，线距10m，点距5m。根据物探成果，场区内共有较大规模、较为明显的溶洞和溶蚀异常60处，较大规模土洞165处；规模较小，相对较弱的岩溶异常共195处，规模较小，相对较弱的土洞异常共283处。

在正式施工前，针对物探查明的经判别不稳定的95处岩溶异常部位进行了验证勘探，共完成145个验证孔，其中24个钻孔揭露到溶（土）洞发育，并对钻探验证有溶（土）洞的异常区域进行加密钻孔，完成85个钻孔，共36个钻孔揭露到溶（土）洞。同时，对钻探查明的经判别不稳定的5处岩溶，也进行了加密钻探，在5处岩溶周围布置了17个加密钻孔，查明了11个溶洞和3个土洞。

岩溶与土洞等不良地质现象的主要危害是有可能导致岩石结构的破坏、地表突然塌陷、地下水循环改变等，这些现象有可能严重地影响建筑场地的使用和安全。因此对经稳定判断为不稳定的溶洞、土洞需要进行处理。

3. 砂土液化问题

根据工程勘察成果，本场区广泛分布有砾砂、粗砂、粉细砂等饱和砂土层，在地震作用下砂层存在发生液化的可能性，岩土勘察成果对揭示有砂层的钻孔逐一进行了液化判别，判别方法依据《建筑抗震设计规范》GB 50011-2001有关规定，采用标准贯入试验击数进行砂土液化判定，判别结果表明在地震烈度为7度时，场地全部75个地质钻孔中，在 ZK91钻孔中②-2饱和砂土层下部有液化的可能，液化指数 I_{1E}=0.96，液化等级为轻微，该砂层为黄褐色砾砂，层底埋深12.5m，上部含较多黏粒。

饱和砂土地震液化的主要危害是产生地面下沉、地表塌陷、喷砂冒水、地基承载力丧失、地面出现流滑等，这些现象发生时会对场地安全性产生较大影响。

2.2.5.2 地基处理技术要求

地基处理的总体要求为均匀、密实、稳定，满足30年的正常运行期使用安全。

根据《广州白云国际机场第三跑道及其配套工程初步设计报告》预评审专家评审意见及2010年10月20日指挥部会议决议，对飞行区土基区经处理后的运行期（按使用年限30年计）沉降量和差异沉降应符合下列要求：

（1）工后沉降量不大于20cm；

（2）差异沉降不大于1.5‰。

对飞行区土面区沉降变形不作要求，只要求控制填筑压实度。

对飞行区土基顶面的其他要求：

（1）道槽区土基顶面反应模量不小于60MN/m³；

（2）土基表面平整度≤20mm。

2.2.5.3 软基处理设计

根据《勘察报告》，场区内的软土主要分布在第三跑道北端、南部、平滑中部等范围，针对不同范围的淤泥质粉质黏土分布特点及埋藏深度，分别采取相应的处理方法。

平滑中部的 ZK72钻孔揭示出的淤泥质粉质黏土厚度1.7m，层顶埋深1.6m，属于浅层软土，设计采用清挖换填法进行处理。

第三跑道北端有连续分布的大面积软土，埋藏较深，设计采用排水固结法结合堆载预压进行处理，已进行试验段施工。

第三跑道南部 SK97钻孔揭示出淤泥质粉质黏土厚度10.7m，层顶埋深25.2m，属深层软土，由于该部分填土及结构荷载仅20~30kPa，同时，在软土之上的粉质黏土强度较好（硬塑状态、相邻钻孔标贯击数达15~21击），属于硬壳层，设计对该处软土不进行特殊处理，相应地面设置了沉降板，根据填土后的沉降情况确定是否需要特殊处理。

1. 地表浅层软土的处理

对地表浅层软土采用清挖换填的处理方法：

（1）开挖：由地表自上而下，将下部淤泥质粉质黏土全部清除并开挖至硬质原状土，清淤工作可用挖掘机挖除。开挖坑坡可按 1∶2 开挖成台阶，台阶高 40～60cm，宽度为 60～90cm。

开挖范围由钻孔孔位处开始，向四周逐步扩挖，挖至无软土分布范围时再继续扩挖 5m。

（2）换填：底部软土清除后需采用符合道槽槽底要求的填料换填，换填施工采用分层振动碾压，压实度应满足土石方工程相关要求。

（3）质量检验：检测项目为填筑压实度，控制标准应按土石方填筑压实度要求执行，检测方法采用环刀法或试坑灌砂法检测干密度，检测频度按道面土基、基础每层 5000m² 取一个测点，但每层检测点数不少于 3 点。

2. 减小不均匀沉降的措施

为保证经处理后的软土地基满足差异沉降不大于 1.5‰ 的要求，在土基顶面以下 0.4m 和 0.8m 填土面各铺设一层土工格栅，规格型号为双向土工格栅，抗拉强度为 50kN/m。

3. 安全监测设计

设置如下两个主要观测项目：

（1）沉降观测：观测内容包括原地基沉降、填筑体表面沉降和分层沉降等。

（2）孔隙水压力观测：监测地基土体中孔隙水压力随施工过程的变化。

4. 监测资料的整理分析

监测资料应及时整理分析，并将监测成果和分析分别以周报、月报、竣工观测成果分析报告的形式提交，遇特殊情况时，及时提出观测警报。

观测成果和分析应包括主要观测特征值和成果曲线，以及对地基沉降、变形和稳定性的分析和评价，并提出相应的工程措施建议，供设计和施工参考。

主要成果曲线应包括：

（1）荷载过程线；

（2）沉降过程线；

（3）沉降在纵、横断面分布线；

（4）各土层压缩过程线；

（5）每个孔压测点孔隙水压力随时间、加载变化过程线。

2.2.5.4 溶洞、土洞处理设计

1. 溶洞、土洞稳定性评价

溶洞、土洞稳定性评价方法采用《第三跑道及其配套工程地基处理初步设计报告》（2010.8，民航新时代设计研究院有限公司）中确定的半定量和定量判别方法，首先根据勘察成果提供的洞体特征参数，对本场区溶洞、土洞的稳定性采用半定量结合定量方法进行评价，然后

再对判别不稳定的溶洞、土洞进行处理。

对场区内的溶洞、土洞，按以下方法进行逐步判别：

（1）按顶板厚度判别

对于溶洞：当洞体的顶板埋深厚度 H 大于 20m 时，不考虑其对地基的影响。

对于土洞：当洞体的顶板埋深厚度 $H \leqslant 20m$ 时，全部进行处理。当顶板埋深厚度 $H > 25m$ 时，不考虑对地基的影响。当 $25m \geqslant H > 20m$ 时，按下文方法判别。

（2）按顶板坍塌自行填塞判别

当溶洞、土洞顶板厚度 H 不满足方法（1）稳定条件时，应根据洞体顶板坍塌自行填塞洞体所需厚度对洞体上覆顶板的稳定性进行验算：

$$H' = H_0 / (K_i - 1)$$

式中：H'——填满洞体所需要的坍塌高度；

　　　　K_i——顶板上覆岩土层涨余系数，非碎屑类岩石取 1.15，碎屑类岩石取 1.25，黏性土 K 取 1.10；

　　　　H_0——洞体空洞高度。

若 $H \geqslant H'$，则不考虑其对地基的影响。

若 $H < H'$，则按下面的方法（3）继续进行判别。

（3）按顶板厚度 H 与洞径 D 的比值判别

若 $H/D \geqslant 1$（顶板完整），或 $H/D \geqslant 2$（顶板破碎），则不考虑其对地基的影响。

若 $H/D < 1$（顶板完整），或 $H/D < 2$（顶板破碎），则应考虑其对地基的影响，应采取工程处理措施。

（4）对溶洞、土洞的定量评价方法采用简化的普氏压力拱理论分析验算。

发育于松散土层中的土洞，可认为顶板将成拱形塌落，而其上荷载及土体重量将由拱自身承担，当洞室顶板以上岩土体的高度大于压力拱的高度 h_i 时，即认为溶洞是稳定的：

若 $H \geqslant h_i$ 时，不考虑其对地基的影响。

若 $H < h_i$ 时，则考虑其对地基的影响。

采用上述方法对勘察中查明的 77 处钻孔溶洞、土洞进行稳定性评价，根据评价结果，一标段范围内共有 4 个溶（土）洞需要处理，二标段共 12 个溶（土）洞需要处理。

2. 不稳定土、溶洞处理

（1）全充填的溶洞、土洞处理

对于全充填的溶洞、土洞，采用袖阀管注浆加固进行处理。

①袖阀管注浆设计参数

注浆孔布置：孔距 1.5m，排距 1.5m，正方形布置；

孔径：90～110mm；

孔深：至洞体底板；

套壳料：配合比（建议）采用水泥∶黏土∶水 =1∶1.5∶1.88（重量比），要求黏土中不含砂

砾等杂物；浆液配合比：宜通过试验确定。参考配合比（重量比）为：水泥∶粉煤灰∶砂∶石粉∶水=1∶0.55∶4.05∶4.14∶1.09；

泵注压力通过实验确定，参考注入油泵压力为0.8～1.0MPa；

终注标准：在注浆压力升至1.2MPa后终注，或者在1.0MPa压力下条件下每延米注浆加固段吸浆量＜2L/min稳压15min后终注。

②袖阀管注浆工艺流程

A.预钻孔：在确定要注浆的位置上用工程钻机钻孔至预定深度。

B.清孔：在已完成的钻孔中用浓泥浆进行清孔，排除粗颗粒渣土。

C.下套壳料：按设计的配合比配制好套壳料，并从孔底往上灌注套壳料直到孔口。

D.制作袖阀管：在直径50mm的PVC塑料管上按间隔35cm的距离开8～10个直径5mm的小孔，开孔范围长约5～8cm，各小孔的位置相互错开；在开小孔约10cm长的外面套上一层约3mm厚的橡胶膨胀圈（即袖阀），两端用防水胶布密封。

E.下袖阀管：在下完套壳料的钻孔中下入已制作好的袖阀管。

F.管线连接：在套壳料达到一定龄期后（约3～7天），在袖阀管内下入注浆器，注浆器的中间约20cm长开槽孔，在其上下各带有止浆塞，将注浆压力管与袖阀管内的注浆器进行连接。

G.制浆：按设计规定的水灰比制备水泥浆液。

H.开环注浆：将注浆器下至需要注浆的孔段，启动注浆泵，压送清水，在此过程中压力逐步提高，直到冲开橡胶袖阀及所对应位置的套壳，压力回落后，泵送水泥浆液，一直注浆到设计所规定的压力并稳定为止；在此过程中可视需要或设计规定进行间歇注浆，直至符合设计要求为止。

I.连续开环注浆：根据设计要求，上下移动注浆管，在需要注浆的各部位依照上述做法逐步开环注浆，直到完成所有孔段的注浆。

J.做好注浆过程中各项记录：开环位置、注浆时间、注浆压力、水泥用量、水灰比、注浆过程出现的特殊情况等。

K.注浆达到设计要求后，清洗管路及袖阀管，拆除注浆管，进行下一孔的注浆。

③施工质量控制措施

材料要求：采用强度等级为32.5普通硅酸盐水泥或矿渣水泥，受潮结块水泥不得使用。水泥等材料的各项技术指标应符合现行国家标准，并应附有出厂检验单。

浆体应按照试验确定的配合比，经计量后用搅拌机充分搅拌均匀，并应在注浆过程中不停缓慢搅拌。

注浆速度：洞体底部和顶部注浆速度宜为15～20L/min，其他位置宜为20～30L/min。

分段注浆：分段注浆间距宜按1.0～2.0m考虑。

洞底注浆：必须增加注浆量，尽可能使洞体底部形成一个整体。

洞顶注浆：为保证洞顶板的稳定性，洞顶附近注浆时应适当增加注浆量，并详细记录注浆情况。

④施工注意事项

施工时，应采取分序孔的注浆方式，并宜采用间隔跳孔、逐步约束，先下后上的注浆施工方法。

在进行洞底注浆时，土洞底部可能与溶洞相连，易受活动地下水影响，注浆时应注意以下几点：

为了避免活动地下水稀释浆液或将浆液带走，底板注浆时必须掺加速凝剂，控制浆液凝固时间在10～20s左右。

分次注浆：为保证浆液不至于跑得太远，应采用间歇定量分次注浆的方法。

任一钻孔注浆时，应将其相邻孔作为观测孔，观察孔内排气、排水、冒浆等情况，并做详细记录，以确定浆液扩散情况。

（2）半充填及无充填溶洞、土洞处理

对于未完全充填或无充填的溶洞、土洞，采用灌注C10混凝土结合袖阀注浆法进行加固处理。

①设计参数

a.第一序孔——灌注孔

采用正方形布置，孔距为3.0m，孔径为168mm。

b.泵注低标号混凝土

在灌注孔位置下入护壁套管后，采用高压混凝土泵注料管泵注C10混凝土。泵压为8～12MPa，流量200～300L/min。

c.第二序孔——袖阀注浆

待混凝土初凝并达到一定的强度（一般为7天）后，再采用袖阀管注浆法对未完全充填部分和孔隙进行进一步充填处理。

袖阀注浆孔采用正方形布置，孔距为1.5m，设计参数、施工过程控制措施及施工注意事项要求同2.2.5.2地基处理要求。

②泵注低标号混凝土施工质量控制措施

充填料应按照实验确定的配合比，经称量后用搅拌机充分搅拌均匀。每孔充填料的灌注量应在试验确定的压力下，邻近的观测孔停止溢流，或者输送泵压力升高，或地面出现抬高时停止灌注混凝土。

③泵注低标号混凝土施工注意事项

由于溶洞、土洞的分布及形态十分复杂，因此在正式施工时，必须详细查清溶洞、土洞分布范围、形态及充填情况。

进行灌注施工时，应以相邻的钻孔作为观测孔和出气孔，观察孔内排气、排水、冒浆等情况，并做详细记录，以确定浆液扩散情况。

3．溶洞、土洞处理检测

（1）检验时间：注浆结束28天后。

（2）检验项目及标准：

①对全充填和半充填的土洞溶洞：应进行标贯试验、静力触探试验，以注浆孔为圆心、半径0.5m范围内，经处理的原有充填物的标贯击数最小不低于8击，平均不低于10击；比贯入阻力P_s不小于1.5MPa。

②对无充填、半充填的土洞溶洞：还应进行钻孔取芯检测，检测孔洞、空隙充填效果及混凝土的连续情况，并进行单轴抗压强度试验，其标准为不小于4.0MPa。

（3）检验点布置：

半充填、全充填的土洞溶洞，对经处理的充填物，标贯试验、静力触探试验在平面上，随机布置检测点，一个检测点做一种检测；剖面上，每个检测点，对充填物的上、中、下三个部位皆检验。

无充填、半充填的土洞溶洞，对灌入的低标号混凝土体布置钻孔取芯，在平面上随机布置检测点；剖面上，低标号混凝土体上、中、下三个部位皆取芯样。

（4）检验点数：对每处经过加固处理的溶洞、土洞，每种检测点数量占注浆钻孔数量的1%以上，并不小于三个。

（5）若某个检验点达不到要求，应在该检验点附近另取两个检测点进行复核；复核指标达到要求，则仅处理检验不合格处，否则对检验划定范围内地基进行全部处理。

（6）检验时需注意对已处理的地基表面的保护与恢复。

4．溶洞、土洞处理施工过程监测

在溶洞、土洞处理注浆施工过程中应对地面的变化及异常情况进行监测，不允许地面产生裂缝和抬升倾向，一旦发现地面有产生裂缝，必须及时调整注浆压力和注浆量。应在每一个洞体地表设置3～5个水准观测点进行监测，对施工全过程进行地面隆起监测，最大隆起高度不应超过2cm。

2.2.5.5　饱和砂土地震液化分析

本场区广泛分布有砾砂、粗砂、粉细砂等饱和砂土层，在地震作用下砂层存在发生液化的可能性，经逐孔判别，局部地段饱和砂土层有液化的可能，液化等级判定为轻微。

对于本场区而言，通过大范围地基处理措施（排水固结＋超载预压、砂井排水）的实施，排水砂井穿透砂层，使得饱和砂层的排水条件得到改善，在填土荷载作用下迅速压密，同时，砂井施工时的振动挤密作用也可使得砂层的孔隙比进一步降低，上述措施，均能降低饱和砂土的地震液化可能。

根据类似工程经验，当可能液化土层厚度小于基础宽度的1/4～1/3时，可不考虑采取抗液化措施。根据勘察成果，本场区内可能液化的砂层（②-2）层厚约3m，远远小于道槽区宽度的1/4，可不考虑采取抗液化措施。

根据上述分析，设计在本场区大范围内需进行砂井排水固结法地基处理，同时场区可能液化砂层厚度较小，因此，设计对饱和砂土不采取专门的抗液化措施。

2.2.6　飞行区灯光及配电工程

2.2.6.1　助航灯光工程

1．工程概况

本期机场建设第三跑道，两端均为Ⅱ类精密进近跑道。

本工程助航灯光系统按照双向Ⅱ类精密进近跑道设置相应的进近、跑道、滑行道灯光，滑行引导标志牌以及停止排灯系统，在三跑道两头各设一个灯光站。根据2012年11月19日《三跑道标志标识施工图讨论会》会议纪要，本期三跑道仅设置Ⅰ类标志标识系统，对Ⅱ类标记牌、停止排灯等作预留设置。

在两个新的灯光站内设置助航灯光计算机监控设备；对机场原有助航灯光监控系统进行扩容改造；扩容后，仍以0号灯光站为整个灯光系统的控制、监视以及维护管理中心。

2．助航灯光系统

（1）进近灯光系统

跑道两端设置Ⅱ类精密进近灯光系统，全长900m，包括进近灯、侧边灯、顺序闪光灯；灯排间距30m（侧边灯灯排间距30m），最远灯排距跑道入口900m。灯具均采用立式灯具。所有支架均为易折式。在距入口300m的横排灯上及300m以外的短排灯上个附加一个顺序闪光灯（每秒闪两次）。进近灯和侧边灯均为双回路隔排灯供电（横排灯为隔灯供电）。

（2）跑道灯光系统

①跑道中线灯：间距15m，灯具中心偏离跑道中心

线0.5m。双回路隔灯供电（在红白相间范围内隔双灯供电）。

②跑道边灯：纵向间距60m，灯具中心在跑道道面外3m。双回路隔灯供电，跑道两侧对称于跑道中线的一对灯具接在同一电路中。

③接地带灯：灯排间距30m，灯间距离1.5m。双回路隔排灯供电。

④跑道入口灯和翼排灯：跑道入口灯间距离2.5m，在跑道边灯线间等距设置。跑道入口翼排灯灯间距离2.5m，最里面的灯位于跑道边灯线上。跑道入口灯、入口翼排灯由双回路隔灯供电。

⑤跑道末端灯：安装于跑道末端外1m，灯间距离5.8m，跑道中心线两侧各4套灯具。跑道末端灯由跑道边灯的两个串联电路隔灯供电。

跑道入口、末端灯、跑道入口翼排灯均为嵌入式灯具。跑道北端600m的跑道中线灯、接地带灯、跑道入口灯、跑道末端灯在上期工程中已完成灯具、隔离变压器箱、二次电缆管的安装，本次工程只需安装灯泡、隔离变压器、一次电缆、二次电缆。

（3）滑行道灯光系统：

①滑行道中线灯：灯具中心距滑行中线0.5m。滑行道直线部分中线灯按30m间距设；弯道前后60m滑行道中线灯间距保持弯道间距；快滑弯道滑行道中线灯按不大于15m，其余弯道滑行道中线灯按不大于7.5m间距设置；平行滑行道、端联络道、横贯跑道的联络道中线灯为双回路隔灯供电；其他滑行道中线灯为单回路供电。

②快速出口滑行道指示灯：每一组中，灯间距离为2m，与相关的快速出口滑行道设在跑道中线的同一侧。快速出口滑行道指示灯由相关的滑行道中线灯的串联供电电路供电；快速滑行道出口指示灯电路设计应满足以下要求：当其中任何一个灯失效时，六个灯全部关灭。

③滑行道边灯和反光棒：滑行道弯道处和短的直线段采用滑行道边灯，设在滑行道道面外3m处；长的直线段采用反光棒。滑行道边灯采用单回路供电。

④停止排灯：本期工程停止排灯不启用，嵌入式灯具预留安装工程如下：安装灯具、灯箱及基础、一次电缆、二次管线，不装隔离变压器、灯泡、单灯控制器。立式灯具预留安装工程如下：安装灯箱及基础、一次电缆、二次管线，不装灯具、隔离变压器、灯泡、单灯控制器。本期工程不装设传感器，但预留设备基础、灯箱及基础、一次电缆、二次管线，不装隔离变压器、设备、单灯控制器。停止排灯开亮时，安装在停止排灯以外90m距离内的任何滑行道中线灯必须熄灭。停止排灯隔灯分为两组由两个不同的电路供电。

⑤禁止进入排灯：仅作出口的滑行道在进入跑道方向上设置禁止进入排灯，以防止航空器或车辆误入该滑行道。禁止进入排灯的构型及光学特性与停止排灯相同，设置在单向出口滑行道反向入口附近，并在A型跑道等待位置之前，且不得突破ILS/MLS临界/敏感区的边界及对应跑道的内过渡面的底边。禁止进入排灯采用双回路隔灯供电，三跑道和Y平滑之间的禁止进入排灯分别由4号灯光站出线回路439和5号灯光站出线回路545串联隔灯供电。三跑道和M平滑之间的禁止进入排灯分别由4号灯光站出线回路440和5号灯光站出线回路546串联隔灯供电。

⑥中间等待位置灯：设在中间等待位置标志的等待侧距离0.3m处，间距1.5m，由所在滑行道中线灯回路一并供电。

⑦跑道警戒灯：跑道于每一个滑行道相交处设置A型跑道警戒灯，设于跑道等待位置处，距道面边缘3m。跑道警戒灯由单独回路供电上期工程中，在与Y平滑相交的接口处滑行道中线灯已完成灯具、隔离变压器箱、二次电缆管线的安装，接口弯道处的滑行道边灯已完成隔离变压器箱、二次电缆管线的安装。

（4）目视进近坡度指示系统：三跑道两头各设一组坡度灯。

（5）滑行引导标记牌：根据扩建后飞行区内不同地点的具体功能要求，设置指令标记牌和信息标记牌。滑行引导标记牌采用串联方式供电。

本期标记牌布置的位置是依照跑道标志线位置定位。

标记牌采用LED或荧光灯作为光源，电源分别从四号和五号灯光变电站各出两串联灯光供电线路，本期工程中滑行引导标记牌由四回路专线供电。

标记牌牌面样式见施工图中给出的颜色和字符。

标记牌制作应满足《滑行引导标记牌》6011-1999规定。

标记牌混凝土基础外每边宽度应大于标记牌轮廓投影500mm以上防草坪，混凝土厚度15cm。

标记牌混凝土基础（含防草坪），在制作时宜高出土面区30mm，并适当考虑散水坡度。

（6）风向标：三跑道两端各设一座风向标。

（7）现状灯具和电缆调整：

沿平滑Y东侧道肩边敷设的现有一次电缆穿越新建道面时，需穿保护管敷设，因为不停航施工，穿越道面段的一次电缆需重新敷设。

现有道面区域部分灯具因需与停止排灯联锁和运行需求调整（更换灯具、滤光片、停用等）。

目前机场2号灯光站负荷较重，本工程将部分2号灯光站灯光回路（主要为Y平滑以东的灯光回路）转至新建5号灯光站供电。

目前Y平滑中线灯为双回隔灯供电，因2号灯光站负荷较重，双回均引自0号站；本工程2号灯光站负荷减轻后，为保证供电可靠性，将Y平滑中线灯供电回路2（0号灯光站滑行道中线灯（五））转由2号灯光站供电。

3. 助航灯光供电系统

（1）电源

在三跑道两头各设一座灯光站（南端4号灯光站和北端5号灯光站）。本次飞行区新建三跑道4号、5号灯光站。4号灯光站由机场2号10kV开闭所的两段 10kV母线各引一路电源，5号灯光站由机场2号10kV开闭所和FedEx10kV开闭站各引10kV回路电源一路，要求两路电源的上级110kV电源不同。灯光站高低压均为单母线分段，高压母联手动投入，低压母联自投不自复。高压室设置一台40AH直流屏作为高压操作电源。

4号灯光站设置两台1000kVA干式变压器，5号灯光站设置两台1000kVA干式变压器。负荷计算如表2.2.6.1-1、表2.2.6.1-2所示。

4号站负荷计算及变压器选择表　　　　表 2.2.6.1-1

序号	用电设备名称	设备容量 P_e (kW)	需要系数 K_x	功率因数 $\cos\varphi$	计算负荷			备注
					P_{js} (kW)	Q_{js} (kVar)	S_{js} (kVA)	
1	4号站助航灯光	340.30	1.00	0.90	340.30	164.81	378.11	—
2	4号站AP1	32.70	0.80	0.90	26.16	12.67	29.07	—
3	4号站AP2	10.00	0.80	0.90	8.00	3.87	8.89	—
4	4号站AP3	38.30	0.80	0.90	30.64	14.84	34.04	—
5	4号站AL1	12.00	1.00	0.90	12.00	5.81	13.33	—
6	三跑道南下滑台	12.00	0.80	0.90	9.60	4.65	10.67	—
7	三跑道南航向台	12.00	0.80	0.90	9.60	4.65	10.67	—
8	围界安防（预留）	40.00	0.80	0.90	32.00	15.50	35.56	—
9	场务用房	150.00	0.50	0.90	75.00	36.32	83.33	—
10	岗亭	5.00	0.80	0.90	4.00	1.94	4.44	—
11	直流电源屏	13.80	0.20	0.90	2.76	1.34	3.07	—
	补偿前合计	652.30	—	0.90	547.30	265.07	608.11	
	乘同时系数后	—	—	0.90	492.57	238.56	547.30	$K_{\Sigma p}=0.9$，$K_{\Sigma q}=0.9$
	变压功率损耗	—	—	—	4.93	11.93	—	
	负荷总计	—	—	—	497.50	250.49	557.00	
	变压器容量及负载率（按两台1000kVA计算）	—	—	—	—	—	2000.00	0.28

5号站负荷计算及变压器选择表　　　　表 2.2.6.1-2

序号	用电设备名称	设备容量 P_e (kW)	需要系数 K_x	功率因数 $\cos\varphi$	计算负荷			备注
					P_{js} (kW)	Q_{js} (kVar)	S_{js} (kVA)	
1	5号站助航灯光	466.93	1.00	0.90	466.93	226.14	518.81	—
2	5号站AP1	32.70	0.80	0.90	26.16	12.67	29.07	—
3	5号站AP2	10.00	0.80	0.90	8.00	3.87	8.89	—
4	5号站AP3	38.30	0.80	0.90	30.64	14.84	34.04	—
5	5号站AL1	12.00	1.00	0.90	12.00	5.81	13.33	—
6	三跑道北下滑台	12.00	0.80	0.90	9.60	4.65	10.67	—
7	三跑道北航向台	12.00	0.80	0.90	9.60	4.65	10.67	—
8	围界安防（预留）	40.00	0.80	0.90	32.00	15.50	35.56	—
9	直流电源屏	13.80	0.20	0.90	2.76	1.34	3.07	—
10	岗亭	5.00	0.80	0.90	4.00	1.94	4.44	—
	补偿前合计	642.73	—	0.90	601.69	291.41	668.54	
	乘同时系数后	—	—	0.90	541.52	262.27	601.69	$K_{\Sigma p}=0.9$，$K_{\Sigma q}=0.9$

5号站负荷计算及变压器选择表（续表）　　　　　表2.2.6.1-2

序号	用电设备名称	设备容量 P_e（kW）	需要系数 K_x	功率因数 $\cos\varphi$	计算负荷			备注
					P_{js}（kW）	Q_{js}（kVar）	S_{js}（kVA）	
	变压功率损耗	—	—	—	5.42	13.11	—	—
	负荷总计	—	—	—	546.94	275.38	612.35	—
	变压器容量及负载率（按两台1000kVA计算）	—	—	—	—	—	2000.00	0.31

低压系统采用单母线分段结构，设置两台带电抗器的电容补偿柜。针对灯光站的谐波电流大的特点，设置两套有源谐波滤波器。

（2）备用电源

每个灯光站设一台快速自启动、大容量（4号站800kW，5号灯光站1000kW）的进口柴油发电机组。

（3）Ⅰ类运行

助航灯光在Ⅰ类及以下运行时，两路市电分别供电，母联分断。当一路市电失电后，低压母联自动闭合，另一路市电供全部灯光负荷。在两路市电均失电时，柴油发电机组自启动，15s内稳定供电给全部灯光负荷。市电恢复后，关闭柴油发电机，手动合闸，恢复市电供电。

（4）Ⅱ类运行

进入Ⅱ类运行时，灯光供电电源由柴油发电机作为工作电源，市电作为备用电源，低压系统应保证在1s内完成电源转换，否则及时与设计单位联系。

4．场内导航台站供电

灯光站提供场内导航台站380/220V双回路电源，本次工程在低压系统预留开关。

5．助航灯光计算机控制与监控系统

本次工程在三跑道4号灯光站、5号灯光站设置助航灯光监控系统，并接入现有灯光监控系统；另外，现有灯光监控系统的软件和硬件技术落后，本次工程对其进行升级改造。

（1）三跑道助航灯光监控系统

①4号（5号）灯光站内设置两台计算机机柜，每台计算机机柜内安装1台工业控制计算机（冗余热备），作为现场监控集成主机/单灯集中控制单元，每台机柜内配置一台3000VA，在线式UPS，为工控机和现场设备提供电源。工业控制计算机通过4台光纤/以太网转换接口，两台快速交换机，以及相应的光纤配线架，接入光纤冗余环型主干网。

②4号（5号）灯光站每排调光器（一般为两组四用一备）设置一台助航灯光监控接口控制柜，内部可装12台智能接口控制单元。

③调光器智能接口控制单元通过现场总线串联，并与现场监控集成主机/单灯集中控制单元相连，完成如下控制和监视功能：

A．接收开关灯命令，并控制调光器至相应光级；检测并返回调光器通信状态及本地/遥控状态；

B．接收光级切换命令，检测并返回调光器及其备机、切换柜切换状态；

C．返回命令确认信息，检测并返回智能接口单元工作状态；

D．返回灯光回路故障灯数，检测并返回调光器工作状态。包括正常工作状态、异常工作状态，以及故障报警信息；

E．从调光器Modbus接口读取并返回实际输出电压/输出电流，一次回路绝缘电阻值。

④设置电力监视现场冗余总线，用于实现高压柜、变压器、低压柜及柴油发电机等电力监视功能。

⑤根据指挥部和运行部门意见，本次工程采用单灯监视装置对停止排灯、传感器及其相关的滑行道中线灯进行单灯监控。在每个灯光站内各设置一台单灯监控控制机柜，内装单灯回路监控单元A通过隔离变压器接入单灯回路，并通过高速单灯监控现场冗余总线连接至工业控制计算机。

（2）现有助航灯光监控系统升级改造

原有灯光监控系统控制计算机、控制计算机等为8年以前产品，软件操作系统为Windows2000系统，技术已落后两代。监控中心现有4台大屏幕等离子显示器，由于长期显示静态画面已经有严重的影像残留，主监控台为办公桌式操作台，占地大，效率低，摆放设备受限，新增的视频监控操作电脑无摆放位置。本次工程对上述设备及软件进行升级改造；另外为提高可靠性，将原监控系统冗余星形主干网改造为环形网。

①更换灯光站的工控计算机及机柜、显示屏、UPS。

②更换塔台灯光监控的工控计算机及机柜、显示屏、UPS。

③更换维护中心内的台式计算机、历史数据库服务器、显示器、UPS、监控桌（10个席位）、大屏幕显示墙。

④更换现有网络接口设备，西跑道南、北灯光站间增设两根单模24芯光缆，与三跑道监控系统光缆配合，形成环形网络。

⑤维护中心监控室因布局变化较大，土建需重新装修改造，主要为更换静电地板、粉刷墙面。

⑥更换现有部分必要的停止排灯单灯监控器和单灯监控单元。

6．线路敷设

电缆穿越跑道、滑行道和排水沟时采用单壁波纹管包封敷设，进出建筑物时采用热镀锌钢管保护；其余灯光一次电缆直埋敷设，埋深0.8m。10kV电缆埋深1m。

7．接地

灯光回路的隔离变压器箱之间每300m做一组接地极（在回路第一个灯箱和最后一个灯箱各设一组接地极），接地电阻小于10Ω；灯光站接地电阻小于1Ω。

8．设备选型

灯光系统设备选型以先进、运行可靠、经济为原则。

对跑道中线灯、跑道接地带灯、跑道边灯、跑道入口灯及翼排灯、跑道末端灯、进近灯、侧边灯、PAPI灯、快速滑行道出口指示灯、停止排灯、立式跑道警戒灯、P606胶采用进口设备。其他均为国产设备。

调光器、滑行引导标记牌、灯具、灯箱、隔离变压器、单芯电缆等民航专用设备须具有民航颁发的生产许可证。

2.2.7　消防工程

2.2.7.1　消防管网工程

本期扩建继续沿用机场原有消防泵房、水池、加压设备等设施，维持不变，而且能满足本期建设要求。

三跑道北端两侧已经修建好消防管线并且为本期扩建消防管线继续修建留有接口，本期设计主要方案为：

（1）本期设计消防管网从现有三跑道预留跑道两侧的管网接口延伸到南端，新设计管网与现有跑道消防管网成环状，提高消防保障能力。

（2）飞行区消防水源来自消防站的消防水池，通过消防加压设备以及管网供水。

（3）飞行区消防供水系统为低压制，最不利点的消火栓出口压力不小于0.10MPa。

（4）飞行区消防系统标准按最大机型考虑，飞行区消防用水量为150L/s。消防管线为DN400钢丝网骨架塑料复合管，经校核，满足最不利点水压要求。

（5）管道工作压力为0.6MPa，管道试验压力0.9MPa。

2.2.7.2　消防分站工程

本次扩建工程需建设1个消防分站，以保证第三跑道以及联邦快递区域的消防。消防站为两层式结构，建筑面积为1488.5m²。为满足消防驰救时间要求，将该消防站位置设置于跑道中部，在第三和第五跑道间联络滑行道的北面，位于规划的远期联邦快递站坪西南角。该位置与主消防站之间道路距离4200m，对于三跑道的消防救援，乃至未来第二航站区的消防救援的距离均较短，可以满足消防驰救时间要求。消防站车库大门正对飞行区，建有一条8m宽水泥混凝土道路直通飞行区，与平行滑行道的道面相连。消防站正前方设有1260m²回车场。

2.2.8　安防工程

2.2.8.1　建设内容

本次安防工程是以机场现有的安防系统为基础，根据现飞行区所使用的安防方式，针对第三条跑道的建设，建设第三跑道建设范围内的安防系统，所涉及的系统和管网均纳入现有机场飞行区安防系统。此次安防工程主要包括了以下三个部分：

（1）周界防入侵报警系统；

（2）安防管道工程；

（3）新建排水沟加装视频分析报警设备。

2.2.8.2　周界防入侵报警系统

本次新建第三跑道新建围界采用振动光缆的探测方式，入侵探测以防区为单位，每个防入侵探测设备分管相邻两个防区。防入侵探测设备的前端控制装置安装于室外控制箱内，并沿飞行区内层围界布放。根据现有安防防区的划分方式，扩建后的围界以每150m为一个防区，作为入侵探测装置的振动光缆沿飞行区钢丝网围栏布放，在遇围界立柱时做适当预留。相邻防区共用一套闭路监视设备，采用20倍变焦的室外一体化云台摄像机。在重点区域，如非直线段或有遮挡物的区域，适当增加监视设备数量，原则上监视设备按照两台相隔间距不大于300m布置。在三跑道北端围界的应急出口处设置一台一体化定焦枪机。在围界摄像机立杆上架设两个25W广播喇叭，左右各一个。

本期围界为双层围界，分二段，南段总长6085m，北段为三跑道北灯光带增设的部分，长690m。一共是49个防区。振动光缆安装在外层围界上，摄像机立杆安装在内层围界与环场路之间。

敷设一条48芯室外单模光缆及一条12芯室外单模光缆，其中48芯室外单模光缆出东三指廊FedEx机房后穿东跑道综合管廊向南走向，传输安防控制箱01至24及4号出水口处摄像机的信号，12芯室外单模光缆出东三指廊FedEx机房后穿东跑道综合管廊向北走向，传输安防控制箱25至27及应急出口处摄像机的信号。

为方便接入到现有报警系统，围界报警前端防区处理器信号接口采用RS232接口，通过串口服务器，接入安防集成系统。

对现有视频矩阵进行扩容，增加6块8路输入视频矩阵模块。

新增光端机全部采用单芯光缆传输。

对安防集成系统软件进行升级，增加系统接入的软件许可。

在外层围界设置照明系统，每15m间隔设置100W照明灯具，当报警信号发出后或在周围环境光线不足的情况下，通过控制开关人工或自动启动照明设施。照明设备安装于灯杆上，灯杆固定在周界钢丝网立柱上，需探出刺丝网之外，方便维护。

设备及照明电源就近引自4号、5号灯光变电站。

每个控制箱及就近的摄像机立杆基础下设3根接地极，接地极采用L50×50×5的镀锌角钢，连接线采用40×4的镀锌扁钢，要求接地电阻不大于4Ω。

2.2.8.3　安防管道工程

沿围界设置2×2孔及2×1孔管道，采用的栅格式地下通信管为4子孔和9子孔及单孔管。为方便后期增设摄像机，每隔100m及转弯处设置一个人孔或手孔。通信管网南侧与现有东跑道的安防管网相连接，北侧与联邦快递站坪的通信管网相连接。光缆穿东跑道中部综合管廊至东三指廊一层的FedEx机房。东下滑台附近有一段长约0.75km的机场安防线缆套明管敷设，本次工程沿线缆路由新建此部分安防管道。

本设计共建设通信管道7.4管程公里，合26.2管孔公里，人手孔共85个。

2.2.8.4　其他

在三跑道新增围界的4号出水口处，安装一台模拟红外10倍变焦一体化枪机，立杆安装位置选择在围界内，靠近盖板涵口。要求视频画面可完整覆盖盖板涵口前方区域。视频传输利用48芯光缆中的一芯传输至东三指廊一层的FedEx机房，接入到一台单路智能视频分析编码器，再接入视频分析系统。立杆基础下设2根接地极，接地极采用L50×50×5的镀锌角钢，连接线采用40×4的镀锌扁钢，要求接地电阻不大于4Ω。

为机场北站坪围界的报警监控系统信号的接入，本工程增加一个24口光纤配线架和一台24口接入交换机，同时考虑模拟矩阵输入模块数量及监控视频存储所需的磁盘阵列。

2.2.9　灯光站工程

本期配合三跑道的建设，需在跑道东侧南、北两端各建设一座灯光变电站，变电站顺序编号为4号、5号灯光站，按无人值守站设置。根据设备及工作需要，设置站内照明、消防、通讯、动力配电、给排水等设施。

两个灯光站平面布置基本一致，建筑面积均为1005㎡，为一层式结构。灯光变电站除供灯光系统的电源外，还供跑道两端的导航台站的用电。由于三跑道南、北下滑台均位于跑道东侧，为避免建筑对导航设施的影响，灯光站建设位置需避开下滑台场地保护区。南灯光站位于环场路东侧，距跑道中心线约300m；北灯光站位于三跑道北头735m处，距跑道中心线约105m。南北灯光站周围道路呈环状，路面宽3.5m。

2.2.10　场务车库工程

本期建设场务车库一座，为一层式结构，建筑面积1984㎡，位于4号灯光站南侧，总占地面积约10500㎡，其中道路停车场占地约6200㎡，绿化面积约2000㎡。

场务车库防火等级为二级，内设置车库、蓄电池室、维修器材室、物资仓库、场务办公、场务值班卫生间等。

第 3 篇

航站区设计

3.1 概述

3.1.1 航站区现状及发展预测

3.1.1.1 航站区现状

现状一号航站楼及二号航站楼为第一航站区，设计

目标年为2020年。在一、二号航站楼之间规划东四、西四指廊，西一跑道西侧规划西卫星厅，形成第一航站区终端形态；在第一航站区东面规划第二航站区，新建三号航站楼及东卫星厅。另外，在第一航站区北进场路的西侧区域规划机场货运区及民航快递区，东侧区域规划机场机务维修区，第三条跑道以东的东航站区北侧规划为货运代理区及生产辅助设施区。

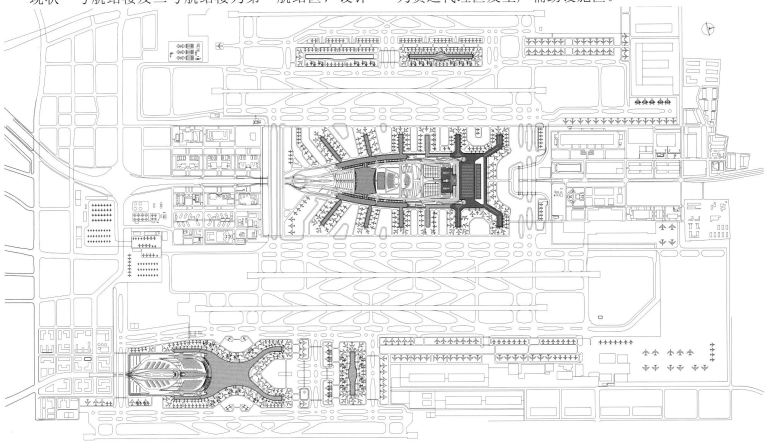

图 3.1.2.1　白云机场总体规划——航站区构型

3.1.1.2 航站区发展预测

为满足白云机场枢纽建设升级需求，第一、二航站区及各航站楼均以各联盟航空公司一体化运营为分配原则，根据行业趋势分析，中转业务90%以上是在联盟内产生，航空公司联盟化运作有利于促进白云机场国际中转业务发展，对推动白云机场枢纽建设进程至关重要。其中星空联盟、寰宇一家等成员航空公司在一号航站楼运营，天合联盟成员航空公司在二号航站楼运营，其他航空公司在三号航站楼运营。

通过航空公司板块区域化划分，同板块航空公司在同一航站楼内运营，通过航站楼冠名等方式，有利于航空公司进行统一形象宣传、品牌树立以及个性化服务的需求，满足航空公司针对各自不同的旅客服务需求，制定精准营销和服务策略，提高旅客服务品质。

3.1.2 机场总体规划与规划调整

3.1.2.1 航空业务量预测与建设规模

1. 机场参数预测

一号航站楼于2004年8月5日正式投产使用，同时机场开始了机场中远期发展规划的进一步研究，启动总体规划修编工作。机场总体规划修编于2007年9月由民航总局批复。

在2007版总体规划基础上，中国民航机场建设集团公司编制了《广州白云国际机场扩建工程项目建议书》，扩建工程以2020年作为设计目标年，预测机场旅客吞吐量为8000万人次，两个航站楼的比例分配为一号航站楼3500万人次，二号航站楼4500万人次。货邮吞吐量250万吨，飞行起降量62万架次（图3.1.2.1）。

2. 二号航站楼建设规模预测

根据《关于广州白云国际机场扩建工程（可研报告）的咨询评估专家组意见》，一号航站楼的设计容量由3000万人次调整为3500万人次（国内航班使用），二号航站楼的设计容量为4500万人次。

对于国内大型机场而言，采用《民用机场工程项目建设标准（建标105-2008）》提出的面积指标计算航站楼建筑面积时，应适量增加登机桥固定端、综合管沟、机电设备用房、站坪架空层等的面积，适当提高指标参数。在采用集中式的航站楼设计方案时，需要考虑保证提供足够比例的近机位、行李传输处理系统及各类机电设备的设置空间，满足进出港旅客分流的要求，为未来发展预留各类旅客服务设施、机电设备及捷运系统等使用空间。因此计算二号航站楼总建筑面积（功能面积＋非功能面积）时，按照以每百万旅客对应1.2万㎡作为规模控制的参考指标。

3.1.2.2　工程概况

1.　二号航站楼

二号航站楼位于一号航站楼的北面，为局部地下一层、地上四层大型枢纽机场公共交通建筑。二号航站楼由主楼、北指廊、东四指廊、东五指廊、东六指廊、西四指廊、西五指廊和西六指廊八个部分组成，以能满足2020年旅客吞吐量4500万人次的使用需求为目标，其中国内设计年旅客吞吐量为3581万人次，国际设计年旅客吞吐量为987万人次，国内设计高峰小时为11292人次，国际设计高峰小时为6007人次。

本期建设主楼、北指廊、东五指廊、东六指廊、西五指廊和西六指廊六个部分，建筑面积65.87万㎡，为四层混凝土大跨度钢结构建筑。

2.　旅客捷运系统预留

在本期建设中预留旅客捷运系统（APM）的空间及结构荷载，为将来出发、到达特别是中转旅客提供高水平服务，有效提升东四、西四指廊的服务水平。

3.　停车场（楼）及交通中心

交通中心及停车楼位于二号航站楼主楼的南面，主要包括交通中心、私车停车库及设备中心三大部分。作为二号航站楼的配套服务设施，其主要功能为二号航站楼进出港的旅客与地面各种交通工具（城轨、地铁、大巴、出租车及私车）换乘的场所。总建筑面积约为22.2万㎡，为多层混凝土框架结构建筑。其中地下二层，层高4m，地上三层，层高3.75m，建筑高度约12.95m。

3.1.2.3　航站区总图工程

1.　陆侧地面交通系统工程

陆侧交通系统设计应能够满足二号航站楼旅客吞吐量4500万人次的陆侧交通需求，并达到较高的服务水平，建设规模及标准应和交通需求、道路的功能定位相匹配，实现适用性和经济性结合最佳。二号航站楼陆侧交通系统工程主要包括北进场隧道、东环路、出港高架桥、西环路、南往南高架桥等28条道路，交通中心南面北进场隧道东西两侧设置了两个地面停车场，地面停车场总面积53089㎡，共有私家车位1528个。

2.　市政桥梁工程

白云机场扩建工程子项市政桥梁工程共包括主线桥一座，匝道桥五座，分别为出港高架桥、交通中心私家车坡道、南往南匝道、北进场东匝道、北进场东匝道、东三匝道和西三匝道。

3.　通信管网工程

北进场路隧道属于二类隧道，大巴隧道及的士隧道属于四类隧道。设备安装内容主要包含配电系统、电气照明系统、建筑物防雷与接地、消防及弱电系统。

4.　站坪与滑行道

航站区站坪工程包括二号航站楼本期远、近机位站坪的新建（包括对原有东四过夜机位GY07-GY12的改造）以及相应滑行道系统的改造。东五指廊与东六指廊间设置两条F类滑行通道。西四过夜机位与西五指廊间设置两条C类机位滑行通道，西五指廊与西六指廊间设置四条C类机位滑行通道，东六指廊、西六指廊与北垂滑之间各设置一条C类滑行通道和一条E类滑行通道，主楼北侧站坪设置两条E类机位滑行通道。新建机位78个。考虑到未来的机型发展趋势，本期工程站坪设置C、E、F类机位，D类机位兼容于E、F类机位内。

3.1.3　航站区设计总述

3.1.3.1　设计策略

以打造世界级航空枢纽为目标，着力构建平安、绿色、智慧、人文的现代化体验式航站楼，实现可持续发展。

1.　创建布局合理、功能齐备、流程顺畅、便捷高效的平安航站楼

合理规划流程及功能布局，确保旅客出行与运行管理效率。努力建构服务设施及安全保障设施体系，确保服务标准与安保水平。

2.　创建地域特色显著、环保生态的绿色航站楼

充分发掘地域特征及传统文化特色，综合采用多种绿色建筑技术，力求达到资源、能源的最大化利用，创造高效、健康、节能、舒适的新型绿色机场建筑，促进人与自然、环境与发展、建设与保护相平衡的航站楼体系。

3．**创建科技领先、智能高效的智慧航站楼**

采用航班动态通知、自助行李托运、DCV 行李分拣、生物技术识别等先进技术，打造全流程的智慧体系，以智能科技引领高效服务。

4．**创建主题突出、内涵丰富的人文航站楼**

将底蕴深厚的华夏文明与特色鲜明的岭南文化融入设计，通过文化设施建构、文化展示区域预留、文化特征融入设计内容等方式，充分展示航站楼的人文气息。

5．**创建外形磅礴、空间流畅、景致宜人的现代化门户航站楼**

承接并拓展一号航站楼的标志性设计元素，塑造现代大气的外形特征，保持主要空间的特色与衔接，营造步移景异的空间景观效果，体现标志性的门户形象。

6．**创建设置灵活、弹性预留的可持续性航站楼**

结合布局、流程及机场未来发展需求，预留增设功能及发展建设空间。

3.1.3.2　设计亮点

1．**特色可转换机位**

在机位设计时采用南航所提供未来机队的机型组合，以满足其发展需要；提供最高效的机坪与机位配置，以满足南航作为基地与枢纽航空公司的运营需求。为迎合机位的高周转，势必需要提高航站楼内登机效率，根据航站楼国内与国际运营高峰小时不同的特点，引入可在国内与国际运营之间进行转换的混合机位概念，将流线最便捷、流程最短的前列式黄金大机位设置成国内/国际可切换的混合机位，通过登机桥固定端实现机位与航站楼各进出港层的对接，提高机位使用灵活性及旅客处理效率，满足航司业务快速增长的需要。

2．**特色联检流程**

白云机场作为国内的几个核心枢纽机场之一，未来的国际出行必然成为白云机场的核心业务，因此作为国家大门的联检业务也成为整个机场设计工作的重中之重。通过对联检模式的研究，结合空间组合与功能流线，提出了以旅客流线为核心的联检布置体系，创新性地将国际、国内安检厅并置和前置，将国际、国内安检并排设置在第一关，利用国际、国内高峰小时错峰的特点，对安检通道国际国内功能进行切换，解决特殊高峰时段（如春节）流量瓶颈问题。

3．**特色混流流程**

二号航站楼国内流程采用出发到达混流模式，相比传统出发、到达分流设计，既减少了独立的到达楼层通道和服务机房面积，又共用了商业、卫生间、问询柜台等服务设施，还减少了登机口管理人员，减少了投资，提高了资源利用率。同时混流设计让国内转国内这一中转流程在平层中转，不需换层，提高了中转效率。

4．**特色行李系统**

主系统的先进性在一定程度上直接决定了航站楼的运行效率，二号航站楼设计融合了多项目前国际先进的技术理念，采用基于云计算架构的虚拟化技术所构成的基础云平台设计。基础云平台的建设将支持白云机场大数据、互联网和物联网等新应用的特殊技术和服务需求，支撑机场在信息化系统的建设和服务。行李系统采用国际先进的 DCV 小车自动分拣技术，分拣速度快、出错率低、效率高。值机行李交运部分采自助模式，并为传统与自助系统切换做了预留设计，为实现全面自助的智慧机场发展创造了条件。

5．**特色岭南花园**

对位于航站楼内部联检区等通风条件较差的区域，设置可供旅客休憩的富有岭南特色的屋面内庭院。加强大体量建筑的自然通风，营造微气候环境，改善建筑用能效率，提高室内空气品质。立面上，仿古清水文化砖墙、垂直绿化、U 型玻璃、坡屋檐与百叶装饰层层叠出，互相交错，利用现代手法体现了岭南传统文化特色。

6．**特色绿色机场**

充分考虑项目及所处区域气候特点，以绿色建筑设计为理念，综合采用多种绿色建筑技术，力求达到资源、能源的最大化利用，创造高效、健康、节能、舒适的新型绿色机场建筑。项目创新性地采用了光伏发电、太阳能热水、虹吸排水、雨水收集回用、变风量控制制冷、热回收空调机组、可调节电动遮阳百叶、能源管理、建筑设备监控、智能照明控制等绿色建筑技术，重视自然采光、自然通风、遮阳隔热等被动式节能设计，取得了国家"三星级绿色建筑设计标识证书"，成为湿热气候区首个三星级绿色大型公共交通枢纽建筑。此外，二号航站楼内外设置了花园和绿化等大型景观，为旅客提供全新的花园式机场空间，满足旅客绿色出行体验。

7．**特色集中商业**

根据国际、国内机场的不同案例和对商业综合体的研究，提出了独特的航站楼商业概念——非典型商业综合体。典型的综合体从规划层面就确定了出入口位置及数量、人流动线模式及业态布局分类。而航站楼的重点是旅客流程，概念规划基于各种流程，功能也服务于流程。相对典型商业综合体，航站楼具有旅客聚散集中、流动性高、停留时间短的不同特点。因此，为了达到增加非航收入的目标，在与商业顾问共同研究之后，从"整合旅客流程，活跃商业动线；协调专业资源，合理增加面积；创造跃层中庭，营造商业氛围；组合功能布局，控制业态配比；引入生态绿化，优化商业环境"等五个方面创造了不同于国内其他枢纽机场的航站楼商业布局模式。

3.2　总体规划

3.2.1　方案推演

3.2.1.1　航站区总体规划方案演变过程

白云机场总平面构型构思于20世纪90年代末期，

1999年11月民航总局以民航机函[0999]798号文《关于白云机场总平面规划的批复》批准了项目的总平面规划。原总体规划年旅客吞吐量为5200万。

为适应白云机场的定位及航空市场业务发展的需求调整，白云机场总平面构型同步在不断地优化，前后历经了分离式站坪方案、中滑方案及北站坪方案等三个主要阶段（图3.2.1.1～图3.2.1.5）。

图3.2.1.1　广州白云国际机场总体规划效果图

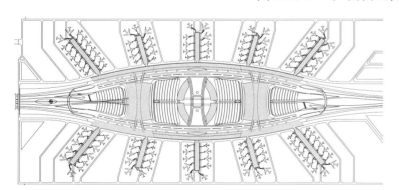

图3.2.1.2　广州白云国际机场总体规划方案（1999年）

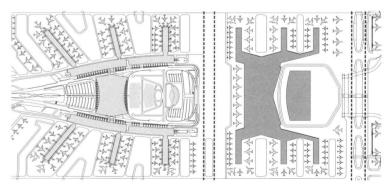

图3.2.1.3　中滑方案

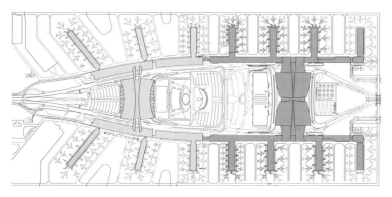

图3.2.1.4　分离式站坪方案

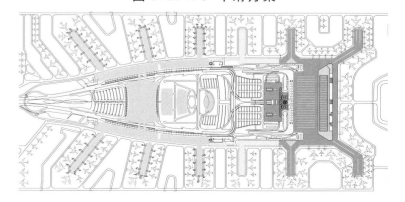

图3.2.1.5　北站坪方案

3.2.1.2 分离式站坪方案

二号航站楼位于一号航站楼北侧，一、二号航站楼在南北两侧都设置有陆侧道路系统，整个航站区形成明确分隔的东西站坪，东西站坪依靠南北两端的飞机滑行联络道联系。一号航站楼自2004年8月通航以来，东西站坪联系距离过远导致空侧运行效率偏低的问题凸显。因此采取分离式站坪方案会进一步加长东西站坪的联系距离，从而进一步降低空侧运行效率。

3.2.1.3 中滑方案

在二号楼南侧三指廊和四指廊之间增加两条东西向联络道，强化了东西站坪间的联系，使得东西站坪间航班的调度更为灵活，滑行距离更为简捷。新建的垂直联络滑行道使得更多的机位位于东、西主跑道中间的位置，邻近区域的机位（航站区中央范围）双向运行便捷程度大大提升，有利于提高飞行区与航站区之间的运营效率。

3.2.1.4 北站坪方案

在二号航站楼北侧设置北站坪，通过北站坪将东、西站坪连为一整体，同时北站坪北侧布置两条机坪滑行通道，这种布局方式有利于站坪机位的灵活运行及提高飞机在东、西站坪上的运行效率。北站坪方案提供的87个近机位（34C、10D、39E、4F）和20个远机位（20C）中D类以上的大型机位所占的比例为50%，对未来航空市场机型变化有更大的灵活性。

3.2.1.5 方案优化比选结论

分离式站坪方案、中滑方案及北站坪方案都有其各自独特的优势和劣势。经过多轮方案评估，及重点结合南航枢纽运作需求仔细研究分析，最后基于下列主要优点决定选用北站坪方案作为二号航站楼实施方案：

1. 近机位数量最多；
2. 国际及国内登机门以及所有指廊之间（包括一号航站楼指廊）的方便连接；
3. 东、西站坪可以通过北站坪高效连接；
4. 简化的道路系统及航站楼流程；
5. 通过规划的APM系统实现灵活的未来扩展性；
6. 最大限度保留原有的基础设施。

3.2.2 总体规划设计

3.2.2.1 空侧规划

根据预测机场远期规划为5条跑道，即在现有的东

西跑道外侧分别建第三、第四跑道，在机场东侧（第三跑道东侧）规划第五跑道。飞行区指标4F，其中东飞行区及以东的飞行区按照4F进行规划设计；二号航站楼以及H滑、西飞行区北边的现有货机坪按照4F规划；西飞行区其余部分为4E。航站区南北两侧各设两条垂直联络通道，联系东西两个飞行区（图3.2.2.1）。

（1）航站区预测需求机位187个，规划机位总数为205个，其中近机位160个，远机位45个，近机位比例为78%，保障旅客出行体验；

（2）将远机位停放位置调整至北垂滑以北，增加一条E类机位滑行通道，同时将北站坪的两条E类机位滑行通道贯通，提升滑行道系统效率；

（3）分区域进行国内/国际机位划分，结合空侧资源及航站楼流程设置国内、国际可转换机位，提高机位使用效率；

（4）结合各类型机型停放方式，设置C、D类机位兼容于E、F类机位的组合机位，方便灵活停放。

3.2.2.2 航站区站坪设计

1. 总平面设计

（1）总平面布置

本期扩建工程南侧与现有的东四、西四过夜机位相接，北至现有北垂滑北侧。根据总平面布置，现有东四过夜机位（GY07-GY12）侵入东五指廊南侧机位调度道的安全距离内，需要向南移动才能保证新建机位的使用，因此本期工程中需对东四过夜机位进行改造。

东四过夜机位改造后，与东五指廊间设置一条E类滑行通道；东五指廊与东六指廊间设置两条F类滑行通道。西四过夜机位与西五指廊间设置两条C类机位滑行通道，西五指廊与西六指廊间设置四条C类机位滑行通道，东六指廊、西六指廊与北垂滑之间各设置一条C类滑行通道和一条E类滑行通道，主楼北侧站坪设置两条E类机位滑行通道。

（2）站坪机位布置

本期扩建工程新建机位78个。考虑到未来的机型发展趋势，本期工程站坪设置C、E、F类机位，D类机位兼容于E、F类机位内。

近机位的编号延续现有近机位编号原则，东侧采用以"1"开头的三位数（由南至北依次为144～173），西侧采用以"2"开头的三位数（由南至北依次为249～279），并按照远期规划预留东四、西四指廊近机位的编号。新建东侧远机位由西向东依次为309～313，西五、西六指廊之间的远机位为430、431，西侧远机位由东向西依次为432～437。

为弥补F类可转换机位不足的问题，在154与155机

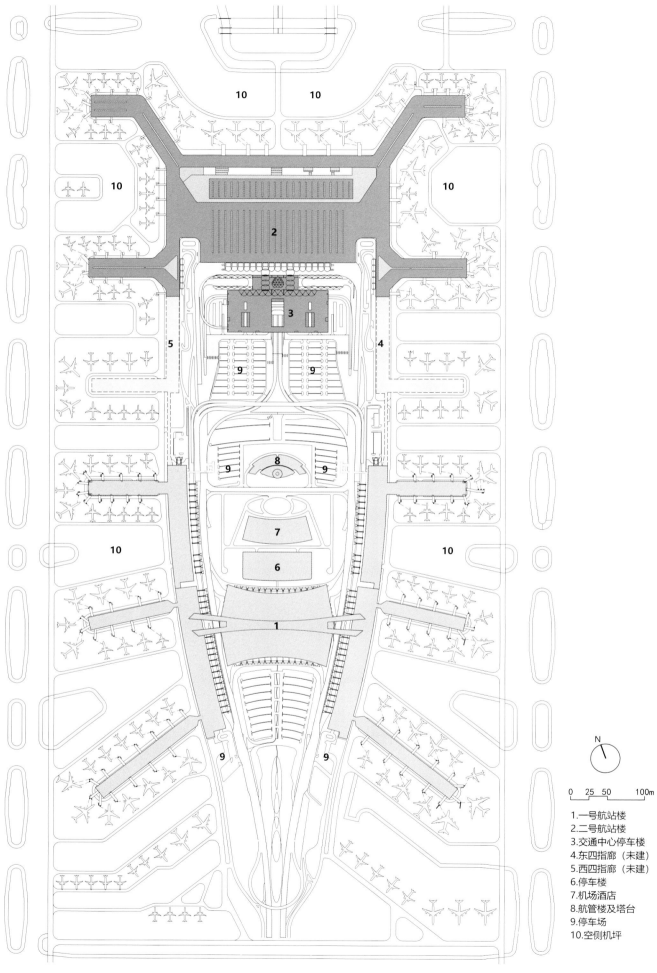

N

0 25 50   100m

1.一号航站楼
2.二号航站楼
3.交通中心停车楼
4.东四指廊（未建）
5.西四指廊（未建）
6.停车楼
7.机场酒店
8.航管楼及塔台
9.停车场
10.空侧机坪

图 3.2.2.1 广州白云国际机场总体规划平面图

位之间增加一条停止线，仅停放 A380 机型，编号为 154-A，作为 F 类可转换机位，该机位不与 154、155 机位同时使用。机位类型与机位编号的对应关系如表 3.2.2.2 所示。

机位类型与机位编号对应表　　　　　　　　　　　表 3.2.2.2

基准代字 机位编号	C						E													F		
	C1	C2	C3	C类远机位1	C类远机位2	C类远机位3	E1					E2		E3					E4	F1	F2	F3
							E1-1	E1-2	E1-3	E1-4	E1-5	E2-1	E2-2	E3-1	E3-2	E3-3	E3-4	E3-5				
	144	266	149-L	156	433	430	432	158	165	167	277	148	145	152	160	272	254	255	154	147	155	154-L
	147-L	265	155-L	276	434	431	279	—	166	—	—	150	146	—	—	—	—	271	—	149	—	—
	147-R	264	152-L	—	435	GY07	—	—	168	—	—	169	—	—	—	—	—	—	—	—	—	—
	149-R	263	153	—	436	GY08	—	—	278	—	—	170	—	—	—	—	—	—	—	—	—	—
	152-R	262	157	—	437	GY09	—	—	173	—	—	171	—	—	—	—	—	—	—	—	—	—
	155-R	261	162	—	309	GY10	—	—	—	—	—	172	—	—	—	—	—	—	—	—	—	—
	159	260	163	—	310	GY11	—	—	—	—	—	—	—	—	—	—	—	—	—	—	—	—
	160-L	259	164	—	311	GY12	—	—	—	—	—	—	—	—	—	—	—	—	—	—	—	—
	160-R	258	272-L	—	312	—	—	—	—	—	—	—	—	—	—	—	—	—	—	—	—	—
	161	257	255-R	—	313	—	—	—	—	—	—	—	—	—	—	—	—	—	—	—	—	—
	275	256	255-L	—	—	—	—	—	—	—	—	—	—	—	—	—	—	—	—	—	—	—
	274	254-R	251	—	—	—	—	—	—	—	—	—	—	—	—	—	—	—	—	—	—	—
	273	253	—	—	—	—	—	—	—	—	—	—	—	—	—	—	—	—	—	—	—	—
	272-R	252	—	—	—	—	—	—	—	—	—	—	—	—	—	—	—	—	—	—	—	—
	271-R	250	—	—	—	—	—	—	—	—	—	—	—	—	—	—	—	—	—	—	—	—
	271-L	249	—	—	—	—	—	—	—	—	—	—	—	—	—	—	—	—	—	—	—	—
	270	254-L	—	—	—	—	—	—	—	—	—	—	—	—	—	—	—	—	—	—	—	—
	269	—	—	—	—	—	—	—	—	—	—	—	—	—	—	—	—	—	—	—	—	—
	268	—	—	—	—	—	—	—	—	—	—	—	—	—	—	—	—	—	—	—	—	—
	267	—	—	—	—	—	—	—	—	—	—	—	—	—	—	—	—	—	—	—	—	—

（3）服务车道

本期扩建工程对通过 T3 滑、T4 滑的下穿通道（东西两侧各一）局部进行改造，与新建的站坪服务通道连接，形成连接航站区与货运区、机务维修区的联系道路。站坪服务车道最小宽度为 8m，局部服务车道宽度为 16m。

为缓解场内特种车辆停放场地不足的问题，本次将 T3 滑与北站坪之间（原 3 号、4 号特种车辆桥之间）的两块土面区设计为设备停放区。

另外，尽管 T3 滑设计标准为 F 类滑行道，但实际运行的最大机型为 E 类，根据建设单位的需求，将 3 号、4 号特种车辆桥之间的服务车道以北 10m 的范围内设计为场坪，用于车辆的停放，场坪与 T3 滑之间的安全距离按照 E 类标准控制。若未来 T3 滑运行 F 类飞机，须清除该位置的停放车辆。

2. 管线综合

本次管线综合是在飞行区总平面设计和各专业管线设计的基础上，统筹布置管线之间、管线与建（构）筑物之间的平面及竖向关系。

避免管线在垂直方向上重叠直埋敷设，尽可能减少不同专业管线之间的交叉，当交叉问题不可避免时遵守：

（1）压力管线让重力自流管线；

（2）可弯曲管线让不易弯曲管线；

（3）分支管线让主干管线；

（4）小管径管线让大管径管线的原则。

在服务车道交叉口处、站坪上、滑行道上、各种管线交叉处，供电管线、消防管线、供油管线均需采用加套管等措施加强对管线的保护。

3.3　功能配置与流程设计

3.3.1　设计概述

3.3.1.1　二号航站楼与一号航站楼流程优化及容量对比

一号航站楼的特点是将出发与到达分开。首先在办票大厅集中办票，然后将旅客分散至A、B区登机，到达同样分为A、B区。其中国际航班及非南航国内航班在A区（东侧），南航的国内航班在B区（西侧）。一号航站楼的优点是各类旅客流线分明，交通不太集中，不会出现过度集中的旅客流。其外部的交通系统也是一种比较新的理念，整个航空规划的特点是多指廊式构型。多指廊式的最大优点是可以提供较大数量的停机位，满足航站楼飞机停靠需求。

二号航站楼的构型依据飞机空侧运行的效率进行调整，由原来类似一号航站楼的分离式站坪概念方案调整为北站坪方案，把机场北面的进场路下沉，穿过机坪及航站楼使其与南面路网连接，将机坪在东、西及北三面连通，便于飞机调度，同时增加了近机位数量，特别是与主楼路程最短的大型近机位数量，缩短了旅客平均步行距离。同时，二号航站楼对功能性的考虑更加全面，尽可能地配置更全面的功能，满足旅客的各类需求，以及对商业布局和计时休息、儿童活动等空间需求都做了较为综合的考虑。

白云机场设计年旅客吞吐量为2020年8000万人次，其中一号航站楼为3500万人次，二号航站楼为4500万人次。

3.3.1.2　设计原则

二号航站楼是大型国际枢纽机场航站楼，拥有众多不同类型的复杂流程，作为交通枢纽建筑，简洁和高效是流程设计的核心。根据股份公司确定的二号航站楼主要供以基地航空公司南航为主的天合联盟使用的定位，结合枢纽机场的要求，确定了二号航站楼流程设计的原则：

以旅客体验为导向，流程简洁、高效，最大限度地满足旅客需求，提升旅客出行体验。

覆盖并满足基地航空公司南航及天合联盟的所有航空产品需求。

最大限度满足现代枢纽机场航站楼运营保障需求。

3.3.2　功能配置与流程设计

3.3.2.1　功能配置

1.　航站楼平面功能配置

（1）负一层平面

主楼：进港行李下送地沟、水电空设备专业管沟；指廊：水电空设备专业管沟。

（2）一层平面

主楼：国内国际迎客厅、国内国际行李提取厅、国内国际中转提取行李交运厅、国内国际行李分拣机房、海关/检验检疫查验通道及办公用房、内部办公用房、配套商业/服务设施用房、相关水电空设备专业用房；指廊：国内国际贵宾室、国内国际远机位候机厅、国内国际误机旅客等候厅、国际航班国内段进港到达厅/出港候机厅、海关/检验检疫空侧办公用房、空侧服务用房、空侧机坪服务用房、行李机房配套用房、其他配套内部办公用房、设备用房。

（3）二层平面

主楼：国际进港旅客卫检厅、入境边防大厅、国际转国际中转厅及安检厅、国际转国内（通程联运）中转厅及安检厅、入境免税商业区、国内旅客进港通道、国内混流出发及到达集中商业区、内部办公用房、旅客服务设施、相关水电空设备专业用房；指廊：国内及国际进港旅客到达通道、国内出港旅客候机厅、卫生间、内部办公用房、设备用房。

（4）三层平面

主楼：值机大厅（文化广场、值机岛）、安检大厅、联检大厅、相关配套服务设施（问询、补办票、自助值机/托运、安检开包间、超大行李托运、客带货申报托运、两舱值机、商业/餐饮、航空公司办公用房、内部办公用房、两舱休息室、海关/边防/检验检疫办公用房、东翼国际大型国际免税商业区、西翼国内集中商业、餐饮及两舱休息室等）；指廊：国际出港旅客候机厅、国际进港旅客到达通道、配套商业服务设施、卫生间、内部办公用房、设备用房。

（5）四层平面

主楼：陆侧值机大厅集中餐饮、空侧国际两舱休息室、国际转国际计时休息室、航空公司及联检部门办公用房等；指廊：国内进出港旅客混流候机厅/到达通道、国际出港旅客候机厅、配套商业服务设施、卫生间、内部办公用房、设备用房。

2.　交通中心平面功能配置

负二层平面：私家车停车库（人民防空地下室）、设备中心、地铁站厅（他项工程，11.000m标高层）、城轨站厅（他项工程，16.000m标高层），地铁、城轨站厅站台设独立的人员疏散口，不与停车库共用。

负一层平面：私家车停车库（人民防空地下室）。

一层平面：私家车停车库、交通中心［旅客到达大厅、地铁3号线机场北站A出口、城轨二号楼站出口（未启用）、客运站（长途大巴、市区大巴候车区）、中转大巴、航延大巴、旅游大巴等候区］。

二层平面：私家车停车库、交通中心（旅客通道、办公区、设备房）。

三层平面：私家车停车库、停车场办公区、停车场管理控制中心（TIC）、机房。

四层平面：屋顶绿化私家车停车场、旅客通道。

3.3.2.2 航站楼流程设计

1. 航站楼国内旅客流程（图3.3.2.2-1、图3.3.2.2-2）

（1）国内出港流程

①普通旅客

国内出港旅客经出发层高架桥车道边或交通中心进入航站楼三层11.250m标高值机大厅。在值机大厅西翼的值机岛办理完登机手续和托运行李后，经人身及手提行李安全检查后分流西、北两个方向乘自动扶梯或电梯下行至二层4.500m标高进入西指廊及北指廊出发层候机厅候机，登机时在本层检票后通过登机桥坡道到达登机桥固定端，经过活动端登机。

远机位旅客安检后向西乘自动扶梯或电梯下行至二层4.500m标高，前行至西六指廊口部再转乘自动扶梯或电梯下行至一层-1.000m标高的远机位候机厅候机，登机时在本层检票后通过登机过厅经摆渡车登机。

远期西四、西三指廊旅客可安检后西行乘自动扶梯或电梯上行至主楼18.000m标高西翼的捷运站乘坐APM前往西四、西三指廊候机。

②高舱位旅客

高舱位旅客出港流程基本同普通旅客流程，为了提升高舱位旅客服务品质及突出其私密性，二号航站楼为高舱位旅客提供单独、宽敞、舒适的值机厅、安检通道及休息室。

值机大厅西侧端头设有高舱位旅客专用值机厅，主要功能包括休息区及值机区。其中的值机柜台采用一对一的服务方式。旅客值机后，经专人引导至专用安检通道安检。安全检查结束后，步行至位于同层高舱位休息室等候登机。高舱位休息室设两个分别为机场、南航独立经营，每个休息室均设有休息大厅及独立包间。高舱位休息室邻近出港层国内集中商业区及室外中庭花园，既方便客人休闲购物同时又为客人提供了良好的休息环境。

（2）国内进港流程

国内进港采用与出港混流的模式，西、北指廊进港旅客离机后经登机桥活动端、固定端进入二层4.500m标高的指廊候机厅步行前往同层主楼的进港通道，乘自动扶梯或电梯下行至主楼一层±0.000m标高的行李提取厅提取行李。

国内进港旅客提取行李后经过迎客厅到达位于室外的士候车区或交通中心乘坐大巴、地铁、城轨、私车等离场。

国内远机位到达厅设在西五、西六连接指廊首层，远机位旅客由此同层进入主楼首层国内行李提取大厅提取行李。

远期西四、西三指廊乘APM到达的旅客在主楼18.000m标高层经电扶梯直达4.500m标高层，与西指廊近机位到达旅客汇集进入国内行李提取大厅提取行李。

高舱位旅客进港流程同普通旅客流程，无设置其他专用服务设施。

2. 航站楼国际旅客流程（图3.3.2.2-3、图3.3.2.2-4）

（1）国际出港流程

①普通旅客

国际出港旅客经出发层高架桥车道边或交通中心进入航站楼三层11.250m标高值机大厅，在值机大厅东翼的值机岛办理登机手续和托运行李，经过登机牌检查后进入国际安检大厅办理人身及手提行李安全检查，旅客安检完成后进入联检大厅，依次经过卫生检疫、动植物检疫、海关手提行李检查、边防检查后进入国际免税商业区。

通过商业区后，旅客分三个方向左右乘自动扶梯或电梯前往北指廊四层（13.500m标高）、东六指廊机三层（9.000m标高）及东五指廊三层（9.000m标高）各自的候机区，登机时由本层检票后通过登机桥坡道到达登机桥固定端，经过活动端登机（通过登机桥固定端和活动端登机）。

国际远机位出港设置在东六指廊首层。旅客到达东六指廊候机厅口部时转乘自动扶梯或电梯下行至一层±0.000m标高的远机位候机厅候机，登机时在本层检票后通过登机过厅乘摆渡车登机。

远期东四指廊旅客通过国际免税商业区后可步行至位于主楼三层11.250m标高的东翼规划捷运站乘坐APM前往东四指廊候机。

②高舱位旅客

高舱位旅客出港流程基本同普通旅客流程，为了提升高舱位旅客服务品质及突出其私密性，本工程为高舱位旅客提供单独、宽敞、舒适的值机厅、安检通道及休息室：值机大厅东侧端头设有高舱位旅客专用值机厅，主要功能包括休息区及值机区。其中的值机柜台采用一对一的服务方式。旅客值机后，经专人引导至专用安检及联检通道检查过关。过关进入国际免税商业区后可乘自动扶梯或电梯上行至主楼四层16.875m标高的高舱位休息室等候登机。高舱位休息室共设置两个，分别为机场、南航独立经营，每个休息室均设有休息大厅及独立包间。高舱位休息室楼下为国际免税商业区，方便客人休闲购物。

（2）国际进港流程

东五、东六指廊国际进港旅客经登机桥固定端到达二层4.500m标高的到达通道步行至位于主楼二层4.500m标高的东翼国际到达联检区。北指廊国际进港旅客经登机桥固定端到达9.000m标高的到达通道，乘自动扶梯或电梯下行至二层4.500m标高与东六进港旅客汇聚前往国际到达联检区。旅客在接受卫生检疫和边防检查后乘自动扶梯或电梯下行至主楼一层±0.000m标高的国际行李提取厅，提取行李后，经海关检查、动植物检疫及行李牌检查后，通过迎客厅到达位于室外的士候车区或交通中心乘坐大巴、出租车、私车、地铁、城轨等离场。

国内远机位到达厅设在东五、东六连接指廊首层，远机位旅客由此进入航站楼后经专用电、扶梯上到二层4.500m标高层，与东五、东六及北指廊近机位进港旅客汇集后进入联检区，在二层通过联检后进入±0.000m标高的国际行李提取大厅提取行李。

远期东四指廊旅客乘APM到达11.250m标高层国际APM站后，经专用电、扶梯下到4.500m标高层，与东五、东六及北指廊近机位进港旅客汇集后进入联检区，在二层通过联检后进入±0.000m标高国际行李提取大厅提取行李。

高舱位旅客进港流程同普通旅客流程，无设置其他专用服务设施。

3．航站楼中转旅客流程（图3.3.2.2-5、图3.3.2.2-6）

（1）国内转国内流程

①持联程机票旅客

持联程机票旅客无需提取托运行李，由于国内进出港采用同层混流的模式，在西、北指廊交通通道口部为不需要提取行李的联程旅客设有国内转国内柜台，旅客办完手续后，直接同层步行到西、北指廊各登机口附近座椅区休息等候登机。

②持非联程机票旅客

旅客走到达流程在主楼一层国内行李提取厅提取行李后，直接进入同层中转行李交运厅，完成行李交运后乘电、扶梯上至主楼中部二层4.500m标高的行李再交运

旅客安检厅，安检后通过主楼通道行进至西、北指廊二层国内混流候机厅候机。

（2）国内转国际流程

①持联程机票旅客

国内中转国际联程旅客无需提取托运行李。旅客进港流程同国内到达流程，同层进入4.500m标高的国内到港通道后，走中转小流程继续同层东行至主楼中央的国内转国际手续厅办理中转手续。旅客办完中转手续后乘电、扶梯上行至主楼三层11.250m标高的出港联检大厅，与国际出港旅客汇合进入国际出港流程。

②持非联程机票旅客

旅客走到达流程在主楼一层国内行李提取厅提取行李后，直接进入同层中转行李交运厅，完成行李交运后乘电、扶梯上至主楼中部二层4.500m标高的行李再交运旅客安检厅，安检后与国内中转国际联程旅客汇合，走中转小流程至主楼三层11.250m标高的出港联检大厅，与国际出港旅客汇合进入国际出港流程。

（3）国际转国际流程

国际中转国际流程旅客无需提取托运行李。旅客在主楼东翼二层4.500m标高经国际检疫查验后进入国际转国际中转厅，在中转柜台办理完中转手续后经中转海关、检疫、安全检查后乘电、扶梯上行至主楼三层11.250m标高的国际免税商业区休闲购物，旅客也可乘电、扶梯上行至主楼四层16.875m标高的计时休息区等候登机。

持有24小时以上免签证国际中转旅客走国际中转国际流程，经过入境卫生检疫、专用边防检查通道后与正常国际进港旅客汇合后乘电、扶梯下行至主楼一层±0.000m标高的国际行李提取厅提取行李离开航站楼。

（4）国际转国内流程

①持联程机票旅客

旅客无需提取托运行李，与国际进港旅客走大流程，通过二层主楼4.500m标高的国际到达联检区边防检查后进入国际转国内联程休息厅，旅客在休息厅休息并等候海关后台查验行李放行，海关后台查验行李完毕后旅客依次通过海关、检疫、手提行李检查及安全检查后同层进入北指廊国内候机厅，并可前往西指廊各登机口附近座椅区休息候机。

②持非联程机票旅客

与国际进港旅客走大流程相反，在国际行李提取厅提取行李后，经海关检查、动植物检疫及行李牌检查后旅客走国际中转国内小流程，进入中转厅办理中转手续及托运行李，旅客办完中转手续及托运行李后乘电、扶梯上行至主楼中部二层4.500m标高的行李再交运旅客安检厅，安检后通过主楼通道行进至西、北指廊二层国内混流候机厅候机。

4．国际航班国内段流程

针对基地航空公司南航的业务产品需求，二号航站楼专门进行了国际航班国内段的小流程设计。

（1）"广州→国内→国际"流程

①国内旅客走国内出港旅客大流程，若飞机停靠可转换机位则旅客在北指廊 4.500m 标高层候机登机，若飞机停靠国际区域则旅客在西六指廊首层国内远机位候机厅候机并乘摆渡车登机。

②国际旅客走国际出港旅客大流程，通过海关旅客手提行李检查后不过边防检查，通过专用通道乘电、扶梯下行至 ±0.000m 标高北指廊的单独隔离候机厅休息，最后经摆渡车登机。

（2）"国际→国内→广州"流程

①国内旅客走国内进港旅客大流程，若飞机停靠可转换机位则旅客走近机位国内进港旅客大流程，若飞机停靠国际区域则旅客走远机位国内进港旅客大流程。

②国际旅客无需过检验检疫及边防检查，通过摆渡车将旅客送至东五、东六连接指廊首层专用到达厅，经专用通道同层进入国际行李提取厅提取行李，提取行李后经海关检查、动植物检疫及行李牌检查，通过迎客厅到达位于室外的士候车区或交通中心乘坐大巴、地铁、城轨、私车等离场。

（3）"国际→广州→国内"流程

①国际→广州的旅客走国际进港旅客大流程。

②广州→国内的旅客走国内出港旅客大流程，若飞机停靠可转换机位则旅客在北指廊 4.500m 标高候机登机，若飞机停靠国际区域则旅客在西六指廊首层国内远机位候机厅候机并经摆渡车登机。

③国际→国内的旅客走国际中转国内流程，由于该部分旅客仍属于国际旅客，不能与国内出港旅客混流候机，因此在 4.500m 标高层通过海关旅客手提行李检查和安全检查后乘电、扶梯下行至 ±0.000m 标高北指廊的单独隔离候机厅休息，最后经摆渡车登机。

（4）"国内→广州→国际"流程

①国内→广州的旅客走国内进港旅客大流程，若飞机停靠可转换机位则旅客走近机位国内进港旅客大流程，若飞机停靠国际区域则旅客走远机位国内进港旅客大流程。

②广州→国际的旅客走国际出港旅客大流程。

③国内→国际的旅客通过摆渡车将旅客送至北指廊首层 ±0.000m 标高层专用到达厅，乘电、扶梯上行至主楼三层 11.250m 标高层与国际出港旅客汇合进入国际出港流程。

5．航站楼贵宾旅客流程

（1）国际贵宾进出港

国际商务出港贵宾进入国际贵宾休息室休息，由专业工作人员为贵宾办理登机手续并托运行李。登机时经特设的出境现场进行人身及手提行李安全检查、卫生检疫以及海关检查后，可选择乘坐专用车辆到达登机位由登机桥固定端的楼梯或电梯登机，亦可选择通过垂直交通前往东指廊三层国际出发候机区由登机口登机。

国际政要出港贵宾进入国际贵宾休息室休息，由专业工作人员为贵宾办理登机手续并托运行李。登机时经特设的出境现场进行人身及手提行李安全检查、卫生检疫以及海关检查后，可乘坐专用车辆到达登机位由登机桥固定端的楼梯或电梯登机。

国际商务贵宾进港后，可选择乘坐专用车辆到达国际贵宾休息室，亦可选择通过垂直交通由东指廊二层国际到达通道进入国际贵宾休息室，经特设的入境现场进行卫生检疫、海关检查以及边防检查后，进入国际贵宾休息室，由服务人员代为提取行李后，乘车离开。

国际政要贵宾进港后，可乘坐专用车辆到达国际贵宾休息室，经特设的入境现场进行卫生检疫、海关检查以及边防检查后，进入国际贵宾休息室，由服务人员代为提取行李后，乘车离开。

（2）国内贵宾旅客进出港

国内商务出港贵宾进入国内贵宾休息室休息，由专业工作人员为贵宾办理登机手续并托运行李。登机时经特设的出境现场进行人身及手提行李安全检查后，可选择乘坐专用车辆到达登机位由登机桥固定端的楼梯或电梯登机，亦可选择通过垂直交通前往西指廊二层国内混流候机区由登机口登机。

国内政要出港贵宾进入国内贵宾休息室休息，由专业工作人员为贵宾办理登机手续并托运行李。登机时经特设的出境现场进行人身及手提行李安全检查后，可乘坐专用车辆到达登机位由登机桥固定端的楼梯或电梯登机。

国内商务贵宾进港后，可选择乘坐专用车辆到达国内贵宾休息室，亦可选择通过垂直交通由西指廊二层国内混流候机区进入国际贵宾休息室，由服务人员代为提取行李后，乘车离开。

国内政要贵宾进港后，可乘坐专用车辆到达国内贵宾休息室，由服务人员代为提取行李后，乘车离开。

6．特殊航班旅客流程

（1）取消航班旅客流程

①已进入候机区或登机后航班因故取消的国内旅客，由工作人员陪同引导走国内进港旅客流程，乘电、扶梯下行至 ±0.000m 标高的国内行李提取厅提取行李，提取行李后在航班取消休息室或迎客厅航班取消休息区休息，休息后往交通中心乘专车至宾馆休息。

②已进入候机区或登机后航班因故取消的国际旅客，

在工作人员的引导之下，经出港联检通道反向返回，在主楼三层11.250m标高的国际安检通道后进入国内安检后区域，然后乘电、扶梯下行至主楼二层4.500m标高的国内进港通道，通过国内进港通道后乘电、扶梯下行至±0.000m标高的国内行李提取厅提取行李，提取行李后在航班取消休息室或迎客厅航班取消休息区休息，休息后往交通中心乘专车至宾馆休息。

（2）延误航班旅客流程

①已进入候机区的延误航班国内旅客需乘电、扶梯下行至±0.000m标高的西五指廊延误航班候机厅及西六指廊远机位候机厅休息，继续等候登机。

②已进入候机区的延误航班国际旅客需乘电、扶梯下行至±0.000m标高的东五指廊延误航班候机厅及东六指廊远机位候机厅休息，继续等候登机。

（3）来自疫区、非安全地区的国际进港旅客流程

飞机停靠在东五指廊指定专用停机位，靠桥后工作人员进入机舱消毒检查，旅客离机后马上进入连接登机桥门的仪器检测区，正常旅客通过检查区后与普通航班旅客汇合走国际进港大流程，疑似旅客进入负压排查室进行排查，排查后正常旅客与普通航班旅客汇合走国际进港大流程，确诊旅客通过专用楼梯下至空侧站坪，乘专用救护车往医院救治。

7.　工作人员流程

（1）机组人员流程

航空公司的机组人员进入航站楼主要走旅客进出港大流程的机组人员专用通道。另机组人员也可通过东三连接楼北面的3号道口直接从外场经机坪到达飞机机位下登机。

（2）员工流程

航站楼员工构成复杂，工作区分布广泛，各工作区域的安全控制等级也不相同。二号航站楼员工流程设计根据员工工作区域及用房分布规划，设置了多条员工流程：

①在航站楼主楼东西两翼首层各设有一处员工出入门厅，员工在该门厅经过安检厅后，可经过通道进入空侧站坪，可搭乘电梯到达隔离区内各层各区工作地点。

②国际、国内迎客厅内各设置一条员工安检通道连接国际、国内行李提取厅，解决行李提取厅与迎客厅之间的员工联系与行李推车循环需求。

③主楼三层值机大厅北侧的国内、国际超大行李托运处各设置一条员工安检通道，三层值机大厅往一层行李分拣机房的员工可通过该通道安检后乘专用工作梯下至行李房。

④乘坐员工大巴或其他交通工具进入出发层高架桥及交通中心进入航站楼，随同旅客主流程进出各区域的员工，经各检查现场设置的员工专用通道进入旅客公共

区及各工作地点。

8.　商品货物与垃圾流程（图3.3.2.2-7、图3.3.2.2-8）

二号航站楼陆侧及空侧均设置了面积较大的集中商业区，为了避免商品货物与垃圾流程与旅客交叉，同时提高商品货物与垃圾流程进出航站楼效率，在楼内的集中商业区均设置了成组贯通各层的专用商品货物与垃圾电梯，将商品货物与垃圾流程与旅客流程分离。

①航站楼主楼东、西两翼凹位各设置了一台货梯、一台垃圾梯贯通隔离区内各层。东翼国际隔离区内主楼四层两舱休息室、计时休息区，三层免税集中商业区、二层入境大厅、中转大厅、连接指廊三层商业、候机大厅的商品货物与垃圾通过东凹位后勤电梯与首层国际后勤安检厅连通处理。西翼国内隔离区内主楼三层集中餐饮区、二层集中商业区，二层连接指廊候机厅的商品货物与垃圾通过西凹位后勤电梯与首层国内后勤安检厅连通处理。商铺货物经后勤安检厅安检后通过专用货梯运送至各层商业区，各层商业区内垃圾通过专用垃圾电梯运至首层垃圾间暂时存放后装卸运走。

②出入境免税商业区设置专用货梯将商品从主楼一层免税监管仓输送至二、三层免税商店。

③每条指廊中部设置一台商品货物与垃圾梯连通各层，负责输送指廊商品货物与垃圾。

④航站楼主楼东、西两翼凹位各设置了一台货梯、一台垃圾梯贯通主楼隔离区外各层，陆侧四层集中餐饮区、三层值机大厅商业的商品货物与垃圾均通过该组电梯处理。商铺货物经后勤电梯厅专用货梯运送至各层商业区，各层商业区内垃圾通过专用垃圾电梯运至首层垃圾间暂时存放后装卸运走。

（1）隔离区内商品货物流程

①航站楼主楼东、西两翼凹位各设置了一台货梯、一台垃圾梯贯通隔离区内各层。东翼国际隔离区内主楼四层两舱休息室、计时休息区，三层免税集中商业区、二层入境大厅、中转大厅、连接指廊三层商业、候机大厅的商品货物与垃圾通过东凹位后勤电梯与首层国际后勤安检厅连通处理。西翼国内隔离区内主楼三层集中餐饮区、二层集中商业区，二层连接指廊候机厅的商品货物与垃圾通过西凹位后勤电梯与首层国内后勤安检厅连通处理。商铺货物经后勤安检厅安检后通过专用货梯运送至各层商业区，各层商业区内垃圾通过专用垃圾电梯运至首层垃圾间暂时存放后装卸运走。

②出入境免税商业区设置专用货梯将商品从主楼一层免税监管仓输送至二、三层免税商店。

③每条指廊中部设置一台商品货物与垃圾梯连通各层，负责输送指廊商品货物与垃圾。

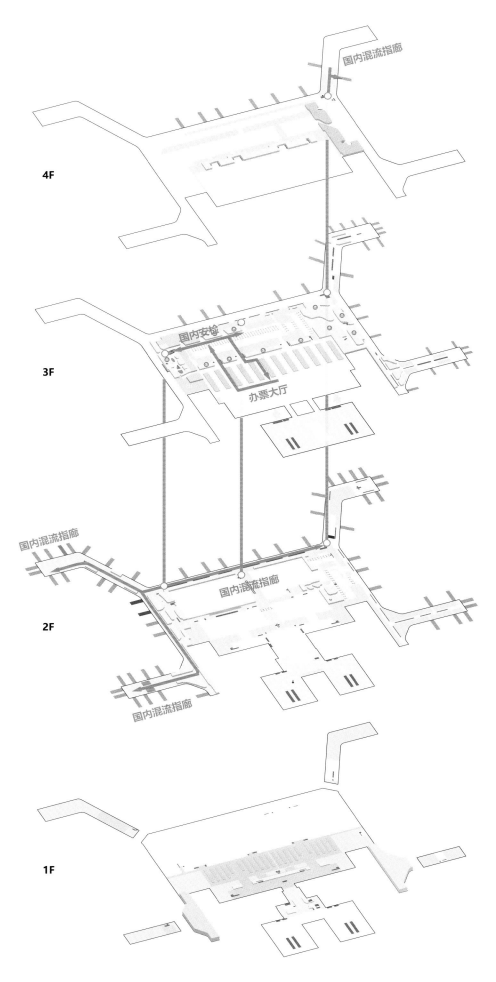

图 3.3.2.2-1　国内出发流程

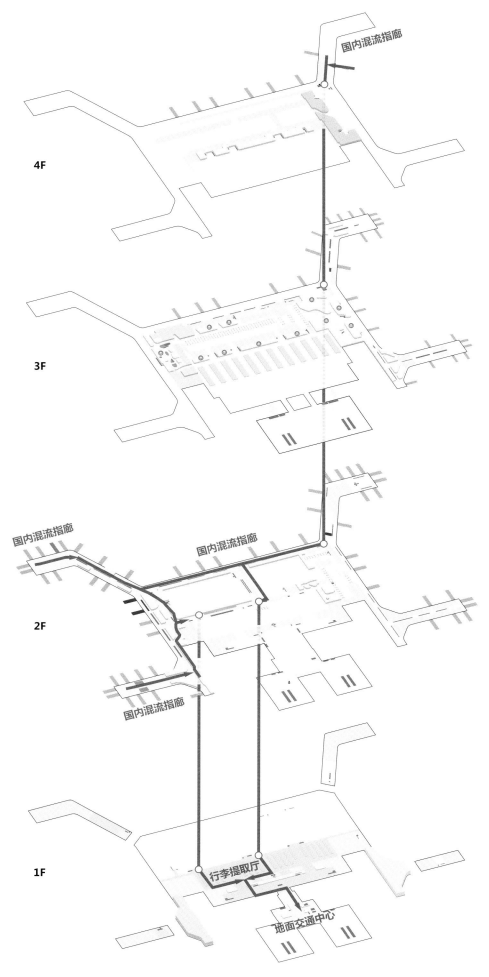

图 3.3.2.2-2 国内到达流程

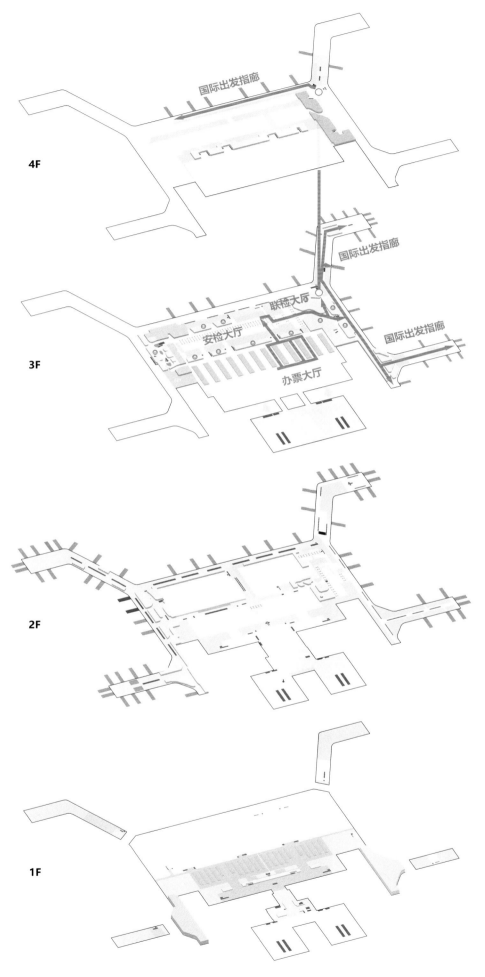

图 3.3.2.2-3 国际出发流程

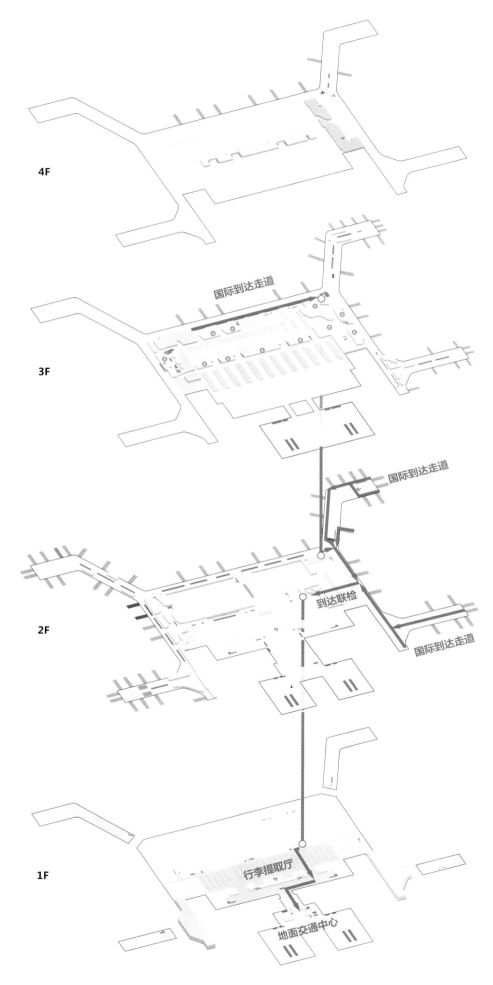

图 3.3.2.2-4 国际到达流程

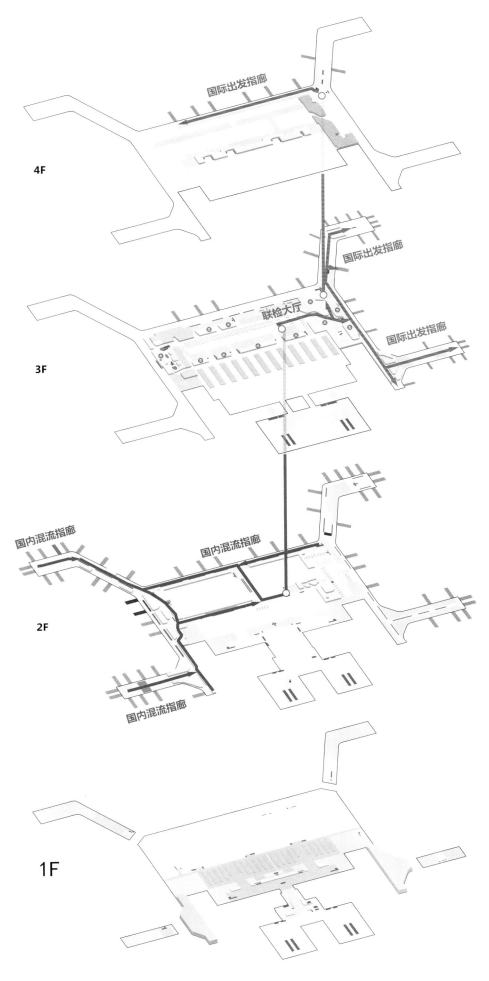

图 3.3.2.2-5 国内转国际流程

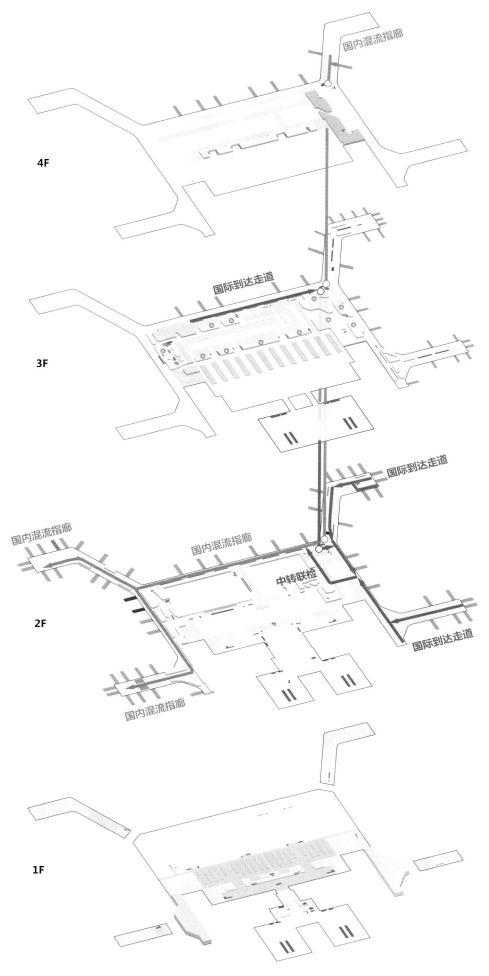

图 3.3.2.2-6 国际转国内流程

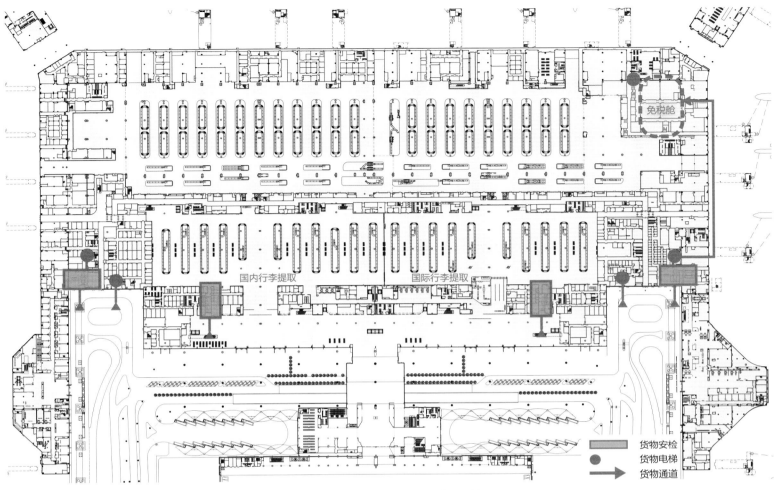

免税舱

国内行李提取　　国际行李提取

货物安检
货物电梯
货物通道

图 3.3.2.2-7　首层货物通道

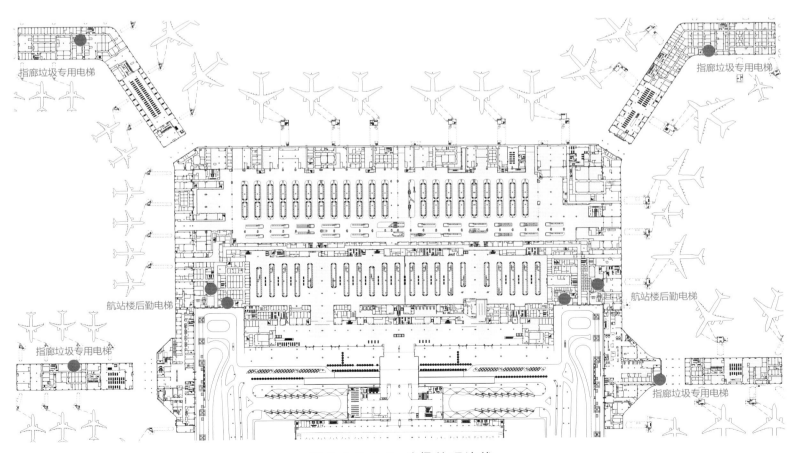

指廊垃圾专用电梯　　　　　　　　　　　　　　　　　　　　　　　指廊垃圾专用电梯

航站楼后勤电梯　　　　　　　　　　　　　　　　　　　　　　　　航站楼后勤电梯

指廊垃圾专用电梯　　　　　　　　　　　　　　　　　　　　　　　指廊垃圾专用电梯

图 3.3.2.2-8　垃圾处理流线

（2）隔离区外商品货物流程

航站楼主楼东、西两翼凹位各设置了一台货梯、一台垃圾梯贯通主楼隔离区外各层，陆侧四层集中餐饮区、三层值机大厅商业的商品货物与垃圾均通过该组电梯处理。商铺货物经后勤电梯厅专用货梯运送至各层商业区，各层商业区内垃圾通过专用垃圾电梯运至首层垃圾间暂时存放后装卸运走。

3.3.2.3　交通中心旅客流程设计

1.　到港旅客流程（图3.3.2.3-1）

航站楼国内国际到港旅客流程组织均在交通中心首层（0.700m标高层）组织解决：

①出租车：国内国际到港旅客提取行李后经迎客大厅直接到达室外出租车候车区乘坐出租车，其中东面为国际到港，西面为国内到港，东、西出租车候车区分别

提供18个的士车位。

②大巴：国内国际到港旅客经航站楼迎客大厅、交通中心旅客大厅分别通往位于交通中心东西两翼的大巴候车厅乘坐大巴，其中西翼为客运站（长途大巴、市区大巴），共设16个大巴车位。东翼为中转大巴、航延大巴、旅游大巴，共设18个大巴车位。

③地铁：国内国际到港旅客经航站楼迎客大厅通过交通中心旅客大厅西侧的自动扶梯及电梯通往位于-9.500m标高的地铁站厅层乘坐地铁，地铁站台层位于-14.856m标高，站厅与站台层设有地铁专用的扶梯及电梯。

④城轨：国内国际到港旅客经航站楼迎客大厅通过交通中心旅客大厅东侧的自动扶梯及电梯通往位于-11.000m标高的城轨站厅层乘坐城轨，城轨站台层位于-16.000m标高，站厅与站台层设有城轨专用的扶梯及电梯。

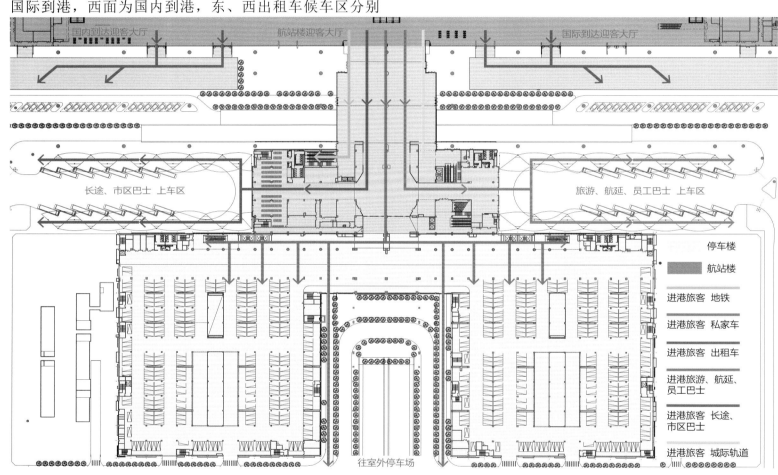

图3.3.2.3-1　交通中心到港旅客流线图

2.　出港旅客流程（图3.3.2.3-2）

航站楼国内国际出港旅客流程采取与到港旅客分层组织的模式，避免进、出港旅客混流，便于旅客识别：

（1）出租车、大巴：乘坐出租车及大巴（长途、市区及旅游）的出港旅客直接到达11.25m标高层高架桥下客，无需进入交通中心及停车楼。

（2）地铁：国内国际出港旅客出了-9.500m标高的地铁站厅层付费区后乘坐自动扶梯到达交通中心4.500m

标高层人行天桥，经人行天桥进入航站楼，通过自动扶梯直接到达航站楼11.250m标高的值机大厅。

（3）城轨：国内国际出港旅客出了-11.000m标高的城轨站厅层付费区后乘坐自动扶梯及电梯到达交通中心0.700m标高层，乘坐扶梯到达交通中心4.500m标高旅客通道，经人行天桥进入航站楼，通过自动扶梯直接到达航站楼11.250m标高的值机大厅。

（4）私家车：停泊在停车库楼内各层的出港旅客

通过交通中心最北端的东西两组自动扶梯、电梯垂直到达交通中心4.500m标高的旅客通道，和地铁、城轨出港旅客混合后经人行天桥进入航站楼，通过自动扶梯直接到达航站楼11.250m标高的值机大厅。停泊在停车库屋顶层的出港旅客可直接经连接出发高架桥的屋顶旅客通道步行进入航站楼及值机大厅。

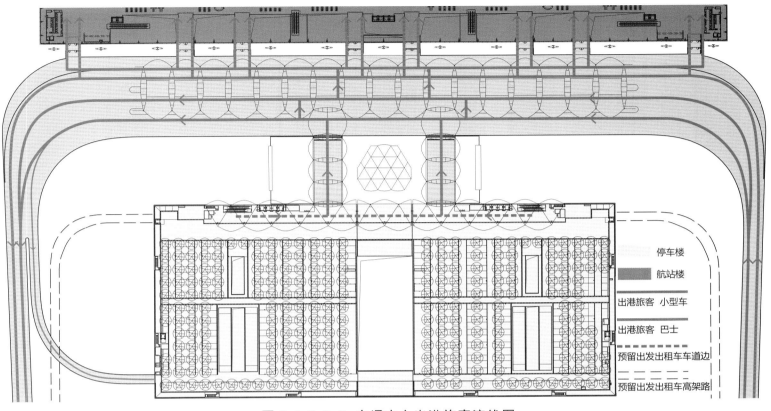

图 3.3.2.3-2 交通中心出港旅客流线图

图例：
停车楼
航站楼
出港旅客 小型车
出港旅客 巴士
预留出发出租车车道边
预留出发出租车高架路

3. 接客旅客流程

接客旅客流程基本同出港旅客流程，其中：

（1）出租车、大巴：接客旅客下客点及流程同出港旅客流程，进入11.250m标高层的值机大厅通过专用自动扶梯及电梯到达±0.000m标高的国内国际迎客厅接客。

（2）地铁、城轨、私家车：进入航站楼前的流程同出港旅客流程，经4.350m标高的人行天桥进入航站楼后通过设于附近的自动扶梯到达±0.000m标高的国内国际迎客厅接客。

（3）地铁与城轨换乘旅客流程

地铁及城轨的旅客出了−9.500/−11.000m标高的站厅层付费区后通过位于−5.500m标高的独立专用通道实现换乘。

3.3.2.4 主要旅客流程设施

1. 始发/目的地旅客设施

二号航站楼始发/目的地旅客设施如表3.3.2.4-1所示。

2. 中转旅客设施

二号航站楼中转旅客设施如表3.3.2.4-2所示。

3. 候机区与登机口旅客设施

（1）航延旅客服务设施

东五、西五指廊设有航延旅客候机厅；分区设有一定数量航延服务柜台。

（2）各类型柜台

白云机场柜台主要分为三大类：

①安检、联检柜台

安检验证柜台（无障碍安检通道采用无障碍安检验证台）、开包工作台、检验检疫自助加人工两用智能通道、检疫智能督导台、检疫智能预检台、海关申报台、海关开包查验台、海关数据录入台、边检自助验证智能通道、边检人工验证智能通道、边检智能督导台等。

②航空公司柜台

传统值机柜台（无障碍通道采用无障碍值机柜台）、超大行李值机柜台、航空公司售票问询柜台、中转柜台、航班延误服务柜台、行李查询柜台、综合服务柜台、登机门柜台、登机口服务柜台等。

③机场服务柜台

问询柜台、综合服务柜台、失物招领柜台、行李打包柜台等。

（3）有线电视

在旅客候机区结合座椅等其他设施布局有线电视，满足旅客的多样化需求。

二号航站楼始发／目的地旅客设施数量表　　　表 3.3.2.4-1

设施名称		设施数量（个）	备注
值机柜台	国内	142 个人工柜台 26 自助托运柜台 5 个超大行李托运柜台 50 台自助值机设备	每个值机岛两侧均另设 1 个值班主任柜台， 每个值机岛头设航空公司售票及服务柜台 6 个
	国际	26 自助托运柜台 4 个超大行李托运柜台 50 台自助值机设备	每个值机岛 两侧均另设 1 个值班主任柜台， 每个值机岛头设航空公司售票及服务柜台 6 个
安检通道	国内	48 条	含 2 条无障碍通道和 1 条员工通道
	国际	22 条	含 2 条无障碍通道和 1 条员工通道
检验检疫通道	出境	10 条自助通道 6 条人工查验通道 1 个督导台	—
	入境	8 条自助通道 8 条人工查验通道 1 个督导台	—
海关通道	出境	4 条申报通道 13 条无申报通道数 1 条员工通道 1 条外交礼遇通道	—
海关通道	入境	4 条申报通道 10 条无申报通道数 1 条员工通道 1 条外交礼遇通道	—
边检通道	出境	30 条人工通道 20 条自助通道 2 条员工通道 36 条人工通道	—
边检通道	入境	30 条自助通道 2 条员工通道	—
行李提取转盘	国内	11 个	—
	国际	10 个	—

二号航站楼中转旅客设施数量表　　　表 3.3.2.4-2

名称	细分类别	流程及数量			
		国内转国内	国内转国际	国际转国内	国际转国际
中转柜台数量	无行李托运旅客	39 个（国内指廊综合服务柜台通办 D-D、D-I 中转手续）	39 个（国内指廊综合服务柜台通办 D-D、D-I 中转手续）	5 个（联程旅客不提取行李，中转厅内设置）	12 个（直接过境旅客用）
	有行李托运旅客	6 个(D-D 与 D-I 共用)	6 个（D-D 与 D-I 共用）	13 个(含一个超大托运)	—
安检	无行李托运旅客	联程旅客不需安检，混流厅内登机	联程旅客不需安检，直接上至出境联检	8 条(联程旅客中转安检)	6 条（直接过境，不提行李）
	有行李托运旅客	8 条（D-D、D-I、I-D 共用）	8 条（D-D、D-I、I-D 共用）	8 条（D-D、D-I、I-D 共用）	—

二号航站楼中转旅客设施数量表（续表）　　　　　　表 3.3.2.4-2

名称	细分类别	流程及数量			
		国内转国内	国内转国际	国际转国内	国际转国际
卫生检疫	—	—	走出境大流程查验场地	人身检查走入境查验场地，随身行李在通关查验场地抽查	人身检查走入境查验场地，随身行李在通关查验场地抽查
海关	申报通道数	—	走出境大流程查验场地	2个（联程旅客柜台）	2个
				提取行李旅客走入境查大流程验场地	
	无申报通道数	—	走出境大流程查验场地	5个（联程旅客通道）	2个
				提取行李旅客走入境查大流程验场地	
	其他（员工、机组、礼遇等）通道数	—	走出境大流程查验场地	—	—
边防	人工通道数	—	走出境大流程查验场地	走入境大流程查验场地	12个（直接过境，边防目前只监管，航空公司在使用柜台）
					6个（间接过境，24小时以上免签）
	自助通道数	—	走出境大流程查验场地	走入境大流程查验场地	—
	其他（员工、机组、礼遇等）通道数	—	走出境大流程查验场地	走入境大流程查验场地	—

3.4　建筑设计

航站楼是现代建筑的典范，是迎接旅客的重要门户，同时也是让世界各地旅客在此交汇的航空枢纽港，人们在这里交错过往，或者利用航站楼作为休闲和商业的去处。从现代意义上来讲，航站楼已不仅是一个单纯担负交通的功能场所，而是一个许多旅客交汇、许多活动同时发生的场所。

二号航站楼建筑体量庞大，空间气势恢宏，功能高度集中，是一个犹如微型城市的超级建筑，其优点在于能够节约大量的土地资源、空域资源，同时陆侧交通设施集约化更有效率，与此同时也带来一系列问题，比如功能流线空间组合复杂、旅客方向选择多、步行距离长。面对体量和空间如此庞大的建筑，旅客无疑会有潜在的压力，担心自己迷失，并可能因此而焦虑，设计需要做特殊考虑，以便使二号航站楼在各个环节都能够有效缓解旅客的压力，以人为本就是要使得旅客对于这个超级建筑感到有亲和力，这既是最终的目标，也是设计中的指引。如何给予旅客一个美好的体验，如何创造出充分代表广州的设计，这些都是设计过程中最为关注的问题。由机场而展开的旅行可能是人们远离喧嚣都市的目的，也可能是另一个美好开始。

美好，从云端开始。

3.4.1　设计构思

1. 从云端开始——二号航站楼设计构思——白云，云概念，云端漫步的地方，此构思具有多重内涵

（1）云概念，源自白云，与"白云机场"天然契合，也预示了旅客即将开始飞行于蓝天白云的梦幻旅程；

（2）在当今世界的语境中，云概念就是云端的连接，借此也表达了二号航站楼是旅客连接世界的地方；

（3）云概念借鉴了当今最新科技云计算的理念，预示着二号航站楼的设计与建设将集成当今时代的创新科技和理念，致力于为旅客带来良好的出行体验。

2. 由云概念引申的含义

白云——云端漫步——行云流水——轻盈、漂浮、流动性——则定义了设计的整体氛围和调性。流动的造型与空间、轻盈的空间表现、黑白灰柔和的空间调子。整体氛围和调性体现在以下几个方面：

（1）云概念——连续拱的造型母题；

（2）流动的曲面造型——简洁且流畅的流线型整合了主楼与东西两翼的不同建筑体量，使之融合在一起，流线的造型也使航站楼更自然地与环境融合；

（3）契形线条及体量——对流动性的要求，设计上引入了具有交汇效果的契形线条及体量，有别于正交形体的契形体量，由于不平行线条在透视上的错觉，在空间上具有不稳定感，从而带来很好的流动感；

（4）引入自然光线；

（5）重要节点的共享空间。

建筑设计通过对传统中国画中白云艺术形象的抽象和简化，提炼出简洁且几何化外形设计的灵感——有机融合的连续云状拱形——云概念元素，成为二号航站楼建筑造型和空间的核心元素，由建筑外观造型到室内空间，由外而内，犹如行云流水，层层递进，一气呵成：云概念元素的空间意念从出发车道边到办票大厅，连接通廊一直贯穿安检大厅，最终延伸到候机指廊，从室外城市空间到室内公共空间，云概念元素在建筑造型与空间中流动转换，节奏灵动流畅，塑造出具有原创性的二号航站楼建筑与空间形象。

3.4.2　造型设计

创新设计的二号航站楼造型灵动、轻盈优雅、线条流畅、气势恢宏，航站楼建筑室外室内空间、造型元素一体化，为到访的旅客带来了个性化并具有亲和力的独特感受，简约并富有创意的手法与细节上的专注——这些都使得建筑给人的体验更加整体及流畅，清晰而不复杂的信息强化了旅客对建筑的感知——是实现这一体验的关键。

创造良好的出行体验，让旅客在二号航站楼中体验轻松和愉快，一切因简单而自由。

在二号航站楼里很容易辨别目标，空间高大令人视野开阔，方向清晰给人亲和自如的感受：比如一到出发层，会被赋予节奏感的云概念屋顶及张拉膜所吸引，云概念的拱形元素犹如像素化的叠加，形成了一种氛围，空间富有气势，尺度则令人轻松惬意——看庭前花开花落，望天空云卷云舒，这种空间感受是白云二号航站楼独有的。这种感觉通过空间形态向室内延伸，很自然地成为旅客行进的方向指引，空间动态舒适自然，布局一目了然，使得旅客轻松自如，虽然空间庞大，但是设计使得旅客很好地感知到方向及路径，不会觉得有压力。

1.　空间开放富有逻辑，大小开合富于节奏

二号航站楼大空间的天花的走向都与旅客行进方向相同，形态都起到引导旅客走向的作用，创造很好的方向感，让旅客很容易辨识方向。

空间可达性，最大可视空间，直观导向，依循人类直觉而构筑空间，旅客可以轻松便捷地找到目的地。要达到这个效果，空间的可视度非常重要。

2.　引入阳光，让自然无处不在

阳光是让旅客体验自然的最重要的资源，同时也是空间塑造和方向引导的关键元素。屋顶的天窗把阳光引入室内，既能减少人工照明系统的能耗，同时可以自然地引领旅客，让旅客身心舒畅。

3.4.3　主要空间与衔接

二号航站楼设计以人为本，致力于打造良好旅客出行体验：航站楼内部空间层次分明，具有很好的可达性，良好的空间导向设计将为旅客提供自然而清晰的方向指引。

办票大厅、迎客大厅、安检及联检大厅、候机指廊等主要出发空间，自然光线从天窗透过云状屋顶引入，从旋转的叶片之间洒落袭来，形成柔和的漫射光，避免了天窗日光的直接照射。类似室外的空间，明亮柔和的自然光充满机场内部，舒适自然，从而带来较好的空间体验。三维曲面的室内空间吊顶完全由标准化、直线型的旋转天花叶片组成，两个概念彼此和谐呼应，在功能性极高的基础上，演变出一种趣味性的设计，让设计更显独特。光线因素像空间和结构的关系一样，也是一种独特的元素，它对于二号航站楼来说不仅仅是一个照度的问题，更是在二号航站楼空间设计中成为一种独立的、充满表现力的特点，刻画出空间的秩序，也刻画出旅客的流线，形成良好的空间导向，从而引导乘客们在现代化的机场航站楼内顺利地辨别复杂的方向变化。在阳光、空间、结构的共同作用下使得办票大厅、安检大厅及商业共享空间成为航站楼内引人瞩目的中心。光线使得航站楼的空间和结构要素很好地融合在一起，并且更好地增加了乘客对航站楼的感知，使人精神振奋。结合旅客流程，建立空间秩序，空间的可识别性，融合在空间的秩序中。新岭南文化、均衡性（标志性效果与合理成本）、有机整体设计和景观的融入，更是优化了旅客的体验。

崭新的二号航站楼与一号航站楼融为一体，成为"双子航站楼"，为白云机场最终建设成世界级的航空枢纽港奠定坚实的基础。

3.4.4　色彩体系

3.4.4.1　核心空间色彩建构及光的运用

二号航站楼整体色调简洁明快。地面采用浅灰色花岗岩，天花与墙面采用银灰白色铝板，大屋顶天花龙骨喷涂同网架一样的颜色，整体统一；低矮空间镂空天花内部管线、龙骨及结构喷涂深灰色，避免旅客直接看到天花内部。办票大厅、迎客大厅、安检及联检大厅、候机指廊等主要出发空间设置天窗,自然光线从天窗引入,透过天花叶片洒落下来,不同天气形成不同风格的柔和的漫射光,充满机场内部;配以外墙大面积玻璃幕墙,与岭南花园等绿化庭院相互渗透;室内配超白玻璃栏杆与隔断,通透自然。

3.4.4.2　特色空间色彩建构

1.　出发厅北侧玻璃幕墙颜色

分区域设置了红、黄、绿三种颜色的像素画组合渐变玻璃,与花园的绿色交相辉映,犹如透过满洲窗望向幽静的绿化庭院,充满岭南地域特征。

2.　岭南花园(安检、联检厅,北指廊国际到达层)

绿色自然风格浓郁,营造具有岭南特色、灵动惬意的空间。

3.　安检通道口绿化墙,行李提取厅口部绿化墙

绿化墙的设计,给简洁明快的室内带来清新自然的风格,成为空间视觉焦点。

4.　交通节点铺地

在联检通道与商业区之间、商业内部的过渡通道之间等多处交通节点,设计了黑、红、灰石材地面,通过各元素渐变,使不同功能或方向的空间自然过渡。

5.　交通中心停车楼分区颜色

为提高停车楼辨识度,交通中心停车楼根据东西向和上下层分为12个区域,每个区域的墙面、柱身及标识均设置不同的颜色加以区分。

3.4.4.3　系统颜色搭配

1.　大空间照明

出发大厅照明设计可根据时间和人流,针对不同的环境实行不同颜色及照度的照明方案达到更加智慧节能和舒适的照明效果。

2.　标识系统颜色

板面底色为深灰色、支撑结构为不锈钢原色。另外考虑用颜色对流程进行分流指引,对旅客起到暗示作用,对不同信息的字体和图标(主流程信息、二级流程信息、功能服务信息)采用不同颜色。

3.　柜台颜色

拉丝不锈钢条配仿木纹面板、黑色人造石台面,使旅客更容易辨认到柜台。

4.　座椅颜色

座椅选择了五种色系,分功能和空间设置。如主楼三层出发大厅和一层迎客大厅座椅选用明亮的红色系及黄色系,突出空间流程的简明快捷及对旅客的欢迎。

5.　商业灯箱底色

商业灯箱底色采用深灰色,搭配不同 LOGO,突出商业区整体性。

3.4.5　广告设计

3.4.5.1　以服务流程为主的广告点位分布原则

广告点位在设计时考虑结合出发、到达、中转等流程合理分布,依附于流程。媒体的位置、尺寸、亮度等因素均不能影响旅客行程,特别是涉及办票、安检、边检等重要检查区域时不可设置影响工作人员或旅客操作的广告元素(图 3.4.5.1)。

3.4.5.2　以标识系统优先的原则

航站楼的室内设计中,视线分析的结果往往会出现广告与标识系统的重合,此类情况应以满足旅客指引的标识系统为先。

3.4.5.3　与室内其他元素相平衡的原则

航站楼广告点位是质与量的平衡,广告的设置并不是数量越多效果越好,如同构图的留白与法餐的装盘。经过多轮的室内空间模型模拟与实地样板的比对,考虑到室内空间的效果及舒适度,删除了部分影响室内品质的点位,重点空间或适宜区域也通过运用局部增加广告的尺寸以提高空间的表现张力(图 3.4.5.3)。

3.4.5.4　与装修的一体化设计的原则

广告的视觉面是其售出价值的评判标准之一,这也使得广告往往占据了室内空间较大的面积。在进行航站楼室内设计时,将广告形式与室内装饰板或造型进行一体化考虑。广告面域的比例尺寸与装饰墙面的构件、模数契合设置,直线与曲面的内墙面均可完美融合媒体屏幕。同时针对广告媒体的构造、材质、颜色、收口节点等外观内在要素,均控制其与相邻装饰构件的协调一致(图 3.4.5.4)。

3.4.6　文化设计

岭南花园让出发旅客在现代化的航站楼内可以感受到传统园林的魅力,是人与自然融合的最佳实践。身处这里,犹如漫长旅途的一片绿洲,体现了广州地处中国南方的气候特点。岭南花园绿化墙面提取体现岭南特色

窗、墙元素，是传统与现代的融合。

"宇宙飞船"—办票大厅的文化广场，彰显独特的公共文化魅力，成为展示公共文化艺术和商业的独特平台。也可以举办商业推广活动（图3.4.6-1）。

岭南花园、时尚及传统多维的体验、公共艺术、独特的标志性和文化内涵、流畅的旅客体验、绚丽的时空隧道，共同构建机场文化特色（图3.4.6-2～图3.4.6-3）。

图 3.4.5.1　主楼广告设计

图 3.4.5.3　国内商业区广告设计

图 3.4.5.4　指廊广告设计

图 3.4.6-1　文化广场

图 3.4.6-2　时空隧道

图 3.4.6-3　博物馆

3.4.7 大空间照明方案

机场航站楼的大空间照明，是一项颇具难度但又有严苛要求的专业技术活，其设计与实施的优劣不仅直接影响建筑及空间效果，更影响四海宾客对一座城市的印象。

二号航站楼正遇上LED照明时代，本次首次全面大胆采用LED照明灯具与调光技术控制结合，点亮这座世界级枢纽，实现了照明与节能相平衡、自然与人工相结合、舒适与健康兼得的完美效果。设计中根据具体的空间功能和需求进行不同的照明规划设计；选择合理的照明灯具，合适的照明方式，采用灵活的照明控制方式，使其在满足人对照明功能的需求的同时，营造出合理、健康、舒适的光环境；既满足大交通流量的引导性照明功能要求，又利用光的亮度、色温变化，标识空间，引导人流，形成合理的光引导。

3.4.7.1 设计理念

充分考虑节能、环保，保证绿色机场的实施，严格控制照明功率密度值，注重照明功能、视觉效果与节能的统一。

根据不同区域的空间高度及使用特点采用相应的照明方式及控制方式。

选择高效、节能、环保型灯具、光源及电器附件。

基础照明、应急照明、局部照明、重点照明、广告照明相结合，室内功能照明为主、泛光照明为辅，直接照明为主、间接照明为辅，交相辉映。利用采光天窗与幕墙，将充足的自然采光引入室内，尽量减少白天开灯时间。

3.4.7.2 办票大厅照明方案

建筑条件：二号航站楼主楼三层出发大厅高大空间平面尺寸约为432m×152m，地面距离天花底部高度最高点约为26m（天花为波浪状）；结构柱为钢柱，柱距为东西向36m，南北向45m，南北两面为玻璃幕墙。所以结合办票大厅结构，采用直接照明为主，间接照明为辅的照明方案。

光源布置方案：

（1）直接照明，天花嵌入LED深筒射灯，提供大厅功能照明。

（2）间接照明，办票岛顶部投光灯向上照亮顶棚，表现天花曲面造型，使得照明与建筑和室内设计融合为一体（图3.4.7.2-1～图3.4.7.2-3）。

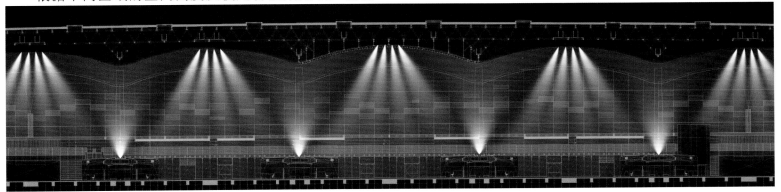

图 3.4.7.2-1 主楼办票大厅光源布置东西向剖面图

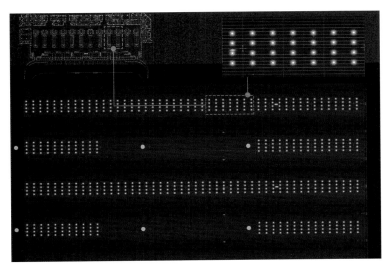

图 3.4.7.2-2 主楼办票大厅照明布置天花平面图

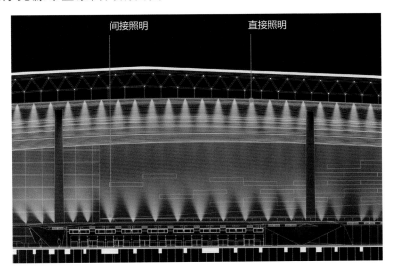

图 3.4.7.2-3 主楼办票大厅光源布置局部剖面图

（3）装饰照明，室外玻璃幕龙骨上安装上照投光灯，照亮铝天花板室外部分，光源布置方案效果如图 3.4.7.2-4所示。

图 3.4.7.2-4　办票大厅照明效果

（4）安检大厅照明方案（图 3.4.7.2-5、图 3.4.7.2-6、图 3.4.7.2-9）

图 3.4.7.2-5　安检大厅天花灯位平面布置图

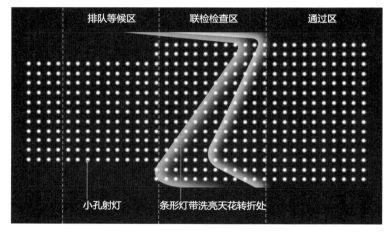

图 3.4.7.2-7　边检大厅照明方案——天花平面图

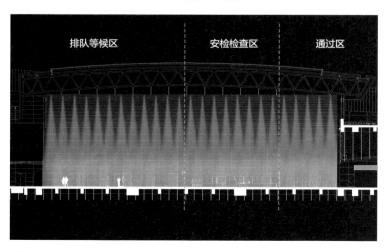

图 3.4.7.2-6　安检大厅方案照明示意图——天花南北剖面

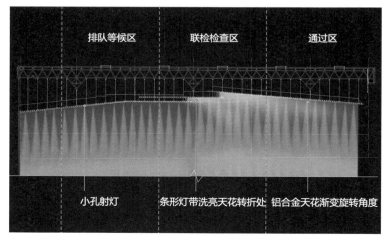

图 3.4.7.2-8　边检大厅照明方案——天花剖面图

图 3.4.7.2-9　安检大厅照明效果

（5）边检大厅照明方案（图 3.4.7.2-7、图 3.4.7.2-8、图 3.4.7.2-10）

图 3.4.7.2-10　边检大厅照明效果

（6）其他区域照明方案（图 3.4.7.2-11～图 3.4.7.2-15）

图 3.4.7.2-11　西指廊照明效果

图 3.4.7.2-12 行李大厅照明效果

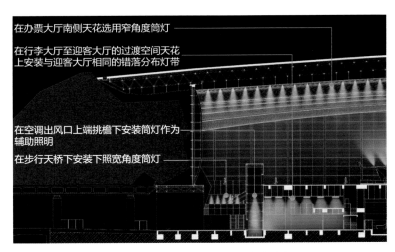

在办票大厅南侧天花选用窄角度筒灯

在行李大厅至迎客大厅的过渡空间天花上安装与迎客大厅相同的错落分布灯带

在空调出风口上端挑檐下安装筒灯作为辅助照明

在步行天桥下安装下照宽角度筒灯

图 3.4.7.2-14 天花照明方案剖面图

图 3.4.7.2-13 入境大厅照明效果

图 3.4.7.2-15 迎客大厅照明效果

3.5 外围护结构系统设计

3.5.1 金属屋面系统

3.5.1.1 金属屋面系统概述

二号航站楼金属屋面总面积约26万㎡,根据《新白云机场二号航站楼风洞试验报告》和一号航站楼的屋面使用效果,本次设计方案沿用了白云机场航站楼一号航站楼的屋面系统,即采用1.0mm厚65/400氟碳辊涂铝镁锰合金直立锁边的金属屋面系统(图3.5.1.1-1、图3.5.1.1-2)。

金属屋面采用的构造层次如表3.5.1.1所示。

金属屋面荷载表   表 3.5.1.1

序号	工程名称	材料规格	荷载(kN/㎡)
1	屋面板	铝镁锰合金板规格:65.00/400.00, t=1.00mm	0.039
2	支座	高强铝合金T型支座下衬隔热垫	0.015
3	保温层	100mm(50mm 厚,双层)厚玻璃棉(24kg/㎥)	0.027
4	防水层	防水层:1.2mm 厚TPO防水卷材	0.015
5	支撑层	支撑层:12mm 纤维水泥板	0.165
6	屋面衬檩	"几"字形 -30×30×70×30×30×2.5(间距 1500mm)	0.024
7	吸音层	35mm 厚岩棉(120kg/㎥,下带加筋铝箔贴面)	0.042
8	压型底板支撑层	0.60mm 厚 V125 型镀铝锌压型钢板,肋高 35mm	0.085
9	次檩条	C160×70×20×30mm 镀锌型钢(间距 1500mm)	0.06
10	主檩条	高频焊接 H200×150×4.5×6.0mm 厚型钢(间距 3000mm)	0.088
11	合计	—	0.56

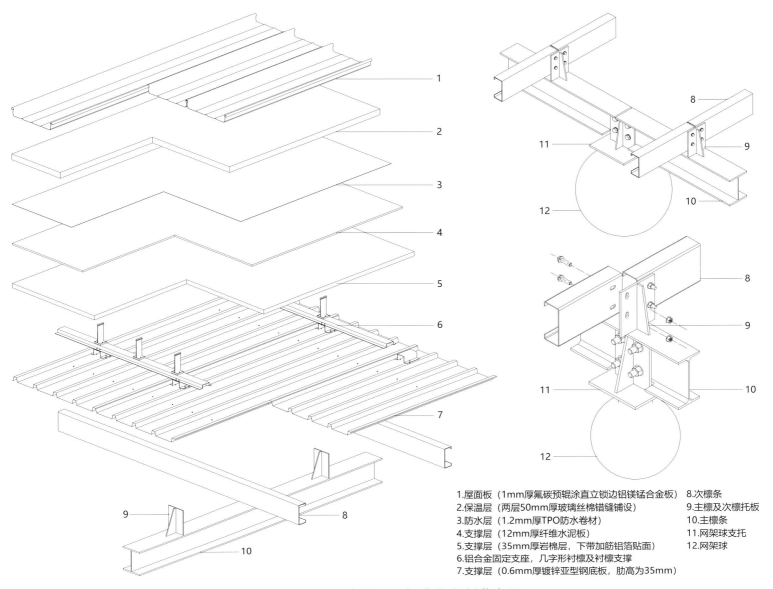

1.屋面板（1mm厚氟碳预辊涂直立锁边铝镁锰合金板）　8.次檩条
2.保温层（两层50mm厚玻璃丝棉错缝铺设）　　　　9.主檩及次檩托板
3.防水层（1.2mm厚TPO防水卷材）　　　　　　　　10.主檩条
4.支撑层（12mm厚纤维水泥板）　　　　　　　　　 11.网架球支托
5.支撑层（35mm厚岩棉层，下带加筋铝箔贴面）　　 12.网架球
6.铝合金固定支座，几字形衬檩及衬檩支撑
7.支撑层（0.6mm厚镀锌亚型钢底板，肋高为35mm）

图 3.5.1.1-1　金属屋面标准纵向剖节点图

图 3.5.1.1-2　金属屋面外景

3.5.1.2 金属屋面结构设计

1. 风荷载

根据风洞实验，本处檩条计算应取正风压荷载标准值为$0.5kN/m^2$，负风压荷载标准值为$-1.8kN/m^2$。

（1）基本风压$\omega_0=0.5kN/m^2$，阵风系数$\beta_{gz}=1.557$，由地面粗糙度取B类查得风压度系数$\mu_z=1.57$（屋面最高高度44.675m），风荷载体形系数$\mu_{s1}=0.03$，$\mu_{s2}=-0.8$；则风压标准值$\omega_{k1}=\omega_0\beta_{gz}\mu_z\mu_{s1}=0.04kN/m^2$，则风压标准$\omega_{k2}=\omega_0\beta_{gz}\mu_z\mu_{s2}=-0.98kN/m^2$。

（2）以风洞试验报告查得风压

由风洞试验报告确定，最大正风压$1.33kN/m^2$；最小负风压$-3.45kN/m^2$。

2. 屋面板计算

本工程主楼屋面板采用1.0mm铝镁锰氟碳预辊涂直立锁边屋面板，65/400，最大板跨为1.5m（图3.5.1.2）。

（1）截面的选择：1.0mm厚，肋高65mm，铝镁锰合金屋面板

（2）面板宽度：400mm

（3）计算模型的选择：多跨连续梁

（4）计算跨度：（L）1500mm

（5）面板最大长度：100000mm

（6）面板倾斜角度（水平角）：$\alpha=5.181°$

（7）固定座型号：L100

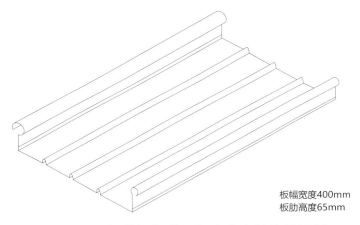

板幅宽度400mm
板肋高度65mm

图3.5.1.2 铝镁锰氟碳预辊涂直立锁边屋面板

3.5.2 幕墙系统

3.5.2.1 玻璃幕墙系统概述

二号航站楼玻璃幕墙总面积约为10万m^2，其中最大尺度幕墙为主楼正立面，总宽度约为430m，最大高度36m。与一号航站楼的点支式玻璃幕墙不同，二号航站楼采用横明竖隐的玻璃幕墙系统，玻璃板块尺寸为3m×2.25m，高度尺寸与建筑层高模数2.25m相同，宽度

分格与建筑平面模数相同。二次结构采用立体钢桁架为主要受力构件，横向铝合金横梁为抗风构件，竖向吊杆为竖向承重构件。铝合金横梁采用挤压铝型材构造，也起到水平遮阳作用。竖向吊杆藏于玻璃接缝中，整个幕墙单元具有通透感。立体钢桁架结构无需水平侧向稳定杆，幕墙整体感强，通透美观。设备管线与幕墙二次结构相结合，将管线埋藏与U型结构内，侧面用铝扣板遮挡。为配合消防排烟开启扇角度的需要，采用可以大角度开启的气动排烟窗（图3.5.2.1-1、图3.5.2.1-2）。

图3.5.2.1-1 迎客厅玻璃幕墙内景

图3.5.2.1-2 指廊玻璃幕墙内景

考虑夏热冬冷地区的节能需求，西侧幕墙外设置机翼型电动可调遮阳百叶，有0°、30°、60°和90°四个角度。百叶选用铝合金微孔板，可以达到遮阳且透影的效果。

主楼，各指廊及相关连廊的幕墙工程主要采用横竖隐玻璃幕墙系统和铝板幕墙形式。玻璃幕墙二次结构采用竖向三角钢桁架，主楼每12m一榀；指廊和连廊每9m一榀。竖向钢桁架与钢桁架之间采用横向铝横梁共同

承受风荷载，竖向吊索仅承受幕墙自重的结构形式，通过横向铝横梁来实现横明竖隐的立面效果（图3.5.2.1-3）。

1. 热工性能

本工程的幕墙均采用中间空腔为12mm厚的中空Low-E玻璃，并根据建筑使用功能不同来合理选择材料、系统构造。本工程幕墙传热系数达到6级，遮阳系数达到6级。

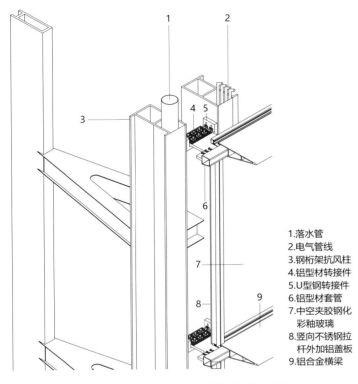

1. 落水管
2. 电气管线
3. 钢桁架抗风柱
4. 铝型材转接件
5. U型钢转接件
6. 铝型材套管
7. 中空夹胶钢化彩釉玻璃
8. 竖向不锈钢拉杆外加铝盖板
9. 铝合金横梁

图 3.5.2.1-3 玻璃幕墙节点图

2. 空气声隔声性能

空气声隔声性能以计权隔声量作为分级指标，满足室内声环境的需要，符合《民用建筑隔声设计规范》GB 50118-2010的规定。以空气计权隔声量R_w进行分级，本工程幕墙玻璃采用夹胶中空Low-E玻璃，其有效隔声量可达35dB以上。因此工程幕墙的空气声隔声性能等级为3级。

3. 耐撞击性能

按撞击能量E和撞击物体的降落高度H分级指标和表示方法分级，本工程耐撞击性能为2/2，室内2级，室外2级。

4. 防火设计

本项目幕墙的防火等级为一级，1h防火时限。为满足建筑防火要求，对于跨层的幕墙，在层间梁处设置难燃防火层，并避免同一玻璃板块跨越两个防火分区。具体做法：用1.5mm厚镀锌钢板槽内填100mm厚防火岩棉封闭封堵。无窗间墙和窗槛墙的幕墙，应在每层楼板外沿设置耐火极限不低于1.00h、高度不低于0.8m的不燃实

体裙墙，幕墙与每层楼板、隔墙处的缝隙应采用防火材料封堵。

防火岩棉的密度不小于110kg/m³，其厚度不小于100mm。承托板与主体结构、幕墙结构及承托板之间的缝隙用防火密封胶填充。

5. 防雷设计

按照《建筑物防雷设计规范》GB 50057-2010中防雷分类等级的第二类防雷标准进行防雷设计。将幕墙金属部件和龙骨连通，同时与主体防雷网进行连通。

6. 防腐蚀设计

在两种不同金属材料接触的部位设置防腐蚀橡胶垫，防止电化学腐蚀。铝型材表面做氧化或氟碳喷涂处理，钢件都进行镀锌、氟碳喷涂或刷防腐漆处理。最大限度地采用螺栓连接，防止大面积现场烧焊对防腐膜层的破坏。

非外露钢材的表面热浸锌处理，钢材厚度小于5mm的镀锌层厚度$\geq 65\mu m$，钢材厚度大于5mm的镀锌层厚度$\geq 85\mu m$。

7. 防噪音设计

为消除铝横梁由于温度变化产生的噪音，在立柱与横梁连接处加橡胶垫片。金属与金属间可能存在相对移动的地方增加防噪音胶条。

8. 防结露设计

本项目幕墙的玻璃为中空Low-E玻璃，金属板为蜂窝铝板，经过计算，采用以上措施可以使维护结构的总热阻大于产生空气露点温度的热阻，避免了结露的产生。

9. 采光、防止光污染设计

玻璃幕墙的可见光透射比不低于0.40，玻璃幕墙均采用反射比不大于0.30的玻璃。

10. 清洁维护设计

考虑到本工程幕墙高度不高，外墙维护清洁采用一台工作高度40m的蜘蛛型高空工平台，平时不使用，蜘蛛工作台可放在隐蔽的地方，不影响外立面效果。

3.5.2.2 幕墙结构设计

1. 风荷载

基本风压：0.5kN/m²

建筑物重要性等级：一级

地面粗糙度：B类

风荷载标准值W_k：按《建筑结构荷载规范》GB 50009-2012及白云机场二期项目风洞动态测压试验数据图表（2013年2月20日版）

风荷载标准值：墙面区、墙角区

2. 地震荷载

基本设防烈度：6度

抗震措施设防烈度：7度

3．**地面粗糙度类别**：B类

建筑物防雷等级：二类

建筑物耐火等级：一级

幕墙设计使用年限：25年

4．**抗风压性能**

幕墙的抗风压性能指建筑幕墙在与其垂直的风压作用下，保持正常使用功能，不发生任何损坏的能力。风荷载标准值的确定按照《建筑幕墙》GB 21086-2007中5.1.1的规定进行。

本项目幕墙风荷载标准值，故风压变形性能为2级。

5．**水密性能**

幕墙水密性能指建筑幕墙在风雨同时作用下，透过雨水的性能。水密性能设计值以《建筑幕墙》GB 21086-2007中5.1.2.1的方法确定。

工程根据设计计算，$P=910Pa$。雨水渗漏性能应达到2级。

6．**气密性能**

根据《建筑幕墙》GB 21086-2007中5.1.3.1规定，表14建筑幕墙气密性能设计指标一般规定，本工程幕墙气密性能分级为3级。

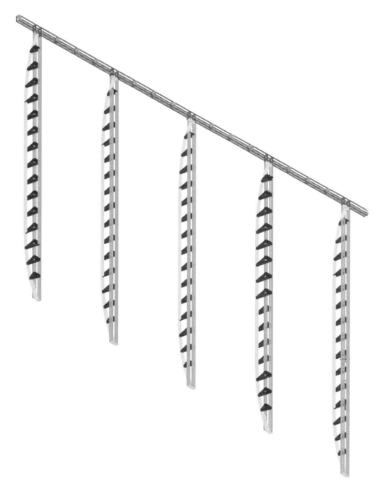

图 3.5.2.2　主楼立面桁架模型

7．**平面内变形性能**

本工程幕墙的平面变形性能为5级。

幕墙平面内变形性能表征幕墙全部构造在建筑物层间变位强制幕墙变形后应予以保持的性能。幕墙平面变形性能，非抗震设计时，按二次结构弹性层间位移角限值进行设计；抗震设计时，按二次结构弹性层间位移角限值的3倍进行设计。

幕墙二次结构属钢结构，其弹性层间位移角限值为1/300，按7度抗震设计，幕墙平面内变形性能至少应为1/100，即达到5级（图3.5.2.2）。

3.6　标识系统设计

3.6.1　设计概述

在大型公共建筑中，特别是交通枢纽型建筑，人们往往因超大空间容易迷失方位。二号航站楼作为世界级航空枢纽，如何让人们快速获取方向信息和理解色彩、文字、图形，是标识系统设计的核心内容。一个系统、科学、美观、有效的标识系统会为提升旅客服务带来很大的便利和支撑。

二号航站楼以SKYTRAX五星航站楼为目标，SKYTRAX其主要业务是为航空公司的服务进行意见调查。标识系统在整个航站楼规划体系中最能直接和直观的体现服务水平，因此SKYTRAX的评定标准，也作为评判标识设计的标准和依据。比如，国际化多语言的标示标牌、清晰的航显、简单易懂的信息指向等都是在标识系统范畴下的星级航站楼需达到的品质要求。

综上，设计以"一切从旅客感受出发"为目标，为旅客在二号航站楼及交通中心中准确、快速地了解机场布局、行动流线，为之提供直观、便捷的引导服务。

3.6.2　设计内容

3.6.2.1　建筑与流程特点分析

1．**建筑特点**

（1）出发大厅（图3.6.2.1-1～图3.6.2.1-4）

在二号航站楼，旅客一进入出发办票的空间，就会立刻产生高大、通透的视觉体验，出发厅上空天花呈波浪曲线，距地面平均高度为32m，同时也给人宽广的视觉感受，

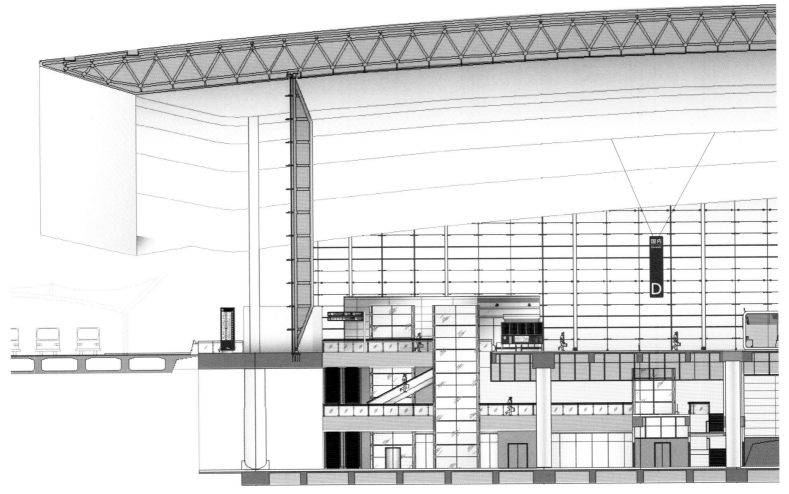

图 3.6.2.1-1　大型标识在出发大厅东西向剖面中的模拟

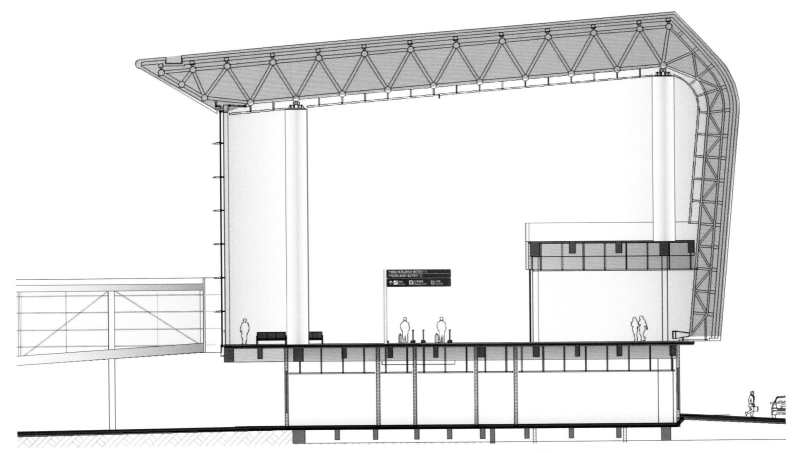

图 3.6.2.1-2　立地标识在国内指廊剖面中的模拟

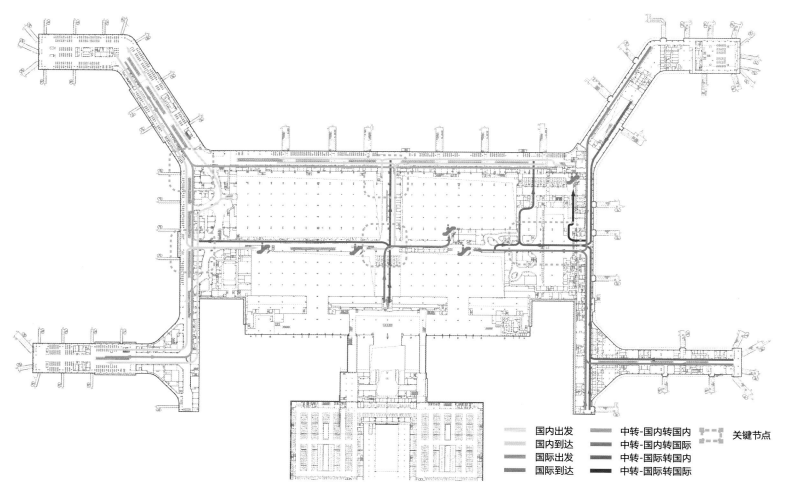

图 3.6.2.1-3　二层混流区域流线及标识节点示意

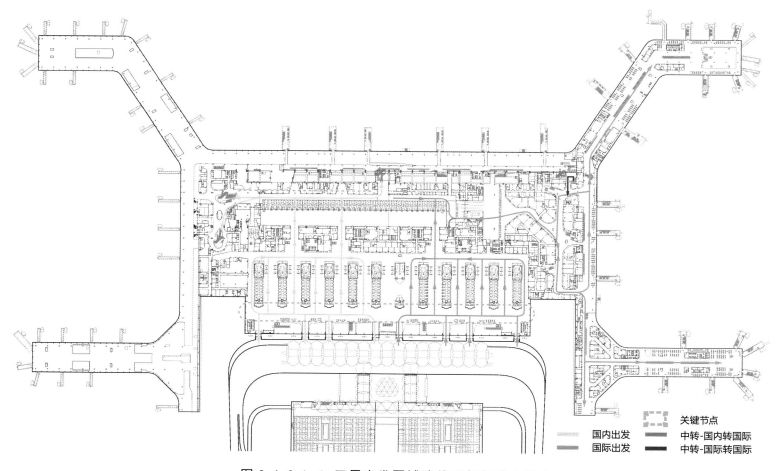

图 3.6.2.1-4　三层出发区域流线及标识节点示意

航站楼入口至办票岛的距离达36m。这两点在标识设计角度而言无疑给了很大的挑战。纵观国内各大型公共建筑，标识形式与建筑大体量空间做到协调美观的例子不多，原因是除了安装形式、标识设置的位置与比例大小难以在图纸作业时做到与空间的高度完美契合。

（2）候机区

旅客过了安检及联检区（边防、海关）后经过琳琅满目的商业区域，到达候机区。候机区呈指廊形式，登机口有序分布在空侧，标识指引只要依次对登机口号码有序排列就能满足需求。候机区平均净高较高，标识大多采用立地形式，达到不破坏空间、与环境和谐共存的效果。但在指廊与指廊的交叉结点，为使得旅客快速判断登机口、头等舱休息室等方位，则采用多组合悬挂标识，来吸引旅客目光，从而达到快速分流的目的。

（3）迎客大厅

国内、国际迎客大厅相连成一片大区域，部分区域挑空直接能看到出发大厅天花。同时大厅被连通车库及地铁的二层天桥分隔，导致旅客的部分视线受阻。因此，标识连续引导性及其分布位置是此区域的重点，必须个别判断、整体统筹。

（4）时空隧道

在国内混流区域，旅客视觉文化体验做得令人印象非常深刻。二号航站楼延续了一号航站楼"时空隧道"梦幻美好的视觉体验，在长达100m的到达中转通道设置了多媒体光影秀，这在国内机场中是首创的空间。但从流程功能而言，到达、中转是航站楼内极其重要的通道，标识清晰度及识别度就必须完全高于媒体展示面，才能做到基本的功能引导需求。

（5）交通中心停车楼

停车楼作为二号航站楼的配套设施，其停车容量也非常巨大，为此它是国内为数不多的多层停车楼，总层数达六层，每层停车数量近千个。除了引导车辆进出，旅客停车后寻找航站楼、到达旅客反向寻车都是标识设计的重点。同时，对多层停车楼进行分区分色，才能使千篇一律的停车空间给人深刻印象。但其所涉及的颜色就多达12个，因此还必须采用图案作为记忆方位的手段。

2. 旅客流线

（1）隔离区外单向流线

虽然出发大厅的空间宽广，但在合理的设备设施布置下，旅客流线显得非常顺畅。旅客从航站楼入口由南向北进行办理乘机手续、安检等一系列登机前的过程，沿途经商业、洗手间、服务柜台设施，这样的单向流线为标识逐级引导带来了便利。

（2）隔离区内出发、到达、中转混流

二号航站楼国内流程为混流，虽然流程更加便捷，

中转效率大大提升，但对于标识引导来说又是一个挑战。国内区域的标识均为双向标识，既有出发登机口指引，又有到达中转指引，同时为了中转流程更为有效快捷，考虑从颜色上进行规划处理。

（3）远距离移动

旅客进入候机区域，丰富的商业体验可能引导旅客远距离移动，因此候机区域可能并不是传统的机场空间，可以将它看作是一座商业空间。标识的引导必须满足商业空间行人的特点，即随处可达想去的地方。简单来说，就是在候机区域的任何位置都可找到所有登机口指向（图3.6.2.1-5）。

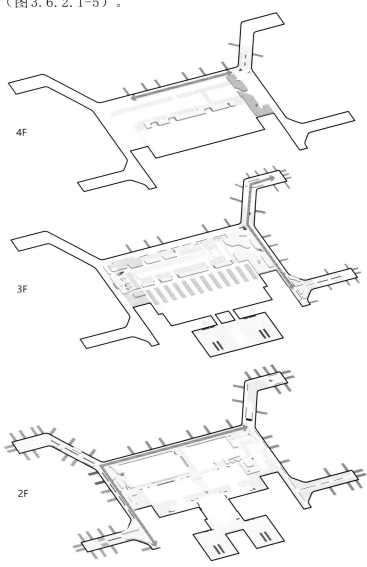

图 3.6.2.1-5　旅客远距离移动的路线示意

3.6.2.2　信息范畴与标识类型

1. 信息设计元素

标识牌上的信息由图形、文字组成，图形包含箭头、特定图标、说明性图示等，文字包含中文、外文。这些信息的组合向旅客传递流程引导、设施服务、说明告示、警告禁令等内容。

（1）字体

设计初期,为体现设计的国际化、现代化的视觉感官,尝试了不同字体在标牌上的效果比较。

从比较图可以看出,黑体作为大型公共建筑的常用字体确实显得更富现代感,它的等线、棱角清晰,在识别度上占据很大优势。同时,设计方案中也模拟了发光效果、旅客视力效果,以再一次判断哪种黑体更为合适(图3.6.2.2-1~图3.6.2.2-3)。

最终,根据模拟效果,将微软雅黑作为中文字体,Frutiger作为英文字体。

图3.6.2.2-1 不同字形在标牌上的效果比较一

图3.6.2.2-2 不同字形在标牌上的效果比较二

图3.6.2.2-3 不同字形在标牌上的效果比较三

（2）语言

图3.6.2.2-4 国际流程段标识牌语言排列举例

为确保二号航站楼实现SKYTRAX五星航站楼认证目标,除中英文外,标识指引增加了小语种,包括法文、日文、韩文。这些语言设置的原则为:

小语种仅出现在国际流程的方向指引类标识中。

考虑信息表达的简洁性和面板尺寸的局限性,"登机口"作为国际上常见信息,仅显示中英文,不显示小语种(图3.6.2.2-4)。

2. 标识类型

根据引导标识在航站楼中所起的作用,将其分为两大类,一类用于固定流程引导和目的地指示的静态标识,另一类是用于航班显示的动态显示屏。

（1）静态标识类型（图3.6.2.2-5）

图3.6.2.2-5 静态标识类型

（2）动态标识类型（图3.6.2.2-6）

图3.6.2.2-6 动态标识类型

3.6.2.3 标识布点

1. 布点原则

（1）航站楼

①标识点位必须在旅客主要动线的交汇处；

②在平面流线和垂直上下流线的交汇处需要设置标识牌；

③标牌设置尽可能垂直于旅客视线方向；

④在满足引导功能的前提下，尽可能合理控制布点数量；

⑤点位设置需同时考虑信息内容的连贯，做到信息不断链；

⑥标识点位必须考虑建筑内的服务功能设施，与环境协调统一。

（2）交通中心

交通中心是华南地区最大的综合交通中心，旅客可以在这里轻松实现飞机、地铁、城轨、大巴、出租车、私家车等多种交通方式"零距离换乘"。标识布点采用的原则为"由近至远，逐项分流"，在信息指引的方式上也根据此原则排列信息。

2. 各区域布点例举

（1）出发车道边（图 3.6.2.3-1）

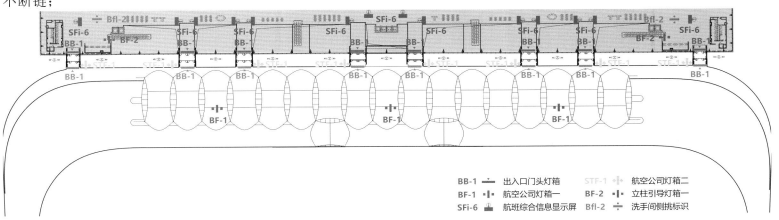

BB-1	出入口门头灯箱	STF-1	航空公司灯箱二
BF-1	航空公司灯箱一	BF-2	立柱引导灯箱一
SFi-6	航班综合信息显示屏	Bfl-2	洗手间侧挑标识

图 3.6.2.3-1 出发车道边布点示意图

（2）办票大厅（图 3.6.2.3-2）

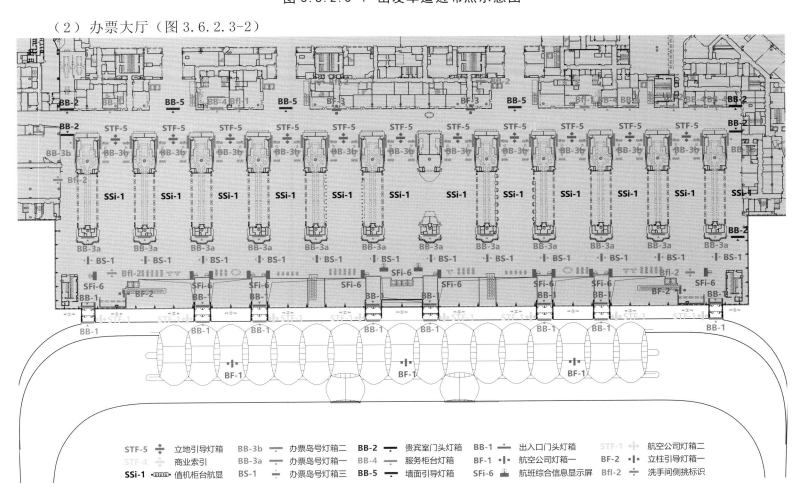

STF-5	立地引导灯箱	BB-3b	办票岛号灯箱二	BB-2	贵宾室门头灯箱	BB-1	出入口门头灯箱	STF-1	航空公司灯箱二
STF-4	商业索引	BB-3a	办票岛号灯箱一	BB-4	服务柜台灯箱	BF-1	航空公司灯箱一	BF-2	立柱引导灯箱一
SSi-1	值机柜台航显	BS-1	办票岛号灯箱三	BB-5	墙面引导灯箱	SFi-6	航班综合信息显示屏	Bfl-2	洗手间侧挑标识

图 3.6.2.3-2 办票大厅布点示意图

（3）到达大厅（图 3.6.2.3-3）

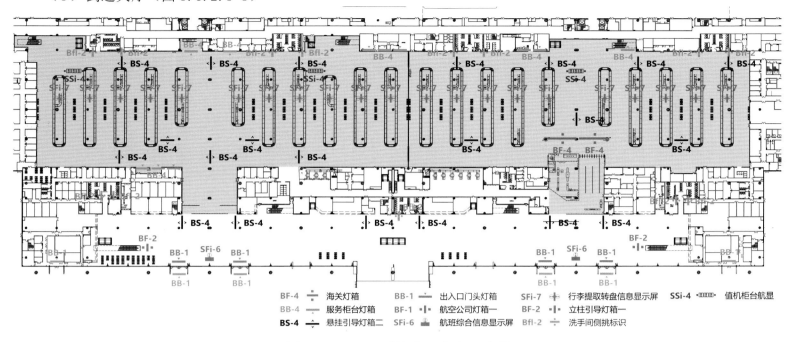

BF-4 ╪ 海关灯箱		**BB-1** ━ 出入口门头灯箱	**SFi-7** 行李提取转盘信息显示屏	**SSi-4** 值机柜台航显
BB-4 ━ 服务柜台灯箱		**BF-1** ━ 航空公司灯箱一	**BF-2** ╪ 立柱引导灯箱一	
BS-4 ╪ 悬挂引导灯箱二		**SFi-6** 航班综合信息显示屏	**Bfl-2** ╪ 洗手间侧挑标识	

图 3.6.2.3-3 到达大厅布点示意图

（4）交通中心（图 3.6.2.3-4）

BB-1 ━ 出入口门头灯箱	**STF-1** 航空公司灯箱二	
BS-4 ╪ 悬挂引导灯箱二	**BS-5** 悬挂引导灯箱三	
Bfl-2 ╪ 洗手间侧挑标识		

图 3.6.2.3-4 交通中心布点示意图

3.6.3　主要设计手法

1．色彩区分流程

颜色：
文字信息采用白色；
数字（如登机口号、
行李提取号等）采用
黄色

位置：三层主楼国际出发商业大厅

位置：办票大厅

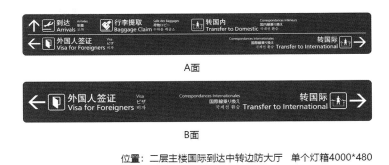

位置：二层主楼国际到达中转边防大厅　单个灯箱4000*480

位置：二层东指廊国际到达通道　单个灯箱4000*320

位置：二层西指廊国内混流到达区域　单个灯箱3600*480

图 3.6.3-1　色彩区分方案示意一

颜色：所有信息采用白色

位置：三层主楼国际出发商业大厅

位置：二层东指廊国际到达通道　单个灯箱4000*320

位置：二层主楼国际到达中转边防大厅　单个灯箱4000*480

位置：二层西指廊国内混流到达区域　单个灯箱3600*480

图 3.6.3-2　色彩区分方案示意二

颜色:
文字信息采用白色;
主流程的出发、到达信息的图标采
用黄色;
主流程的中转信息图标采用橙色;
其他流程信息(如服务设施、交通
设施等)的图标采用蓝色

位置:三层主楼国际出发商业大厅

位置:二层主楼国际到达中转边防大厅　单个灯箱4000*480

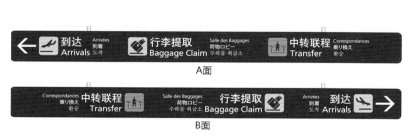

位置:二层东指廊国际到达通道　单个灯箱4000*320

位置:二层西指廊国内混流到达区域　单个灯箱3600*480

图 3.6.3-3　色彩区分方案示意三

前文流程特点中提到,考虑用颜色对流程进行分流指引,对旅客起到暗示作用。方案阶段进行了十多种色彩搭配方式,以下为最具代表的色彩区分方案示意(图3.6.3-1~图3.6.3-3):

最终,经过机场运营方、设计院、航空公司等参与研究、探讨,选择了如下色彩方案:

(1)出发、到达作为主流程,图标信息采用黄色;

(2)中转信息较为重要,图标信息采用玫红色(同南航中转色);

(3)中英文及小语种文字采用白色;

(4)为避免白色信息在淡色装饰面板上或灰白空间内无法凸显,如入口号、办票岛号等数字、字母,采用黄色。

2.　大空间大标识

在整个航站楼标识系统中,有三处大空间大标识的处理方式:

(1)出发大厅办票区标识;

(2)办票后方安检及登机口指引;

(3)国内混流区指廊交接点指引。

3.　人性化设计

在建筑分析中提到远距离移动的特点,这样的移动路径容易给旅客造成心理上的不安和慌乱。为此,在设计中加入了步行距离提醒,为候机区域的远距离移动提

供了提前告知的义务(图 3.6.3-4)。同时,在旅客流程的重要判断节点上,采用了直观的步行时间提醒。

图 3.6.3-4　步行提示

4.　标准化设计

(1)洗手间

航站楼内每个洗手间配有标准的标识布置方式,入口门头采用侧挑式三角标识,方便旅客远距离识别。进入洗手间通道,男女各方向的通道上采用较大的人形图案标识,通道尽头均设置小型门牌加以重复告知。母婴室及无障碍洗手间门旁一侧,设置门牌标识。

(2)登机口

登机口标识将其看作是一个小区域模块,同时配有座位区登机口号码标识、登机口柜台航显标识,无论柜台与座椅如何摆放,登机口号码标识、登机口柜台航显标识都会组合出现。

5.　模块化设计

模数在建筑设计中是控制空间效果的重要参数值,同样的原理运用到标识设计中,能规整标识体型。特别在动态航显标识的样式中,用模块化的方式排列屏幕,

既美观整齐又维护便利。同样的，由于航站楼信息指引内容较多，单个灯箱并不能满足信息排列要求，因此模块化的灯箱组合是最佳展现信息的方式。

3.6.4　编号命名设计

3.6.4.1　出入口（图 3.6.4.1-1、图 3.6.4.1-2）

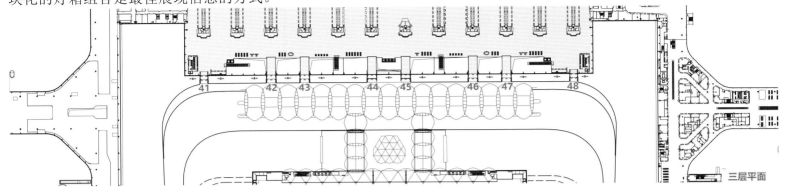

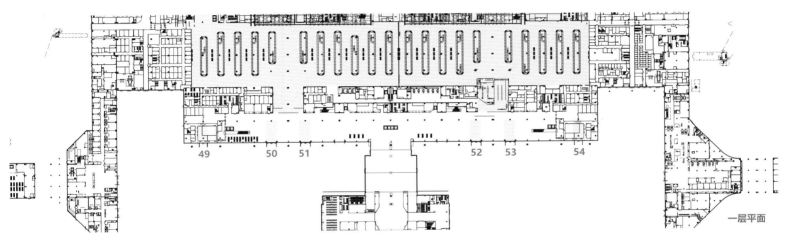

图 3.6.4.1-1　航站楼出入口编号一

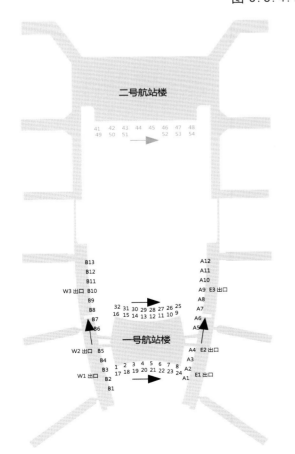

图 3.6.4.1-2　航站楼出入口编号二

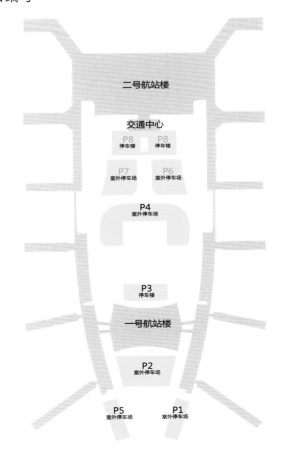

图 3.6.4.2-1　航站楼停车场编号

3.6.4.2　停车楼

停车楼编号：

一号航站楼周边的停车场有P1（东停车场）、P2（南停车场）、P3（北停车楼）、P4（北停车楼），因此二号航站楼周边新建停车场和停车楼的编号从P6起编。

私家车室外停车场命名为P6（东）、P7（西）。

停车楼有两栋楼组成，但出入楼为东楼进、西楼出，因此停车场的统一编号为P8。

由于P8停车楼被通道划分为两个区域，因此总共有12个大区，每层用两个字母区分，从上至下顺序编号。为确保旅客所在空间的视觉唯一性，每个字母对应一个颜色，帮助旅客识别和记忆，同时增添停车楼的明亮感。为避免颜色相近造成误解，配以图案作为记忆辅助（图3.6.4.2-1、图3.6.4.2-2）。

3.6.4.3　办票区/柜台

办票区域编号：

由于二号航站楼办票岛对于旅客竖向分布，办票岛的划分方式以通道为原则划分，既能减少旅客寻找柜台的时间，又能将大厅两侧的贵宾办票柜台与普通旅客柜台区分开来。

编号从西向东顺序编号，留出字母A、B给登机口，从C起编号（跳开字母I和O），即两侧贵宾办票为C和Q。

对于运营部门提出的管理及分配办票柜台问题，内部可按"岛"进行管理，"一号岛""二号岛"等。

每个办票区域的柜台编号，从01依次起编。将开包间纳入编号体系，方便人员口头指引（图3.6.4.3-1、图3.6.4.3-2）。

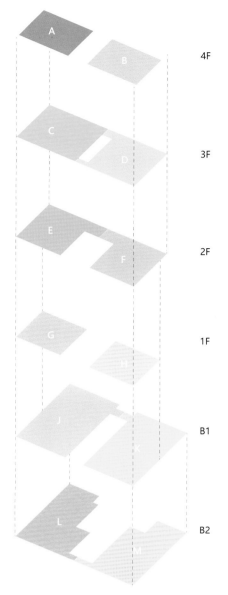

图3.6.4.2-2　停车楼区域编号

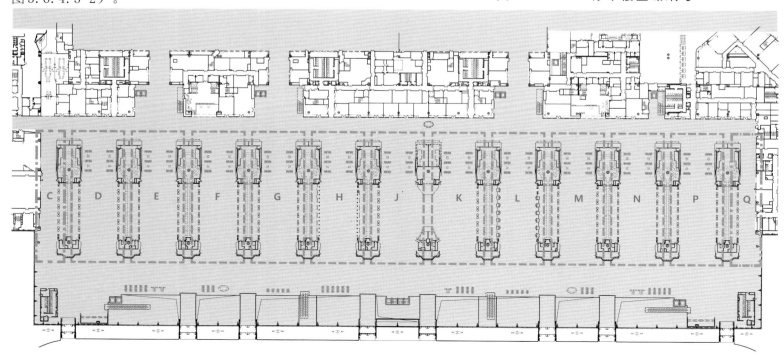

图3.6.4.3-1　办票区域编号一

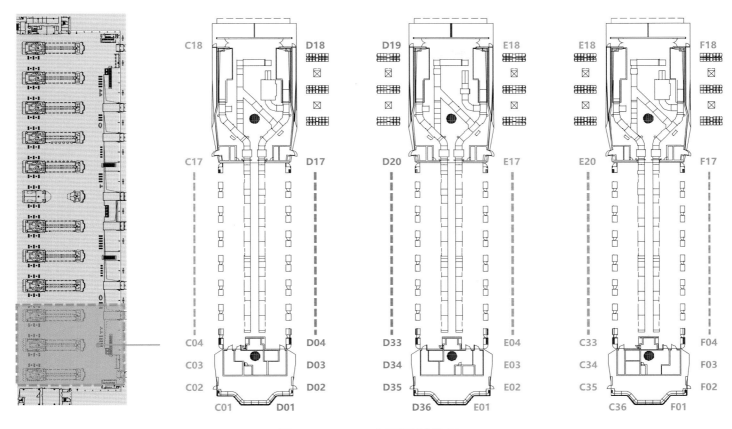

图 3.6.4.3-2 办票区域编号二

3.6.4.4 登机口

登机口编号（近机位）：

二号航站楼登机口编号延续一号航站楼登机口编号原则：

1. 与机位号一致；

2. 延续一号航站楼登机口 A、B 原则；

3. 登机口（国际）为 A 区，西边登机口（国内）为 B 区（图 3.6.4.4-1、图 3.6.4.4-2）。

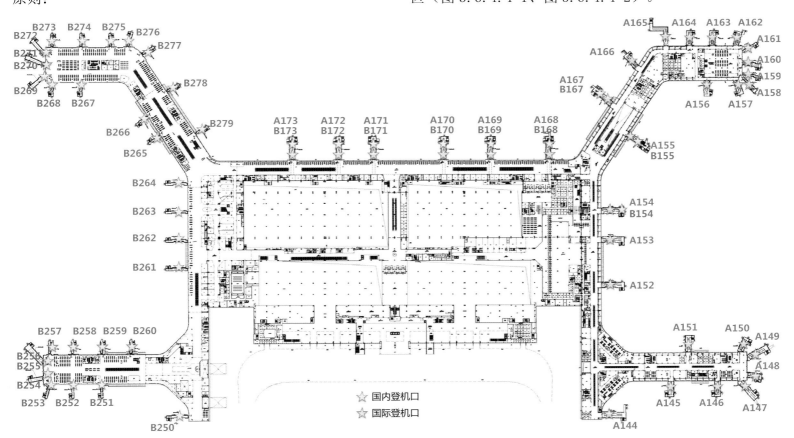

图 3.6.4.4-1 登机口编号一

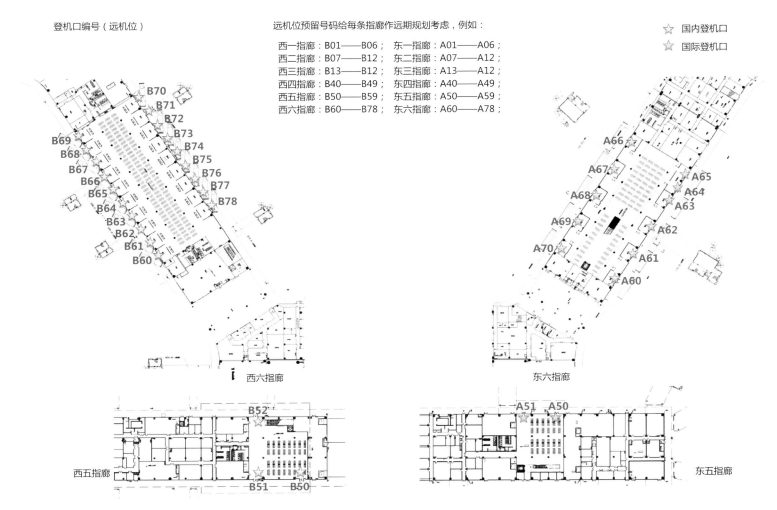

登机口编号（远机位）

远机位预留号码给每条指廊作远期规划考虑，例如：

西一指廊：B01——B06；　东一指廊：A01——A06；
西二指廊：B07——B12；　东二指廊：A07——A12；
西三指廊：B13——B12；　东三指廊：A13——A12；
西四指廊：B40——B49；　东四指廊：A40——A49；
西五指廊：B50——B59；　东五指廊：A50——A59；
西六指廊：B60——B78；　东六指廊：A60——A78；

☆ 国内登机口
☆ 国际登机口

图 3.6.4.4-2　登机口编号二

3.6.4.5　行李提取转盘及到达出口

行李转盘编号：

一号航站楼的行李转盘编号为1～22，为确保两航站楼内编号的唯一性，同时考虑未来一号航站楼的可变因素，二号航站楼的行李转盘从西向东，由31起编，国内行李转盘号为31～41，国际行李转盘号为42～51（图3.6.4.5）。

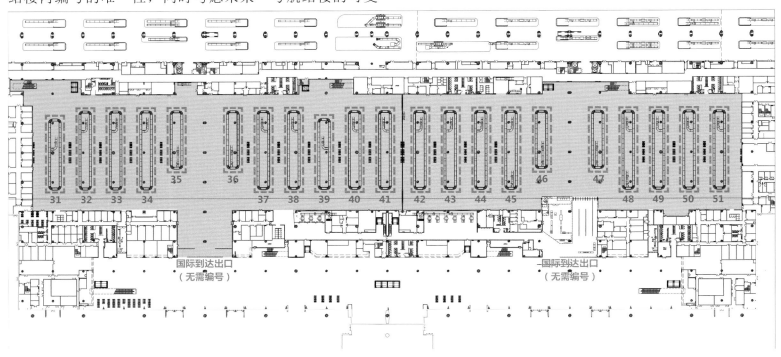

图 3.6.4.5　行李转盘编号

3.7　旅客功能设施设计

二号航站楼设施根据 4500 万人次的年吞吐量预测基数进行设计，其设计原则为保证服务水平不低于 IATA 的 C 级标准：

创造快速、便捷的中转流程，为实现枢纽机场的目标创造良好的条件；

尽量减少旅客的步行距离和楼层转换，满足各类流程的连接时间目标要求；

便捷、合理的行李处理系统，满足行李系统的各项服务标准要求；

基于流程、均衡合理的商业布局，商业面积比例达到国际先进商业运营机场的水平；

清晰周到的标识系统，提高航站楼的运行效率和亲切感；

开放的办票系统，突出以人为本的人性化理念；

便捷的交通中心设计，保障旅客进出机场迅速快捷；

卫生间、电扶梯、自动步道、APM 等系统的设计充分考虑各种旅客的需求；

注重后勤功能，后勤设施的位置面积规划合理。

3.7.1　办票岛

3.7.1.1　集成一体化的设计

相比传统的单元化办票岛设计，二号航站楼办票岛采用集成一体化外形，高度整合建筑、结构、机电、弱电、装修、行李与安防等各专业功能；

3.7.1.2　具有航空器动感外形的设计

结合航空飞行器的特点，采用楔形线条＋曲线，营造动感且具冲击力的非线性岛体外形，体现航空运输的速度感；

3.7.1.3　便于施工的细节设计

三维曲面二维化，使用单曲面取代双曲面，通过组合形成丰富的造型，便于施工。

3.7.1.4　结构设计

办票岛为钢框架体系（中部方管桁架），钢柱（方管、圆管）铰接于混凝土楼层梁上。南北向长 72m，东西向宽最小 4.4m，最大 13.5m，结构高度为 4.5m。中部桁架最大跨度为 19.3m，桁架高度 0.95m，桁架杆件采用矩形管，其余钢梁杆件采用 H 型。钢材材质均为 Q345B。共有 11 座

办票岛，结构形式基本一致（图 3.7.1.4）。

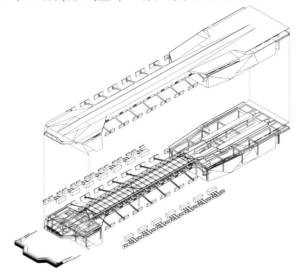

图 3.7.1.4　办票岛结构三维图

3.7.2　登机桥固定端

结合混合机位布置、进出港主要流程、空侧设计条件、航站楼建筑设计条件等进行登机模式设计，设计与之相匹配的登机桥固定端。

3.7.2.1　功能设计

针对国内混流、国际进出港、国际国内可转换三种进出港流程，合理规划功能与设施布局，实现资源利用与使用效率最大化。

3.7.2.2　外形设计

延续了航站楼的设计手法，大胆对形体进行了斜切，结合立面铝板斜线分隔，延续了航站楼的动感造型特色，使之与航站楼主体有很好的体量过渡，也有效减少了空间体积而有利于节能。体现了现代、简洁、流畅、精致的建筑风格。外墙采用与航站楼模数相匹配的横明竖隐玻璃幕墙与铝板幕墙穿插，屋面采用檩条支承的铝镁锰金属屋面系统，在保障功能的前提下为旅客营造明亮、通透的视觉效果（图 3.7.2.2）。

3.7.2.3　空间设计

引入岭南建筑"敞厅"的建筑空间概念进行设计，把登机桥固定端当作一个独立建筑，结合其平面功能布局、流程设计、疏散要求对空间进行整合，在最高效解决功能需求的同时，创造其独特的通透、开敞、紧凑的整体空间效果（图 3.7.2.3）。

图 3.7.2.2　登机桥外景

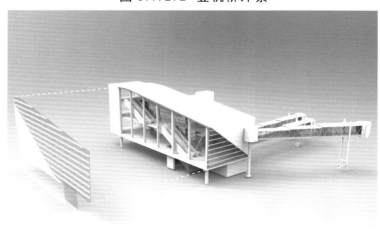

图 3.7.2.3　登机桥固定端拆分图

3.7.2.4　人性化设计

旋转平台标高实现与各类型飞机舱门标高与航站楼内各楼层标高的平顺对接，满足旅客的出行体验；可转换机位与国际机位登机桥固定端设有垂直电梯与自动扶梯，提升旅客出行体验，方便残疾人、行动不便的人进入飞机；登机桥固定端设有残疾人扶手等无障碍设施，地面坡度与防滑度均符合相关规范与标准。

3.7.2.5　结构设计

整体采用钢桁架结构，为保证室内空间的通透，结构设计以高强度的吊杆代替柱子；在满足人行舒适度的前提下，为减薄楼梯厚度，楼梯采用中间高两边低的多梁并排形式；在登机桥的长度方向，采用高强度的拉杆代替桁架的斜腹杆，保证结构的稳定性及减少楼层的挠度；利用垂直电梯井道的结构一并作为主体结构的支撑杆件，减少过道的挠度，保证其舒适性；抗风柱与桁架上下弦间采用刚接连接，进一步降低上下弦即楼层梁的

高度，减少楼层厚度。

3.7.2.6　消防设计

建构完善的消防设施系统，其中自动喷淋灭火系统为国内首次采用。

3.7.3　商业设计

创造出行成为享受的可能性，商业的嵌入是重要的元素，设想喜欢逛街的人们，如果机场也能够提供相同的体验及感受，人们在此也能够享受购物消费的乐趣，从而将旅行更好地融入生活，丰富了人们对旅行的体验。将商业流线与旅客流线紧密结合，创造独特的非典型商业模式（图 3.7.3-1）。

图 3.7.3-1　主楼四层餐饮平台

整合平面功能，在航站楼中创造传统商场的垂直商业中庭，提高空间汇聚性，增加商业氛围，也可增加各类广告的可视面。国内流程由于空间的混流性，其商业部分实际上也是出发、到达共享，在出发流程及到达流程交汇的重要流程节点处设置集中商业。交汇区的商店，外观造型独特，方便旅客辨认。出发的旅客，能看到所需到达登机口位置的远近，可自行判断有多少富余时间，可更加安心地逛商店（图 3.7.3-2）。

组合功能布局，控制业态配比，根据预测数据合理设置商业餐饮与零售配比。在办票大厅夹层处设置陆侧餐饮，旅客可根据需要简单用餐或在起飞前与送行亲友小聚；在国内混流和国际出发集中商业区设置餐饮，满足不同旅客需求，并在国际出发集中商业区四层预留了商业平台，可满足未来对餐饮的需求。所有餐饮均配备制作间，制作间预留排水及设置排油烟管，可结合旅客需求，保证不同餐饮种类的可转换性。

图 3.7.3-2 指廊商业

3.7.4 卫生间

合理规划卫生间布点，按照规范要求控制间距。航站楼内旅客在任一点到达最近卫生间距离不超过50m。卫生间男女计算比例为1:1，厕位数量按照区域聚集人数每50人设置一个大便器，男女大便器数量比例接近1:2；洗手盆数量按照每150人设置一个，女卫生间适当增加洗手盆数量。国内区域蹲便器坐便器比例为8:2，国际区域蹲便器坐便器比例为2:8（图3.7.4）。

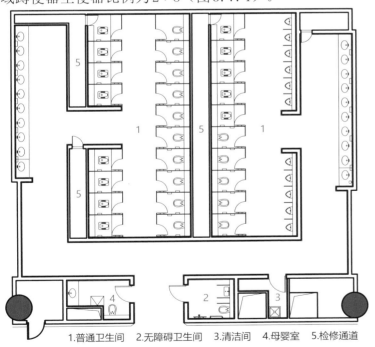

1.普通卫生间 2.无障碍卫生间 3.清洁间 4.母婴室 5.检修通道

图 3.7.4 主楼标准卫生间平面图

卫生间的设计细节充分考虑人性化服务，采用简单的迷宫式设计，入口不设门，方便出入，同时实现视线遮挡。公共卫生间采用1.8m×1.2m厕格标准块，厕隔不使用时门保持15°向内开启状态，入口处布置

1.2m×0.6m行李放置区，背后设置0.3m宽的手提行李置物台；小便器间距0.9m，并设置0.2m宽的手提行李置物台；洗手台标准间距0.8m，在使用便利性及布置效率方面取得了较好的平衡。洗手台流程设计充分考虑运营需求，每个洗手盆分别配置防滴落洗手液，每两个洗手盆之间配置一个擦手纸盒，方便就近擦手，避免洗手水大范围滴落。集中设置大型擦手纸回收箱，便于后勤管理。卫生间设置风机盘管独立供冷，保证卫生间温度比外部公共空间低2～3℃。

厕格配置了上下双排风系统，每个便器后方都就近设置了排风口，有效减少卫生间气味，并依据下排风系统加宽了厕格后方的检修通道系统。在卫生间厕格后方、小便器上方、洗手台上方天花均布置了反射式灯带，提高局部亮度及照明舒适度。卫生间全部采用冲洗阀系统，相比水箱系统更容易维修更换。

3.7.5 其他服务实施

3.7.5.1 母婴候机室

母婴室的选址及设计参考了《广州市公共场所母婴室建设指导手册》，并与业主及使用单位经过多次的论证，其设计主要遵循以下几个原则：

1. 选址在人流动线的主节点上；

2. 配备多种功能设施，如暖奶器、直饮水机、电视机、烘干机；布置人性化的功能区，如亲子洗手间、哺乳区、换尿布区、玩具兼阅读区、婴儿爬行区等；

3. 配备良好的通风换气设备，确保为室内提供质量良好的空气；

4. 门口有足够明显的引导标识，引导用户到达母婴室。

3.7.5.2 座椅充电设计

结合旅客实际使用需求，每两个座椅中间安装一组充电插座，每组座椅配备一个单相五孔安全性插座，其余均为USB插座；每个单相五孔安全性插座附带一个单相五孔安全性插口（AC 220V，10A），每个USB插座附带两个USB插口（AC 220V/DC5A，最大输出2.5A），插座可以根据使用需求在不同座椅间灵活移动。整排座椅的充电插座供电应自成系统，并可通过座椅两端的脚引至地面，实现与外部电源接口连接。

3.7.5.3 无障碍设施

航站楼前设有红绿灯的路口，设有盲人过街音响设施。

设置无障碍安检通道，采用无障碍安检验证台。

盲道：人行道盲道出发车道边引导至楼内问询柜台位置；楼内电梯、自动步道、扶梯及楼梯设置有盲道提醒设施。

无障碍卫生间：每处卫生间配备一个独立的无障碍卫生间，设置了电动推拉门、无障碍坐便器、无障碍洗手盆和满足使用轮椅旅客使用的墙面倾斜镜子。

无障碍登机桥：登机桥内设置满足残疾人使用的坡道、扶手、电梯。

无障碍车位：无障碍车位占总车位比例为2.1%。

无障碍电梯：航站楼客梯轿厢内设置扶手和带盲文的选层按钮；轿厢上、下运行及到达应有清晰显示和报层音响。

无障碍座椅：按照座椅数量的2%设计，在座椅靠近

主要交通走道的位置设置。

3.8 景观设计

3.8.1 设计概述

景观设计的内容为室外首层景观设计、交通中心景观设计、二号航站楼屋顶花园设计及建筑绿墙设计，景观总面积为149103㎡，其中室外首层景观面积为86232㎡，交通中心景观面积为29954㎡，航站楼屋顶花园（三层、五层）面积为32332㎡，高架桥外挂花槽585㎡。

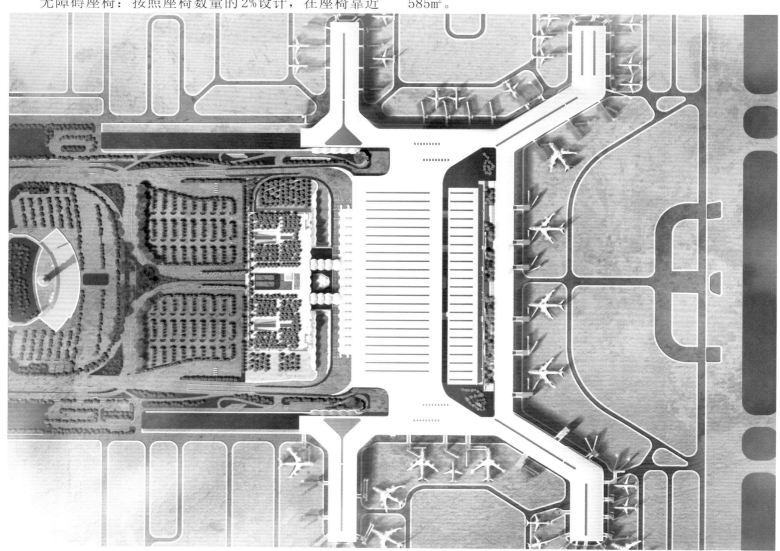

图 3.8.2.2-1 景观设计总平面

3.8.2 景观工程方案设计

3.8.2.1 景观设计思路

景观设计用岭南园林的手法，现代与古典相结合，力求自然化、艺术化，求实兼蓄，精巧秀丽。

3.8.2.2 景观设计总平面（图 3.8.2.2-1、图 3.8.2.2-2）

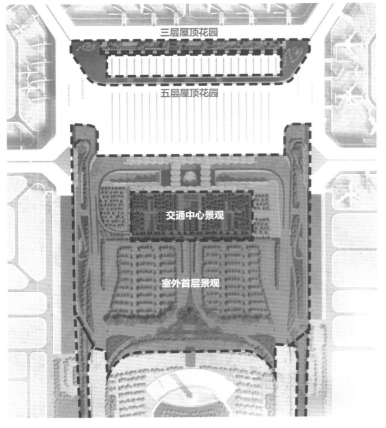

图 3.8.2.2-2 岭南花园及景观范围

3.8.2.3 景观分区

景观按所在位置不同共分为室外首层景观、交通中心景观和航站楼岭南花园（三层、五层）景观。设计根据其位置特点，结合航站楼建筑、交通等条件分区设计。

3.8.3 专项设计

3.8.3.1 园建绿化设计

1. 室外首层景观

室外首层景观包括机场市政道路沿线绿地绿化设计、高架桥花槽绿化设计及停车区域绿化设计。

市政道路沿线植物选配以乔木为主、灌木为辅，中苗为主，大苗为辅，既保证近期效果，又充分结合植物生长的特点，按植物的不同形态颜色进行搭配，产生持续性的绿化景观效果。

高架桥配有混凝土种植槽或外挂花箱，种植植物为广州市花勒杜鹃。停车区种植麻楝搭配花叶假连翘地被，整齐统一。

主要常绿树种有大王椰子、华盛顿葵、银海枣、秋枫、香樟、幌伞枫、南洋楹。

主要开花植物有木棉、凤凰木、鸡蛋花、黄槐、珊瑚刺桐、宫粉紫荆、勒杜鹃。

2. 交通中心景观

交通中心景观主要为屋面露天景观，在规划的行车道和停车位上重塑空间关系，采用主景大树来打造天际线，并增加模纹色块地被花卉，以常绿乔木秋枫为主要树种，局部点缀高大的开花植物大腹木棉，以营造出景观主入口的门户氛围。为了充分展现丰富的水元素景观，在与二号航站楼连通处设计了一个精致的喷泉水景，种植棕榈树种银海枣，体现南国风情；北侧中央设计特色水景，通过可交互的设计，采用镜面水池与树池相结合的方式，让旅客放慢脚步，用记忆定格这座城市的美好，为该区域增添一抹亮色。首层四处天井种植鸭脚木翠芦莉等耐阴地被灌木，各层建筑周边种有攀援植物使君子，拥有了更具层次感的绿化景观效果。

3. 航站楼岭南花园（三层、五层）景观

三层、五层岭南花园属于狭长式用地，设计采用斜线条式的铺装布局，使空间变得生动有趣，配以造型树池、水景、汀步等穿插布局，以达到小中见大、空间层次分明的效果。

由于三层岭南花园在建筑结构体上，有较大高差，且荷载有限，故在地形的设计上采用斜板钢筋混凝土，面覆轻质种植土的绿化方式覆绿，根据结构梁的位置合理布置小乔木，主要选用秋枫、铁冬青和细叶榄仁为景观树，局部点缀景观小景，营造干净、轻盈、舒适的绿化空间，营造适地适景、具季相变化的园林景观。

在建筑外立面上采用种植毯式垂直绿墙做法，共有五幅，总种植面积约为1327m²，植物选用红继木、青叶鹅掌木、花叶鸭脚木、小蚌兰、天门冬、紫鸭趾木、小天使、虎尾兰、花叶络石、波士顿蕨、肾蕨等；浇灌系统采用美国全自动控制，共分五路进行轮流浇灌；管道采用PVC管和PE管给水管；水泵采用五台增压泵，本项目使用自来水进行浇灌，另外配置一套过滤器进行水质过滤。

3.8.3.2 给排水设计

设计内容包括：用地红线范围内绿化浇灌及绿化区域渗透排水；市政道路范围内绿化浇灌采用自动喷灌形式，控制方式为有线控制，水源接航站楼附近雨水回用水管网，水源压力约0.5MPa；航站楼二层和三层采用自动滴灌形式，控制方式为有线自动控制，水源采用建筑预留自来水管，水源处水压约0.15MPa；交通中心一至三层花槽采用自动滴灌形式，控制方式为有线控制，水源接雨水回用水管网，水源压力约0.2~0.3MPa；交通中心四层范围内绿化浇灌采用自动喷灌形式，控制方式为有线控制，水源接航站楼附近雨水回用水管网，水源采

用水泵二次加压供水；绿化土层内多余积水通过设置渗水管道就近排入排水沟内，防止土壤内积水；交通中心屋顶和航站楼三层跌水水景，均通过循环水泵抽水，以实现水景循环跌水效果。其中交通中心水景设置了水景泵房，包括水箱、循环水泵、净化设备、电动阀等。

3.8.4　施工工艺

3.8.4.1　绿化施工要点

1．乔木种植

施工时首先应注意观察植物的天然形态，种植时根据设计要求，充分展示植物形态优美的观赏面。大乔木移植则应注意新种植的树木朝向，最好能与原苗木培植点的朝向相同。

2．种植土

（1）绿化种植土必须排水透气，并且具有较好的保水保肥能力，土层须与地下土层连接，土层下应无水泥板、沥青、石层、大面积淤泥等不透水层。要求不含砂石、建筑垃圾、生活垃圾，以及强酸性土、强碱土、盐土、盐碱土、重黏土、沙土、受重金属和有机物污染的土壤及含有其他有害成分的土壤等。污泥、河涌淤泥等不宜直接做种植土。

（2）本次设计种植土部分（主要为屋顶绿化部分）采用改良土，改良土配制材料为轻沙壤土：腐殖土：珍珠岩：蛭石配制比例为2.5：5：2：0.5，饱和水密度≤1100kg/m³。

3．绿化养护的具体要求

（1）根据不同植物不同生长季节的天气情况合理浇水。浇水做到相对均匀，不出现明显的局部积水现象。

（2）通过修剪调整树形，均衡树势，促使园林植物枝序分布均匀、疏密得当。

4．植物修剪与施工场地要求

花草树木种植时，因种植前修剪主要是为运输和水分损失等而进行的，种植后，应考虑植物造景以及植物基本形态重新进行修剪造型，去掉阴枝、病残枝等，并对剪口做处理。使花草树木种植后的初始冠型既能体现初期效果，又有利于将来形成优美冠形，达到设计目的和最终效果。

5．支护

胸径小于13cm的乔木采用三根直径5～6cm，L=3m的毛竹绑扎固定。

胸径13～25cm（包含胸径13cm和25cm）的乔木采用三条直径7～8cm（L=3.5m）的杉木绑扎（ϕ2mm镀锌铁线绑扎）固定（三角交叉支撑）。

胸径25cm以上的乔木采用四条DN50镀锌钢管（L=3.5m，壁厚4mm）的扣结固定（四角交叉支撑）。

本项目的小叶榄仁和棕榈科乔木均采用钢管四角支撑，四层交通中心停车楼屋顶树阵栽植乔木均采用钢管四角支撑。

3.8.4.2　安全措施

所有涉及植筋的工程，严格按照图纸要求执行；种树规格、范围区域，以及不同区域对应的覆土厚度严格按园建、绿化、结构图，严禁非种树区域种树及超出施工图指定的区域覆土厚度；各楼层各区域范围里覆土厚度严格按施工图，严禁超出施工图设计的覆土厚度；各楼层楼面施工堆载允许荷载值应严格控制在房建提供的各楼层的"结构专业提资给景观专业的施工堆载图"允许范围内；植物生长10年荷载应严格控制在设计允许荷载范围内。

3.8.5　现场照片（图3.8.5-1、图3.8.5-2）

图3.8.5-1　三层岭南花园

图3.8.5-2　三层岭南花园、垂直绿墙

3.9 绿色建筑设计

3.9.1 设计概述

白云国际机场二号航站楼及配套设施按照国家三星级绿色建筑要求进行设计，在绿色建筑技术选择的策略上侧重于技术的实效性与合理性。立足于项目的功能特点，采用了节地、节能、节水、节材以及保证室内环境舒适度的诸多技术，包括高性能围护结构（幕墙玻璃、金属屋面）、高效率机电设备系统（空调系统、照明系统、电梯系统、行李系统、智能化服务）、一级节水器具、太阳能光伏发电系统、太阳能集中热水系统、雨水回收利用系统、建筑信息模型（BIM）技术等，打造可持续发展的绿色机场。

3.9.2 设计目标与分析

3.9.2.1 夏热冬暖地区气候特点

夏热冬暖地区的总体气候特点为全年长夏无冬，室外空气温度较高且湿度较大，太阳辐射强烈。以项目所在城市广州市为例。

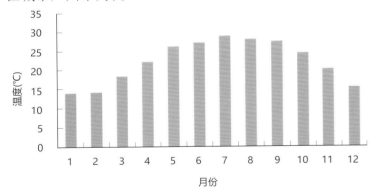

图 3.9.2.1-1 广州地区月平均干球温度

1. 温度

广州所处华南地区终年气温较高，年平均气温为21.4℃～21.9℃，最冷月为1月，月平均气温为12.9℃～13.5℃，最热月为7月，月平均气温为28.4℃～28.7℃。广州全年空调度小时数8542，建筑能耗主要为空调能耗，基本不考虑采暖（图3.9.2.1-1）。

2. 湿度

广州地区气候湿润，降雨丰富，年平均相对湿度77.2%，年平均含湿量达到13.9g/kg，其中7月份含湿量平均值最大，为20.3g/kg，12月含湿量平均值最小，为6.7g/kg。

3. 太阳辐射

广州地区年总太阳辐射量平均在4400～5000MJ/m²·年。月总辐射量最大值出现在7月份，高达510～550MJ/m²·月，最小值出现在2月份，为230～250MJ/m²·月。全年日照时数为1770～1940小时。广州地区辐射强烈，应着重考虑建筑遮阳体系，以降低建筑室内太阳辐射得热量，进而降低建筑空调能耗（图3.9.2.1-2）。

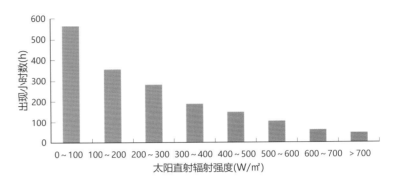

图 3.9.2.1-2 广州地区全年太阳直射辐射强度统计图

4. 雨量

广州地区雨量充沛，雨季明显。年降雨量在1612～1909mm之间。降雨主要集中在4～9月份，约占年降雨量的80%以上，10月至次年3月为少雨季节，降雨量占全年雨量的20%左右。

5. 风

广州地区全年平均风速在2m/s左右，夏季及过渡季主导风向为东南风，冬季为北风。自然通风潜力较大，建筑应考虑最大可能的在过渡季利用自然通风。

通过对气候特点的分析可以得到在这一区域适用的绿色建筑策略，根据这些策略寻求建筑设计上的实现方式和采用的技术措施。

3.9.2.2 航站楼建筑特点

航站楼是机场的标志性建筑，占地、建筑规模及体量较大；功能和流线复杂；实墙面较少，玻璃幕墙较多，窗墙比较大；室内多为高大空间；航站楼运行时间长；内部人流量大；对室内环境品质要求较高。因此航站楼全年耗能量大，运行费用高，其能源成本约占机场总运营成本的25%，而旅客周转量前十名的机场能耗约占全国机场总能耗的40%。航站楼能耗主要就是中央空调及照明占据主要地位，另外还有很多传送设备、弱电设备等。根据调研结果，仅就能源消耗而言，2007年全国几个主要机场的耗电量就已达到数亿千瓦时，单位面积耗电指标远超过当地公共建筑指标。因此在白云机场二号航站楼项目在绿色建筑设计中应重点考虑航站楼的节能策略与技术措施。

3.9.2.3 务实的绿色建筑设计目标

白云机场二号航站楼位于广州花都白云机场一号航站楼以北。该项目作为国内三大枢纽机场之一，体现着整合区域交通、集约城市空间、打造城市节点、贯彻绿色生态、落实环境品质等城市可持续发展理念。根据

我国绿色机场发展的阶段，项目应打造成为我国华南地区典型绿色机场建筑，因此项目绿色建筑设计目标确定为国家三星级绿色建筑，根据《绿色建筑评价标准》GB 50378-2006开展绿色建筑设计（图3.9.2.3-1、图3.9.2.3-2）。

图 3.9.2.3-1 二号航站楼陆侧鸟瞰图一

图 3.9.2.3-2 二号航站楼陆侧鸟瞰图二

3.9.3 绿色建筑设计策略

3.9.3.1 舒适微气候环境的打造

室外微气候热环境不仅关系到人在室外的热舒适性，还间接地对建筑能耗产生直接影响。白云机场二号航站

楼从绿地系统规划、渗透路面铺装、立体绿化、室外遮阳设计和自然通风设计等多方面合理设计航站楼周边室外热环境，确保航站楼建筑获取良好的室外气候资源。

1. 绿地系统规划

机场因其功能优先的特征，空侧场地大部分为机坪

与地面保障车辆通行车道等硬质地面。根据《民用机场飞行区技术标准》MH 5001-2013关于机场净空障碍物的相关要求，机场空侧场地不宜种植乔木、灌木等绿化。而岭南温暖潮湿的气候便于绿化生长，高绿化率也成为岭南的重要环境特征之一。为迎合这一地域特征，本次二号航站楼设计中充分利用航站楼路侧室外场地，在航站楼路侧建设围绕航站楼、交通中心及进出港高架路的大面积绿地。其中航站楼路侧建筑外边线至路侧贵宾车道边、货运车道及内部办公车道边种植大面积草坪及乔木；交通中心建筑外边线至室外通行道路之间以种植灌木及草坪为主；航站楼室外停车场停车位之间绿地种植乔木，停车位采用植草混凝土砖铺地。通过上述设计措施，一方面提高场地绿地率，以构筑绿色机场花草环绕、绿树成荫的生态印象；另一方面场地硬质铺装尽可能采取透水性铺装。综合上述技术措施，项目室外透水地面面积比达到44%（图 3.9.3.1-1、图 3.9.3.1-2）。

图 3.9.3.1-1　交通中心与航站楼半鸟瞰图

图 3.9.3.1-2　航站楼出发层车道效果图

2．立体绿化系统

考虑到航站楼金属屋面为不可绿化屋面，因此项目在交通中心建筑上充分采用立体绿化技术。交通中心为地下两层、地上三层的钢筋混凝土框架结构建筑，其主要功能为交通换乘及停放车辆。由于其位于二号航站楼前方，起着二号航站区门户形象的作用，设计充分考虑其布局与结构特点，屋顶设置屋顶绿化，立面外墙设置层次丰富的墙面绿化，形成完整的立体绿化系统，营造完整的绿色空间。整个项目屋面绿化比例达到 32.5%。

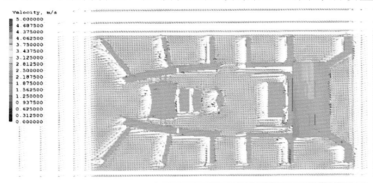 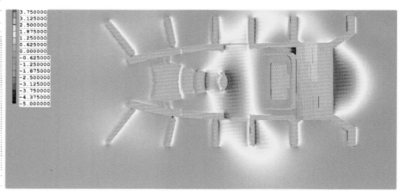

冬季室外1.5m高风速分布　　　　　　　　　　　冬季室外1.5m高风压分布

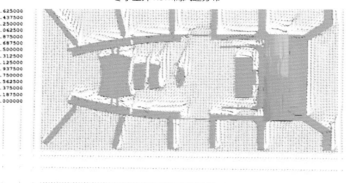 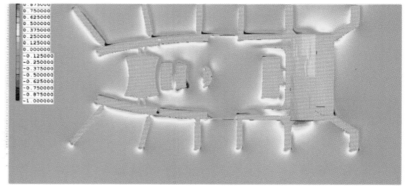

夏季室外1.5m高风速分布　　　　　　　　　　　夏季室外1.5m高风压分布

图 3.9.3.1-3　航站楼及交通中心室外风环境模拟结果

3. 室外遮阳设计

项目利用航站楼大屋面挑出部分、室外 PTFE 膜结构体系对航站楼陆侧硬质地面和不可透水路面提供遮阳，减少地面对太阳辐射的吸收，改善微气候环境，降低周边环境空气温度。

4. 自然通风设计

自然通风一方面可以改善室外热环境，另一方面过渡季节充分利用自然通风可以有效地降低建筑能耗。

项目首先对整个白云机场航站区的室外风环境进行优化分析（图3.9.3.1-3），确保室外风环境的安全舒适度，同时为航站楼过渡季充分利用自然通风创造良好的外部条件。通过分析，整个航站区室外风环境状况良好，夏季建筑周边距地1.5m高度处平均风速为1.9m/s，并且没有超过5m/s的区域，场地内无明显无风区及涡旋区，夏季风速放大系数不大于1.7；冬季建筑周边距地1.5m高度处平均风速为1.7m/s，并且没有超过5m/s的区域，冬季风速放大系数不大于1.3。

项目通过在外窗和玻璃幕墙设置可开启部分以充分利用自然通风，同时屋面设置电动排烟窗，以促进建筑过渡季利用自然通风。项目外窗可开启面积比例达到31.7%，幕墙可开启比例达到3.2%。同时对于位于航站楼内部联检区等通风条件较差的区域，通过设置可供旅客休憩的中庭花园以加强区域的自然通风条件，改善建筑用能效率和提高室内空气品质。

3.9.3.2　采光与遮阳的平衡

1. 自然采光设计与优化

良好的自然采光环境一方面可以降低建筑日间照明能耗，另一方面可以创造良好的视觉环境，增加航站楼内部的空间舒适感。项目分别对航站楼和交通中心及停车楼进行自然采光优化设计，确保项目充分利用自然采光技术。

航站楼采用天窗采光和侧向玻璃幕墙相结合的方法改善和调节室内自然采光效果，具体方法为在航站楼主楼进深较大的办票大厅和安检大厅上空屋面分别设置22个3m×126m和3m×45m的带形采光天窗。采光模拟分析结果显示安检大厅和办票大厅室内采光系数平均值分别达到3.92%和2.56%（图3.9.3.2-1）。采光天窗的设计改善了原本采光效果较差的航站楼内区功能空间办票大厅和安检大厅，每年节约用电量约280万度，约占照明总用电量20%。

交通中心及停车楼建筑通过设置自然采光井的方法改善地下停车空间的自然采光效果，具体方法为在建筑平面中设置2个26m×42m的采光天井，采光模拟结果显示建筑地下一层空间采光系数不低于 0.5% 的建筑面积占地下一层总建筑面积的比例达到 5.3%。

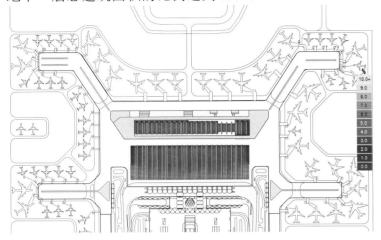

图 3.9.3.2-1 航站楼天窗布置

2. 遮阳设计与优化

白云机场二号航站楼建筑外立面采用大面积通透玻璃幕墙设计，综合考虑自然采光和建筑遮阳效果两方面的因素，选择在建筑西向立面上设置可调节外遮阳系统，并尽可能实现建筑遮阳与立面一体化设计，并在建筑东向采用室内电动百叶卷帘遮阳系统。

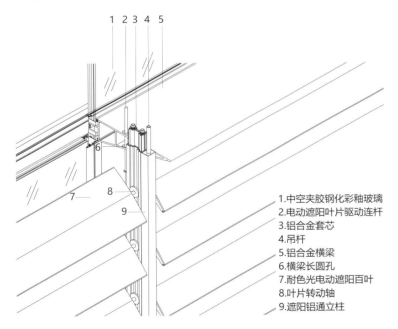

1. 中空夹胶钢化彩釉玻璃
2. 电动遮阳叶片驱动连杆
3. 铝合金套芯
4. 吊杆
5. 铝合金横梁
6. 横梁长圆孔
7. 耐色光电动遮阳百叶
8. 叶片转动轴
9. 遮阳铝通立柱

图 3.9.3.2-2 航站楼机翼型百叶外遮阳系统构造大样

项目在航站楼建筑西五、西六指廊及连接指廊的西向玻璃幕墙设置水平百叶式电动可调节铝合金机翼外遮阳系统，系统通过电机来带动百叶片的角度调节，百叶片调节角度共设置 0°、15°、30°、60°、90° 五个档位，电机运行速度控制在 10～20mm/s。遮阳百叶为穿孔铝合金板，穿孔率为 32%（图 3.9.3.2-2）。外遮阳系统的控制纳入航站楼建筑的建筑设备监控系统（BAS），根据工作时间表或昼夜、季节，自动控制百叶至对应的预设角度。

根据《建筑外遮阳（一）》06J506-1 的规定对本项目外遮阳系统的遮阳效果进行具体分析：项目可调节外遮阳系统夏季外遮阳系数 SD 为 0.29，冬季外遮阳系数 SD 为 0.54。遮阳效果较为显著，可以大大减少夏季室内太阳辐射得热量。此外通过对遮阳百叶的调节不会对室内自然采光和视觉造成影响。

3.9.3.3 可再生能源的利用

广州地区太阳高度角较大，太阳辐射总量与日照时数均充足。充足的太阳辐射和日照为太阳能的利用创造了良好的条件。航站楼庞大的金属屋面为项目太阳能的利用创造了良好条件。

1. 太阳能光电系统设计

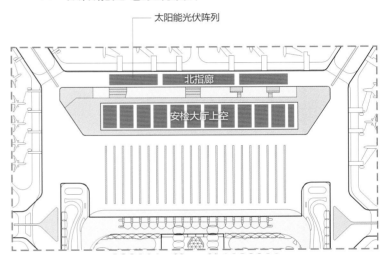

图 3.9.3.3-1 航站楼屋面太阳能光伏发电系统平面图

项目设置用户侧并网分布式光伏发电系统，光伏系统安装于标高为 31.2m 的安检大厅顶部屋面（图 3.9.3.3-1），装机总容量 2MWp（兆瓦），包含 8000 块 250Wp 多晶硅光伏板，其转化率能达到 15.0%，系统总效率 80%。项目建成后首年发电量 215.91 万度，25 年总发电量 4827.82 万度，年均发电量 193.11 万度。相当于每年节约标煤 779.8t，CO_2 减排量 2043.12t，SO_2 减排量 6.63t，氮氧化物减排量 5.77t。同时为尽可能降低太阳光被光伏电池镜面反射而形成的光污染，本项目选用的光伏组件表面镀有吸光材料，采用专用的超白玻璃，其核心部分有陷光结构，透光率可达 91.5%，反射率低于 3%，能够有效吸收太阳光，减少光污染。

2. 太阳能光热系统设计

项目采用太阳能集中热水系统，为计时旅馆、头等舱及商务舱区域的提供生活热水，辅助热源由空气源热泵提供。具体技术措施为在主航站楼东、西侧屋面各设置一套太阳能加热系统，系统采用平板型太阳能集热器，集热器总面积 846m²，东、西侧分别为 542m²、304m²。东侧设 10m³ 闭式储热水箱各三个、设制热量 78kW 热泵四台；西侧设10m³、8m³闭式储热水箱各一个、设制热量78kW热泵三台。经计算项目日太阳能热水（60℃）用量49.4m³，占航站楼总生活热水用量75.3%。

3. 结构体系的优化

白云机场二号航站楼建筑采取以下优化结构体系措施：

（1）超长大跨度预应力混凝土结构。本项目采用18m大跨度框架结构，结构超长采用分缝技术，巧妙地设计为预应力混凝土双梁结构，避免预应力穿框架柱，缩短了工期，节约了成本。

（2）单跨预应力混凝土柱排架结构。对支撑钢结构屋盖的混凝土柱施加预应力，当结构的弹性层间位移角限值放宽为1/350时，预应力钢筋混凝土柱仍处于弹性状态，柱截面尺寸得到优化，建筑效果和经济效益显著。

（3）空心板结构。本项目首层楼板局部采用大跨度空心板结构，空心板总高度700～1200mm，混凝土板厚250mm，内置预应力筋，合理控制了裂缝，大大节约了建筑空间和成本，缩短了施工工期。

（4）抽空网架结构和钢管混凝土柱。屋面采用轻型网架钢结构，网架跨度54m×36m，采用高强度Q345B级钢材。支撑屋盖柱采用钢管混凝土柱，钢管为高强度Q345B级钢材，管内混凝土为C50级高强混凝土，与上部钢结构更能协调变形。网架采用加强肋布置及抽空处理，网架用钢量约50kg/m²，做到了轻省，结构体系合理。

（5）经过上述结构体系优化，项目可再循环材料使用比例达到11.93%。

4. 雨水回收利用

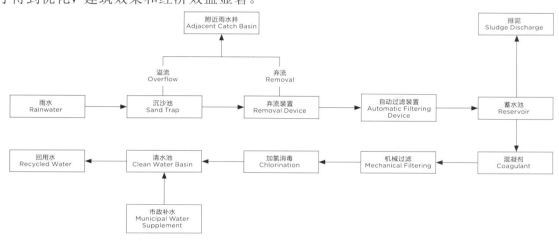

图3.9.3.3-2　项目雨水回收与利用工艺流程图

项目采用雨水收集利用技术（图3.9.3.3-2），建地下贮存调节水箱，雨季收集利用雨水，旱季及用水量不足时以机场污水处理厂产生的中水补充，提供区域内绿化浇灌、道路冲洗、幕墙清洗用水。

项目雨水设计收集范围包括白云机场二号航站楼屋面雨水，总收集面积约为46000m²，径流系数取0.9，广州地区设计日降雨量取106.8mm；弃流量为2mm，一次降雨雨水径流总量约为4422m³，结合回用水实际使用量设计两个雨水收集池，设置室外绿化带内，容积均为800m³，项目非传统水源利用率达到2.46%。

5. 高效设备系统

（1）采暖空调系统

①空调系统选型。项目采用集中式水冷中央空调系统，仅考虑夏季制冷，不考虑冬季采暖。部分特殊功能房间（登机桥、贵宾、两舱、国际计时旅馆等）采用智能变频多联冷暖空调系统，指廊部分两舱采用风冷热泵机组专门负责冬季采暖。项目共设置四个冷冻水系统，系统共采用14台7034kW的水冷离心式冷水机组、六台3517kW的水冷离心式冷水机组和四台1477kW的水冷螺杆式冷水机组为航站楼主楼、指廊和交通中心提供冷量。冷水机组能效比COP、水泵输送能效比、风机单位风量耗功率均满足《〈公共建筑节能设计标准〉广东省实施细则》DBJ 15-51-2007的要求。

②节能控制措施。办票岛大厅、旅客出发厅、到达厅、行李提取大厅等大空间采用全空气系统。在供冷期根据室内外的焓值确定新风量，在夜间或过渡季节，当室外空气焓值低于室内空气焓值时尽量采用最大新风运行，空气处理机组最大限度地利用室外新风，减少制冷机组的开启，新风比调节范围为10%～70%。新风进入空调机房内与回风混合，过滤后由空调机组处理后，通过侧送风口（球形喷口或鼓形风口）、下送旋流风口及风亭送风的气流组织方式送入室内；根据使用情况，调节喷口的送风角度和调节送风支管多叶阀调节风量。在主楼三层建筑的上部设有电动排烟窗。在过渡季节，尽量采用自然通风，根据室内外压差开启电动排烟窗，把热气排出室外。

③排风热回收技术。项目航站楼办公室、贵宾区、两舱和计时旅馆等功能房间采用热泵式热回收型溶液调湿新风机组，当系统新风量≥3000cmh，并且热回收的排

风量≥70%时提取排风的冷量，以达到节能的目的。机组额定工况下COP≥5.0，全热回收效率≥60%。

④空调系统部分负荷运行策略。首先制冷系统采用了大小机组相结合的配置，调节性能好，能有效地适应负荷变化的要求，防止产生浪费现象。其次项目采用冷源群控系统，根据冷量（采用自动监测流量、温度等参数计算出冷量）控制冷水机组的启停数量及其对应的水泵、冷却塔的启停数。此外项目空调冷冻水循环系统采用变流量控制，并且对二次循环水泵采用变频调速和台数控制。

（2）照明系统

①能源形式

项目在航站楼内共设置六个10kV区域主变电所，每个区域主变电所分别从新建110kV变电站引入两路10kV电源，两路10kV电源同时工作，100%互为备用。项目在交通中心设置10kV备用电源系统，并在航站楼东西连接楼分别设置一个10kV备用电源二级配电室，向各变电所备用变压器供电。项目采用放射与树干相结合的配电方式，分区设置配电间。

②主要灯具

本项目各功能区域拟选灯具如下：

A. 办公区、设备管理用房采用三基色T5荧光灯盘或支架；

B. 公共区域通道采用LED筒灯与三基色T5荧光灯盘结合的方式；

C. 非公共通道区域采用三基色T5荧光灯支架；

D. 高大空间采用LED投光灯与金属卤化物灯结合的方式；

E. 卫生间照明采用向下直射节能筒灯。电器附件采用如下：

直管荧光灯配用电子镇流器，谐波量≤12%；金属卤化物灯配用节能型电感镇流器。灯具配用电感镇流器时，使其功率因数≥0.90。本项目所有光源的一般显色指数R_a≥80，选用中性色温4000K左右，局部装饰性照明、室外照明光源选用3000K左右。

③控制策略

本项目采用智能照明控制系统对航站楼和交通中心的照明进行集中控制和管理，照明控制方式主要包括分回路开关控制、定时控制、室外照度控制、手动控制和软件控制。

④照明功率密度

各房间或场所的照明功率密度值不超过《建筑照明设计标准》GB 50034规定的现行值。

（3）节水系统

①节水器具。航站楼及交通中心所有用水器具均采用符合国家标准的节水型卫生器具。

②用水分项计量。在与航站区室外给水管连接的引入管处设给水总表，主楼、每条指廊设分总表，分总表后根据管理需求设分表。

③屋面雨水排放与收集。航站楼屋面采用虹吸雨水系统，屋面设置外天沟及溢流口，空侧地面沿航站楼周边设雨水沟，空侧地面雨水及屋面雨水经雨水沟汇集后排往飞行区雨水排水系统。部分屋面雨水经回收处理后用作室外绿化及幕墙冲洗及车库冲洗。

④室外节水绿化灌溉。室外绿化灌溉采用喷灌等节水灌溉系统。

（4）其他

①能耗分项计量系统

项目在所有低压配电回路上安装多功能数字式仪表，由电力自动监测系统进行集中管理，根据负荷类别分类计量；项目在楼层动力总箱总进线，照明、商业、广告总箱总进线，大空间区域照明、插座分总开关，公共区域的每台空调器配电回路，每台电梯、扶梯、自动步梯配电回路，照明总箱的公共区域、卫生间、办公室开关出线后端等设置电度表，实时测量有功电能；项目设置能效管理系统（包括电力自动监控系统、自动计量系统和EPS电源监测系统）和能效管理平台，对航站楼和交通中心内的电、水等能耗进行采集、分析和管理。

②建筑自动监控系统

项目采用建筑设备管理系统（BAS），基于以太网的分布式网络管理系统，对建筑设备的运行进行实时检测、控制、记录，实现分散控制、集中管理、节能环保的目的。自动监控的范围包括冷水机组、电梯运行状态、水泵房运行状态、公共照明、场景照明、泛光照明、高低压变配电系统及空气质量监测系统等。

③室内空气质量监控系统

项目建筑设备监控系统BAS在变频空调机组中设置二氧化碳浓度传感器并与空调系统新风系统联动，当室内CO_2浓度≤1000mg/m³时，调小新风阀至全开的10%（平时的一半），测量间隔为1小时。

④外围结构隔声

航站楼玻璃幕墙采用12mm钢化Low-E＋12A＋10mm钢化＋1.52PVB＋10mm钢化夹胶双层中空玻璃，空气声计权隔声量不小于37dB，隔声效果良好。

3.10　行李系统设计

3.10.1　设计概述

机场行李处理系统是机场航站楼中最为复杂、最重要的子系统之一，机场行李处理系统的运行效率与质量直接关系着机场运营期间对旅客的服务承载能力，在保障机场和航班正常运营和服务品质中发挥着至关重要的作用。行李处理系统以实现最高的运输效率、安全性、可靠性为目标。同时，为了适应未来可能的需求量增长，行李处理系统还必须具备足够的灵活性和扩容能力。

白云机场二号航站楼以2020年为设计目标，满足4500万人次年旅客吞吐量需求。二号航站楼是我国三大国际航空枢纽超大型航站楼之一，其国际中转比例达到60%，行李设计从旅客流程着手，以满足航空公司枢纽运作和旅客出行便利为设计目标。

3.10.2　行李系统设计

3.10.2.1　任务与目标

白云机场二号航站楼行李系统的目标是建设高效、安全、可靠的行李处理系统，满足2020年4500万人次年旅客吞吐量的航空公司中枢运作需求。建设内容含早到行李存储系统（EBS），同时，为满足白云机场一、二号航站楼之间未来可能的中转行李处理或一体化运作，二号航站楼行李系统设计还需要预留一号航站楼行李系统的接口。

3.10.2.2　设计特点

白云机场二号航站楼行李系统在充分总结一号航站楼行李系统多年成功运营的基础上，吸收国际先进机场的经验，采用新技术建设了国内首个完全凭借托盘DCV技

术实现分拣的机场行李系统，该系统比传统输送机翻盘式分拣机系统在功能和技术上都有极大的提高。二号航站楼行李系统设计有以下特点：

采用DCV分拣系统，运行速度、分拣时间短、分拣效率高、分拣准确率高，同时DCV自动寻址功能提升了行李系统运行的可靠性；

设置高效便捷的中转行李处理系统匹配助推二号航站楼枢纽功能的发展；

应用RFID技术提升行李跟踪率，运行后追踪率保持在99.91%左右，确保安检和海关拒绝的行李的下线检查。

建设自助行李托运系统，提升旅客体验及运行效率。集中设置全自动行李自助交运柜台，自助托运设备将按匹配双通道安检机的传统柜台尺寸进行设计，在未来逐步取代现有的传统值机柜台；

建设大容量早到行李存储系统（EBS），为早到或需长时间停留的旅客先行将行李通过值机或中转送到行李处理储存系统存储，让旅客可以轻松地在机场候机大厅休闲、购物，给旅客提供一个极佳的出行体验；

模块化设计，不但减少了行李系统的备品备件种类，还保证了DCV系统有更好的扩展性，日后系统更换与扩容改造会更加方便，降低不停航施工的风险。为一号航站楼行李系统接入预留接口，满足白云机场一、二号航站楼之间未来可能的中转行李处理或一体化运作需求。

3.10.3　行李处理流程设计

3.10.3.1　行李系统处理原理

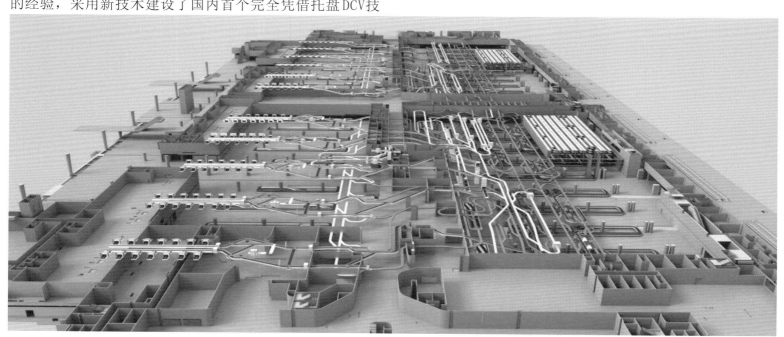

图3.10.3.1　二号航站楼行李系统线路图

二号航站楼行李系统处理原理如图3.10.3.1所示。行李系统包含始发行李处理系统、到达行李处理系统、中转行李处理系统、早到行李处理系统、大件行李处理系统、贵宾行李处理系统等。

3.10.3.2 始发行李处理系统

始发行李处理系统行李在值机柜台收集，经过行李安检系统、值机柜台行李输送线、DCV系统、早到行李存储系统（仅早到行李进入）、人工编码站，以及出发装运转盘，最终通过行李车收取并运送至指定航班的飞机。

始发行李处理系统共有11个值机岛，其中6个国内值机岛，5个国际值机岛。每个值机岛有两条行李收集输送线，每条输送线由14个值机柜台组成，总共308个值机柜台。双通道安检机安装在值机输送机处，确保每一件注入系统的行李都经过安全检查。值机岛的末端设计了问题行李的集中开包间，两条收集皮带共用一间开包间的方式可以保证安检人员配置的灵活性。

始发旅客在出发大厅的值机柜台办理行李交运手续时，将标准行李放在称重/贴标签输送机上，值机员完成行李的称重、贴标签工作。旅客的大件行李到专用的大件行李交运柜台办理值机手续。标准行李通过称重、贴标签工作后，输送到双通道安检机检查。行李通过安检机后，安检机生成的图像将被发送给安检判图室进行人工判图。判图结果为通过的行李将被导入收集输送线，这些行李将受到跟踪，以保证其始终处于安全状态并被装载入DCV托盘并输送到目的地的出发装运转盘。被安检拒绝的行李也被导入收集输送线中，经由分流器分流至值机岛末端的托运行李开包间进行开包检查，经开包检查合格的行李将输送至垂直升降机回流至BHS系统。

图 3.10.3.2-1 二号航站楼行李分拣机房照片

安检及联检查验合格的行李通过皮带输送机送往二层行李装载站装载，由皮带输送机将行李导入DCV托盘上。DCV托盘带着行李通过二层的预分拣线路进入航站楼北侧首层的行李分拣大厅。行李系统的最终分拣基于托盘DCV输送机技术直接进行分拣。国际国内分别具备两个分拣环线，共四条环线。国际和国内的每个环线都能去往任何目的地离港转盘。DCV托盘在完成分拣倾翻后，将进入空车回收线上的托盘堆垛机临时存储，接到系统指令后堆垛机中的DCV托盘自动释放并通过空车线送往对应装载站进行行李装载任务（图3.10.3.2-1～图3.10.3.2-3）。

图 3.10.3.2-2 旅客值机岛照片

图 3.10.3.2-3 DCV分拣系统照片

3.10.3.3 到达行李处理系统

到达行李中的标准行李，由行李拖车运送到首层行李机房到达行李卸载区，行李被卸载至到达行李装卸线上，随后通过行李地沟输送线将行李导入至到达行李提取转盘。到达行李提取转盘有长（约100m）和短（约70m）两种类型，长转盘对应有两条输送线，短转盘对应一条。行李提取大厅共设有21个标准斜面行李提取转盘供旅客提取行李，其中国内11个，国际10个。

到港超大行李通过到达超大行李装卸线输送到位于

旅客到达区域的超大行李到达柜台。特殊行李，以及超大行李输送线无法运输的行李（例如帆板），由人工送往超大行李到达柜台（图3.10.3.3）。

图3.10.3.3　旅客行李提取转盘照片

3.10.3.4　中转行李处理系统

根据二号航站楼中转流线，中转行李处理系统分后台中转行李和再值机中转行李两大类。

1．后台中转行李

航空公司通程联运中转业务旅客不需要提取行李，行李在后台行李机房进行中转处理。二号航站楼行李系统设置了六条中转行李输入线路，分布在行李分拣房的中部区域，类型包含国内转国际、国际转国内、国际转国际、国内转国内。

各中转行李由行李拖车运送至行李机房中转线装卸处，行李卸载后输入中转行李输入线。除国内转国内的输入线路外，各中转行李输入线皆衔接一台安检机，以便可以安全检查所有与国际相关的中转行李，被拒绝的可疑行李，将由DCV系统分拣至相应查验区进行旅客开包检查。通过安检合格的行李，将分拣至所属的转盘。由于设计中已将国际国内区域的主分拣系统连接贯通，因此理论上国际转国内或国际转国际或国内转国际的中转行李皆可在任何一条国际国内中转系统的输入线装中转行李。

2．再值机中转行李

对于无法获得通程联运政策支持的中转航班，旅客需在到达区提取行李并办理值机业务。为更好地服务此类旅客，行李系统亦配合流程在到达出口设置了两个再值机区，类型包含国际转国内、国内转国际、国内转国内。其行李处理与始发行李相同。联检拒绝的行李，将由DCV系统分拣至相应查验区进行检查。通过检查合格的行李，将分拣至所属的转盘。

3.10.3.5　早到行李处理系统

二号航站楼国内、国际区分别设置了两组各2000个存储位的货架式早到行李存储系统EBS，远期可扩展至不少于6000件存储位（图3.10.3.5）。特殊情况下国内、国际区域可相互共享存储资源。早到行李按随机分配的原则储存到货架内的存储位。EBS除了提供早到行李存储功能以外，同时也兼备作为第二级的空托盘缓存。

图3.10.3.5　早到行李存储系统照片

早到行李可源自始发或中转行李，源自始发行李将由预分拣子系统将早到的行李输送至早到储存处，源自中转行李，将送入主分拣系统，由分拣系统分拣至早到储存系统储存。早到行李采用全自动DCV货架存储系统。每架堆垛机的处理量最低为每一分钟100件。

3.10.3.6　大件行李处理系统

1．出港大件行李

出港大件行李走大件行李专用处理流程，由人工处理。旅客在国内、国际大件行李值机柜台办理行李托运，安检拒绝的行李现场开包检查处理，安检合格则由人工通过垂直电梯送往行李房分拣机房处理。

2．进港大件行李

进港大件行李由行李拖车运至大件行李到达装卸线卸载，行李通过到达大件行李输送线输送到位于旅客到达区域的超大行李提厅。特殊行李，以及超大行李输送线无法运输的行李（例如帆板），由人工送往超大行李到达柜台。

3．中转大件行李

中转大件行李走大件行李专用处理流程，由人工处理。中转大件行李由行李拖车运至行李分拣机房大件行李中转安检机进行安检，安检合格则进入大件行李出发流程。

3.10.3.7　贵宾行李处理系统

贵宾行李在整个行李系统负荷中只占非常小的比例，并且通常每次的处理量也比较少。这种贵宾行李处理系统通常是单独的系统且比较简单。二号航站楼贵宾行李处理系统设计为独立子系统，并不衔接到总行李系统。

出港贵宾行李在贵宾室的值机柜台处托运，行李通过单独的X光机进行安检，合格后收集起来用行李拖车送至对应的航班。

进港贵宾行李由行李拖车直接拖至贵宾行李到达区，然后人工送至贵宾休息室。

3.10.3.8　行李系统预留

二号航站楼行李系统为远期系统扩建做了接口位置预留，所有远期系统扩建接口位置的本期设备，都预留与接口机械尺寸相同的整台设备或整数台设备。原则上，DCV系统任意位置的整台或整数台输送机，机械上可直接替换成水平45°分流器或90°侧向分流器，无需对接口上下游的设备做任何机械修改。未来可能的行李系统的扩建内容有：

增设DCV分拣环路；

增设集中CT安检区；

扩建空托盘存储系统ECS，将ECS的存储能力从2000件扩充至3000件；

扩建早到行李存储EBS，将EBS的存储能力从4000件扩充至6000件。

3.10.4　行李安检系统设计

3.10.4.1　始发出港及中转再交运行李

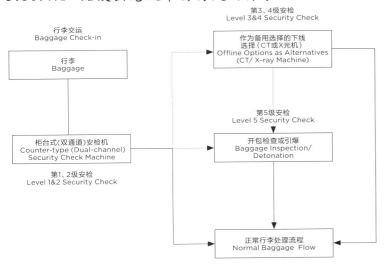

图 3.10.4.1　柜台式安检流程示意图

为了符合民航局标准以及更有效地处理与旅客在场开包的安检模式，二号航站楼始发出港及中转值机再交运行李采用分散柜台式安检模式。柜台式安检模式对应的五级安检为：柜台式单/双通道安检机为一级安检设备，生成图像后标识有嫌疑的区域；二级为安检操作员

100%判读一级图像，二级拒绝的行李传送到值机岛末端的开包间；进入开包间的行李一般直接进入第五级开包检查程序；有高危违禁品的行李则会先经过三级CT检查以及四级ETD设备人工处理。

行李安检的流程是将交运行李先经过值机双通道安检机，由安检人员远程对双通道安检机图像进行判读，安检不合格的行李送往开包房进行爆炸物跟踪探测（ETD），然后与旅客进行第五级行李开包检查（图3.10.4.1）。

3.10.4.2　后台中转行李

二号航站楼后台中转的托运行李，采用集中式五级安检模式。五级安检为：双视角高速安检机为一级安检设备，生成图像后标识有嫌疑的区域；二级为安检操作员100%判读一级图像，二级拒绝的行李由BHS传送到指定的检查站；进入检查站的行李一般直接进入第五级开包检查程序；有高危违禁品的行李则会先经过三级安检设备复检以及四级ETD设备人工处理。

后台各中转行李输入线（国内转国内除外）前端皆衔接设置一台安检机检查所有与国际相关的中转行李，行李先经过安检机，由安检人员远程对安检机图像进行判读，安检不合格的行李将由DCV系统分拣至相应检查站进行第五级旅客开包检查。

3.10.5　行李系统应急设计

3.10.5.1　值机收集主皮带应急

值机收集皮带之间设有跨越线，在任何一条值机收集皮带或DCV线发生故障时，行李将从原来的皮带通过水平分流器跨越到另外一条皮带继续输送，这也就确保皮带或DCV线发生故障时，不影响值机岛的开放、不影响行李值机过程、不影响行李正常运行过程。

3.10.5.2　直通线应急

为应付DCV故障甚至瘫痪的状况下，在DCV装设备前，设计了直通线，作为备份用途。

始发流程共22条收集输送机均可绕开DCV系统直接输送至对应的出发装运转盘。这种独立的连接方式定义为直通线。直通线应可实现在HLC（高端控制）与LLC（低端控制）均失效的情况下，通电即可进行输送工作。在HLC（高端控制）或CBIS（安检管理系统）高层接口失效的情况下，出发与中转的所有安检与联检环节均可配合直通线模式在现场人工运行的模式下发挥作用。

为更有效地运用此直通的功能，在直通线的前端，设有条形码与RFID读码器，能将可以直接到达相对应转盘的行李提早分拣出来，直接送往转盘而无须上DCV系统。

3.10.5.3　DCV系统应急

DCV分拣系统属于先进科技，各大厂商的DCV分拣系统已经在全球大小机场实际运行。系统以"独立的模块化"设计，只要维保单位按制造商推荐例行正确地检修DCV系统，DCV发生整套系统全瘫痪或故障的概率非常低。

考虑到DCV分拣系统是作为行李系统的核心机械设备，对于始发、早到和中转行李处理，扮演着非常重要的角色，因此必须周详考虑DCV分拣系统的应急预案。二号航站楼DCV系统的应急预案分几个层次，各层次应急预案具体如下：

每条始发和中转行李的路由都衔接两条主DCV预分拣线，因此可以导入任何一条预分拣线，确保在任何一条预分拣线发生故障时，行李仍可以导入正常运行预分拣线进行分拣。

每条主分拣线都衔接各个装运装置，任何一条主分拣线发生故障时，正常运行的分拣线仍然可以将行李排到任何一个装运装置，不会减少装运装置数量，也不影响行李正常运行。

系统细分为两个不同区域，取分别的电源，确保在A、B其中一个电源中断时不影响行李的正常分拣。

虽然PLC的故障率非常低，每台分拣机还是设置备份PLC，以确保PLC发生故障时，不影响DCV系统正常运行。

行李系统采用RFID行李识别，因此可以充分利用RFID可储存信息的功能作为DCV分拣的应急预案之一。将行李信息，如航班信息、安检状况等输入RFID芯片，RFID自动条码阅读器则可以自动地查到每件行李所属的装运装置，然后通过低端控制系统发送信息到DCV分拣系统准确地将行李分拣到所属装运装置。

若是航班信息系统发生故障，无法给行李系统发送所需信息，可通过人工编码站，进行目的地分拣至行李所属的转盘。

以上六层预案作为DCV分拣系统的应急措施，以确保行李系统无论是机械、信息或电源发生故障时，都可以有效迅速地处理行李。

3.10.5.4　中转行李应急

中转系统的输入输送设备都设计在行李分拣大厅的中间部。除无安检机的中转子系统（只供国内转国内的中转行李之外），其余的五个中转子系统都可以输入其他中转行李，如国内转国际或国际转国内或国际转国际的中转行李。确保任何一个中转系统故障时，不影响中转行李的输入与运行。

3.10.5.5　早到行李储存系统应急

机械结构方面，早到系统的设计原则和整体系统一致，满足任意一处机械故障均不会影响任意一件行李进出早到系统。

控制方面，除了高层IT提供早到行李的控制信息外，每个早到系统模块将设有本地控制器，而且早到行李的关键信息也将实时存入PLC层：

本地控制器实时从高层IT备份本模组内的行李信息，在高层IT出现崩溃无法提供支持时，本地控制器将检查本模组内的早到行李清单，继续按既定的航班时刻释放行李，但不再接受新的早到行李。

在本地控制器崩溃的情况下，高层IT端可启用虚拟EBS控制器，替代本地控制器。

已存储的早到行李的航班信息及开放时间也被实时写入PLC层，并不间断更新。出现本地控制器与高层IT均无法支持系统的极端情况，可运用此底层的清单信息，模仿巷道式系统的按航班开放时间优先级释放行李。

3.11　结构设计

3.11.1　设计概述

3.11.1.1　工程结构概况

航站楼主体结构采用钢筋混凝土框架结构，屋盖采用钢网架结构，登机桥采用钢桁架结构；交通中心为多层混凝土框架结构。

图3.11.1.1-1　主楼轴测图

1.　结构单元

航站楼平面外轮廓尺寸643m×295m，指廊长度超过1000m，平面不规则，为避免过大的温度应力对结构的不利影响以及考虑到抗震要求，通过设置温度缝（兼防震缝作用）将结构分割成数个较为规则的结构单元，分区示意如图3.11.1.1-1～图3.11.1.1-3所示。

（1）混凝土部分

航站楼主楼分为六个结构单元：

主楼A平面尺寸为181m×108m 、主楼B平面尺寸为216m×108m 、主楼C平面尺寸为181m×108m、主楼D平面尺寸为181m×154m （凹角尺寸为73m×64m）、主楼E平面尺寸为216m×154m 、主楼F平面尺寸为181m×154m （凹角尺寸为73m×64m）。

航站楼指廊分为13个结构单元：

北指廊A平面尺寸为162m×31m 、北指廊B平面尺寸

为216m×31m 、北指廊C平面尺寸为162m×31m。

西连接指廊A平面尺寸为198m×32m 、西连接指廊B平面尺寸为171m×96m ，东连接指廊与西连接指廊对称。

西五指廊平面尺寸为160m×50m ，东五指廊与西五指廊对称。

西六指廊A平面尺寸为186m×60m、西六指廊B平面尺寸为194m×50m，东六指廊和西六指廊对称。

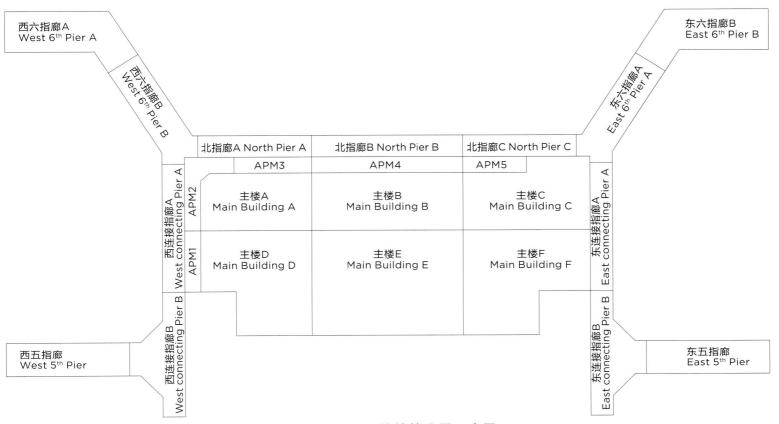

图 3.11.1.1-2　航站楼分区示意图

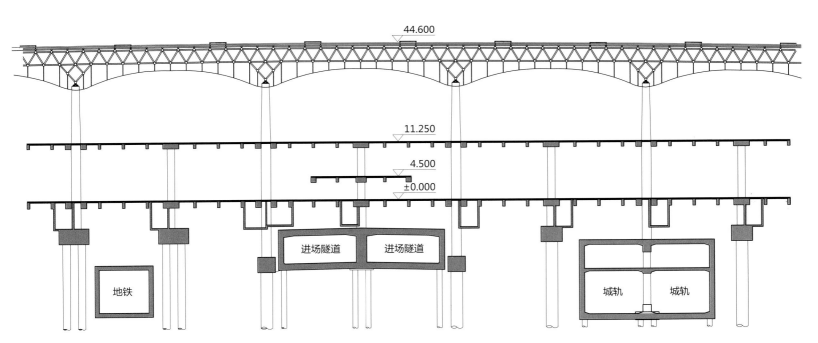

图 3.11.1.1-3　航站楼地下空间示意图

（2）钢结构部分（和混凝土单元基本一致）

航站楼主楼分为6个结构单元：主楼A～F；

航站楼指廊分为21个结构单元：北指廊A～C、西连接指廊A～D、西五指廊A～B、西六指廊A～C、东连接指廊A～D、东五指廊A～B、东六指廊A～C。

2. 防震缝、伸缩缝、温度缝

本工程虽设缝分为数个较规则平面，但平面尺寸仍远大于《混凝土结构设计规范》中设置温度缝的长度要求，通过研究建筑结构在温度作用下的内力，采取各种抵抗温度应力的措施：在楼层梁中配置适量的预应力筋（分段施工成连续预应力线），以便有效地控制混凝土收缩及温度应力引起的结构裂缝的产生和发展；采用收缩小的水泥，减少水泥用量；在施工处理上，通过材料措施和施工措施来大幅度减少温差，并使温差变化及收缩尽量缓慢，以发挥混凝土应力松弛效应；混凝土施工时，混凝土入槽温度不应高于28℃，混凝土中心温度和表面温度之差不应超过25℃；采用分块施工方法，利用后浇带把结构分成若干块施工，使温差变化及收缩尽量缓慢，以发挥混凝土应力松弛效应，每隔40m设置一道施工后浇带，后浇带宽800～1000mm。用微膨胀混凝土，混凝土强度等级比所在层高一级；加强养护措施，平整的底板面采用蓄水养护，否则满铺麻袋，浇水至饱和状态，面铺塑料薄膜，至少保持薄膜凝结水15d以上，保温覆盖层的拆除应分层逐步拆除。

3.11.1.2 结构设计条件

1. 地勘报告概述

项目的初勘和详勘均由中国有色金属长沙勘察设计研究院有限公司完成，工程地质概述如下：

项目位于广花凹陷盆地内，场地区域广泛分布的主要为石炭系下统测水组岩系（C1dc）灰岩，其次为炭质灰岩，由于区域上地貌单元总体属于冲积阶地地貌，因此区内基岩大部分均为第四系土层覆盖。

场地岩土层按成因类型自上而下分别为填土层（Qml）、冲积层（Qal）、残积层（Qel）以及灰岩，简要分述如下：

（1）填土层Qml

素填土：褐灰、灰黑色等，由炭质灰岩、页岩的风化土组成，夹少量黏性土，不均匀混约15%的碎石，碎石粒径，松散，尚未完成自重固结。

杂填土：褐、灰褐色等，由黏性土、碎块石混凝土块、砖块等建筑垃圾组成，松散，尚未完成自重固结。

（2）坡积层Qpd

耕土：褐灰色，主要由黏性土混少量植物根茎组成，松散。

（3）冲积层Qal

中粗砂：灰黄色、灰白色、浅黄色等，饱和，稍密至中密，级配较好，颗粒成分多为石英中砂、粗砂，含黏粒5%～30%。

黏土：褐红色、褐黄色等，可塑，局部含5%～30%的中粗砂粒，摇振无反应，光泽反应稍有光泽，干强度及韧性中等。

粉细砂：灰黄色、灰白色，饱和、稍密，偶为松散，颗粒成分多为石英质粉砂，含粉黏粒10%～30%。

砾砂：灰黄色、灰白色，饱和，中密至密实状态，级配较好，颗粒成分多为石英质砾砂，含粉粒、黏粒5%～20%。不均匀夹少量石英卵石。

粉质黏土：褐黄、灰黄、灰白色等，呈可塑状态，少量硬塑，不均匀夹5%的石英砂，摇振无反应，光泽反应稍有光泽，干强度及韧性中等。

（4）残积层Qel

黏土：褐红、灰黄色等，可塑，下部可塑状态，不均匀夹强风化碎块，摇振无反应，光泽反应稍有光泽，干强度及韧性中等。

（5）灰岩

中风化炭质灰岩：深灰、灰黑色，隐晶质结构，薄层至中厚层状构造，岩石裂隙发育，多为碳质和方解石脉充填，岩芯呈柱状、短柱状、块状，岩石RQD指标90%。

微风化石灰岩：褐灰、灰黑色，隐晶质结构，厚层状构造，岩石裂隙发育，多为方解石脉充填，局部溶蚀发育，岩质新鲜，致密坚硬，岩芯呈柱状。其中夹有溶洞，半充填。主要充填软塑状的黏性土，不均匀发育小石芽，溶蚀发育。

场地内不良地质为石灰岩岩溶发育，航站楼详勘完成的924个钻孔，共48个钻孔揭露到土洞，土洞见洞隙率为5.2%；261个钻孔揭露到溶洞，溶洞见洞隙率28.2%。钻孔所揭露到的土洞、溶洞中，土洞揭露洞高1.10～18.20m，溶洞揭露洞高0.10～18.1m，主要呈半充填状态，少量无充填、全充填状态，充填物由软塑状态黏性土混约5%～30%的石英质中粗砂组成，局部夹少量灰岩碎石，充填物其强度极低。

交通中心区域详勘完成246个钻孔，共7个钻孔揭露到土洞，土洞见洞隙率为2.8%，109个钻孔揭露到溶洞，溶洞钻孔见洞隙率44.3%，线岩溶率21.4%。

勘察期间，测得稳定水位介于地表下0.50～10.50m，抗浮设防水位取室外地坪标高。

勘察场地属Ⅱ类环境，地下水水质在强透水性地层中对混凝土结构具弱腐蚀性，在弱透水性地层中对混凝土结构具微腐蚀性；对结构中钢筋具微腐蚀性。

2．地震安全性评价概述

项目委托广东省地震工程勘测中心进行地震安全性评价，根据《白云新机场扩建工程场地安全性评价报告》，工程区域地壳稳定，近场区内无晚第四纪活动构造，场地未发现断裂通过，场地50年超越概率63%、10%、2%的地面设计峰值加速度分别为25cm/s²、62cm/s²、121cm/s²，项目经纬度为E113.3008，N23.3927，设计地震反应谱中场地小、中、大震三个概率水平下的地震动参数取值（K地震系数，a_{max}地震影响系数，Tg反应谱特征周期，γ反应谱衰减指数）如表3.11.1.2所示。小震下地震作用按规范和地震安评包络设计，中震及大震取规范反应谱计算。地震基本烈度按6度判别。根据计算，场地内埋藏的饱和砂土冲积粉细砂、中粗砂及砾砂均不出现砂土液化。

地震动参数取值　　表3.11.1.2

概率	63%	10%	2%
K	0.0256	0.0635	0.1240
a_{max}	0.0588	0.1461	0.2852
Tg/s	0.45	0.55	0.65
γ	0.90	0.92	0.95

3．风洞试验

项目委托广东省建筑科学研究院进行刚性模型测压风洞试验及风致响应和等效静力风荷载研究并做了风环境评估。

屋盖基本风压取50年重现期为0.5kN/m²，地面粗糙度类别为B类。

3.11.1.3　设计标准

1．结构设计使用年限

建筑的设计基准期为50年。

航站楼的设计使用年限在承载力及正常使用情况下为50年。

2．建筑安全等级

建筑物安全等级为一级，重要性系数γ_0=1.1。

3．抗震设计准则

（1）设防烈度

按《建筑抗震设计规范》GB 50011-2010：本工程抗震设防烈度为6度，设计地震分组为第一组，设计基本地震加速度值为 0.05g，特征周期 0.35s。

按《广州白云国际机场扩建工程——二号航站楼及配套设施工程岩土工程初步勘查报告》：工程场地内36个工程地震钻孔进行土层剪切波速测试，覆盖层厚度在11.5～42m范围，等效波速在177～199m/s区间，场地为中软土，场地类别为Ⅱ类场地。

（2）抗震设防类别

按《建筑工程抗震设防分类标准》GB 50223-2008第5.3节：航站楼主楼及指廊属于重点设防类（乙类）。

（3）地基基础设计等级

按《建筑地基基础设计规范》GB 50007-2011基础设计等级为甲级；

按《建筑桩基技术规范》JGJ 94-2008建筑桩基设计等级为甲级。

（4）建筑位移控制（层间位移角）（表3.11.1.3-1）

建筑层间位移角限制表　　表3.11.1.3-1

限制项	限制值
混凝土框架	$H/550$
地震作用下钢框架	$H/250$
风荷载作用下钢框架	$H/350$

（5）构件受弯挠度控制

①混凝土（表3.11.1.3-2）

混凝土构件挠度限制表　　表3.11.1.3-2

构件计算跨度 L_0	挠度限制值
$L_0 < 7m$	$L_0/200$
$7m \leqslant L_0 \leqslant 9m$	$L_0/250$
$9m < L_0$	$L_0/300$

②钢结构（表3.11.1.3-3）

钢构件挠度限制表　　表3.11.1.3-3

限制项	限制值
型钢主梁	$L_0/400$
网架	$L_0/250$
加强区网架	$L_0/400$

③索、膜结构

在风荷载组合下变形限制：各膜单元内膜面相对法向位移不大于单元名义尺寸的1/15。

在恒活应组合下，索、膜处于受拉状态，膜面不得出现松弛，膜面折算应力大于初始预张力的25%，即0.75Mpa。

在风荷载荷载效应组合下，膜面由于松弛而引起的褶皱面积不大于膜面面积的10%。

（6）舒适度准则和楼面振动

楼面梁（含部分连廊）振频率不小于3Hz，竖向振动加速度小于0.185m/s²。

4．钢结构防腐与防火

（1）防腐

防腐涂料应进行加速暴晒实验和高、低湿热实验并根据使用环境推算其耐久年限，耐久年限应为30年以上。

所有室内钢结构的除锈、防腐做法：喷砂除锈Sa2 1/2级，且满足《涂覆涂料前钢材表面处理　表面清洁度的目视评定　第一部分：未涂覆过的钢材表面和全面清除原有涂层后的钢材表面的锈蚀等级和处理等级》GB/

T 8923.1-2011,表面粗糙度$Rz=30\mu m\sim75\mu m$,无机富锌底漆$80\mu m$,环氧树脂封闭漆$30\mu m$,环氧云铁中间漆$100\mu m$,可覆涂丙烯酸聚氨酯面漆$2\mu m\times30\mu m$(两道),(最后一道在全部安装完毕后整体涂装)。

室外钢结构除锈、防腐做法:喷砂除锈Sa2 1/2级,且满足《涂覆涂料前钢材表面处理 表面清洁度的目视评定 第一部分:未涂覆过的钢材表面和全面清除原有涂层后的钢材表面的锈蚀等级和处理等级》GB/T 8923.1-2011,表面粗糙度$Rz=30\mu m\sim75\mu m$,电弧喷锌铝合金底涂$150\mu m$,环氧树脂封闭漆$30\mu m$,环氧云铁中间漆$2\mu m\times50\mu m$,可覆涂丙烯酸改性聚硅氧烷(不含异氰酸酯,树脂灰分不小于15%,单位体积固含量不小于72%,面漆颜色符合建筑要求)面漆$2\mu m\times30\mu m$(两道)(最后一道在全部安装完毕后整体涂装)。

(2)防火

建筑耐火等级为一级。

根据《广州白云国际机场二号航站楼防火设计优化方案研究报告》,离楼板、地面8m以内的室内钢柱、钢管混凝土柱、钢梁、钢网架做防火保护。钢网架、屋面钢梁防火涂料采用室内超薄型、耐火极限为1.5小时,干膜厚度$\geq$1.5mm;楼层钢梁采用LY类厚涂型,耐火极限为2.0小时,干膜厚度$\geq$20mm;室内钢柱采用厚型,耐火极限为3.0小时,干膜厚度$\geq$50mm(挂镀锌钢丝网)。对于厚涂型防火涂料,厂家需提供耐火试验资料和防火涂料导热系数(500℃时)、比热容和密度参数;钢管混凝土柱防火涂料采用超薄型、耐火极限为2小时,干膜厚度$\geq$3mm。

(3)阻尼比

整体模型阻尼比0.035,纯钢结构模型阻尼比0.02,纯混凝土模型阻尼比0.05。

(4)温度荷载

混凝土构件:±15℃;

室内钢构件:±25℃;

室外钢构件:±35℃。

3.11.2 结构方案设计

3.11.2.1 结构体系概述

航站楼主楼和指廊下部混凝土楼层均为框架结构体系,柱距为18m,最大悬挑跨度为9m。

航站楼主楼框架柱采用钢管混凝土柱及混凝土柱,其中支承钢屋盖柱为钢管混凝土柱。支承混凝土楼盖的柱为钢筋混凝土圆柱,直径为1400~1700mm,强度为

C55;支承钢屋盖的柱为变截面锥管混凝土柱,直径从$D1400$变到$D1800$,钢管壁厚30mm(Q345B),管内混凝土强度等级为C50。

航站楼主楼楼盖为现浇钢筋混凝土井字梁楼盖,框架梁控制高度为1000mm,为有黏结预应力混凝土梁,次梁控制高度为900mm,为无黏结预应力梁,次梁间距为4.5m。典型楼板厚度为h=120~130mm。

航站楼内部设置较多的连接钢桥,均采用钢球铰支座与主体结构连接。首层行李系统范围采用现浇混凝土预应力空心楼盖,厚度700~1200mm。

地铁、进场隧道、城轨范围内的下部轨道结构仅竖向构件与航站楼共用。其中城轨下部结构均采用钢管柱,钢管柱不伸出顶板,留50mm保护层,上部航站楼钢筋混凝土柱连接采用插入钢管内的做法。

航站楼钢屋盖为自由曲面,纵向跨度为54m、45m、54m,横向36m,前端悬挑18m,采用正放四角锥网架结构,网架的上、下表面均为空间曲面。网格尺寸为3m×3m,网架高度为2.5m,沿网架主受力方向设置加肋网架,局部网架总高度为6m并进行立面抽空处理。网架采用焊接球节点,焊接球直径为$\phi220\sim800$,主要杆件截面为$\phi60\times5$、$\phi89\times5$、$\phi114\times6$、$\phi219\times10$、$\phi325\times12$、$\phi351\times14$、$\phi402\times16$,主体钢结构材料均采用Q345B(图3.11.2.1-1)。

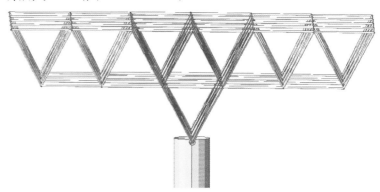

图 3.11.2.1-1　航站楼网架结构图

指廊部分地面以上三层,局部四层,地下设备管沟一层,建筑高度约30m。采用钢筋混凝土框架结构。指廊全部采用混凝土柱,且支撑屋盖混凝土柱采用了预应力。

指廊地下、地上部分超长混凝土结构,每隔约100m设置一道防震缝,防震缝宽200mm。

指廊柱跨主要为9m、18m。根据建筑使用功能要求,梁高需控制在1m以内,18m跨的梁为宽扁梁,梁中设置预应力钢筋,以控制梁的挠度及裂缝宽度。

指廊屋盖跨度有36m、39m和51m三种,柱距为18m,采用焊接球平板网架结构。网架高度2.6m。节点采用热压成型焊接空心球,圆钢管及空心球均采用Q345B钢,网架的杆件采用无缝钢管,屋面采用檩条支承的铝镁锰

金属屋面系统。钢屋盖采用钢球铰支座与柱顶连接（图3.11.2.1-2）。

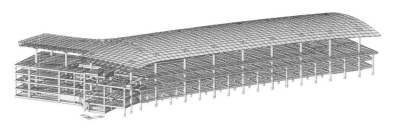

图 3.11.2.1-2　指廊异形网架轴测图

登机桥采用钢桁架结构，杆件采用方矩形管和H型钢，钢牌号采用Q345B钢。楼面采用压型钢板—混凝土组合楼板。屋面采用檩条支承的铝镁锰金属屋面系统。

二号航站楼登机桥有三种典型类型。第一类为单层登机桥，高度约为9m，第二类为二层登机桥，高度约为13.5m，第三类为三层登机桥，高度约为18m，跨度为24、24m＋12m或18m＋18m。

单层通道登机桥的模型如图3.11.2.1-3所示，由两个平面桁架通过钢梁连接起来形成空间结构。

图 3.11.2.1-3　单层登机桥模型图

两层登机桥除了具备单层登机桥的特点外，二层人行通道一侧与钢桁架的竖腹杆连接，竖腹杆兼做人行通道的立柱，与人行通道共同受力；另一侧采用φ30等强合金钢拉悬挂于上弦水平面的钢梁上。并在平面内设置斜杆，保证中间坡道的平面内刚度，模型如图3.11.2.1-4所示。

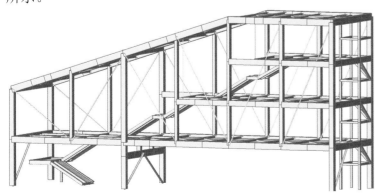

图 3.11.2.1-4　两层登机桥模型图

三层通道的登机桥，两侧为18m高的巨型平面桁架，

人行通道一侧与平面桁架的竖腹杆连接，共同受力，另一侧采用φ30等强合金钢拉悬挂于上弦水平面的钢梁上，开洞区域为扶梯位置，模型如图3.11.2.1-5所示。

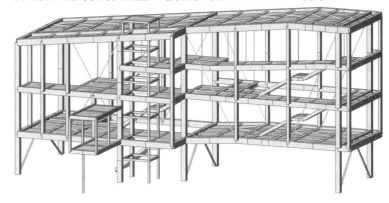

图 3.11.2.1-5　三层登机桥模型图

考虑到工期和节点的造价因素，本工程最大限度地选用焊接型的连接节点。等强合金钢拉杆则采用销轴与耳板连接，耳板与构件焊接。登机桥柱脚采用刚接连接，利用锚栓定位和抗拔，设置角钢抗剪键，柱边设置加肋板与底板焊接，然后混凝土包封至室外地面以上250mm标高（图3.11.2.1-6、图3.11.2.1-7）。

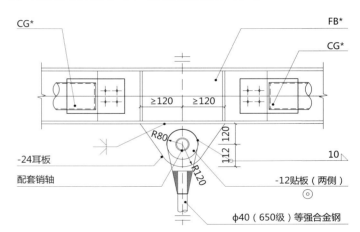

图 3.11.2.1-6　等强合金钢拉杆连接大样一

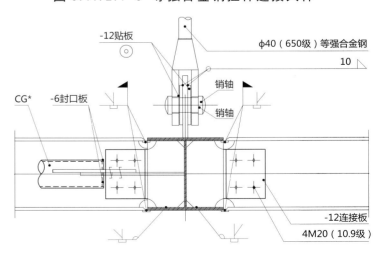

图 3.11.2.1-7　等强合金钢拉杆连接大样二

白云机场二号航站楼入口处膜结构停车场总建筑面积约15606m²，采用骨架式＋张拉式膜结构、覆面采用聚

四氟乙烯树脂（PTFE）膜材。膜材因有其特殊性，PTFE膜材按30年（质保15年）计算。

膜结构工程平面尺寸为288m×50.7m，沿纵向柱距为18m，共16个标准膜结构单元区。柱脚落在+10.5m的高架桥上，膜结构最高点（两端）标高为20.148m，最低点（中部）15.712m。

本工程采用PTFEA类膜材，符合《膜结构技术规程》CECS 158:2004的规定。PTFE膜材抗拉强度经向为5200N/cm^2，纬向为4700N/cm^2，自重为1500±150g/m，膜材厚度为1.0±0.1mm，径向抗撕裂强度为500N，纬向抗撕裂强度为500N，弹性模量采用生产企业提供的数值或通过试验确定，且经、纬向不小于1800MPa（图3.11.2.1-8）。

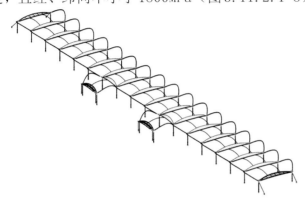

图3.11.2.1-8 膜结构轴测图

3.11.2.2 超限判断

项目不存在高度和体系超限的情况，从规则性判断，包含扭转不规则、楼板不连续和其他不规则几种，其中其他不规则为穿层柱和夹层两种类型，不属于超限项目。

楼板不连续、穿层柱和局部夹层的原因均由于航站楼大空间建筑功能要求需要大面积的挑空后造成的，其不规则项统计为一项。采取补充楼板弹性和穿层柱屈曲计算分析处理。

局部夹层带来层刚度比如何计算的问题，夹层单独计算不考虑穿层柱和夹层考虑周边穿层柱协同计算的两种计算结果差异较大，设计采用第二种计算结果判定，层刚度比能满足规范限值要求。

3.11.2.3 柱子位移的限值

2013年4月18日，广东省建筑设计研究院有限公司对二号航站楼是否属超限工程以及其他一些结构设计问题向广东省超限高层建筑抗震设防审查专家委员会提出咨询，与会专家对层间位移角限值问题的意见如下：1.本工程为框排架结构，建议一、二层框架结构的层间位移角按不大于1/550考虑，顶层排架结构层间位移角宜不大于1/350。2.建议指廊钢管混凝土柱改为普通混凝土柱，必要时可在顶层柱根部附近施加预应力。

3.11.2.4 基础设计

根据地勘报告描述，区域地貌单元总体属于冲积阶地地貌，场地典型土层自上而下分别为填土层、耕植土层、淤泥质黏土、黏土、粉细砂、中粗砂（与黏土互夹）、砾砂、圆砾（与黏土互夹）、中风化炭质灰岩、微风化灰岩、溶蚀充填物。

基础设计等级为甲级。

根据广东省内的岩溶地质工程实践经验，支承上部各楼层结构柱下基础采用端承型冲（钻）孔灌注桩，持力层为微风化灰岩，有$\phi 800$、$\phi 1000$、$\phi 1200$、$\phi 1400$、$\phi 2200$五种直径，单桩承载力特征值3750～260000kN，桩长18～68m，桩基设计等级为甲级。

地下行李系统和登机桥的基础采用摩擦端承型预应力管桩（PHC500-AB），桩长控制大于18m，为减沉疏桩基础。航站楼无地下室，无整体抗浮问题，但局部有-4.8～-5.4m的设备和行李管沟，局部考虑水浮力计算，抗浮水位为室外地坪标高，此范围管桩兼作抗拔桩。邻近市政管廊、地铁、市政隧道和地下城际轨道的位置采用小直径800mm的灌注桩，并保证桩中心离地下结构侧壁距离3m以上，减少后期地下结构施工对桩基础的影响。

3.11.3 结构设计及计算分析

3.11.3.1 软件选择

结构体型复杂，包含扭转不规则和楼板不连续的不规则项，屋面钢结构和下部钢筋混凝土结构分别采用分部模型和整装模型进行了计算分析。

设计考虑恒载、活载、风荷载、地震作用、温度作用。

整体模型阻尼比0.035，纯钢结构模型阻尼比0.02，纯下部混凝土模型阻尼比0.05。

下部钢筋混凝土分部模型采用PKPM-SATWE、PMSAP及MIDAS GEN，钢屋面分部模型采用MIDAS GEN。

结构整体分析采用PMSAP、MIDAS GEN、ABAQUS软件复核。

关键节点模型采用实体有限元ABAQUS模型模拟。

采用三阶段抗震验算：第一阶段，采用多遇地震用，按弹性方法计算，验算结构的位移及构件承载力；第二阶段，采用设防烈度地震作用，按弹性方法计算，验算钢结构屋面的强度、稳定性和连接构件强度；第三阶段，在罕遇地震作用下，按弹塑性时程方法计算结构的层间位移并作验算，避免竖向构件及连接部位出现脆性破坏，钢结构满足不屈服的抗震性能目标。由于结构超长，也考虑行波效应选用时程分析法进行了多点多维地震计算。经过计算，结构的构件承载力、位移等指标均满足规范要求，结构形式合理，设计满足承载力、正常使用及性能化设计的要求。

3.11.3.2 基础计算分析

1. 试桩过程及试桩成果

考虑岩溶地区有砂层时，视基岩上覆黏性土层的厚度确定是否可作为稳定土层，由于项目的黏性土层厚薄不均，考虑项目的重要性，要求管桩穿过中粗砂和砾砂层，采用PHC500（AB型）进行试桩，桩靴为H型，先以5000kN的压力穿过中粗砂、砾砂层，再以2500kN的终压力值压至中风化、微风化岩面。要求管桩试桩的静载试验进行破坏性试验。

2. 超前钻标准

场地岩层属于石炭系下统测水组岩系，为陆源碎屑岩和碳酸盐台地交互沉积的混合岩系，沉积过程中会因陆源成分的差异存在不均匀现象，夹有炭质灰岩、炭质泥岩和包裹体等不同性质的夹层，成分的不均匀加剧了风化溶蚀作用的差异性。场地内石灰岩岩溶发育，要求所有冲孔灌注桩进行超前钻探，按 ϕ 800桩一孔， ϕ 1000和 ϕ 1200桩二孔， ϕ 1400桩三孔， ϕ 2200桩四孔；登机桥的管桩基础按每承台一孔，均匀对称原则布置，超前钻见土洞孔110个，揭露土洞高度 $1.1\sim13.7$ m，见溶洞孔2976个，揭露溶洞高度 $0.1\sim26.8$ m，岩溶发育区域不均衡，个别区域线岩溶率12%，个别区域高达70%。

超前钻钻进深度以65m控制，有37个钻孔孔深达到65m持力层厚度仍不符合端承要求，设计采用摩擦桩复核和增大局部位置桩径的处理方式。

3. 桩基础计算结果

除管沟及登机桥外，其余主体结构基础采用钻（冲）孔灌注桩基础，考虑岩溶的局部溶蚀、斜面及陡峭问题，灰岩的饱和单轴抗压强度取30MPa，按广东省基础规范进行桩基础计算设计，混凝土强度等级采用C35，单桩抗压竖向承载力如下： ϕ 800为3750kN， ϕ 1000为5500kN， ϕ 1200为8500kN， ϕ 1400为12000kN， ϕ 2200为26000kN。

管沟及登机桥采用预应力管桩，通过试桩，单桩抗承载力特征值为800kN，抗拔承载力取值为300kN。

4. 沉降分析

地下管沟完成后，开始进行工程沉降观测，每施工完一层结构层，监测一次，钢屋面安装就位前和安装完成后各监测一次，以后每三个月进行一次沉降观测，到2016年3月，累计完成16次沉降观测，最大沉降量为3.7mm，沉降速率远小于规范限值要求，沉降均匀，未发现异常情况。

3.11.3.3 混凝土结构分析

航站楼主楼为框架结构（图3.11.3.3-1），按设防烈度7度采取抗震措施，框架结构的抗震等级为二级，其中APM部分为单跨框架，抗震等级提高至一级。

首先通过ABAQUS软件建立节点域实体有限元模型进行受力分析，同时分别采用"十"字形和"X"形两种杆系模型，如图3.11.3.3-2所示，调整"十"字形和"X"形连接刚性梁的刚度放大系数来比较荷载和梁端节点的力—位移曲线，使杆系模型的刚度与实体模型的刚度相当，确定连接梁的刚度。

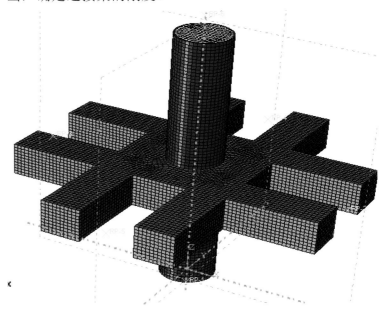

图 3.11.3.3-2 ABAQUS节点模型

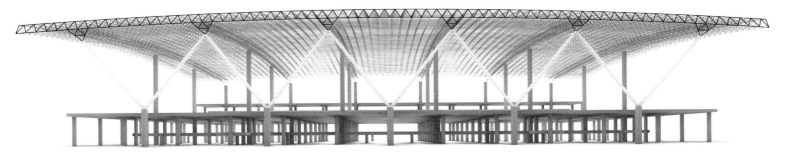

图 3.11.3.3-1 二区——中下部模型

3.11.3.4 钢结构设计

白云机场二号航站楼钢结构设计内容包括航站楼屋面网架、室内小钢屋、钢桥、室外膜结构等。

1. 网架设计

航站楼屋盖为自由曲面形状。根据建筑功能布局分为办票区和安检区，办票区东西向柱距为36m，南北向柱距为54m、45m、54m；安检区东西向柱距36m、南北向柱距为单跨52.9m。整体屋盖结构采用正放四角锥双层网架结构，并沿主跨方向设置加强网架，屋面采用檩条支承的铝镁锰金属屋面系统。

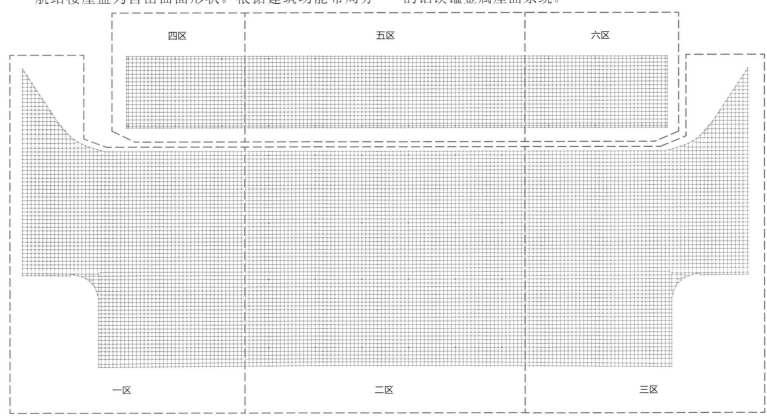

图 3.11.3.4-1　结构模型分区图

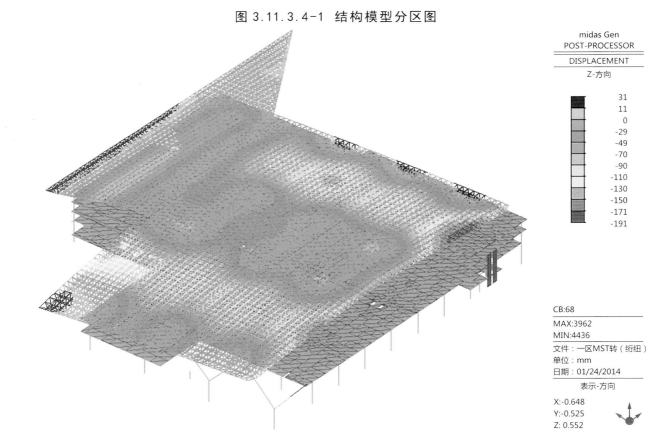

图 3.11.3.4-2　一区模型——恒载与活载标准值下位移 /mm

网架弦杆网格尺寸为3m，双层网架之间网架高度为2.5m，加强网架高度为6m，网架节点采用热压成型焊接空心球。办票区支承钢结构屋盖的结构柱采用直径1800mm的混凝土柱；安检区支承钢结构屋盖的结构柱采用直径1400mm钢管混凝土柱。主楼南端入口的"人"字形柱采用直径900mm钢管柱，钢结构屋盖与下部结构柱及人字柱支承采用铰接形式。由于整个钢结构屋盖覆盖范围为东西向约578m，南北向约268m，属于超长结构，温度影响较大，因此将结构沿南北向设置两道结构缝，结构体系模型划分为六个区，如图3.11.3.4-1所示。

静力分析结果如图3.11.3.4-2所示。

在恒活载标准值下，跨中网架挠度为191mm，191/54000=1/283<1/250，悬挑处相对挠度为82mm，82/18000=1/220<1/125，满足规范要求。

0°风向角作用下，柱顶最大位移为31mm，位移角为31/15397=1/497，满足不大于1/350（图3.11.3.4-3）。

90°风向角作用下，柱顶最大位移为15mm，位移角为15/15397=1/1026，满足不大于1/350。

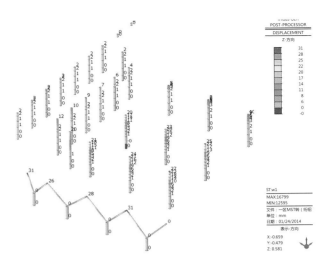

图3.11.3.4-3　0度风向角作用下柱顶位移云图

2．膜结构设计

（1）工程概述

本工程为白云机场二号航站楼工程子项目工程——膜结构工程，包含航站楼及地面交通中心的膜结构，总建筑面积约25372m²，部分名称及建筑面积如表3.11.3.4所示。

分块名称及建筑面积表　　　　　　　　　　　表3.11.3.4

分块名称	分块个数	分块建筑面积（m²）	平面尺寸（m）	最大柱跨（m）	钢柱柱脚标高（m）	钢柱高度（m）
高架桥	1	12010.5	306×39.25	18.00×28.75	9.961～10.876	5.55～7.415
贵宾室	2	2217.6	92.4×12	18.00×1.2	−0.300(东翼)−1.300(西翼)	3.830

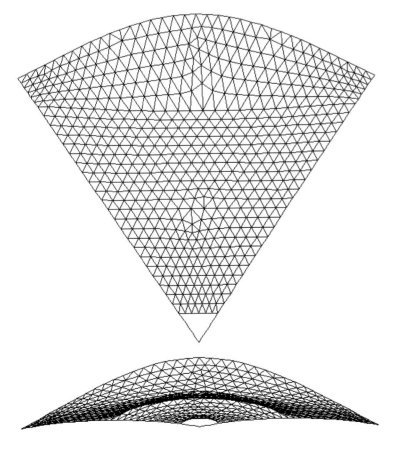

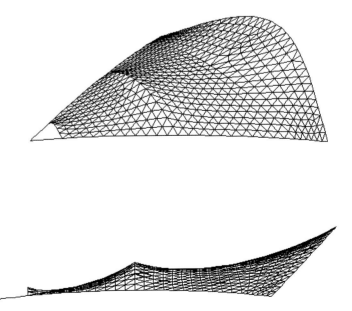

图3.11.3.4-4　顶层张拉膜典型单元找形结果

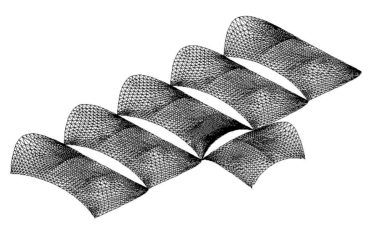

图 3.11.3.4-5 高架桥张拉膜典型单元找形结果

采用骨架式张拉式膜结构、覆面采用聚四氟乙烯树脂（PTFE）膜材。膜材因有其特殊性，PTFE膜材按30年（质保15年）计算。本工程建筑结构的安全等级为二级，结构设计基准期为50年，结构设计使用年限为50年。

（2）膜结构初始态找形分析

膜的形态与体系是建筑与结构的统一。稳定的张拉膜曲面为负高斯曲率曲面，其最基本的单元为马鞍形双曲抛物面和锥形双曲面（图3.11.3.4-4、图3.11.3.4-5）。

找形后（平衡曲面）的应力状态如下，应力水平从2.998～3.002MPa，应力水平均匀，非常接近最小曲面，满足受力要求（图3.11.3.4-6）。

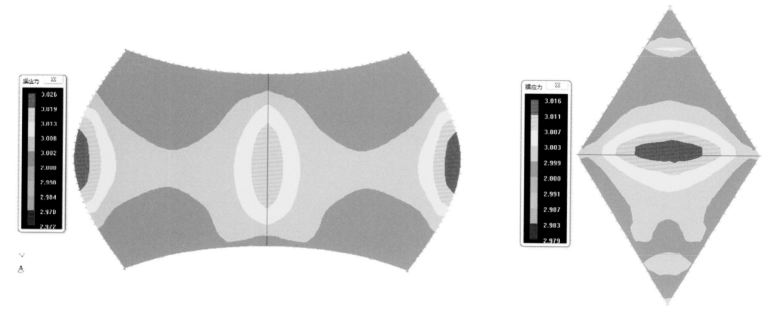

图 3.11.3.4-6 连接桥和中庭张拉膜典型单元找形后膜面初始应力图

3.11.3.5 整体弹塑性时程分析

1. 进行弹塑性时程分析，以达到以下的目的

（1）评价结构在罕遇地震下（包括一致激振和多点激振）的弹塑性行为，根据主要构件的塑性损伤情况和整体变形情况，确认结构是否满足"大震不倒"的设防水准要求；

（2）研究大跨度空间结构抗震性能，包括罕遇地震下的双梁节点、钢管柱、支撑屋盖的斜撑构件的屈服情况；

（3）研究比较一致激振和多点激振分析方法对平面超长结构的影响；

（4）根据计算结果，针对结构薄弱部位和薄弱构件提出相应的加强措施。

2. 结构模型

本结构模型根据结构施工图建立，梁、柱、楼板及剪力墙构件配筋根据结构施工图输入。

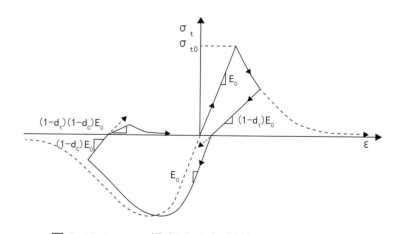

图 3.11.3.5-1 混凝土和钢材拉压滞回示意图一

采用《混凝土结构设计规范》GB 50010-2010附录C提供的受拉、受压应力—应变关系作为混凝土滞回曲线的骨架线，钢材采用等向强化二折线模型和Mises屈服准则，滞回曲线如图3.11.3.5-1、图3.11.3.5-2所示。

采用一致激振计算方法，结构一条人工波和两条天然波剪重比均为10%左右；结构参考点顶点位移最大值分别为0.1516m（混凝土结构X向）、0.1599m（混凝土结构 Y 向）、0.2413m（钢结构支撑 X 向）、0.1999m（钢结构支撑 Y 向）；混凝土结构参考点层间位移角最大值分别为 1/168（混凝土结构 X 向）和 1/150（混凝土结构 Y 向），满足规范限值要求；钢结构支撑部分参考点最大层间位移角分别为 1/115（X 向）和 1/139（Y 向）。

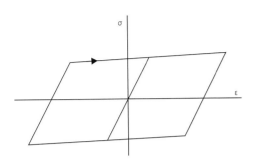

图 3.11.3.5-2　混凝土和钢材拉压滞回示意图二

采用多点激振计算方法结构一条人工波和两条天然波剪重比均为 5% 左右；结构参考点顶点位移最大值分别为 0.1703m（混凝土结构 X 向）、0.1335m（混凝土结构 Y 向）、0.3921m（钢结构支撑 X 向）、0.1992m（钢结构支撑 Y 向）；混凝土结构参考点层间位移角最大值分别为 1/62（混凝土结构 X 向）和 1/65（混凝土结构 Y 向），满足规范限值要求；钢结构支撑部分参考点最大层间位移角分别为 1/71（X 向）和 1/140（Y 向）。

对于一致激振算法和多点激振算法，结构框架柱混凝土均未发生明显受压损伤。

多点激振下，少部分框架梁出现屈服，最大塑性应变为 8.598e-3，属于中度损伤。

结构双梁节点处塑性应变主要发生在双梁中部楼板处，一致激振算法最大塑性应变为 0.0006，多点激振算法最大塑性应变为 0.0035。

3.11.4　结构专项

3.11.4.1　穿越溶洞的长桩

针对规范中对于端承桩的持力层厚度要求在岩溶地区较难满足，提出一种大小直径桩，并通过数值模拟和静载试验验证其做法的有效性。

采用弹塑性结构分析软件 ABAQUS 进行单桩承载力计算，建立三维的结构计算模型。整块土体水平边长 80m，根据超前钻资料 T4-185、T4-1 确定土层厚度及分布。桩顶的荷载-沉降曲线如图 3.11.4.1-1～图 3.11.4.1-3 所示。

T4-185 钻孔：曲线在 46000kN 处出现第一个拐点，74000kN 处出现第二个拐点。桩顶力超过 74000kN 时桩身

混凝土压溃（图 3.11.4.1-4）。

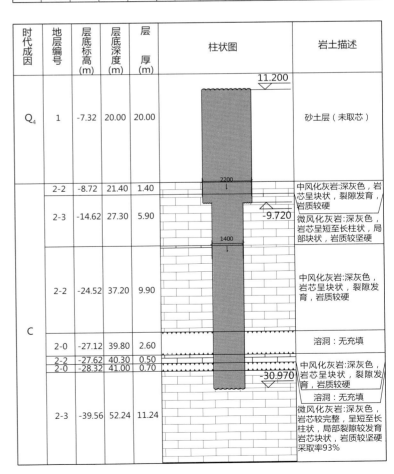

图 3.11.4.1-1　T4-185 钻孔（一桩 4 钻孔）与桩的关系剖面图

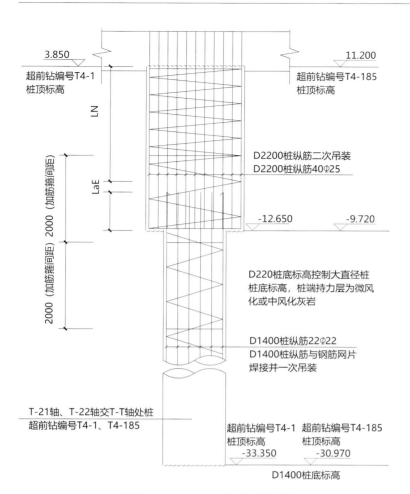

图 3.11.4.1-2　大小直径桩

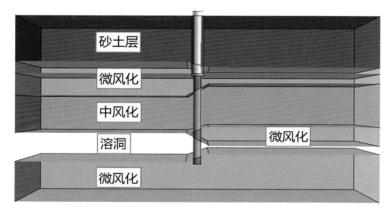

图 3.11.4.1-3　有限元模型剖面图

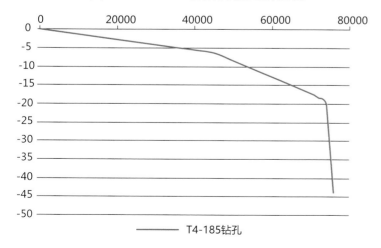

图 3.11.4.1-4　桩顶的荷载—沉降曲线（单位：kN-mm）

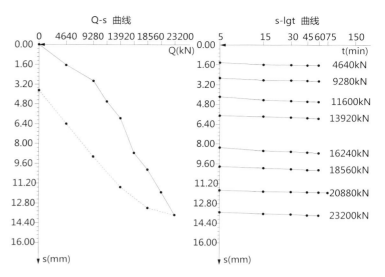

图 3.11.4.1-5　静载试验结果

桩顶作用45000kN～46000kN大桩中部的Mises应力较大，最大值约12MPa，受压损伤较小。下部小桩的Mises应力值约2.1MPa，钢筋的Mises应力最大值约85.6MPa。

竖向静载试验：同步进行了D1800-1200的静载试验结果（图3.11.4.1-5）。

3.11.4.2　掏空π型梁构件

普通混凝土柱的梁柱节点为设置刚性柱帽的组合扁梁做法，本工程由于框架梁自重大，在保证受压区和抗剪承载力的前提下采用梁掏空处理减小自重，梁截面形状优化为"π形（跨中）+倒π形（支座）组合扁梁"，梁柱节点采用柱帽刚性节点过渡，如图3.11.4.2所示。

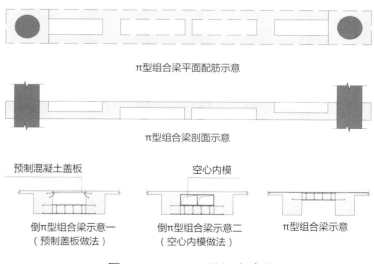

图 3.11.4.2　π形组合扁梁

3.11.4.3　型预应力空心楼盖

首层行李系统区域使用活荷载为15kN/m²，跨度为18m，比较了普通预应力梁板楼盖、普通双向预应力密肋梁板楼盖，密肋楼盖的经济效益明显，考虑到首层底板采用梁板式施工不便，特别是梁侧砖模砌筑及回填等工序复杂，影响工期，采用平板的密肋预应力空心楼盖以减少工序，同时利用桩承台作为柱帽减少柱间跨度。楼盖柱上板带部分采用板厚1200mm预应力空心楼盖，其余位置为700mm厚的空心楼盖。温度预应力筋在柱上板带布置，每肋采用2束7ϕ^s15.2预应力筋，预应力筋及标准板跨的平面示意如图3.11.4.3所示（图示中的三角标识为预应力筋布置示意）。

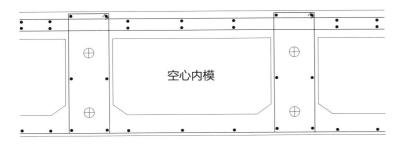

图 3.11.4.3　空心楼盖断面

3.11.4.4　超长混凝土结构分析及设计

本工程虽设缝分为数个较规则平面，但平面尺寸远大于规范中要求设置温度缝的长度要求，特别是首层结构楼盖未设置温度缝，长度达到580m。通过研究建筑结构在温度作用下的内力，采取以下措施控制混凝土收缩及温度应力引起的结构裂缝的产生和发展：利用首层排水管沟设置通长凹槽，减小连续梁板的长度；采用分块跳仓法施工，后浇筑混凝土采用微膨胀混凝土，膨胀剂的掺量通过计算确定；通过配比采用收缩小的水泥，减少水泥用量；控制混凝土入槽温度及混凝土中心温度和表面温度之差，通过材料措施和养护施工措施大幅度减少温差，并使温差变化及收缩尽量缓慢，以发挥混凝土应力松弛效应；在楼层梁中配置适量的温度预应力筋（分段施工成连续预应力线）。

1．膨胀混凝土补偿收缩计算

利用膨胀混凝土的补偿收缩性能，控制结构混凝土由干缩、冷缩、化学减缩、塑性收缩等原因引起的开裂现象，控制混凝土水化硬化期间由于水泥水化过程释放的水化热所产生的温度应力和混凝土干缩应力，要求结构梁板膨胀剂参考掺量8%～10%，混凝土水中14d限制膨胀率≥0.025%，水14d＋干空28d限制干缩率≤0.030%，膨胀加强带掺量12%。根据公式，计算混凝土7d最终变形$D = 0.82 \sim 0.13 \times 10^{-4}$，为正值，控制混凝土处于受压状态，故混凝土不会开裂（其中为限制膨胀率，为混凝土的最大冷缩率，为混凝土最大收缩率，为混凝土的受拉徐变率）。

2．裂缝诱导沟设计

利用室内的排水及设备沟设置裂缝诱导沟，间距控制在80m左右，沟底采取削弱处理以引导裂缝集中发生，并在诱导沟内设置固定的集水井和水泵，大样做法如图3.11.4.4所示。

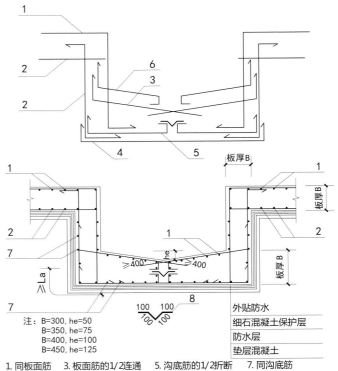

注：B=300，he=50
　　B=350，he=75
　　B=400，he=100
　　B=450，he=125

1. 同板面筋　　3. 板面筋的1/2连通　　5. 沟底筋的1/2折断　　7. 同沟底筋
2. 同板底筋　　4. 沟底筋的1/2连通　　6. 板面筋的1/2折断　　8. 400×3厚折型钢板带

图 3.11.4.4　诱导沟布置图及大样

3.11.4.5　预应力混凝土柱

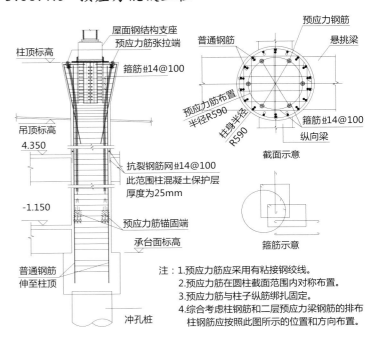

注：1.预应力筋应采用有粘接钢绞线。
　　2.预应力筋在圆柱截面范围内对称布置。
　　3.预应力筋与柱子纵筋绑扎固定。
　　4.综合考虑柱钢筋和二层预应力梁钢筋的排布柱钢筋应按照此图所示的位置和方向布置。

图 3.11.4.5-1　混凝土柱预应力筋布置示意

在白云机场二号航站楼工程中，对支撑钢屋盖的混凝土柱施加预应力，当结构的弹性层间位移角限值放宽至1/350时，预应力混凝土柱仍基本处于弹性状态，柱截面尺寸得到优化，建筑效果和经济效益显著。

混凝土圆柱采用的有黏结预应力筋，规格为公称直径15.2mm的钢绞线，抗拉强度标准值，张拉控制应力。柱内设置六个波纹管，每孔设置七根钢绞线，孔道沿环向均匀布置。

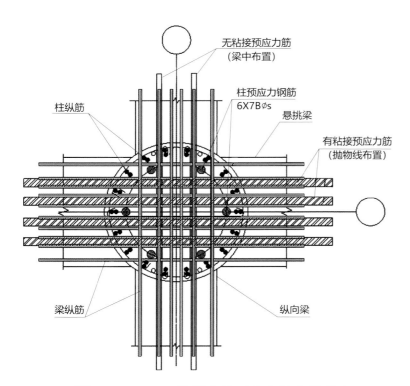

图 3.11.4.5-2　混凝土柱预应力筋布置示意

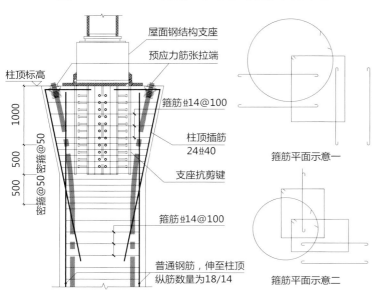

图 3.11.4.5-3　混凝土柱预应力筋张拉端设置

由于支撑钢结构的混凝土柱直径为1.4m，局部1.6m，屋盖钢结构支座的直径为1.3m，预应力钢筋的张拉端与钢结构支座埋件产生冲突。节点设计时，直径1.4m的柱，在柱顶预埋件以下进行张拉；直径1.6m的柱，在柱顶张拉，钢结构预埋件的钢板作特殊处理。经现场施工验证，张拉方案可行（图3.11.4.5-1～图3.11.4.5-3）。

3.11.4.6　钢管柱—混凝土框架双梁节点

采用大型非线性有限元分析软件ABAQUS对广州新白云机场项目中二区直径为1800mm的钢管混凝土边柱双梁节点进行计算分析。

有限元计算结果与分析

（1）位移情况（图3.11.4.6-1～图3.11.4.6-5）

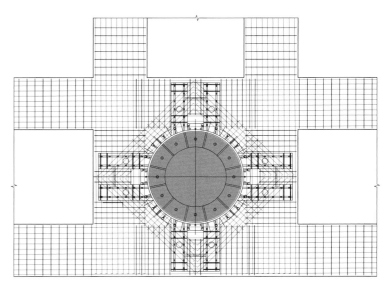

图 3.11.4.6-1　边柱节点配筋示意图

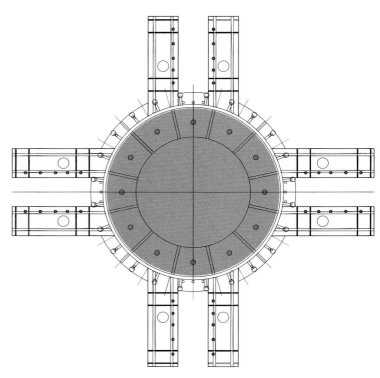

图 3.11.4.6-2　节点钢结构牛腿大样（1800柱）

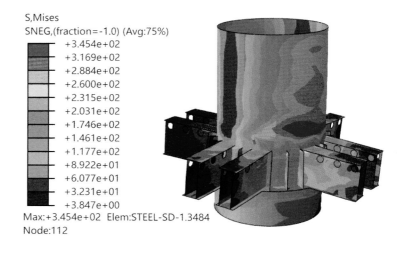

S,Mises
SNEG,(fraction=-1.0) (Avg:75%)

　+3.454e+02
　+3.169e+02
　+2.884e+02
　+2.600e+02
　+2.315e+02
　+2.031e+02
　+1.746e+02
　+1.461e+02
　+1.177e+02
　+8.922e+01
　+6.077e+01
　+3.231e+01
　+3.847e+00

Max:+3.454e+02　Elem:STEEL-SD-1.3484
Node:112

图 3.11.4.6-3　2倍设计荷载作用钢材应力分布

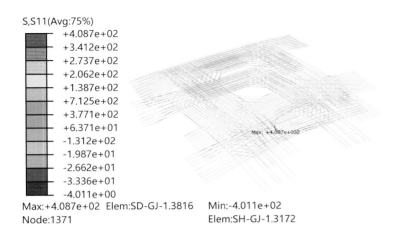

图 3.11.4.6-4　2倍设计荷载作用梁纵向钢筋和箍筋应力分布情况

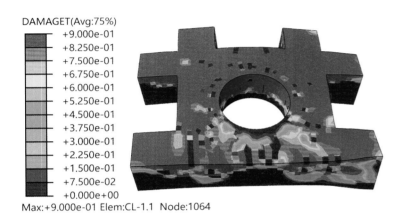

图 3.11.4.6-5　2倍设计荷载下节点混凝土受拉损伤图（梁顶）

（2）节点 M-θ 曲线

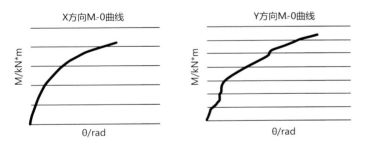

图 3.11.4.6-6　节点 X/Y方向弯矩—转角曲线

由图3.11.4.6-6得知，节点X方向的弯矩—转角曲线在弯矩小于10000kN•m时，近似为直线段，其直线斜率即节点刚度为3.79e7kN•m/rad，大于公式计算得到的

刚度7.97e6kN•m/rad，可将梁柱X方向的连接视为刚性连接。而Y方向的弯矩—转角曲线在弯矩为3000kN•m时，近似为直线段，其直线斜率即节点刚度为5.69e7kN•m/rad，大于公式计算得到的刚度7.52e6kN•m/rad，可将梁柱X方向的连接视为刚性连接。

3.11.4.7　钢管柱防火涂装厚度计算

1.　钢管混凝土柱防火涂装厚度计算

（1）计算标准

《建筑钢结构防火技术规范》CECS 200—2006，以下简称GFA。

《钢管混凝土结构技术规程》CECS 28—2012，以下简称GFB。

（2）计算过程

GFA中表8.1.1提供了圆形截面钢管混凝土柱非膨胀型防火涂料保护层厚度参考值，但截面直径只提供到1200；GFB中表3.11.4.7也提供了参考值，但也只提供到1400的截面。然而本工程中截面为1400和1800，已经超过表中计算值，因此需进行补充计算。

根据GFA和GFB的条文说明，可以得知保护层厚度由下述公式计算得到：

$$
\begin{cases}
a = k_{LR} \cdot (19.2 \cdot t + 9.6) \cdot C^{-(0.28-0.0019\lambda)} \\
k_{LR} = \begin{cases}
\begin{cases}
p \cdot n + q & (k_t < n < 0.77) \\
\dfrac{1}{3.65 - 3.5 \cdot n} & (n \geq 0.77)
\end{cases} & (k_t < 0.77) \\
\dfrac{\omega \cdot n - k_t}{1 - k_t} & (k_t \geq 0.77)
\end{cases} \\
p = \dfrac{1}{0.77 - k_t} \\
q = \dfrac{k_t}{k_t - 0.77} \\
\omega = 7.2 \cdot t
\end{cases}
$$

由上述公式和GFA中表8.1.1可计算保护层厚度，具体如表3.11.4.7所示。

基本组合工况下保护层厚度　　　　　　　　　表 3.11.4.7

区域	荷载比 n	p	q	KLR	GFA 厚度	GFB 厚度
办票区一楼面	0.58	3.4483	-1.6552	0.3448	10.6237	3.6633
办票区一屋面	0.55	2.5641	-0.9744	0.4359	22.9645	10.0102
安检区一楼面	0.77	3.0303	-1.3333	1.0000	13.1460	13.1460
安检区一屋面	0.69	2.5641	-0.9744	0.7949	22.9645	18.2539

2.　防火层厚度设计取值

综合考虑，层高（柱高）超过12m钢管混凝土柱采用厚型（非膨胀型），耐火极限为3.0小时，干膜厚度≥15mm（挂镀锌钢丝网）。层高（柱高）不超过12m钢管混凝土柱采用厚型（非膨胀型），耐火极限为3.0小时，干膜厚度≥20mm（挂镀锌钢丝网）。

3.11.4.8 关节轴承与万向支座

航站楼主楼及安检区的钢管柱支撑屋盖网架支座采用万向球铰支座，航站楼主楼V字柱支承网架的支座采用向心关节轴承，其中万向球铰支座的个数为94个，V字柱向心关节轴承支座52个。

1. 屋盖支座关节轴承设计

（1）计算模型

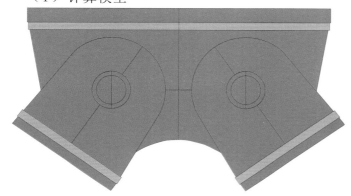

图 3.11.4.8-1 向心关节轴承几何模型及尺寸一

利用有限元分析软件对BYJC-ZZ01建筑关节轴承承受径向载荷的工况进行强度校核，分析轴承装配体及其各零部件在径向加载条件下的应力、位移分布情况，为轴承的设计制造以及试验提供依据（图3.11.4.8-1、图3.11.4.8-2）。

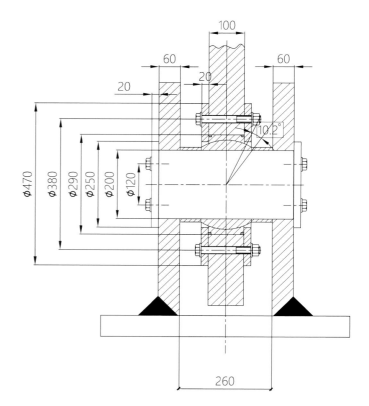

图 3.11.4.8-2 向心关节轴承几何模型及尺寸二

（2）材料属性

依据各零件实际的材料类型、厚度、硬度等确定其材料参数，如表3.11.4.8所示。

零件材料参数表

表 3.11.4.8

零部件	材料	弹性模量（GPa）	泊松比	屈服强度（MPa）	抗拉强度（MPa）	硬度（HRC）
外圈	40Cr13	220	0.3	735	930	48～55
内圈						
中耳板	Q345B	206	0.3	275	470	钢厂供货状态
外耳板						
销轴	40Cr	211	0.277	490	685	25～35
定位套	Q345B	206	0.3	345	630	钢厂供货状态
连接中耳板的顶平板	Q345B	206	0.3	275	470	钢厂供货状态
连接外耳板的底平板						
销轴压盖	Q345B	206	0.3	345	630	钢厂供货状态

（3）径向 CAE 分析计算结果

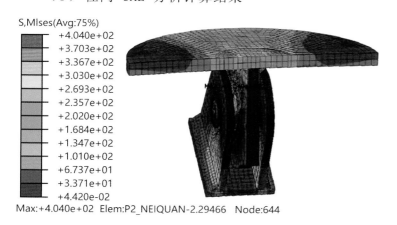

图 3.11.4.8-3 装配体等效应力分布一

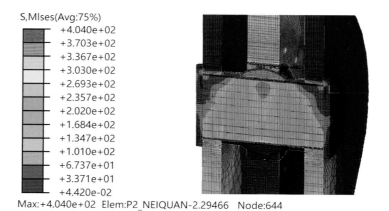

图 3.11.4.8-4 装配体等效应力分布二

从图3.11.4.8-3、图3.11.4.8-4可知,各零部件的应力基本沿几何模型的中轴线对称分布。载荷传递的主体路径是:顶平板—中耳板—外圈—内圈—销轴—外耳板—底平板。关节轴承节点在给定载荷下是安全的。

3.11.5 试验研究

3.11.5.1 岩溶地区管波探测

委托中国有色金属长沙勘察设计研究院有限公司与广东省地质物探工程勘察院采用物探方法——管波探测法作为辅助物探方法,详细探明桩位岩溶发育情况及持力层的完整性。

管波的解释方法:管波探测法资料的解释包括两个步骤:

1. 确定分层界面

根据管波异常确定分层界面。管波异常主要表现为两种:一种是在界面处的管波反射,另一种是在不良地质体处的管波能量变化。

钻孔中可能产生管波反射的界面主要有基岩面、溶洞顶和底面、裂隙、孔底、水面等。引起管波能量变弱的不良地质体主要有溶洞、溶蚀、软弱岩层、土层等。

2. 对分层进行地质解释

管波探测法的地质解释将孔旁岩土划分为完整基岩段、节理裂隙发育段、溶蚀裂隙发育段、岩溶发育段、软弱岩层和土层等六类。

管波探测法的异常特征及其地质解释方法:

(1)完整基岩段的管波特征:管波无能量衰减,界面反射在段内明显甚至有多次反射;

(2)岩溶发育段的特征:管波能量严重衰减,界面反射在段内消失了;

(3)裂隙发育段、溶蚀发育段的特征:段内界面反射多,溶蚀发育段伴随有能量衰减现象;

(4)软弱岩层和土层的特征:管波速度变低和有能量衰减。

个别验证孔揭露,岩面、溶洞底板低于管波探测法中解释的岩面、溶洞底板。这是由于受陡峭岩面、洞壁、洞底的作用,可能引起钻具滑移,从而导致在深部,验证钻孔偏离管波探测范围。根据测试孔K1-42和周围的验证孔所作的地质剖面图,纵横比例尺一致。剖面真实地反映了基岩面的陡倾情况。

3.11.5.2 屋面抗风试验

1. 试验方案的确立

2014年4月,金属屋面设计完成后,按照1:1构造,进行屋面抗风揭试验及水密性试验,取风洞试验中屋面边缘处最大风压的2倍,对其进行最大风压试验和疲劳试验。

本次金属屋面实验检测标准参考国外相关检测标准:

(1)《动态风荷载作用下卷材屋面系统抗风掀承载力的标准测试方法》CSA A123.21-2014。

(2)《采用均匀的静态空气压差分析外部金属屋面板系统防水渗透性能的标准试验方法》ASTM E1646-1995(Reapproved 2012)。

(3)《薄板金属屋面和外墙板系统在均匀静态气压差作用下的结构性能检测方法》ASTM E1592-2005(Reapproved 2012)。

具体检测标准及检测要求如下(表3.11.5.2-1、图3.11.5.2-1、图3.11.5.2-2):

抗风试验检测标准及要求   表 3.11.5.2-1

顺序	检测项目	参照标准	检测要求	备注
1	动态抗风揭性能检测	CSA A123.21-2010	-1600Pa无破坏	—
2	静态抗风揭性能检测	ASTM E1592-2005(Reapproved 2012)	记录破坏时最大压力	
3	水密性能检测	ASTM E1646-1995(Reapproved 2012)	137Pa无渗漏	—

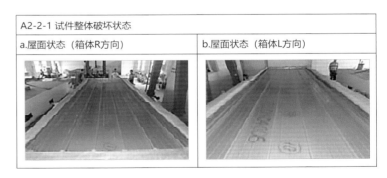

图 3.11.5.2-1 试件整体破坏状态一

图 3.11.5.2-2 试件整体破坏状态二

2. 试验效果(表3.11.5.2-2)

抗风试验检测标准及要求   表 3.11.5.2-2

顺序	检测项目	参照标准	检测结果	检测报告编号
1	静态抗风揭性能检测	ASTM E1646-1995（Reapproved 2012）	破坏时最大压力 -1987Pa	CH2014CR-004
2	动态抗风揭性能检测	CSA A123.21-2010	-1600Pa 无破坏	CH2014CR-004
3	水密性能检测	ASTM E1646-1995（Reapproved 2012）	137Pa 无渗漏	CH2014DR-005
4	静态抗风揭性能检测	ASTM E1592-2005（Reapproved 2012）	破坏时最大压力 -6151Pa	CH2014DR-006
5	静态抗风揭破坏检测	ASTM E1592-2005（Reapproved 2012）	破坏时最大压力 -6609Pa	CH2014ER-013

3.11.5.3 万向支座试验

在华南理工大学进行了万向支座试验研究。检验了支座承受极限拉剪、压剪的性能状态，测定了拉弯、压弯下的转动能力（图 3.11.5.3-1、图 3.11.5.3-2）。

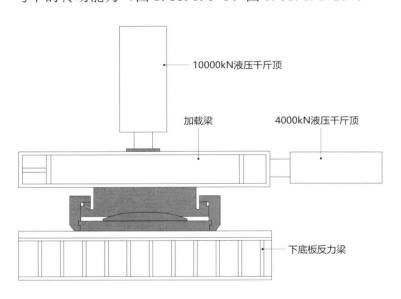

图 3.11.5.3-1 压剪试验及位移计布置一

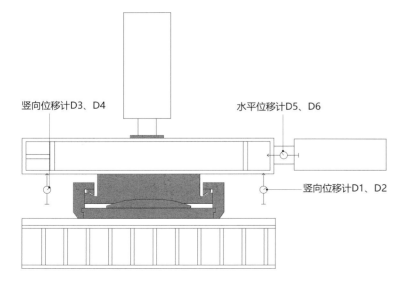

图 3.11.5.3-2 压剪试验及位移计布置二

支座设计参数如表 3.11.5.3所示：

抗风试验结果   表 3.11.5.3

顺序	试验项目	结果
1	竖向压力设计值	7500kN
2	竖向拉力设计值	2000kN
3	X 向水平剪力设计值	2000kN
4	Y 向水平剪力设计值	2000kN
5	转动能力	0.05rad

3.11.5.4 膜结构铸钢节点试验

项目背景为白云机场二号航站楼张拉膜雨棚工程，结构为骨架式膜结构，骨架钢结构为框架结构体系，膜结构采用PTFE膜材。由于膜结构造型需要，钢结构多根构件在空间相交，导致刚节点为非常规节点形式。

图 3.11.5.4-1 试验现场照片一

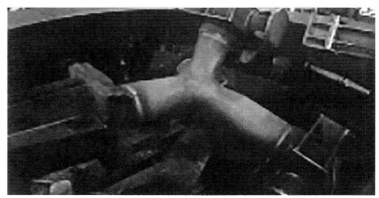

图 3.11.5.4-2 试验现场照片二

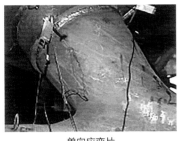
单向应变片

三向应变花

图 3.11.5.4-3　应变片现场布设

在同济大学进行了铸钢节点试验研究，试验结果表明节点承载力满足受力要求（图 3.11.5.4-1～图 3.11.5.4-3）。

3.11.5.5　大直径钢管混凝土柱混凝土浇筑及检测

1.　前言

为使钢管混凝土结构中钢材和混凝土两种材料达到最佳的组合效果，钢管内混凝土的浇筑质量是关键。在施工过程中，由于钢管内混凝土存在泌水和沉缩，加上施工现场恶劣环境下振捣不充分，导致混凝土不可避免地存在空洞、脱黏和不密实等缺陷。为有效地控制钢管混凝土的施工质量，需正确选择合理的钢管混凝土施工工艺和超声波检测技术。

本工程二号航站楼采用了钢管混凝土结构，钢管混凝土柱直径有 1400mm、1800mm 两种规格，属于大直径钢管混凝土柱。钢管柱节点区域存在较为密集的加劲肋，对钢管混凝土的浇筑质量有一定的影响，为保证大直径钢管混凝土柱施工质量，进行了 1:1 的钢管混凝土柱施工模拟试验。

2.　试件设计和制作

（1）试件制作

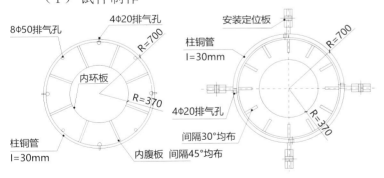

图 3.11.5.5-1　钢管混凝土试验柱

为真实模拟钢管混凝土柱施工情况，特制作 1:1 钢管混凝土模型试验柱，采用与现场施工中相同的混凝土浇筑工艺和密实度检测技术。柱试件型号为 T-GGZ-1400，柱高度 6.27m，分三段焊接而成，钢管壁厚 30mm，钢材为 Q345B，混凝土强等级为 C50，详见图 3.11.5.5-1 所示。

（2）钢管内混凝土施工工艺

钢管内混凝土的施工采用高抛法，振捣采用常规人工振捣法。高抛法自由倾落高度不大于 2m，当大于 2m 时，采用溜槽、串筒等器具辅送，内部振捣器振实。浇筑过程中，采用分层浇筑，一次浇灌高度不大于 1.5m，边浇灌边振捣，振捣棒棒头全部浸入混凝土内，随混凝土浇筑缓慢上升。

（3）密实度检测技术

钢管内混凝土密实度无损检测方法有两种，一种是径向对测法，一种是预埋声测管法，检测的依据是《超声波检测混凝土缺陷技术规程》CECS 21-2000。由于在钢管柱节点区设置了两层内加劲环，内环板只预留了浇筑孔，采用预埋声测管受到限制，无法检测到管壁附近及加劲肋范围内的缺陷情况，因此本次检测采用超声波径向对测法（图 3.11.5.5-2、图 3.11.5.5-3）。

图 3.11.5.5-2　现场检测照片一

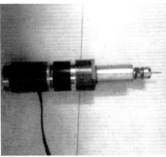

图 3.11.5.5-3　现场检测照片二

3.11.5.6　大直径钢管混凝土柱焊缝应力消除及检测

焊接残余应力消减原理：

焊接应力消除设备的原理是利用大功率能量推动冲击工具以每秒二万次以上的频率冲击金属物体表面,使金属表层产生较大的压缩塑性变形。豪克能具有高频、高效和聚焦下的大能量,其冲击波改变了原有的应力场,产生一定数值的压应力,并使被冲击部位得以强化,为本试验焊接残余应力的消减方法。

检测数据可以看出:对接焊缝应力消减前,测点位置残余应力大部分为拉应力,且数值较大,最大值达到325.95MPa,接近于钢材的屈服强度;消减后,100%的测点将拉应力转化为较小的压应力。由此表明,采用豪克能方法可有效地消减焊接残余应力并产生理想的压应力,在实际工程中应用是可行的。

3.11.5.7　施工全过程及运营期健康监测

白云机场二号航站楼是世界级机场,属于大型钢结构工程。施工过程中结构受力比较复杂,与实际力学模型计算有很大的差异,而合理的施工过程健康监测成为保证结构安全施工以及以后正常使用的保障。在使用过程中风荷载及地震等作用的不确定性,钢结构的安全性处于不确定状态,所以需要对其在施工及使用过程中进行长期健康监测应力、位移、施工环境、振动监测,监测结构关键部位的应力、位移等指标在各阶段的变化规律,为结构施工和使用的各个阶段提供准确可靠的监测数据,正确评价各施工和使用阶段的受力状态和结构性能,并及时诊断结构构件施工及使用过程中出现的破坏、变形过大、局部出现塑性区等异常情况,及时采取有效的修复手段,避免安全隐患,从而保证构件符合正常使用条件下的设计要求。

建立了包含施工过程的长期健康监测体系,采用自动监测方法全面监控施工质量及使用阶段结构安全情况,监测内容包含:(1)应力应变,(2)风压,(3)温度,(4)挠度,(5)加速度与频率。

1.　建立监测系统,监测系统内容

(1)传感器系统,建立了从数据采集—数据管理—数据远程传输—健康预警的系统;

(2)数据采集与传输系统,建立了从传感器—采集子站—监测总站—客户的系统;

(3)数据处理与控制系统,建立了从子站—中心路由器—数据服务器—Web服务器的系统;

(4)结构性态评估系统,建立了数字预处理—数据二次预处理—数据后处理的系统。

2.　监测内容

(1)主航站楼钢屋盖网架下弦杆及加强网架肋应力应变;

(2)主航站楼钢管混凝土柱应力应变;

(3)主航站楼钢屋盖网架下弦杆跨中及悬挑挠度;

(4)主航站楼钢屋盖网架下弦杆跨中及悬挑风压;

(5)主航站楼钢屋盖分区处伸缩缝相对变形;

(6)指廊钢屋盖网架下弦杆应力应变;

(7)指廊钢屋盖网架下弦杆跨中挠度;

(8)指廊钢屋盖网架下弦杆跨中及悬挑风压。

3.　监测频率及周期

(1)结构施工过程中,主航站楼屋盖及指廊网架拼装完毕后对所选择的构件内力变化情况、温度效应情况进行监测并提交监测报告;

(2)结构施工过程中,监测"卸载"过程中相应构件的内力变化情况和位移变化情况,并及时提交监测报告;

(3)结构运营使用过程中,对相应构件的内力变化和位移变形情况进行常规监测,每年正常提交4次监测报告;

(4)结构振动监测在结构运营使用过程中实施,主要包括:APM通行环境下、大风过程中(8级风或以上)。每年正常提交4次监测报告;

(5)上述监测频率为正常情况下的频率,当出现数据异常或其他因素造成监测项目变化速率加大,监测单位应根据业主的指示增加监测次数直至危险或隐患解除为止;

(6)当监测项目的累积变化值接近或超过报警值时监测单位应自行加密监测次数;

(7)针对业主提出要求的特殊情况,进行相关构件内力情况和位移情况的监测,并提交监测报告;

(8)内力和位移的总监测年限不少于3年,振动的监测年限为竣工后不少于2年。

4.　监测设备及测点安装

监测设备:

(1)应力内力及温度的监测采用振弦式应力内力传感器,该传感器具有稳定、长期及采样频率较低的特点;

(2)钢屋盖跨中及悬挑挠度的监测采用激光全站仪或者高精度激光测距仪,伸缩缝的相对变形监测采用485数字式位移计,该传感器具有稳定、长期及采样频率较低的特点;

(3)振动加速度测点的监测采用无线振动加速度传感器,其测量精度为$6\times10^{-4}\mathrm{m/s^2}$,其具有稳定、长期和采样频率高的特点;

(4)采集监测数据的电脑配置采用稳定的工控机;

(5)风压风速的监测采用三维超声风速仪,综合考虑选择YOUNG Model 81000三维超声风速仪。

5.　典型数据分析(图3.11.5.7-1、图3.11.5.7-2)

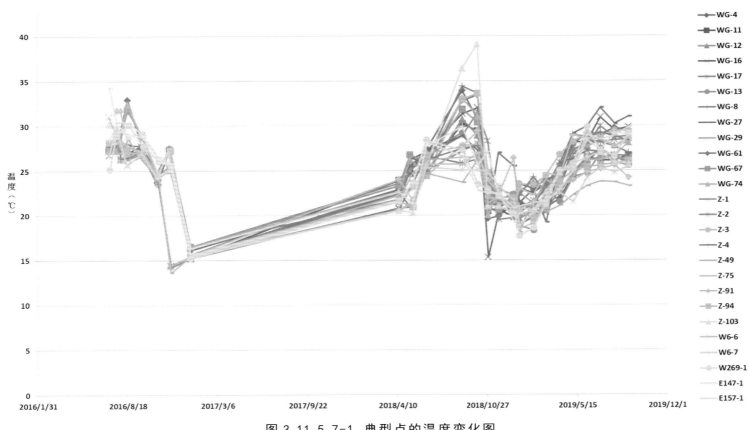

图 3.11.5.7-1　典型点的温度变化图

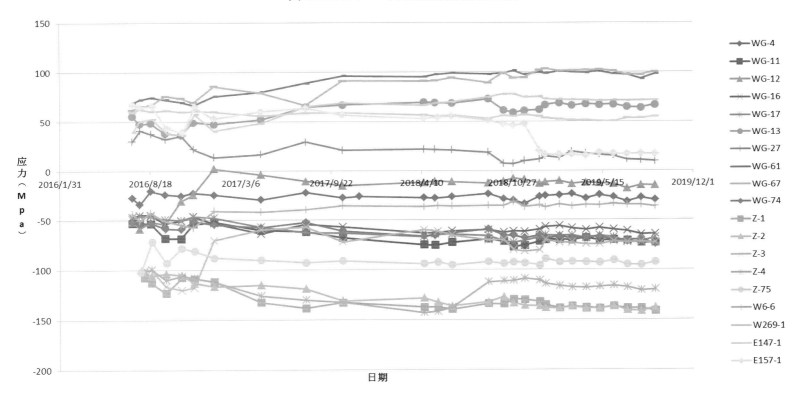

图 3.11.5.7-2　典型点的应力变化图

3.11.6　施工工艺

3.11.6.1　钢管混凝土柱施工方案

1. 混凝土材料

采用商品混凝土，由广州长河混凝土公司提供，自公司运输至工地的时间约1小时。运输时间较短，混凝土和易性、坍落度等技术指标参数能得到很好的保证。本工程所采用C50混凝土的配合比与1∶1试验柱所采用混凝土配合比如表3.11.6.1所示。

混凝土配合比　　　　　　　　　　　　　表 3.11.6.1

水胶比	配合比（水泥：砂：石：水：外加剂：混合材）	砂率（%）	坍落度（mm）	表观密度（kg/m³）		
0.31	1：1.69：2.88：0.36：0.03：0.18	37.0	155	2360		
材料用量（kg/m³）						抗压强度（MPa）
水泥	砂	石	水	混合材	外加剂	7d	28d	快速法
384	650	1107	140	68	10.62	—	59.9	—

配置混凝土所用原材料应符合以下规定：

（1）选用质量稳定，强度等级不低于 42.5 级的硅酸盐水泥或普通硅酸盐水泥。

（2）粗骨料的最大料径不大于 31.5mm，针片状颗粒含量不大于 5%。含泥量符合《普通混凝土用碎石或卵石质量标准及检验方法》JGJ 53 的规定。

（3）细骨料的细度模数宜大于 2.6，含泥量不应大于 2%，泥块含量不大于 0.5%，其他质量指标符合《普通混凝土用砂质量标准及检验方法》JGJ 52 的规定。

2．混凝土试块

（1）做好施工记录资料，包括浇筑部位、日期、水温、材料配合比、搅拌后浆温、试验员、技术员、质安员均应签字，作为交工资料。

（2）在 28d 前，与监理人员共同送试件到具有相应资质的委托试验单位，按试验单位的要求填写委托书和办理其他手续。

（3）同一工作班组或每 100m³ 留置同养与标养试块各一组。

3．混凝土泵送

混凝土泵送时，重点注意如下几个要点：

（1）混凝土泵与泵管连通后，经检查符合要求后，方可开机，先用水湿润整个管道，待水泥砂浆到达现场后，进行试泵，该试泵的水泥砂浆需倒入沉淀池，不可作为结合层使用。

（2）开始泵送时，混凝土泵应处于慢速、匀速并随时可反泵的状态，泵送速度先慢后快，待运转顺利后，才可正常速度进行泵送。

（3）混凝土泵送应连续进行，必要时可降低泵送速度以维持泵送连续性。

（4）泵送终止后，及时冲洗泵机泵管。

4．混凝土浇筑

混凝土浇筑总体按照 1:1 模型试验结论确定的施工工艺进行施工，即采用常规人工浇捣法浇灌混凝土，主要操作要点如下：

（1）混凝土运至施工现场后，随即进行浇筑，并在初凝前浇筑完毕。

（2）浇筑过程中，需分层浇筑，不可一次投料过多，混凝土一次浇灌高度不宜大于 1.5m，上层混凝土必须在下层混凝土初凝前进行覆盖。混凝土送料采用串筒辅送至浇筑面 2m 范围内。

（3）浇灌混凝土前，先灌入约 150mm 厚的与混凝土强度等级相同的水泥砂浆，防止自由下落的骨料产生弹跳。

（4）钢管柱端部节点处的混凝土振捣，时间不小于 20s，当节点处内环板排气孔溢浆和混凝土冒出气泡不再下落方能停止振捣。混凝土振捣完成后静置 30min 后查看混凝土面有无下沉，若有应及时补交混凝土，以确保混凝土的密实度。振捣过程中，振动棒不得碰撞到钢管壁，每点的振捣时间约 15～30s。

（5）除最后一节钢管柱外，每段钢管柱的混凝土只浇筑到离钢管顶端 500mm 处，以防焊接高温影响混凝土质量。

混凝土浇筑时需边浇边振捣，振捣棒棒头需全部浸入混凝土内，位置随管内混凝土面的升高而调整。目前市面上可采购到的振捣棒的长度规格最长可达 16m（非定做）。故在混凝土最低浇筑面距浇筑（振捣）操作平台在 16m 以内时，操作工可直接立于操作平台手持振动棒升入管内对混凝土进行振捣。

而在混凝土最低浇筑面距浇筑（振捣）操作平台大于 16m 时，则需对振动棒采取外套钢管的固定措施后再同钢管一起整体吊入柱内，边振捣边缓慢拉升。因此时振动棒无法在柱内自由的水平移动，为保证柱内每处混凝土均能振捣密实，根据所采用的规格为 50 的振动棒，其有效振动半径约为 400mm，经计算，设置四个振动棒即可完全覆盖 φ1800 的截面，故在柱口设置四个带钢管套的振动棒形成一个振动棒组，再吊入柱内同时振捣。振动棒组通过架在柱顶支架上的手拉葫芦进行同步拉升或者下降，具体方案如图 3.11.6.1 所示。

5．混凝土养护

混凝土终凝完成后，注入清水养护，水深不小于 200mm，养护时间 14 天。

浇筑过程及浇筑完毕后，进行温度测量，在升温阶段，每 3 小时测温一次，在温度下降阶段，每 8 小时测温一次，当钢管外壁与大气温度差异大于 20°时，钢管外壁需进行淋水降温。

6．混凝土施工缝

施工缝留在钢管端口以下500mm左右处，在施工缝处继续浇筑混凝土前，已浇筑的混凝土抗压强度不小于1.2MPa，并将该面凿毛，清除异物，用清水湿润，再浇一层厚度为100～200mm的与混凝土强度等级相同的水泥砂浆。

当局部施工缝留置不具备凿毛条件时，可采用在前次浇筑的混凝土初凝前抛洒一层与混凝土粗骨料同级别的碎石。

7．混凝土检测

根据1:1模拟试验结论报告，采用超声波检测法进行钢管混凝土柱浇筑质量的检测，检测比例为25%。结合目前现场已浇钢管混凝土柱的检测结论，混凝土的浇筑质量均可靠，满足规范与设计要求。

为进一步加强对钢管混凝土柱浇筑质量的监测控制，对一次浇筑16m以上的钢管柱，每根钢管柱均需做超声波检测混凝土浇筑质量。

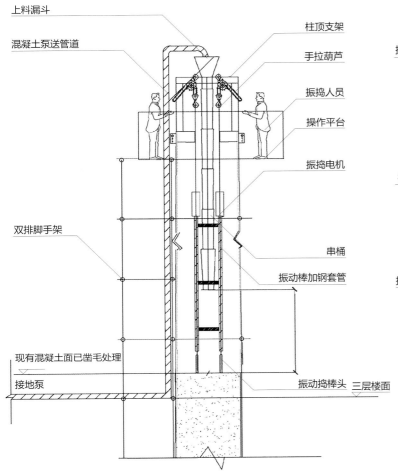
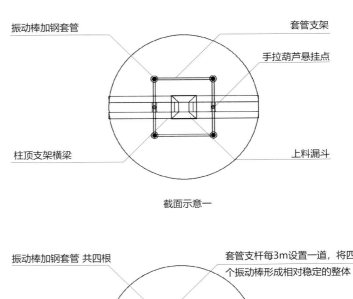
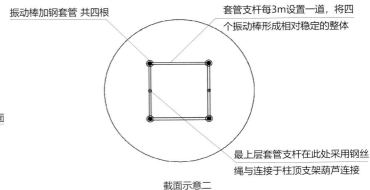

图 3.11.6.1 混凝土振捣示意图

3.11.6.2　网架施工方案

根据工程整体部署，航站楼主楼西二区、西三区、西四区、西五区、东二区、东三区、东四区、东五区采用楼面分块拼装，整体液压提升的施工方法。

网架安装思路：

1．吊装条件分析

网架屋盖结构安装高度较高，纵横向跨度较大。结构杆件众多，自重较大。若采用常规的分件高空散装方案，需要搭设大量的高空脚手架，不但高空组装、焊接工作量巨大，而且存在较大的质量、安全风险，施工的难度较大，并且对整个工程的施工工期会有很大的影响，方案的技术经济性指标较差。

根据以往类似工程的成功经验，若将网架屋盖结构在地面拼装成整体后，利用"超大型液压同步提升施工技术"将其一次提升到位，再进行柱顶支座处及部分预留后装杆件的安装，将大大降低安装施工难度，于质量、安全和工期等均有利。

2．液压提升方案简述

因网架屋盖结构安装高度较高，若全部从地面设置提升用临时提升支架（提升上吊点），除临时支架设施用量较大之外，设施本身的稳定性也较差，于施工安全不利。结合本工程中网架屋盖结构的特点，提升支架（提升上吊点）可设在原结构支撑柱上方（考虑到支撑柱自身截面较大，有一定的承载能力和抗弯刚度，且网架屋盖结构安装过程荷载远小于设计使用荷载，故考虑利用原结构支撑柱设置提升上吊点），与预先设置在柱侧面的牛腿焊接牢靠。

因钢屋盖支座位于支撑柱的顶部，这给网架屋盖结构的整体提升制造了障碍。即为使提升过程中网架屋盖结构不与提升支架相碰，网架屋盖结构在地面散件拼装时，每一支撑柱顶部的节点球可预先安装在柱顶，与柱顶相连的所有杆件均暂不安装（以避开提升支架的影响），这些杆件待网架屋盖结构整体提升至设计位置后再补装。这些暂不安装的杆件（或节点球等）的缺失，导致了原结构支撑边界条件的变化，提升点附近部分杆件和球节点需要用能够满足受力要求的杆件替换。

在支撑柱顶上方安装相应的液压提升器及相关设备，待网架屋盖结构在地面拼装完成后，然后在液压提升器垂直对应的钢屋盖上弦球结点安装提升下吊点（局部加固），上下吊点通过提升钢绞线连接，通过液压提升技术整体提升钢屋盖，直至提升到设计标高位置就位焊接、补杆。

3. 方案优越性

本工程中航站楼主楼西二、西三、西四、西五、东二、东三、东四、东五区网架屋盖结构采用"超大型液压同步提升施工技术"进行安装，具有如下优点：

（1）网架屋盖结构在地面拼装成整体，网架屋盖结构一次提升到位后，土建专业可立即进行设备基础、地坪的施工。有利于专业交叉施工，对土建专业施工影响较小。

（2）网架屋盖结构主要的拼装、焊接及油漆等工作在地面进行，施工效率高，施工质量易于保证。

（3）网架屋盖结构上的附属构件在地面预先安装，可最大限度地减少高空吊装工作量，缩短安装施工周期。

（4）采用"超大型液压同步提升施工技术"安装网架屋盖结构，技术成熟，有大量类似工程成功经验可供借鉴，吊装过程的安全性有充分的保障。

（5）通过网架屋盖结构的整体液压提升安装，将高空作业量降至最少，加之液压整体提升作业绝对时间较短，能够有效保证安装工期。

（6）液压同步提升设备设施体积、重量较小、机动能力强、倒运和安装方便。

（7）提升支架、平台等临时设施结构利用支撑柱等已有结构设置，使得临时设施用量降至最小，有利于施工成本的控制。

采用SAP2000进行施工模拟分析。东二区应力比超过0.6的杆件73根（约0.6%），替换后结构应力比云图如图3.11.6.2所示，最大应力比为0.588。

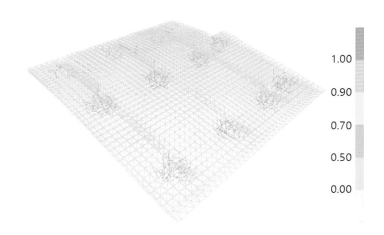

图 3.11.6.2　东二区应力比云图

3.11.7　施工检测结果

3.11.7.1　桩基检测结果

管桩的检测要求：静载试验按总桩数的1%（远大于3根），高应变抽检数量为总桩数的10%；低应变法检测桩身完整性的数量不小于总桩数的20%。桩基础检测结果未发现Ⅲ类桩，个别桩于地表浅部出现缺陷，采取挖出截除。检测要求及数据如表3.11.7.1-1、表3.11.7.1-2所示。

缺陷桩各类问题处理措施概述：

1. 低应变检测异常

发现桩身在某一部位有明显异常，且检测结果定义为Ⅲ（Ⅳ）类桩，则需要进行钻芯法检测验证，根据验证结果判定是否需要处理。验证合格无需加倍抽检，当钻芯法检测仍判定为Ⅲ（Ⅳ）类桩，则根据具体问题需要采取扩大检测及桩身的处理。

2. 超声波检测异常

（1）埋管堵塞

同区域范围内调整检测桩号或调整检测方式，但需同时满足设计规范要求。

（2）桩身明显异常

进行钻芯法检测验证，根据验证结果判定是否需要处理。验证合格无需加倍抽检，当钻芯法检测仍判定为Ⅲ（Ⅳ）类桩，则根据具体问题需要采取扩大检测及桩身的处理。

3. 高应变检测异常

（1）未能采集到规范要求数据

由于桩帽制作、充盈系数过大等原因导致无法采集数据。造成该问题的原因主要系现场场地平整度较差，桩帽制作时与桩身结合不好，因此易导致无法采集正常数据。另外由于地下砂层、土溶洞较大导致充盈系数过大，桩身"大肚子"等情况经常发生，各标段的充盈系数平均都在1.3以上，故有部分高应变数据是无法正常反馈的。上述两种问题经各方确认后，采用抽芯进行验证。

灌注桩的检测要求　　　　表3.11.7.1-1

桩型	检测目的	检测方法	规范要求	设计要求
冲孔桩	桩身质量	低应变+声波透射	对未抽检到的其余桩，宜采用低应变法或高应变法检测	低应变+声波透射抽检数量不少于总桩数60%
		声波透射和钻芯法结合	对于桩径≥1500mm的柱下桩，每个承台下的桩应采用钻芯法或声波透射法抽检，抽检数量不少于该承台下桩总数的30%且不少于1根；对于桩径<1500mm的柱下桩和非柱下桩，应采用钻芯法或声波透射法抽检，抽检数量不少于相应桩总数的30%且不少于20根	钻芯法不少于总桩数10%，且不少于10根
	承载力	静载试验	当桩径≥1200mm时确因试验设备或现场条件等限制，难以采用静载试验、高应变法抽测时，对端承型嵌岩桩（含嵌岩型摩擦端承桩、端承桩），可采用钻芯法对不同直径桩的成桩质量、桩底沉渣、桩端持力层进行鉴别，抽检数量不少于总桩数的10%且不少于10根。钻芯法抽检的数量可计入桩身质量抽检数量	不少于同条件下总桩数的1%，且不少于3根
		高应变		不少于总桩数的10%

冲孔灌注桩桩型数据统计　　　　表3.11.7.1-2

标段	区域	桩型数据							合计
		φ800	φ800b	φ1000	φ1200	φ1400	φ2000	φ2200	
一标段	主楼西	123	107	16	79	845	0	38	1208
二标段	主楼东	130	111	20	81	809	0	74	1225
三标段	东西指廊	30	0	188	443	260	0	0	921
总		—							3354

（2）动测的承载力不满足设计要求

首先进行设计复核，如复核合格该桩不做处理，但同时仍进行扩大抽检（设计另有要求除外）；如设计复核不满足则重新施工，后补充静载或高应变复检该桩，同时扩大抽检。扩大抽检原则为同批次桩。

（3）动测承载力不满足设计要求同时桩底有明显缺陷

承载力不足处理参见（2）点所示办法。桩底有明显缺陷进行抽芯验证，具体处理详见"抽芯检测异常"。

4．抽芯检测异常

（1）桩身完整性浅部芯样松散、破碎。上部打掉接桩处理，复验时提供接桩部分隐蔽验收记录及试块强度报告或复抽芯至接桩部位以下1m。如判断该类问题在同批次桩中为普遍性问题，则经各方确认同批次桩号后扩大检测。

（2）持力层岩性不满足设计要求微风化30MPa要求。

①进行设计复核，如明确注浆，设计补充技术参数，注浆后抽芯复检，同时以邻近桩为原则进行扩大抽检。

②进行设计复核，如设计复核同意无需处理则作为合格桩，亦不做扩检。

（3）钻孔过程钻到钢筋、偏出桩外

加孔不钻，加孔后仍不能抽到桩底，进行静载或高应变验证。

（4）桩底沉渣厚度过大

端承桩沉渣厚度大于50mm应提请设计复核，如明确灌浆则高压清洗后注浆，注浆后抽芯验证，扩大检测以同批次桩为原则，各方共同确认扩检桩号。

（5）桩身夹泥等完整性缺陷

废桩重新施工，重新施工后抽芯检测，并以同批次桩为原则，各方共同确认扩检桩号。

3.11.7.2　钢构检测结果

进行了第三方钢结构检测，包含钢网架结构、钢框架梁柱、登机桥固定端钢柱及桁架、人行天桥钢柱及桁架、室内小钢屋、玻璃电梯钢结构、幕墙抗风架、屋面主檩条等的检测，检测内容包含：

40mm以上厚板的非金属夹杂层的超声波检测；

30mm以上钢板焊前剖口两侧超声检测；

钢结构焊接无损检测；

焊钉焊接质量检测；

涂层干膜厚度检测。

3.11.8　施工现场照片（图3.11.8-1～图3.11.8-8）

图 3.11.8-1 施工现场照片一

图 3.11.8-2 施工现场照片二

图 3.11.8-3　施工现场照片三

图 3.11.8-4　施工现场照片四

图 3.11.8-5　施工现场照片五

图 3.11.8-6　施工现场照片六

图 3.11.8-7　施工现场照片七

图 3.11.8-8　施工现场照片八

3.12 给排水设计

3.12.1 航站楼给排水设计

3.12.1.1 航站楼给水系统

1. 水源

水源由广州市江村水厂提供，场内设有南、北两个供水泵站，每个泵站各设置两座4000m³水池，储水量及管网的布置均可满足近期和远期发展的需要。场内给水干管供水压力0.40MPa，可满足三层供水压力要求（图3.12.1.1）。

2. 用水量

航站楼及交通中心最高日用水量9442m³/d，最大时用水量702m³/h，无负压供水设备设计秒流量16.1L/s（表3.12.1.1）。

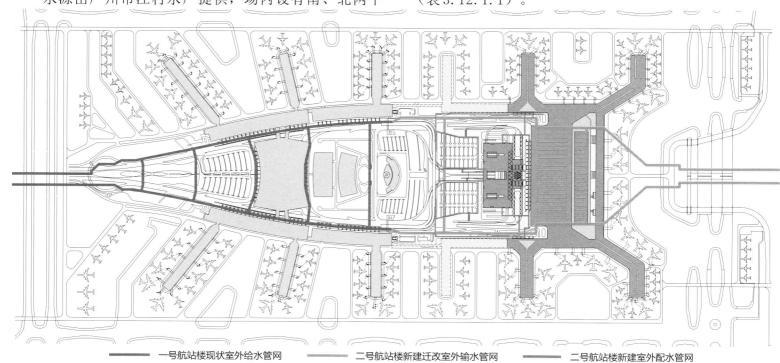

图3.12.1.1 航站区给水总图

一号航站楼现状室外给水管网　　　二号航站楼新建迁改室外输水管网　　　二号航站楼新建室外配水管网

生活用水量总表　　　　　　　　　　　　　　　　　　　表3.12.1.1

序号	用水对象	用水定额	用水单位数	用水时间（h）	时变化系数	最高日用水量（m³/d）	平均时用水量（m³/h）	最大时用水量（m³/h）
1	旅客	6 L/人·次	18.5万人·次	16	2	1110	69.5	139
2	餐饮	25 L/人·次	10000人	16	1.2	250	15.6	19
3	工作人员	60 L/人·d	10000人	18	1.5	600	33.3	50
4	计时旅馆	400 L/人·d	120人	24	2	48	2	4
5	空调用水	—	—	16	1	6176	386	386
6	绿化	2.0 L/d·m²	200000 m²	10	1	400	40	40
7	合计	—	—	—	—	8584	546	638
8	未预见用水	10%	—	—	—	858	54.6	63.8
9	总计	—	—	—	—	9442	601	702

3. 系统设置

以航站区市政给水管网为生活给水水源，分别从航站区东、西侧DN500给水干管分五路引管接入航站楼及交通中心，主干管在地下层连接成环供水。三层及以下各层由市政管网直接供水，四层以上由无负压供水设备供水，充分利用室外管网压力。室内给水管网成环布置，环网上设有切换阀门，任一路供水故障或者任一区域故障可通过阀门切换及时检修，尽量降低影响。除给水引入总管设置总水表外，公共卫生间、空调机房、厨房用水、商业用水接入端等均设置分区计量水表。所有水表均自带远传通信功能，通信协议采用M-bus规约，管理中心可随时掌握各处的用水情况。

4. 增压设施

生活泵房设于主航站楼首层东南角，设无负压供水设备一套（$Q=58m³/h$，$H=0.23MPa$，$N=10kW$）。

5. 蓄水池

由于白云机场供水系统设有南北两座供水泵站，有足够的储水量，供水管网在场内成环状布置，供水有保障，因此二号航站楼内未设生活储水池。

3.12.1.2 航站楼生活热水系统（图3.12.1.2）

1. 热源选择

集中热水供应系统采用太阳能加热泵辅助加热作为热源。总设计小时耗热量581kW。设置了东、西两套太阳能集中热水供应系统。其中东侧系统设计小时耗热量259kW，最大日用水量31.9m³（60℃热水）。选用288块平板式太阳能集热器（每块集热面积1.9m²），总集热面积547m²，选用四台RHPC-78WC型空气源热泵（单台制热功率78kW）作为辅助热源；西侧系统设计小时耗热量169kW，最大日用水量17.5m³。选用160块平板式太阳能集热器，总集热面积304m²，选用三台RHPC-78WC型空气源热泵作为辅助热源。指廊贵宾区域及母婴间等各分散用水点设计小时耗热量之和为153kW，分别选用落地（22kW，495L）或壁挂（3kW，50L）储热式电热水器供热。

2. 用水量

最高日热水（60℃）用水量65.6m³，最大时用水量10m³。

3. 系统设置

热水系统供水范围主要为主楼的计时旅馆、头等舱及商务舱区域、东西指廊的贵宾区域以及母婴间等，公共区域卫生间不提供热水。其中计时旅馆、头等舱及商务舱区域等用水量较大且相对集中的地方采用太阳能集中热水供应系统。贵宾区、母婴间等用水量小及分散的用水点采用容积式电热水器供水。热水系统采用闭式系统，竖向分区与冷水系统相同，冷热同源，达到冷热出水平衡。

4. 增压设施

集中热水供应系统加热设备设于五层混凝土屋面，增压设施如下：

（1）供水泵

由设于首层的无负压供水设备（参数详见给水系统）提供水源。

（2）循环回水泵

设于首层（$Q=3.1m^3/h$，$H=33m$，$N=2.2kW$），一用一备，由泵前温控开关控制启停。

（3）太阳能强制循环泵

设于五层混凝土屋面（$Q=21m^3/h$；$H=10m$；$N=2.2kW$），一用一备。通过水箱下部水温与集热器阵列末端的差值由温差控制器控制强制循环泵工作：当温差较大时（$\triangle T=3℃\sim5℃$）启动，水箱内的水在集热器与水箱之间循环加热；当温差较小时（$\triangle T=1℃\sim2℃$）停泵。

（4）热泵加热循环泵

设于五层混凝土屋面（$Q=10.8m^3/h$；$H=10m$；$N=0.9kW$），每组热泵配置两台循环泵，一用一备。热泵加热工况下，热泵机组和循环泵受热水箱的水温控制启停。

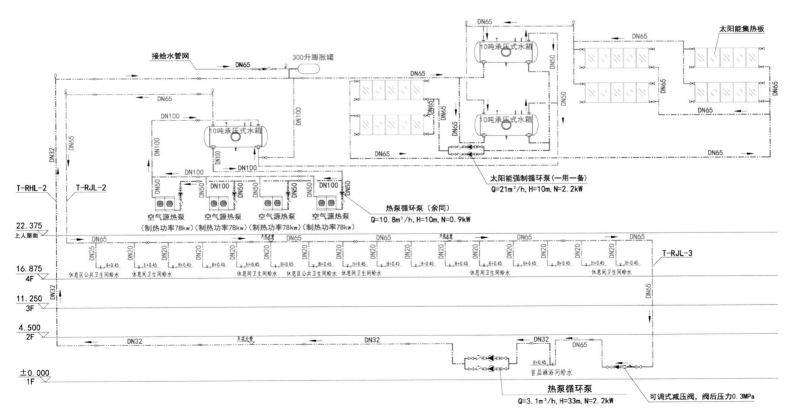

图3.12.1.2 太阳能热水系统图

5．储热水箱

采用承压式储热水箱，其中东侧太阳能集中热水供应系统选用三台10 m³卧式承压不锈钢水箱（承压级别为PN6），300升隔膜式膨胀罐一个；西侧太阳能集中热水供应系统选用10 m³和8 m³卧式承压不锈钢水箱各一台，300升隔膜式膨胀罐一个。

3.12.1.3　航站楼生活排水系统

1．室外排水

场内采用雨、污水分流制，生活污水最终排至机场污水处理厂。现有机场内污水排水管网满足本期排水量要求。

室外雨水分空侧和陆侧两部分，空侧雨水排到飞行区雨水系统。陆侧部分，由于二号航站楼建成后，周边排水设施不足以承接新建二号航站楼陆侧雨水量，须考虑雨水调蓄。

雨水调蓄池按20年一遇暴雨强度计算，有效容积为2.6万m³，设于二号航站楼西南侧。通过进出雨水渠箱及现状1号雨水调蓄池及新建调蓄池水位雍高等方式，雨水调蓄池可满足50年一遇暴雨强度，保证机场路面无积水。

2．室内排水

（1）室内生活排水采用污废分流排放，室外设化粪池、隔油池。

共设置G10-40SQF型钢筋混凝土化粪池42座、GG-4SF型钢筋混凝土隔油池29座。设置化粪池和隔油池作为进污水处理厂前的预处理，可将污水中的大部分固体垃圾截留下来，减少后续管道的堵塞风险，也减轻管理公司日常的维保压力。最高日污水排放量为2210 m³/d。

（2）主航站楼中部排水点远离室外，此区域设置一体化污水提升装置，将污水压力排放到室外。

每台提升装置配备带切割装置潜污泵两台、自动耦合装置、控制箱，有效容积有250升、400升、1000升三种规格。两台水泵互为备用，若两台水泵同时发生故障，污水提升装置达到报警水位时，向管理中心发出报警信号，同时联动关闭对应卫生间给水总管上的电磁阀，避免有污水继续进入，管理人员根据报警信号及时进行维修。污水提升装置设置于专用的污水提升间内。

（3）地下室及设备管廊设集水坑，由潜水泵将坑内积水抽出室外。

（4）由于金属屋面不允许设伸顶通气管，因此排水系统分组设置汇合通气管，穿屋檐下侧墙通往室外，出口处设百叶，管口加设防虫网。

3.12.1.4　航站楼雨水系统

航站楼屋面采用虹吸雨水排放系统，金属屋面

暴雨重现期取20年，雨水系统与溢流设施的总排水能力按不低于50年重现期的雨水量计算，天沟截面尺寸为1000mm×400mm（H）。

主楼北侧混凝土屋面设计重现期取50年，雨水系统与溢流系统的总排水能力按不低于100年重现期的雨水量计算，天沟截面尺寸为800mm×400mm（H）。降雨历时均按5分钟计算，屋面径流系数为1。

登机桥固定端采用重力雨水系统。采用87雨水斗，暴雨重现期10年，50年校核。

室外地面暴雨重现期5年，汇流时间10min。

雨水排放量：29.3 m³/s，其中排往空侧14.4 m³/s，排往陆侧14.9 m³/s。

3.12.1.5　雨水回收利用系统

1．标准及要求

本工程收集部分屋面雨水用作室外绿化、幕墙及道路冲洗。处理后的雨水水质达到《城市污水再生利用景观环境用水水质》标准的相关要求。

2．雨水回收

雨水回用系统最高日用水量484m³/d，最大时用水量81m³/h。

3．雨水收集

所收集雨水集中在主航站楼屋面南边，总收集面积约为46000m²，结合回用水实际使用量设置2个雨水收集池，位于主楼首层室外东、西两侧绿化带内，容积均为800m³。

4．工艺流程

按弃流量为2mm考虑，采用流量型弃流装置实现雨水的初期弃流，可满足每次92m³的初期雨水弃流量要求。

5．回用系统

航站楼东、西边各设置一套雨水回用系统，采用变频供水设备供水，每套变频供水设备供水量46m³/h，扬程54m，保证系统末端供水压力不小于0.2MPa。各设60m³回用雨水清水箱一个。

6．系统控制

具备自动控制、远程控制、就地手动控制。泵房、楼梯口集水坑及雨水收集池和雨水清水箱的溢流报警信号引至主楼设备管理中心及TOC实现远程监测。

3.12.1.6　航站楼消防系统（表3.12.1.6）

1．消防系统

消防系统包括室内外消火栓系统、自动喷水灭火系统、消防水炮系统、水幕防护冷却系统、高压细水雾灭火系统、气体灭火系统等。

高位消防水箱容积为36m³。

消防用水量总表

表 3.12.1.6

消防系统名称	消防用水量标准（L/s）	用水定额	用水单位数	用水时间（h）
室外消火栓系统	40	3	432	由室外供水管网供给
室内消火栓系统	30	3	324	由室内消防水池供给
自动喷水灭火系统	80	1	288	由室内消防水池供给 （消防储水量取大者，不叠加计算）
大空间智能型主动喷水灭火系统	40	1	144	
水幕防护冷却系统	45	3	486	由室内消防水池供给
室内合计	155	—	1098	室内消防水池容积 1400 m³
总计	195	—	1530	—

注：表中同一时间内同时开启的、一次灭火用水量最大为室内消火栓系统、自动喷水灭火系统、水幕防护冷却系统同时动作时，用水量为155L/s，其部位为东五、东六指廊及东连廊8～12m高大空间设置喷淋系统未设水炮的区域。

2. 消火栓系统

（1）室外消火栓系统

室外消防系统分空侧和陆侧两部分。空侧室外消防系统与飞行区消防系统共用一套管网；陆侧室外消防系统从航站区 DN500 供水管网接出两根 DN300 管成环状布置为室外消防管网。机场南、北各设有一个供水泵站，两个泵站水池储水量各为 8000 m³，可满足整个机场的消防和生活用水要求。室外消防管网压力不小于 0.10MPa，按不大于 120m 间距布置室外消火栓，陆侧采用 SS100/65 型室外地上式消火栓，空侧采用地下型消火栓（图 3.12.1.6-1）。

（2）室内消火栓系统

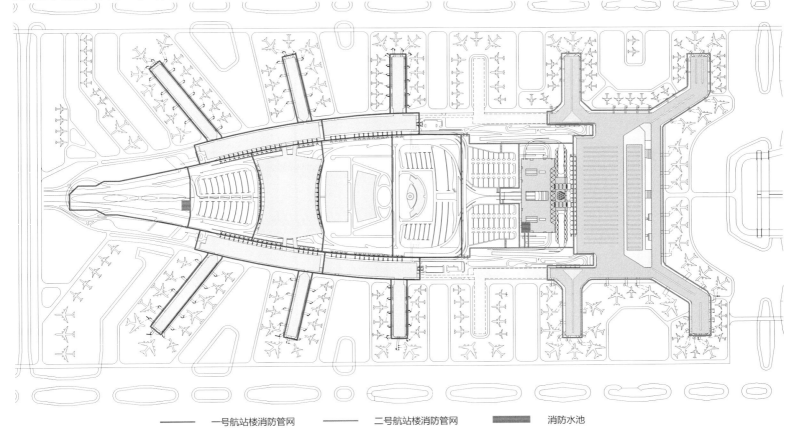

———— 一号航站楼消防管网　　———— 二号航站楼消防管网　　▇▇▇ 消防水池

图 3.12.1.6-1　航站区消防总图

二号航站楼室内外消防系统分开设置，室内消防系统（包括室内消火栓系统、自动喷水灭火系统、水幕防护冷却系统）共用一套消防泵组和加压主管。消防 DN300 加压主管沿航站楼周边一圈成环状布置，主楼及各指廊室内消防系统分别从环状消防加压主管引出两根连接管与各自系统成环连接。连接管上设闸阀和单向阀，使主楼及各指廊成为各自独立的系统，各系统分别独立设置消防水泵接合器。消防加压主管分别在航站楼室外东南和西南位置通过阀门与一号航站楼消防加压管网相接，通过阀门切换，一、二号航站楼消防系统可成为一套共用系统，一、二号航站楼的消防泵房及消防水池可互为备用，提高了消防系统的供水安全保障。

室内消火栓系统竖向不分区，主管每层水平成环，各消火栓从环上接管，环上设阀门，将消火栓每5个分成一组，室内任何一点均有2股充实水柱同时到达。主楼高处设置36m³高位消防水箱以满足消防初期10分钟消防用水。

消防泵房及消防水池设于主航站楼以南交通中心地下层，消防水池容积1400m³，等分为两座。设置卧式消防泵（Q=55L/s，H=85m，N=75kW）四台，三用一备。稳压泵（Q=5L/s，H=85m，N=11kW）两台，一用一备。SQL1200×1.5型隔膜式气压罐（φ1200，消防储水容积355L）两套。

消防箱配置：箱内设有SN65消火栓（或SNJ65减压稳压消火栓）一个；衬胶水龙带一条（部分配两条），长25m、DN65mm；喷嘴口径DN19mm水枪一支；消防卷盘一套（DN25mm、软管卷盘胶管长25m、DN6mm小水枪一支）；警铃、指示灯、碎玻璃报警按钮由电气专业配置；6具40型防毒面罩；2～3具手提灭火器。二层以下（包括二层）采用减压稳压消火栓。消防箱分独立型和嵌墙型两种。独立型箱体尺寸1300mm×1100mm×350mm，材质为2.0mm厚拉丝不锈钢板，门板采用12mm厚钢化彩釉玻璃；嵌墙型箱体尺寸1665mm×800mm×240mm，材质为1.5mm厚钢板，面板由装修设计定（行李机房行李分拣区采用铝合金面板）。

消防泵控制：消防泵由系统压力及高位消防水箱出水管上的流量开关控制，系统平常由稳压泵维持管网压力。火灾初期，管网压力下降或高位消防水箱出口流量开关检测到有流量通过时，启动1台消防主泵。当消防用水量增大时，根据预设的压力值依次启动第二、第三台主泵。消防主泵也可在消防中心和消防泵房手动控制，各台消防主泵可自动巡检，交替运行（图3.12.1.6-2）。

3．自动喷水灭火系统

（1）除高大空间、楼梯间及不能用水扑救灭火的部位外，均设置自动喷水灭火系统。航站楼一般区域按中危险Ⅰ级考虑，喷水强度6L/min·m²，作用面积160m²，最不利点喷头工作压力不小于0.05MPa；交通中心停车库按中危险Ⅱ级考虑，喷水强度8L/min·m²，作用面积160m²，最不利点喷头工作压力不小于0.1MPa；净空高度8～12m的区域喷水强度12L/min·m²，作用面积300m²，喷头流量系数K=115，最不利点喷头工作压力不小于0.1MPa。

（2）本系统与室内消火栓系统及水幕防护冷却系统共用加压泵组及加压主管，系统竖向不分区，配水管入口超0.40MPa区域，在水流指示器后设减压孔板。消防水泵和气压罐等设备的选型、控制详见消火栓系统。

（3）航站楼内按区域设报警阀间，每个报警阀间设多个报警阀，每个报警阀控制喷头数不大于800。每个报警阀间由消防加压主管引入两条给水管连接报警阀组，每条引入管处设置检修闸阀、电动闸阀和止回阀，阀门为常开状态，当报警阀动作一小时后电动阀自动关闭，保证其他消防系统用水量。系统按区域分别独立设置消防水泵接合器。

（4）喷头的选择和布置：采用快速响应喷头。有天花区域采用装饰型隐蔽喷头；高度大于800的天花内设上向直立型喷头。行李机房层高11.25m，大部分区域采用直立型快速响应喷头，板底安装，局部如行李转盘等处为一整块钢板区域，在其下方增设喷头。大空间金属屋面以下、吊顶以上的空间内，在设备检修马道上方设置喷头保护马道区域。厨房喷头动作温度93℃，天花内喷头动作温度79℃，其余喷头动作温度68℃。

4．水幕及防护冷却系统

（1）系统设置

二号航站楼行李系统采用轨道传送行李，行李轨道穿梭于不同的楼层和区间，跨越不同的防火分区和防火物理分隔。穿越处，在保证行李轨道连续的前提下，根据不同的情况采取相应的保护措施：有条件设置防火卷闸处设卷闸，并设闭式防护冷却保护系统，用水量为0.5L/（s·m）；没条件设防火卷闸处设开式水幕分隔系统，用水量为2L/（s·m）。三层大空间商铺定义为"防火舱"，采用防火隔墙和防火玻璃与大空间分隔，耐火极限2h，设置闭式防护冷却系统对防火玻璃进行冷却保护，用水量为0.5L/s·m。

（2）本系统与室内消火栓系统及自动喷水灭火系统共用加压泵组及加压主管，最大消防流量45L/s，持续时间3h。消防水泵和气压罐等设备的选型、控制详消火栓系统。

5．消防水炮系统

（1）系统设置

航站楼超过12m以上高大空间采用自动扫描射水高空水炮系统（小炮系统）和固定消防炮灭火系统（大炮系统）。其中主航站楼设置大炮系统，每门水炮设计流量20L/s，最大射程50m，系统设计最多可同时开启2门水炮灭火。指廊及连廊采用小炮系统，每门水炮设计流量5L/s，最大射程20～25m，系统设计最多可同时开启6门水炮灭火。每门水炮悬吊于大空间天花下，天花内设置检修马道可延伸到每门水炮处，方便水炮的检修维护。系统主管环状布置，保证主楼最不利点压力不小于0.8MPa。各指廊主管接入处设可调式减压阀，控制指廊最不利点压力不小于0.6MPa。系统独立设置水泵接合器。

（2）消防泵组

本系统消防泵组及管网均独立设置，消防泵组设于交通中心地下层的消防泵房内。采用三台水炮加压泵（$Q=20L/s$，$H=130m$，$N=55kW$），两用一备。稳压泵（$Q=1.67L/s$，$H=100m$，$N=4kW$）两台，一用一备，$\phi 1000$ 隔膜式气压罐一个，设于主楼标高24.175m层高位水箱间内。

（3）系统控制

系统有三种控制方式：自动控制、消防中心手动控制、现场应急手动控制。

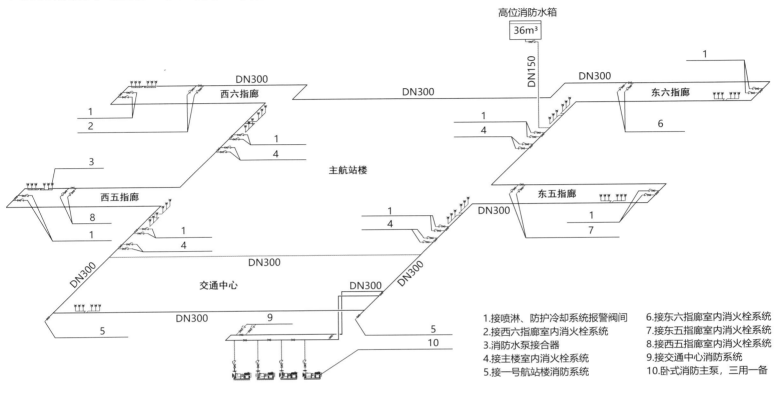

图3.12.1.6-2　室内消防系统示意图

6．高压细水雾灭火系统

（1）系统设置

地下管廊电舱部分、发电机房、TOC操作大厅、GTIC分控中心等部位设置高压细水雾系统。采用开式分区应用系统，各分区由区域控制阀控制。发电机房采用 $K=1.0$ 开式喷头，其余部位采用 $K=0.7$ 开式喷头，喷头的安装间距不大于3.0m，不小于1.5m，距墙不大于1.5m。系统的响应时间不大于30s，最不利点喷头工作压力不低于10MPa，设计流量为 $Q=499L/min$，火灾延续时间按30min考虑，消防总用水量15m³。

（2）消防泵组

本项目在主楼首层及东西指廊各设置一套高压细水雾泵组，三套泵组可互为备用。每套泵组包括六台主泵（柱塞泵，单泵 $Q=100L/min$，$H=14MPa$，$N=30kW$），五用一备。稳压泵两台（单泵 $Q=11.8L/min$，$H=1.4MPa$，$N=0.55kW$），一用一备。高压细水雾灭火系统补水压力要求不低于0.2MPa，且不得大于0.6MPa，因此在各泵组前设置两台增压泵（单泵 $Q=32m^3/h$，$H=0.4MPa$，$N=5.5kW$），一用一备。各泵组配备有效容积18m³不锈钢消防水箱一个。系统由稳压泵维持准工作状态压力1.0～1.2MPa，系统工作压力12.1MPa。

（3）系统控制

在准工作状态下，从泵组出口至区域阀前的管网由稳压泵维持压力1.0～1.2MPa，阀后空管。发生火灾后，由火灾报警系统联动开启对应的区域控制阀和主泵，喷放细水雾灭火，或者手动开启对应的区域控制阀，管网降压自动启动主泵，喷放细水雾灭火。经人员确认火灾扑灭后，手动关闭主泵和区域控制阀，火灾报警系统复位，管网恢复、系统复位。

系统具备三种控制方式：自动控制、手动控制和应急操作。

7．气体灭火系统

（1）气体灭火设置场所和保护区的划分：重要设备用房、弱电机房、变配电间、UPS间等不宜水消防的部位设置气体灭火系统。防护区较集中的区域采用组合分配系统，防护区较分散区域采用预制灭火系统。

（2）灭火剂为七氟丙烷，各防护区采用全淹没灭火方式。其中重要设备用房、弱电机房、UPS间等灭火设计浓度采用8%；变配电间灭火设计浓度采用9%。通讯机房、电子计算机房内的电气设备火灾的灭火浸渍时间应采用5min，固体表面火灾采用10min，气体和液体火灾不小于1min。组合分配系统灭火剂储存容器采用氮气增压，压力为三级（5.6+0.1MPa，表压，20℃）。喷头工作压力不小于0.8MPa（绝对压力）。预制灭火系统为一级增压（2.5+0.1MPa，表压，20℃），喷头工作压力不小于0.6MPa（绝对压力）。

（3）共设置41个组合分配系统，每个系统防护区不超过8个。灭火剂用总量14628kg，120L钢瓶63个、90L钢瓶90个、70L钢瓶53个。其中最大一个系统灭火剂用量675kg，采用9个90L钢瓶，每个钢瓶充装量75kg。预制灭火系统共设置146个防护区，灭火剂用总量15521kg，每套预制灭火系统配置钢瓶规格分别为40L、70L、90L、120L、150L、180L。

（4）各防护区设机械泄压口。组合分配系统采用无缝钢瓶，泄压装置动作压力10.0±0.50MPa（表压）。预制灭火系统采用焊接钢瓶，泄压装置动作压力5.0±0.25MPa（表压），同一防护区内的预制灭火系统装置多于1台时，必须能同时启动，其动作响应时差不得大于2s。

3.12.1.7　管材选择

1.　给水管

（1）室外埋地管：$DN<250$钢丝网骨架聚乙烯复合给水管，热熔连接；$DN\geqslant250$采用球墨铸铁给水管，承插式胶圈接口。

（2）室内给水管和热水管：SUS304不锈钢管，$DN<80$环压连接，$DN\geqslant80$焊接连接或法兰连接。

2.　排水管

（1）室外埋地管：$DN<300$采用UPVC双壁波纹管，承插式橡胶圈密封接口。$DN\geqslant300$采用HDPE缠绕结构壁管，承插式电热熔连接。

（2）室内排水管：卡箍式排水铸铁管，加强型卡箍连接；埋地部分采用HDPE管，热熔连接；压力排水管采用衬塑镀锌钢管，法兰连接。

3.　雨水管

（1）室外埋地管：$DN<300$采用UPVC双壁波纹管，承插式橡胶圈密封接口。$DN\geqslant300$采用HDPE缠绕结构壁管，承插式电热熔连接。

（2）室内雨水管：立管及悬吊管采用不锈钢管，焊接连接方式。埋地出户管采用HDPE管，热熔连接方式。

（3）回用雨水管：采用PPR管，热熔连接。

4.　消防管

（1）室外埋地管：采用球墨铸铁给水管，承插式胶圈接口。

（2）室内消火栓系统、自动喷水灭火系统、水幕防护冷却系统、消防水炮系统：采用内外涂塑钢管（消防专用），$DN<100$，丝扣连接；$DN\geqslant100$，卡箍连接。

（3）高压细水雾灭火系统：采用SUS316L无缝不锈钢管，氩弧焊接或卡套连接。

（4）气体灭火系统：内外镀锌无缝钢管，螺纹连接。

3.12.2　交通中心给排水设计

3.12.2.1　交通中心给水系统

1.　水源

以航站区市政给水管网为生活给水水源，分别从航站区东、西侧$DN500$给水管各引出一根$DN300$管供应航站楼及交通中心生活、消防用水。根据现场实测，航站区供水管压力0.40MPa，可满足一至三层的供水压力要求。

2.　用水量

最高日用水量7225m^3/d，最大时用水量476m^3/h，平均时用水量458m^3/h（表3.12.2.1）。

交通中心用水量总表　　　　　　　　　　　　表3.12.2.1

序号	用水对象	用水定额	用水单位数	用水时间(h)	时变化系数	最高日用水量（m^3/d）	平均时用水量（m^3/h）	最大时用水量（m^3/h）
1	旅客	6L/人•次	43200人•次	16	2.0	259.2	16.2	32.4
2	餐饮	25L/人•次	500人	16	1.2	12.5	0.78	0.94
3	工作人员	60L/人•d	200人	18	1.5	12	0.67	1
4	地面冲洗	3.0L/d•m^2	26000	8	1.0	78	9.75	9.75
5	绿化	2.0L/d•m^2	15000m^2	10	1.0	30	3	3
6	空调用水	—	—	16	1.0	6176	386	386
7	合计	—	—	—	—	6568	416.4	433.1
8	未预见用水	10%	—	—	—	656.8	41.6	43.3
9	总计	—	—	—	—	7225	458	476

注：由于航站楼与交通中心共用空调系统，空调主机和冷却塔均设在交通中心，因此，空调用水量为二者空调用水量之和。

3. 系统设置

以航站区市政给水管网为生活给水水源，分别从航站区东、西侧 DN500 给水干管分五路引管接入航站楼及交通中心，主干管在地下层连接成环供水。室外管网压力可满足供水压力要，由室外管网直供，采用下行上给供水方式。选用节水型卫生器具，卫生间坐便器采用容积为 6L 两档型冲水箱；小便器采用红外感应自动冲洗阀；洗手盆采用红外感应给水龙头。为方便管理，采用多级计量。在与航站区室外给水管连接的引入管处设给水总表，总表后根据管理需求设分表。

4. 给水管材

（1）室外埋地管：DN＜250 钢丝网骨架聚乙烯复合给水管，热熔连接；DN≥250 采用球墨铸铁给水管，承插式胶圈接口。

（2）室内给水管和热水管：SUS304 不锈钢管，DN＜80 环压连接，DN≥80 焊接连接或法兰连接。

3.12.2.2 交通中心排水系统

1. 系统设置

交通中心室内生活排水采用污废分流排放，室外设化粪池、厨房设隔油器。生活污水经化粪池处理、厨房含油废水经隔油器处理后与生活杂排水汇合接入航站区污水管网，然后排往机场污水处理站。地下室及设备管廊设集水坑，由潜水泵将坑内积水抽出室外；地下层卫生间排水由一体化污水提升装置抽升排往室外化粪池。

2. 排水量

交通中心最高日生活排水量 358m³/d，高峰小时排水量 38m³/h。

3. 排水管材

（1）室外埋地管：DN＜300 采用 UPVC 双壁波纹管，承插式橡胶圈密封接口。DN≥300 采用 HDPE 缠绕结构壁管，承插式电热熔连接。

（2）室内排水管：卡箍式排水铸铁管，加强型卡箍连接；埋地部分采用 HDPE 管，热熔连接；压力排水管采用衬塑镀锌钢管，法兰连接。

3.12.2.3 交通中心雨水系统

1. 暴雨重现期

室外设计暴雨重现期为 P=5 年，汇流时间 t=10min；屋面设计暴雨重现期为 P=10 年，汇流时间 t=5min；

2. 排水方式

屋面排水采用重力流雨水系统，局部采用虹吸雨水系统。雨水排水管道系统与溢流设施的总排水能力不小于 50 年重现期的雨水量。室外地面设置雨水口，地面雨水经雨水口收集后排入航站区雨水管网。

3. 系统管材

室内采用卡箍式离心浇铸排水铸铁管；室外雨水管采用高密度聚乙烯管，热熔连接或橡胶密封圈承插连接；压力排水管采用内涂塑镀锌钢管，丝扣或法兰连接。

3.12.2.4 交通中心消防系统

1. 消防系统

交通中心设置的消防系统包括室内外消火栓系统、自动喷水灭火系统、高压细水雾灭火系统、气体灭火系统。除气体灭火系统外，其余系统均与航站楼共用系统，具体详见航站楼部分描述。

2. 气体灭火系统

（1）交通中心的高压房、低压房、变配电间等不宜水消防的部位，采用七氟丙烷气体灭火系统。灭火设计浓度采用 9%。

（2）七氟丙烷灭火系统由火灾报警系统、灭火控制系统及七氟丙烷灭火装置三部分组成。火灾报警系统设置感烟、感温两路报警，通过气体灭火控制器进行控制，七氟丙烷灭火管网系统贮瓶充装压力为 4.2MPa（20℃）。具有自动控制、手动控制、机械应急操作三种启动方式。

（3）系统设置

交通中心东、西区分别设置一套组合分配系统。其中东区系统设有七个防护区，灭火剂用量为 605kg；西区系统设有八个防护区，灭火剂用量为 1815kg。

（4）系统管材

内外镀锌无缝钢管，螺纹连接。

3.12.3 给排水专业主要创新点

主要热水系统采用太阳能为热源，空气源热泵为辅助热源，非传统热源的利用占总耗热量的 75%，大大节省了热水系统能耗，符合绿色机场的设计理念。

一体化污水提升装置的应用，解决了超长距离室内排水难题：航站楼体量巨大，主楼中部排水点距室外超过 150m，一体化污水提升装置，解决了重力排水标高不够、易堵塞等问题。

设置雨水回收利用系统，减少雨水排放，增加非传统用水的利用，绿色环保。设置大型雨水调蓄设施，调蓄量达 2.6 万 m³，满足 50 年一遇暴雨强度路面无积水要求，大大提高了机场抵御极端天气的能力。

室内消火栓系统、自动喷水灭火系统、水幕防护冷却系统共用一套消防泵组和加压主管，在满足规范及安全的同时，简化系统，节约投资，方便控制及维护管理。

3.13　电气设计

3.13.1　供配电系统设计

3.13.1.1　负荷计算

1.　负荷等级

本工程为Ⅲ类及以上民用机场航站楼，负荷分类如表3.13.1.1所示。

负荷分类　　　　　　　　　　　　表 3.13.1.1

负荷等级	负荷类别
一级负荷中特别重要负荷	应急照明；边检、海关的安全检查设备；航班信息、显示及时钟系统；航站楼、外航驻机场办事处中不允许中断供电的重要场所用电负荷；重要电子信息机房、防灾中心及分控室（包括消防中心、分控室）、集中监控管理中心、应急指挥中心；安防系统、信息及弱电等系统专用电源等
一级负荷	消防水泵、消防风机、消防电梯及其他消防设备设施用电；生活水泵、潜污泵、雨水泵；行李系统；出发大厅照明，到达大厅照明，联检大厅照明，值机及候机厅照明，其他公共区域照明，公共区域送排风系统设备，普通客梯；海关、边检、检验检疫等区域用电；贵宾用电等
二级负荷	公共场所空调系统设备、自动扶梯、自动人行步道；货梯；贵宾厨房动力等商业用电；广告用电；上述一级负荷外的其他用电

2.　负荷容量

（1）本工程航站楼总计算负荷为50518kW（不含设于交通中心的制冷机房用电），变压器总装机容量为111700kVA，平均负荷率为49.2%。按远期规划，包含空侧设备与行李系统安装容量，变压器安装指标为142.7VA/m²。

（2）设备中心10kV空调制冷主机设备安装容量为20096kW，按功率因数0.92、负载率0.85折算变压器装机容量为25698kVA；空调冷源其他设备（含380V空调制冷主机与冷冻泵、冷却泵、冷却塔及其配套设备）计算负荷为8990kW，变压器装机容量为14400kVA，平均负荷率为67.9%。设备中心空调制冷设备折算变压器总装机容量为40098kVA，按二号航站楼建筑面积65.8万m²计算，安装指标为60.9VA/m²。

（3）航站楼整体变压器安装指标为203.6VA/m²。

（4）项目（含交通中心）消防设备计算负荷为7693 kW，市电停电时需要发电机确保的一级负荷计算负荷为8409kW，其中航站楼消防设备计算负荷为6352kW，

市电停电时需要发电机确保的一级负荷计算负荷为7388kW。

3.13.1.2　变电所设置

航站楼内共设置18个10kV/0.4kV变电所，其中16个公用变电所、2个行李系统专用变电所；设备中心设置6个10kV/0.4kV变电所，其中4个制冷机房专用变电所、2个停车楼公用变电所。变电所分布如图3.13.1.2所示。

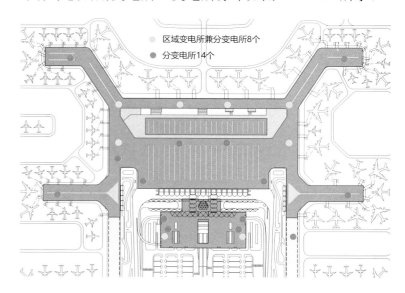

图 3.13.1.2　各变电所设置示意图

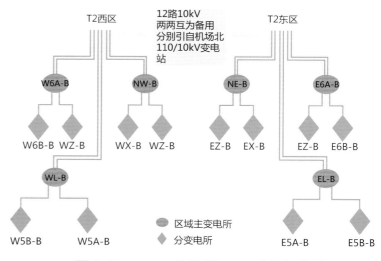

图 3.13.1.3-1　航站楼10kV系统拓扑图

3.13.1.3　10kV供电系统

1.　航站楼内10kV供电系统

二号航站楼内设置6个区域主变电所，共引入12路10kV电源供电。每个区域主变电所分别从新建110kV变电站不同变压器母线段引来两路10kV电源，两路10kV电源同时工作，100%互为备用，具体详见图3.13.1.3-1。原则上各变电所变压器两台一组，采用单母线分段运行方式，每组变压器两路10kV电源分别直接引自同一个区域主变电所不同的10kV母线段，具体详见图3.13.1.3-2。

2．设备中心 10kV 供电系统

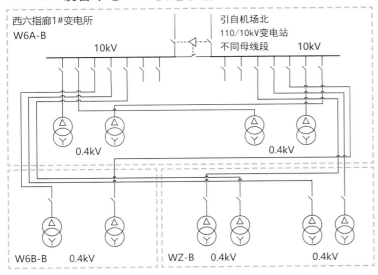

图 3.13.1.3-2　西六指廊 1#变电所单线系统图

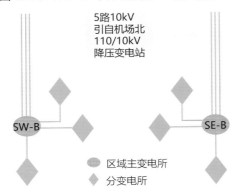

图 3.13.1.3-3　设备中心 10kV 系统拓扑图

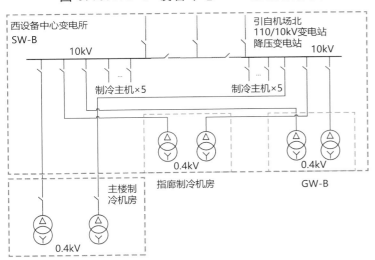

图 3.13.1.3-4　西设备中心变电所单线系统图

设备中心设置两个区域主变电所，共引入 6 路 10kV 电源供电。每个区域主变电所分别从新建 110kV 变电站不同变压器（变电站共设三台主变压器）母线段引来三路 10kV 电源，三路电源两用一备，备用回路能备用其中一路主用的 100%负荷，具体详见图 3.13.1.3-3。每台 10kV 高压空调制冷机组分别由区域主变电所直接引一路 10kV 电源至机组自带的控制柜进线端，高压空调制冷机组采用变频控制的方式，启动电流不大于正常运

行电流的 5 倍。控制柜分主楼系统与指廊系统分别集中安装于控制室内。各变电所变压器两台一组，采用单母线分段运行方式，每组变压器两路 10kV 电源分别直接引自同一个区域主变电所不同的 10kV 母线段，具体详见图 3.13.1.3-4。

3.13.1.4　备用电源 10kV 供电系统

在西设备中心设置五台常用功率为 1800kVA 的高压发电机组作为备用电源，并在航站楼东、西连接楼分别设置一个 10kV 备用电源二级配电室，向各变电所备用变压器供电，用于保障航站楼及交通中心内特别重要负荷、消防设备、弱电系统、应急照明等负荷在市电故障时的连续供电。备用电源主要作为防灾安全保障用途，兼顾航站楼部分重要负荷，如登机桥电力、行李主系统动力、贵宾室等，但不作为维持航站楼运营的备用电源。

备用电源系统由一路市电与一路发电机电源供电，其中市电从新建机场北 110kV 变电站直接引来，发电机电源由五套常用功率为 1800kW 并车运行的柴油发电机组成。平时由市电供电，当其市电故障时或发生火灾时，向发电机主控柜发送启动发电机信号。一般情况五台发电机同时启动，并在 15s 内完成五台机组的并车及送电；当遇到有发电机组检修或故障情况，15s 内无法完成五台机组的并车时，15s 后 30s 内只要完成其中三台机组便可强制并车及送电。发电机备用电源系统送电后，市电电源进线柜开关分闸，发电机出线柜开关自动合闸，发电机备用电源投入使用。当市电电源回路恢复供电时，手动断开发电机出线柜开关，手动合上市电进线的电源开关，转换成正常情况下的供电方式，采用手动方式将发电机逐台退出运行。

在二号航站楼的东、西连接楼的 10kV 备用电源二级配电室采用两路电源一用一备的方式供电，其中主供回路由西设备中心备用电源系统供电，当该电源故障时，经延时后主供电源进线柜开关自动分闸，备供电源进线柜开关自动合闸，由机场南 110kV 变电站电源供电。当主供电源回路恢复供电时，视情况手动断开备用电源进线柜开关，手动合上主供电源进线的电源开关，转换成正常情况下的供电方式。

3.13.1.5　0.4kV 配电系统

1．系统运行方式

（1）常规变压器：除 E5A 及 W5A 变电所的 B3 变压器外，每两台变压器一组，采用单母线分段运行方式，正常时两台变压器各带约 50%负荷，平均负荷率小于 50%。当一台变压器故障时，由另一台变压器带两段母线上全部负荷。当两路市电进线中的一路或一台变压器故障时

（进线失压保护采用分励脱扣器，失压信号取自变压器低压出口两组电压继电器，延时 2.5～4s 跳进线断路器，电压值取 30%Ue 作为无压判据），低压母联开关采用自投不自复方式（装设低压进线开关保护掉闸闭锁母联自投），自投时间滞后于进线断路器失压脱扣时间不小于 0.5s。两路进线与联络断路器之间采取电气联锁措施（当三台开关相邻安装时还设置机械连锁措施），保证三台断路器不能同时处于合闸状态。E5A 及 W5A 两变电所 B3 变压器平时独立运行，当该变压器故障退出运行时，手动分闸该进线开关后，合上与 B2 间设联络开关。

（2）备用变压器：采用单母线运行方式，平时变压器负荷率小于 50%。平时正常运行时由备用电源系统 10kV 市电电源供电，当市电故障或火灾时由发电机 10kV 备用电源供电；平时当备用变压器故障或检修时，该 0.4kV 母线段由变电所内市电母线段供电。

2．各级负荷供电方式

（1）一级负荷中特别重要负荷：民航类弱电采用两路电源、两回线路（一路市电、一路备用电源供电系统）引至 UPS 室内并设置进线开关，并保证任一回路在故障情况下，另一回路能承担 100% 负载容量（UPS 配电采用的是双总线结构）；其他弱电系统采用两路电源、两回线路（一路市电、一路备用电源供电系统）末端自动切换，并设置在线式 UPS 供电。

（2）一级负荷中的消防负荷：采用两路电源、两回线路（一路市电、一路备用电源供电系统）末端自动切换。

（3）一级负荷中的非消防负荷：大空间照明采用两路电源、两回线路（两路市电）各带一半负荷的供电方式；其他一级负荷采用两路电源、两回线路（两路市电）末端自动切换。

（4）二级负荷：采用两路电源、一回线路供电。

3.13.1.6　配电方式

本设计采用放射与树干相结合的配电方式，分区设置配电竖井与楼层配电间。根据负荷类别及管理要求，分类设置公共区照明、公共区地面用电、应急照明、办公区用电、公共区域送排风动力、空调通风动力、生活水动力、排水动力、自动扶梯与步道、电梯、消防动力、弱电系统 UPS、航显标识用电、联检、贵宾、两舱休息室、广告、商业、机坪各种用电等专用低压回路与区域配电箱（柜）。其中设备机房及容量大的设备采用放射式供电，其他设备以配电数据为单位采用树干上供电。应急照明以竖井为单位在区域配电间内集中设置应急电源装置（EPS）供电，EPS 持续供电时间为 60min，应急供电转换时间不大于 0.5s。

3.13.2　大空间照明设计

二号航站楼首次全面大胆采用 LED 照明灯具与采调光技术控制结合，点亮这座世界级枢纽，实现了照明与节能相平衡、自然与人工相结合、舒适与健康兼得的完美效果。设计中根据具体的空间功能和需求进行不同的照明规划设计；选择合理的照明灯具，合适的照明方式，采用灵活的照明控制方式，使其在满足人对照明功能的需求的同时，营造出合理、健康、舒适的光环境，既满足大交通流量的引导性照明功能要求，又利用光的亮度、色温变化，标识空间，引导人流，形成合理的光引导。

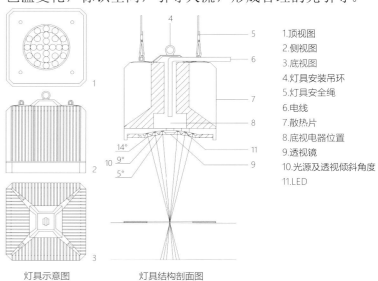

1.顶视图
2.侧视图
3.底视图
4.灯具安装吊环
5.灯具安全绳
6.电线
7.散热片
8.底视电器位置
9.透视镜
10.光源及透视倾斜角度
11.LED

灯具示意图　　　　灯具结构剖面图

图 3.13.2-1　灯具示意图与剖面分析图

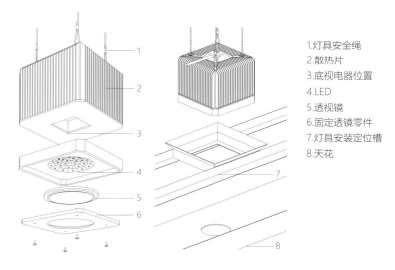

1.灯具安全绳
2.散热片
3.底视电器位置
4.LED
5.透视镜
6.固定透镜零件
7.灯具安装定位槽
8.天花

图 3.13.2-2　灯具爆炸图与安装图

本工程公共空间照明采用大功率 LED 灯，以直接照明为主，间接照明为辅，通过光源空间布置、灯具选型与安装方式的设计改善眩光的影响。

由于灯具的选型与安装对于大空间照明效果影响很大，如果照度与眩光问题处理不好可能直接影响最终的成败。经过深入的比选、研究，设计师和照明顾问结合项目情况创新性地设计了一款 LED 投光灯，灯具设计如图

3.13.2-1、图 3.13.2-2 所示。

每套灯具的内部由 24 只高效 LED "微灯具"组成，设计将"微灯具"光源均匀表贴在球面灯体上，每只"微灯具"配置极窄的光束角，并调整各自的照射方向使光聚集在下方 300mm 处的灯具中心线的圆心上，再散射到下方空间。这种处理确保天花上方的光损失最少，并且通过将灯具深藏在天花上方实现见光不见灯与减少眩光的目的。另外将灯具设计为正方形并四周倒角，便于灯具在灯槽内安装固定，灯具外壳采用一体化压铸铝并配置高密齿散热器，有效增加散热面积，有利于延长灯具寿命。

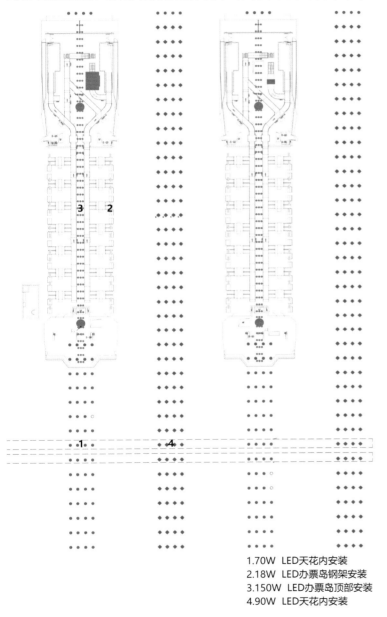

1.70W LED天花内安装
2.18W LED办票岛钢架安装
3.150W LED办票岛顶部安装
4.90W LED天花内安装

图 3.13.2-3 光源布置方案平面图

办票大厅东西方向按 36m 为单元，在吊顶波浪造型的波峰（两座办票岛中间通道上方）、波谷（办票岛上方）分别设置南北方向的马道，照明灯具在马道下方结合吊顶造型安装在吊顶内部，同时利用马道解决高空灯具安装与维护问题。除办票岛正上方没有安装灯具外，每条马道下设置四列灯具，灯具的列间距为 1.5m、行间距为

3m。其中吊顶波峰内灯具选用 90WLED 投光灯（总功率为 115W）、波谷吊顶内及北侧餐饮平台区域选用 70WLED 投光灯（总功率为 86W），灯具色温为 4000K。所有灯具均藏在吊顶天花内，通过在铝合金板上开圆形透光孔，并结合铝合金板安装调整灯光投射方向后将灯光均匀投射到地面，提供大厅功能照明，实现见光不见灯的照明效果。每个办票岛顶部设置 49 行、每行 3 套共 147 套功率 150W 的 WRGB-LED 投光灯（其中 4000K 白光光源总功率约为 45W）作为间接照明与泛光照明，向上照亮顶棚，表现天花曲面造型，并通过铝合金板的漫反射将空间打亮，使得照明与建筑和室内设计融合为一体。同时，通过对 WRGB 灯具的调色控制满足不同的节日气氛需求，为旅客提供不一样的旅行感受。办票岛钢架上每个服务柜台上方安装两套 18W 的明装 LED 筒灯作为服务柜台的重点照明，满足 500lx 照度的工作需求，光源布置方案如图 3.13.2-3 所示。

由于 LED 灯具有线性连续调光的优点，根据使用需求调节照度可以提升建筑环境的舒适度，同时也能延长灯具的寿命、降低照明能耗，更好地达到节能效果。因此航站楼结合项目的实际情况采用调光方式的智能照明控制系统控制。

经过对适合 LED 灯调光控制的可控硅调光、0～10V 调光、DALI 调光、DMX512 调光四种调光控制方式分析、比较，选定 0～10V 调光作为大厅顶棚 LED 投光灯的调光控制方式。办票岛上的 WRGB-LED 投光灯因为有调光、调色的需求，所以采用 DMX512 调光方式控制。

3.13.3 火灾自动报警系统设计

火灾自动报警采用控制中心报警系统。"全面探测、分区监控、集中管理"的模式，对建筑进行全面的火灾探测报警、消防设备联动控制及人员疏散导引。

航站楼消防总控中心设于主楼首层西南区，另在东五、东六、西五、西六指廊的连廊、主楼东南区及交通中心首层共设六个消防分控中心。每个分控中心均具备完整的报警与联动控制功能。火灾报警系统共安装 56 台消防主机，报警点 33963 点，总点数 69174 点。消防设备通过总线自动联动、连锁控制、消防水泵、防排烟风机、正压送风机、电动排烟窗等重要消防设备直接硬线控制接入各分控中心联动控制盘。

设置的子系统包括火灾自动报警系统、联动控制系统、气体自动灭火控制系统、水炮自动灭火控制系统、高压细水雾自动灭火系统、火灾消防通信系统、电气火灾报警系统、消防电源监控系统、防火门监控系统、集中控制疏散指示照明、应急广播系统、排烟窗控制系统、视频监控系统（辅助）。

3.13.4 光伏发电设计

光伏发电项目对于机场改善能源结构、提升能源效率、降低运营成本、塑造绿色低碳空港具有深远的示范意义，对于打造机场"综合回报模式"具有深远的战略意义。二号航站楼光伏发电项目采用分布式光伏发电系统，系统框图如图3.13.4-1所示。

综合建筑布局、美观、安全、造价、用电需求等因素，在主楼安检大厅屋顶与北指廊屋面设置约2万㎡的光伏组件（图3.13.4-2）。

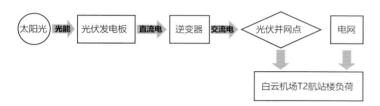

图 3.13.4-1 航站楼光伏系统框图

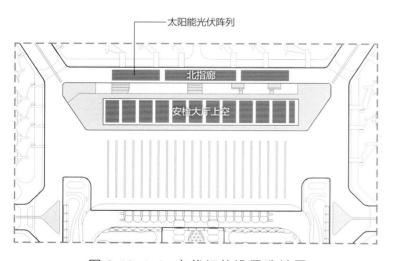

图 3.13.4-2 光伏组件设置选址图

最终设计的总装机功率为2.22475MWp（兆瓦），整个系统共安装8090块光伏组件。本项目采用0.4kV低压并网，分块发电、就近分散并网方案。以20块为一组进行串联，每11路/10路光伏组串汇流至一台50kW组串式逆变器，共有38台组串式逆变器（每台逆变器为一个并网发电单元）。根据项目情况本光伏发电系统分为八个400V光伏发电系统分别接入二号航站楼WZ变电所、EZ变电所、NE变电所、NW变电所的低压室的八台变压器的0.4kV母线段，并网框图如图3.13.4-3所示。每个并网点由6台/5台/4台50kW逆变器接入一台带考核计量表

的交流柜，每台交流柜接至一台变压器低压400V配电系统进行并网，具体接入如表3.13.4所示，系统图如图3.13.4-4所示。

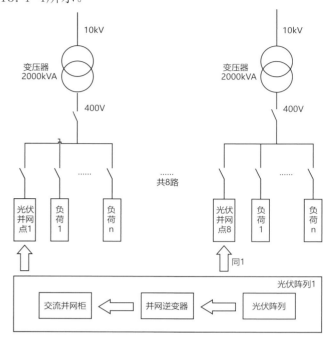

图 3.13.4-3 并网框图

光伏发电系统接入变压器对照表　　表 3.13.4

子系统名称	光伏安装容量（MWp）	接入变压器型号（容量）
AN01	0.36	WZ-B1(2000kVA)
AN02	0.36	WZ-B2(2000kVA)
AN03	0.3	EZ-B2(2000kVA)
AN04	0.3	EZ-B3(2000kVA)
AN05	0.22	NW-B1(2000kVA)
AN06	0.22	NW-B2(2000kVA)
AN07	0.22	NE-B1(2000kVA)
AN08	0.22	NE-B3(1600kVA)

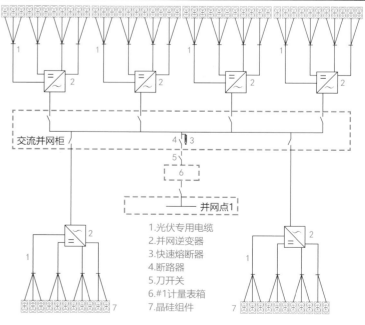

1.光伏专用电缆
2.并网逆变器
3.快速熔断器
4.断路器
5.刀开关
6.#1计量表箱
7.晶硅组件

图 3.13.4-4 单元模块系统图

图 3.13.4-5 航站楼光伏组件实景

为确保光伏系统在有效而便捷的监控下稳定可靠地运行，对光伏发电设备的运行参数、状态及历史气象数据进行在线分析研究，确保日常维护简易、高效和低成本，并对未来的系统发电能力进行预测、预报。本光伏发电项目设置数据监控系统，对光伏发电系统的设备运行状况、实时气象数据进行监测与控制，监控内容有：光伏发电监控，气象监测（环境监测）。并额外在光伏组件安装屋面设置视频监控，通过视频监控实时监测光伏组件的安全性（图 3.13.4-5）。

3.13.5　建筑智能化设计

3.13.5.1　总体框架

能效管理系统主要对电力系统实施自动监测，对用户的水、电能耗进行统计，在此基础上建立全景数据库和能源消耗评价体系，对建筑的整个能耗进行分析，提出节能降耗的技术和管理措施，达到节能降耗目的。

为满足各建筑弱电系统（火灾自动报警系统除外）的网络通信需要，设置一套专用的建筑设备管理计算机网络及布线系统。网络采用两层结构：核心层、接入层。网络系统采用设备管理网布线系统作为传输介质，布线主干采用单模光纤，末端采用六类非屏蔽双绞线。

机房设置：建筑类弱电系统总控中心设于二号航站楼主楼西南区二层的设备管理中心机房，各系统主服务器均设于该机房内。二号航站楼内根据建筑分区和管理需要，分别设置16个设备管理机房，其中部分机房兼具分控室功能，如图 3.13.5.1所示。

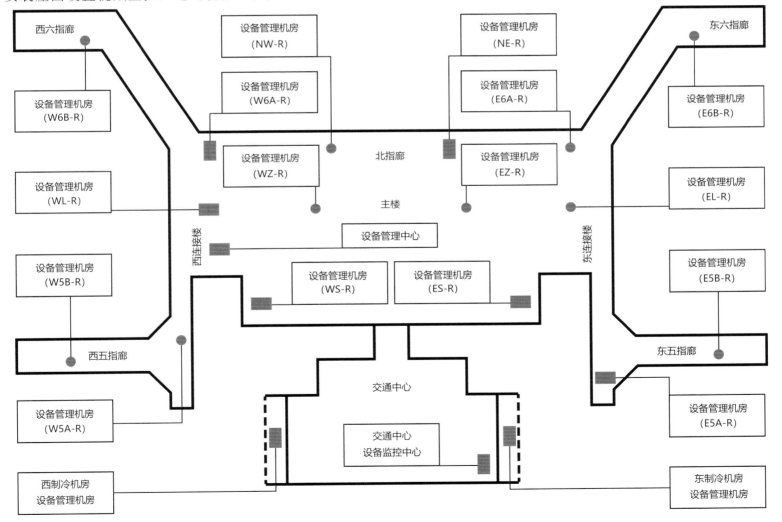

图 3.13.5.1　建筑类弱电机房方位简图

3.13.5.2　电力监控

电力自动监控系统对二号航站楼的高低压配电系统、变压器、直流屏等实施自动监测（高压系统含保护及控制），同时对变配电房的门开关状态进行监测。系统数据上传至能效管理软件平台进行分析处理。

系统采用间隔层、站级层和网络层三层网络结构。

间隔层由高压微机综合保护测控单元及低压智能测量仪表等单元组成，分别安装于高、低压开关柜上，并以总线形式接入站级层通信管理器，传输介质宜采用屏蔽对绞电缆。主要完成高压继电保护以及高低压测量和信号采集，并与通信管理器进行通信等功能。

站级层由安装于管理中心室内的通信管理器构成，主要是作为本站间隔层设备采集电力系统数据的处理、储存、调配以及通信协议的转换，并接入网络层，将本站经处理的数据上传和接受网络层下传的设定参数或控制信号等指令。

网络层采用以太网络，通信管理器接入设备管理计算机网，与服务器、工作站通信，以实现电力系统的集中监视、测量、控制和管理。系统主服务器设于航站楼二层设备管理中心机房，服务器采用双机冗余技术。在设备管理中心机房、兼具分控功能的设备管理机房、TOC监控中心设置管理工作站。

3.13.5.3　能源管理

1.　自动计量

自动计量系统通过对航站楼内的出租商铺、航空公司用房、驻场单位用房、公用卫生间、部分楼层总表等用户的用水量、用电量数据进行远程采集。系统数据同时上传至能效管理软件平台进行分析处理。

系统采用二级结构。上层为通信管理器，设于各区设备管理机房，向上接入设备管理网与系统服务器进行通信，向下以总线方式与末端表计进行通信。前端为表计，安装于配电间或计费区现场，表计均以总线方式与通信管理器进行通信。

自动计量系统数据通过系统管理软件做初步的统计分析，形成报表用于日常的管理和收费。系统数据同时上传至能效管理系统，由能效管理系统平台结合电力监控系统数据一并进行统一分析，最终形成整个航站楼的能耗数据。

2.　EPS电源监测

EPS电源监测系统通过对航站楼配电间的EPS设备通过标准通信接口采集设备运行数据，上传至能效管理系统平台，实现对设备的远程监控管理。

系统采用二级结构。上层为通信管理器，设于各区设备管理机房，与自动计量系统通信管理器共用，向上接入设备管理网与能效管理系统服务器进行通信，向下以MODBUS总线方式与各配电间的EPS直接通信。

系统不设置独立的后台软件，各EPS运行数据直接上传至能效管理系统，由能效管理系统平台软件进行统一监测和分析。

3.　能效管理平台

系统在电力监控、自动计量系统软件的基础上，进一步对航站楼内的电、水等能耗进行采集、分析和管理模块进行集成与整合，采用通用数据模型建立全景数据库，并通过专家系统对能耗系统和环境数据实行实时监控、统计分析、预测分析等功能。

3.13.5.4　智能照明控制系统

1.　概述

智能照明控制系统对旅客出发大厅、安检大厅、候机厅、到达厅、行李提取厅、贵宾室、卫生间等公共区域及办公区走道等区域的照明进行控制及管理。

系统通信网络采用两层结构。上层管理层为以太网，服务器、工作站与网关等设备均接入设备管理网，采用TCP/IP通信协议进行网络通信；下层控制层为RS485、EIB/KNX等总线网络，各个可编程控制器、现场控制面板、输入模块等均以总线方式与网关进行通信。

2.　系统控制模式

（1）出发大厅、安检大厅

①0～10V调光控制（应兼有继电器合断控制功能）

②现场照度控制（采用分段照度值控制模式）

③现场面板控制（面板安装于配电间）

④时钟设定自动场景控制

⑤中控室软件自动或人工控制

⑥与航班信息系统联动控制

（2）值机岛

①DMX512调光控制（配合WRGB灯变换场景颜色及投射角度）

②现场照度控制（采用分段照度值控制模式）

③现场面板控制（面板安装于配电间）

④时钟设定自动场景控制

⑤中控室软件自动或人工控制

⑥与航班信息系统联动控制

（3）候机厅、到达厅

①0～10V调光控制（应兼有继电器合断控制功能）

②现场照度控制（采用分段照度值控制模式）

③现场面板控制（面板安装于配电间、登机口柜台）

④时钟设定自动场景控制

⑤中控室软件自动或人工控制

⑥与航班信息系统联动控制

（4）行李提取厅

①0～10V调光控制（应兼有继电器合断控制功能）

②现场照度控制（采用分段照度值控制模式）

③现场面板控制（面板安装于配电间、行李转盘空侧墙面）

④行李转盘联动控制

⑤时钟设定自动场景控制

⑥中控室软件自动或人工控制

⑦与航班信息系统联动控制

（5）卫生间

①0～10V调光控制

②现场面板控制（面板安装于现场清洁间）

③现场人体感应控制

④时钟设定自动场景控制

⑤中控室软件自动或人工控制

⑥与航班信息系统联动控制

（6）贵宾室

①DALI调光控制

②现场面板控制（面板安装于现场）

③中控室软件自动或人工控制

（7）办公区走道

①开关控制

②现场面板控制（面板安装于配电间）

③时钟设定自动场景控制

④中控室软件自动或人工控制

3.13.6　电气技术主要创新点

3.13.6.1　供配电系统各环节容灾冗余设计,确保高可靠性

1.　10kV供电电源的高可靠性

二号航站楼设置六个主变电所，每个主变电所从新建110/10kV变电站不同变压器母线段引来两路10kV电源，同时工作、100%互为备用。各分变电所10kV电源由主变电所放射式供电。

设备中心设置两个主变电所，每个主变电所从新建110kV变电站不同变压器（变电站共设三台主变压器）母线段引来三路10kV电源，两用一备、备用电源100%备用。

在设备中心集中设置五台1800kW的10kV柴油发电机组并车运行，每个变电所分别设置一台备用变压器作为自备电源（平时带负荷热运行），采用专线10kV备用电源供电。每个分变电所由两路独立市电加一路自备电源供电，确保了10kV电源的可靠性。

2.　供配电系统各环节容灾冗余设计,确保供电可靠性

各变电所变压器两台一组，单母线分段运行，每组变压器两路电源分别引自主变电所的不同10kV母线段，两台变压器100%备用，当一台故障时，另一台可供两段母线上全部负荷；合理整定配电系统级间配合保护；一级负荷采用两路电源末端自动切换供电；应急照明、弱电系统等特别重要负荷还采用蓄电池组作应急电源。

3.　巧妙设置电气综合管廊,深度融合运维,提高供电容灾能力

电气综合管廊直接贯通连接变电所、消防控制中心、弱电主机房、强弱电间及管井，与主要电气用房深度融合。确保各系统主干管线直接通过专用通道安装至各机房与管井，提高供电系统容灾能力，缩短主干管线长度，最大程度上解决了管线安装与维保难题。

通过以上设计，从主变电所市政电源、分变电所电源、自备电源到低压配电系统、变压器、配电线路等各环节均采取容灾冗余设计，确保了供配电系统的高可靠性。此外自备电源还兼顾防灾负荷外的部分重要负荷（登机桥、行李系统等），在极端情况下可维持航站楼不间断运营。

3.13.6.2　综合应用绿色节能技术, 节能效果显著

1.　有效降低供配电系统运行损耗

在对一号航站楼10余年的运行电气数据进行深入分析的基础上，结合二号航站楼的需求，精确计算各类各级用电负荷,合理确定变压器容量,变电所深入负荷中心,选用环保节能型设备，有效降低供配电系统自身损耗。

2.　照明系统节能效果显著

根据建筑空间布局及功能分区，充分利用自然光，采用直接照明，公共空间照明均采用LED光源。照明功率密度值达到《建筑照明设计标准》GB 50034-2013规定的目标值。

3.　有效利用清洁能源

在航站楼屋面设置2.2MW分布式光伏发电系统，就近接入四个变电所，发电量就地、实时消纳，年发电量216万kWh。

4.　全面应用管理节能技术, 实现节能运行

管理节能是大型公共建筑的重要节能措施，综合应用能源管理系统、建筑设备监控系统、智能照明控制系统和机电设备全生命周期信息管理系统。在满足功能性、舒适性的前提下，对空调通风、给排水、电梯等进行系统性节能优化控制；对照明系统实行分区、分时、分级、调光、感应等精细化控制；对建筑各项用电总能耗、各功能区域分项能耗等进行全面统计、分析，调节控制策略，实现精准管控；创新应用机电设备全生命周期信息

管理系统，对机电设备的供应、安装、运行、维护、电气参数等信息进行二维码采集管理，使机电设备的管理维护科学、运行高效。此外还采用了电动控制百叶遮阳、气动控制通风幕墙等节能技术。

3.13.6.3　火灾自动报警系统设计先进有效

1．系统设计全面合理，技术先进

全面设置火灾预警、自动报警及各类灭火设备控制系统。采取"全面探测、分区监控、集中管理"的模式，对建筑进行全面的火灾探测报警、消防设备联动控制及人员疏散导引。集中设置一个消防总控中心、六个分控中心，每个分控中心均具备报警与相关联动控制功能。系统架构、监控管理模式设计先进有效。

2．合理选择布设火灾探测器

针对建筑空间特点，合理选择布设智能型探测器、红外对射探测器、吸气式探测器等各类火灾报警探测器，实现火灾探测全覆盖，并将视频监控系统作为火灾确认的辅助手段，提高火警处置响应能力。

3．消防联动控制直接可靠

消防设备通过总线自动联动、连锁控制，重要消防设备还可由各分控中心硬线直接手动控制。

4．应急照明设计理念超前

采用集中控制型疏散指示照明系统，疏散楼梯应急照明采用DC24V供电，高大公共空间应急照明兼作日常照明，设计简洁可靠、控制简单，满足规范《消防应急照明和疏散指示系统技术标准》GB 51309-2018的要求。

3.13.6.4　一体化照明设计，照明功能性、空间氛围、节能效果相统一

室内照明采取"见光不见灯"，外景照明采取"内光外透"的设计理念。照明与建筑、结构、装修一体化设计，将灯具建材化，灯具与建筑吊顶、结构网架等融为一体，空间简洁美观，照度、眩光、显色性、功率密度值等照明指标高于规范要求；首次大面积使用WRGB可变色LED灯具，通过对灯具的调色控制营造绚丽多姿的空

间氛围，并对人流起到很好的引导作用；采用智能照明控制系统进行精细化控制，充分利用自然光。实现了照明与建筑空间、装修深度融合、照明效果与节能相平衡、自然光与人工照明相结合、舒适与健康兼得的预期效果。设计定制了专用的LED投光灯，每只灯具由几十只"微灯具"组成，解决了大空间点光源灯具的高效率、均匀度等技术难题。

3.14　通风空调设计

3.14.1　航站楼暖通空调设计

3.14.1.1　广州气象分析和设计参数

广州是广东省的省会，地处广东省中部、珠江三角洲北缘，属于南亚热带季风海洋气候，温暖、多雨，夏长冬短，夏季长达半年之久。广州年平均气温为21.4～21.9℃，最热的7～8月，平均气温28.0～28.7℃，绝对最高气温38.7℃；最冷为1月（个别年份为2月），平均气温12.4～13.5℃，绝对最低温为-2.6℃。每年1～7月平均气温逐渐上升。广州室外空调设计参数如表3.14.1.1所示。

广州室外空调设计参数　　　　　表3.14.1.1

季节\参数	干球温度℃		湿球温度℃	相对湿度 %	大气压力 kPa
	空调	通风			
夏季	34.2	31.8	27.8	—	100.40
冬季	5.2	13.6	—	72	101.90

3.14.1.2　航站楼室内设计参数和空调负荷特性

由于广州夏长冬短，冬季供暖需求不大，因此，航站楼内除了贵宾室和两舱室内舒适度要求比较高的区域外，其他区域均设夏季供冷空调系统。航站楼室内设计参数如表3.14.1.2所示。

航站楼室内设计参数　　　　　　　　　　　　　　　表3.14.1.2

参数房间	干球温度℃		相对湿度 %	新风量 m³/h·p	噪声或备注
	夏季	冬季			
迎客大厅	25	—	≤65	25	≤50
值机（办票大厅）	25	—	≤60	25	≤45
到达通廊	25	—	≤65	20	≤50
行李提取厅	25	—	≤65	25	≤45
安检大厅	25	—	≤60	30	≤45

航站楼室内设计参数（续表）　　表 3.14.1.2

参数房间	干球温度℃		相对湿度 %	新风量 m³/h·p	噪声或备注
	夏季	冬季			
联（边）检大厅	25	—	≤60	30	≤45
候机大厅	25	—	≤60	30	≤45
中转大厅	25	—	≤60	25	≤45
国内混流候机厅	25	—	≤60	30	≤45
会议室	25	—	≤65	25	≤45
办公室	25	—	≤60	30	≤45
商业零售	25	—	≤60	20	≤45
商业餐饮	25	—	≤60	20	≤45
餐厅	25	—	≤60	20	≤45
贵宾候机室、两舱	25	18	≤60	30	≤45
两舱休息	25	—	≤60	30	≤45
弱电机房 PCR	23±1	23±1	50±5	新风按保证正压 2 次 /h	≤50
弱电机房 DCR	23±1	23±1	50±5	新风按保证正压 2 次 /h	≤50
HCC、TOC	25	—	≤60	30m³/h·p	≤45
弱电间、配电间	25	—	≤30	5次 /h有人时排兼事后排风	≤50
变配电房	38	—	≤30	根据实际热量计算兼事后排风	≤55
UPS间	25	—	≤30	5次 /h有人时排兼事后排风	≤50

3.14.1.3　航站楼冷热源设计（图 3.14.1.3-1～图 3.14.1.3-4）

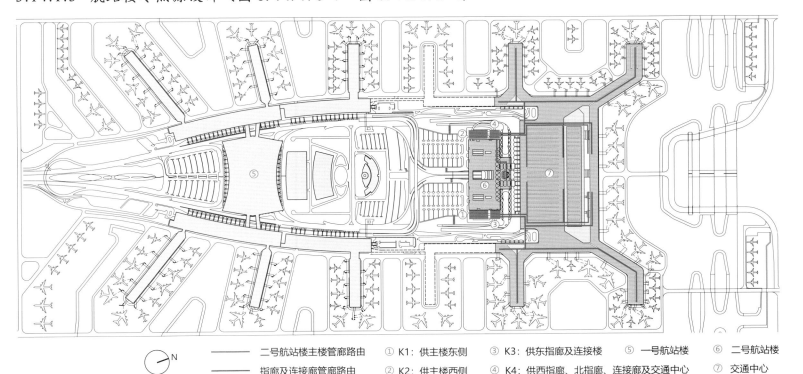

	二号航站楼主楼管廊路由	① K1：供主楼东侧	③ K3：供东指廊及连接楼	⑤ 一号航站楼	⑥ 二号航站楼
	指廊及连接廊管廊路由	② K2：供主楼西侧	④ K4：供西指廊、北指廊、连接廊及交通中心		⑦ 交通中心

图 3.14.1.3-1　空调系统

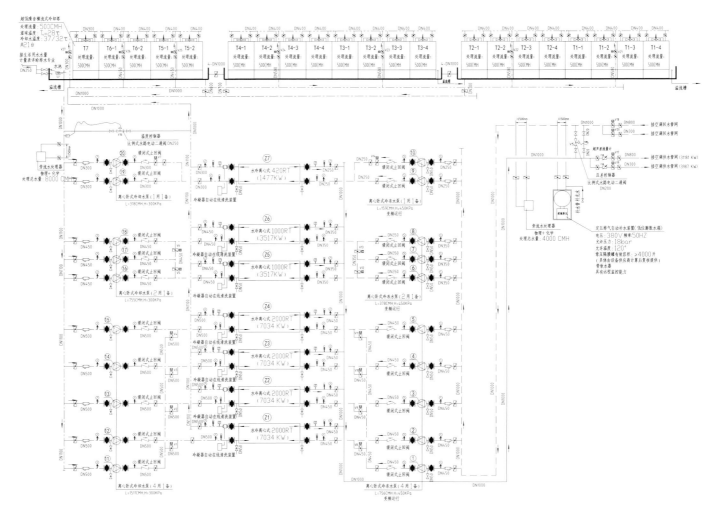

图 3.14.1.3-2　主楼东、西侧制冷系统原理图（K-1、K-2制冷系统，2个系统相同）

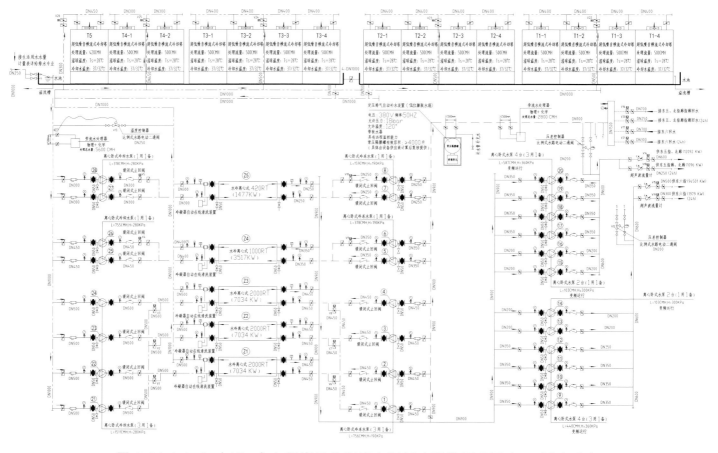

图 3.14.1.3-3　东五、东六指廊及北指廊东侧制冷系统原理图（K-3制冷系统）

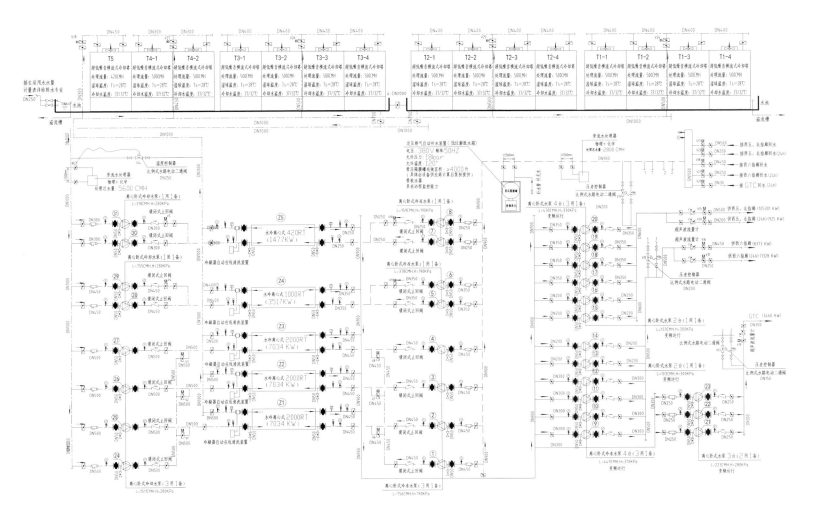

图 3.14.1.3-4　西五、西六指廊及北指廊西侧制冷系统原理图（K-4制冷系统）

本扩建工程采用集中式水冷中央空调系统作为夏季空调，除特殊功能用房外，其他区域冬季不设空调采暖。特殊功能用房（如登机桥、贵宾、两舱、国际计时旅馆等）采用智能变频多联冷暖空调系统；指廊部分两舱采用风冷热泵机组专门负责冬季供暖空调。

二号航站楼及交通中心共设置四个集中水冷中央空调系统，布置在两个制冷机房里，两个制冷机房分别设在交通中心外东、西两侧地下负二层，每个制冷机房净高8米。二号航站楼及交通中心总计算冷负荷约为119553kW（34000冷吨），另加夜间运行小主机冷量，实际总装机冷量为35680冷吨。单位建筑面积冷指标为175W/m²。主楼两个制冷系统，每个制冷系统的主机配置为4×2000RT+2×1000RT+420RT（夜间用）；指廊两个制冷系统（东西指各一个），每个制冷系统的主机配置为3×2000RT+1000RT+420RT（夜间）。

机场地面交通中心的候车大厅、小商业、交通中心旅客大厅及旅客通道等采用集中式水冷中央空调系统（与西指廊合在一个制冷系统）。交通中心的变配电房采用直接蒸发小型风冷螺杆机提供冷源。一至三层分散零星小办公室和TIC分控中心（监控大厅）采用分体空调，局部

较远的分散小办公室采用风冷智能多联空调系统。

本工程冷源中心的设置有如下主要特点：

（1）本工程面积较大，达到了88万 m²（含地面交通中心），工程总共分成四个制冷系统，使系统的水力平衡更易实现，使用更安全可靠，控制快速、便捷，调试更简便，输送能耗相对较少。

（2）空调通风系统采用高效的设备，所有冷水机组均采用变频主机，使空调主机房的总能效得到大大地提高，采用可靠的群控系统，为二号航站楼的节能运行提供了保障。现场使用机组的性能系数：

2000RT主机COP：6.53＞5.49（节能标准值）提高18.9%，IPLV：10.09＞8.06（节能标准值）提高25.1%；

1000RT主机COP：6.29＞5.49（节能标准值）提高14.5%，IPLV：9.0＞8.06（节能标准值）提高11.6%；

420RT主机COP：6.38＞5.3（节能标准值）提高20%，IPLV：8.35＞7.61（节能标准值）提高9.7%。

（3）考虑到机场部分区域（如部分办公和电气设备用房）需要24小时使用，但冷量相对较小，水管系统专门设计了一对小管系统，通过多次了解和测算，每个

制冷系统设计一台420RT小主机专供夜间运行。为机场夜间安全、可靠运行做了细致考虑（图3.14.1.3-5）。

图3.14.1.3-5　竣工后制冷机房现场照片

（4）冷却塔采用混凝土水池：从混凝土的伸缩性及地下受力点两方面考虑，经与结构商量，为防止水池渗水，最长水池长32.4m，池与池之间采用4根直径为1000mm的连通管，连通管处的水池深1.5m，其余为1m深，从而快速较好地平衡了冷却塔之间的水系统（图3.14.1.3-6）。

图3.14.1.3-6　竣工后冷却塔现场照片

3.14.1.4　航站楼空调水系统设计

从制冷机房到主楼及指廊设有综合地沟走冷冻水管。主楼最长冷冻水管630m，采用一次泵系统；指廊最长冷冻水管770m，采用串联二次泵系统；冷冻水供回水温度为7/15℃，供回水温差达到了8℃。冷却水供回水温度为32/37℃。从制冷机房到使用末端，每个制冷系统都设了24h使用专用管道，即大系统和24h两对管道。本工程空调水系统设计特点主要有：

（1）冷冻水系统的平衡方面由于本项目水系统庞大，为了平衡好水路，各末端空调器及风机盘管组群支路均采用了静态平衡阀和动态压差平衡阀，既考虑了阻力平衡又考虑了系统运行的安全性和可靠性。

（2）空调冷冻水系统采用大温差7/15℃供回水，可减小输水管径、管材、减少输送能耗。

（3）空调冷冻水循环系统采用变流量控制，对一次、二次循环水泵采用变频调速，使运行达到节能效果。

3.14.1.5　航站楼空调风系统设计

办票岛大厅、旅客出发厅、到达厅、行李提取大厅等大空间采用全空气系统。在供冷期根据室内外的焓值确定新风量，在夜间或过渡季节，当室外空气焓值低于室内空气焓值时尽量采用最大新风运行，空气处理机组最大限度地利用室外新风，减少制冷机组的开启。新风进入空调机房内与回风混合，过滤后由空调机组处理后，通过侧送风口（球型喷口或鼓型风口）、下送旋流风口及风亭送风的气流组织方式送入室内。根据使用情况，调节喷口的送风角度和调节送风支管多叶阀调节风量。在主楼三层建筑的上部设有电动排烟窗。在过渡季节，尽量采用自然通风，根据室内外压差开启电动排烟窗，把热气排出室外。

小空间房间（如办公室、小会议室等）采用风机盘管加新、排风系统，节能、提高控制的灵活性。部分采用热泵式热回收型溶液调湿新风机组（新风量≥3000m³/h的采用），该部分冬天可以给区域送热新风，提高了冬天室内的舒适度。

全年需要空调的房间如贵宾室、两舱等则采用风冷智能多联冷暖式空调方式，夏季制冷，冬季供暖。指廊部分两舱采用风冷热泵机组（由于室内无法布置室内机，仅能采用风柜空调）。热泵机组仅提供冬季热量（图3.14.1.5）。

本工程通风空调系统主要有如下特点：

（1）本工程最大空调器风量为13万m³/h，风量大于或等于3万m³/h的空调器采用变频空调器，能有效节约低负荷时的风机运行能耗；为了保证航站楼室内空气的质量，所有新风空调器采用初效过滤器＋静电除尘空气净化装置；带回风的空调器采用初效G4＋F7中效过滤装置，在空调器出风管上设光氢离子空气净化消毒装置。为了降低过渡季节空调系统运行能耗，组合式空调器设旁通装置（风不经过盘管），在过渡季节空调送风不经过表冷器送入室内，可有效减少风系统阻力约150Pa。同时，根据机场运营管理部门的需求，空调机房设有清洗池（1000mm×1000mm×550mm），方便后期运营阶段物管人员清洗过滤网。

（2）变配电房空调通风系统：为了节能和满足业

主运行管理要求，变配电房采用两套降温系统：当室外温度≤31℃且室内温度≤35℃时，采用通风降温；当室外温度＞31℃或室内温度＞35℃时，采用空调降温。

（3）行李库充分利用行李提取大厅的排风余冷，既可提高行李库的舒适性，又可减低行李库的机械补风量，减少风机能耗。

（4）卫生间设下排风口和上排风口结合的方式，排风效果相比仅设上排风口更佳。

（5）在气流组织方面，高大空间如值机大厅、迎客大厅、候机大厅等采用分层空调系统。保证人员活动区用空调，降低空调能耗。结合气流组织的合理性和建筑的美观要求，处理后的空调风通过侧送风口（球形喷口或鼓形风口）、下送旋流风口或风亭等送风方式送入室内，最大程度地节约使用空间，以及达到最好的效果。

（6）设备用房、卫生间、行李库、吸烟室、综合管沟等区域设平时通风系统。本工程风机最大风量15.5万 m³/h。行李库采用上、下排风相结合的方式，消防时关闭下排风。小弱电机房采用风机盘管加排风系统。

图 3.14.1.5　竣工后空调机房现场照片

3.14.2　交通中心空调通风设计

交通中心车库通风系统：地下车库进风由自然进风井、天井和车道自然补进，地面的车库进风由周边与室外相通的栏杆及天井自然补进。通风排烟系统相结合，排风采用竖井排风方式，水平方向没有风管，节约了安装空间，提高了使用空间及净高，并节约了投资。

交通中心两个制冷机房设备中心区域各采用两台60RT蒸发式风冷高温冷水机组，冷冻水供回水温度9/14℃，提高主机制冷效率，节省运行费用，交通中心变配电房采用空调和通风两套降温系统。

3.14.3　暖通空调设计经验总结

（1）在设计时，对于有天窗的区域，需与建筑专业商量尽量减少天窗面积，并根据逐时计算负荷来配置空调末端，一般这些区域要加大空调冷量配置，建议对于有天窗的区域作遮阳措施。

（2）分散布置的弱电机房由于要考虑避免有滴水的风险，但又有降温需求，所以需考虑风机盘管做好防水措施，若机房室外安装条件允许应把风机盘管放置在电房外，或者考虑采用多联空调系统，降低风险。

（3）施工过程中，由于管线综合问题，空调专业进行了大量的设计修改工作，故在方案阶段应预留足够机电管线走管层高，施工前做好管线综合配合工作。BIM管线综合应尽早介入设计，以减少大量调整及修改工作。

（4）空调及通风用的百叶风口通透率满足要求，譬如多联机室外机的百叶风口，若通透率不够，容易造成散热不畅而导致停机。

（5）设计阶段，应复核空调专业孔洞位置及大小是否预留到位。

（6）制冷机房的主机、阀门等设备订货后应提供阻力等参数，由设计院对水泵的扬程等参数核算后，提供给中标水泵厂家调整后再出货（设计图需注明），同时根据水泵实际参数提资电气专业调整配电供电。

（7）施工界面要分清，避免造成重复计量。如精装区域的风口由精装负责还是空调专业负责采购安装；孔洞封堵由土建还是机电负责等。

3.14.4　暖通空调系统主要创新点

（1）本工程面积较大，采用了分散式制冷系统，共分成四个制冷系统，使系统的水力平衡更易实现，使用更安全可靠，控制快速、便捷，调试更简便，输送能耗相对较少，且所有冷水机组均采用变频主机，使空调主机房的总能效得到大大地提高。

（2）冷却塔采用混凝土水池，为防止水池渗水，最长水池长32.4m，池与池之间采用四根直径为1000mm的连通管，连通管处的水池深1.5m，其余为1m深，投入使用后，冷却塔运行良好，未出现溢水和抽空的情况。

（3）末端空调器及风机盘管组群支路均采用了静态平衡

阀＋动态压差平衡阀的水力平衡设备，保证了水平长距离水系统的输送平衡。

（4）为了保证航站楼室内空气的质量，所有新风空调器采用初效过滤器＋静电除尘空气净化装置；带回风的空调器采用初效G4＋F7中效过滤装置，在空调器出风管上设光氢离子空气净化消毒装置。

（5）为了降低过渡季节空调系统运行能耗，组合式空调器设旁通装置（风不经过盘管），在过渡季节空调送风不经过表冷器送入室内，可有效减少风系统阻力约150Pa。

（6）交通中心两个制冷机房设备中心区域采用了蒸发式风冷高温冷水机组，冷冻水供回水温度9/14℃，比常规系统提高了2℃的供水水温，大大提高了主机制冷效率。

3.15　民航弱电设计

3.15.1　基础云平台

基础云平台总体架构是一个基于多个软件及系统组成的，统一管理的、松耦合的、开放的、多区域的架构。包括了最新的云计算技术及功能、安全技术及功能，以及满足所有业务需求、技术需求和管理需求的功能。由云资源管理平台进行统一管理、调度虚拟化及物理资源；由自动化运维管理系统对机场整个硬件资源进行监控、管理、统计，减轻运维人员工作量，协助运维人员解决日常运行问题；结合防病毒软件、终端安全管理系统、统一认证软件及堡垒机形成安全的云平台运行体系保护整个机场云数据中心的访问安全、数据安全、应用安全等。

基础云平台建设包括计算资源和存储资源两部分。其中，云数据平台计算资源划分为五个部分：A节点域计算资源池、B节点域计算资源池、机场DMZ区计算资源池、云平台管理域计算资源池、测试域计算资源池。

A节点域计算资源池的服务器部署在综合信息大楼信息弱电主机房内，为机场信息系统的生产系统提供计算、存储和网络资源。

B节点域计算资源池的服务器部署在二号航站楼的PCR主机房内，为机场信息系统的灾备系统提供计算、存储和网络资源。

机场DMZ区计算资源池的服务器部署在综合信息大楼信息弱电主机房内，为部署在DMZ的代理应用提供计算、存储和网络资源。

云平台管理域计算资源池分别部署在综合信息大楼

信息弱电主机房和二号航站楼的PCR内，为整个基础云平台的管理提供计算、存储和网络资源，同时综合信息大楼信息弱电主机房和二号航站楼PCR内的计算资源池形成互备。

测试域计算资源池的服务器部署在综合信息大楼信息弱电主机房内，为机场信息系统的实验室测试和上线测试提供计算、存储和网络资源。

机场网络系统包括机场数据中心网、机场骨干节点网、航站区终端接入网、指挥中心区终端接入网、IT管理网、网络资源管理系统。

机场数据中心网为基础云平台系统提供基础网络平台；机场骨干网为ITC、航站区、公共区之间的数据交换提供基础网络平台；航站区终端接入网包括：离港网、生产运行网、安防网、综合业务服务网、旅客用无线网、广播网等；指挥中心区终端接入网是二号航站楼网络系统在综合信息大楼的延伸，包括生产运行网、安防网、综合业务服务网、办公网等；IT操作管理网为网络的带内、带外管理提供基础网络平台；网络资源管理系统包括：网络安全设备综合管理系统、网络管理系统。

系统特点：

采用第三方的通用、标准、开放的云数据中心管理平台，对机场云数据中心的IT资源进行统一管理，云数据中心管理平台本身也应提供开放的API接口，为机场的信息化建设提供支撑。

通过云数据中心的管理平台，可兼容目前市场上主流厂家的标准硬件产品，包括X86服务器、小型机、存储服务器、磁盘阵列、网络设备等。

选用的软硬件产品均需要提供开放通用的标准化接口，接受云数据中心管理平台的统一管理、调度和监控，为机场业务应用服务提供有力支撑。

通过对各种物理、虚拟资源进行自动化的、虚实结合的、异构兼容的统一管理，提高资源的使用率，降低IT建设成本。

在遵循机场现有业务需求的基础上设计架构，满足各种数据访问的要求及安全策略。

通过对基础架构的灵活性设计，可自由应对未来各种新需求的扩展。

通过虚拟化技术、分布式技术等先进技术手段，提高机场IT系统的稳定性、可靠性、灵活性。

通过自动化运维系统全面地监控和记录机场云数据中心的软硬件以及应用服务的运行状态，帮助云数据中心的管理人员轻松快捷地掌握整套IT系统的运行状态。

通过高效、流程化的运维管理，提高运维的自动化能力，提高事件响应速度，降低故障处理时间，提高机场信息中心的整体服务能力，降低工作人员的工作强度。

网络交换设备的选型以及路由协议等都体现标准化和开放性的原则，或遵从标准化的趋势。网络协议选用已成为工业标准的TCP/IP协议。网络互联设备应支持多种国际标准协议，能与其他厂家设备相互操作。网管软件应支持已被广泛接受的工业标准的SNMP协议。

3.15.2　机场运行信息集成系统

二号航站楼信息集成平台的建设不仅符合二号航站楼生产运行需求，还将一、二号航站楼整合成一个统一的信息集成平台，支持多航站楼的运行，为机场生产提供一个信息共享的运营环境，使各信息弱电系统均在统一的航班信息之下自动运作。它能支持白云机场作为大型机场和多航站楼的运营模式，支持机场各生产运营部门在运行指挥中心的协调指挥下进行统一的调度管理，实现最优化的生产运营和设备运行，为航站楼安全高效的生产管理提供信息化、自动化手段。并能为旅客、航空公司以及机场自身的业务管理提供及时、准确、系统、完整的航班信息服务。最终，使白云机场成为以机场运行信息集成平台为核心，各信息弱电系统为手段，信息高度统一、共享、调度严密、管理先进和服务优质的国际一流机场。

信息集成系统以AODB为机场运营数据仓储核心，综合存储各种机场运营数据信息，并加以有效组织、管理和维护。为现代化机场的高科技运营提供最基本的数据保障和支持。AODB支持白云机场一、二号航站楼运行，具备管理与一、二号航站楼相关的航班数据、资源数据、业务数据和基础参考数据的能力。

信息集成系统以智能中间件平台IMF为中间件消息平台，与机场业务逻辑引擎集成于一身的管理平台，其满足多机场、多航站楼运营业务的需要。

信息集成系统包括航班信息保障系统、航班运行资源管理系统、航班信息查询发布系统、数据统计分析系统等应用系统，并与多个信息系统进行接口。

系统特点：

系统以机场运行数据库AODB为核心，以智能中间件平台IMF为基础，支持各应用系统之间信息无缝的、可扩展的、易维护的业务数据的整合。

机场运行信息集成平台以紧耦合的连接模式（通过IMF）实现平台内应用系统的连接；以松耦合的连接模式（通过IMF）实现业务应用系统和其他信息弱电系统的连接；松耦合大大降低系统之间的关联度，对于子系统的业务修改对其他系统没有任何影响，减少协调工作，后

期开发费用低，维护成本低。

采用双机热备的主机系统模式，具有相同配置。

3.15.3　离港控制系统

离港控制系统为航空公司及其代理、机场地面服务人员在处理旅客登机过程中，用来保证旅客顺利、高效地办理值机手续，轻松地使旅客登机，保证航班正点安全起飞的一个面向用户的、实时的计算机事务处理系统。

系统包括公共用户旅客处理系统、公用用户自助服务平台、机场国内离港系统和离港系统集成平台。

公共用户旅客处理系统提供一个共用语言环境，并能支持航空公司各种离港终端应用，包括值机、登机、控制、配载等基本功能，移动值机、远程值机等特性功能，备份离港、离港航班控制应用等扩展功能。

公用用户自助服务平台提供一个共用平台，允许不同的航空公司标准CUSS应用使用此共用平台。并提供触摸式旅客自助值机工作站，用于旅客本人交互式自助操作，办理值机手续，实现对电子客票的支持。

离港控制系统后台处理能力满足一、二号航站楼离港业务的处理要求，即后台处理能力能满足年7500万人次、高峰小时30175人次的旅客吞吐量。系统负载为600台离港PC工作站容量。

系统特点：

在主机离港控制系统正常工作时，BDCS数据库中自动备份存储中航信离港主机有关旅客和航班的最新离港数据，当无法正常使用主机离港控制系统时，使用最新的本地备份数据继续进行航班的值机和登机处理工作。

离港前端应用系统为机场和航空公司人员提供一个图形化的用户界面，支持主机离港和备份离港操作，完成值机、登机、配载和控制等功能。

系统具备可靠性、实用性、先进性、开放性和可扩充性等特点。

3.15.4　安检信息管理系统

安检信息管理系统与离港控制系统、安检系统、安全防范系统以及机场运行信息集成平台进行集成，获取全面旅客信息，满足机场各相关单位对于旅客及行李的信息采集、验证、处理、查询。

安检信息管理系统涉及的业务包括了机场旅客以及

行李安全检查的全过程，涉及的安全检查部门也涵盖了机场各安全业务部门。

系统前端验证管理工作站共建设114套，系统后台处理能力能满足年4500万人次、高峰小时15252人次。前端设备配置按二号航站楼的实际情况进行配置，并且系统平台应具有足够的软、硬件扩充能力。

系统特点：

安检信息管理系统是一套多数据源集成的且灵活、可扩展、易维护的综合性安检信息管理系统。

系统能够为机场各业务单位提供一个关于旅客综合性安检信息的共享平台，系统所提供的安全检查信息及其流程，满足各个联检单位协商定制相关的安全协防职责及业务操作流程的需求。

在系统平台上可以进行共享或交互信息。系统涉及的用户包括机场安检、联检单位和航空公司等安全检查相关单位。

3.15.5　航班信息显示系统

航班信息显示系统是通过高速的计算机网络和各种先进的信息显示设备，7×24小时不间断运行，集准确性、实用性和先进性为一体的机场信息发布系统。

系统主要用于为旅客和工作人员提供进出港航班动态信息，引导出港旅客办理乘机、中转、候机、登机手续，引导到港旅客提取行李和帮助接送旅客的人员获得相关航班信息等。该系统能够为白云机场高效、优质的旅客服务提供自动化手段，保证机场正常的生产运营秩序，提高对旅客和中外航空公司的服务质量和提升机场形象。

航班信息显示系统通过分布在二号航站楼的显示终端设备，提供值机手续办理引导、候机引导、登机引导、到港航班行李提取引导、离港航班与到港航班实时动态信息、向工作人员提供进出港航班的行李输送带的分配信息、根据需要显示气象信息、与航空公司业务结合，显示航空公司要求的自由文本信息（包括寻人、航班特殊通知）、广告服务支持等。

航班信息显示系统显示终端设备种类包括TFT-LCD屏、LCD大屏和LED条屏等。系统最终能够支持至少1500台显示设备同时正常运行。能支持二号航站楼每年4500万人次，高峰小时起降140架次机场的航显要求。

系统特点：

航班信息显示系统采用成熟、先进的四层分布式处理结构，提供了最大的系统吞吐能力和移植能力。每一个应用在其相应的位置起作用，担负相应的工作，并兼

容多线程并发事件的处理。这种处理结构允许每一个组件按照其最优的方式独立地对信息进行处理。

系统提供独立平台和应用，对所有显示设备进行监视、控制和管理。

3.15.6　公共广播系统

二号航站楼公共广播系统是消防紧急广播与机场业务合二为一的广播系统，在平时作为机场业务广播使用，在有火灾报警信号时，切换为消防广播使用。

在业务广播时，主要由自动广播及人工广播组成，自动广播系统根据航班动态信息自动生成航班广播信号，在相关区域广播；在登机口、服务柜台及功能中心等地方，可根据需要通过人工呼叫站进行人工广播；在其他紧急情况下，公共广播系统可进行紧急广播，指导旅客疏散，调度工作人员进行应急处理工作。

在消防广播时，消防控制中心工作人员通过消防广播控制台启动本楼的消防广播（预录广播或人工广播）或通过人工呼叫站进行人工广播。

系统在信息大楼和PCR分别安装一套数字媒体矩阵，两套实现备份。在PCR安装两套自动语音合成设备实现热备（含大于等于两种语言的语音库）、两台自动广播服务器（采用PC服务器），自动广播服务器通过以太网（TCP/IP）与信息集成网连接，通过接口软件实时获取机场运行信息集成平台的航班信息。在机场运行信息集成平台故障的情况下，也可以采用人工切换的方式通过以太网（TCP/IP）与航班信息显示系统连接，通过接口软件实时获取航班信息。

公共广播系统前端各类扬声器共部署8438只，共计586个广播回路。人工呼叫站部署128台。

系统特点：

二号航站楼公共广播系统是专用的、具有专业品质和多种功能的多语种实时自动广播系统。主要用于播送航班动态信息、机场服务信息，同时还可提供寻呼、通告、背景音乐、紧急广播等服务。

系统通过广播分区划分，可灵活设置广播区域，广播内容遵循《民航机场候机楼广播用语规范》《民航机场候机楼广播服务用语》。播音方式可采用人工广播、半自动广播和全自动广播三种。

系统采用全数字音频网络系统，采用开放、通用的CobraNet数字音频标准或TCP/IP协议，构建星形结构的广播以太网。

3.15.7　机场工程地理信息系统

机场工程地理信息系统是"数字机场"的重要组成部分。"数字机场"就是要利用各种先进的IT技术、通信技术和信息化手段，实现机场建设、运营管理、维护和服务的全面数字化，实现机场建设和管理的精确化、立体化、动态化、智能化。

机场工程地理信息系统是一个针对白云机场扩建工程以及未来可扩展到整个白云机场范围的机场工程原始数据库。在各个机场建设项目的建设过程中产生的大量工程原始数据资料将以原始数据文件方式和属性数据库对象方式保存在工程原始数据库中，基于机场工程文档数据库，抽取其核心图形图层，并与其他综合信息进行关联建库，建设成机场综合地理信息数据库，建成一个集先进性和实用性为一体的机场地理信息管理与服务平台，基于该平台建设工程文档管理系统、三维数字机场系统、综合管网管理系统、机场道面管理系统。

机场工程地理信息系统实现机场建设中的工程协调管理，为机场建设后的运营与维护管理提供服务。

系统特点：

机场工程地理信息含一标准规范、两库（工程文档库＋地理信息库）、两管理系统（工程文档管理系统＋地理信息管理系统）、一平台（GIS共享与服务平台）加机场管网管理及飞行区道面管理、航站楼资源巡检系统三个应用。

可支持未来应用的扩展及对外提供标准接口的地图数据。

可为多个系统提供地图服务。

3.15.8　安保监控整体管理平台

安保监控整体管理平台通过统一构建的机场安保网络系统，将机场原有一号航站楼安防监控系统、二号航站楼安防监控系统、围界报警监控系统、站坪监控系统、停车场监控系统等监控系统进行有效的互联互通、统一整合，构建成为机场统一的安保监控整体平台。

安保监控整体管理平台主要由各类通用管理服务器和应用服务器、视频解码器、视频显示输出设备、操作控制设备及与各类原有视频监控系统互联的中间连接设备（类似网关，以下称之为联网控制单元）组成。安保监控整体管理平台以相对独立的联网控制单元为核心，通过IP传输网络，实现安保监控整体管理平台与各个原有的独立视频监控系统的互联，实现对其视频监控资源的共享。

安保监控整体管理平台可对机场的各视频监控子系统的前端摄像机采集视频图像的统一查看、调用及PTZ控制。

实时监控音、视频的操控。各区域视频监控子系统存储视频资源的统一检索、回放。

可实现安防智能分析、图像质量监测管理等功能。

系统特点：

采用开放式架构和先进的系统集成技术，将机场原有或新建的各区域的视频监控系统，统一进行互联互通，整合成一个完整的机场全场通用监控系统。

系统可对所整合的机场各区域视频监控子系统进行统一的视频操作控制、统一的存储视频的智能检索回放、按需的视频智能分析、方便的安保监控值班管理以及实时的系统综合图像质量监测管理，是整个机场安保业务的核心支持系统。

3.15.9　安防系统

本次规划建设的安防系统包括视频监控系统、门禁系统、安防网络系统，并在航站楼内设置航站楼安防监控中心。

视频监控系统将是一套基于网络传输的数字化监控系统，摄像机通过网络信号引入机房，通过网络进行传输存储及显示。

安防网络采用核心、汇聚、接入三层结构。

对航站楼接入层机房（设备小间），集中安装设备，设备小间采用光纤与主机房连接。现场的摄像机通过六类网线引到设备小间，在设备小间安装接入层交换机。接入层交换机采用双千兆光纤端口分别上联汇聚层交换机。

在汇聚机房配置安装视频存储服务器，分别对汇聚机房管理区域的所有摄像机进行录像管理，存储时间为15天，在ITC设置FC SAN存储磁盘阵列，进行图像存储。

在分控中心设置图像解码器、工作站、键盘及模拟显示器，工作人员通过键盘及工作站对摄像机进行操作，并在工作站及视频解码器将数字视频信号还原成模拟信号在模拟显示器上进行图像显示。

门禁系统采用门禁控制器和读卡器方式，结合刷卡、密码、指纹方式，在弱电机房、通道门、登机口门等位置设置门禁。

系统摄像机数量约为4000台，门禁读卡器数量约为1200个。

系统特点：

安防系统的摄像机全部采用高清 IP 摄像机，其编码格式采用公安部 SVAC 标准，到目前为止，为国内机场首次应用。

3.15.10　机坪视频监控系统

机坪视频监控系统是二号航站楼安防视频监控系统延伸，主要由前端摄像机设备、数字化视频编解码器、传输器材、设备和其他辅助设备组成。通过在远机位停机坪安装监控摄像机，从而达到对远机位进行实时监控的目的。前端共部署室外网络枪式云台一体化摄像机 16台，室外网络枪式固定摄像机 48 台。

机坪视频监控系统最终通过机场统一安防网络与一、二号航站楼安防监控系统互联互通并统一整合到机场安保监控整体管理平台系统上。

系统特点：

前端摄像机主要在对远机位的监控。设置室外枪式一体化摄像机和室外枪式固定彩色摄像机。

本系统与二号航站楼安防系统采用 FCSAN 存储阵列共用一套系统。

通过使用机场安保监控整体平台相应的权限，可以通过授权调用机坪视频监控系统的摄像机图像。

3.15.11　UPS 及弱电配电系统

航站楼 UPS 系统采用相对集中的供电方式，共设有 17 个 UPS 机房，UPS01～UPS16 根据平面位置分别向相应的所管辖的弱电小间供电，UPS～PCR 为 PCR 主机房内弱电设备提供 UPS 电源。

系统包括 UPS 主机、电池组、UPS 室的进线柜、出线柜、连接 UPS 室到小间的电力电缆、SCR 小间内的 UPS 配电柜以及从 SCR 到末端用电设备（柜台及航显屏工控机等）。

弱电小间内设置双电源转换柜（STS）及 UPS 配电柜，STS 柜实现两路电源的备份及故障时的自动快速切换，UPS 配电柜为弱电小间里机柜及现场需要 UPS 供电设备供电。

机房内机柜的配电由机柜内的 PDU 提供；现场的柜台供电则由安装在柜台下面的插座提供；由于值机岛用电负荷较大，每个值机岛分别设配电箱，通过分配电箱再向值机岛离港柜台的插座供电，从而为柜台上的设备供电。

系统特点：

为了保证二号航站楼安全、稳定、可靠地运行，UPS 系统采用双总线结构，即每间 UPS 室内由两套 UPS 设备组成，两套 UPS 设备间相互独立，通过负载同步跟踪技术实现两套 UPS 设备供电波形、频率等电气指标同步，两套 UPS 分别向覆盖范围内的弱电小间供电，对双电源设备可实现双路供电，对单电源设备通过 STS 对两路电源进行切换实现对单电源设备供电。

每组 UPS 设备由不同电源输出回路供电。所有的 UPS 均为在线式，每台 UPS 设备后备电池容量为 30 分钟。

3.15.12　弱电桥架及管路系统

信息弱电系统中的各种线缆，包括供电线缆、控制线缆、信号线缆及结构化综合布线均要通过桥架而敷设到航站楼内的各个区域。桥架均应由高强度的优质钢板冲裁弯曲而成，表面进行防腐及美化处理。桥架选用直槽形，并用防火涂料做耐火处理后敷设在吊顶内设备层中。桥架的级连之间除连接板固外，还应用接地线做相应的电气连接，并每隔一定距离需做一次重复接地，以保证接地的可靠性和连续性。

为了今后的维修方便，设备层中的强电配电桥架、弱电控制桥架统一策划、统一布局。弱电系统工程中线缆含音频信号线、视频信号线、控制信号线、电源线、六类非屏蔽双绞线、多模光纤等。所有线缆在金属线槽中应整理顺畅，并分门别类的绑扎成束，在改变路由处做好标记。

系统特点：

航站楼出发层大厅层高大，采用地面配线，地面预埋线槽，安装地面信息插座。其中每个值机岛下设置地面通讯线槽，主机房静电地板下设置地面通讯线槽。

3.15.13　机房工程

本次机房工程系统的设计范围包括机房布局设计、机房防静电地板设计、桥架管路设计、机房布线系统设计、机房防雷接地网设计和机房运维系统设计。机房布线系统设计、机房门禁和视频监控系统、机房配电系统设计、机房装修设计、机房防雷接地箱及共用接地极设计、机房照明设计、机房空调系统设计、机房气体消防系统由其他专业负责设计。

本机房工程范围为二号航站楼主机房（PCR）、二号航站楼运控中心（TOC）、汇聚机房（DCR）、接入机房（SCR）、UPS机房、设备管理机房。二号航站楼主机房PCR位于一层，面积约325m²，作为二号航站楼信息弱电系统的主机房，放置信息弱电系统的核心设备。在航站楼内共设置八个广播机房，集中放置广播系统用公放及相关设备。接入机房（SCR）分布在航站楼内，是各个布线区域内的弱电设备的接入间。

系统特点：

设备管理中心机房通过KVM切换系统，实现对机房设备的集中监控及管理。

通过配置数字KVM交换机，被管理的服务器、工作站经接口转换器将控制信号转换成网线传输的信号，管理人员能够通过一个或多个控制台显示器、鼠标、键盘操纵多台服务器。KVM切换控制器采用IP方式连接，可实现多个网管远程连接。

3.15.14　综合布线系统

综合布线系统是一个完整的集成化通讯传输系统，采用了规范标准的布线部件（配线架、跳接线、传输线缆、信息插座、转换适配器、电气保护设备等），采用开放式结构化布线方式，进行系统连接布线，保证整个航站楼从高速数据网和数字话音等信号的传输，通过计算机网络系统，将整个IT、弱电系统的计算机控制工作站进行网络互联，以实现整个航站楼系统信息共享、控制统一。

系统有六个子系统组成，分别是建筑群子系统、设备间子系统、主干子系统、配线间子系统、水平子系统、工作区子系统。各子系统根据航站楼信息网络结构构建其连接关系。

系统信息点数量约47000点。

系统特点：

综合布线系统采用单模万兆光缆，满足数据中心、云计算应用。

3.15.15　内部调度通信系统

内部调度通信系统是航站楼内建立的一套独立调度通讯交换网，供航站楼内各业务部门之间指挥调度、相互通讯使用。系统提供丰富的接口，可以与公网系统、无线集群调度系统连接进行各种通信。内通系统专用程控交换机集中设在PCR核心机房内，调度通讯交换网为星型结构，最大传输距离为1.4km。

内通系统在内调程控交换机处设有数字式多轨语音记录仪，以记录或查询生产指挥调度的重要通话记录。系统通过接口计算机与集成系统交换数据信息。

系统布线全部利用综合布线

根据航站楼的规模以及管理模式，总交换容量1500门，其中电路交换用户100门、IP用户1400门。

系统提供256路录音通道，16路与广播系统接口，16路与有线通信的接口，16路无线集群通信接口，一号楼96路通信接口。

系统特点：

系统主要由专用程控交换机、控制管理计算机、系统软件、智能操作台、各式用户终端及其他各种专用通信接口和相关设备组成。内通程控交换机应具有较高的通话质量和高信噪比，保证通话语音清晰、全双工、音量大、不掉字、无啸叫、准确无误。

3.15.16　时钟系统

本系统采用三级网络结构，充分利用综合布线系统。

第一层结构为主母钟系统，主母钟设置在AOC弱电主机房，主要包括GPS接收装置、中心母钟、NTP服务器（双机热备）、监控计算机等，GPS天线安装在大楼顶楼室外。

第二层结构为二级母钟系统，二级母钟安装在二号航站楼弱电主机房PCR内，AOC楼的中心母钟通过光纤为二级母钟校时。

第三层结构为子钟系统，在相对应的弱电小间SCR设置通讯HUB，二级母钟通过通讯HUB为连接在HUB各区域子钟提供时间。

系统特点：

在公共区域，利用航显屏显示时间。

3.15.17　有线电视系统

有线电视系统按组成分为前端、HFC传输网络、分支分配网络三部分。其中前端设备安装在ITC楼，作为整个机场的有线电视主控端，为整个机场提供有线电视的视频资源。HFC传输网络为两套系统，一套为面向旅客的单向HFC传输网络；另一套为面向交换应用的双向HFC传输网络。分配网络也同样分为两类，对应HFC传输网络，分别面向不同的用户群。

系统特点：

HFC传输网络采用频分复用技术，将HFC传输网络5～1000MHz区段分成上行通道和下行通道，将下行HFC传输网络75～550MHz定为普通广播电视业务，该频段全部用于模拟电视广播时，除调频业务外，可安排约58个模拟电视节目。HFC传输网络550～860MHz为下行数字通信信道，用于数字广播电视、VOD视频点播以及数字电话下行信号和数据。

3.16 市政工程设计

3.16.1 双向多循环立体式陆侧道路交通系统

3.16.1.1 概述

本工程设计内容为白云机场二号航站楼陆侧范围内的道路和停车场工程设计，陆侧交通系统设计应能够满足二号航站楼旅客吞吐量4500万人次的陆侧交通需求，并达到较高的服务水平，建设规模及标准应和交通需求、道路的功能定位相匹配，实现适用性和经济性结合最佳。

二号航站楼陆侧交通系统主要包括机场隧道、机场大道东延伸段、出港高架桥、机场大道西延伸段、中回旋桥等28条道路，交通中心南面北进场隧道东西两侧设置了两个地面停车场，地面停车场总面积53089m²，共有私家车位1541个。

3.16.1.2 二号航站楼机场陆侧交通需求分析与预测

1. 机场交通流量预测思路

根据规划目标年机场旅客吞吐量，预测2020目标年设计日高峰小时旅客量；根据一、二号航站楼客流量分配比例分别计算其客流量。结合航空部门和相关研究提供的中转旅客比例，确定二号航站楼始发终到的客流量。

结合国内外机场经验数据，确定各种旅客出行方式（包含轨道交通、大巴、中巴、私家车、出租车）的分担比例及实载率，并考虑机场工作人员交通量，得到各种交通方式的高峰小时交通量。

由于机场出发高峰与到达高峰通常错峰，机场日高峰并不一定等同于出发高峰或到达高峰。因而，机场陆侧道路通行能力应满足日高峰的接送客交通需求；而出发送客和到达接客均应按照各自的高峰小时交通量，结合停留时间计算各种交通方式对出发车道和到达车道停靠长度的需求。

2. 一、二号楼客流量比例分配

结合《广州白云国际机场扩建工程可行性研究报告》预测结果及宏观发展趋势，预测白云机场在2020年的旅客需求量将达到8000万人次左右。其中，一号航站楼设计容量为3500万年旅客量（43.75%），二号航站楼规划设计容量为4500万年旅客量（56.25%）。

根据机场周边路网建设情况及发展趋势，结合周边城市旅客出行需求，预测目标年（2020年）机场南侧出入口交通量分配比例为80%，北侧出入口交通量分配比例为20%。

3. 二号楼道路交通需求预测

《广州白云国际机场扩建工程二号航站楼及配套设施规划设计咨询报告》基于航班客流量的预测基础上，对2020年的地面车流量进行预测，目标年（2020年）设计日高峰小时旅客量为22983人次；根据一、二号楼客流量分配比例，其客流量分别为10055人次和12928人次。根据前期研究和业主及航空部门的沟通结论，假定使用一号航站楼的中转旅客为30%，则二号航站楼实际的交通生成量为9050人次{12928×（1－30%）＝9050}。

根据旅客选取的不同交通方式，对白云机场2020年的地面车流量进行预测，详见表3.16.1.2-1、表3.16.1.2-2所示。

2020年机场高峰小时客流量（人次/小时）　　　　　表3.16.1.2-1

车辆分类	旅客乘车比例/%	每车载客数	满载率	高峰小时旅客量（人次/小时）		
				全机场	一号航站楼	二号航站楼
轻轨	25	—	—	4776	2514	2262
大巴	20	40	0.8	3821	2011	1810
中巴	5	8	1.0	955	503	452
私家车	25	1.5	1.0	4776	2514	2262
出租车	20	1.5	1.0	3821	2011	1810

2020年机场高峰小时客流量（人次／小时）（续表）　表 3.16.1.2-1

车辆分类	旅客乘车比例（%）	每车载客数	满载率	高峰小时旅客量（人次／小时）		
				全机场	一号航站楼	二号航站楼
停车场班车	3	20	1.0	573	302	271
其他	2	40	0.8	382	201	181
合计	100	—	—	19105	10055	9050

2020年机场高峰小时陆侧交通量（车次／小时）　表 3.16.1.2-2

车辆分类	全机场		一号航站楼		二号航站楼	
	接人	送人	接人	送人	接人	送人
轻轨	—	—	—	—	—	—
大巴	60	60	31	31	28	28
中巴	60	60	31	31	28	28
私家车	1592	1592	838	838	754	754
出租车	1274	1274	670	670	603	603
停车场班车	14	14	8	8	7	7
其他	6	6	3	3	3	3
合计	3005	3005	1582	1582	1424	1424
机场员工车辆（5%）	150	150	79	79	71	71
机场服务设施车辆（2%）	60	60	32	32	28	28
总计	3216	3216	1693	1693	1523	1523

除了航班客流产生的地面交通外，机场员工高峰小时交通量按航班客流产生交通量的5%计算，机场服务设施高峰小时交通量按航班客流产生交通量的2%计算。

根据车辆换算系数，大巴、停车场班车、其他车辆、机场服务设施车辆换算系数取值1.5，中巴、私家车、出租车、机场员工车辆换算系数取值1，折算成高峰小时标准车交通量，交通需求如表3.16.1.2-3所示。

2020年机场高峰小时陆侧交通量（标准车/小时） 表 3.16.1.2-3

	全机场		一号航站楼		二号航站楼	
	接人	送人	接人	送人	接人	送人
预测高峰小时交通量（标准车／小时）	3285	3285	1729	1729	1556	1556

4．停车需求预测

根据咨询报告，一、二号航站楼高峰小时停车需求预测如表3.16.1.2-4所示。

2020年机场高峰小时停车需求预测（个）　表 3.16.1.2-4

车辆分类	高峰小时车位需求		
	一号航站楼	二号航站楼	全机场
大巴	102	131	233
中巴	102	131	233
私家车	3653	4697	8350
短期	1372	1764	3136
长期	2281	2933	5214
出租车	1199	1542	2741
工作人员	275	353	628
合计	5331	6854	12185

3.16.1.3　外围交通衔接设计

1.　对外交通问题分析

（1）交通功能分析：机场高速公路为目前广州及周边地区90％以上车流进入白云机场的南入口通道，仅有清远、从化及花都部分区域共计不超过10％的车辆沿空港大道自北进入机场。同时，机场高速—街北高速一线为广州与从化的联系干道；机场高速—迎宾大道为广州与花都的联系干道。

（2）交通现状：现状机场高速公路北段接近饱和，尤其是在周末等高峰期间受广州—从化、广州—花都区间通勤的影响，存在交通堵塞。机场高速南段节点受广州市白云区内部交通的干扰严重，高峰期间交通拥堵严重，造成机场对外交通效率降低。一号楼东西两侧机场环路现已呈现交通瓶颈。

（3）交通发展趋势：随着社会经济的发展，交通出行需求迅速增长，出行者对出行效率和舒适度的要求提升，一号航站楼超负荷运作，二号航站楼的启动迫在眉睫。根据白云机场现状客流量与目标年规划旅客量的比例，机场对外交通需求将提升1倍以上；同时，机场环路交通需求也将同比例增加。

（4）通行能力计算：根据预测结论，高峰小时全机场接送交通量需求为6570标准车/小时，其中南侧出入口单向交通需求为5256标准车/小时（6570×80％＝5256）。根据《广州白云国际机场扩建工程二号航站楼及配套设施规划设计咨询报告》中交通仿真分析结果，一号航站楼东西两侧机场内环路瓶颈处交通需求为3129标准车/小时。机场内环路通行能力的计算依据美国通行能力手册2000《机场综合运行状况分析报告40分册——车道边与航站楼区域道路运行状况分析》，机场道路单车道通行能力为840辆/小时。道路的通行能力与交通需求关系如表3.16.1.3所示。

2020年机场高峰小时陆侧交通量（标准车/小时）　表3.16.1.3

交通干道	道路通行能力	现状交通	远期交通需求	结论
机场南侧机场高速公路	3736	3164	5256	现状基本饱和，远期不满足需求
机场内环路瓶颈处	2520	1960	3129	现状满足场内交通，远期不满足需求

（5）问题与结论：①机场高速公路远不能满足二号楼投入使用后80％交通自南侧出入机场的通行能力需求，南侧交通需求缺口约为29％。急需开拓新的对外交通道路和出入口，分流南侧入口交通。②机场环路瓶颈处无法再承担二号航站楼投入使用后新增的交通量，必

须减少南侧入口的对外交通分配比例，同时采取分流和改善措施减少二号楼新增交通对环路交通的影响。

2.　对外交通路网规划

针对上节的分析结果，提出以下两个方案：

（1）方案一：规划机场第二高快速路从东北部接入机场（图3.16.1.3-1）。

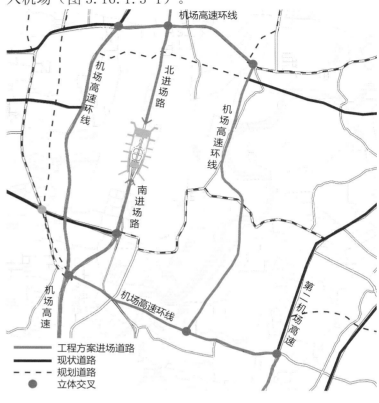

图 3.16.1.3-1　方案一

机场第二高快速路为既有规划道路，线路走向为新广从路—花莞高速—机场东侧快速路—物流大道—北进场路。

交通功能分析：从机场对外交通而言，本方案从北进场路进出，能完全有效地解决原机场高速通行能力不足的问题。从机场内部交通而言，北入口能有效分流机场环路南段交通，解决现状环路瓶颈问题。从区域路网功能而言，本方案通过新广从路与北二环、花莞高速向东可衔接天河、萝岗、增城等区域，为广州东部区域与机场衔接提供了便捷的通道，符合广州"东进"的城市发展策略。

机场第二高快速路建成后，机场南侧、西侧地区及城市如广州荔湾区、番禺区、佛山等地区，交通可选择经由原机场高速南侧入口进出白云机场；机场东侧、南侧地区及城市如广州市天河区、黄埔区、萝岗区、增城等地区的交通可选择经由机场第二高速路的北侧入口进出白云机场。

可行性分析：根据规划及建设计划，新广从路南段（黄石东路—北二环段）快速化改造和花莞高速已进入实施阶段，目前正在设计。机场第二高快速路的建设可

结合以上工程，将新广从路快速化改造继续向北延伸，并新建机场东侧快速路及物流大道。

（2）方案二：机场高速东湖出口从西部接入机场。

方案二在机场高速东湖出口沿三东大道向东延伸，新建西进场道路，在机坪区域设置隧道下穿后与北进场路衔接（图3.16.1.3-2）。

图 3.16.1.3-2　方案二

交通功能分析：从机场内部交通而言，北入口能分流机场环路南段交通，解决现状机场环路瓶颈问题。从机场对外交通及外围路网功能而言，南侧入口和北侧入口全部依托机场高速进出，机场高速交通压力巨大。

可行性分析：仅需新建西进场道路，用地多为机场用地，工期不受外围路网工程建设计划的限制。

3.16.1.4　交通设施总体布置

本次设计的白云机场陆侧交通系统范围为现状机场高速收费站以北至空港北横四路交叉口区域，陆侧交通系统布置如下（图3.16.1.4）：

将现状机场大道继续往北延伸至二号航站楼解决南面车辆的进出，北面车辆的进出通过下穿机坪和二号航站楼的机场隧道解决。

在出发层紧邻二号航站楼的南面设置出港高架桥，出港高架桥车道边设计为十车道（3大巴车道＋3出租车道＋4私家车道），出港高架桥引桥单向四车道。在到达层（标高0m层）二号航站楼东西两端由北往南分别布置出租车接客区、大巴接客区。为保证中央广场区域的人车完全分离，设计了东西向的大巴隧道和出租车隧道下穿广场，大巴隧道兼作贵宾车辆通行使用；地铁和城轨均呈南北走向。

二号航站楼往南布置了交通中心和地面停车场，交通中心和地面停车场共用进出口，到达私家车的接客主要通过交通中心内部解决。

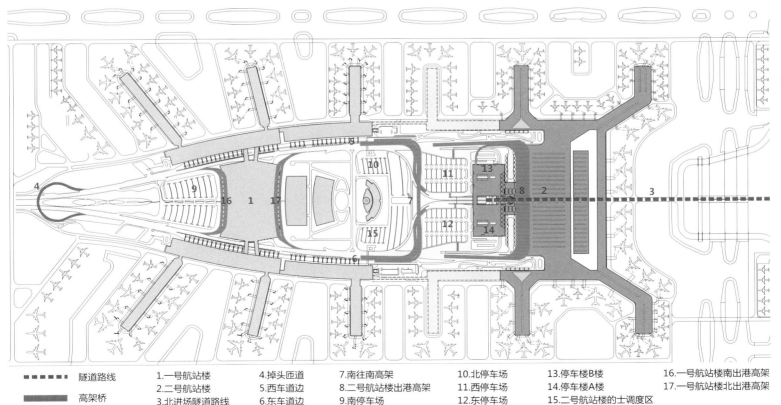

---- 隧道路线	1.一号航站楼　　4.掉头匝道　　7.南往南高架	10.北停车场　　13.停车楼B楼　　16.一号航站楼南出港高架
■■■ 高架桥	2.二号航站楼　　5.西车道边　　8.二号航站楼出港高架	11.西停车场　　14.停车楼A楼　　17.一号航站楼北出港高架
	3.北进场隧道路线　6.东车道边　　9.南停车场	12.东停车场　　15.二号航站楼的士调度区

图 3.16.1.4　总体交通设施布置图

为解决北面车辆进出一号航站楼和南面车辆进出停车场的问题,减少与二号航站楼的车辆发生交织,设计北进场路东、西跨线桥跨越机场大道后与机场隧道衔接;为解决一号航站楼到达区的交通,减少与二号航站楼的车辆发生交织,设计中回旋桥和东三、西三匝道桥分别跨越机场大道东、北进场路和机场大道西。

由于机场大道为单向逆时针循环,使一号航站楼和二号航站楼陆侧交通各自形成循环系统,互不干扰,设计将现状机场大道一横路(横三路)改为双向通行。

贵宾厅布置:5号贵宾厅位于东五连接楼,6号贵宾厅位于西五连接楼,贵宾车辆通过机场大道和连接楼之间的专用道路进出;由于货物进出口位于航站楼和连接楼交界处即贵宾厅北面100m,因此连接东一路、连接西一路兼作货运道路,但货运车辆须控制在夜间通行。

3.16.1.5 陆侧立体交通组织设计

交通组织着手于对外交通、机场环路交通、二号航站楼出发及到达交通、行人交通、静态交通等五层次考虑。

对外交通设计的目标是实现南北两座航站楼的交通分别自南北两个出入口与周边高等级道路之间快速集散。

机场环路交通设计的目标是,尽可能分离进出各航站楼的交通与机场环路交通,以保证机场环路的快捷畅通;尽可能实现一号航站楼与二号航站楼交通互不干扰,减少车辆长距离绕行给机场环路带来的交通压力。

航站楼出发及到达交通的设计目标是,各类交通尽量分层分道行驶;交通组织以分合流为主,尽量避免交织;减少进场车流与离去车流的相互交织;减少不同交通方式的相互交织;车道布置必须满足出发、到达高峰小时停靠需求。

行人交通组织的目标是,出发停靠车道与出发乘客入口无缝衔接,到达乘客出口与的士、公交等公共交通方式无缝衔接,并能通过垂直交通到达轨道交通站点及私家车库各层。

静态交通的目标是,大巴、的士、私家车分区停车;大巴、的士统一调度管理;私家车库出入口直接衔接机场环路快车道并高效疏散至对外交通干道。

1. 对外交通

南侧入口机场高速现状饱和度约0.7,不能满足二号航站楼建成后交通流量成倍增长的需求。结合广州城市发展趋势及路网建设规划,建设机场高快速环路,完善北入口交通功能并适当引导。预测规划目标年南北入口对外交通分担比例为南入口65%、北入口35%。经过计算南侧现状机场高速能满足规划目标年南入口通行能力的需求(图3.16.1.5-1)。

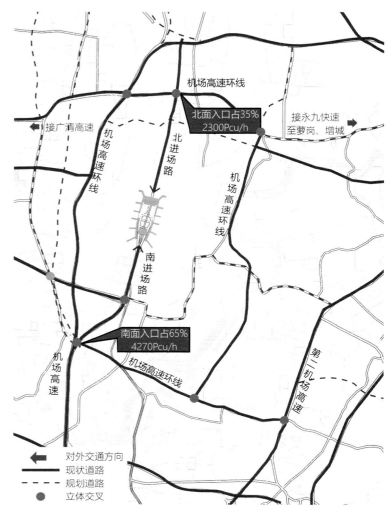

图 3.16.1.5-1 对外交通规划图

2. 机场环路交通

为实现一号航站楼、二号航站楼交通互不干扰,减少不必要的绕行,在一号航站楼北侧设置一组南往南高架,实现一号楼东侧接客离开、东往西侧接客、南往南掉头的三重功能。将一、二号之间的单向横三路调整为双向,从而在既有的逆时针机场环路基础上形成南北两个小循环系统;北部循环主要服务于二号航站楼,南部循环主要服务于一号航站楼。

第一航站区以机场塔台为界,以南部分为一号航站楼范围,包括一号航站楼、东一至东三指廊、西一至西三指廊;以北部分为二号航站楼范围,包括二号航站楼、东四至东六指廊、西四至西六指廊、交通中心楼。

第一航站区以三个逆时针环状组成了路侧道路系统:

机场大道东、一号航站楼南出发高架桥、机场大道西、南回旋桥形成一号航站楼南部环路。

机场大道东、中回旋桥、机场大道西、一号航站楼北出发高架桥形成一号航站楼北部环路。

机场大道东、二号航站楼出发高架桥、机场大道西、机场大道横一路形成二号航站楼环路(图3.16.1.5-2)。

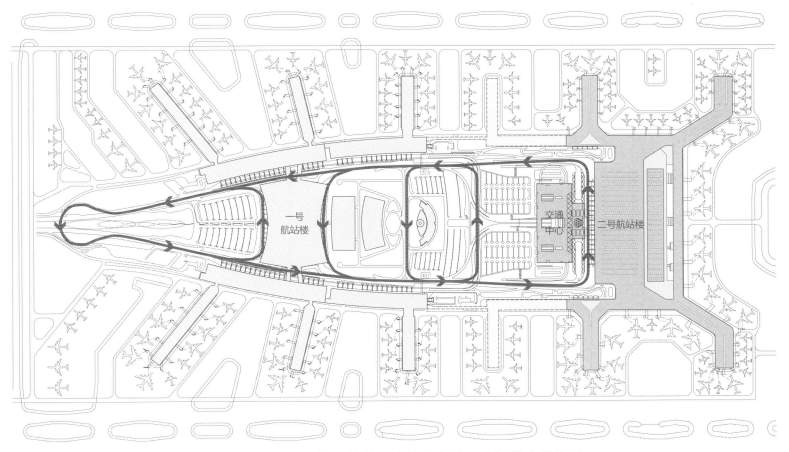

图 3.16.1.5-2　第一航站区功能分布图及路侧道路系统图

3．二号航站楼出发及到达交通、行人交通

二号航站楼前设置 11.000m 标高层出发、±0.000m 标高层到达双层车道。航站楼南侧设置 7.000m 标高层高架，与 11.000m 标高出发层形成逆时针的高架环路。

11.000m 标高层为出发停靠车道，自航站楼向外依次布置大巴、的士、私家车车道，与航站楼出发层无缝衔接。南入口交通自机场环路东侧上 11.000m 标高出发层，送客后由西侧下至机场环路离开。北入口交通自隧道西侧进入后，经 7.000m 标高层高架内侧衔接 11.000m 标高出发层，送客后绕 7.000m 标高层高架外侧下至东侧隧道离开。

±0.000m 标高层为到达停靠车道，布置的士、巴士停靠车道，与航站楼到达层无缝衔接。中央门厅前设置行人广场到达巴士候车区，通过垂直交通可到达私家车库、轨道交通站厅。的士停靠区紧靠两侧门厅出口，的士在中央门厅广场处下穿，实现人车分离。

（1）二号航站楼送客流程（广州方向）

机场高速→机场大道东→二号航站楼出发高架桥（送客）；

二号航站楼出发高架桥→机场大道西→机场高速（返回）（图 3.16.1.5-3）。

（2）二号航站楼送客流程（花都方向）

机场北隧道→北进场路西线→机场大道西→机场大道横一路→二号航站楼出发高架桥（送客）；

二号航站楼出发高架桥→机场大道西→机场大

道横一路→北进场路东线→机场北隧道（返回）（图 3.16.1.5-4）

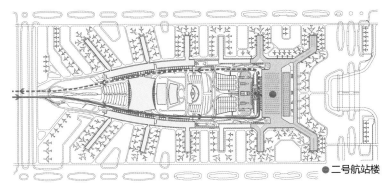

图 3.16.1.5-3　二号航站楼送客流程图（广州方向）

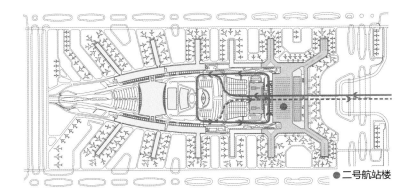

图 3.16.1.5-4　二号航站楼送客流程图（花都方向）

（3）二号航站楼接客流程（广州方向私家车接客）

机场高速→机场大道东→P6～P8 停车场（接客）；

P6～P8停车场→机场大道西→机场高速（返回）（图3.16.1.5-5）。

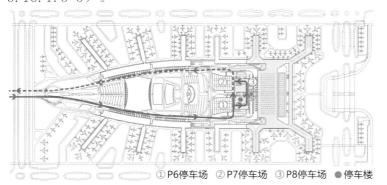

①P6停车场 ②P7停车场 ③P8停车场 ●停车楼

图 3.16.1.5-5　二号航站楼接客流程图（广州方向私家车接客）

（4）二号航站楼接客流程（花都方向私家车接客）

机场北隧道→北进场路西线→机场大道西→机场大道横一路→P6～P8停车场（接客）

P6～P8停车场→机场大道西→机场大道横一路→北进场路东线→机场北隧道（返回）（图3.16.1.5-6）。

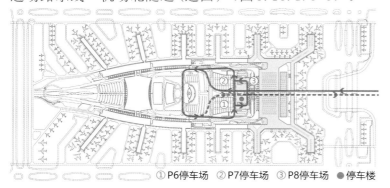

①P6停车场 ②P7停车场 ③P8停车场 ●停车楼

图 3.16.1.5-6　二号航站楼接客流程图（花都方向私家车接客）

（5）二号航站楼接客流程（大巴东、西客运站接客）

大巴调度场→北进场路西线→机场大道西→机场大道横一路→东客运站（大巴东客运站接客）；

东客运站→大巴隧道→西客运站（大巴西客运站接客）

西客运站→机场大道西→机场高速（返回广州）；

西客运站→机场大道西→机场大道横一路→北进场路东线→机场北隧道（返回花都）（图3.16.1.5-7）。

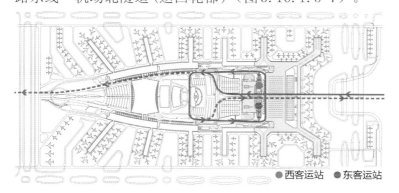

●西客运站 ●东客运站

图 3.16.1.5-7　二号航站楼接客流程图（大巴东、西客运站接客）

（6）二号航站楼接客流程（的士国内、国际接客）

的士调度场→北进场路西线→机场大道西→机场大道横一路→的士国内（的士国内接客）；

的士国内→的士隧道→的士国际（的士国际接客）；

的士国际→机场大道西→机场高速（返回广州）；

的士国际→机场大道西→机场大道横一路→北进场路东线→机场北隧道（返回花都）（图3.16.1.5-8）。

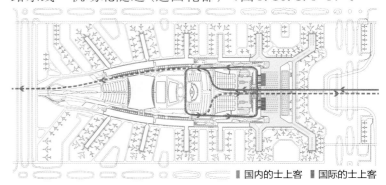

■国内的士上客 ■国际的士上客

图 3.16.1.5-8　二号航站楼接客流程图（的士国内、国际接客）

4. 静态交通

在场内设置大巴停车场和的士蓄车区，统一调度管理。由于的士交通量需求较大，场内空间不够，因而在航站区以北场外设置的士远调度场。的士必须由远调度场等候调度进入蓄车区后方可驶出载客。

在航站楼前方设置交通中心，设置四层停车库。停车库主出入口设置于±0.000m标高层，并直接接入机场环路快车道；在入场闸口取卡后亦可通过坡道去到停车库各层。为提高停车场运行效率，减少高峰拥堵和延误，建议设置停车场中央收费系统。

一号航站楼服务范围包括一号航站楼南北出发高架桥、P1～P5停车场、AB到达区。

其中，一号航站楼南出发高架桥可供40辆小型汽车以及16辆大巴停靠下客，一号航站楼北出发高架桥可供49辆小型汽车以及20辆大巴停靠下客。AB到达区各可以承担16条大巴线路以及50辆的士排队上客。

P1停车场797个车位，P2停车场1364个车位，P3停车场1800个车位，P4停车场910个车位，P5停车场696个车位。

二号航站楼服务范围包括二号航站楼出发高架桥、P6～P8停车场。

其中，二号航站楼出发高架桥可供114辆小型汽车以及23辆大巴停靠下客。出发高架桥下方设置东西各18个大巴停车位的大巴停车场，国际国内各18个的士上客停车位。

P6停车场678个车位，P7停车场678个车位，P8停车场3771个车位（图3.16.1.5-9）。

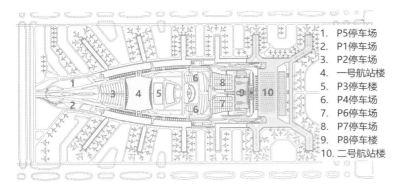

1. P5停车场
2. P1停车场
3. P2停车场
4. 一号航站楼
5. P3停车楼
6. P4停车场
7. P6停车场
8. P7停车场
9. P8停车楼
10. 二号航站楼

图 3.16.1.5-9　第一航站区交通设施分布图

5. 其余交通组织

作为机场运营盈利的重要来源，VIP交通亦是机场交通组织的重点研究对象。为满足安保要求，VIP通常不采用隧道作为通行道路，应尽量采用专用道路，充分保证乘客进出场及候车的舒适性。

此外，机场交通组织还需兼顾机场工作人员、机场内部物资供给货运交通等各种交通需求。

①东五贵宾厅接送客流程

机场高速→机场大道东→VIP东路→东五贵宾厅（送客）；

东五贵宾厅→ VIP东路→大巴隧道→机场大道西→机场高速（返回）（图 3.16.1.5-10）。

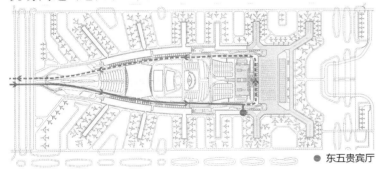

● 东五贵宾厅

图 3.16.1.5-10　东五贵宾厅接送客流程图

②西五贵宾厅接送客流程

机场高速→机场大道东→VIP东路→大巴隧道→VIP西路→西五贵宾厅（送客）

西五贵宾厅→机场大道西→机场高速（返回）（图 3.16.1.5-11）。

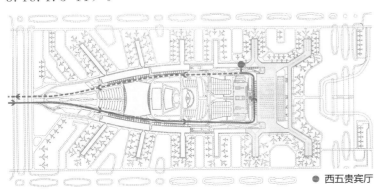

● 西五贵宾厅

图 3.16.1.5-11　西五贵宾厅接送客流程图

3.16.2　市政道路及停车场工程设计

3.16.2.1　概述

陆侧交通系统设计应能够满足二号航站楼旅客吞吐量4500万人次的陆侧交通需求，并达到较高的服务水平，建设规模及标准应和交通需求、道路的功能定位相匹配，实现适用性和经济性结合最佳。

二号航站楼陆侧交通系统主要包括北进场隧道、东环路、出港高架桥、西环路、南往南高架桥等28条道路，交通中心南面北进场隧道东西两侧设置了两个地面停车场，地面停车场总面积 53089m²，共有私家车位 1528个，路侧交通系统具体布置如下：

1. 二号航站楼对外交通道路系统

主要包括：北进场隧道、东环路、西环路、北进场路东线、北进场路西线、北进场东西线联络道。

将现状东西环路继续往北延伸至二号航站楼解决南面车辆的进出；北面车辆的进出通过下穿机坪和二号航站楼的北进场隧道解决，隧道设计为双向六车道；北进场隧道与东西环路通过北进场路东线、北进场路西线及北进场东西线联络道衔接。

2. 二号航站楼旅客出发：出港高架桥

在出发层（标高11.250m层）紧邻二号航站楼的南面设置出港高架桥，出港高架桥车道边设计为10车道（3条大巴车道＋3条出租车道＋4条私家车道），单条车道边长度390m，出港高架桥引桥为单向4车道。

3. 二号航站楼旅客到达（公共交通）

主要包括：到港大巴道路、大巴西路、大巴东路、到港道路及的士隧道。

在到达层（标高±0.000m层）二号航站楼东西两端由北往南分别布置出租车接客区、大巴接客区，共有出租车车位54个，大巴车位34个，为保证中央广场区域的人车完全分离，设计了东西向的大巴隧道和出租车隧道下穿广场，大巴隧道兼作VIP车辆通行使用，大巴隧道及出租车隧道都为单向两车道；地铁和城轨均呈南北走向，地铁位于广场西面，城轨位于广场东面，并在广场南面的交通中心地下三层设置站台，设有直通地面广场的出入口和连接航站楼的通道、扶梯从而实现与地铁、城轨的交通转换。

4. 二号航站楼到达（私家车）及出发（私家车）静态交通道路系统

主要包括交通中心南一路、南二路、东路、西路、北进场隧道辅道等。

二号航站楼南面布置了交通中心和地面停车场，交通中心和地面停车场共用进出口，进出口设计为十车道进十车道出，交通中心分为A、B两座停车楼，共计私家车位3821个，地面停车场私家车位共计1528个，到达私家车的接客主要通过交通中心内部解决。通过以上道路可以实现私家车便捷进出各停车场。

5. 二号航站楼VIP交通道路

主要包括连接东一路、连接西一路、VIP东路、VIP西路、VIP西延线等。

国际VIP厅位于东五连接楼，国内VIP厅位于西五连接楼，VIP车辆通过东西环路和连接楼之间的专用道路进出，VIP道路为单向单车道；货物进出口位于航站楼和连接楼交界处即VIP厅北面100m，卸货区道路与VIP东、西路隔离。

6. 实现一号航站楼与二号航站楼交通互不干扰的高架系统

主要包括南往南高架桥、北进场东跨线桥、北进场

西跨线桥、东三匝道、西三匝道等。

为解决北面车辆进出一号航站楼和南面车辆进出停车场的问题，减少与二号航站楼的车辆发生交织，设计北进场东、西跨线桥跨越东、西环路后与北进场隧道衔接，跨线桥设计为单向两车道；为解决一号航站楼到达区的交通，减少与二号航站楼的车辆发生交织，设计南往南高架桥和东三、西三匝道桥分别跨越东环路、北进场路和西环路，南往南高架桥设计为单向两车道，东三、西三匝道桥设计为单向单车道。

由于东西环路为单向逆时针循环，使一号航站楼和二号航站楼路侧交通各自形成循环系统，互不干扰，设计将现状横三路改为双向通行。

另外，通过连接东二路—连接东一路—大巴隧道—连接西一路—连接西二路，可以保持一号航站楼与二号航站楼大巴接客的联系（图3.16.2.1）。

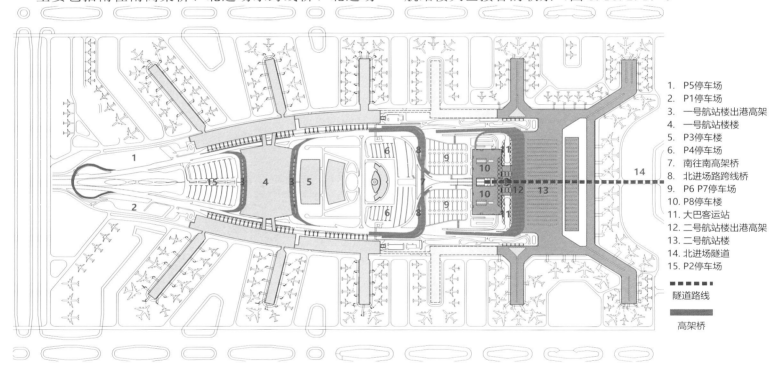

1. P5停车场
2. P1停车场
3. 一号航站楼出港高架
4. 一号航站楼楼
5. P3停车楼
6. P4停车楼
7. 南往南高架桥
8. 北进场路跨线桥
9. P6 P7停车楼
10. P8停车场
11. 大巴客运站
12. 二号航站楼出港高架
13. 二号航站楼
14. 北进场隧道
15. P2停车场

━ ━ ━ 隧道路线

▬▬▬ 高架桥

图3.16.2.1 总体布置图

3.16.2.2 市政道路工程设计

1. 市政道路工程亮点

（1）各类车辆良好流线的设置

①南向入口交通组织（图3.16.2.2-1）

A. 私车到达接客到场：从南进场→东连接楼→东停车场、停车楼、西停车场。

B. 私车到达接客离场：东停车场、停车楼、西停车场→西连接楼→到南出口。

C. （的士出发送客）从南进场→东连接楼→二号楼出发高架→西连接楼→到南出口。

D. （大巴到达接客离场）从南进场→东连接楼→二

号楼出发高架→西连接楼→到南出口。

②北向入口交通组织（图3.16.2.2-2）

A. 私车到达接客到场：从北进场隧道→东停车场、停车楼、西停车场。

B. 私车到达接客离场：东停车场、停车楼、西停车场→出北进场隧道。

C. 的士出发送客离场：从北进场隧道→北停车场→二号楼出发高架二号楼出发高架→北停车场→出北进场隧道。

D. 大巴到达接客到场：从北进场隧道→北停车场→东连接楼→二号楼出发高架。

E. 大巴到达接客离场：二号楼出发高架→西连接楼 →出北进场隧道。

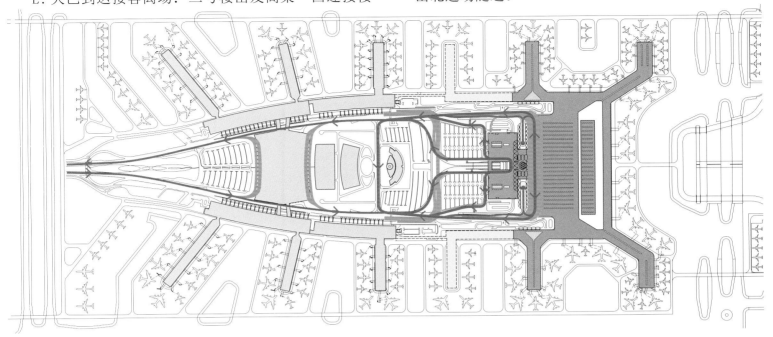

图 3.16.2.2-1 南向入口交通流线图

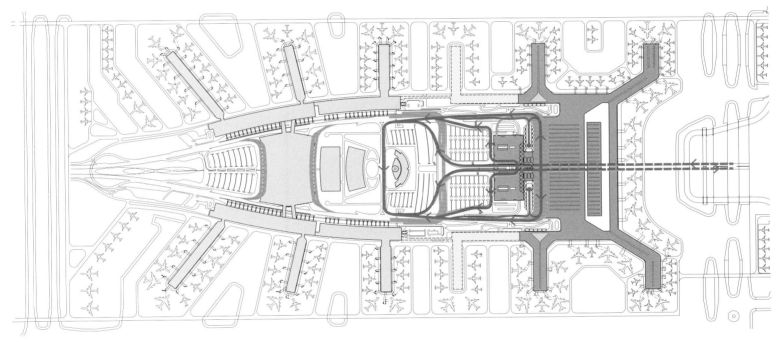

图 3.16.2.2-2 北向入口交通流线图

（2）考虑"以人为本"的设计理念，出发和到达车道边的交通组织方便快捷，指示清晰，实现人车完全分离，并与地铁、城轨无缝衔接。

①出发人行交通组织设计

在出港高架桥车道边下客的旅客可直接进入航站楼 11.25m 出发层。

进入交通中心停车的旅客可通过 11.25m 层的人行连廊，经出港高架桥人行横道进入航站楼 11.25m 出发层。

乘坐地铁或城轨的旅客首先通过负三层站台进入负二层站厅，然后通过扶梯进入二号航站楼 5.0m 中转层，再通过航站楼内的扶梯进入航站楼 11.25m 出发层（图

3.16.2.2-3）。

②到达人行交通组织设计

航站楼 0m 到达层（即提取行李大厅）的旅客通过中央旅客步行广场前往东西两侧的出租车上客区或大巴上客区；需要乘坐地铁或城轨的旅客则通过广场地面的入口进入负三层地铁或城轨的站台；继续往南则进入交通中心 0m 层，再可通过交通中心楼内的电扶梯转换至各层。

无托运行李的旅客可通过 5.0m 层人行连廊进入中央旅客步行广场转乘出租车、大巴，或通过 5.0m 层人行连廊直接进入交通中心二层（图 3.16.2.2-4）。

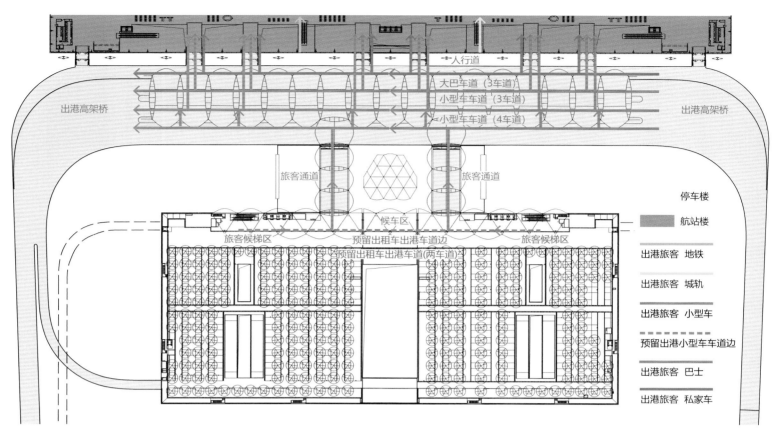

图 3.16.2.2-3 出发人行交通组织平面示意

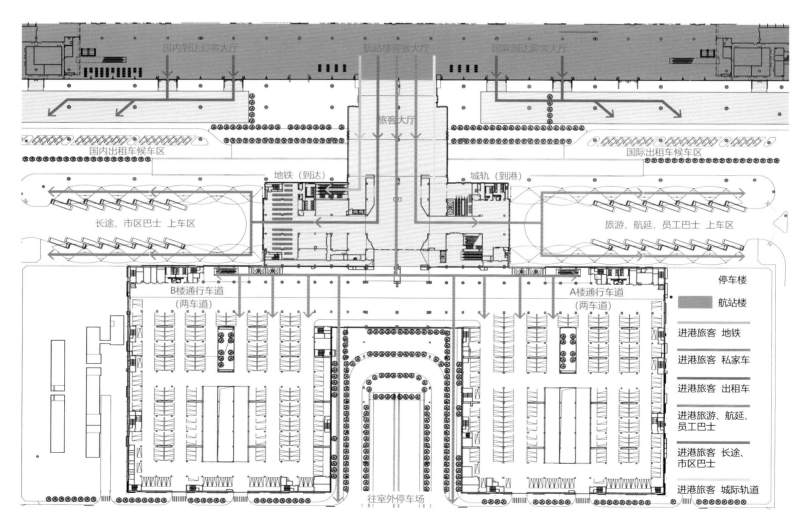

图 3.16.2.2-4 到达人行交通组织平面示意

2.　市政道路详细设计

道路等级和设计车速表　　　　　　　　　　表 3.16.2.2-1

序号	路名	道路等级	道路宽度 (m)	设计车 (km/h)	道路长度 (m)
1	北进场隧道	主干道	30.7（闭口段） 29.7（敞口段）	50	1035
2	东环路	主干道	20.05～57.75	50	360
3	西环路	主干道	20.05～57.75	50	362.323
4	北进场路东线	主干道	8.5、12	40	504.209
5	北进场路西线	主干道	8.5、12	40	504.209
6	北进场东西线联络道	主干道	7.5	40	302.186
7	北进场东跨线桥	次干道	9～10.9	30	563.338
8	北进场西跨线桥	次干道	9～10.9	30	563.338
9	南往南高架桥	次干道	9～10.9	30	887.131
10	东三匝道	次干道	7.5	30	293.733
11	西三匝道	次干道	7.5	30	296.864
12	出港高架桥	次干道	15.9～54.65	30	1040
13	到港大巴道路	支路	7.5～28.56	20	585.550
14	到港道路及的士隧道	支路	7.5～16.55	20	1061.803
15	北进场路隧道辅道	支路	15	30	361.648
16	连接东一路	支路	7.5	30	309.567
17	连接东二路	支路	6、8	30	367.288
18	连接西一路	支路	7.5	30	307.248
19	连接西二路	支路	6、8	30	367.288
20	VIP 东路	支路	6、9	20	975.088
21	VIP 西路	支路	6、9	20	964.724
22	VIP 西延线	支路	9～11	20	133.631
23	交通中心南一路	支路	18	30	187.007
24	交通中心南二路	支路	18	30	187.007
25	交通中心东路	支路	9	20	265.985
26	交通中心西路	支路	9	20	263.658
27	大巴西路	停车场内道路	39.6	10	114.958
28	大巴东路	停车场内道路	39.6	10	96.957
	合计	—	—	—	13261.7

（1）技术标准

①由于陆侧交通组织复杂，涉及的道路共30条，根据道路的功能和定位将陆侧所有道路等级和设计车速划分如表 3.16.2.2-1 所示。

②城市主干道设计车速有50km/h 和40km/h 两种，城市次干道设计车速30km/h，城市支路设计车速有30km/h

和20km/h两种，停车场内道路的设计标准参照20km/h的城市支路设计标准。

（2）道路平面设计

白云机场扩建工程中二号航站楼，东五、东六指廊和西五、西六指廊紧邻北面的机坪布置，本次设计的陆侧道路系统范围为现状北停车场以北至二号航站楼区域，在交通组织设计的基础上道路平面设计主要考虑车道数与交通量相匹配，满足相应设计车速下转弯半径和交织长度等技术标准的要求，使平面线形美观、流畅、视觉自然、视野开阔，保证行车快捷、安全、舒适。平面设计应保证航站楼前车道边的长度，尽量利用现有道路和减少占地，同时结合航站区总体布置和出港高架桥桥墩布置对交叉口进行渠化设计。

①二号航站楼对外交通道路

将现状东西环路继续往北延伸至二号航站楼解决南面车辆的进出，北面车辆的进出通过下穿机坪和二号航站楼的北进场隧道解决，隧道设计为双向六车道。

②二号航站楼车道边布置

在出发层（标高11.25m层）紧邻二号航站楼的南面设置出港高架桥，出港高架桥车道边设计为10车道（3大巴车道＋3出租车道＋4私家车道），单条车道边长度390m，出港高架桥引桥单向4车道。在到达层（标高0m层）二号航站楼东西两端由北往南分别布置出租车接客区、大巴接客区，共有出租车位36个，大巴车位34个，为保证中央广场区域的人车完全分离，设计了东西向的大巴隧道和出租车隧道下穿广场，大巴隧道兼作VIP车辆通行使用，这两条隧道都为单向两车道；地铁和城轨均呈南北走向，地铁位于广场西面，城轨位于广场东面，并在广场南面的交通中心地下三层设置站台，设有直通地面广场的出入口和连接航站楼的通道、扶梯从而实现与地铁、城轨的交通转换。

③二号航站楼VIP交通道路

国际VIP厅位于东五连接楼，国内VIP厅位于西五连接楼，VIP车辆通过东西环路和连接楼之间的专用道路进出，VIP道路单向2车道；货物进出口位于航站楼和连接楼交界处，货运车辆通过连接东一路和连接西一路进出，与VIP车辆互不干扰。

④与一号航站楼相关道路

为解决北面车辆进出一号航站楼和南面车辆进出停车场的问题，减少与二号航站楼的车辆发生交织，设计北进场路东、西跨线桥跨越东、西环路后与北进场路隧道衔接，跨线桥设计为单向2车道；为解决一号航站楼到达区的交通，减少与二号航站楼的车辆发生交织，设计南往南高架桥和东三、西三匝道桥分别跨越东环路、北进场路和西环路，南往南高架桥设计为单向2车道，东三、西三匝道桥设计为单向单车道。

由于东西环路为单向逆时针循环，使一号航站楼和二号航站楼陆侧交通各自形成循环系统，互不干扰，设计将现状横三路改为双向通行。

（3）道路纵断面设计

道路纵断面设计主要按以下几个原则进行控制：

①道路设计标高应尽量缩小与场地平整后标高之间的差值，减少填挖的工程量，降低工程造价。

②道路设计标高与现状东西环路、航站楼、连接楼、交通中心、停车场及周边地块标高接顺。

③北进场隧道纵断面设计在避让航站楼东西向管沟和机坪排水沟的前提下应尽量减少埋深，并采用单向排水，与大巴隧道、出租车隧道共用一个泵房，降低工程造价。

④航站楼出港高架桥、跨线桥及匝道桥设计标高应满足桥下地面道路净空大于4.5m的要求。

⑤为保证行车安全舒适，纵坡宜缓顺，同时便于排水，道路纵断面设计尽量符合由东往西、由北往南的航站区总体排水走向。除与航站楼和连接楼衔接段设置平坡外全线最小纵坡按0.3%控制，平坡段设置锯齿形边沟排水。

⑥设计规范的最小、最大坡度及坡长、竖曲线等设计控制指标。

（4）道路横断面设计

①环路（K0＋000～K0＋220）段地面东环路单向六车道，环路东面为北进场东跨线桥、南往南高架桥和东三匝道桥，横断面布置如图3.16.2.2-5所示。

1.5m（人行道）＋20m（6车道东环路）＋15.5m（4车道北进场东跨线桥和南往南高架桥）＋0.35～3m（绿化带）＋7.5m（单车道东三匝道桥）＋6m（单车道连接东二路）＋2m（人行道）=52.85～55.5m。

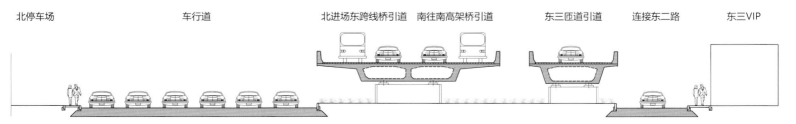

北停车场　　　　车行道　　　　北进场东跨线桥引道　南往南高架桥引道　　　东三匝道引道　连接东二路　东三VIP

图3.16.2.2-5　（K0＋000～K0＋220）横断面

图 3.16.2.2-6　（K0+360～K0+440）横断面

② 环路 （K0+360～K0+440） 段由西往东依次为停车场收费广场、到港东路、出港高架桥引桥、连接东一路、连接东二路和 VIP 东路，横断面布置如图 3.16.2.2-6 所示。

2m（人行道）+27.6m（6 车道收费广场）+1.5～5m（绿化带）+7.5m（2 车道到港东路）+15.9m（4 车道的出港高架桥引桥）+7.5m（两车道连接东一路）+2～9.5m（绿化带）+6m（单车道连接东二路）+23～32m（绿化带）+6m（单车道 VIP 东路）+3m（人行道）=102～122m。

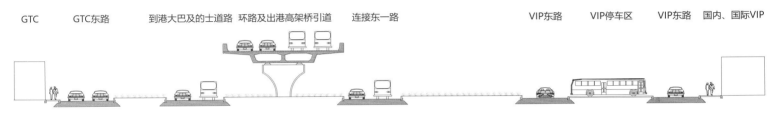

图 3.16.2.2-7　（K0+440～K0+580）横断面

③ 环路 （K0+440～K0+580） 段由西往东依次为交通中心东路、到港东路、出港高架桥引桥、连接东一路和 VIP 东路，横断面布置如图 3.16.2.2-7 所示。

2m（人行道）+7m（2 车道交通中心东路）+0.5～6m（绿化带）+7.5m（2 车道到港东路）+15.9m（4 车道出港高架桥引桥）+7.5m（2 车道连接东一路）+16m（绿化带）+6m（单车道 VIP 东路）+11.3m（VIP 停车区）+6m（单车道 VIP 东路）+3m（人行道）=82.7～88.2m。

④ 出港高架桥 （K0+680～K0+780） 段地面 0m 标高层由南往北依次为交通中心、大巴停车和接客区、到港大巴道路、到港的士道路、的士停车和接客区、人行道、二号航站楼，横断面布置如图 3.16.2.2-8 所示。

4.5m（大巴上客区）+39.6m（大巴停车区及通道）+5.38m（大巴上客区）+7.75m（2 车道到港大巴道路）+1.45m（绿化带）+7m（2 车道到港的士道路）+20.05m（的士停车区及通道）+8.5m（人行道）=94.23m。

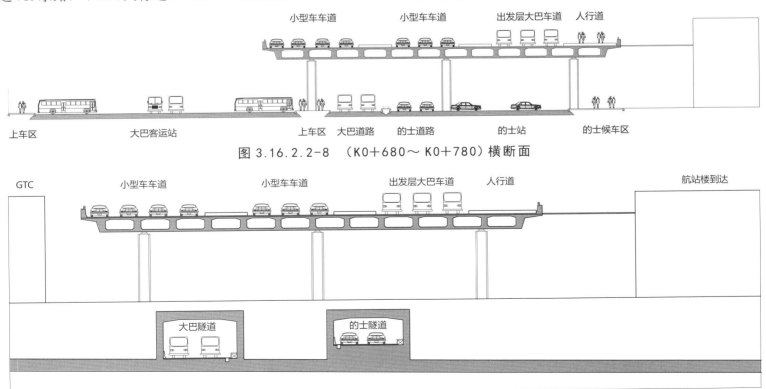

图 3.16.2.2-8　（K0+680～K0+780）横断面

图 3.16.2.2-9　（K0+780～K0+980）中央广场处隧道横断面

11.25m层为10车道的出港高架桥,横断面布置如下:

0.7m(防撞栏)+14m(4车道私家车车道边)+5m(人行道)+10.25m(3车道的士车道边)+5m(人行道)+11m(3车道大巴车道边)+8m(人行道)+0.7m(防撞栏)=54.65m。

⑤出港高架桥(K0+780~K0+980)段设置大巴隧道和的士隧道下穿中央广场,中央广场处这两条隧道下方为北进场隧道,11.25m层为10车道的出港高架桥,横断面布置如图3.16.2.2-9所示。

⑥西环路横断面设计与东环路完全一致,具体可见东环路相应的横断面。

⑦北进场隧道双向六车道,K0+000~K0+100机坪敞口段横断面布置如图3.16.2.2-10所示。

0.5m(防撞栏)+2m(人行道和检修道)+11.25m(3车道车行道)+2.2m(中央分隔带)+11.25m(3车道车行道)+2m(人行道和检修道)+0.5m(防撞栏)=29.7m。

⑧北进场隧道双向六车道,K0+100~K0+420机坪闭口段横断面布置如图3.16.2.2-11所示。

1m(侧墙)+2m(人行道和检修道)+11.25m(3车道车行道)+0.5m(防撞栏)+1.2m(中墙)+0.5m(防撞栏)+11.25m(3车道车行道)+2m(人行道和检修道)+1m(侧墙)=30.7m。

⑨K0+420~K0+720段隧道下穿航站楼,隧道须避让航站楼管沟和行李通道,并结合航站楼柱跨进行布置,横断面布置与机坪闭口段相同,具体布置如图3.16.2.2-12所示。

⑩K0+720~K0+820段隧道下穿中央广场,隧道上方为大巴隧道、的士隧道和出港高架桥,横断面布置与机坪闭口段相同,具体布置如图3.16.2.2-13所示。

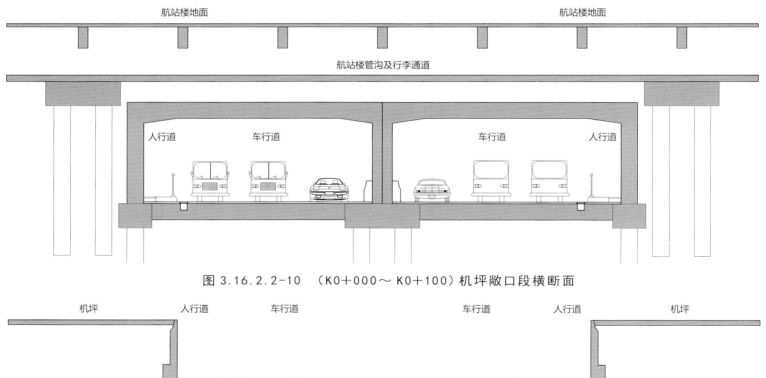

图3.16.2.2-10　(K0+000~K0+100)机坪敞口段横断面

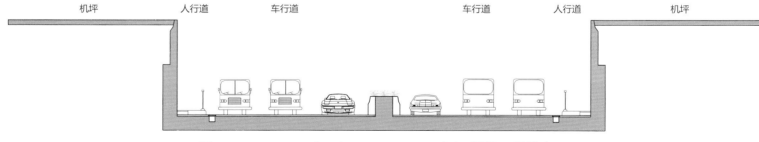

图3.16.2.2-11　(K0+100~K0+420)机坪闭口段横断面

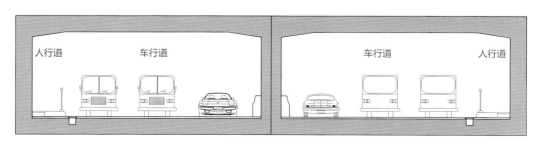

图3.16.2.2-12　(K0+420~K0+720)横断面

⑪K0+883～K1+005段隧道敞口段两侧设有单向双车道的地面辅道，横断面布置如图3.16.2.2-14所示。

5m（人行道）+3m（路侧绿化带）+7m（辅道车行道）+0.5m（防撞栏）+2m（人行道和检修道）+11.25m（3车道车行道）+2.2m（中央分隔带）+11.25m（3车道车行道）+2m（人行道和检修道）+0.5m（防撞栏）+7m（辅道车行道）+3m（路侧绿化带）+5m（人行道）=59.7m。

⑫K1+005～K1+135段隧道接地后逐渐分离成东西线与现状环路衔接，东西两侧为收费广场，横断面布置如图3.16.2.2-15所示。

2m（人行道）+18.4m（4车道收费广场）+0.7m（路侧绿化带）+11.25m（3车道车行道）+2.2m（中央分隔带）+11.25m（3车道车行道）+0.7m（路侧绿化带）+18.4m（4车道收费广场）+2m（人行道）=66.9m。

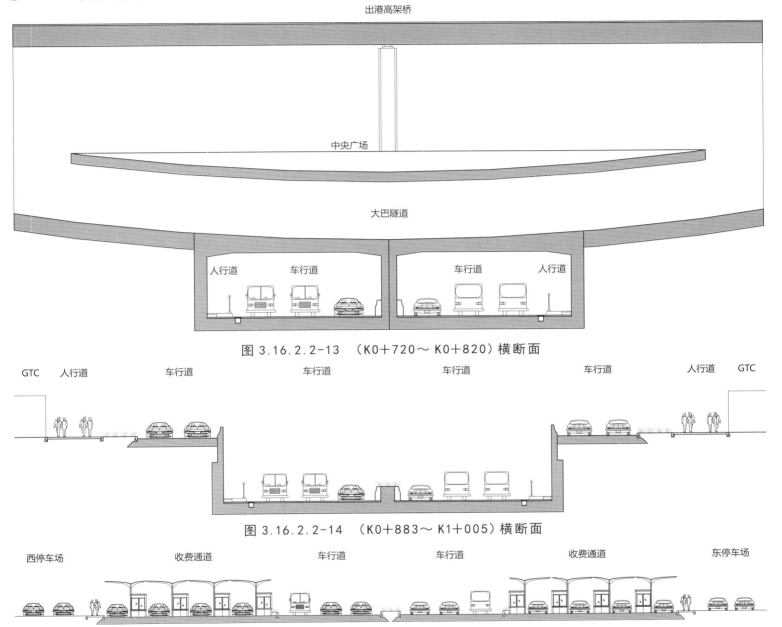

图3.16.2.2-13　（K0+720～K0+820）横断面

图3.16.2.2-14　（K0+883～K1+005）横断面

图3.16.2.2-15　（K1+005～K1+135）横断面

（5）路基设计

①路基边坡

本工程道路路基均为低填浅挖，填土和开挖高度小于2.0m，边坡坡度采用1:1.5。

②边坡防护

本工程对边坡防护绿化有较高要求，路基边坡的防护形式追求绿色化，做到路景配合，突出道路绿化的特点。在满足路基边坡稳定的前提下，路堤防护充分考虑环保和景观要求，采用以植草防护为主、工程防护为辅的原则。

③路基填筑

A. 路基填料应优先选用级配较好的砾类土、砂类土等粗粒土作为填料，路基压实采用重型压实标准，分层压实，每层松铺厚度不大于30cm。土基回弹模量≥40MPa。路基压实度及填料强度要求如表3.16.2.2-2所示。

表列压实度数值系指按《公路土工试验规程》JTG

E 40-2007重型击实试验法求得的最大干密度的压实度。

粗粒土填料的最大粒径，不应超过压实层厚度的2/3。

路基范围内管线沟槽回填土的压实度应满足表3.16.2.2-2的要求。

B.纵、横向填挖交界处：

横向填挖交界处理：对挖方区的路床80cm范围进行超挖回填，填方区采用渗水性材料填筑，其压实度比一般路段提高2%，并在路床底部设置高强土工格栅。

纵向填挖交界处理：对挖方区10m范围内的路床进行80cm超挖回填，填方区12m范围采用渗水性材料填筑，其压实度比一般路段提高2%，并在路床底部设置高强土工格栅。

C.对低填浅挖路段（路面与原地面高差≤1.5m）压实度≥96%的深度加深至路床范围80cm处，如果地基无法达到压实度及土基回弹模量要求，应对地基进行换填或翻挖压实处理，其深度为路床厚度0.8m。换填的填料必须满足上路床填料要求。

路基压实度及最小强度要求　　　　　　　　　表 3.16.2.2-2

项目分类		路面底面以下深度 (cm)	压实度 (%)		填料最小强度 (CBR) (%)		填料最大粒径 (cm)
			主干道	次干道、支路	主干道	次干道、支路	
填方路基	上路床	0～30	≥96	≥95	8	6	10
	下路床	30～80	≥96	≥95	5	4	10
	上路堤	80～150	≥94	≥94	4	3	15
	下路堤	＞150	≥93	≥92	3	2	15
零填及挖方路堑		0～30	≥96	≥95	8	6	10
挖方		30～80	≥96	≥95	5	4	10

D.为控制桥台及涵洞等构造物后填土的不均匀沉降，在桥台涵背填筑透水性较好的材料，填筑长度不小于2倍的桥头或涵洞路基填土高度，并且不小于20m。并严格分层压实，压实度不小于96%。同时在接近路面结构层处设置封闭层防止路面水对台后的渗透影响。

（6）软基处理设计

① 设计原则

A.满足道路路基需要的强度、稳定性和变形要求的原则。

B.根据不同的工程地质条件，分段采用适宜的地基处理方法的原则。

C.软土地基的稳定验算与沉降计算考虑路堤在施工期及预压期，由于地基沉降而导致填料增量影响的原则。

D.软基处理施工工艺可行、质量可靠、经济、环保，并满足工程建设工期的原则。

② 设计标准

A.本工程道路等级城市主干道，行车计算荷载按公路－Ⅰ级考虑。

B.对用于计算沉降的压缩层，其底面应在附加应力与有效自重应力之比≤0.15处。

C.软基处理工后沉降按表3.16.2.2-3要求进行控制。

工后沉降控制要求表　　　表 3.16.2.2-3

桥台与路堤相邻处	涵洞处	一般路段
≤10cm	≤20cm	≤30cm

③ 软基处理方法

本工程沿线软土分布范围广，软基处理工程量大，因此软基处理方案的合理适用性将直接影响本工程的投资、工期、质量以及道路建成后的行车舒适性。

软基处理的方法很多，根据本工程软土的厚度和力学性能、施工工期以及软基处理方法在珠江三角地区的应用情况，选择以下几种处理方案进行比选。

A.换填法处理地基方案

路面的设计标高与现状地面标高相近时，将路床底面以下不太深的软弱土层挖去，然后以质地坚硬、强度较高、性能稳定好、具有抗侵蚀性的砂、碎石、卵石、素土、灰土、矿渣等材料分层换填，同时用人工或机械方法进行表层压、夯、振动等密实处理至满足工程要求的全过程。换填法适用于处理淤泥、淤泥质土、湿陷性土、膨胀土、冻胀土、素填土、杂填土地基及暗沟、暗塘的浅层处理。材料不同的垫层，如砂垫层、碎石垫层、砂石垫层、灰土垫层和矿渣垫层，应力分布虽有差异，但从试验结果分析其极限承载力比较接近。通过沉降观测发现，不同材料垫层的特点基本相似。浅层换填主要特征有：提高地基承载力；减少沉降量；加速软弱土层的排水固结；调整不均匀地基的刚度。

B.动力排水固结（强夯）方案

动力排水固结法就是利用强烈的夯击能量促进软土中的水排出，使得软弱土尽快固结的加固软弱地基的方法。其目的是提高土的强度与承载力，降低土的压缩性，消除固结沉降。

单纯的强夯法可以适应于多种地基，但对饱和黏性土，尤其是软黏土地基适应性差，一般认为软黏土地基不能采用或不宜采用强夯法。但是如果将强夯工艺加以改进，并与排水固结法结合起来，采用适当的排水措施（设置纵向排水板、横向排水软管、砂垫层等形成良好排水系统）；采用由轻到重、少击多遍、逐渐加载的强夯工艺；改变现行收锤标准，合理确定击数；严格控制前后两遍夯击的间隔时间，防止孔压逐级积累等工艺措施，在软土地基上也可以取得比较理想的效果。这种方法就是动力排水固结法（图 3.16.2.2-16）。

图 3.16.2.2-16　强夯施工现场照片

动力排水固结法的优点是可以大大缩短工程施工工期，且造价适中。缺点是施工噪声大，并且由于受到施工工艺要求较高和工程质量较难控制等技术因素的限制，目前其有效加固深度一般不超过 8m。因此对于软弱土层比较深厚的场地，不宜采用动力排水固结法。

C．一般堆载预压排水固结方案

图 3.16.2.2-17　塑料排水板施工现场照片

排水固结法的工作机理是：在软土中设置竖向排水通道（袋装砂井或塑料排水板）和水平排水通道（砂垫层），然后填筑路堤施加荷载。软土地基在荷载作用下，孔隙中的水被慢慢排出，孔隙体积减小，地基发生固结变形。同时，随着超孔隙水压力逐渐消散，有效应力逐渐提高，地基土的强度逐渐增长。排水固结法的优点是

施工简单，处理深度大（可达 25m），造价便宜；缺点是固结沉降时间长，特别是软土深厚、路堤设计填土高度较大且施工工期较紧时，路堤工后沉降较大，故对于工后沉降要求严格或施工工期短的工程，其处理效果无法满足要求（图 3.16.2.2-17）。

D．水泥土搅拌桩复合地基方案

水泥土搅拌桩复合地基是利用深层搅拌机将水泥粉（干法）或水泥浆（湿法）和地基土原位搅拌形成圆柱状、格栅状水泥土增强体，形成水泥土复合地基，以提高地基承载力，减小地基总沉降。水泥搅拌桩适用于加固各种成因的饱和软黏土，对于增加软土地基承载力、减少沉降量、提高边坡的稳定性有良好的效果，而且所需施工工期短，不受天气影响。施工工艺成熟，在广州地区普遍采用，处理效果良好。但其处理软土深度有限，施工最大深度不超过 18m。

E．碎石桩复合地基方案

碎石桩复合地基可以有效提高地基承载力，减少地基的沉降量和差异沉降量。其方法是利用一个产生水平向振动的振动器在高压水流下边振边冲在软弱地基中成孔，然后在孔内分批填入碎石等坚硬材料制成桩体，桩体和原来的黏性土构成复合地基；并且碎石桩体可以提供竖向排水通道，加速地基土的固结。一般情况下，碎石桩法主要适用于黏性土、粉土、人工填土等地基的处理，但是近些年来，随着施工工艺的改进和技术水平的提高，碎石桩法也被用来处理淤泥等孔隙比大，压缩性高的土体，并在许多工程中得到了应用，且取得了一定的效果。

碎石桩复合地基法的优点是施工方便、快捷，容易满足工期要求。而且当需要抢工期时，在碎石桩施工完成后两星期左右，就可填筑路堤，并可通过超载预压来加速桩间土的固结。但是碎石桩施工期间存在一定的噪声污染，而且相比其他复合地基处理方法造价偏高。

④软基处理方法选用

根据已有地质资料，本工程区域内软土主要为表层 2～11m 厚的杂填土层和素填土层，杂填土层松散，由黏性土混凝土块、砖块等建筑垃圾组成，素填土层松散，由炭质灰岩、页岩的风化土组成，夹少量黏性土，不均匀混约 20% 的碎块石，碎块石粒径一般 5～25cm。综合考虑软基处理的适用性、经济性及拟定的工期，推荐软基处理方法如下：

A．填土层厚度小于 4m 的路段

推荐采用换填法处理。要求挖除路基以下杂填土（素填土）层，回填 1.5m 的中粗砂垫层，砂垫层材料宜采用洁净中粗砂，含泥量不大于 5%，并将其中植物、杂质除尽，并分层压实（每分层≤30cm），压实度要求达到路基相

应压实度要求。为增强路基的整体性，防止软基处理后的不均匀沉降，在路床底加铺一层双向合成纤维土工格栅。

B. 填土层厚度大于4m的路段

挖除路基以下1.5m厚的杂填土（素填土）层，采用强夯法进行处理，单击夯击能500～1000kN·m，初步设计强夯遍数5次，根据由轻到重、少击多遍、逐渐加载的设计原则，前四遍夯点的布置采用梅花形布置，间距3.5m，第五遍满夯采用搭接夯，夯圈搭接为1/4面积，然后回填1.5m的中粗砂垫层，砂垫层材料宜采用洁净中粗砂，含泥量不大于5%。

C. 桥头高填方路段

对于桥头深层软基路段，为避免桥台与路堤之间产生较大沉降差而引起桥头跳车等问题，对桥、涵台后30m范围内采用碎石桩处理，碎石桩直径80cm，梅花形布置，桩间距1.5m，碎石桩应打穿软土层并进入持力层0.5m，碎石桩桩顶设置50cm厚的碎石垫层及一层双向土工格栅。

D. 处理工法过渡段

对于不同软基处理工法的过渡段，为减小不同软基处理方法之间的沉降差，采用设置高强土工格栅进行过渡处理。

（7）路面设计

①技术标准

道路等级：城市主次干道和支路；

设计标准轴载：BZZ-100；

运营期间设计年限末一个车道的累计轴载作用次数主次干道为1200万次，支路为600万次；

设计使用年限：沥青混凝土路面15年；

气候类型及地质条件：广州属于IV 7华南沿海台风区，年降雨量为1600～2600mm。

土基模量选用：由于土基以黏性土为主，土基顶部回弹模量选用40MPa。

②路面结构形式

A. 主次干道车行道

上面层：4cm细粒式改性沥青混凝土AC-13C（改性剂采用5%SBS）；

中面层：6cm中粒式沥青混凝土AC-20C；

下面层：8cm粗粒式沥青混凝土AC-25C；

基层：35cm5.5%水泥稳定级配碎石；

下基层：15cm4%水泥稳定石屑；

土基弹性模量E_0（MPa）≥40。

B. 支路车行道

上面层：4cm细粒式改性沥青混凝土AC-13C（改性剂采用5%SBS）；

下面层：8cm粗粒式沥青混凝土AC-20C；

基层：30cm5.5%水泥稳定级配碎石；

下基层：15cm4%水泥稳定石屑；

土基弹性模量E_0（MPa）≥40。

C. 航站楼前人行道路面结构

面层：5cm麻面花岗石；

2cm砂浆；

基层：15cm4%水泥稳定石屑。

D. 普通人行道路面结构

面层：5cm仿花岗石方砖；

2cm砂浆；

基层：15cm4%水泥稳定石屑；

人行道路面砖抗压强度≥30MPa，抗折强度≥4.0MPa。防滑等级R3，相应防滑性能指标BPN≥65。

E. 桥梁、隧道路面结构：

上面层：4cm细粒式改性沥青混凝土AC-13C；

下面层：6cm沥青混凝土AC-20C（添加抗车辙剂）；

1.5mmYN高分子聚合物防水层。

（8）停车场设计

交通中心南面北进场隧道东西两侧设置了两个地面停车场，地面停车场总面积53089m²，共有私家车位1528个，交通中心和地面停车场共用进出口，东面设有东西两个入口，东入口与东环路相接，设有六条车道，西入口与北进场东跨线桥相接，设有四条车道；西面设有东西两个出口，西出口与西环路相接，设有六条车道，东出口与北进场西跨线桥相接，设有四条车道。停车场内车位尺寸5.5m×2.5m，通道宽度7.5m，东西两停车场均通过双车道的内部道路实现单向循环。

停车场车辆停放方式都按垂直式设计，并在停车场内纵横向设置不小于0.3%的排水坡度。

停车场内路面采用水泥混凝土结构，总厚度55cm：25cm，C35水泥混凝土（28d混凝土弯拉强度应大于4.5MPa）+30cm，5.5%水泥稳定碎石。

3.16.3　市政桥梁工程设计

3.16.3.1　桥梁概况及规模

白云机场扩建工程子项市政桥梁工程共包括主线桥一座，匝道桥五座，分别为出港高架桥、交通中心私家车坡道、南往南匝道、北进场东匝道、北进场东匝道、东三匝道和西三匝道，各条路桥梁结构规模如表3.16.3.1所示。

桥梁规模表　　　　　　　　　　　　　　　　　　　表 3.16.3.1

项目	道路等级	桥梁宽度（m）	桥梁长度（m）	设计车速（km/h）
二号航站楼出港高架桥	次干道	12.25～52.45	918.0	30
交通中心私家车坡道	支路	6.0	138.138	20
南往南高架桥	次干道	9～10.9	737.286	30
北进场东跨线桥	次干道	9～10.9	254.0	30
北进场西跨线桥	次干道	9～10.9	254.0	30
东三匝道	次干道	7.5	181.217	30
西三匝道	次干道	7.5	181.217	30

3.16.3.2　技术标准

1.　标准段桥梁宽

根据道路上行驶车辆组成及相关道路标准，采用车道宽度如下：

出港高架桥与航站楼前单向十车道，桥梁宽度为 54.65m，桥梁标准断面组成如下：

0.7m（墙式护栏）+14.0m（私家车道）+5.0m（安全岛）+10.25m（的士车道）+5.0m（安全岛）+11.05m（大巴车道）+8.0m（人行道）+0.7m（墙式护栏）=54.7m。

起点和终点单向 4 车道，桥宽 15.9m，桥梁标准断面组成如下：

0.7m（墙式护栏）+14.5m（车行道）+0.7m（墙式护栏）=15.9m。

南往南高架桥，桥梁标准断面组成如下：

0.5m（墙式护栏）+8.0m（车行道）+0.5m（墙式护栏）=9.0m。

北进场东、西跨线桥，桥梁标准断面组成如下：

0.5m（墙式护栏）+8.0m（车行道）+0.5m（墙式护栏）=9.0m。

东三、西三匝道，桥梁标准断面组成如下：

0.5m（墙式护栏）+4.0m（车行道）+3.0m（紧急停车带）+0.5m（墙式护栏）=8.0m。

2.　荷载等级

出港高架：采用城-A级；

南往南匝道、北进场东匝道、北进场东匝道、东三匝道和西三匝道：采用城-A级；

防撞墙荷载：按每侧 10kN/m 均布荷载考虑；

温度荷载：整体温差按 ±20℃ 考虑；局部温差按《公路桥涵设计通用规范》JTG D60-2004 第 4.3.10 条规定的混凝土箱梁沥青铺装层温度梯度来计算；

收缩、徐变：按《公路桥涵设计通用规范》JTG D60-2004 附录 F 算法取用，箱梁加载龄期 7 天，收缩徐变天数按 3650 天考虑；

基础不均匀沉降：0.012m；

预应力：预应力钢绞线采用预埋塑料波纹管成型 μ =0.17；K =0.0015；

冲击系数：按《公路桥涵设计通用规范》JTG D60-2004 的结构计算方法；

铺装荷载：沥青铺装按 2.3kN/m² 考虑，人行道铺装按 5.0kN/m² 考虑。

3.　通行净空 H

出港高架段地面道路：$H \geqslant 5.0$m；

南往南匝道、北进场东匝道、北进场东匝道、东三匝道和西三匝道地面道路：$H \geqslant 4.5$m。

4.　抗震标准

本项目按Ⅶ度设防，设计基本地震加速度为 0.10g。

5.　平面坐标系统及高程系统

平面设计采用机场独立坐标系，纵断面设计采用 85 国家高程系统。

3.16.3.3　本次工程桥梁主要特点

桥梁位置重要，外形景观要求高，除钢箱梁结构外，混凝土结构外露面均采用清水混凝土结构；建设场地复杂，场地为灰岩地区，溶洞较多，大直径桩基设计、施工难度大，且邻近贵宾厅等主要现状构筑物，对施工安全和文明施工要求高；结构功能较复杂，大跨、超宽、小半径异形结构多，设计、分析难度大，施工精度要求高；桥梁工程作为整个机场二号航站楼的一个配套子项，与二号航站楼及其他子项、地铁、城轨、雨水调蓄池等都存在一定的衔接和交叉，设计、施工衔接难度大，施工组织安排复杂。

3.16.3.4　溶岩地区大直径桩基设计、施工

1.　工程场地概况

广州市花都区，地区域广泛分布的主要为石炭系下统测水组岩系（C1dc）灰岩，其次为炭质灰岩。根据地质超前钻资料，本工程下覆地层的基岩为微风化石灰岩，溶（土）洞发育，土洞见洞隙率为 5.1%，溶洞见洞隙率为 69.9%，部分为充填溶洞，大部分没有充填。不管是从地质勘察资料还是实际桩基施工过程中揭露，溶洞出现频率高，单个溶洞大，而且施工周边区域位置敏感，溶洞处理难度大，制约因素多。

2. 常规溶洞处理方法有以下方法

根据施工实际情况以及现场条件，对于一般的溶洞，采用抛填法、钢护筒支护法以及注浆法来进行处理。

（1）抛填法

溶洞范围小，溶洞高度小于1m，对照地质图，当钻至溶洞顶板1m左右时，减小冲击钻冲程，控制在1～1.5m，通过短冲程快频率冲击的方法逐渐击穿溶洞，溶洞一被击穿，孔内水头迅速下降，这时立即向孔内补充泥浆，同时提钻至孔口，并向孔内投入片石、黏土块和水泥，填充溶洞，当孔内水头稳定时，用测线测出回填厚度，当回填厚度大于1m时，使溶洞范围形成护壁后，再继续施工。

（2）护筒跟进法

溶洞高在3m＜h＜5m，对于多层溶洞间距较小的采用钢护筒穿越处理。先用冲击锤进行冲孔、扩孔处理，然后采用振动锤将钢护筒振动下沉至溶洞底部，为保证钢护筒的强度和刚度，每隔2m设置加强钢板箍。

溶洞高大于5.0m（多层），且溶洞间距较大时，拟采用套内护筒法施工，即用内护筒穿过溶洞的方法进行施工。内护筒长度$L=h+2$m（h为地质超前钻确定的多层溶洞高）　内护筒内径应比设计桩径大20cm左右，外径应小于外护筒内径5cm左右，若遇第二层溶洞，第二层溶洞的内护筒外径比上层内护筒内径小3～5cm，内护筒长度的确定护筒长度$L=h+2$（m）（h为多层溶洞高度）

（3）注浆法

注浆法是一种溶洞预处理方案，主要针对较大且跟周边贯通的串珠状溶洞的预处理。

通过化学浆液在短时间内凝固加固溶洞周边，在进行加固填充中间范围，防止钻孔桩施工时泥浆流失、流砂及塌孔等情况的发生，保障成孔及水下混凝土浇筑等一系列施工工序的顺利完成。

3. 敏感区域超大溶洞群处理方法

在邻近现状一号航站楼贵宾厅及机场大道的拟建承台桩基位置存在一系列高度大于10m的半充填溶洞，最高达20.45m，部分为串珠溶洞，溶洞上依次为0.2～7.79m厚微风化或强风化灰岩及19.69～31.8m厚土砂层。

其中N21承台包含的桩位有N21-2、N21-3（溶洞深度20.45m/19.16m）、N21-4（溶洞深度4.1m）、N21-6、N21-7（溶洞深度10.3m）、N21-8（溶洞深度4.1m）（图3.16.3.4-1）。

本区域距离机场主干道和贵宾厅不足5m，现状交通量大，区域地位敏感。桩基施工时溶洞的处理既要保证安全，也要有一定的经济性。

采用抛填法冲桩会存在见洞后泥浆快速流失带走上部土砂层引起地面塌陷的风险，会造成较大的社会影响。

而由于机场建设平整场地期间抛填了大量的建筑垃圾，钢护筒比较难以跟进到位。

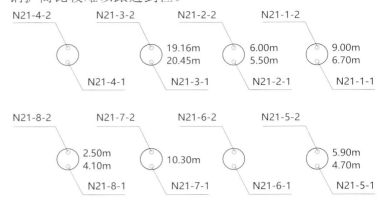

图3.16.3.4-1　N21承台溶洞分布图

考虑到溶洞范围广，个体大，互相串联，且有一定的填充的情况下，外围采用双浆液封闭，内部采用单浆液加固填充物的方式进行溶洞预处理。

（1）根据桩基超前钻资料判断溶洞分布和走向，有针对性地布置平面注浆孔；并结合各区域溶洞高度，合理布置外围双浆液封堵的范围。

（2）从施工效果考虑，该区域溶洞注浆的目的为预先充填桩基位置地层的空隙以保证后续冲桩施工时稳定泥浆而非加固地基以支撑地表结构受力，故注浆的技术指标如水灰比、浆液浓度、注浆压力和注浆速度等可相应降低，并增加早强剂等外加剂。

注浆孔布置如图3.16.3.4-2所示。

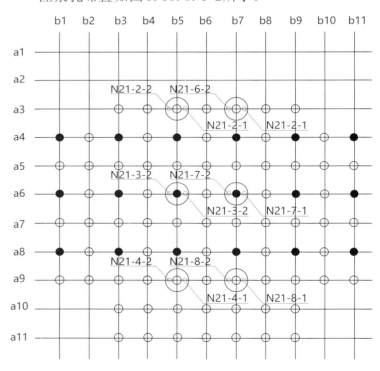

图3.16.3.4-2　注浆孔布置图

具体注浆参数：

①单液注浆：采用纯水泥浆液进行注浆，水泥浆水灰比为1:1，采用42.5R普通硅酸盐水泥。

②双液注浆：水泥浆与水玻璃体积比为1:1；双液浆中的水泥浆水灰比为1:1，采用42.5R普通硅酸盐水泥。水玻璃的模数为2.4～3.3。

③注浆可采用φ48花管注浆，钻孔孔径为70～110mm。注浆压力控制在0.4～1.0MPa，注浆速度30～70L/min。花管和注浆芯管下到洞底（处理溶洞时）或洞底以下0.2～0.3m（处理土洞或砂层时），从洞底往上压注水泥浆。每当注浆压力达到0.4～0.5MPa，注浆芯管可提升0.5m，逐渐压注浆往上到洞顶，最后在注浆压力下注入量小于1～2L/min，稳压15min。施工前应进行现场注浆试验，注浆参数根据试验情况进行调整。注浆量和注浆有效范围通过现场试验确定。

4. 注浆后桩基施工结论及分析

采用注浆法处理后，在桥桩施工过程中，承台及附近地面均未出现明显沉降，特别是在靠近路边的桥桩施工时不用担心因地面塌陷而临时封闭车道，有效地确保了机场的正常运营。

同时桥桩冲孔过程中泥浆液面稳定、浇筑混凝土过程正常未出现混凝土流失的情况，所有灌注桩经检测均为一、二类桩，注浆法处理溶洞取得明显效果。

因N21邻近一号航站楼及机场大道，现场不具备进一步超前钻确定溶洞边界的条件，因此在方案阶段预估量时仅能按照注浆孔的边界计算溶洞的面积，溶洞高度以超前钻揭露的溶洞高度的平均值计算，造成实际注浆量较预估的要大。

5. 结论

石灰岩场地是基础设计经常碰到的情况，针对白云机场扩建项目敏感区域超大溶洞群的具体情况，提出一种整体承台一并注浆处理的方案，不仅造价较为经济，同时也有效地规避了桥梁桩基施工过程中的风险，从后续的桩基施工过程中也表明注浆对溶洞填充效果明显，桩体质量可控。但由于场地限制的原因，注浆范围探孔不够全面，造成预估注浆量与实际的有一定的偏差，这个是在后续其他项目中采用类似措施时应注意的方向。

3.16.3.5 二号航站楼出港高架结构

航站楼高架桥全长约1040m，包括860m桥梁结构和两端的引道，860m桥梁由9联混凝土连续箱梁组成；引道采用钢筋混凝土挡墙设计，挡墙高度1.1～4.5m，共分成10～15m六段，基础采用预应力混凝土管桩，桩间距为1.5～2m，正方形布置。12～22轴高架桥紧邻主航站楼，为与主航站楼柱网对齐，设计采用1联4m×36m和2联3m×36m现浇预应力混凝土连续箱梁，箱梁宽度54.65m，箱梁悬臂长度1.5m，跨中梁高1.8m，桥墩处梁高2.2m，顶底板厚度0.22m，腹板厚度0.4～0.6m，桥面横向设2%单向坡，横坡由桥墩及支座垫石调整。

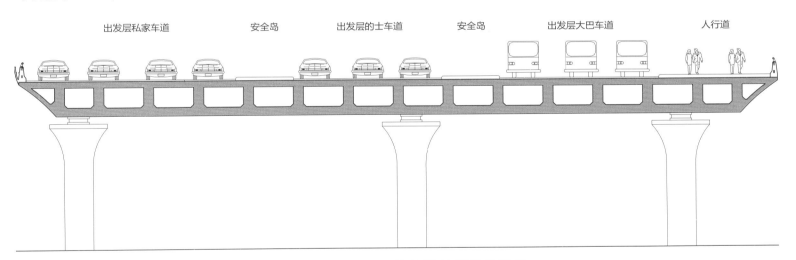

图 3.16.3.5-1 航站楼前标准横断面

桥墩都采用圆柱形扩头墩，所有轴均采用三墩。横桥向三个柱子直径均为1.8m，柱顶为直径9.8m的圆盘结构，厚度为0.3m，中间通过椭圆曲线过渡，其中长轴长度4.0m，短轴长度2.7m。

航站楼前标准横断面如图3.16.3.5-1所示。

本次出港高架主要是为满足二号航站楼出发层使用，起终点为标准单向三车道，桥宽12.25m。楼前段为满足送客停车要求，桥宽达到了52.45m，纵向跨度36m，横向设置三个支座，最大跨径23m，桥宽远超于跨度，空间受力效应显著。不同桥宽段通过中间约120m弧线段过渡，桥宽从12.25m变化到52.45m，曲线半径最小45m，属于超异形结构。

图 3.16.3.5-2 航站楼出港高架结构

在本次设计中，对异形桥梁进行了详细的空间分析，全面考虑超宽、变宽和曲线结构受力特点，考虑由于此特点带来的超宽桥梁的横向温差效应、小半径变宽梁制动力、离心力叠合作用等荷载，合理进行结构及配筋设计（图3.16.3.5-2、图3.16.3.5-3）。

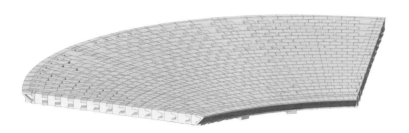

图3.16.3.5-3　出港高架超异形结构

3.16.3.6　跨线桥结构

南往南跨线桥位于一、二号航站楼之间，主要为满足车辆掉头和进入贵宾厅的功能，共设置五条匝道。受机场东环路、机场西环路、北进场路东、线北进场路西线、地铁和城轨等影响，直线段最大跨径为59m，跨路曲线段最大跨径50m，具有结构跨度大、平面曲线半径小的特点。

在设计中，除考虑到结构本身小半径、大跨度的特点外，还由于机场整体建设工期计划，为配合其他子项目施工，给跨线桥上部结构施工工期仅半年时间，综合考虑这些因素，本次设计上部结构采用单箱多室预制钢箱梁结构。由于自重轻，曲线半径小，结构空间受力分析和抗倾覆设计复杂，同时还有工厂制造和现场安装的重点、难点（如图3.16.3.6-1、图3.16.3.6-2所示）。

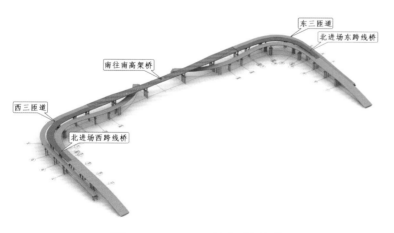

图3.16.3.6-1　跨线桥结构

图3.16.3.6-2　单箱多室预制钢箱梁结构

1.　深化设计与放样的深度与精度控制

本桥钢箱梁结构形式较复杂，钢箱梁宽度与箱室数量变化多，且匝道处钢箱梁为空间曲线（螺旋线）形式，对其主要顶底板与腹板的深化设计与放样有较高要求。

2.　匝道处钢箱梁顶底板与腹板加工成型

根据本桥匝道处的曲线线形及立面高差，钢箱梁顶底板与腹板均为弯扭构件，必须采用特殊的冷加工工艺保证精度（图3.16.3.6-3）。

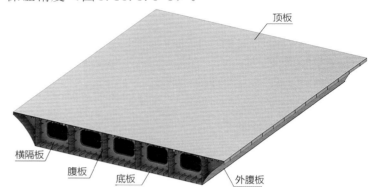

图3.16.3.6-3　桥箱梁安装

3.　板单元与钢箱梁段的焊接变形控制

常规钢箱梁顶底板均布置有较多的纵向板肋与U肋，在板单元及梁段焊接时不可避免会产生焊接收缩变形，须采取措施予以解决。

4.　工厂预拼装精度保证

为确保现场安装顺利，对本桥钢箱梁必须采取工厂预拼装的方式予以保证。

5.　现场多边环境影响

本桥为机场高架桥，机场新建航站楼与指廊目前正在施工中，高架桥应尽量避免与航站楼施工的相互影响。

6.　局部安装防护措施

根据现场踏勘情况，本桥局部位置与市政道路交叉，施工时必须采取措施对此位置进行防护处理。

7.　钢桥整体焊接变形的控制

本桥全长超过1000m，最大跨度59m，沿其长度设置若干个合拢段（调整段）、编制合理的焊接工艺、加强对桥体焊接变形的测量，根据测量数据及时调整桥体焊接顺序、对桥体焊接顺序实施动态管理。

8.　合拢时机的选择与措施

合拢安装是本桥箱梁安装的关键，合拢温度时机的把握和余量控制是安装的重要技术支持。

3.16.3.7　桥梁结构在复杂综合体中设计、施工衔接

出港高架及跨线桥是整个机场二号航站楼的配套子项工程，与二号航站楼其他子项、地铁、城轨等都存在一定的衔接和交叉，存在大量共柱、共基础等问题，设计过程中与各方设计部门进行沟通衔接，并配合业主协

调施工界面和施工进出场顺序。

1. 出港高架桥与二号航站楼门斗天桥的衔接

楼前范围高架与二号航站楼共有六个连廊天桥,设计预留天桥搭接牛腿和支座预埋件。

2. 出港高架桥与二号航站楼雨篷立柱的衔接

出港高架桥楼前段设置了约300m雨篷,雨篷立柱位于桥面人行道上,立柱采用钢管结构。为避免连接件突出桥面影响人行及美观,设计预埋钢管于箱梁内再与雨篷立柱焊接。

3. 出港高架桥楼前与交通中心地下车库相邻侧桥墩承台与桩基施工界面的交接

由于平面位置的限制,出港高架桥楼前与交通中心地下车库相邻侧桥墩承台和桩基与地下车库外墙有一定冲突,桥墩承台需降至地下室底板以下,地下室部分墙体和立柱立于承台之上,承台施工需预留相应钢筋。

4. 出港高架桥楼前段与地铁、城轨以及北进场隧道之间的交接

出港高架16轴桥墩位于地铁车站范围,13轴桥墩位于城轨车站范围,15轴桥墩与北进场隧道中墙合建,经前期沟通,位于城轨、地铁和北进场隧道范围桥墩、承台、桩基均由相应施工单位实施,实施界面为相应构筑物顶面,桥梁施工单位交接时应核实预留桥墩平面位置、尺寸、钢筋直径及根数,确保施工准确无误。

5. 出港高架与大巴隧道、出租车隧道以及楼前管线单位的交接

出港高架楼前段平面投影内平行分布大巴隧道、出租车隧道和综合雨水管廊,为避免冲突,中间桥墩承台需降低至相应隧道和综合雨水管廊底部,施工单位施工前应与相应施工单位确定施工顺序并复核标高后再行实施。

6. 交通中心私家车坡道与交通中心的交接

私家车坡道6~8轴桥墩位于交通中心地下车库范围,经过协调,这三个桥墩桩基及地下室范围墩身由交通中心施工单位实施,桥梁施工单位交接时应核实预留桥墩平面位置、尺寸、钢筋直径及根数,确保施工准确无误。

7. 跨线桥上部结构根据总体工期安排施工周期短

设计结合本身受力特点和工期要求,上部结构采用预制钢箱梁结构,在施工下部的时候同步预制上部结构,整个上部结构从工厂预制到现场吊装就位不超过半年时间,满足现场工期的要求。

3.16.4 市政隧道工程设计

3.16.4.1 市政隧道概况及规模

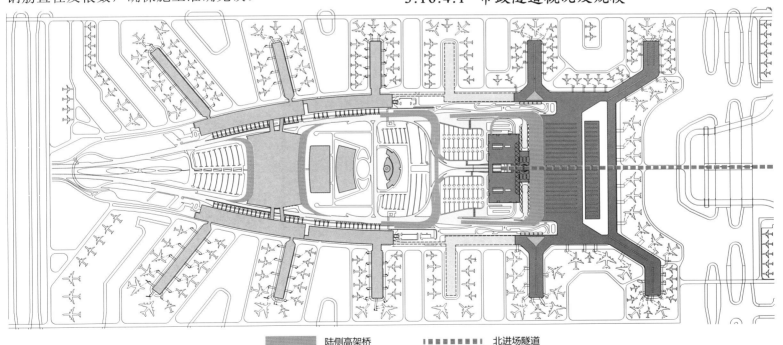

陆侧高架桥　　　北进场隧道

图 3.16.4.1　隧道位置图

市政隧道工程是白云机场扩建工程二号航站楼项目的一个子项,项目范围共包括三条隧道分别是南北方向的二号航站楼隧道、东西方向的到港巴士隧道、到港的士隧道。二号航站楼隧道位于二号航站楼的中轴线核心区,连接机场内与北端机坪外交通;到港巴士隧道和到港的士隧道位于航站楼与机场交通中心大楼之间广场的地下负一、负二层位置。二号航站楼隧道主要用于疏解到达二号航站楼的南北向过境交通压力,到港巴士隧道和到港的士隧道则用于区域内单向交通组织。具体隧道位置图如图3.16.4.1所示。

二号航站楼隧道（原名北进场隧道）为双向六车道呈南北走向，设计里程K0+000～K1+004.527，隧道全长1004.527m，其中闭口段为K0+086.527～K0+888.527，长度为802m。隧道由北往南分别下穿机坪地面、航站楼、到港巴士隧道以及航站楼前广场等。隧道以K0+000～K0+410.527为空侧部分，主要下穿机坪地面，受相关资质要求由中国民航机场建设集团公司设计；K0+410.527～K1+004.527为陆侧部分共594m，由广东省建筑设计研究院有限公司负责设计。隧道总体设计条件原则、隧道结构尺寸以及整套系统的风水电、基坑均由广东省建筑设计研究院有限公司统筹协调。同样受制于施工资质以及施工工序安排，本隧道以航站楼边界将K0+000～K0+693.177段作为一个施工标段，剩余为另一个施工标段。

到港巴士隧道为单向两车道呈东西走向，设计里程K0+153.330～K0+423.330，隧道全长270m；港的士隧道为单向两车道呈东西走向，设计里程K0+442.758～K0+605.958，隧道全长163.2m；两条隧道均下穿航站楼人行进出口地面，从东往西依次上跨城轨站厅、北进场隧道以及地铁站厅。

3.16.4.2　设计原则及技术标准

1．隧道设计原则

（1）以二号航站楼整体交通规划布局为设计依托，找准隧道设计的控制节点和控制因素，合理布局和优化选型；

（2）依据多专业的相关规范和法律法规，收集隧道分区的各项条件，合理确定隧道的规模长度、断面形式及结构内尺寸；

（3）根据隧道尺寸结合基坑施工工艺，处理好各条隧道与航站楼、交通中心、地铁站厅、城轨站厅之间的空间关系、结构连接方式、受力荷载条件以及基础处理方式；

（4）综合周边条件和施工的场地、工期安排，本着安全、经济、方便施工的原则选择适当的隧道结构尺寸、基础支撑方式和施工方法。

2．隧道技术标准

依据城市道路设计规范和公路隧道设计规范，制定了如表3.16.4.2所示设计技术标准。

隧道主要技术标准　　　　　　　　　　　　　　　　表3.16.4.2

项　目		单位	规范要求值	设计取值
二号航站楼隧道	道路类别	—	城市主干道	城市主干道
	行车净高	m	≥4.5	≥4.5
	计算行车速度	km/h	50	50
	凹形竖曲线最小半径	m	极限值700，一般1050	1155.392
到港巴士隧道	道路类别	—	城市支路	城市支路
	行车净高	m	≥4.5	≥4.5
	计算行车速度	km/h	30	30
	凹形竖曲线最小半径	m	极限值250，一般400	501.808
到港的士隧道	道路类别	—	城市支路	城市支路
	行车净高	m	≥2.5	≥2.5
到港的士隧道	计算行车速度	km/h	30	30
	凹形竖曲线最小半径	m	极限值250，一般400	501.808
设计荷载		—	城A	城A
结构安全等级		级	一级	一级
设计基准年限		年	100	100
结构最大裂缝宽度		mm	0.2	0.2
结构防水等级		级	二级	二级
抗浮安全系数		—	1.05	1.05
路面设计年限		年	15	15
横坡		%	1～2	2
抗震		度	—	按地震烈度Ⅶ
坐标系统			机场独立坐标系	
高程系统			85国家高程系统	

注：其他技术标准（如平、竖曲线要素等）与主线道路保持一致。

3.16.4.3　市政隧道基础设计特点

二号航站楼设计所处场地在大地构造上属于华南褶皱系（Ⅰ级构造单元）赣湘桂粤褶皱带（Ⅱ级构造单元）粤中褶皱束（Ⅲ级构造单元）增城—台山隆断束（Ⅳ级构造单元）的三水断陷广花盆地（Ⅴ级构造单元）内。场地比较稳定，无区域性断裂发育。

区域地质广泛分布的主要为石炭系下统测水组岩系（C1dc）灰岩，其次为炭质灰岩，由于区域上地貌单元总体属于冲积阶地地貌，因此区内基岩大部分均为第四系土层覆盖。

拟建场地除人工填土、软土、土洞、溶洞须进行处理外，未见断裂等其他影响场地稳定性的不良地质作用。地质特点主要是：（1）砂层较厚，透水性强；（2）地处岩溶地区，场地内溶洞、土洞较发育。

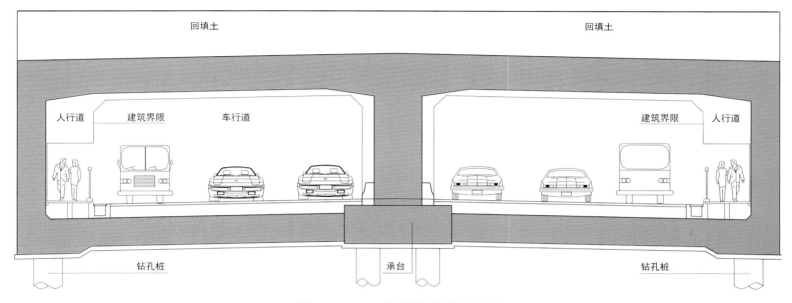

图 3.16.4.3　典型隧道横断面图

因此针对本项目隧道的基础设计，主要需要重点研究的两大问题：

如何考虑车行隧道基底的受力问题。根据地质勘察报告表明隧道基底地层主要为中粗砂层，地基承载力基本容许值为260kPa。对于常规车行隧道，考虑隧道顶板的覆土、地面附加荷载和车行隧道内活荷载，采用筏板天然基础形式是满足受力要求的。在其他类似项目中，有采用天然中粗砂层直接作为隧道持力层的案例，大部分案例在施工和运营中都表现良好，但也出现过由于砂层遇水或振动会影响其密实度，导致其承载能力下降和不均匀沉降的现象。由于白云机场隧道的重要性，且跟其他常规隧道设计条件有所不同，大部门隧道节段的中墙处均设置有航站楼、交通中心、市政桥梁等结构的桩基，因此本项目为了避免节段间刚度差异过大和减少隧道不均匀沉降的影响，隧道采用左、中、右三排端层桩基受力为主，考虑砂层与隧道桩基共同受力，采用不同的换算刚度模拟隧道基底支撑全部的上部荷载。典型的隧道横断面如图3.16.4.3所示。

场地内溶洞、土洞较发育，钻（冲）孔灌注桩施工过程中易出现偏孔、塌孔等事故，且溶洞、土洞多漏水，施工过程中易出现漏浆、混凝土超灌等现象，如何确保隧道桩基础顺利成孔、终孔也是机场隧道施工的重点和难点问题。由于场地内各项结构的桩基础均有类似共性问题，以业主牵头会同专家、设计、施工等多方进行了多次专题论证，形成了统一的处理原则和处理方法。具体的溶洞处理方法及钻孔桩的成桩技术在市政桥梁基础中有相关论述。

3.16.4.4　市政隧道总体设计特点

（1）二号航站楼隧道采用钢筋混凝土结构，混凝土强度等级C40，其抗渗等级为P8，陆侧隧道结构共划分为长29～41.7m不等的18个节段，空侧16～26m不等的18个闭口节段。路侧其中A1段～A4段为U形开口框架结构，根据隧道结构埋深和地下水位结构侧墙厚度设计为0.5m、0.8m和1m三种，底板厚度对应设计为0.5m、0.8m和1.0m三种；B1段～B14段隧道为箱形闭合框架结构，闭口段结构为单箱双室，顶板覆土入口处深度为0.51～6.54m，航站楼处覆土深度为5.21～6.54m。综合考虑覆土深度，覆土小于3m，顶底板厚度为1.2m；覆土大于3m，顶板厚度1.5m，考虑底板由侧墙下的桩基支撑，底板厚度为1.2m；结构两侧墙厚度对应分别为1.0m和1.2m，中墙厚度主要考虑与交通中心、跨线桥、航站楼等结构柱的合建问题，采用2.0m，净高4.8m。在K0+086.527～K0+888.527里程段每隔120m左右处中墙设置一道安全门，安全门尺寸$B \times H = 2.1m \times 2.4m$，共四扇，在K0+491位置处设置一车行安全门，尺寸

$B×H$=7.5m×4.5m，共一扇。考虑射流风机的安装空间B7、B12、B13段闭口段设计上凸1.5m，结构净高为6.3m，每组风机过渡段长度为28m；结构底板上都设有0.5m厚的C20素混凝土压重层，并在压重层设置排水沟和检修道埋设管线；相邻节段结构间设3cm宽的变形缝，变形缝用防水材料填充。在结构A3段以及B2~B14段范围内，交通中心、航站楼以及高架桥墩部分柱网均落在隧道结构中墙上，考虑结构的受力特点以及施工的便利性，将柱网与隧道中墙进行合建。结构柱网下桩基承台与隧道底板一起浇筑。为确保隧道底板受力合理和隧道结构的稳定，在隧道左右侧墙底分别增设单排$φ$120cm的钻孔桩基与底板相连，纵向间距为4.8~5.2m。隧道施工时应考虑与隧道相邻的桥梁、交通中心、航站楼柱网的基础同步施工，确保其他后续结构施工不影响隧道结构受力和稳定性，并且预留中墙结构柱网的锚固钢筋。桩基在整平标高处施工时，设计桩顶标高以上部分为桩基空转部分。隧道结构B8~B12节段上方有航站楼管沟的部分，在做好隧道结构防水层后，需回填石屑以满足管沟的地基承载能力要求。隧道结构B6~B14节段两侧施工航站楼承台及立柱时应根据隧道基坑的施工工序合理安排。

（2）到港巴士、的士隧道采用钢筋混凝土结构，混凝土强度等级C40，其抗渗等级为P8，隧道结构共划分为长11.5~65.6m不等的10节段，其中C4、D3节段分别由于隧道结构底板和城轨、地铁站厅顶板冲突的原因，采用与城轨、地铁站厅共楼板和支撑柱的方式合建。C1段~C5段，C1′段~C2′节段为U形开口框架结构，根据隧道结构埋深和地下水位，巴士隧道独立节段C1、C2、C1′以及C2′侧墙厚度设计为0.5m，C3和C5节段侧墙为0.8m。底板厚度对应设计为0.5m和0.8两种；D1、D2段隧道为箱形闭合框架结构，闭口段结构为单箱双室，顶板覆土0.3~0.75m，综合考虑覆土以及与北进场路隧道的纵向距离，顶、底板厚度0.8m，巴士隧道箱净高4.9m，的士隧道净高2.7m。C4节段巴士隧道底板与城轨站厅顶板合建，板厚0.846~2.328m，侧墙厚0.8m，隧道结构底板与城轨站厅的纵梁、立柱相连接；D2段巴士隧道底板与北进场路隧道顶板合建，板厚1.22~1.79m。D3节段65.6m其中有11.5m闭口段和54.1mU形开口框架，结构侧墙均为0.8m，底板厚度为0.6m，结构底板与地铁站厅的柱网合建。由于巴士、的士隧道闭口长度50m，考虑自然通风。结构底板上都设有0.3m厚的C20素混凝土压重层，并在压重层设置排水沟和检修道埋设管线；相邻节段结构间设3cm宽的变形缝，变形缝用防水材料填充。

（3）三条隧道合用泵房位于北进场路隧道B5段节段东侧，外轮廓尺寸为22m×7m，四周壁厚0.8m，顶板

厚0.8m，底板厚1.0m，泵房结构分为上下两层，上层为泵房的设备室和管理室，下层为蓄水池；北进场隧道内排水沟通过直径0.8m的钢管与蓄水池连接，并在钢管与排水沟相交处设集水井；到港巴士隧道和到港的士隧道雨水通过各自边沟汇集于泵房侧集水井，再采用穿管方式将雨水引入泵房蓄水池。

（4）本次隧道结构主要通过结构自重和混凝土压重层抗浮，压重层采用C20素混凝土。根据地质钻探资料的地下水位，二号航站楼隧道A1段~A2段U形开口框架结构仅靠自重、压重层已满足抗浮要求；A3段~A4段U形开口框架结构抗浮通过底板下$φ$100cm钻孔桩达到抗浮效果，钻孔桩纵向间距为4.2m，分布在左右侧墙和道路中线处；二号航站楼隧道闭口段，仅通过结构自重和混凝土压重层能够满足结构抗浮要求，无需特别处理。到港巴士的士隧道段U形开口框架结构仅靠自重、压重层已满足抗浮要求，无需特别处理。

（5）隧道的防水以结构自防水为主，附加外防水为铺。为增加结构抗裂和防水性能，隧道结构采用掺入高性能膨胀剂或同类材料的防水混凝土，其抗渗等级P8级，混凝土的最大水灰比应不大于0.50，胶凝材料最小用量不小于320kg/m³，混凝土的原材料应在正式施工前的混凝土试配工作中，通过混凝土工作性能、强度和耐久性能指标的测定，并通过抗裂性能的对比试验后确定。高性能膨胀剂的掺量为胶凝材料重量的8%，并符合《混凝土外加剂应用技术规程》GB 50119-2003的相关要求。

隧道结构外防水采用"外防外贴法"，防水材料采用3.0mm厚（聚酯胎）自黏聚合物改性沥青防水卷材。外防水施工应严格按《地下工程防水设计规范》GB 50108-2008相关要求进行。防水卷材层的基面应平整牢固、清洁干燥，两幅卷材短边和长边的搭接宽度均不小于100mm。卷材接缝必须粘贴封严，宽度不应小于100mm。在变形缝和隧道结构转角处均加设卷材附加层。防水卷材在施工前应做产品质量检验，保证产品达到《地下工程防水设计规范》GB 50108-2008中的防水材料标准。隧道变形缝采用中埋式橡胶止水带和可卸式钢板止水带两层防水设计，施工缝设在底板顶面以上0.5m及顶板底面以下0.3m处，施工缝采用橡胶止水带和镀锌钢板两层防水设计。

3.16.4.5　市政隧道与航站楼共建段的设计特点

二号航站楼隧道在A3段上跨交通中心地下二层停车场，采用梁板结构与交通中心立柱相连，将汽车荷载传递到交通中心立柱桩基础，U形开口节段长度29m，宽度为31.8m，柱网最大距离为7.75m，板厚0.7m。考虑减轻隧道行车板的自重和确保负二层停车场的净高，取消了

标准隧道节段的素混凝土压重层和常规边沟做法，采用结构埋管的方式确保纵向排水。结构计算时以立柱位置为支承，设置纵向和横向暗梁，按双向板考虑计算和配筋（图 3.16.4.5-1）。

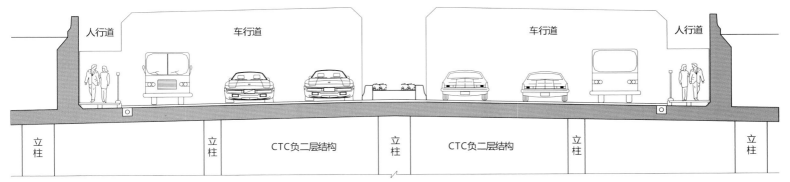

图 3.16.4.5-1 二号航站楼隧道 A3 段上跨交通中心负二层停车场

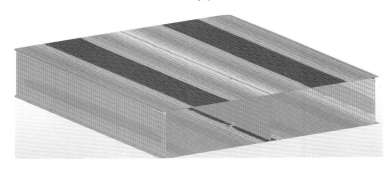

图 3.16.4.5-2 隧道板单元内力图

B2～B4 段交通中心立柱与隧道中墙合建，主要柱网间距为 8～10m，通过中墙下桩基础支撑交通中心立柱荷载和隧道自身的中墙荷载。B5 段市政高架桥桥墩与隧道中墙合建，通过中墙下桩基础支撑桥墩荷载和隧道的自身中墙荷载 。B5～B14 段二号航站楼柱网与隧道中墙合建，主要柱网间距为 18m，通过中墙下桩基础支撑航站楼荷载和隧道的自身中墙荷载。为确保隧道的横向受力合理，在隧道两边侧墙处各设置一排 $D=120cm$ 的钻孔灌注桩，纵向间距为 4.8～5.2m。这些共建段按板单元计算时，除考虑各桩基础和土弹簧不同的换算支承刚度外，还需重点考虑不同建筑结构传递到隧道中墙的荷载组合，比如建筑结构的双向弯矩组合、桥梁结构的最大弯矩和水

平制动力组合等各种不利工况。典型的隧道板单元内力图如图 3.16.4.5-2 所示。

3.16.4.6 市政隧道与城轨、地铁共建段的设计特点

到港巴士、的士隧道在地下负一层位置分别在东侧、西侧与城轨和地铁的站厅顶板相交。到港巴士、的士隧道结构共划分为长 11.5～65.6m 不等的 10 节段，其中 C4、D3 节段采用与城轨、地铁站厅共楼板和支撑柱的方式合建。C4 节段长 25.60m，巴士隧道底板与城轨站厅顶板合建，板厚 0.846～2.328m，侧墙厚 0.8m，隧道结构底板与城轨站厅的纵梁、立柱相连接；D3 节段长 65.6m，其中有 11.5m 闭口段和 54.1mU 形开口框架，结构侧墙均为 0.8m，底板厚度为 0.6m，结构底板与地铁站厅的柱网合建。

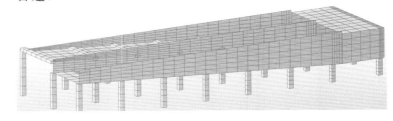

图 3.16.4.6-1 市政隧道 D3 段隧道计算模型图

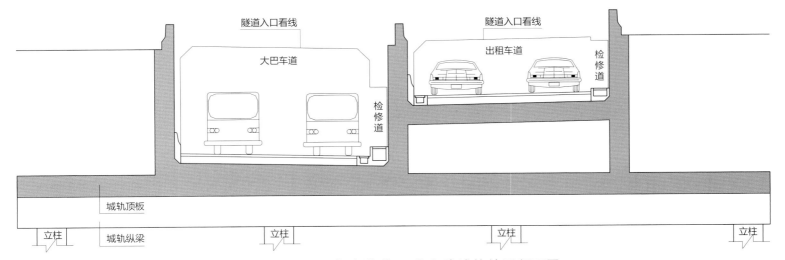

图 3.16.4.6-2 市政隧道 C4 段上跨城轨站厅断面图

计算分析时，需按节段将隧道进行板单元划分，同时模拟下部立柱约束，通过荷载组合提出反力反馈给相关的城轨、地铁设计单位，供他们进行相关结构的立柱、纵梁的计算和设计复核。除需考虑常规的恒载、车辆竖向荷载、土的覆重及侧向土推力外，还需考虑车辆制动力引起的水平推力对下部结构立柱的影响（图3.16.4.6-1～图3.16.4.6-3）。

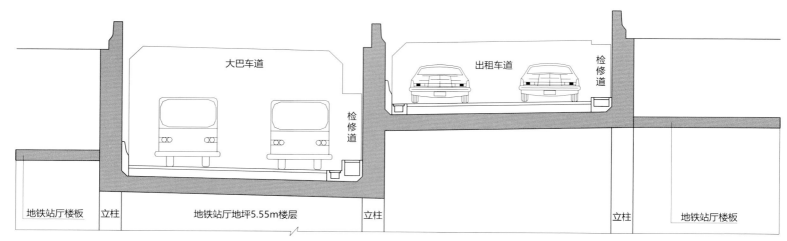

图 3.16.4.6-3　市政隧道 D3 段上跨地铁站厅断面图

3.16.4.7　机坪段市政隧道的设计

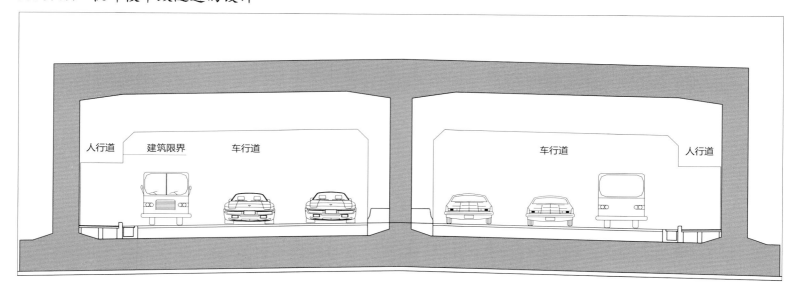

图 3.16.4.7-1　二号航站楼隧道机坪段标准横断面图

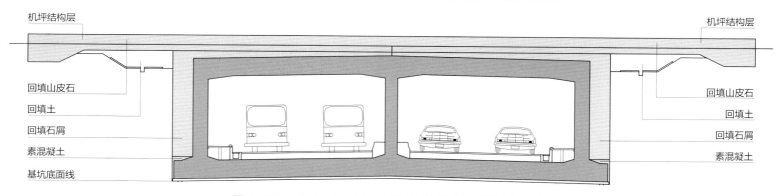

图 3.16.4.7-2　二号航站楼隧道机坪段回填断面图

二号航站楼隧道从B14节段以北闭口隧道均为下穿机坪段市政隧道，里程段为K0+086.527～K0+410.527，长度324m，节段分段长度为16～26m不等。隧道荷载除地面设计活载外，其他与市政荷载相同。地面设计活荷载采用机坪通行的最大飞机荷载：E类-B747-400总重3869kN，参考《民用机场飞行区技术标准》MH5001-2013。利用刚性地基梁原理进行计算，隧道结构采用单箱双室矩形结构，顶板、底板厚度为1.5m，侧墙厚为1.2m。

中墙厚为 1.0m。侧墙两边采用 1.5m 的墙趾,通过结构自重和墙趾的覆土压重进行结构抗浮。机坪段隧道地基全部采用复合地基,要求经过 CFG 桩处理的复合地基承载能力不小于 350kPa。

机坪段隧道结构回填与市政隧道段也不相同,市政段隧道主要采用回填石屑和回填土结合的方式,而机坪段回填分别为:底板混凝土外侧采用素混凝土回填;隧道结构外侧、素混凝土上方及隧道结构顶与机坪回填山皮石之间采用石屑回填,压实度均要求大于 96%;隧道基坑外采用回填土回填至山皮石层底标高,然后回填山皮石层至机坪结构层底标高。

下穿机坪段隧道受民航设计资质的限制,隧道的结构及基础设计由中国民航机场建设集团公司负责设计,广东省建筑设计研究院有限公司负责整个二号航站楼隧道的总体设计(包括隧道的总体布置及平、纵、横断面)以及隧道附属风水电等系统的设计工作(图 3.16.4.7-1、图 3.16.4.7-2)。

3.16.4.8 隧道基坑支护设计

1. 基坑工程概况

白云机场二号航站楼配套北进场隧道工程项目,位于广州市花都区白云机场一号航站楼的北侧。北进场隧道里程为 K0+086.527~K1+004.527,全长 918m;北进场隧道基坑设计分为空侧、陆侧、交通中心内区段三个部分,空侧基坑里程为 K0+87.327~K0+410.527,长 323.2m;陆侧基坑里程为 K0+410.524~K0+678.833,长 268.31m;交通中心内区段里程为 K0+678.833~K1+004.527,长 325.69m,其中 K0+749.977~K0+875.920 为坑内坑。空侧及陆侧基坑均采用地下连续墙围护结构,交通中心内区段 K0+749.977~K0+875.920 为坑内坑,采用放坡支护,局部采用重力式挡墙+双排钢板桩。本基坑根据《建筑基坑支护技术规程》JGJ 120—2012 规定,基坑 BA~BC、AA~AD 区安全等级为一级,其他基坑安全等级为二级。

2. 基坑支护设计

根据北进场隧道基坑开挖深度、工程地质条件和周边地形,从安全、经济、合理、可行的角度出发,主要采用地下连续墙+一道钢筋混凝土支撑支护、地下连续墙+两道钢筋混凝土支撑支护和地下连续墙+两道钢筋混凝土支撑+一级放坡的支护方式,北进场隧道基坑共分成空侧基坑 BA 区~BK 区,陆侧基坑 AA 区~AD 区、交通中心内区段基坑 CA 区~CC 区合计 18 个区域,列表及具体描述如表 3.16.4.8-1 所示。

北进场隧道基坑支护一览表
表 3.16.4.8-1

分区	里程范围	长度(m)	基坑深度(m)	支护类型
BA 区	K0+87.327~K0+124.527	37.2	4.707~6.169	放坡+地连墙+一道钢筋混凝土支护
BB 区	K0+124.527~K0+144.527	20	6.169~6.820	放坡+地连墙+一道钢筋混凝土支护
BC 区	K0+144.527~K0+164.527	20	6.820~7.500	放坡+地连墙+一道钢筋混凝土支护
BD 区	K0+164.527~K0+224.527	60	7.500~9.441	地连墙+两道钢筋混凝土支护
BE 区	K0+224.527~K0+244.527	20	9.441~9.973	地连墙+两道钢筋混凝土支护
BF 区	K0+244.527~K0+266.527	22	9.973~10.420	地连墙+两道钢筋混凝土支护
BG 区	K0+266.527~K0+297.435	30.908	10.420~10.452	地连墙+两道钢筋混凝土支护
BH 区	K0+297.435~K0+324.527	27.092	10.452~10.928	地连墙+两道钢筋混凝土支护
BI 区	K0+324.527~K0+364.527	40	10.928~11.067	地连墙+两道钢筋混凝土支护
BJ 区	K0+364.527~K0+384.527	20	11.067~11.197	地连墙+两道钢筋混凝土支护
BK 区	K0+384.527~K0+410.527	26	11.197~11.472	放坡+地连墙+两道钢筋混凝土支护
AA 区	K0+410.527~K0+444.177	33.65	11.268~11.476	放坡+地连墙+两道钢筋混凝土支护
AB 区	K0+444.177~K0+513.177	69	11.476~11.514	放坡+地连墙+两道钢筋混凝土支护
AC 区	K0+513.177~K0+585.177	72	11.514~11.768	放坡+地连墙+两道钢筋混凝土支护
AD 区	K0+585.177~K0+678.833	93.656	11.768~11.812	放坡+地连墙+两道钢筋混凝土支护
CA 区	K0+749.977~K0+764.177	14.2	5.44~5.93	重力式挡墙+双排钢板桩
CB 区	K0+764.177~K0+814.982	50.8	3.00~5.44	一级放坡
CC 区	K0+814.982~K0+875.920	60.94	0~3.00	一级放坡
逃生通道	K0+263	—	2.64~2.94	一级放坡
逃生通道	K0+277.14	—	2.82~3.14	一级放坡

3．连续墙＋钢筋混凝土支撑支护施工工序

管线改移、场地平整→溶洞处理→围护结构及主楼桩基施工→开挖至第一道支撑底面处→设第一道支撑，开挖至第二道支撑底面处→设第二道支撑，开挖至基坑底面→及时施筑垫层→底板防水层及底板结构、部分隧道结构侧墙及主楼桩基承台施工→回填底板处素混凝土形成刚性绞→拆除第二道支撑→施筑隧道部分其余侧墙、主航站楼柱，架设临时钢支撑，拆除第一道支撑→施筑顶板结构及防水层→回填至设计标高。

4．基坑止水和排水

因地质钻孔显示其基坑底部存在一连续深厚粉细砂层或中粗砂层，为保证施工作业面干燥及安全，本设计采用地下连续墙，具有截水作用，要求打穿砂层进入灰岩不小于0.5m或进入底部黏土层1.5m以上。此外，为保证基坑止水效果及施工方便，每隔150～200m基坑横向设置一排直径80cm搭接20cm双管旋喷桩进行基坑进行封闭，隧道入口处采用连续墙止水。横向封闭双管旋喷桩基坑底面以上部分空钻，基坑底面以下部分实钻，底部要求打入灰岩顶面或进入黏土层不小于1.5m。

在3m宽平台及基坑底部两侧均设置30cm×30cm排水沟，且在放坡坡面上设置ϕ10cm@2m×2mPVC泄水管；基坑底部排水沟每隔30m设一个ϕ1.0m深0.8m的集水井。

5．基坑回填设计

陆侧隧道结构底板混凝土外侧采用素混凝土回填，隧道结构外侧、素混凝土上方及隧道结构顶1m采用石屑回填，压实度均要求大于96％，石屑上方及基坑范围外采用回填土回填至设计标高。空侧隧道结构底板混凝土外侧采用素混凝土回填，隧道结构外侧、素混凝土上方及隧道结构顶与回填山皮石之间采用石屑回填，压实度均要求大于96％，隧道基坑外采用回填土回填至山皮石层底标高，然后回填山皮石层至机坪结构层底标高。

6．溶洞处理设计

（1）充填压力需根据溶（土）洞的充填情况进行调整；未填充溶（土）洞采用水泥砂浆进行注浆充填；对于全填充溶（土）洞应若填充物为软塑或流塑的，应进行处理。

（2）充填注浆需边注浆边摸查溶（土）洞的规模及处理后的状态。

（3）摸查方法：根据注浆量及注浆孔所检测到的溶（土）洞洞径、初步估算溶（土）洞的规模后再向周边布设检查孔。检查孔需注意检查溶洞的延展状况外、尚需检查注浆充填状况，发现注浆不饱满的需利用检查孔继续注浆。

规模较大的溶洞，其范围已超出隧道结构设定的安全限界时，可先在安全限界钻孔、采用速凝双液浆控制边界、减少注浆的范围及注浆量。

（4）充填注浆需根据溶（土）洞所处的深度、地层条件采用钻孔埋管进行注浆。

①溶洞需采用先成孔，后埋入注浆管，并注意封闭溶洞顶板及注浆管与孔壁间的间隙后才能注浆。

②对于大于3m无填充溶、土洞和半填充溶、土洞（含特大溶洞），可采用ϕ200的PVC套管注水泥砂浆，水泥砂浆配合比为1:3（水泥：砂，质量比）。对于非填充或半填充的较大溶洞，可采用泵送混凝土进行填充。

监测频率 表3.16.4.8-2

基坑类别	施工进程		基坑设计深度（m）			
			≤5	5～10	10～15	＞15
一级	开挖深度（m）	≤5	1次/1天	1次/2天	1次/2天	1次/2天
		5～10	—	1次/1天	1次/1天	1次/1天
		＞10	—	—	2次/1天	2次/1天
	底板浇筑后时间（天）	≤7	1次/1天	1次/1天	2次/1天	2次/1天
		7～14	1次/3天	1次/2天	1次/2天	1次/1天
		14～28	1次/5天	1次/3天	1次/2天	1次/1天
		＞28	1次/7天	1次/5天	1次/3天	1次/3天
二级	开挖深度（m）	≤5	1次/2天	1次/2天	—	—
		5～10	—	1次/1天	—	—
	底板浇筑后时间（天）	≤7	1次/2天	1次/2天	—	—
		7～14	1次/3天	1次/3天	—	—
		14～28	1次/7天	1次/5天	—	—
		＞28	1次/10天	1次/10天	—	—

注：1.有支撑的支护结构各道支撑开始拆除到拆除完成后3天内监测频率应为1次/天；

　　2.基坑工程施工至开挖前的监测频率视具体情况确定。

③注浆材料：水泥浆为1：1（质量比），采用42.5（R）普通硅酸盐水泥；双液浆为1：1（体积比），双液浆中的水泥浆为1：1（质量比），采用42.5（R）普通硅酸盐水泥。注浆可采用φ48花管注浆，钻孔孔径为70～110mm。注浆压力控制在0.4～1.0MPa，注浆速度30～70L/min。花管和注浆芯管下到洞底或洞底以下0.2～0.3m，从洞底往上压注水泥浆。每当注浆压力达到0.4～0.5MPa，注浆芯管可提升0.4m，逐渐压注浆往上到洞顶，最后注浆压力达到1.2MPa并稳压10min可终止注浆。施工前应进行现场注浆试验，注浆参数根据试验情况进行调整。注浆量和注浆有效范围通过现场试验确定。

7．基坑监测设计

本基坑根据《建筑基坑支护技术规程》JGJ 120—2012规定，基坑BA～BC区、AA～AD区安全等级为一级，其他基坑安全等级为二级。

基坑施工必须按该"技术规定"要求进行。基坑支护工程是一种风险性大的系统工程，施工应遵照动态设计、信息化施工规定，确保基坑本身及周边环境的安全。各项监测的时间间隔可根据施工进程确定，监测频率如表3.16.4.8-2所示，当变形超过有关标准或监测结果变化速率较大时，应加密观测次数。当有事故征兆时，应连续监测。

（1）监控目的

将监测数据与预测值相比较以判断前一步施工工艺和施工参数是否符合预期要求，以确定和优化下一步的施工参数，做到信息化施工；将现场测量结果用于信息化反馈优化设计，使设计达到优质安全、经济合理、施工快捷目的。

（2）本基坑工程中检测项目、检测方法、精度要求及测点布置，详见表3.16.4.8-3。

检测项目、检测方法、精度要求及测点布置　　表 3.16.4.8-3

编号	量测项目	位置或监测项目	测试元件	最小精度	测点布置	备注
1	支护桩顶竖向及水平位移	支护桩顶部	水准仪 经纬仪	0.3mm	间距约15m	—
2	支护桩侧向变形	围护结构内	测斜管、测斜仪	0.5mm	孔间距约30m 点间距0.5m	—
3	连续墙内力	连续墙第二道支撑及基地处	振弦式应变计	≤1/100（F.S）	连续墙内外侧各一个	—
4	支撑轴力	支撑中部或端部	振弦式应变计	≤1/100（F.S）	支撑构件横断面上下左右各一个	—
5	地下水位	基坑周边	水位管、水位计	5mm	孔间距50m，管底深至基坑底以下5m	—
6	地表沉降	基坑周边	水准仪、经纬仪	0.3mm	基坑周边间距20m	—
7	支撑立柱沉降	立柱顶面	水准仪	0.3mm	不少于立柱总数的5%，且不少于三根	—

8．北进场隧道基坑设计特点（图 3.16.4.8-1）

图 3.16.4.8-1　交通中心内基坑共建现场图

（1）隧道底砂层较厚，隧道开挖基坑止水难度高。经过方案比选，白云机场隧道基坑支护随开挖深度采用地下连续墙＋一道钢筋混凝土支撑支护、地下连续墙＋两道钢筋混凝土支撑支护和地下连续墙＋两道钢筋混凝土支撑＋一级放坡的支护方式等多种形式。地下连续墙具有截水作用，要求打穿砂层或溶洞进入完整灰岩不小于0.5m或进入底部黏土层1.5m以上。为节约投资，根据连续墙受力特性，连续墙分为上段配筋段和下端素混凝土段，上段配筋满足受力要求，下端素混凝土打入不透水层，与上段共同起到截水的作用。此外，对连续墙墙身及其下3m范围的（土）溶洞进行了预处理，以保证基坑支护结构安全施工及避免因（土）溶洞内外连通导致坑内涌水涌砂现象。为保证基坑止水效果及施工方便，每隔150～200m基坑横向设置一排直径80cm搭接20cm双管旋喷桩进行基坑进行封闭，施工效果较好。典型的隧道基坑支护横断面图如图3.16.4.8-2所示。

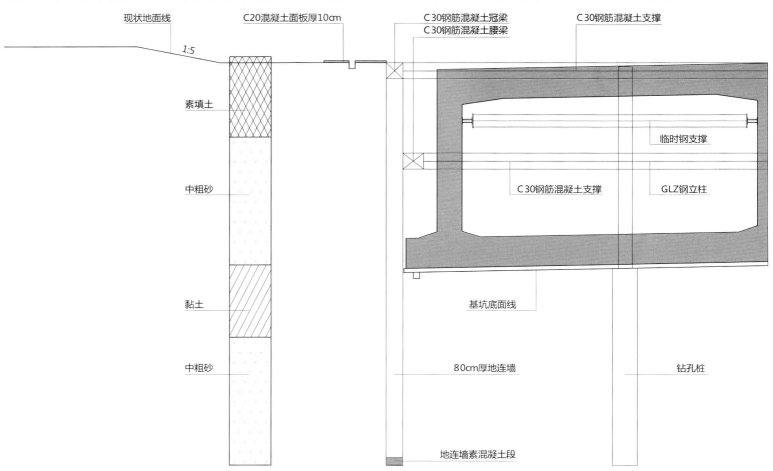

图 3.16.4.8-2　隧道基坑支护横断面图

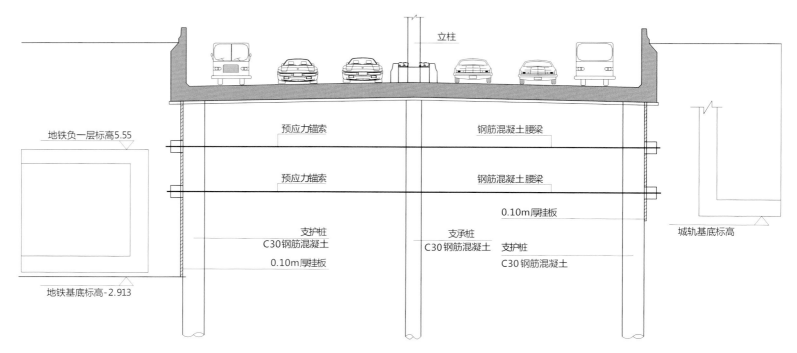

图 3.16.4.8-3　交通中心内北进场隧道南段基坑支护图

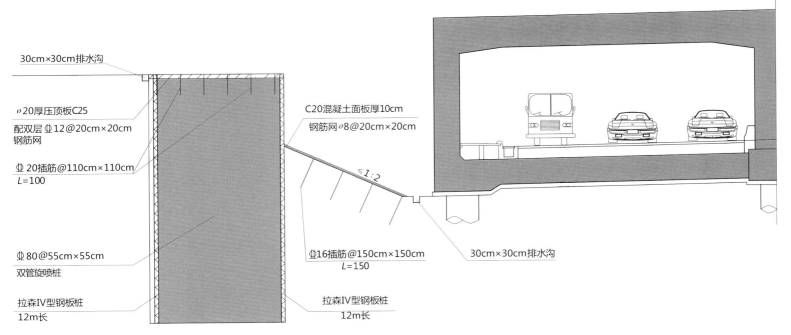

图 3.16.4.8-4　交通中心内区段北段基坑支护图

（2）北进场隧道交通中心内区段南段与交通中心主楼基坑、地铁车站基坑、城轨车站基坑之间高低错落、空间关系复杂，北进场隧道需先行通车并保证其安全。交通中心基坑内侧包含三个大型坑中坑——北进场隧道基坑、地铁车站基坑、城轨车站基坑。北进场隧道西侧为地铁车站基坑、东侧为城轨车站基坑，基坑相互间的水平距离仅 2.2～3.5m，地铁车站基坑比北进场隧道深 11.7m、城轨车站比北进场隧道深 6.2m。北进场隧道基坑由北向南、从低到高斜穿交通中心基坑。其中北进场隧道南段基坑比两侧的地铁车站基坑和城轨车站基坑高 6.2～11.7m，凸起于两侧的地铁车站和城轨车站基坑之上，为交通中心基坑内区段凸起段。北进场隧道基坑、地铁车站基坑、城轨车站基坑在交通中心主楼基坑开挖到 6.25m 后同步开挖。为满足机场交通需求，北进场隧道需先行通车。根据建设计划，北进场隧道通车后，地铁车站、城轨车站和交通中心主楼仍在进行地下结构施工。因此，要求北进场隧道基坑先于较深的交通中心基坑、地铁车站基坑、城轨车站基坑完工，而且还需保证交通中心、地铁车站、城轨车站的施工空间。交通中心基坑、地铁车站基坑、城轨车站基坑之间高低错落、空间关系复杂。

北进场隧道南段下方的排桩为地铁车站、城轨车站坑中坑支护桩和北进场隧道永久桩所共用，一方面用于地铁车站基坑和城轨车站基坑的临时支挡结构，承担水平向荷载，另一方面用于北进场隧道的永久桩基础，承担竖向隧道及交通荷载。设计利用隧道底板作为排桩桩顶的受拉构件，其下采用多道对拉锚索控制支护桩腰部的受力和变形的支护体系，确保了支护桩受力、变形、裂缝满足支护桩和永久桩基的功能需求，实现了北进场

隧道两侧深基坑开挖的同时，北进场隧道先行通车的目标（图 3.16.4.8-3）。

（3）北进场隧道交通中心内区段北段坑内坑开挖应避免影响交通中心主楼基坑。该段基坑位于交通中心基坑内部，为交通中心基坑的坑中坑，比交通中心主楼基坑深 5.9m，隧道基坑边距交通中心主楼基坑连续墙 5.5m，坑中坑采用水泥土重力式挡墙＋双排钢板桩支护，既满足坑中坑开挖的要求，又加固了交通中心连续墙被动区土层，保证交通中心主楼基坑连续墙稳定和安全（图 3.16.4.8-4）。

3.16.4.9　隧道排水及消防

1. 隧道排水工程

（1）设计标准

根据《室外排水设计规范》GB 50014-2006 要求，隧道排水设计标准按 20～30 年一遇暴雨重现期设计。本项目由于项目性质重要，位置特殊，设计时按 50 年一遇暴雨重现期设计，100 年一遇暴雨强度进行校核。

（2）隧道敞口段汇水面积及径流系数

隧道汇水面积主要为北进场隧道，大巴隧道与的士隧道由于上部有进港高架桥遮盖，故不考虑雨水进入。隧道雨水汇水面积约为 11500㎡。径流系数按沥青路面考虑，取 0.9。

（3）设计雨水量

考虑 10min 降雨历时的峰值雨水量为 364L/s，50 年一遇雨水量为 454L/s。

（4）雨水收集

在隧道两侧设置 400mm×400mm 排水沟，排水沟采用盖板沟，每隔 20m 设置一个雨水箅子收集路面雨水至最低

点排至隧道雨水提升泵站。

（5）隧道雨水泵站

隧道排水考虑设置雨水泵站强排。隧道雨水泵站按50年一遇暴雨强度选取水泵，共设三台水泵，每台水泵流量150L/s，扬程为15m，三台三用。雨水泵站集水池容积按不小于水泵5min排水量设计，有效容积按70m³考虑。

2．隧道消防给水设计

（1）隧道等级

北进场路隧道属于二类隧道，大巴隧道及的士隧道属于四类隧道。根据《建筑设计防火规范》规定，北进场路隧道须设置室内消火栓系统，大巴隧道和的士隧道可不设置消防水系统。

（2）消防水量

隧道内消火栓水量为20L/s，隧道洞口消防水量为10L/s。火灾延续时间按3h考虑。

（3）消防水源及消火栓布置

机场市政给水为环状供水，而且由两路市政供水水源保障，供水安全可靠，管网供水压力不小于0.3MPa。消防水源从室外消防加压管网引入两条DN150消防加压管道，沿隧道内人行道下方检修道敷设管道，并布置成环状，隧道口部引入管处设置两具水泵接合器。隧道消火栓沿人行道侧墙敷设，间距20m，以保证有两股水柱同时到达任何地方。消火栓口直径为65mm，箱内配置水枪喷嘴口径19mm，消防龙带长25m，并设置ϕ25mm的消防软管卷盘。

（4）灭火器系统设计

灭火器配置危险等级属于A、B类火灾，严重危险级，每具消火栓位置设计四具MF/ABC4磷酸铵盐干粉灭火器。

3.16.4.10　隧道电气

1．概述

北进场路隧道属于二类隧道，大巴隧道及的士隧道属于四类隧道。设备安装内容主要包含配电系统、电气照明系统、防雷与接地、消防及弱电系统。

2．隧道照明系统设计

根据《公路隧道通风照明设计规范》JTJ 026.1-1999要求，北进场路隧道照明分为以下六种：入口段照明、过渡段照明、中间段照明、出口段照明、基本照明及疏散照明。

（1）参考《公路隧道通风照明设计规范》JTJ 026.1-1999进行设计。北进场路隧道照明分为以下六种：入口段照明、过渡段照明、中间段照明、出口段照明、基本照明及疏散照明。

（2）按规范要求及已知的计算条件：隧道闭口段长度$L=802$m，行车速度$v=50$km/h，沥青路面，洞口亮度$L20(s)=2500$cd/m²，$K=(15\sim22)$lx/cd·m²；隧道照明分段计算结果为：

①入口段亮度$Lth=37.5$cd/m²，入口段长度$Dth=57$m。

②过渡段亮度$Ltr1=11.25$cd/m²，$Ltr2=3.75$cd/m²，$Ltr3=1.125$cd/m²。

过渡段长度$Dth1=44$m，$Dth2=67$m，$Dth3=100$m。

③中间段亮度$Lin=2.5$cd/m²，中间段长度$Din=474$m。

④出口段亮度$Lout=12.5$cd/m²，出口段长度$Dout=60$m。

（3）隧道内机动车道照明采用双侧对称布置方式，根据上述各段亮度标准值，隧道照明的布置原则为：

①入口段布置（160W/120W LED灯，灯具间距为1.5m）隧道灯作为入口段加强照明。

②过渡段布置（160W/120W LED灯，灯具间距$Dth1$为5m，$Dth2$为15m，$Dth3$为25m）隧道灯作为过渡段加强照明。

③中间段布置（160W/120W LED灯，$S=10$m）隧道灯作为隧道的中间段照明，24小时常开。

④出口段布置（160W/120W LED灯，灯具间距为6m）隧道灯作为出口段加强照明。

3．隧道消防报警系统设计

本工程选用智能型报警系统，对隧道内的火灾信号和消防设备进行监控，并与上一级控制中心信息共享的接口。

（1）系统形式及系统组成

本消防报警系统按照《建筑设计防火规范》GB 50016-2006和《火灾自动报警系统设计规范》GB 50116-2013进行设计，本隧道交通隧道分类为城市二类交通隧道。火灾自动报警系统形式为集中报警系统。

包括火灾自动报警系统、消防联动控制系统、火灾应急广播系统、消防专用电话系统、电气火灾监控系统、防火门监控系统、应急照明控制系统、疏散诱导标志系统、消防控制室供电及接地系统等。

（2）消防控制室

消防控制室靠隧道设置。消防控系统与隧道其他弱电系统共用设备用房，消防控制室设备集中设置，并应与其他弱电设备有明显的间隔。隧道消防控制室全天应有人值守。消防控制室内设有消防控制系统图文显示器、自动报警柜、消防联动控制台、感温光纤主机、消防广播柜、消防专用电话总机、电气火灾监控柜、疏散诱导监控柜、防火门监控柜、通信网络设备、打印机及UPS电源设备等。消防控制室内设有直接报警的外线电话。消防控制室内各系统之间及与其他相关系统的信息传输符合规定的通信协议及传输格式。消防控制系统与视频监控系统等进行信息交换及共享。消防控制室可通过视频监控系统核实火灾发生，并作出快速反应。消防控系统与交通控制管理系统进行信息交换及共享，在隧道发生火灾时禁止普通车辆进入。

消防控制室备有竣工图、设备使用说明书、各分系统控制逻辑关系说明书及操作规程、应急预案、值班制度、维修保养制度及值班记录等文件资料。

（3）火灾自动报警系统选型

选用智能型联网式火灾自动报警控制器和联动控制装置，火灾报警控制器设于消防控制室内。火灾报警控制器的报警控制回路采用二总线环状网络。报警系统服务范围应满足本工程正常使用要求。

（4）火灾报警设备的设置及火灾确认

火灾报警系统，对隧道内的火灾信号和消防设备进行监视及控制。各种探测器、手动报警按钮、消防电话、声光报警器、广播等的设置应满足《火灾自动报警系统设计规范》GB 50116-2013的要求。隧道一个报警区域长度不大于150m。

隧道车道部分采用智能线型光纤感温火灾探测器和红外火焰火灾探测器，智能线型光纤感温火灾探测器沿车道纵向装于隧道顶部，红外火焰火灾探测器分别装于隧道侧壁，两类火灾探测器保护范围都应覆盖整个隧道；其他地方根据环境特点设置相应类型的点型智能式探测器。

线型光纤感温火灾探测器应设置在隧道车道上方距隧道顶板100～200mm处。每根线型光纤感温火灾探测器保护车道数量不应超过两条，均匀布置在隧道顶板上，使其每根保护范围相同。线型光纤感温火灾探测系统主要实现对隧道温度信息的采集，温度精度小于1℃，定位精度不超过1m。线型光纤感温火灾探测系统主要由光纤感温主机、感温光纤、系统软件、安装支架等设备组成。光纤感温主机将探测到的实时温度信息显示出来或上传给监控系统，当温度达到火灾报警阈值时，通过数据接口将报警信息传给火灾自动报警系统。感温光缆安装采用不锈钢丝支架安装，所需安装附件由产品供应商配套提供。感温光缆在隧道内的敷设末端需预留至少30m的裕量，感温光缆引入终端方式及安装位置应符合设计文件及相关标准要求。

设备房等用点型火灾探测器安装位置可配合装修及设备安装要求作适当调整，符合有关消防规范的要求；探测器至空调送风口边的水平距离不应小于1.5m，并宜接近回风口安装；探测器周围0.5m内，不应有遮挡物；探测器与灯具净距不应小于0.5m，与消喷头净距不应小于0.5m，与扬声器净距不应小于1m，火灾探测器均应在板底安装。

隧道出入口及隧道内每隔150m设置一个消防专用电话机，隧道出入口及隧道内每隔50m设置一个带编码手动报警按钮和闪烁红光的火灾声光警报器。在隧道出入口（封闭段外）最少应装设一个消防专用电话机、火灾声光警报器和带编码手动报警按钮。隧道内声光警报器与隧道内疏散诱导标志不同侧布置。

隧道内消防广播扬声器沿其疏散走道（或检修通道）布置，隧道内采用指向喇叭，额定功率不应小于15W,按隔25m一个设置。在扬声器播放范围内最远点的播放声压等级高于背景噪声15dB。

在设备房区域，每个防火分区最少安装1个带编码手动报警按钮和电话插孔，沿走道安装的手动报警按钮和电话插孔间距为30m。在消防泵房、配电室、防排烟机房、灭火控制系统操作装置间、控制室等装设消防专用电话机。火灾声光警报器设置于楼梯口、消防电梯前室、走道拐角等处的明显部位，不宜与灯光指示标志同一面墙上安装。每个报警区域火灾声光警报器应均匀布置，其声压等级应高于背景噪声15dB。每个消防广播扬声器功率不小于3W，沿走道安装的消防广播扬声器间距为25m，距走道端为12.5m；各房根据实际情况布置消防广播扬声器，满足扬声器播放范围内最远点的播放声压等级高于背景噪声15dB。

消防专用电话机、手动报警按钮和电话插孔装高1.5m，消防广播扬声器、声光警报器底边距地应大于2.2m。

模块应装在所处报警区域的模块箱内，不应装于配电箱内；模块不应控制不属本报警区域的设备。应预留适当的模块箱装设位置。

隧道内设置的消防设备的防护等级不应低于IP65。

当火灾自动报警控制器接收到某处对应的两种火灾探测器或一种火灾探测器和手动报警按钮发出的报警信号时，应认为火灾已发生，通过视频监控系统快速进行核实。当火灾确定后，应按要求起动报警、疏散、防排烟、灭火等消防措施。

（5）火灾应急广播系统

在消防控制室设置火灾应急广播机柜，机组采用定压式输出。消防应急广播的单次语音播放时间宜为0～30s,应与火灾声光警报器分时交替工作，可采取1次火灾声光警报器播放、1次或2次消防应急广播播放的交替工作方式循环播放。在消防控制室应能手动或按预设控制逻辑联动控制广播系统，能选择广播分区及启动或停止各分区应急广播系统，应能监听消防应急广播。在通过传声器进行应急广播时，应自动对广播内容进行录音。消防控制室内应能显示消防应急广播的广播分区的工作状态。

消防应急广播与普通广播或背景音乐广播合用时，应具有强制切入消防应急广播的功能。应急广播应设置备用扩音机，广播功放容量不小于应急广播时最大广播区扬声器容量总和的1.5倍。

（6）消防专用电话系统

在消防控制室内设置消防专用直通对讲电话总机；消防控制室设置可直接向当地消防部门报警的专用外线电话。消防专用电话网络为独立的消防通信系统。隧道内还装设由泄漏电缆组成的无线通信系统，满足消防、交通等各职能部门人员的移动无线通信设备的通信及司乘人员接收FM电台广播的要求。

（7）消防联动控制

消防控制室内设置联动控制台，其控制方式分为自动/手动控制（手动硬线直控制）。联动控制器按设定的控制逻辑向受控设备发出联动信号，并接受相关的反馈信号。受控设备接口的特性参数应与联动控制器发出的控制信号匹配。消防水泵、防排烟风机除联动控制外应能在消防控制时手动直接控制。消防联动控制应采用两个独立的报警触发装置的与逻辑信号。

火灾报警系统能屏蔽其他系统对风机的控制信号、控制排烟风机的启停、风向，接收风向、运行、故障状态反馈信号。自动或在控制室通过硬线手动直接起动排烟风机。火灾确认后，启动相关部位的排烟风机，并接收其反馈信号。

火灾确认后，消防联动控制柜自动、手动发出联动紧急广播信号至广播机柜，启动隧道内的所有火灾声光报警器及向交通灯控制系统发出隧道禁入信号，火灾声光警报器单次发出火灾警报时间宜为8～20s，同时设有消防应急广播时，火灾声警报器应与消防应急广播交替循环播放。

火灾确认后，消防控制室应与门禁等相关控制系统按处理预案控制辖区内各自的外场设备，做好人员的快速疏散工作。

疏散照明和疏散指示系统采用集中控制型消防应急照明和疏散指示系统，由火灾报警控制器或消防联动控制器来启动应急照明和疏散指示设备。当确认火灾后，由发生火灾的报警区域开始，顺序启动全疏散通道的消防应急照明和灯光疏散指示标志，系统全投入应急状态的启动时间不应大于5s。

火灾确认后，消防控制主机与交通控制系统联动，做好交通应急控制；

火灾确认后，消防控制室切断火场非消防电源；

火灾确认后，强制点亮隧道照明灯具；

火灾确认后，消防控制室自动/手动起动火场灭火设备。

（8）电气火灾监控系统

主要用于保护配电回路及配电设备的漏电、过电流、超温等的危害实时进行监测，并实施报警，防止电气火灾的发生。

系统组成：电气火灾监控系统由电气火灾监控器、剩余电流式电气火灾监控探测器、测温式电气火灾监控探测器等组成。监测器应具有温度、剩余电流监测、显示、报警值设定等功能。报警等信号应通过电气火灾监控器接入消防控制室图形显示装置。电气火灾监控器及其监控探测器设置：

电气火灾监控系统中电气火灾监控探测器装置安装根据被保护点的重要性而定。

测温式电气火灾监控探测器设置在区域配电总箱主要馈线、电缆接头等重点发热部位。

剩余电流式电气火灾监控探测器主要装设于隧道变电站低压配电柜主要馈线处。监控探测器应具有适应安装环境的抗干扰及IP防护能力。

电气火灾监控器设置于消防控制室。其电池备用电源供电持续时间大于90min。

通信总线采用阻燃线，穿金属管或金属线槽敷设。通信总线不应与其他系统同管敷设。

上下级漏电火灾报警装置应满足动作电流和时限的配合要求。选择剩余电流式电气火灾监控探测器时，应计及供电系统自然泄漏电流的影响，选择合适的探测器报警值，其范围一般为300～500mA。

电气火灾监控器的报警信息和故障信息均应在消防控制室内的图形显示装置上显示，电气火灾监控系统的设置不应影响供电系统的正常工作，不应自动切断供电电源。

（9）防火门监控系统

本工程交通隧道防火门较少、较分散，不采用独立系统。由火灾自动报警系统模块负责对其监控。防火门监控信号应满足接入火灾报警系统的要求，火灾报警系统应满足对防火门的监控要求。

（10）消防设备电源监控系统

根据《火灾自动报警系统设计规范》GB 50116-2013、《消防设备电源监控系统》GB 28184-2011的要求，为消防用电设备的供电电源设置消防设备电源监控系统，用于监控消防设备电源的工作状态。在电源发生过压、欠压、过流、缺相等故障时发出报警信号。监控系统由消防设备电源状态监控器、现场信号采集模块、电压电流传感器等设备组成。所有状态、报警信号均通过监控器反馈至消防控制室火灾自动报警系统的图形显示装置上。系统的监测装置主要对应装设于消防设备的双电源切换箱。

4．隧道电气设计总结

隧道照明设计中，洞外亮度参数选择是关键，确定合适的洞外亮度既可消除黑洞效应又可避免过亮的加强照明，从而节约能源。经过对广州地区隧道照明的调研分析，洞外亮度参数选定为2500cd/m²，通过运行检验是合适的，达到了设计目的。

隧道火灾自动报警系统设计中，系统形式的选择非常重要。既应考虑系统可靠性问题、值班人员对火灾处理的响应速度问题，又要考虑工程的分期建设等问题。本隧道火灾自动报警系统形式确定为集中报警系统，并与上一级交通中心联网。减少了硬控线过多过长的问题，提高了系统可靠性，减少了值班人员到达火场的时间，有利于专业化管理和工程分期建设。

隧道火灾自动报警系统重视视频监控系统在快速核实火灾发生和了解火场情况的重要作用。

隧道基本照明电源不应作为非消防电源在火灾确认后切断，隧道基本照明的点亮方便车辆的快速疏散，减少火灾载荷提高的可能性，提高人员疏散效率。

3.16.4.11 隧道通风

1. 设计原则

随着经济的发展，人口的增长，城市交通非常繁忙，加上地下建筑的兴起，使得城市隧道越发普及，城市隧道通风设计也得到越来越广泛的关注（图3.16.4.11-1、图3.16.4.11-2）。

隧道通风应满足以下几方面：

（1）正常交通情况下，稀释隧道内汽车行驶时排除废气中以CO气体为代表的有害物质和烟雾，为司乘人员、维修人员提供合理的通风卫生标准，为安全行车提供良好的空气清晰视度。

（2）火灾事故情况下，通风系统应能够控制烟雾和热量的扩散，而且为逗留在隧道内的司乘人员、消防人员提供一定的新风量，以利于安全疏散和灭火扑救。

（3）在确保通风可靠性及节能运行、节约工程投资的前提下优选适当的通风方式。

（4）通风设备选用原则是安全可靠，技术先进。高效、节能的设备按近、远期合理配置。

（5）控制对工程环境质量（环境空气质量、噪声）的影响，注重环境保护措施。

图 3.16.4.11-1　隧道通风平面图

2. 设计参数叙述

（1）隧道内通风卫生标准：CO允许浓度正常工况：150ppm；阻塞工况：300ppm。

（2）隧道噪声标准：行车隧道内：＜90dB（A）；环境噪声标准：昼间等效声级60dB（A），夜间等效声级55dB（A）。

（3）尾气排放标准：CO基准排风量：0.01m³/量·km；烟雾基准排风量：2.5m³/量·km。

3. 隧道通风计算过程

（1）北进场隧通，长度为802m，为城市双向六车道隧道，属于二类城市交通隧道。设计正常单向交通流量为2972辆/小时（50km/h），阻塞交通流量为2972辆/小时（10km/h）。其中，隧道坡度表如表3.16.4.11-1所示。

（2）通风方式选择

地下环路通风方式可分为自然通风和机械通风两大类。机械通风根据空气流动形式基本又分为纵向式、横向式两类。目前国内外建设的城市公路地下环路，一般都根据不同工程的实际特点和环保要求选定通风方式。详见表3.16.4.11-2。

通风方式选择　　　　　表 3.16.4.11-2

通风方式类别	纵向通风	横向通风
环路空气质量	分段集中排放，车辆废气滞留于环路中的风险高	车辆废气由排风口就近抽吸经土建风道分段集中排放，地下环路内部空气质量较好
环路火灾排烟效果	火灾区域以纵向气流为主，烟气在地下环路内蔓延的距离较长	火灾区域以横向气流为主，烟气由排烟口就近排放，可有效缩短高温烟气的蔓延距离
工程投资	较低	横向通风管道大面积占用隧道空间，在保证隧道净空的前提下，间接加大隧道挖深，造价较高

桥梁规模表　　　　　表 3.16.4.11-1

当量直径	隧道长度	隧道横断面积	—	—
6.712m	802m	59.4 m²	—	—
隧道坡道	-1.556%	-0.741%	-0.3%	4.896%
长度（m）	193.473	240	222.802	145.725

图 3.16.4.11-2 隧道内射流风机现场照片

经过对土建、通风等专业的综合分析，本工程采用纵向通风，于隧道内部设置若干组射流风机，既可满足通风排烟的要求，又能有效降低工程造价，较为合理。

（3）南至北行隧道通风系统计算

CO允许浓度正常工况：150ppm

CO排放量：

$$Q_{CO} = \frac{1}{3.6 \times 10^6} \cdot q_{CO} \cdot f_a \cdot f_d \cdot f_h \cdot f_{iv} \cdot L \cdot \sum_{m=1}^{n} (N_m \cdot f_m)$$

可算出正常 $Q_{CO}=0.007945\text{m}^3/\text{s}$，

阻塞 $Q_{CO}=0.031781\text{m}^3/\text{s}$。

稀释CO的需风量： $Q_{req(CO)} = \frac{Q_{CO}}{\delta} \cdot \frac{p_0}{p} \cdot \frac{T}{T_0} \times 10^6$

可算出正常 $Q_{req(CO)}=59.176\text{m}^3/\text{s}$，

阻塞 $Q_{req(CO)}=118.353\text{m}^3/\text{s}$。

烟雾允许浓度：0.01m^{-1}，检修工况：0.0035m^{-1}

烟雾排放量：

$$Q_{VI} = \frac{1}{3.6 \times 10^6} \cdot q_{VI} \cdot f_{a(VI)} \cdot f_d \cdot f_{h(VI)} \cdot f_{iV(VI)} \cdot L \cdot \sum_{m=1}^{n_D} (N_m \cdot f_{m(VI)})$$

可算出正常 $Q_{VI}=1.2511\text{m}^3/\text{s}$，

阻塞 $Q_{CO}=2.7731\text{m}^3/\text{s}$。

稀释烟雾的需风量： $Q_{req(VI)} = \frac{Q_{VI}}{K}$

可算出正常 $Q_{req(VI)}=166.808\text{m}^3/\text{s}$，

阻塞 $Q_{req(CO)}=308.123\text{m}^3/\text{s}$，

维修 $Q_{req(CO)}=357.445\text{m}^3/\text{s}$。

根据《公路隧道通风照明设计规范》JTJ 026.1-1999，可知：

稀释空气中异味的需风量：采用纵向通风隧道，隧道内换气风速不应低于2.5m/s，可确定稀释空气中异味的需风量为$2.5 \times A$隧道面积=148.5m/s。

消防需风量：隧道内换气风速取3m/s（推荐风速为2～3m/s），可确定消防时的需风量为$2.5 \times A$隧道面积=178.2m³/s。

结论：隧道需风量为308.123m³/s，

设计风速 $v_r=5.19\text{m}^3/\text{s}$。

自然风阻力： $\Delta p_m = (1 + \zeta_e + \lambda_r \cdot \frac{L}{D_r}) \cdot \frac{\rho}{2} \cdot v_n^2$

可算出 $p_m=14.962\text{N/m}^2$。

交通通风力：

$$\Delta p_t = \frac{A_m}{A_r} \cdot \frac{\rho}{2} \cdot n_+ \cdot (v_{t(+)} - v_r)^2 - \frac{A_m}{A_r} \cdot \frac{\rho}{2} \cdot n_- \cdot (v_{t(-)} - v_r)_t^2$$

可算出正常 $\Delta p_t=38.83\text{N/m}^2$，

阻塞 $\Delta p_t=14.886\text{N/m}^2$。

通风阻抗力： $\Delta p_r = (1 + \zeta_e + \lambda_r \cdot \frac{L}{D_r}) \cdot \frac{\rho}{2} \cdot v_r^2$

Δp_r——通风阻抗力（N/m²）；

可算出 $\Delta p_r=64.413\text{N/m}^2$。

（4）北至南行隧道通风系统计算

同理，按照南至北行隧道的计算方法，可得出北至南行隧道各个路况的参数值，如表3.16.4.11-3所示。

结论：隧道需风量为281.575m/s，

设计风速 $v_r=4.74\text{m/s}$。

而自然风阻力 $p_m=14.962\text{N/m}^2$，

交通通风力正常 $\Delta p_t=42.921\text{N/m}^2$，

阻塞 $\Delta p_t=9.876\text{N/m}^2$，

通风阻抗力 $\Delta p_r=53.791\text{N/m}^2$。

桥梁规模表　　　　　　　　　　表 3.16.4.11-3

路况＼参数	CO 排放量	稀释 CO 需风量	烟雾排放量	稀释烟雾的需风量	稀释空气中异味的需风量	消防需风量
正常	0.007945	59.176	0.9889	131.854	148.5	178.2
阻塞	0.031781	118.353	2.5342	281.575	148.5	178.2
维修	—	—	—	282.545	—	—

（5）通风方式

在满足污染气体含量、卫生及消防要求的情况下，

应尽量节省初投资与运行成本。针对城市隧道而言，封闭段较短，虽然在特定的时间堵塞会比较严重，车速较慢，

车流量大，但大部分时间交通比较顺畅，污染气体能有效利用自然风排出。根据以上特性，不难选择相对初投资与运行费用大大节省的射流风机的纵向式通风为最佳方案。

（6）计算射流风机的总升压力

计算得到三条隧道的数据后，就可以建立一个简单的模型。射流风机设计安装在C段隧道里，气流从C段隧道向A、B段隧道送出，则气流必须克服从C到A以及从C到B的所有阻力。

压力平衡公式：$\Delta p_r + \Delta p_m = \Delta p_t + \sum \Delta p_j$

从上式可算出南至北行隧道中，射流风机送出气流所要克服的阻力应为：

正常工况$\sum \Delta p_j = 40.544\,\text{N/m}^2$，

阻塞工况$\sum \Delta p_j = 64.488\,\text{N/m}^2$；

北至南行隧道中，射流风机送出气流所要克服的阻力应为：

正常工况$\sum \Delta p_j = 25.832\,\text{N/m}^2$，

阻塞工况$\sum \Delta p_j = 58.877\,\text{N/m}^2$。

所以射流风机的选型应满足总升压力不小于南至北行隧道的阻力。

（7）射流风机选型

每台射流风机升压力：$\Delta p_j = \rho \cdot v_j{}^2 \cdot \dfrac{A_j}{A_r} \cdot \left(1 - \dfrac{v_r}{v_j}\right) \cdot \eta$

假设选用出口直径1000mm，出口风速为32.6m/s的射流风机，则其升压力值按照上式代入可算得：$\Delta p_j = 11.52\,\text{N/m}^2$。

风机平时开启台数为$\dfrac{\sum \Delta p_j}{\Delta p_j} = \dfrac{40.544}{11.52} = 3.58$ 台，

阻塞时为 $\dfrac{\sum \Delta p_j}{\Delta p_j} = \dfrac{64.488}{11.52} = 5.69$ 台。

假如对选用的射流风机台数不满意，可以重新代入其他型号的风机参数计算出升压力直到合适为止。

4．风机布置

根据的计算结果，单向隧道内设置三组、每组两台射流风机（单向），每组射流风机的净距不小于1倍风机叶轮直径，便可满足隧道通风要求，考虑到隧道局部沉板的影响，射流风机安装在隧道顶板拱形顶部区域，最后分别于隧道＋290、＋472.177及＋678.177各设置一组射流风机，并且在隧道靠近出口处（长隧道需间隔200～300m）设置一套VI-CO分析仪，检测隧道内CO与烟雾浓度，从而控制风机开停。风机布置横断面如图3.16.4.11-3所示。

设计地面线

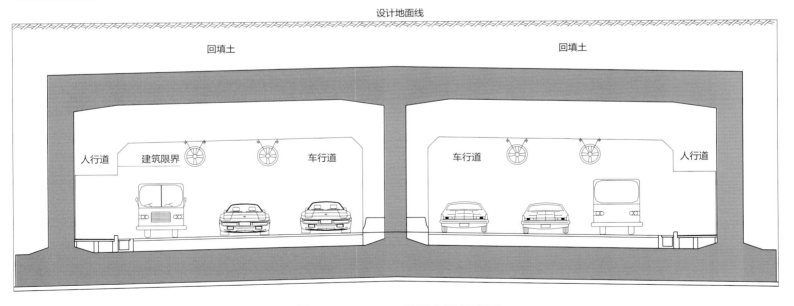

图 3.16.4.11-3　风机布置横断面

5．项目通风设计特点及总结

本项目为直隧道，形式简单，闭口段长度小，最适宜采用纵向通风方式，废气由洞口直接排出，平时及消防共用一套通风系统，并通过手动、定时控制和地道内污染物浓度监测控制启动风机运行。另外，各条隧道内均设置了CO-VI监测仪，当烟雾或CO超标时，可开启一至六台的射流风机来降低隧道内烟雾或CO含量，大大降低通风机运行能耗。

城市隧道通风的设计应该根据隧道不同工况来考虑风机的安装台数。通过以上计算可得到正常、阻塞、有

自然风、无自然风、通风换气等需风量，从而合理配备两台或以上的射流风机来满足不同需求。虽然城市隧道封闭段比较短，但当与其他地下车库相连接的时候，气流组织比较复杂，为避免隧道发生火灾时对周边地下室的影响，设计应该采用机械排烟方式。

3.16.5　市政给水系统设计

3.16.5.1　概述

市政给水系统由室外生活给水管网系统、室外消防加压管网系统、室外绿化浇洒管网系统组成。机场给水水源由广州市江村水厂供水，经两根DN800的场外输水管接入机场水表房，并最终接入南、北两区供水站。供水站接出两路DN500供水主干管，供机场一号航站楼及新建二号航站楼使用，环状供水，保证机场供水安全，二号航站楼从DN500环状供水管上引入两路进水，保证二号航站楼生活用水。

3.16.5.2　生活水量预测及计算

1.　生活用水量计算

根据可行性研究报告估算，二号航站楼年客流量为4568万人。高峰小时客流量23162人。水量计算及各参数选择详见表3.16.5.2-1、表3.16.5.2-2。

根据计算二号航站楼最高日生活用水量约为9442立方米/天。

考虑目前南侧交通中心与现状北停车场之间的停车场地块远期开发利用，预测远期用水量3000立方米/天，则远期规划总用水量约为12442吨/天，取整考虑为1.25万吨/天。

二号航站楼总用水量表　　表3.16.5.2-1

序号	用水对象	用水定额	用水单位数	用水时间（h）	时变化系数	最高日用水量（m³/d）	平均时用水量（m³/h）	最大时用水量（m³/h）
1	旅客	6升/人·次	18.5万人·次	16	2.0	1110	69.5	139
2	餐饮	25升/人·次	10000人	16	1.2	250	15.6	19
3	工作人员	60升/人·天	10000人	18	1.5	600	33.3	50
4	计时旅馆	400升/人·天	120	24	2.0	48	2	4
5	绿化	2.0L/d·m²	200000 m²	10	1.0	400	40	40
6	合计	—	—	—	—	2480	160	252
7	未预见水	10%	—	—	—	241	16	25.2
8	总计	—	—	—	—	2649	176	277

交通中心总用水量表　　表3.16.5.2-2

序号	用水对象	用水定额	用水单位数	用水时间（h）	时变化系数	最高日用水量（m³/d）	平均时用水量（m³/h）	最大时用水量（m³/h）
1	旅客	6升/人·次	43200人·次	16	2.0	259.2	16.2	32.4
2	餐饮	25升/人·次	500人	16	1.2	12.5	0.78	0.94
3	工作人员	60升/人·天	200人	18	1.5	12	0.67	1
4	地面冲洗	3.0L/d·m²	26000	8	1.0	78	9.75	9.75
5	绿化	2.0L/d·m²	15000 m²	10	1.0	30	3	3
6	合计	—	—	—	—	391.7	30.4	47.09
7	未预见水	10%	—	—	—	39.1	3	4.7
8	空调用水	—	—	16	1.0	6176	386	386
9	总计	—	—	—	—	6607	419	438

注：①根据计算二号航站楼及交通中心最高日生活用水量合计约为9256立方米/天，最高日最大时用水量合计约为715立方米/小时；

②考虑目前南侧交通中心楼与现状北停车场之间的停车场地块远期开发利用，预测远期用水量3000立方米/天，则远期规划总用水量约为12256吨/天，取整考虑为1.25万吨/天。

2．室外消防水量计算

详见表 3.16.5.2-3。

消防水量计算表

表 3.16.5.2-3

项目	设计消防用水量（L/s）	设计灭火时间（h）	合计（m³）
室外消防用水	30	3	324
室外消防用水	30	3	324
自动喷水灭火系统	80	1	288
消防水炮系统	40	1	144
预留消防用水	40	3	486
合计	180	—	1422（注）
室内合计	—	—	1098

注：自动喷水灭火系统与自动扫描主动喷水灭火系统不同时工作，总用水量合计取两者大值。

3.16.5.3　室外给水系统设计

1．室外给水管网布置及敷设

二号航站楼及交通中心停车楼生活给水管由机场两条 DN500 的市政供水主管供应。二号航站楼西北侧和东北侧各预留一条 DN200 的生活给水管，预留接口从管廊内的 DN500 市政供水主管接出供水；东南侧预留一条 DN250 的生活给水主管，预留接口从 DN400 陆侧供水主管上接出。交通中心东西两侧各预留一条 DN300 的生活给水管与交通中心连接，供应交通中心生活用水、空调系统冷却塔及消防水池，同时预留地铁及城轨生活及消防用水，预留接口均从陆侧 DN400 市政供水主管接出供水。南侧东西两个停车场地块预留 DN200 给水接口供地块远期开发利用。

陆侧生活供水管网从机场 DN500 主供水管上接出两路 DN400 的给水主管，陆侧给水主管在预留二号航站楼和交通中心用水接口后，通过 DN300 给水干管，布置成环状供水，管网沿程布置室外消火栓，室外消火栓间距不大于 120m，保护二号航站楼及陆侧建筑。二号航站楼指廊等飞行区部分室外消火栓由飞行区 DN300 消防加压管和飞行区室外消火栓考虑。室外消防设计流量不小于 30L/s，并能满足二次消防用水量需求，共计 60L/s。

具体布置详见图 3.16.5.3-1。

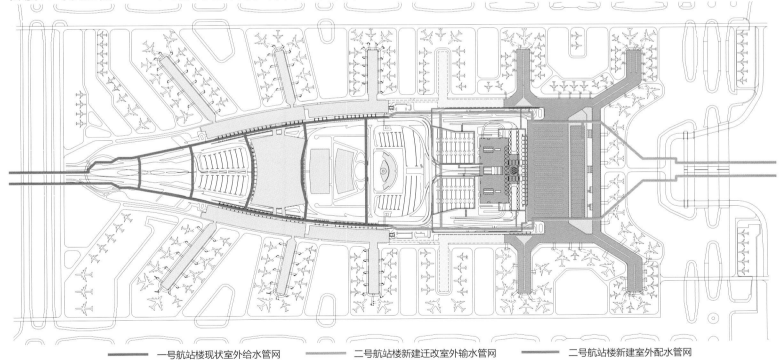

── 一号航站楼现状室外给水管网　　── 二号航站楼新建迁改室外输水管网　　── 二号航站楼新建室外配水管网

图 3.16.5.3-1　室外给水管网总平面布置图

2．室外消防加压管网布置

二号航站楼和交通中心停车楼共用室内消防加压系统，系统满足机场室内消防流量要求，室内消火栓系统、自动喷淋系统、高空水炮系统、水幕系统等共用消防加压设备，系统在报警阀、消火栓环网后分开独立设置管网。消防加压管网管径采用 DN300，加压管网沿二号航站楼环状敷设，室内消火栓及自动喷淋系统就近从消防加压环管上引入室内消防管网。

为增强消防用水的安全性及可靠性，二号航站楼区域消防加压管网与一号航站楼区域现状消防加压管网考虑两路接口连接，连接管上设置检修闸阀，两套管网，两座消防泵房合并成一个大系统，互为备用。平时连接管上检修阀门常闭，两套管网和消防泵房各自独立运行，

当发生火灾时，如果某个区域消防管路故障，或者消防水量不足、水压不够，可以迅速打开连接管上的检修阀门，将两个区域的室外加压管网连通，互为备用，从而大大增强了机场整体消防供水的安全性，并且避免了单一管网和泵房的投资。

具体布置详见图3.16.5.3-2。

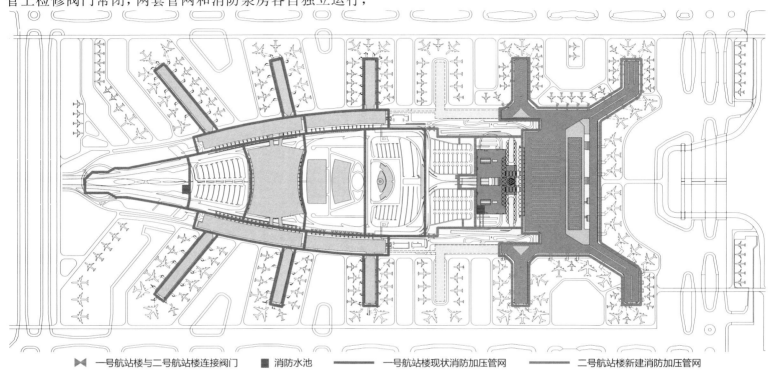

一号航站楼与二号航站楼连接阀门　■ 消防水池　—— 一号航站楼现状消防加压管网　—— 二号航站楼新建消防加压管网

图 3.16.5.3-2　室外消防加压管网总平面布置图

3.16.5.4　室外给水系统设计特点

1.　生活给水供水安全度高

生活给水水源采用机场南北供水站供水，双水源供水有保障。室外供水管网均采用DN500两路供水主管，航站楼用水采用两路进水，管网布置成环状，管路检修时能保证航站楼不间断供水，系统供水安全度高。

2.　室内消防系统共用加压管网系统，简化消防控制系统，节省室外消防加压管路

本项目除自动扫描主动喷水灭火系统外，其余室内外消防系统均共用消防加压系统，采用四台消防水泵加压供水，三用一备，平时管网稳压0.8MPa。通过管网压力变化逐级启动消防主泵，简化消防泵控制。消防主泵根据消防现场实际用水量需要逐台投入运行，避免初期火灾时，消防主泵流量过大造成管网超压。消防输水干管仅有一路环管，避免常规设计中，每套消防系统均设置一套消防环管的做法，节约了消防环管投资，同时也节约了室外消防加压环管敷设用地，有利于室外管线综合布置。

3.　二号航站楼消防系统与一号航站楼消防系统连接，消防供水安全性高

二号航站楼新建消防管网与一期一号航站楼现状消防管网连接，使一期消防泵房与二期新建消防泵房各自的加压管网连接成整体。消防设施正常时，一期、二期消防设施各自独立，互不干扰，当消防设施故障时，或消防水量不足时，一期、二期可相互调用消防供水，互为备用，提高整个机场的消防供水安全。

4.　消防加压系统考虑室外消防水量，可减少消防车转输室外消防水量的需求

二号航站楼消防加压管网已考虑叠加室外消防水量，可提高消防水量供水能力，减少消防车转输室外消防水量的需求。

3.16.6　市政排水系统设计

3.16.6.1　概述

市政排水系统设计主要为室外生活污、废水管道设计和室外雨水管网设计。市政排水系统排水体制为雨、污、废水完全分流制，粪便污水经化粪池处理后排入市政污

水管网，餐饮废水经隔油池处理后排入市政污水管网。

3.16.6.2 室外污水系统设计

1. 污水量预测

考虑到机场水量的不确定性，生活污水量按生活给水量的90%计算（不含空调补水及绿化浇洒用水），二号航站楼及交通中心生活污水量约为2000m³/d。

考虑南侧两个停车场地块的预留污水量，约为2000m³/d。

综合预测，二期扩建工程陆侧规划最高日生活污水量约为4000m³/d。

2. 排水管网设计

根据机场现状排水管线分析，指挥塔以北至北滑行道桥，二期扩建工程预留用地范围内均无现状污水管网，指挥塔以南一期污水管网管径为DN400，仅能满足一期污水排放要求，无法收纳二期污水。根据排水现状情况，二期扩建工程污水由于没有重力污水管接入条件，故设计考虑集中在二号航站楼西南侧高架桥下设置集中污水泵站，将二号航站楼污水集中提升至距二期工程位置最近的现状1号污水泵站，再通过改造扩容1号污水泵站，改造后泵站排水能力由200m³/h增加至600m³/h。二号航站楼污水经二号航站楼污水泵站收集后，排入1号污水泵站，1号污水泵站再将污水泵送至污水处理厂附件的2号污水泵站，集中送往机场污水处理厂进行处理。

其中二号航站楼污水泵站总排水能力432m³/h，设置三台主泵，两用一备，设置两条DN300污水压力出水管，互为备用，压力污水管沿综合管廊敷设，最终排至白云机场1号污水泵站。1号污水泵站改造后，通过两条DN500压力污水管，将污水泵送至白云机场2号污水泵站，最终排入白云机场污水处理厂。

3. 排水管道布置及敷设

二期场内室外污水管网收集建筑物内生活废水及化粪池之后污水管道，陆侧管道沿建筑物周边道路敷设，空侧污水管沿指廊外侧服务车道边敷设。二号航站楼污水泵站污水管道管径DN300～DN500，管道坡度不小于0.003，除特殊注明外，管道起点覆土1.8m。具体布置详见图3.16.6.2。

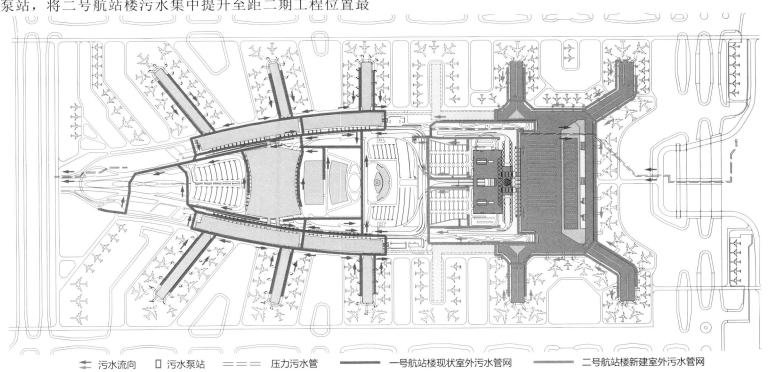

图例：⇄ 污水流向　□ 污水泵站　=== 压力污水管　—— 一号航站楼现状室外污水管网　—— 二号航站楼新建室外污水管网

图 3.16.6.2 室外污水管网方案图

3.16.6.3 室外雨水系统设计

1. 雨水设计参数

（1）暴雨强度公式

采用广州市水务局《印发广州市中心城区暴雨强度公式及计算图表的通知》（穗水〔2011〕214号）要求的暴雨强度公式。

$$q=3618.427(1+0.4381 \lg P)/(t+11.259)0.750$$

其中：q——设计暴雨强度（L/s·hm²）

t——降雨历时（min）

P——暴雨重现期（年）

（2）暴雨重现期确定

根据规范要求，重要地区雨水重现期宜采用3～5年，考虑到新白云机场属于特别重要地区，故室外暴雨重现期取10年。

（3）防洪标准确定

雨水调蓄可参考城市防洪设计标准，根据防洪要求，白云机场属于重要国内干线机场及较重要国际机场，防洪标准采用50～100年重现期。考虑到防洪重现期与城建重现期标准不一致，防洪标准相当于城建暴雨重现期20～50年标准。

（4）径流系数Ψ确定

根据机场建筑平面布置，二号航站楼区域大部分为屋面、路面及停车场等硬化地面，故径流系数取0.85。

2．峰值雨水量预测

根据场地及建筑布置分析，室外雨水排放分为陆侧和空侧两块，以二号航站楼屋脊为分界线。陆侧雨水排至地块西南角1号雨水泵站附近，汇水面积约为39hm²。空侧雨水就近排入空侧服务车道雨水渠，汇水面积约为22hm²。

经计算，陆侧峰值雨量约为14.87m³/s，空侧峰值雨量约为12.9m³/s。

3．室外雨水系统设计

（1）雨水排放出路

二期扩建工程地块无现状雨水管道，工程南侧一期雨水管道仅能保证一期雨水排量，空侧现状雨水渠不能满足二期新增雨水量要求。根据现状排水情况，二期扩建工程南、北均没有排出接口，只能考虑向东西两侧排至空侧机坪雨水渠箱。经与民航总院沟通，二号航站楼屋面靠空侧一边的雨水直接就近排入空侧服务车道雨水渠。二号航站楼靠陆侧屋面、交通中心屋面及陆侧场地雨水经场内室外雨水管道收集后向西南角1号雨水泵站排放，再通过1号雨水泵站提升至空侧机坪内的雨水渠箱。

（2）雨水调蓄方案

由于目前1号雨水泵站排水能力已经饱和，仅能满足现状1期一号航站楼排水，而且1号雨水泵站的后续排放口渠箱排水能力也已经饱和，根据与甲方及民航总院沟通结果，机坪内雨水渠箱排水能力均已饱和，没有能力增加二号陆侧雨水排放量，而且机坪内雨水渠箱因为考虑到机场正在使用，无法改造，故二号陆侧雨水考虑集中收集调蓄，待暴雨过后通过现状1号雨水泵站及后续雨水渠排放。同时为保障雨水排放安全，现状1号雨水泵站进行扩容改造，改造后排水能力增加4m³/s。

（3）雨水调蓄池容积及位置

综合城建及防洪暴雨强度标准，同时考虑经济性及安全性，雨水调蓄池按20年暴雨重现期设计容积，考虑到1号雨水泵站在暴雨期间可以连续运行，故雨水调蓄池最终确定容积为45795m³。雨水调蓄池位置结合西四指廊统一考虑，设置在西四指廊下方。

4．雨水管道布置及敷设

二期场内室外雨水管网收集建筑物屋面雨水及室外道路及停车场雨水，陆侧雨水管道沿建筑物周边道路敷设，道路上每隔30m设置雨水口，较宽路段采用双箅雨水口，收集道路路面雨水。空侧服务车道边设置1000（W）×1400（h）雨水渠收集二号航站楼指廊屋面雨水。陆侧雨水管道管径DN300～DN1600，管道坡度不小于0.001，除特殊注明外，管道起点覆土1.5m，二号航站楼南侧东西向布置2.5m×2.5m雨水渠箱至1号雨水泵站。具体布置详见图3.16.6.3室外雨水管网总平面布置图。

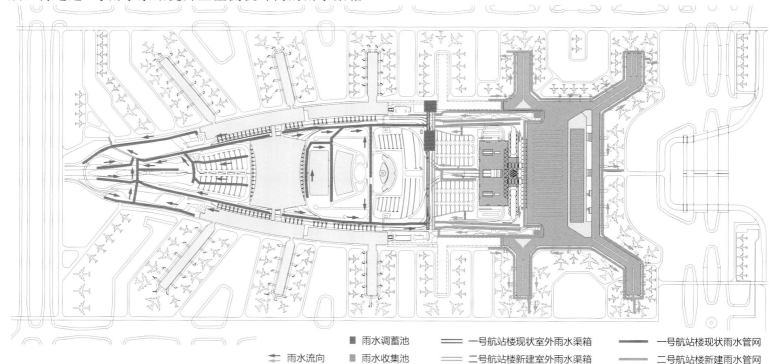

图3.16.6.3 室外雨水管网总平面布置图

3.16.6.4 室外排水系统设计特点

1. 完全分流排水体制，满足市政排水环保要求

完全排水分流，生活粪便污水、含油餐饮废水均经过污水处理后排至室外污水管网，满足环保要求。

2. 大量运用新材料、新工艺，提高工程质量

生活污水管网采用复合双平壁HDPE钢塑复合管，管道抗压强度、抗变形能力大大提高，增加污水管网使用寿命。雨水、污水检查井均采用钢筋混凝土检查井，预制或现浇施工，大大提升检查井整体抗裂、抗沉降、抗漏水性能，同时提高施工速度。

3. 应用大型雨水调蓄设施，提高机场应对极端天气能力

根据现状雨水排放能力，二号航站楼建设大型雨水调蓄设施，总容积达到2.6万m³，大大提高二号航站楼抵御极端天气的能力。

3.16.7 地下综合管廊

3.16.7.1 概述

根据目前二号航站楼的总体规划，由于二号航站楼和机坪切断了现状机场南、北两区的联系，为保证二号航站楼建成后，南北两区的管线联系继续保持畅通，根据《广州白云机场扩建工程可行性研究报告》规划及与白云机场管线权属单位讨论沟通，最终设计提出沿机场北进场路两侧修建两条大型综合管廊，管廊北端通过两条小型综合管廊与一期已建综合衔接，管廊南端与现状东三、西三指廊附近现状管线衔接。管廊主要用于收集现状北进场路管线，及进出二期二号航站楼新建管线，以及预留远期南北两侧须新增的联络管线。

管廊主要位于白云机场扩建工程二号航站楼和北站坪区域地下，下穿二号航站楼及北站坪，呈南北走向，普通钢筋混凝土结构，结构宽度为6.4~6.7m，总长度约9.86km。综合管廊主要用于满足机场周边给水、排水、电信、空管信息以及电力管线布线需要。管廊结构还包括线路中设置的端部井、出线井、集水井、通风及防火分区等结构，用于满足管廊工艺、消防、通风的要求。

3.16.7.2 设计原则

1. 分舱原则

（1）管线分舱以管线自身敷设环境要求为基础，在满足管线功能要求的条件下可根据规划管线数量、管径等条件合理同舱；

（2）电力与通信管线可兼容于同一舱室，但需注意电磁感应干扰的问题；

（3）110kV电力管道由于使用需求，单独一个舱室；

（4）通信管道可与供水同设一个舱室。

2. 内部管线排列原则

为集约化利用管廊空间，多层布设。一般将大管径管道置于底层，线缆置于顶层，其余管道设在中间层。给水、中水一般设置在同一个舱内，给水管和中水管道设置在舱体下侧；给水管和中水管上下布置时，给水管道布置在中水管道上部。综合舱管线自地表向下的排列顺序为消防管、电力管、通信管和给水管。

3. 断面设计原则

（1）综合管廊断面充分考虑管线安装空间和必需的检修通行空间，同时满足管径最大的管道和管件具备更换的操作空间。

（2）综合管廊断面应兼顾各种设施、阀门、控制设备及设备更换的空间。

（3）综合管廊断面形式的确定，要考虑到综合管廊的施工方法及纳入的管线数量。通常采用矩形断面，在穿越河流、地铁等障碍物时，埋设深度较深，也有考虑盾构或顶管的施工方法，该部分一般是圆形断面。本项目施工采用明挖为主，因此综合管廊的断面形式采用矩形断面。

4. 平面控制原则

（1）规划道路综合管廊应设置在机动车道、道路绿化带下。

（2）现状道路敷设的综合管廊，位置应综合考虑现状管线布置和道路断面形式，尽量减少施工期间的管线迁改和交通影响。

（3）管廊平面线形宜与所在道路平面线形一致，在过河时，为避让桥梁基础，综合管廊可局部进行弯折。转弯处应设沉降缝，管廊转角须满足沟内管道折角。对于曲线段，管廊转弯不宜采用圆弧形，可将综合管廊划分为若干直折沟，其夹角应满足各管线转弯的曲率半径要求。平面位置同时需考虑与建（构）筑物的桩、柱、基础设施的平面位置协调。

（4）综合管廊穿越城市快速路、主干路、铁路、轨道交通、公路时，宜垂直穿越；受条件限制时可斜向穿越，最小交叉角不宜小于60°。

（5）管廊与外部工程管线之间的最小水平距离应符合《城市工程管线综合规划规范》的规定。管廊与邻近建（构）筑物的间距应满足施工及基础安全间距要求；最小净距应根据地质条件和相邻构筑物性质确定。

5. 交叉避让原则

综合管廊与非重力流管道交叉时：非重力流管道避让综合管廊；

综合管廊与重力流管道交叉时：应根据实际情况，经经济技术比较后确定解决方案；

综合管廊穿越河道：一般从河道下部穿越；

综合管廊穿越地下人行通道：一般从人行通道下部穿越。

3.16.7.3　综合管廊总体设计

1．综合管廊工艺设计

（1）入廊管线分析

根据前期调研，并与业主协商，最终确定进入管廊的管线为给水管、压力污水管、10kV中压电缆、电信电缆、航空电信电缆进入管廊。管廊内设置排水、通风、供配电、消防等设施。具体入廊管线详见表3.16.7.3。

入廊管线

表 3.16.7.3

序号	管线类型	规划	备注
1	给水管	DN800×1条，DN500×2条	纳入管廊
2	电力电缆	10kV（72回）	纳入管廊
3	通信管	144线	纳入管廊
4	中水管	DN300×1条	纳入管廊
5	压力污水管	DN500×2条	纳入管廊

（2）综合管廊平面设计

白云机场室外综合管廊沿二号航站楼中轴线东西对称布置，呈南北走向，总长度约2.2km，室内综合管廊在二号航站楼下方，呈网状布置，与建筑布局一致，总长度约7.4km。室外综合管廊平面通过坐标定位，室外综合管廊宽度为6.4～7.1m。室内综合管廊平面通过二号航站楼建筑轴线定位，室内综合管廊宽度为6.0～15m。

根据管廊工艺、通风、消防、排水等需要，管廊每隔一定距离设置防火分隔、投料口、通风口、逃生口、集水井等附属设施。

（3）综合管廊纵断面设计

综合管廊下穿二号航站楼及机坪，需要设置坡度，最小坡度不小于0.3%，最大坡度不大于10%。

（4）口部设计

根据民航安全要求，机坪上方不能开设口部。

端部出入口：为方便人员进出，综合管廊端部设置楼梯直接进入管廊，并设置成端部井。

逃生孔：保证管廊每个防火分区有一个逃生孔，设置间距不超过200m。此次设计当中由于综合管沟铺设在车道和机坪下，不能预留常开的盖板，因此将人孔和投料孔设计合二为一，设计在绿化带内。

通风口：每个防火分区设置一进一出两处通风口，通风口间距约为200m，机坪上方不设置通风口。

投料口：投料口间距按400m间距布置，大小满足投料要求，机坪上方无法开口处，投料口间距适当增加。

2．综合管廊结构设计

（1）综合管廊结构设计

管廊采用普通钢筋混凝土结构，混凝土强度等级C40，其抗渗等级为P8。根据管廊段地质钻孔资料，A、B管廊底板下大部分为粉质黏土层、粉细砂或中粗砂层，基本能够满足管廊闭口段150kPa的地基承载力要求。考虑粉细砂层对基底稳定性影响，管廊20cm厚C15垫层下方需加铺一层30cm碎石垫层。另外，据现有地质资料，由于土洞和溶洞离管廊底板深度大于10m，不考虑地基处理。

（2）综合管廊抗浮和防水设计

本次管廊设计覆土最浅处为2.5m，抗浮设计水位按设计地面线下0.5m考虑，通过管廊结构自重和覆土已满足抗浮要求。由于结构处于航站楼正下方，且覆土为0.2～1.3m，根据管廊对航站楼不能施加外力的要求，管廊设置锚杆抗浮，锚杆由四根28mm锚筋组成，外径150mm，锚杆的抗拔力承载力特征值为120kN。锚杆设计长度10m，每节段纵向间距为1.5m。

管廊的防水以结构自防水为主，附加外防水为铺。为增加结构抗裂和防水性能，管廊结构采用掺入WG-HEA或HC-0等高性能膨胀剂的防水混凝土，其抗渗等级为P8，混凝土的最大水灰比应不大于0.50，混凝土的原材料，应在正式施工前的混凝土试配工作中，通过混凝土工作性能、强度和耐久性能指标的测定，并通过抗裂性能的对比试验后确定。高性能膨胀剂的掺量为胶凝材料重量的8%，并符合《混凝土外加剂应用技术规范》GB 50119-2013的相关要求。

管廊结构外防水采用"外防外贴法"，防水材料采用单面单层4mm自粘贴沥青防水卷材＋1.5mm水泥基渗透结晶Ⅱ型防水涂料。外防水涂料做二底一面，厚度1.5mm，施工前应采用砂浆找平层将气孔、小孔洞堵塞平整。外防水施工应严格按《地下工程防水设计规范》GB 50108-2008相关要求进行。防水卷材层的基面应平整牢固、清洁干燥，两幅卷材短边和长边的搭接宽度均不小于100mm。卷材接缝必须粘贴封严，宽度不应小于100mm。在变形缝和管廊结构转角处均加设卷材附加层。防水卷材在施工前应做产品质量检验，保证产品达到《地下工程防水技术规范》GB 50108-2008中的防水材料标准。

管廊变形缝采用中埋式橡胶止水带和外贴式止水两层防水设计，施工缝设在底板顶面以上0.75m及顶板底面以下0.45m处，施工缝采用外贴式止水带和镀锌钢板两层防水设计。

（3）综合管廊基坑设计

根据陆侧管廊基坑开挖深度、工程地质条件和周边地形，从安全、经济、合理、可行的角度出发，主要采用放坡结合钢花管的支护方式。根据空侧管廊基坑开挖深度、工程地质条件和周边地形，从安全、经济、合理、可行的角度出发，主要采用放坡、钻孔灌注桩和钢筋混凝土支撑的方式。

基坑根据《广州地区建筑基坑支护技术规定》GJB 02-98规定，基坑安全等级为二级，基坑南侧现状道路路面沉降报警值为15mm，控制值20mm；基坑侧移报警值为30mm，控制值35mm。

3. 综合管廊附属工程

消防系统设计：

管廊内主要可燃物为难燃电缆，平时人员较少。

管廊承重结构耐火极限不小于2h，防火墙耐火极限不小于3h。

防火墙：根据《建筑设计防火规范》GB 50016-2014规定的防火分区面积通常不大于500m²的原则设计防火墙，防火墙采用240mm厚的实心砖砌筑，要求砌筑砂浆饱满密实。当有管道穿过时，应用非燃烧材料将缝隙填塞紧密。防火墙上预留甲级防火门，耐火极限不小于3h。

灭火器：管廊内每隔20m设置一处灭火器箱，配置两具MAF4磷酸铵盐干粉灭火器。

（1）火灾自动报警系统

本工程火灾自动报警系统由报警控制器、消防联动控制器、火灾声光警报器、火灾探测器、带电话插孔的手动火灾报警按钮、消防电话等组成。在两个端部配电值班室各设置一个报警控制器，报警控制器与消防设备、手动火灾报警按钮等现场消防设备之间通过报警总线I/O模块相连。火灾探测器设置在电力仓、管道仓及相应的变配电站内。其中端部配电值班室火灾探测器采用编码式点型智能感温、感烟探测器；电力仓、管道仓内的火灾探测器采用线型光纤感温探测器，线型光纤感温探测器通过光纤感温信号处理器再与区域报警器相连。报警控制器通过光缆与消防控制中心相连。

当电力仓、管道仓发生火灾时，电力仓、管道仓内的探测器探测到火灾，并向火灾报警控制器发出火灾报警信号；火灾确认后，由报警控制器自动关闭相应防火分区的排风机及进风和排风阀门。在区域报警控制器及集中报警控制器可显示排风机的工作、故障状态及进风及排风阀的工作状态。消防控制中心在确认火灾后，应能切断有关部位的非消防电源，并接通火灾警报装置及火灾应急照明灯和疏散标志灯。应急照明的运行、故障状态均可在消防联动控制器上显示。当端部配电值班室内发生火灾时，感温、感烟探测器同时探测到火灾，并向报警器发出火灾信号，同时在保护区内外发出声光报警，以通知人员疏散撤离。

（2）供电系统

本工程负荷除应急照明、火灾报警控制器及监控设备为二级负荷外其他均为三级负荷。综合管沟内设备均采用380V供电。在B2管廊端部井设变配电中心。采用回路10kV电源，设一台变压器（315kVA）负责供电范围内低压负荷供电。低压供电接地方式采用TN-S方式。低压柜在母线上采用集中电容补偿。补偿后的功率因数不小于0.9。

（3）照明系统

①综合管廊内设置有普通照明、应急备用照明、疏通指示照明。普通照明及应急备用照明采用同一组灯具，当照明回路断电时，自动切换至EPS供电。标准段灯具采用1×18WT5，安装间距8m，在出入口及设备操作处采用2×18WT5荧光灯，安装间距2.5m；疏散指示照明采用智能疏散指示系统，安装在电力及管道仓电缆支架及水泥墩上，中心距地0.5m，间距15m，在各防火分区的出入口安装安全出口指示灯。疏散指示灯采用集中电源集中控制型疏散指示系统，集中电源带后备蓄电池，应急时间不小于30min。

②管道仓内的照明灯应具备防水防尘型，防护等级为IP65；疏散指示照明灯具应配玻璃或其他不燃材料保护罩，防护等级为IP65，灯体外壳应采用不燃材料制成。

（4）监控系统

每一个防火分区采用一台PLC，采集管沟（电力仓及管道仓）内温度、湿度及氧气浓度；控制风机和阀门的开/关；监控集水井内液位；对所有照明回路的运行状态进行监测，并对所有照明回路的开启和停止进行远程控制，使管沟内的照明设备可以在控制中心远程控制。在端部井配电房内设置采集装置，对高、低压配电系统进行电力监控。

本工程在每个仓设置带移动侦测、报警、红外补光功能的网络标清智能360°快球摄像机，位于仓内投料口、出入口或交叉口位置。在端部井的各个设备房出入口设有网络红外一体化标清摄像机，对端部井的视频进行不间断录像。报警节点就近接入本仓内现场监控站，数字视频/控制信号也经监控系统主干网传输至控制中心。

（5）通风系统

综合管廊的平时通风主要采用自然通风与纵向机械通风相结合的形式。综合管廊不考虑火灾时的排烟系统，采取火灾时关闭通风口的防烟防火阀，使火焰窒息湮灭。

本设计于综合管廊各个管段内的管廊顶部设置射流风机组，以产生纵向气流，对管廊进行通风换气，以排除湿气及废热，同时，在各管段的两端分别设置进风及排风亭。

同时，于管廊的进、排新风入口处设置常开的70℃全自动防烟防火阀，以满足通风及消防控制。

本设计通风结合自然通风和纵向机械通风形式,具体要求如下:

①平时主要利用进、排风口进行自然通风;

②当管廊内温度超过预警温度时,射流风机逐台投入运行直至全部开启,进行机械通风;

③当管廊内发生火警时,关闭全部射流风机以及进、排风口处的全自动防烟防火阀,以隔绝外界氧气。当火警解除后,电动或手动打开进排风口处的防烟防火阀,并开启风机进行通风;

④当维护人员进入管廊进行检修时,可通过设在主要出入口处的现场控制开关开启风机进行通风,以保证人员的卫生要求。

（6）排水系统

管廊每隔100~200m设置一个集水井,集水井之间采用200mm×150mm排水沟连接,排水沟坡度与管廊坡度一致。电力仓及管道仓集水井分开设置,每个集水井设置两台潜污泵,循环使用,潜污泵出水管就近排入雨水管网。集水井均设置水位报警系统。

（7）标志系统

纳入管廊内的各种管线应分类标志,并且每隔100m设置标志名牌,注明管线类型及权属单位。

管廊应设置疏散标志牌,并且标志"禁烟""注意碰头""注意脚下""禁止触摸"等警示牌。

4. 综合管廊附图

附图详见图3.16.7.3-1~图3.16.7.3-3。

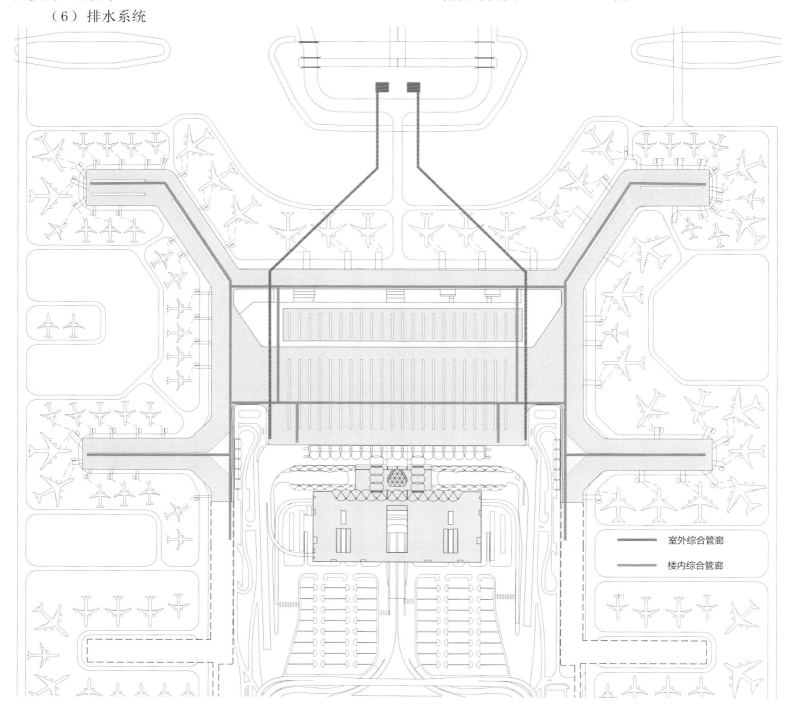

图3.16.7.3-1 综合管廊总平面布置图

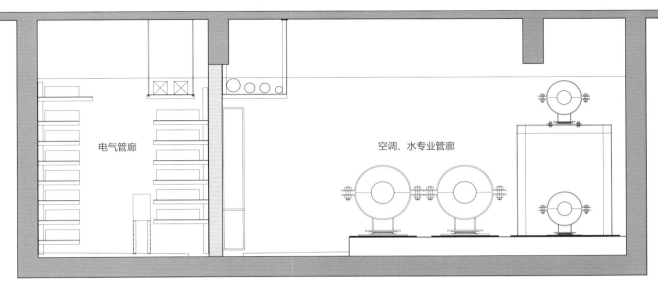

电气管廊

空调、水专业管廊

图 3.16.7.3-2　综合管廊标准断面图

图 3.16.7.3-3　综合管廊现场安装

3.16.7.4　综合管廊设计特点及难点

第一次将市政综合管廊设计理念引入大型综合交通枢纽建筑中来，为同类建筑室外管线综合设计提供了案例参考。较全国大力推广建设综合管廊时间提早了三年。

由于二号航站楼切断了机场南北向的地面联系，综合管廊的设置解决了机场南北向市政管线没有埋地敷设的条件，为机场大量现状管线提供了管道敷设空间，同时也为机场后期发展预留了管道敷设空间。

室外综合管廊与楼内综合管廊无缝对接，室外市政管线可以直接接入楼内综合管廊和设备机房。

管线检修维护均在综合管廊内部，减少了对机场地面的开挖，降低了管线开挖时对机场运营的影响，提高了管线的使用寿命。

节约室外敷设管线的用地，提高机场土地使用率。

3.16.8　海绵城市应用

3.16.8.1　概述

1.　海绵城市概述

近年全国各大城市出现的高频率雨洪灾害问题、城市水体黑臭和城市水生态恶化的问题、水资源短缺的问题等，对我国经济建设和城镇化建设可持续发展造成不利影响。"海绵城市"理念应运而生，通过"海绵城市"建设，充分保护自然水体和植被，最大限度地减少建设开发对城市原有生态环境的破坏，可以有效地削减降雨径流总量和降雨峰值流量，减轻城市排水压力，缓解城市内涝问题；同时净化初期雨水，减少污染物排放，提高水体水质，增强城市"海绵体"对雨水的"渗、蓄、滞、调"等方面的控制，实现城市建设和生态环境的协调发展。

2.　机场水环境系统概述

（1）易涝性分析

白云机场二号航站楼扩建范围现状均为预留空地，径流系数不到0.2。机场开发扩建后，场地将建设成为市政道路、飞机跑道、二号航站楼等设施，场地硬质化覆盖率发生了极大变化，雨水径流系数将由现状的0.2提高至0.8，进而造成雨水径流总量及峰值径流量增大、峰值汇流时间缩短等敏感因素；现状机场内部为独立的排水系统，无法通过自流排入下游河道，泵站事故、抽升不及时、抽升能力不足等因素都可能导致新机场内部大量滞水，暴雨时极易形成内涝灾害。

（2）径流污染分析

机场预留空地无大型工矿企业及高大建筑群落分布，综合径流系数较低，现状无点源及面源污染，雨水径流可通过土壤、水渠自然消纳、净化，具备良好的水环境自净能力。机场扩建后将出现大量建筑群落、道路等非点源污染源。相关研究表明，道路、建筑屋面是城镇非点源污染的主要来源，通过雨水径流冲刷作用，将大气和地表中的污染物带入江河、湖泊、水库、港渠等受纳水体，并会造成水体有机污染、水体富营养化或有毒有害物质富集等形式的污染。因此，白云机场扩建后必然带来一定程度的径流污染。

（3）径流限制性因素分析

根据机场总体规划及场外水系的实际情况，本期扩建范围内的雨水最终将通过空侧2m×1.8m×1.8m双孔箱涵排入流溪河。现状一号航站楼及北侧雨水通过陆侧雨水管网收集后经一条2.2m×2m雨水箱涵排至1号雨水泵站，由1号雨水泵站提升排至空侧现状双孔箱涵。1号雨水泵站位于机场航站区西三指廊和西四指廊之间，设有四台同型号轴流泵，最大排水能力8.8m³/s，泵站前池有效容积约为9000m³。

受排水条件限制，机场二期扩建工程地块内无现状雨水管道，二号航站楼陆侧雨水只能经由1号雨水泵站提升排至外江；1号雨水泵站受双孔箱涵限制，排水能力只能扩大至12.8m³/s，且泵站前池容积无法增大。二号航站楼扩建后，现状1号雨水泵站排水能力无法满足场地排水需求。

（4）对策分析

白云机场二号航站楼扩建应依据相关径流控制要求，规划、设计配套雨水基础设施。机场扩建工程面临的主要问题是满足区域防洪要求并避免机场内部独立排水不畅造成内涝，实现雨水径流总量的有效控制，维持机场内水环境良好水质。由于外排流量受限、排水防涝需求、新机场水系补水蓄水量较大，应采用雨水控制与利用设施调节径流峰值、调蓄径流总量等。

海绵城市建设的核心是实现控污、防灾、雨水资源化和城市生态修复等综合目标，通过机制建设、规划调控、设计落实、建设运行管理等全过程、多专业协调与管控，保护和利用城市绿地、水系等空间，恢复城市良性水文循环，保护或修复城市的生态系统。

白云机场二号航站楼扩建工程现状条件、面临的重大问题与海绵城市建设理念的契合性，恰恰决定了建设"海绵机场"的必然性。

3.16.8.2　海绵城市规划设计要求

1. 总体目标

在机场建设过程中应用海绵城市设计理念，可提高场地防洪排涝减灾能力、改善生态环境、缓解城市水资源压力。根据排水防涝和"海绵机场"的建设目标，结合白云机场水系的特点，将径流总量控制、径流污染控制、排水防涝控制、水环境保护作为主要综合控制目标。

为落实上述控制目标，确定三项主要控制指标：

（1）年径流总量控制率

根据"海绵城市建设指南"要求，确定机场地区年径流总量控制率为70%，对应设计降雨量为25.8mm；同时需满足广州市地标《广州市建设项目雨水径流控制办法》中提出的"每万m²硬化面积配建调蓄容积不小于500m³雨水调蓄设施"的要求。

（2）降雨重现期及内涝标准

确定本项目建设目标为20年一遇设计暴雨正常排水，50年一遇设计暴雨机场路面无积水。

（3）面源污染物控制指标

利用生物滞留设施、透水铺装、雨水调蓄池等低影响开发设施，采用截留处理初期雨水的方式来实现雨水径流污染控制，确定本项目面源污染物削减率为40%。

2. 设计策略

场地海绵城市建设统筹协调规划、建筑、给水排水、园林、道路、水文等专业，依据因地制宜、经济有效、方便易行、便于维护的原则，落实海绵机场的建设目标指标。总体方案应结合地方特色、机场特点，以安全为重，兼顾设施的功能和景观要求。根据降雨、土壤等因素，综合考虑水环境、水资源、水生态、水安全等方面的现状问题和建设需求，具体实施策略如下：

（1）工艺方面

海绵城市技术选择时，优先选择具有水质、水量等综合作用的生物滞留设施、雨水花园等，并综合考虑性价比和景观效果。加大场地雨水的自然渗透效果，补充地下水。工艺整体侧重于对径流总量的控制，并和排水管网、调蓄池等措施结合，确保排水防涝能力的达标。

（2）面源污染控制方面

海绵城市的工艺选择应该侧重于水质的控制，将其作为控制面源污染的重要组成部分，重点控制TSS、总氮、总磷等污染指标，并且和截污、清淤等措施结合起来，统筹解决水环境治理问题。

（3）景观环境协调方面

室外设置生态停车，结合景观绿化，利用植物爬藤，改善停车环境。同时，丰富场地植物群落层次，塑造独特的植物景观，提高植物群落水土保持和涵养水源的能力。

3.16.8.3　海绵城市设计要点及措施

1. 适宜技术选择

结合气候、降雨、地下水、土壤等自然地理特征及水资源、水环境、水生态、水安全等功能需求，遵循因地制宜、经济适用的原则，选择适宜的低影响开发技术。从延长雨水汇流时间、削减峰值的角度，宜优先选择一些具有调蓄功能的设施；从缓解径流初期污染的角度，宜选择具有净化功能的设施；从雨水资源化利用的角度，宜选择具有储水功能的设施，并辅以植草沟等雨水输送设施。白云机场可采用的海绵城市建设技术措施主要有下沉式绿地、透水铺装道路、雨水花园、雨水调蓄池、绿色树池等。

2．海绵城市系统构建

（1）基础数据简介

①暴雨强度公式

为简化雨水计算，采用广州市水务局《印发广州市中心城区暴雨强度公式及计算图表的通知》（穗水〔2011〕214号）要求的暴雨强度公式进行计算：

$$q=[3618.427（1+0.4381\lg P）]/（t+11.259）0.750$$

②降雨量资料（参考广州历史降雨气候资料）

最大年降雨量为1682mm，最大年降雨天数为110天。年降雨最大月发生于5月，月最大降雨量为283.6mm，月最大降雨天数为15天（表3.16.8.3-1、表3.16.8.3-2）。

广州市年平均降雨气候资料表　　　　　　　　　　表 3.16.8.3-1

月份	1	2	3	4	5	6	7	8	9	10	11	12	总计
降雨量（mm）	43.2	64.8	85.3	181.9	283.6	257.7	227.7	220.6	172.4	79.3	42.1	23.5	1682
降雨天数(d)	5	7	10	12	14	15	12	13	10	5	4	3	110

③项目区域地下水位

参考机场勘察资料，本项目地下水位标高为-1.83～3.35m之间，常水位为4.12m。

④径流系数取值

本项目开发前为平整后的荒地，综合径流系数取0.25；开发后综合径流系数经加权计算为0.80。

广州市年平均降雨气候资料表　　　　　　　　　　表 3.16.8.3-2

重现期	5 年一遇	10 年一遇	20 年一遇	50 年一遇	100 年一遇
降雨（mm）	165	200	235	280	310

⑤地质条件

根据区域地质资料及野外地质钻探，场地普遍为第四系松散层覆盖，下伏基岩为第三系泥质粉砂岩等地层。第四系松散层主要包括人工填土层、海陆交互相沉积层等。

本项目低影响开发设计相关土层主要为人工填土层、淤泥质土层、粉质黏土层、粉细砂层。

⑥径流模拟计算介绍

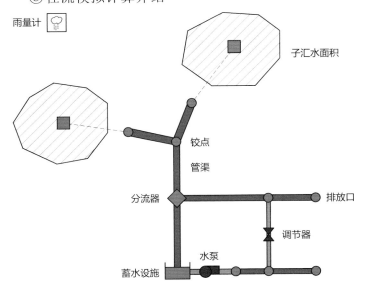

图 3.16.8.3-1 SWMM模拟原理示意图

径流模拟采用SWMM模型进行模拟计算。EPA-SWMM（Environmental Protection Agency-Storm Water Management Model，美国环保署——暴雨洪水管理模型），是20世纪70年代由麦特卡夫·埃迪有限公司、佛罗里达大学和美国水资源有限公司三个单位研制的一个比较完善的动态的降雨—径流模拟模型，可进行城市暴雨水的水量、水质预测及管理。

SWMM模型是大型的FORTRAN程序，可用于规划、设计和实际操作。它可模拟完整的城市降雨径流循环，包括地表径流和排水网络中水流、管路中串联或非串联的蓄水池、地表污染物的积聚与冲刷、暴雨径流的处理设施、合流污水溢流过程等（图3.16.8.3-1、图3.16.8.3-2）。

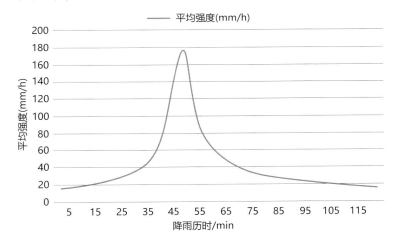

图 3.16.8.3-2 降雨强度拟合示意图（P=5，T=120min）

本项目利用SWMM模型软件对场地排水进行模拟，通过对地块整体径流量和管道流量模拟，计算末端出水口的动态径流过程，进而分析项目LID设施的效果和作用。降雨—径流模型模块一般包括雨水降落的过程，去除洼地蓄水、土壤入渗、蒸发等径流损失后产生地面径流的产流过程以及地表径流汇流到雨水口形成入流过程线的汇流过程。针对本项目，模拟系统主要分为以下几部分内容：

A.模型输入

排水管网资料、降雨过程、土地形态及土壤前期条件、地形资料及其他模型相关参数。本次计算，降雨过程线为：在广州市暴雨总公式基础上，采用芝加哥雨型对降雨过程进行不均匀分配后得到的降雨强度拟合曲线，本次计算雨峰位置为0.38。

B.核心模块

地面产流模块：地面产流是指降雨经过损失变成净雨的过程，本次计算采用霍顿（Horton）下渗模型。

地表汇流模块：汇流过程是指将各分区净雨汇集到出口形成入流过程线的过程，本次计算采用非线性水库模型（由连续性方程和曼宁方程耦合求解）。

排水管网传输计算模块：管道中的水流模拟采用连续方程和动量方程模拟渐变非恒定，本次计算采用动力波方程（Dynamic Wave Routing）对各管段水流进行模拟。

各子汇水区基础参数设定如表3.16.8.3-3所示。

汇水区重要参数设置表　　表3.16.8.3-3

参数	取值	来源
渗透性粗糙系数	0.2	SWMM用户手册
不渗透性粗糙系数	0.012	SWMM用户手册
渗透性洼地蓄水	1.25mm	文献查询以及SWMM用户手册
不渗透性洼地蓄水	2.5mm	文献查询以及SWMM用户手册
最大入渗速率	80mm/h	项目土壤特性及SWMM用户手册
最小入渗速率	0.5mm/h	项目土壤特性及SWMM用户手册
衰减系数	4	SWMM用户手册
排干时间	7h	SWMM用户手册

C.模型原理

SWMM模型简要计算原理为：通过降雨过程线，模拟不同条件下的降雨过程。降雨发生后，雨水首先被地表植物截流，因地面较为干燥，雨水渗入土壤的入渗率较大，降雨起始时的强度若小于入渗率，雨水被地面全部吸收，随着降雨时间的增长，当降雨强度大于入渗率时，地面产生余水，待余水积满低影响设施后，部分余水产生地

面径流，称为地表产流。产流后，地表雨水汇集到雨水口、雨水沟、雨水检查井形成入流过程线的过程，称为地表汇流。雨水进入排水管网，通过排水管网的汇集、传输过程，至雨水排放口排放。

3．场地低影响开发设计

（1）场地LID设施布置

结合机场特点，本项目选用的LID设施类型主要为下沉式绿地、透水铺装道路、雨水花园、绿色树池等。

①雨水花园及下沉式绿地

雨水花园是一种在地势较低的区域，通过植物、土壤和微生物系统蓄渗、净化径流雨水的设施，主要应用在局部公共绿地或雨水管网排水负荷大的区域，使用功能主要为削减暴雨径流总量、延迟径流峰值出现时间、去除雨水径流中的污染。雨水花园的蓄水层深度应根据植物耐淹性能和土壤渗透性能来确定；雨水花园植物选择时，宜考虑生物多样性和生态效果，景观植物（树木、灌木、乔木、草）应覆盖雨水花园地表部分，尽量避免出现裸露土壤；植物应能够承受周期性的雨水淹没，淹没水深可达0.35m，时间达到48h；植物选配应考虑水循环效果和生态效果（图3.16.8.3-3、图3.16.8.3-4）。

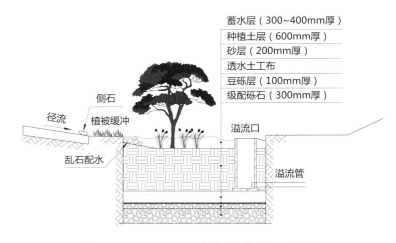

图3.16.8.3-3　雨水花园构造示意图一

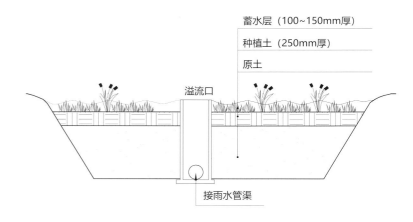

图3.16.8.3-4　雨水花园构造示意图二

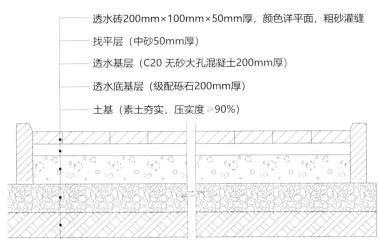

图 3.16.8.3-5　透水铺装构造示意图一

下沉式绿地应低于周边铺砌地面或道路，应根据当地土壤的渗透性能验算，并结合绿地的植物特性综合确定，下凹深度宜为50～100mm，一般不大于200mm。设在下凹式绿地内的雨水口，其顶面标高应当高于绿地20～50mm，当路面设置立道牙时应采取将雨水引入绿地的措施，同时宜设置能在24h内排干积水的设施。雨水宜分散进入下沉式绿地，当集中进入时应在入口处设置缓冲措施。下沉式绿地植物宜选用耐旱耐淹的品种。

②透水铺装

将市政车道边的人行道及景观区域的硬化地面进行透水铺装设计，停车场车位处进行植草砖铺装设计。透水铺装是一种通过各种工程构筑物或自然雨水渗透设施使雨水径流下渗、补充土壤水分和地下水的雨洪控制和利用模式。不仅能减少地面径流流量，还可以补充地下水，这对于缓解地下水资源短缺和防止滨海区域海水入侵有着重要意义。透水铺装路面结构应便于施工，利于养护并减少对周边环境及生态的影响（图3.16.8.3-5、图3.16.8.3-6）。

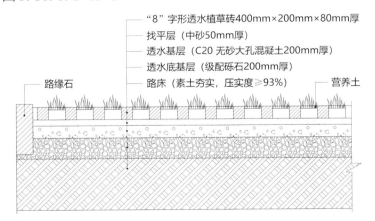

图 3.16.8.3-6　透水铺装构造示意图二

③绿色树池

绿色树池作为一种小型生物滞留设施，适用于道路、广场、街道中的树木，通过渗透给水管改善生长环境，防止树木的枯死及树根的隆起（图3.16.8.3-7）。

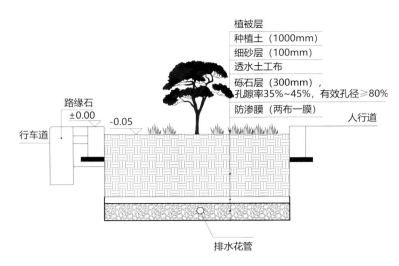

图 3.16.8.3-7　绿色树池构造示意图

④雨水调蓄池

为减少新建二号航站楼后的雨水排出径流系数，使得开发后雨水径流系数不大于开发前径流系数，本项目设置大型雨水调蓄池，调蓄池有效容积约为26000m³。

（2）低影响开发指标计算

①年径流总量控制率

计算汇水区域的有效面积为380000m²，按照低影响开发策略布置LID设施，确定本项目的雨水花园面积为3250m²，其中，有效蓄水量约为910m³，下凹绿地面积为4300m²，有效蓄水量约为350m³。透水砖铺装面积为32000m²。

根据控制指标要求，年径流总量控制率70%，对应设计降雨量为25.8mm。本项目综合雨量径流系数为0.80，则本项目一次降雨需控制的总径流量为380000×0.80×0.0258=7843.2m³。

根据广州市硬化面积配套建设雨水调蓄池的要求，本项目硬化面积为300000m²，雨水调蓄水池有效容积应为15000m³。

A.根据《室外排水设计规范》，采用脱过系数法，计算用于削减排水管道洪峰流量的雨水调蓄池容积，雨水调蓄池容积为13500m³。

B.根据《建筑与小区雨水控制及利用工程技术规范》，按多年降雨资料，控制径流峰值的径流系数取0.25，雨量径流系数经计算取0.80，采用一年一遇日降雨量，计算当建设用地对雨水径流峰值进行控制时，地块需控制及利用的雨水径流总量为22300m³。

C.根据《建筑与小区雨水控制及利用工程技术规范》，雨水调蓄排放系统的储存设施容积宜根据设计降雨过程变化曲线和设计出流量变化曲线计算确定。设计计算时，利用SWMM软件，以5min为时间步长，对调蓄池实际进水流量与控制峰值后的外排流量差值进行求解，得出120min设计降雨下，调蓄池设计储水量需

25450㎥。

故：计算汇水区域雨水调蓄池容积综合取各种算法的最大值为25450㎥，雨水调蓄池实际容积为26000㎥，实际年径流总量控制率可达85%以上。

②排水防涝目标

本项目室外雨水管网按P=20，降雨历时2h设计，本工程设置雨水调蓄池后，实际可控降雨量可达300mm，故室外管网排水能力满足短历时暴雨的排水需求。防涝方面，50年长历时暴雨量取280mm，小于低影响开发设施控制的降雨量，故可确保重现期为50年的长历时暴雨（24h），地面无积水，满足防涝目标。

本项目室外地坪按照高于周边市政道路最低点0.3m设置，场地按照市政道路的坡度设置一定的排水坡度；各建筑单体室内地坪标高按照不低于室外0.3m设置，建筑物首层不易进水。50年一遇以上暴雨发生时，涝水可沿地形排往周边市政道路，确保本项目的水安全。

③面源污染物削减目标

参照《广州市海绵城市规划设计标准与导则》中LID设施选用表中的数据，透水铺装取85%，雨水花园取75%，初雨截污装置取50%（雨水回用池前的水力旋流截污井）。本项目透水铺装调蓄容积（仅计算径流污染物削减）为4800㎥，雨水花园调蓄容积为3250㎥，回用雨水池调蓄容积为26000㎥；则低影响开发设施加权平均去除率为57.3%，乘以年径流总量控制率70%，可得出地块整体年径流污染去除率为40.1%（以SS计），满足径流污染物削减目标。

综上所述，通过上述低影响开发设施的实施，可使本项目达到"海绵城市"的建设标准。

4．海绵城市系统维护

（1）工程运行管理机构应配备专职人员，定期对工程运行状态进行观测检查，发现异常及时处理。

（2）工程运行管理机构应建立雨水利用系统（包括水处理设备）维护管理条例及水质监测数据记录和管理条例。在维护管理条例中，应当至少包括以下内容：

A.旱季时定期对植草沟、雨水花园、雨水井中杂物进行清理，填写专用的工作记录单；

B.雨季开始应对雨水系统、处理系统及设备、渗透设施等各部位集中进行全面检查。应以专用的工作记录单形式明确检查人、检查内容、方法、处理方案和操作规程等。

3.16.9　市政雨水调蓄

3.16.9.1　调蓄池设置原因

（1）海绵城市建设需求。

（2）开发后雨水径流系数不大于开发前。

（3）现状1号雨水泵站排水能力为8.8㎥/s，仅能满足一号航站区雨水排放需求，新建二号航站区陆侧雨水只能通过1号雨水泵站排放，二号航站区雨水排放量为14㎥/s。由于1号雨水泵站改造能力不足，泵站后续雨水出水渠接受能力不足，二号航站区尚有10㎥/s的排水量无法解决，故本项目需设置大型雨水调蓄池，以应对极端天气的雨水排放需求。

3.16.9.2　调蓄池设置原理

蓄水池指具有雨水储存功能的集蓄利用设施，同时也具有削减峰值流量的作用。本项目采用地埋式钢筋混凝土水池，控制区域雨水外排总量，兼顾面源污染控制。通过初期雨水弃流的方式，将存在初期冲刷效应、污染物浓度较高的降雨初期径流予以弃除，以降低外排雨水的污染程度。弃流雨水通过污水提升泵站，排入机场污水处理厂进行集中处理。

3.16.9.3　调蓄池选址

雨水调蓄池力争与机场的景观、生态环境和机场的社会功能更好结合，根据场地的自然地势及排水设施的布置等条件，综合考虑景观效果、调蓄功能、土方平衡三个主要的因素，做到功能性、景观性、安全性的协调统一。

雨水调蓄池最终位置设置在机场南往南高架桥西侧转弯位，高架桥下的绿化带内，雨水调蓄池采用全地埋式，地面仅保留检修人孔及水泵配电柜等。

3.16.9.4　调蓄池构造

图3.16.9.4-1　雨水调蓄池池体施工过程图一

图 3.16.9.4-2　雨水调蓄池池体施工过程图二

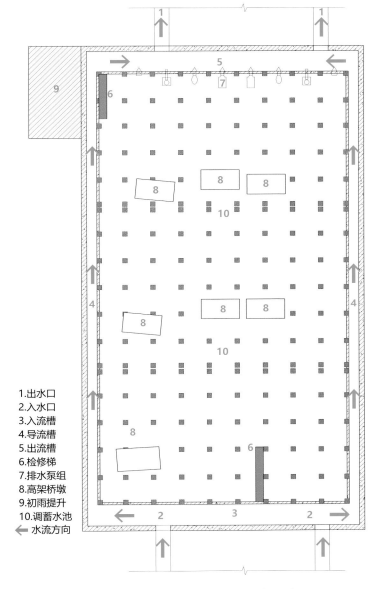

1.出水口
2.入水口
3.入流槽
4.导流槽
5.出流槽
6.检修梯
7.排水泵组
8.高架桥墩
9.初雨提升
10.调蓄水池
← 水流方向

图 3.16.9.4-3　雨水调蓄池构造示意图

根据场地条件，结合高架桥桥墩位置，确定雨水调蓄池采用长方形布置，调蓄池长88m、宽49m，池体净深8.2m。雨水调蓄池按20年一遇暴雨强度计算，有效容积约为2.6万m³，通过进出雨水渠箱及现状1号雨水调蓄池

及新建调蓄池水位壅高等方式，雨水调蓄池可满足50年一遇暴雨强度，保证机场路面无积水（图3.16.9.4-1～图3.16.9.4-3）。

3.16.9.5　调蓄池运行模式

由于新建雨水调蓄池与1号雨水泵站现状调蓄池连通，雨水调蓄可整体考虑。1号雨水调蓄池为露天调蓄池，清淤管廊较方便，故设计时考虑尽量先利用现状调蓄池进行雨水调蓄，现状调蓄池达到最高水位时，雨水溢流至新建雨水调蓄池进行调蓄，暴雨后新建雨水调蓄池须在24h内清空，以备下一次雨水调蓄。

调蓄池放空水泵采用大小泵搭配方式，大泵两台，单泵流量为1000m³/h，互为备用，小泵两台，单泵流量为540m³/h，互为备用，每台水泵独立出水，固定自耦安装，不设置备用泵。所有水泵均通过水位控制，依次按小泵、大泵运行的方式自动启停，并带有远程自动监控。

3.16.9.6　调蓄池运行原理

初雨进水雨水系统时，经由排水廊道汇集，排入雨水调蓄池左侧新建二号航站楼污水泵站内，污水泵站调蓄2mm初雨，根据地面汇水时间及雨水流行时间，确定降雨期初雨泵站的最大连续运行时间30min，泵站运行期间，初雨经提升泵站提升至机场污水处理厂进行初雨处理。

初雨泵站不能提升的雨水，经排水廊道排至已建1号雨水调蓄池，1号雨水调蓄池达到最高水位时，经由排水廊道溢流进入新建雨水调蓄池调蓄，待降雨结束后，24h内清空蓄存水，以备下一次雨水调蓄。

3.16.9.7　调蓄池设置意义及技术特点

（1）雨水调蓄池设置极大提高了机场整体抗极端天气的防御能力，增强了机场的安全度，调蓄池建设以来，机场无积水看海现象发生；

（2）雨水调蓄池设置与市政高架桥下方，基础与高架桥基础合建，充分利用高架桥下方闲置土地，提高了土地利用率，为机场节约了更多的有效用地；

（3）雨水调蓄池兼顾了机场面源污染控制，将降雨前5min初雨收集至污水泵站，排至污水处理厂处理，提高了雨水出水水质，降低了对自然水体的污染；

（4）雨水调蓄池利用了脱过原理，满足1号雨水泵站的小雨，利用脱过渠箱直接排至1号雨水泵站排放。1号雨水泵站故障或机坪积水关闭时，极端暴雨超出排水能力时，雨水溢流至雨水调蓄池储存，待雨水减少时，再将雨水抽排至1号雨水泵站排放，减少了因雨水调蓄而带来的清淤工作量（图3.16.9.7）。

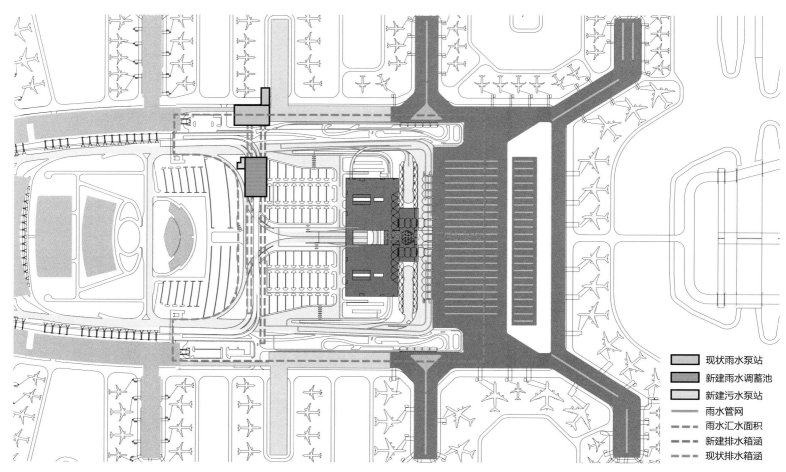

图例说明：
- 现状雨水泵站
- 新建雨水调蓄池
- 新建污水泵站
- 雨水管网
- 雨水汇水面积
- 新建排水箱涵
- 现状排水箱涵

图 3.16.9.7　雨水调蓄池汇水范围示意图

3.16.10　市政电气设计

3.16.10.1　概述

　　二号航站楼陆侧交通系统主要包括北进场隧道、东环路、出港高架桥、西环路、南往南高架桥等28条道路，交通中心南面北进场隧道东西两侧设置了两个地面停车场，地面停车场总面积53089m²。

3.16.10.2　照明系统设计
1．照明工程设计原则

　　（1）道路照明设计以功能性为主，并考虑一定的景观性。道路照明的质量也应达到国内先进水平，且符合现代都市的发展要求和品位。

　　（2）道路照明除使道路表面满足亮度及照度均匀度要求外，使驾驶人员视觉舒适，并能看清周围环境。

　　（3）提倡绿色照明，选择高效光源及灯具，光源选用高压钠灯及LED灯，灯具效率不低于0.7钠灯/0.9LED灯，防护等级不低于IP65，灯具、灯杆造型与机场整体环境协调、美观。

2．照明工程设计标准

　　确定道路照明标准时，应充分考虑道路的使用性能、通行能力、通行速度，以及路面使用材料的反射特性等方面的因素。因本项目道路、基础设施用地、广场等相结合，拟采用区域照明结合方式进行设计（表3.16.10.2-1、表3.16.10.2-2）。

3．道路照明设计方案

　　（1）地面道路及高架桥布灯形式

　　本工程因地面道路、桥面道路及停车场等相结合，为了避免灯杆林立的问题，采用高杆灯照明，与周边建筑环境相协调。高杆灯采用5×1000W（初始流明120000Lm）高压钠灯，灯具装高30m。

　　（2）出港高架桥下地面道路

　　桥底道路采用吸顶灯布置方式，灯具采用60W的LED吸顶灯，装于两桥墩中间，灯具纵向间距5m。

3.16.10.3　交通监控及停车场系统设计
1．交通监控设计

　　（1）监控点位设置

　　本工程交通监控共分为车场视频监控、治安及道路视频监控、治安视频卡口监控、交通违法抓拍四部分。

　　车场视频监控在室外周边道路、停车场内部车道、建筑外围周边，停车楼各主要出入口、内部车道共设置727台摄像机，对停车楼及室外停车场进行安全管理。

治安及道路视频监控在二号航站楼室外道路、下穿隧道、高架桥、送接客区域，进出二号航站楼的出入口及通道（用于人脸识别）的交通监控，设置共151台各类摄像机，对市政交通及进出二号航站楼的人、车进行治安监控。

治安视频卡口监控在进出二号航站楼及车场的高架桥、道路、隧道的出入车行道设置卡口摄像机共44路，对进出二号航站楼的车辆进行抓拍和监测。

交通违法抓拍的设置范围包括在二号航站楼室外道路、高架桥、送接客区域；设置类型包括压线变道、车辆逆行、车辆违停；设置共35台各类摄像机。

机动车交通道路照明标准值　　　　　　表 3.16.10.2-1

级别	道路类型	路面亮度			路面照度		眩光限制阈值增量 T_1(%) 最大初始值	环境比 SR 最小值
		平均亮度 L_{av}(cd/m²)	总均匀度 U_o 最小值	纵向均匀度 U_L 最小值	平均照度 E_{av}(1x) 维持值	均匀度 U_E 最小值		
I	主干道	2.0	0.4	0.7	30	0.4	10	0.5
II	次干道	1.0	0.4	0.5	15	0.35	10	0.5
III	支　路	0.75	0.4	—	10	0.3	15	—

交会区照明标准值　　　　　　表 3.16.10.2-2

交会区类型	路面平均照度 E_{av}(1x)，维持值	照度均匀度 U_E	眩光限制
主干道与主干道交会	30/50	0.4	在驾驶员观看灯具的方位角上，灯具在80°和90°高度角方向上的光强分别不得超过 30cd/1000lm 和 10cd/1000lm
主干道与次干道交会			
次干道与次干道交会	20/30	0.4	在驾驶员观看灯具的方位角上，灯具在80°和90°高度角方向上的光强分别不得超过 30cd/1000lm 和 10cd/1000lm
次干道与支路交会			

（2）技术应用

监控视频前端：均采用数字全高清摄像机（1080P）；其中采用枪式摄像机对重要出入口、路口、车道等进行静态视频覆盖；采用快球摄像机对大范围的区域进行动态视频覆盖；室外摄像机均采用星光级设备，即在星光环境下无任何辅助光源，可以显示不拖尾清晰的彩色图像，能清楚地拍摄到人的体貌特征，以及车辆的外观、颜色、牌号。

传输通信：室外摄像机均在本地设置光端机，摄像机通过六类4对UTP与光端机连接，转成光信号传输至室外光纤交接箱，后者通过多芯光缆传输至视频主机房，部分公安治安视频直接传输至机场公安局公共安全视频图像联网平台。

存储后台：采用专用的视频管理服务器、流媒体/录像服务器、IP-SAN磁盘阵列、系统工作站、控制键盘等。

智能分析设备：采用人脸检索服务器、人脸实时报警服务器、车牌识别服务器、视频摘要服务器、视频智能检索服务器、运动目标信息检测服务器及智能回放服务器，实现功能如下：

① 人面识别

在停车楼、城轨、地铁进入二号航站楼的出入口，摄像机静态覆盖，且对进入方向人员进行人面识别，数据与新建人脸模型数据库做对比，稽查嫌疑、在逃人员，共设置路数16路。人脸识别系统整体功能包含视频人脸采集、视频人脸检测、视频人脸跟踪、视频人脸抓取及存储、正脸评价及筛选、人脸识别视频监控报警，以及抓拍查询、报警查询、人群分析、识别区域管理、布控管理等功能。

② 车牌分析

即虚拟卡口功能。主要用于对高清视频进行后端的车牌分析及提取，并对过车图片进行存储，图片格式应采用JPEG，图片分辨率不低于720×288像素点，过车图片存放至少90天。对于公安部针对过车特征图像清晰度的要求，特征图像的号牌图像水平分辨率一般不低于100个像素且不大于160个像素点，一般记录号牌号码、颜色等特征。特征图像存储以文件压缩的方式，压缩后一般为5KB左右，图像文件应采用JPEG格式，特征图片存放至少两年。共设置路数32路。

③ 视频摘要

对存储录像进行分析，提取运动目标（人或车），然后对各个目标的运动轨迹进行分析，将不同的时间点的目标拼接到一个共同的背景场景中，进行组合显示，根据其出现的不同时间点进行播放并区分标注，数小时视频片段压缩成数分钟的浓缩视频。

④ 视频检索服务

包括视频图片信息提取、人、车、物特征模型建立、用户截图模型建立、标签检索、人、车、物特征检索、以图搜图、以图搜视频等智能服务。

⑤运动目标信息检测。包括单向、双向跨越警戒线检测报警；进入、离开、出现于警戒区域检测报警；目标徘徊检测、奔跑追逐、打架斗殴、人群聚集、拉横幅监测、人数统计、密度统计、快速移动检测等视频行为分析服务。共设置路数32路。

⑥智能回放

对存储录像进行检索，提取运动目标（人或车），快进压缩静止视频。

治安视频卡口：每条车道设置高清摄像机，对进入线圈车辆进行拍摄，卡口图片信息反映显示车辆的车牌号码、车辆颜色、车辆类型、车速、路段限速、通过卡口时间、路口名、车道号、行驶方向等；测速图片信息反映显示车辆的车牌号码、车辆颜色、车辆类型、违章类型、违章时间、路口名、车道号、路段限速、实际车速、GPS坐标、行驶方向。共设置44车道。

交通违法检测功能：包括压线报警、车辆违停、车辆逆行、超速检测。

A. 压线报警

设于道路转弯处、交会处、交织处、停顿判断点的摄像机，具备压实线检测功能；摄像机配置频闪灯，频闪灯常量补光。共设置路数23路。

B. 车辆违停

在航站楼社会车辆上落客车道上，快球摄像机兼作违停抓拍功能；通过设置球机预置位及检测摄像机中相应的"违停检测区域"，自动统计停车的时间，超时则自动变倍放大车辆画面，并识别车牌、车型、时间、地点、违法类型进行视频文字叠加，提供多张特写的JPEG格式的车牌特写图片和两段5s（可自定义）可回放的违法行为视频，作为处罚依据；抓拍完成后，球机自动回到预置位，继续对路段检测及抓拍违停车辆。共设置路数12路。

C. 车辆逆行

部分设于室外道路的摄像机，分析车辆逆行行为，并自动识别车牌，摄像机配置频闪灯，频闪灯常量补光。共设置路数7路（前端路数与压线、违停共用）。

2. 停车场管理系统

（1）停车场分类设置

停车楼：供普通旅客和接客车辆临时停车使用，室内停车位约3769个（含屋面露天车位）。

室外停车场：位于停车楼南侧，供普通旅客和接客车辆临时停车使用，分东西两区，每区室外停车位约710个，共约1433个车位。

VIP停车场：位于二号航站楼东西连接楼侧，供贵宾旅客和贵宾接客车辆临时停车使用，东西区各设置小车车位约50个，大巴车位约10个。

大巴停车场：位于交通中心东西两侧，供交通中心机场大巴、长途大巴停靠上落客使用，东区设23个大巴车位，西区设29个大巴车位。

出租车上客车场：位于航站楼与交通中心之间的车道，供出租车临时上客使用。

（2）停车楼及室外停车场系统功能及配置

停车场管理系统根据各停车场的不同使用需求，主要实现以下几个功能：停车场出入口管理、出入口车牌自动识别、场内二次识别、室内车位引导、反向寻车、会车报警、中央收费、自助收费、人工收费。

①出入口设置

停车楼及室外停车场收发卡出入口统一设置在室外出入场主干道路上，入口1位于东侧，设置11个入口车道；入口2位于四层西侧，设置两个入口车道；出口1位于南侧中部，设置四个出入车道；出口2位于西侧，设置11个出口车道。

②出口模式转换

管理人员可根据车流量状况，将部分出口车道设置为中央缴费专用车道，允许已缴费车辆快速通行。

③停车区划分及二次识别

室外停车区、室内地下室过夜停车区、室内一二层到达停车区、室内三四层出发停车区（四层为屋面露天停车）。考虑到室内外停车场收费费率计算可能不一致，本系统在室外露天停车区的分区出入口设置二次读卡识别设备，对进出该区的车辆进行二次识别，便于收费管理。

④出入口流程

持长期卡车辆：出入停车场均需刷卡，系统拍照并自动识别车牌，卡与车牌与系统数据相匹配后，自动开闸放行。所有数据、图像均在服务器存储、统计。

临时车辆：车辆驶至入口处，按键取卡，系统拍照并自动识别车牌，开闸放行，数据及图片存入服务器。已中央缴费用户驾车至出口处，将卡插入自动收卡机上验卡，系统拍照并自动识别车牌，服务器数据比对通过后，自动开闸放行；未缴费用户驾车至出口处，卡交给管理人员通过人工验卡，系统拍照并自动识别车牌，调取服务器数据比对通过后，缴费放行。

场内二次识别：进出室外露天停车区的用户，出入均需刷卡，系统拍照并记录，计费时按相应费率独立计费。

车辆用户在主入口可通过对讲机与中心服务人员对话，由服务人员提供语音帮助服务。

⑤车位引导

在车道正中或车位前后设置视频车位探测器，探测器内置摄像机，通过视频分析，可对一个或两个车位的空余情况进行判别同时识别车辆车牌，自动拍照并将车牌号码及图片通过智能网上传至服务器，当探测器监控管理区域内的车位停车后，探测器的指示灯自动转为红色。所有车位使用数据均上传至服务器，由服务器统计分析各区车道剩余车位数量，并通过设置在各区车道上方的 LED 引导屏显示，指引车辆快速找到车位。

⑥反向寻车

所有停车车辆的车牌及图片均上传至服务器；用户取车时，在查询机上输入车牌信息（可允许模糊查询），系统调取相关数据，查询机自动显示该车牌对应的车辆图片、车辆的停车位置及最短行走路径，指示用户快速找到车辆。

⑦会车报警

在停车楼各层出入口车道的交会路口设置会车报警系统，系统通过设置在车道上的地感线圈感应车辆，当感应到同一交会点两个方向有车辆行驶时，发出声光报警信号，提醒驾驶人注意来车。

⑧收费系统

设置中央缴费、出口缴费、自助缴费机、在线支付等多套收费系统。

在交通中心、停车楼的主要通道设置人工中央缴费站和自助缴费机，客户缴费后，在一定的时间段内无需在车场出口处缴费，直接缴卡验证后通行，减少出口处缴费找零耗费的时间，提高出口通行速度。

考虑到国内车主的使用习惯，车场出口各车道均预留岗亭及收费设施，允许客户在出口处缴费。管理人员可根据使用情况设置中央缴费专用车道，提高通行率。

自动缴费机能识别多种面额的纸币及硬币，并支持银联卡消费。

车主手机扫描二维码，通过微信、支付宝、银联闪付等在线支付方式提前缴费，自动离场。

（3）VIP 停车场系统功能及配置

①实现功能：停车场出入口管理、车牌自动识别。

②出入口流程

持长期 VIP 卡车辆：出入停车场均需刷卡，系统拍照并自动识别车牌，卡与车牌与系统数据相匹配后，自动开闸放行。所有数据、图像均在服务器存储、统计。

非持卡 VIP 车辆：符合要求的用户在网上或电话预约，登记车辆号牌；车辆驶至入口处，系统拍照并自动识别车牌，调取服务器数据比对通过后，自动发卡开闸放行。驾驶人出口处交卡给管理人员通过人工验卡机验卡，系统拍照并自动识别车牌，调取服务器数据比对通过后，缴费（或免费）放行。

特殊 VIP 车辆（如部分领导、贵宾迎送车辆）：用户预约登记，车辆号牌数据发送至出入口岗亭工作站；车

辆驶至出入口处，系统拍照并自动识别车牌，系统自动对比数据或管理人员人工识别，开闸放行。

（4）大巴停车场系统功能及配置

①实现功能：停车场出入口管理。

②出入口流程：每台大巴（机场大巴、长途大巴）均持长期用户卡，出入停车场均需刷卡，系统拍照并自动识别车牌，卡与车牌与系统数据相匹配后，自动开闸放行。所有数据、图像均在服务器存储、统计，车场管理公司按月/季与大巴公司结账。

（5）出租车上客车场系统功能及配置

①实现功能：车场入口管理。

②出入口流程：出租车在外场停车区（一期已设置）排队等候，管理人员按需派卡放行，出租车持卡驶至本车场入口处，将卡插入自动收卡机，系统自动验卡放行；同时拍照并自动识别车牌，照片及车牌号数据均在服务器存储。车辆载客后出场无需验证，直接驶出。

3.16.10.4　市政动力系统设计

本工程调蓄水池水泵用电负荷属二级负荷，为满足供电可靠性要求，由室外两个变电站低压柜各取 1 路 380V 电源，一用一备。泵站采用 PLC 自动控制水泵及格栅机启停。

1．主要设备负荷

潜水泵、排泥泵、格栅机、启闭机、反冲洗设施及其他，安装负荷约 158kW，计算负荷 108.8kW。

2．控制方式

（1）手动模式

通过就地控制箱或低压柜上的按钮实现对设备的启动，急停操作。

（2）遥控模式

即远程手动控制方式。操作人员通过操作面板或中控系统操作站的监控画面用鼠标器或键盘来控制现场设备。

（3）自动方式

设备的运行由 PLC 根据取水泵站的工况及工艺参数来完成对设备的启/停控制，而不需要人工干预。通过控制箱中的"就地/遥控"切换开关可实现就地现场手动控制和 PLC 监控，其中就地现场手动控制优先权高于 PLC 监控，以保证现场操作维修安全。

3．技术应用

本工程自控系统设计采用开放式结构体系的自动化系统，将系统与设备有机结合在一起用于监控生产。将信息流扩展到整个生产过程，从而实现过程控制数据与信息方便可靠地在 PLC 与外部设备之间交换。

4．信号监测

雨水调蓄水池水位计及泥位计，将所有检测参数和设备运行状态实时传送至中心控制室。

3.16.10.5　电气设计总结

机场面积大，市政配电设备、照明控制设备、动力设备等分散设置在各个地方，其可靠性要求高、故障处理应及时，因此对控制管理系统要求较高，本工程采用了PLC、灯光控制单元等组成的分布式控制系统对外场设备进行监控。提高了效率及应急处理能力，实现了科学管理和节能的目的。

本工程户外照明进行了科学的照明规划。对道路照明、场地照明、建筑物外墙照明、景观照明进行了统筹考虑。在满足各种使用功能的要求下，合理选择照明参数、合理布置灯具、合理划分照明场景；各区域照度衔接平顺，满足了人们对舒适的要求；灯具布置有序，不影响白天景观；避免了重叠照明和光污染。实现了可靠运行和节能目的。

机场人、车流量大，交通监控及停车场系统应可靠、高效。本工程充分吸取了国内外同行的经验及本地管理部门的意见，道路监控系统对现场情况可视化直观反映，现场和监测点的前端设备将视频信号或数据传送至交通中心，进行信息的存储、处理和发布，使交通指挥管理人员对交通违章、交通堵塞、交通事故及其他突发事件做出及时、准确的判断，并根据现场数据调整各项系统控制参数与指挥调度策略。停车场智能管理系统实现对停车场信息集中汇总、综合处理、智能反应，管理者通过停车场管理功能全面掌控停车场各项信息指标，实现综合发布、统一调度、自动备份、报警提示等功能。根据机场各停车场情况实现智能化、高效运行。

第 4 篇

建设管理

4.1 总体情况

4.1.1 组织模式与管理机制

4.1.1.1 建设单位组织管理模式

指挥部是在省机场集团工程建设指挥部基础上于2013年9月3日组建成立的省机场集团全资子公司，与省机场集团工程建设指挥部实行"一套人马、两块牌子"运作模式。指挥部前身历史已有20年，经由白云机场有限公司、迁建指挥部到指挥部多次更迁，但从白云机场迁建至今一直保留了一支专注机场建设领域的完整的专业队伍，这支队伍有着优秀的教育背景，多数经过白云机场一期、二期建设、东三西三指廊、中性货站、联邦快递、揭阳潮汕机场、梅县机场扩建、惠州机场、湛江机场扩建等系列机场工程建设的历练，既有理论又有实践，是一个历经考验、有着强大战斗力的团队。

扩建工程项目可研于2012年7月获得国家发改委批复后，白云机场扩建工程建设进入全面提速阶段，建设公司（指挥部）根据扩建工程不同阶段适时调整组织管理形式，以追求效率、进度与安全、质量、投资和廉政风险控制综合绩效最大化为目标，以公司统控平台与现场管理机构（现场指挥部）分工协同为原则，优化组织架构、管理机制和制度体系，扩建工程管理架构如图4.1.1.1-1所示。

指挥部层面负责扩建工程的整体策划、勘察设计、招投标，统筹安保管理、廉政风险防控、合同造价管理、档案管理、报建和验收管理、资产移交。

现场指挥部是扩建工程现场管理主体，技术、合约管理下沉到现场指挥部，实施扁平化管理。在公司直接领导下，在职能部门专业职能支撑下，现场指挥部负责扩建工程的组织、专业管理、协调和推进工作，代表建设方履行合同责任，行使合同权利，按既定计划推动施工和设备材料供应，为承包商和供货商协调解决项目实施遇到的属建设方责任的各项问题，为项目推进创造必要的条件，对现场安全文明施工、质量、进度实施常态化管理，并按实施方案和项目进度完成工程分部分项和各单位工程验收、结算，配合完成各项专项验收，配合办理项目移交、陪伴运行和质保工作。根据粤机建会纪〔2016〕1号文，"原扩建工程指挥部航站区工程部、飞行区工程部、机电工程部、弱电工程部由现场指挥部管理"，现场指挥部主要设工程管理部门，配置相应的专业工程管理人员，如图4.1.1.1-2所示。

为加强现场指挥部综合管理能力，同时完善现场指挥部在计划统计、会务和风险防控等综合管理职能，增设了综合办，同时提高效率，公司技术部和合约部分别抽调骨干人员设置技术组和合约组下沉现场指挥部进一步完善了现场指挥部管理职能，更有效支撑项目推进。

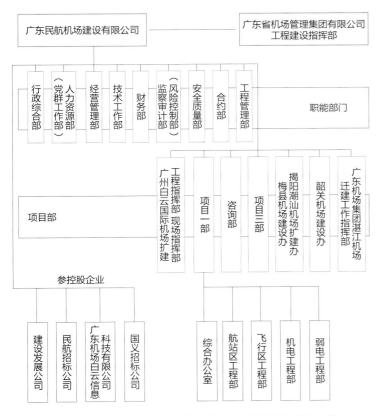

图 4.1.1.1-1 工程建设指挥部层面组织架构

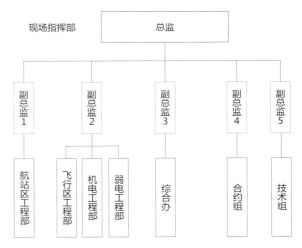

图 4.1.1.1-2 工程建设指挥部层面组织架构

4.1.1.2 协调决策机制

1. 政府层面

省扩建工程领导小组会议

省发改委专题协调

广州市住建局（原广州市建委）专题协调

2. 集团层面

集团扩建工程建设工作领导小组会

集团扩建工程建设与启用工作领导小组会集团扩建工程建设专责领导小组会

3．指挥部层面

扩建工程工作会（原纳入总经理办公会决策范围），公司领导班子成员、各职能部门负责人、现场指挥部总监和副总监及各工程部负责人参会，现场指挥部汇报周工作和下周工作计划、报告授权范围决策事项、重要事项研究决策、指挥部领导布置工作。

扩建工程碰头会，指挥部分管建设领导、工程管理部、总监、副总监参加，领导布置主要工作。

4．现场指挥部层面

现场指挥部协调会（每周一次），现场指挥部总监、副总监、各工程部负责人参会，会议主要内容如下：（1）通报公司有关要求；（2）周五上会议题梳理；（3）授权范围事项决策；（4）工程配合和接口协调；（5）计划滞后情况报告及解决办法商定。

部门例会（部长主持，每周召开）。

设计例会（分管设计的副总监主持）。

合同支付例会（分管合约管理的副总监主持）。

专题协调会（分管总监主持，相关部门的相关人员参加）。

4.1.1.3　实施管理机制

扩建工程例会、扩建工程安全例会（周一晚上），指挥部领导班子成员和现场指挥部及相关部门负责人、集团公司建管部、同步建设的城轨和地铁业主代表、各

参建单位项目负责人参会。检查进度、安全并协调解决各单位事项。

专业例会（专职小组组长主持，定期）。

总包例会（总包主持，现场指挥部分管领导、各工程部参加）。

监理例会（监理主持）。

4.1.1.4　健全的制度体系

历任指挥部领导都高度重视工程建设的规范化和合法合规管理，注重通过建构高效但具有内控管理机制的管理体系和建设完善的管理制度实现机场工程建设综合目标。为了适应白云机场扩建的要求，2009年广东省机场管理集团指挥部成立后，指挥部对机构和管理流程进行全面的调制和优化，在充分总结一期管理经验的基础上，对工程建设管理制度进行全面梳理，根据机构和流程优化方案，建立了一套涵盖机场建设全过程、覆盖前期工作、勘察设计、招投标、合同、财务、造价、安全、质量、工程现场管理、验收管理、档案管理等全部建设管理内容的制度体系，改制为建设公司（指挥部）后，指挥部结合机构及职能调制情况，对制度进行相应的修订。本期扩建工程在指挥部的制度体系下规范有序推进，各项管理工作既做到满足扩建工程管理效率要求，又确保合法合规。现场指挥部管理涉及的主要制度及角色界面如表4.1.1.4所示。

现场指挥部主要制度及角色界面表　　　表 4.1.1.4

序号	业务流程	流程依据制度	现场指挥部	归口部门
一、设计、技术管理				
1	施工图审查	设计管理办法	参与审查、提出审查意见	技术管理部
2	设计变更	设计变更管理办法	申报由于施工引起的变更、从施工方面参与设计变更审核、变更实施	技术管理部
3	施工、设计方案论证	重大技术决策管理办法	申报、准备论证材料、参加论证、实施	技术管理部
4	用户需求变更管理	用户需求管理办法	参与需求变更审查并负责实施	技术管理部
二、计划管理				
1	项目总实施方案划	工程进度管理办法	参与编制和管理	工程管理部
2	总进度计划（一、二级计划）	工程进度管理办法	参与编制和管理	工程管理部
3	三、四级计划	工程进度管理办法	组织施工、监理单位编制并负责审批和管理	工程管理部
4	投资计划	投资计划管理办法(制订)	投资计划审核和管理	经营管理部
5	资金计划	财务制度	组织参建单位申报资金需求计划	财务部
6	统计报表	工程统计管理办法	统计报表审核上报	工程管理部
三、招标管理				
1	标段划分	招标管理办法	标段划分建议方案、参与审查	合约部
2	技术标书／技术需求书	设计管理办法	编制、提交审查，修改完善	合约部
3	招标文件	招标管理办法	参与招标文件审查	合约部
4	招标控制价	造价管理办法	参与审核确定	合约部
5	中标单位进场	招标管理办法	参与、提出要求	合约部

现场指挥部主要制度及角色界面表（续表）　　表 4.1.1.4

序号	业务流程	流程依据制度	现场指挥部	归口部门
四、合同、造价、支付管理				
1	合同签订	合同管理办法	—	—
2	合同变更	合同管理办法	启动合同变更流程、变更材料把关、参加变更会审、配合审核变更造价	合约部
3	工程现场签证	签证管理办法	启动新增签证事项申请、审核签证内容、数量	合约部
4	工程预算	造价管理办法	审核施组方案、审核预算依据、工程内容及数量	合约部
5	竣工结算	造价管理办法、扩建工程竣工结算办法	审核竣工资料及相关依据、工程内容、项目	合约部
6	合同支付	财务开支管理办法	审核支付条件、计量期完成工作量	财务部
五、实施管理				
1	对监理单位管理	监理管理办法	管理、检查、考核	—
2	对总包单位管理	总包管理办法	管理、检查、考核	—
3	施工组织设计管理	施工组织设计与开工报告审批管理办法	施工组织设计编制、审批、实施管理	工程部门
4	工程开工报告管理	施工组织设计与开工报告审批管理办法	审批	工程部门
5	总平面管理	总平面管理办法	统筹、审批	现场指挥部
6	临水临电管理	建设工程临时水、电施工管理办法	审批、设施管理	现场指挥部
7	施工现场管理	施工现场管理办法与工作流程	现场监管	现场指挥部
8	文明施工管理	总包管理手册	监管、奖罚	安全质量部
9	安全管理	工程安全管理办法	方案、现场管理	安全质量部
10	质量管理	工程质量管理办法	对施工人员、材料、工艺、成品检查	安全质量部
11	甲供设备管理	工程甲购设备管理办法	招标、合同、监造、到货验收、安装调试管理	合约部
12	管线迁改	设工程地下管线施工管理规定	与管线业主协调报批、方案、现场管理	—
13	不停航施工管理	不停航施工管理办法	申报、引领、监管	—
六、工程验收				
—		工程竣工验收备案管理办法	编写验收手册、参与分部分项验收、专项验收、单位工程验收、行业验收、验收备案	安全质量部
七、档案管理				
—		工程项目档案管理办法	组织施工单位按要求编制竣工档案、参与档案检查、审核、考核	行政综合部

4.1.2　建设管理过程与效果

面对扩建工程任务重、工期紧、结构关系复杂、施工交叉协调难度大、安全管理要求高等特点，指挥部一是依托政府和集团强有力的领导和协调，二是通过强化自身的系统性和精细化管理，带领设计、监理、总包和各参建单位各司其职，充分发挥各单位的业务和管理优势，以超常规的工作机制克服各项困难，较好实现工程五大控制目标，把"安全、质量、进度、投资、廉洁"要求全力落实到位。

4.1.2.1　主要建设原则

1. 遵循基本建设程序的原则

扩建工程建设应遵循国家关于机场建设的有关管理规定，所有建设行为要严格遵守基本建设程序，通过招标投标选择承包商、设备供货商和服务单位。

2. 分步建成移交运营原则

最大限度减少对运营的影响，跑道、道路、桥梁、隧道、临时停机位、北站坪永久停机位等分期分项建成移交运营，缓解机场运营基础设施资源紧张情况。

3. 确保管线安全

加强管线勘探，在航站区工程全面开工前先行建设综合管廊、完成管线迁移。

4．强化枢纽功能原则

以最大限度满足机场运行和经营需求、改善乘客乘机体验为原则，以优化流程、设置可转换机位、增强中转功能为着力点，为打造国际门户航空枢纽创造良好的硬件基础。

5．绿色环保原则

以绿色节能、建设绿色三星航站楼为目标。

6．智慧化原则

以建设智慧机场为目标，在行李系统、弱电信息系统等引入先进技术。

7．综合交通枢纽原则

以最大程度优化不同交通方式的转换为原则，建设综合交通中心，实现机场与地铁、城轨、公交的无缝衔接。

8．全局原则

本期扩建充分考虑与已建成运行系统的衔接和资源共享。

9．可持续发展原则

本期扩建充分考虑改造和扩建的需要，保持高度灵活性和可扩建性，做好捷运系统（APM）、行李系统、商业及办公、安检及联检口部容量等关键资源相关的结构和机电的预留，为后续发展创造良好条件。

10．廉洁风险防控贯穿全过程原则

对项目实施全流程监督，为扩建工程项目优质、阳光、廉洁提供了坚强的纪律保障。

4.1.2.2　重视设计管理与新技术应用

1．设计管理

设计是工程建设的龙头，历任指挥部领导都高度重视设计管理，从可研到方案征集、初步设计和施工图设计各阶段一直都高度重视方案优化，始终贯彻建设为运营的原则，设计管理团队狠抓设计管理基础工作，二期扩建工程设计工作的设计进度、质量都得到有效而合理的控制。

（1）注重设计统筹计划管理。编制了扩建工程初步设计总策划文件，其内容涵盖了设计工作的特点、组织保障及设计管理目标、初步设计进度网络计划、重要节点和关键决策点、职责和管理机制以及奖惩办法等，从组织、管理和技术等多角度对初步设计工作进行了分解和安排，确保设计工作能有效受控、有序进行。

（2）加强设计过程管控。由专业技术人员组成的设计管理团队全过程跟踪设计工作进展情况，坚持设计例会制度，在初步设计阶段采用月度设计例会，在施工图设计阶段和施工阶段，则采用周设计例会制度，通过设计例会及时掌握设计进度，及时确认用户需求，协调解决需明确事项。加强各阶段设计内审和第三方审查，及时发现设计文件问题、用户需求落实问题情况，确保设计进度和设计质量。

（3）重视施工配合和设计变更管理。在施工阶段，积极主动协调设计单位对各个施工单位做好施工图技术交底工作，并针对重点、难点技术问题，召开各类专题研讨会议，确保设计意图能落实到工程实体中去。在设计变更管控方面，完善设计变更管理制度，严格按制度办理和把关，确保设计变更的资料完备性、合理性和合法性合规性。

2．创新与新技术应用

白云机场扩建工程以强化中国三大国际航空枢纽地位为目标，并结合民航局平安机场、绿色机场、智慧机场、人文机场理念，注重创新和新技术应用，主要包含以下几个方面：

（1）"统一规划、分步实施"理念。二号航站楼建设力求最大限度地提高灵活性，以更好地适应未来航空业务量增长需求。具体而言，二号航站楼本期除东四指廊和西四指廊外，主楼和其他指廊一次建成，满足大型航空枢纽机场航站楼的功能要求，同时充分考虑改造和扩建的需要，对捷运系统（APM）、行李系统、商业及办公、安检及联检口部容量等关键资源相关的结构和机电都做了预留。

（2）混流和可转换机位让流程更便捷。二号航站楼在使用功能上，突出"国内混流、国际分流、混合机位"三大特色，能够充分利用空间，提高设施的利用效率。"混合机位"更多的是体现空间利用的灵活多变，二号航站楼共有58条登机桥，其中有九条登机桥设置了国际国内可"转换"机位和服务通道，其中北指廊有六个、东连廊到东六指廊处有三个A380机位，都可根据高峰时段和航班需要，灵活调整引导国际或国内的客流使用，能大大提高航班的靠桥效率，让旅客多走廊桥、少坐摆渡车，乘机出行更舒适快捷。对于需要中转的旅客来说，中转流程也十分便捷，国内混流候机层、国际分流到达层均设置在二层，国际转国内联程旅客到达、中转和候机全程在二层平层解决，无需换层，有效缩短中转换乘时间。对于在白云机场多个联盟内的中转，服务效率有望得到提升，航站楼的"国际范"将会更加凸显。

（3）采用直线型流程设计理念。二号航站楼在流程设计、功能布局上，与一号航站楼大有不同，采用"直线型"流程设计。无论出发或抵达、国内或国际，都集中在整座楼内，不再分A、B区，旅客出行流程更简洁明了。例如，国内出发旅客前往三层出发大厅，13个值机区一字排开，出发厅西面的C、D、E、F、G、H、J为国内值机区，

东面 K、L、M、N、P、Q 为国际值机区，值机后直线进入安检大厅，通过安检后即可根据标识标牌指引前往登机口了。国内到达旅客跟随指引，前往一层提取行李大厅，提取托运行李后，即可直行进入到达厅离开。而国际出发和国际到达，在流程上只是增加了"海关、边检"服务。出发值机、行李提取、安检三个功能上，新航站楼采取"国际与国内并行排列"的布局，无论是国际还是国内旅客，出发都在三层、到达都在一层，简明易记，方便出行。

（4）强化中转功能和岭南特色。为打造白云机场国际航空枢纽，二号航站楼在设计上强化中转功能，充分应用"可转换机位""国内混流""便捷中转通道"及预留的捷运系统（APM）。强化国际功能，增加国际机位和"可转换机位"，做好未来联检口部的容量预留。二号航站楼从视觉与审美上与一号航站楼协调一致，从功能上与一号航站楼连成一个综合体，最终实现独特完整的"双子星航站楼"。二号航站楼内外设置了花园和绿化等大型景观，为旅客提供全新的花园式机场空间体验。航站楼突出室内外空间环境的绿色与生态，充分利用自然光，创造舒适愉悦的空间氛围。同时，航站楼公共空间和贵宾室的设计充分融合了岭南地域文化。

（5）采用最高等级绿色机场设计。白云机场扩建工程采用"中国绿色建筑三星"的设计标准及运营标准，目前已经取得国家"三星级绿色建筑标识证书"。二号航站楼设置了光伏发电、太阳能热水、虹吸排水、雨水收集与中水利用、变风量控制制冷、热回收空调机组、电动遮阳百叶、能源管理、建筑设备监控、智能照明控制等系统，重视自然采光、自然通风、遮阳隔热等被动式节能设计。交通中心（GTC）立面采用垂直绿化，屋顶采用绿化停车屋面，停车楼内自然通风和部分自然采光。

（6）采用国内首个全DCV行李系统。二号航站楼行李处理系统由西门子物流自动化有限公司设计建造，共安装 DCV 高速输送机约18km，皮带输送机约14km，通过先进的信息管理及控制系统，可实现每小时高达10456件出发行李、4946件中转行李以及7921件到达行李的处理能力。同时，设置了4000个可随机存储的早到行李货架，对早到行李实现全自动的、准确的定位及便捷的存取。白云机场二号航站楼行李处理系统采用了国际先进的目的地编码小车系统，是国内民航机场首次应用该系统实现全流程行李分拣处理应用的案例。

（7）大规模启用自助托运设备。在二号航站楼三层的出发大厅，共设有13个值机区、339个人工值机柜台、120台旅客"自助值机设备"、52台"自助行李托运设备"、70条安检通道以及50条"出入境自助通关通道"。相比一号航站楼、二号航站楼增加自助设施，实现全流程自助。出发旅客只需身份证、护照等证件，在"自助值机

设备"自行选择座位，即可打印出登机牌前往登机。无论是自助值机还是自助行李托运设备，与一号航站楼同类型设备相比，不仅数量多，在技术上更具先进性、性能更趋稳定，让旅客的出行体验更高效、更绿色。另外，二号航站楼出发和到达国际边检区域均设有"自助通关设备"，其中出境自助通道约20条，入境自助通道约30条，符合条件的旅客可自助验证，通过"刷护照""刷脸"出入国门，实现10秒快速通关，届时旅客在白云机场出入境更加"省心省时省力"。

（8）深入BIM技术应用。二号航站楼工程管理应用当今国际流行的建筑信息模型（BIM）技术，以建筑工程项目的各项相关信息数据作为模型的基础，进行二号航站楼建筑模型的建立及更新，进行 BIM可视化协同设计，三维协同、碰撞检查与管线综合优化，可视化交底、4D进度模拟、关键区域施工模拟，为提高设计质量，改善工程进度、安全、质量、成本控制管理提供有力支撑。此外，还进行了 BIM标准和BIM协同平台研究。

4.1.2.3　项目统筹和策划管理
1．扩建工程总体实施方案
（1）总体实施方案

本期扩建包含机场工程和非机场工程，机场工程包含飞行区和航站区工程，机场工程系统复杂，同时空管、航油和轨道交通工程必须同步建成，才能确保机场扩建建成能顺利启用，必须做好各项目业主间的统筹协调，协同各项目同步建成。为此指挥部早在2011年就启动项目策划工作，对项目实施方案进行深入研究，至2013年底，随着项目实施各种边界条件稳定，形成扩建工程总体实施方案，2014年2月印发。总体实施方案重点就是总进度计划的安排及实现总进度计划的目标的主要措施，是开展工程实施的重要依据和指南。

编制原则：总体实施方案围绕白云机场扩建工程第三跑道试飞和二号航站楼开通运营应具备的物质技术条件、管理条件，按遵循基本建设程序原则、系统整体最优原则、分项分期建成投产原则、合同标段管理注重工期衔接原则、合同标段管理界面清晰原则、均衡生产及合理有序原则、考虑风险与计划弹性原则、合理利用资源原则开展编制。

①总体进度目标

A．第三跑道项目：2012年8月开工，2014年7月完成竣工验收，8月完成跑道校飞、行业验收及试飞，2014年11月具备使用条件。

B．二号航站楼项目：2013年5月桩基础工程开工，2017年5月工程施工完成，6月至12月进行总体调试，2017年12月完成竣工验收，2018年2月完成行业验收，移交、具

备使用条件。

C. 站坪项目: 2014年3月工程开工, 2017年6月施工完成, 2017年7月竣工验收、8月完成行业验收。

D. 交通中心及停车楼项目: 2014年4月工程开工, 2017年8月施工完成, 2017年9月完成竣工验收。

E. 110kV供电项目: 2015年3月工程开工, 2016年1月施工完成, 2月竣工验收, 2016年7月具备送电条件。

② 按照二号航站楼工程于2018年2月前通过竣工验收和行业验收, 力争2017年12月完成竣工验收交付使用。按此要求对各主要施工专业确定节点时间如下:

A. 航站楼土建工程(中间段以外)2015年6月30日完成, 中间区段土建结构2016年3月30日完成;

B. 航站楼钢结构工程2016年6月15日完成;

C. 幕墙及屋面工程2016年7月30日完成;

D. 航站楼交通中心凸出段土建结构2015年6月15日完成, 钢结构2015年7月30日完成, 屋面幕墙2016年9月30日完成;

E. 航站楼内装修2017年7月30日完成;

F. 机电工程(包括调试)2017年10月30日完成;

G. 交通中心项目施工及竣工验收2017年9月30日完成。

二号航站楼的进度目标是建立在地铁、城轨项目能分别按2014年12月、2015年8月完成结构施工并移交工作面的前提下, 若地铁、城轨项目不能按时完成施工工作面的移交, 将对二号航站楼工程施工进度产生重大影响。此外联检等需求稳定也是确保工期的前提, 如需求不稳定将对工期目标实现带来困难。

(2) 配套实施方案

根据总体实施方案, 指挥部国家、地方政府及民航部门的有关规定, 结合白云机场扩建工程特点, 制定了《扩建工程验收工作手册》和《消防系统建设及验收工作手册》, 明确验收条件、流程及所需资料, 指导参建各方在施工管理过程中完成验收所需具备的各项条件和手续, 在项目实施过程中为扩建工程竣工验收和消防验收做好准备工作, 确保项目建成后能顺利通过验收。

2. 总平面管理、施工道路

二号航站楼及配套设施工程涉及二号航站楼、交通中心、飞行区工程、地铁项目、城际轨道项目、总图工程的下穿隧道及高架桥项目等, 项目多但施工场地狭小, 用地资源紧缺, 因此, 统筹规划好施工总平面管理是确保整个系统有序实施的前提。指挥部对此高度重视, 于2013年初就开展施工总平面管理的策划。二号航站楼及交通中心等项目是复杂的、超大型的建筑, 而同步建设的地铁、城际轨道方案未确定, 增加了策划困难, 以航站部牵头的项目组充分吸取一期经验和教训, 通过对施

工现场的实地勘察、测量及对股份公司的走访和专题研讨, 以及对初步设计方案的系统研究, 按照运筹学原理和动态管理思想, 逐步形成了较成熟的总平面管理方案。

(1) 总体编制原则

① 紧紧围绕工期总进度计划目标。

② 以节约土地资源和工程成本及利于施工为中心、以各专业工程相互配合使用为重点、以阶段为控制点的布置原则。

③ 树立"一盘棋"的思路, 以系统工程统筹原则, 以施工最复杂工期最长的航站楼工程为中心点, 统筹考虑飞行区、交通中心等项目的施工特点。

④ 遵循先深后浅、先基础后地上结构的思路, 在平面布局优先考虑地下结构的实施。

⑤ 充分利用价值工程理论(VE)进行研究, 尽最大可能减少工程成本。如临时道路的路由及标准、临时水电的敷设路由、施工围蔽等, 应根据施工阶段的不同, 需经常转换路由、使用的时间不长等特点, 在满足基本功能的情况下, 尽量降低标准, 减少成本。

⑥ 遵循动态管理原则, 必须根据工程的不同阶段及特点进行动态调整; 并要预判每一阶段可能会遇到的困难和问题, 及时研究对策。

⑦ 遵循统一管理的原则。各业主单位、监理单位及施工单位, 必须服从指挥部设立的总平面管理小组的统一管理和协调, 不得各自为政, 各管各的。

(2) 平面方案与统筹管理

根据施工现场的实际情况, 把施工现场分为施工区域和临时设施区域, 统一规划了现场的施工道路、临时水电的布设点及路由, 并根据施工进度计划, 模拟编制了二号航站楼各施工阶段的平面布置方案, 同时, 制定了全场临时排水排污的方案、施工临时路和社会车辆临时道路的驳接方案。

为了确保按总平面方案实施, 一是健全施工总平面管理架构职能, 建立"扩建工程指挥部总平面管理小组→总承包管理项目部→各专业标段项目部"的管理体系。二是完善管理制度, 制定《施工总平面管理办法》以及临时设施使用方案及管理办法等, 招标时在合同条款中明确服从总平面管理要求。明确规定施工总平面布置管理工作由指挥部成立的总平面管理小组总协调, 由二号航站楼总包管理单位具体负责管理, 各监理单位(含地铁、城际轨道项目)协助管理。指挥部各工程部门和各参加单位必须服从总包管理单位的管理。

管理内容包括现场协调管理功能、关键阶段和工序各施工区域管理的策划和落实, 服务好进度计划的关键节点落实工作, 对进场各专业施工单位(含地铁、城际轨道项目)的组织管理, 以二号航站楼工程为中心, 统

筹好飞行区和交通中心，兼顾地铁和城际轨道项目。

根据系统工程思想，制定科学合理的施工总平面管理方案，同时加强过程中的方案动态调整和完善，通过全过程的精心管控和全方位的协调，保证施工现场的用地资源得到合理利用、施工场地规范整洁、施工道路通畅、材料设备堆放有序、施工安全便利、施工用水用电统一规范、施工排水排污规范，满足工程施工要求。

4.1.2.4 有效利用社会资源

根据工程建设专业分工充分，社会资源丰富等特点，扩建工程建设中始终贯彻充分利用外部各种资源，取人之长，补己之短，作为工程管理工作的重点之一，坚持"有所为，有所不为"的策略，认真挖掘和有效利用社会资源，优选有资质、有技术、会管理、有实力的专业单位在现场一线来做工程、管工程，自己则集中精力对工程计划、投资、进度等进行协调、监控，从宏观上把握和控制工程建设。例如，设计管理上，引进BIM技术应用单位，建立项目BIM模型，利用BIM模型的多专业综合、可视化及碰撞检测等特性发现图纸问题并记录汇总，提交项目管理单位组织设计团队进行图纸修改，BIM咨询单位在过程中持续跟踪，确保问题在最终的施工图设计图纸中得到解决；施工管理上，利用社会上工程监理队伍来进行施工现场和施工单位的管理、引入第三方检测机构对工程质量进行检测检验，有效控制工程质量；征地拆迁上，委托白云区和花都区政府组织征地拆迁；招标管理上，委托招标代理组织工程的招评标工作，造价控制通过引入造价咨询单位。这些依靠社会资源管工程的做法，不仅可以保证将业主有限的资源配置到工程建设的关键环节，而且在利用社会专业资源的同时，也对内部管理人员形成一定的制约，有利于内控效果提升。

4.1.2.5 多业主协调机制

1. 机场扩建工程业主间的协调

白云机场扩建工程包含机场工程和航油、空管工程，机场工程项目法人为广东省机场管理集团有限公司（后变更为白云国际机场股份有限公司）。空管工程项目法人为民航中南地区空管局，建设内容包括新建1.9万 m^2 的综合业务楼，设置场面监视雷达、通信、导航、气象系统等设施。供油工程场外部分的项目法人为中国航空油料集团公司，场内部分的项目法人为华南蓝天航空油料有限公司，建设内容包括新建一条长约100km的场外航油输送管线，场内新建四座1万 m^3 储油罐，扩建机坪管线等设施。

为确保扩建工程按期投入使用，指挥部牵头建立了与空管和航油项目业主的协调机制，通过不定期的协调

会确定关键阶段工期目标，并在总实施方案中予以明确，并通过日常协调和工程协同确保工期目标实现。指挥部一方面主动为两个项目的施工创造条件，同时也及时督促两家单位按计划施工，移交工作方面，根据实际情况约请航油工程业主到现场协调，确保了项目的整体推进。

2. 与地铁、城轨业主的协调

城轨、地铁下穿交通中心及停车楼、二号航站楼及站坪，车站和线路工程需与机场主体结构协同施工。三个项目在工期、施工组织管理及接口、施工资源等方面相互影响，相互制约，从设计、招标到施工各个阶段存在着大量的协调工作。为确保整体目标，指挥部和珠三角城轨公司、广州地铁公司三方业主在省市领导小组的统一指挥下，建立起了良好的包括联席会议、专项协调会议等协同机制，地铁和城轨业主派代表参加指挥部主持的周例会，设计和业主管理上均有定期的会议和不定期的磋商，对于重要设施、结构，采取就严、就高原则，对各自功能性、配套性的建设在保留各自特色基础上加强协调。在最重要的施工环节，为了保证建设的顺利，加强统筹、减少矛盾、形成合力，机场、城轨、地铁三方商定施工环节统一招标，由一家单位统一施工。在施工管理上，指挥部根据城轨和地铁的实施需要，及时解决施工场地、施工水电条件，同时注重交叉施工的工期计划管理，从一线项目经理到领导多层次协调、督促各方按计划移交工作面和施工条件，确保整体项目高效地推进。

由于工程交叉施工程度高，地质条件复杂，施工难度大，给各施工方带来很大压力，尤其是城轨工程，其影响范围从总图市政工程、交通中心及停车楼，到航站楼和站坪工程，指挥部定期约请其业主领导到现场协调，并提请省市领导小组协调，省发改委也根据实际情况适时调整整体计划，确保项目稳妥、安全实施。

4.1.2.6 "五个控制"情况

1. 安全管理控制

从2013年5月开工至2018年4月份工程结束，在这长达5年的工程建设时间里，指挥部各部门在安全质量部统筹下，安全管理人员恪尽职守，兢兢业业，各参建单位各尽其责，通力配合，施工期间未发生任何安全事故，现场文明施工情况良好。

本项目场地内地下管线复杂，二号航站楼、交通中心及停车楼与地铁、城轨工程项目同步施工，施工交叉作业严重；航站楼体量大，安全隐患问题突出，尤其是高支模、深基坑、起重作业频繁，施工用电点多面广，高空作业、动火作业等安全管控难度大，还存在建设与运营交叉、施工工地与飞行区围界交叉等条件使得安全

管理工作难度大、风险高。

为了确保施工安全和文明施工，指挥部制订完善的安全管理制度，构建了指挥部、机场公安派出所、监理、总包和各专业施工单位组成的五位一体的安全防控体系，施工场地实施全封闭管理，严格落实项目安全文明施工的各项制度和应急预案，对施工现场的安全文明施工进行全过程的检查、监督、指导、常态化排查风险源和抓整改，对违反相关规定的行为，责令限期整改或停工整顿，对未按要求整改的采取约谈和处罚。每周召开安全例会，对安全隐患进行分析和明确整改要求，各专业分包能较好地配合完成建设单位、监理、总包下达的各项安全隐患整改指令，同时不定期开展专项演练，针对不同施工阶段的特点采取有针对性的安全管理措施，从而保证整个施工期间安全文明施工一直处于可控状态。

2．进度管理控制

由于受轨道交通、需求不稳定和建筑市场复杂性等主要因素影响，扩建工程进度控制是本项目的管理难点，因此从集团到指挥部一直都高度重视，采取了一系列的管理和技术措施，确保三跑道、下穿隧道、110kV变电站、站坪等先后建成投入使用，2018年2月7日、10日，二号航站楼及配套设施工程分别通过竣工验收和行业验收，2018年4月26日，二号航站楼及配套设施工程正式投入使用。

（1）健全的组织保证

广东民航机场建设有限公司与指挥部实行一套人马、两套班子模式运作，是扩建工程的实施主体，设置健全的组织机构，在计划统控部门的归口管理协调下，各部门按职责履行外部协调、设计管理、招投标、工程现场管理协调、合同管理和财务支付等方面的整体协同，从而保证了对工程项目进度计划的总体控制。同时，建立了由指挥部、设计单位、监理单位、总承包单位、专业承包商的计划和统计人员组成的完善计划和统计组织机构，保证信息逐层上报和反馈。公司领导定期组织召开工程管理协调会，研究解决扩建工程相关问题。

省机场集团公司专门成立了"广东省机场管理集团有限公司白云机场扩建工程建设工作领导小组及专责小组"，集团领导任领导小组组长。领导小组对扩建工程中的重要事项进行审定、决策和部署，并定期召开工作例会，统筹协调解决项目实施中的重大问题，七个专责小组及领导小组办公室，对口协调扩建工程相关工作，充分发挥集团公司内部协调和资源整合作用，促进集团公司内部协调事务的有效解决。

省市分别成立白云机场扩建工程领导小组，协调解决扩建工程有关重大问题：在省发改委协调的基础上，对于涉及面广、协调难度大的问题，专题提请白云机场扩建工程领导小组研究解决；促进报批、用地、与轨道交通同步建设有关问题的协调解决。

（2）完善的目标体系

指挥部根据项目总策划和批准的总目标要求编制了扩建工程一、二级计划，并在此基础上组织总包、各专业分包单位编制三、四级计划，细化工程目标。针对影响关键线路的专项工程编制专项计划，如与城轨、地铁交叉施工的中间段、航站楼与交通中心衔接段、联检拆改等均编制专项计划，针对控制节点如跨线桥630目标、下穿隧道1030目标等均编制专项计划，明确交叉工序衔接和关键节点目标。从而确立了由工程总策划、各单位工程总体计划、年度计划、季度计划、月计划、关键衔接节点计划组成的从宏观到微观、从总体到局部的工程形象进度目标计划管理体系。

（3）主要控制措施

①集团公司高度重视主要计划目标的过程监督和促进，及时协调解决工程建设中影响工程进度的施工用地、地铁城轨工程、用户需求等重大难题，决策审批计划调整方案。

②指挥部定期组织召开进度计划检查会，对进度计划完成情况进行检查、督促、通报；根据工程的进展情况，对工程进度计划进行调整，并上报集团公司。

③工程部门负责组织监理、总包审核各专业承包单位上报的各级工程进度计划及配套的乙供设备、材料采购和甲供设备材料的到场计划、施工组织设计，着重审查影响工程进度的主要因素，劳动力、施工机具、材料和技术措施的配置能否满足工程需要。

④工程管理部门组织监理、总包对专业承包单位的组织管理体系中施工进度、工程协调管理人员的配备、材料、机械、设备落实进场情况进行检查，及时组织业主、设计等有关人员评审确定产品供货单位，督促承包单位及时订货采购，以保证产品按计划供应。

⑤建立计划进度与实际进度的对照系统，每月准确、形象、直观反映实际进度与计划进度的比较值，进行动态管理。工程管理部门在日常巡视、检查工作中，重点检查承包单位的主要工期控制节点的施工情况，掌握进度计划的动态实施过程，发现滞后计划时应督促承包单位采取有效措施加快施工进度。

⑥加强工程例会及协调会制度，通过例会由各承包单位通报上周工程计划执行情况及下周工作计划，列出施工中存在的各种需解决的问题。检查上次例会议定事项的落实情况，分析未完事项的原因；检查分析工程项目进度计划完成情况，提出下一阶段进度工作目标及其落实措施；及时解决各承包单位在施工中产生的矛盾，确定各承包单位的工程施工界面，协调各承包单位之间

工作面的提供和交接，明确合理的施工程序，确定产品的保护责任，提出各项施工保障条件，处理保证正常施工的外部关系。

⑦及时办理合同变更和合同支付，确保工程投资资金及时到位。

⑧加强信息管理，通过监理周报、月报、会议纪要、专题报告等形式准确、及时地向指挥部和上级部门报告工程施工的实际进度情况，使指挥部领导和上级部门及时掌握工程进展动态。

3．工程质量控制

扩建工程的建设质量是安全运行的前提，因此，质量控制是贯穿从设计、施工、验收全过程管理的核心内容之一。明确的质量目标，完善的质保体系，健全的质保制度，并保证全员全过程的参与，是做好质量工作的基础。为此，扩建工程在质量管理方面上一是以最新的国家施工及验收标准来建立质量管理体系，来规范施工过程中的质量保证措施的落实和工程验收阶段质量核查和判别；二是建立以安全质量部为统控，现场指挥部各工程部具体组织分管工程质量管理，以监理为工程质量控制主体，政府质量安全监督站为外部监督的工程质量监控体系，使扩建工作质量始终处于三方的监控之下。

在构建的业主、监理、承包商全面质量管理体系基础上，一是抓设计质量管理，把好设计质量关；二是抓好设备质量关，将质量控制贯穿于设备采购、制造、安装、调试全过程；三是抓好施工质量控制。管理理念上重视承包商的质量管理体系运作状况的分析和评价，充分发挥监理单位在工程质量管理中不可替代的作用，着眼于工程质量隐患的查找和消除，质量控制的关口前移，杜绝重大质量事故的发生。针对扩建工程行李系统应用DCV新技术国内尚无完整的质量标准的特点，扩建工程在系统调研和分析了国内外相关技术标准的基础上，结合广州地铁的自身实际情况，在招标文件中制定了相应的质量技术标准，为DCV和自助值机系统的质量控制和验收提供了依据。

项目监理部及时编制各专业监理实施细则，并严格按监理实施细则进行监理，监理部在指挥部的统一管理下，对工程实施事前、事中、事后的全过程质量控制，施工过程坚持做到"五到位"：施工管理到位、工艺到位、检验到位、监理旁站到位、质量监督到位。监理单位对施工组织设计及各专项施工方案进行认真审核，特别是对深基坑、高支模、群塔、大型构件吊装等专项施工方案经过专家论证审查后组织实施，重点环节，重点督检，如屋面防水工程是航站楼质量好坏的重要环节，通过对防水工程的重点检查和督促，制订指导性和规范性文件及相关质量和制度检查表格，有效地确保了屋面工程的

防水质量。监理对进场设备等进行审核及安装检查，审查其合格证、维修保养记录。推行样板引路制度，原材料、半成品进场严格按规范进行见证取样和送检，确保材料质量符合要求，加强结构检测和变形监测，确保各工程符合设计和规范要求。监理单位采用监控检查，如巡检、平行检查、分项工程报验、隐蔽验收、跟踪旁站，对于施工过程中发现的问题，通过签发《监理工程师通知单》等形式要求施工方进行整改，并派专人对施工单位的整改实施了跟踪检查，落实整改。

对施工中每道工序或检验批，监理单位严格按设计及规范和行业标准要求进行检查验收，未经验收、验收不合格或整改不到位的，决不允许进行下一道工序施工，上述措施有效地促进了施工方的质量意识、保障了工程质量水平。整个工程施工质量始终处于严格的控制之中。各分部分项工程的验收均按程序实施了自检、专检、互检的"三检"制度，质量控制措施完备。

通过业主、监理、总包的积极协调、全过程的质量监督管理，参建施工方现场施工技术人员的艰苦努力，白云机场扩建工程二号航站楼及附属工程各分部工程检验批报验一次性通过率始终保持在90%以上，未发生重大质量事故，未发现任何违反国家建设工程强制性条文现象，整体质量始终处于受控状态。扩建工程工程质量均能满足设计及使用功能要求，能满足国家相关规范、标准以及国家建设工程强制性条文的要求，质量合格。

4．工程投资控制

扩建工程批复概算为197.3976亿元，预计工程结算价约为185.64亿元，节余约11.75亿元。投资控制措施：

（1）完善各项造价管理制度

为规范建设工程造价管理，明确工程造价管理职责，建立有效的工程造价管理机制，根据《建设工程工程量清单计价规范》《建设工程价款结算暂行办法》等有关法律法规，结合指挥部的实际情况、扩建工程的管理模式，修订完善《广东民航机场建设有限公司工程造价管理办法（试行）》《广东民航机场建设有限公司工程现场签证管理办法》。根据业务管理需要制定《广东民航机场建设有限公司造价咨询公司考核办法》，在项目竣工前，制定《扩建结算实施方案》，为各项造价工作开展提供及指引。

（2）抓好细节，规范工作

根据建设有限公司工程造价管理办法，抓好投资控制各个环节的细节工作，规范清单控制价编制、进度申请审核、合同变更、结算文件编制等一系列具体工作流程及文件要求，要求各参建单位、各造价咨询公司按照指挥部规范办理。同时，在内部管理中，统一建立各项目的造价管理台账，使得项目各项信息（合同名称、履

约单位、合同金额、项目结算办理情况、合同主办部门、造价咨询单位、造价人员等）一目了然，便于总体了解项目情况，以及对外输出有关信息。

（3）依托社会力量参与造价管理

通过公开招标选定建设银行、深圳永达信、北京建友等三家具有实力及同类业绩造价咨询公司参与扩建工程造价管理，指挥部根据工程实际制定《广东民航机场建设有限公司造价咨询公司考核办法》，从人员到位、成果质量、工作实效、廉洁自律等各方面对造价咨询公司进行考核。

同时充分发挥监理公司的造价管理力量。监理公司作为工程建设第三方，投资控制作为其"三大控制"的重要组成部分。在项目实施过程中，充分发挥监理公司的造价管理团队技术能力，参与到投资控制包括进度款、变更价款、结算审核等各个环节中。

（4）抓好设计，从源头控制投资

①方案比选：对扩建工程前期设计方案进行比选，选择最优方案。例如钢网架结构的设计优化。

②在初步设计，加强概算编制管理，确保概算编制扩建工程范围和技术要求相匹配，确保概算编制合理全面，为投资控制打下良好基础。施工图设计各环节中，严格执行限额设计，在源头控制投资。

③设计完成后做好内部审查与外部监督，使施工图纸有足够的深度，避免招标后修改，增加工程造价。

（5）加强招标和合同阶段的投资控制

招标工程量清单控制价的合理、完整直接影响后续施工顺利与否。合理、完整招标工程量清单控制价能有效地减少施工过程中的价格谈判，有利于工程进度的推进及投资控制，因此必须在招标阶段组织设计、工程部门、造价咨询、监理共同研究，提高招标工程量清单及控制价的编制。

优化合同变更、结算和支付条款设置，在符合法律法规的前提下确保合同条款完善合理，既要有利于工程规定，又要有利于投资控制，避免因条款不完善导致的争议。

（6）做好事中管理，严格执行合同约定

事中控制以招投标文件、工程合同等为依据，在造价管理中主要抓好施工方案、设计变更、签证、合同变更进度款的计量支付管理。

（7）注重结算管理

工程造价的事后管理，主要是结算工作。工程竣工结算是指按照合同规定的内容全部完成所承包的工程，经验收质量合格，并符合合同要求之后，建设单位进行审核确认的工程价款。经审核的工程竣工结算是核定建设工程造价的依据。

工程结算以合同和招标文件为依据，根据竣工图结合现场签证和设计变更、过程办理的合同变更进行审核计算，审查是否按图纸及合同规定全部完成工作，认真核实每一项工程变更是否真正实施，该增的增，该减的减，实事求是。

5. 廉洁风险防控

白云机场扩建工程实施以来，为有效防控项目廉洁风险，保障项目顺利推进，省机场集团纪检监察系统在上级纪委的领导和支持下，成立相应监督部门，扎实履行监督这个基本职责、第一职责，前移监督关口、创新监督方式，对项目实施全流程监督，为扩建工程项目优质、阳光、廉洁提供了坚强的纪律保障，为完善国有企业重大建设项目纪检监察监督机制率先作出了有益探索。

（1）创新机制，构建齐抓共管的重大工程项目纪检监察监督工作体系

白云机场扩建工程，是关乎国计民生的重大建设项目，具有投资金额大、建设周期长、廉洁风险点多等特点。如何有效开展监督、确保工程优质廉洁，是机场集团党委、纪委落实党风廉政建设"两个责任"的一项重要任务，也是机场集团纪检监察系统的重要关注点。

集团公司纪委将建立监督体系作为白云机场扩建工程纪检监察监督工作的基础性工程，在扩建项目启动之初，就着手建立健全上下联动的监督网络。2012年，机场集团纪委建立了与上级纪委保持紧密联系、及时有效沟通的白云机场扩建工程廉洁风险同步预防工作领导小组，在指挥部设监督工作办公室，以有效监督统筹推进、保障项目建设和各项业务工作。同时，延伸监督触角，整合各参建单位监督力量，形成监督合力。根据机场集团纪委部署，指挥部与扩建工程各设计、监理、施工单位和质量检测单位签订廉洁协议书，压实各参建单位的廉洁风险防控主体责任。落实党中央关于坚持党的领导、加强党的建设的部署，要求参建单位在项目部设立党支部，配备专责廉洁工作联络员，将全面从严治党各项工作要求落实到每一位参建单位党员干部身上，从而构建起一张横到边、纵到底的监督网络，形成齐抓共管的强大合力。

（2）多措并举，全面推进扩建工程纪检监察监督工作

紧密结合白云机场扩建工程各项业务，聚焦"监督"这个重点，突出抓早抓小，有力、有效防控住了廉洁风险。一是开展谈话提醒，实现抓早抓小。扩建工程社会关注度高，要确保项目安全、优质完成，有效预防腐败是重中之重。纪检监察监督工作牢固树立"抓早抓小"的工作理念，制定《中标单位廉洁预警谈话制度》，以谈话提醒为抓手，针对具体廉洁风险点，派出纪检监察

干部对白云机场扩建工程各中标单位进行廉洁从业预警谈话制度，督促其严格遵守各项制度规定，及时将风险控制在萌芽阶段。截至2018年4月（白云机场扩建工程于2018年4月顺利完成），共组织实施21次预警谈话会，涉及106个单位426人次，有效强化了白云机场扩建工程全体参建者的廉洁从业意识。二是强化宣传教育，实现润物无声。开展工程项目纪检监察监督，既要及时将相关的法律法规和上级的工作要求传达到各个参建单位，也要加强廉洁文化建设，使遵纪守法成为每一位参建者的思想自觉和行动自觉。在具体工作中，大力加强党章党规党纪教育、遵纪守法教育和廉洁自律教育，共举办全员性廉洁从业专题教育讲座13次，组织参观廉政教育基地5次；公开征集廉洁宣传标语，设计制作了10款3000张标语海报分发各施工单位项目部张贴；精选"树廉洁清正之风，筑世界一流空港"标语，设计制作了两幅大型户外廉洁公益广告牌，营造了风清气正的廉洁文化氛围。三是实施廉情预警，实现科技防腐。积极探索以科技手段开展扩建工程纪检监察监督，强化廉洁风险防控，不断提升监督的精准性和时效性。对此，指挥部在扩建工程建立廉情预警评估系统，制定各项廉情预警指标，运用科技、信息化手段同步对工程各环节进行监督。对于系统预警问题，及时运用监督执纪"四种形态"进行处置，积极构建"制度＋科技""监督＋问责"双轨并重的工作体系，较好地起到了提前发现问题、有效预防腐败的效果。四是加强监督执纪，实现利剑高悬。要有效开展纪检监察监督，真正防控廉洁风险，就必须严肃监督执纪，持续强化"不敢腐"的震慑效果。以效能监察为抓手，紧盯招投标、设计、施工管理、资金支付的"四环节"，做到跟踪、监督、整改"三到位"，最终确保了二号航站楼行李处理系统安装工程顺利投入使用，实现了该项目图纸、工程量清单、中标价"三个不变"的工作目标。五是推进建章立制，实现标本兼治。白云机场扩建工程纪检监察监督工作，是指挥部针对国有企业重大工程项目监督工作作出的一次重要探索和创新。因此，在开展工作过程中，注重及时总结经验，制定形成管用有效的制度规范。一方面，坚持有的放矢，补强薄弱环节。相应制定了92条防控措施，并督促业务部门有的放矢地完善相关管理制度，规范管理流程，逐步建立、健全覆盖工程建设项目管理全流程的廉洁风险防控机制。另一方面，坚持问题导向，堵塞制度漏洞。针对监督执纪过程中发现的问题，向业务单位提出相应意见，及时堵塞管理漏洞；督促指挥部推行招投标文件规范化、标准化，减少了量身订做招标的廉政风险；根据上级规定，督促取消工程建设项目评标过程中派出业主评委的做法，进一步压缩在招标活动内部可能出现的舞弊行为，使招

投标决策更大程度上透明和市场化；按照规定，督促指挥部将土建工程评标工作移交广州公共资源交易中心按相应规范程序运作，切断了通过业主评标影响评标结果的可能。

（3）亮点纷呈，扩建工程纪检监察监督工作效果显著

在纪检监察监督的保驾护航下，白云机场扩建工程始终在规范、有序的轨道上推进，并在2018年4月26日顺利投入使用。回顾总结白云机场扩建工程纪检监察监督工作，总结如下：

一是上级党委、纪委的高度重视，是指挥部工作得以顺利推进的重要前提。白云机场扩建工程纪检监察监督工作的有效实施，得益于党中央和省委、省纪委对国有企业党风廉政建设工作的高度重视，得益于机场集团各级党委和纪委的高度重视。在扩建工程项目纪检监察监督工作实施的过程中，上级纪委在谈话提醒、监督执纪、制度建设等各个关键环节亲自给予指导和支持，机场集团党委在纪检监察机构设置和人员配备上也予以重视和支持，这些均是扩建工程纪检监察监督工作得以顺利推进的重要基础和前提。

二是纪检监察监督工作的有效实施，是机场扩建项目优质廉洁的重要保障。一直以来，工程建设项目一直是腐败问题的易发多发区，白云机场扩建工程纪检监察监督工作为工程建设项目的预防腐败工作提供了有益的借鉴，是具有指挥部特色的一个监督工作机制，指挥部共对208个扩建工程子项目进行了精准监督，涉及金额135亿元，中标节约金额约13亿元，平均下浮9.8%，明显提高了投资控制水平。尤其是，面对"投资大、周期长、不停航施工困难多"等诸多挑战的情况下，纪检监察监督工作既保障了项目廉洁，也促进了效率和品质提升，确保扩建工程如期完工，没有发生一起安全事故。

三是党风廉政建设体制机制的有力创新，是指挥部开展监督工作的重要方法。坚持创新工作方式方法，是机场集团纪检监察工作的一个重要特征。在开展扩建工程纪检监察监督工作的过程中，指挥部在各个方面力行创新，综合运用谈话提醒、签订廉洁协议书、建设廉情预警系统等一系列方式，探索出一套行之有效的工程项目监督方式。这些监督手段方式的创新，均有力带动了国有企业纪检监察工作水平的新提升。

建设世界一流机场，指挥部肩负着重大的责任和使命。指挥部将在习近平新时代中国特色社会主义思想和党的十九大精神指引下，不忘初心、牢记使命，全面加强党的领导，一如既往地履行监督职责，为广东省民航高质量发展和"争创世界一流机场集团"的宏伟目标提供坚强政治保障。

4.2 设计管理

4.2.1 设计管理概述

设计是工程建设的龙头，项目投资管理只有从项目前期投资控制目标的设定以及加强设计在项目投资控制中的"龙头"作用的管理，才能真正实现预期建设目标。在二期扩建工程中，通过要求设计单位优化工程设计，开展限额设计、加强项目设计审查，设计管理团队有效而合理地控制整个项目的设计工作，实现对设计进度、质量的有效控制。

在设计阶段，初步设计工作对项目建设投资是至关重要的，同时初步设计工作也是施工图设计的基础和关键，方案和流程在初步设计阶段一旦确定并通过设计审查，在施工图设计中就很难进行大的变动。所以，抓好初步设计工作是白云机场扩建工程建设项目管理工作的关键。为此，指挥部编制了详细的扩建工程初步设计工作总策划文件。扩建工程初步设计总策划文件的内容涵盖了设计工作的特点、组织保障及设计管理目标、初步设计进度网络计划、重要节点和关键决策点、职责和管理机制以及奖惩办法等，从组织、管理和技术等多角度对初步设计工作进行了分解和安排，确保设计工作能有效受控、有序进行。

有了详细的设计策划和计划，需要专人进行计划过程管控。指挥部由专业技术人员组成的设计管理团队全过程跟踪设计工作进展情况，从初步设计开始，一直坚持设计例会制度，在初步设计阶段采用月度设计例会，在施工图设计阶段和施工阶段，则采用周设计例会制度，通过设计例会及时掌握设计进度，并辅助设计单位做好相关决策工作。为了及时确认用户需求在工程中的落实，在方案设计、初步设计、施工图纸设计等阶段，均阶段性组织内审，及时发现设计文件与用户需求的偏差，调整设计，避免施工阶段再出现大的修改。

施工单位进场后，指挥部积极主动协调设计单位对各个施工单位做好施工图技术交底工作，并针对重点、难点技术问题，召开各类专题研讨会议，确保设计意图能落实到工程实体中去。在设计变更管控方面，严格把关，对于变更管理实施过程中发现的问题，及时提出意见，完善设计变更管理制度，并确保每个变更均资料完备，经得起检查，较好地完成了二期扩建工程设计及技术管理的任务，并为以后的工程项目技术及设计管理奠定了坚实的基础。

4.2.2 需求确认

4.2.2.1 股份公司的介入时间

本次扩建工程，股份公司成立了二期扩建工程领导办公室（以下简称"扩建办"），由扩建办对接指挥部在建设过程中产生的问题，需求亦由扩建办收集后与指挥部进行对接。根据本次工程经验，对相关需求的确定建议如下：

（1）股份公司尽早确立新航站楼的使用单位及管理部门，在方案及初设阶段就参与设计工作，需求一旦确定就尽量不修改，设计全过程参与，对需求尽量进行量化。

（2）由指挥部负责机场建设项目的前期及主体结构建设，后期装修、末端设备安装及使用单位自用设备的安装（如广告、商铺等）由使用单位进行建设，指挥部予以配合。这样可使使用单位尽早明确使用需求，既可发挥指挥部专业建设的强项，又可避免需求改变造成的费用、工期浪费。

4.2.2.2 对未来旅客需求的认知

对旅客需求的研究应结合社会发展，要有预判性，建议对旅客进行分类，对高、中、低端旅客的组成、比例进行分析，有针对性地设置相应的设施及服务，做好预留，避免日后频繁的改造。

4.2.2.3 对联检单位及驻场单位需求的及时沟通

联检区域的装修、设备安装交由联检单位进行建设；提前与联检单位沟通，尽早确认使用需求，尽量不要留下不明确的模糊地带，避免日后频繁拆改。

4.2.3 设计过程管理

4.2.3.1 设计管理人员的组成

本期工程设计阶段（含方案、初步设计、施工图设计）由技术工作部（前身为总工室）负责设计管理，人员从各工程部门抽调业务骨干到技术部组成各专业小组，与各设计单位进行对接。后期设计阶段完成后，各工程部门抽调的技术骨干再回到原部门开展施工阶段的管理工作。这样的优点是，可充分调动指挥部各专业的技术力量投入到设计阶段，发挥指挥部的技术人员优势，参与项目的技术人员可从早期的方案设计一直到后期的施工、验收，全过程地参与本项目，对人员的锻炼和经验的积累有大的好处。

但同时，设计管理团队应相对稳定，有利于技术及管理经验的积累，设计与施工是技术线上不同的管理领域，人员经常流动难以将专业做精做细。建议专业的事情让专业的人去做，组建稳定的设计管理团队能更有效地发挥技术人员的管理技能，机场项目的设计管理经验也能系统地传承和积累下来。

4.2.3.2　设计项目的管控

（1）方案设计与施工图设计分开招标，好的方案设计往往不一定出自设计团队强的设计院，这样能让更多、更好的方案供甲方挑选。

（2）重要的专业设计分包（如贵宾室、幕墙等），甲方要严控分包单位的质量，可由甲方进行招标，设计总包单位与其签订合同。

（3）指挥部需组建设计管理小组，从设计前期就参与到各专业设计中去，技术人员必须以设计者的身份参与设计工作，而不是等方案出来后再进行研究讨论。把设计成绩与绩效考核挂钩，努力培养出一支技术能力过硬的设计管理队伍。

4.2.3.3　各项重要设计节点的控制

（1）尽早进行设计招标，尽快确认设计单位，设计工作宜早不宜迟。

（2）在招标设计项目时，预留足够的设计备用金，当时间紧急而设计参数又未定时，可按预设的设计参数进行设计。后续修改的设计费用可从设计备用金中支出。

4.2.3.4　设计工作具体分工

本期工程技术工作部主要负责前期阶段设计任务书的编制；设计阶段设计方案、初步设计、施工图设计的管理；施工阶段设计变更及设计配合的管理，后期的验收及资料归档的配合。

4.2.4　资料管理

4.2.4.1　变更流程制度

本期工程设计变更流程基本遵循指挥部2010版《工程建设类管理制度汇编（试行）》的规定，流程清晰、各参与部门均已涵盖，在变更的流转过程中，能反映各部门的意见，对变更事项审批较严格，满足审计要求。因为变更手续严谨，需各部门会签后才能下发实施，本工程工期紧迫，按常规手续办理，施工周期长，影响工期。

针对于此，技术部根据实际情况，对变更流程进行了以下方面的优化：

（1）设立针对扩建工程单独的Ⅰ、Ⅱ、Ⅲ类变更流程。将变更按金额分为Ⅰ、Ⅱ、Ⅲ类变更，30万以下为Ⅲ类变更，30万~50万为Ⅱ类变更，50万以上为Ⅰ类变更。简化了金额在50万以下的Ⅱ、Ⅲ类变更流程，由现场指挥部总监、副总监会签审批即可，减少了指挥部领导会签的环节，缩短了变更的流程。

（2）设立了紧急变更的绿色通道流程。针对一些现场需紧急处理且金额不大的变更，制定了紧急变更的绿色通道流程，可采用设计白图通过设计师、指挥部工程部、技术部及合约部手签确认的方式，使用白图先行施工，正式手续后补，大大加快了施工的进度。

（3）采用电子版变更的方式。针对传统的纸质版变更流程长、签批环节多的缺点，为加快变更的流转，技术部开发了在OA办公平台上进行变更流程审批的功能，并在2017年6月正式实施。电子版变更的开发，可使审批人在任何地点均能进行变更的审批，大大节省了流转的时间，并且对变更的归档和查阅提供了极大的便利性。

（4）细化了变更原因的分类。原变更分类根据引起的原因分为A、B两类。A类为由于业主或用户需求的改变及增减引起的变更，以及由于设计引起的变更；B类为在施工过程中或设计招标后参数变化需要设计调整，以及现场不明地质条件和各专业间不可预见因素等引起的变更。技术部根据实际需要，将A类变更细化为A1和A2类变更，A1类为由于业主或用户需求的改变及增减引起的变更；A2类为由于设计原因引起的变更。这样的优化对变更的分类更加明晰，变更的原因及责任更加明确，减少了责任互推的现象。

4.2.4.2　验收及资料归档

根据常规做法，竣工图应由施工单位编制，但本期工程由于规模庞大，历时较长，涉及变更量较大，施工单位在做竣工图时往往不能在原施工图上修改，要重新出图。建议在施工招标时明确竣工图编制的费用由施工单位承担，如非施工原因造成的变更比例较大时，可建议由指挥部委托设计另行出一版包含非施工原因变更的图纸供施工单位编制竣工图。

4.2.5　设计考核

从二期扩建整个设计管理工作过程来看，指挥部在设计合同中约定的设计工作考核相关条款较粗放，缺少量化的细节要求，导致建设过程中对设计单位缺乏量化考核的依据。在以后的工程项目中，应制定细致、量化、可行的设计考核办法，使得设计工作管控有理有据，更加高效，同时可通过设定相应的激励机制，提高设计单位的积极性，发挥主动性，为工程建设献计献策，争创更多优秀的设计工程项目。

4.2.6　廉政管控

在工程项目建设中，设计环节是整个项目建设的关键，民用机场工程的设计阶段决定了75%以上的造价。因此，项目设计管理一直是指挥部管控的重点，在落实党风廉政建设"一岗双责"方面，指挥部做了以下工作：

（1）提升技术管理力量，打造高质量项目设计

指挥部为提高设计质量，设立了技术委员会。由指挥部主要的技术骨干（主要是各专业的高工）担任技术委员会内部专家，邀请部分业内知名的专家担任外部专家（如林运贤、陈雄），按专业设立了建筑、飞行区、机电、弱电、总图、投资、档案七个分委员会。充分调动指挥部的技术力量，对设计各阶段的设计文件（包括初步设计、施工图设计、重大设计变更、技术论证等）以及可研、总规、招标文件等关键技术文件进行审查，并提出技术优化意见。使指挥部整体技术力量得到了充分发挥，大大提高了设计管理工作的质量。

（2）加强对设计单位的管理，严控设计阶段主要材料及设备的选用

工程建设主要材料、设备的选用与项目安全、质量、投资有着极大的关联，一直是审计的重点。为防止出现主要材料、设备选用不当、市场选择范围小的问题。指挥部从源头着手，在设计上尽量避免选用市场上购买困难或只有少数厂家生产的材料及设备。施工技术选型上也尽量按照通用化设计的原则，采用广泛使用的技术，避免采用只有少数单位能实施的技术。并通过技术审查的手段，确保按上述要求进行设计。

（3）严控设计变更

指挥部在设计前期就从源头上进行控制，通过尽早选定设计单位，尽早地与使用单位进行对接，尽早与管理部门进行沟通，使设计条件尽早稳定，减少后期需求的变化。在设计单位的选择上，尽量选择实力强、经验足的设计团队，减少因设计错误产生的变更。并通过合同条款对设计单位的变更率进行约定。除此以外，指挥部目前针对设计变更的管理办法进行优化，严格控制变更的发起，杜绝随意变更；加强了重大变更的审查力度，优化了变更时效性的规定。通过多项手段，正逐步向少

变更、零变更的目标靠近。

（4）增加了对设计单位的绩效考核

为加强对设计单位的管理，指挥部在三期扩建工程设计项目的招标文件中，增加了设计考核的专项条款。通过考核，对优秀的设计单位进行奖励，对不称职的设计单位进行扣罚。促进设计单位努力提高设计质量，在合理的情况下加快设计进度，并鼓励设计单位在可行的情况尽量减少造价，实现建设方与设计方的共赢。

4.2.7　其他

4.2.7.1　各设计单位之间的配合

机场建设工程具有规模大、专业性强、建设周期长等特点，需要参与设计的各设计单位之间紧密配合，团结一致才能顺利推进设计工作。本期工程，参与设计的单位主要为广东省建筑设计研究院有限公司、民航总院、电子院、民航二所等，涉及建筑、结构、机电、弱电等多个专业。

在管理上广东省建筑设计研究院有限公司为牵头协调单位，负责对各区域、各专业的协调工作。但由于广东省建筑设计研究院有限公司在合同上与其他设计院无管理关系，对其他设计单位的协调力度十分有限，很多问题需甲方出面协调才能解决，牵扯了甲方许多的精力，也浪费了很多的时间。建议实行设计总包制度，总包外的专业设计单位由甲方招标后，与总包签订分包合同，由设计总包单位统一进行管理，减少各专业之间因配合出现的问题。

4.2.7.2　同一变更事项各专业设计之间的匹配

在工程实施过程中，不可避免需要进行变更，一个变更事项往往涉及建筑、结构、电气、暖通、弱电等不同专业的设计调整，除了要求设计院加强内部专业之间信息沟通管理外，可考虑变更管理中实行类似"变更包"的模式，即一个变更事由对应一个完整的"变更包"，"变更包"中各专业的变更从编号、依据、内容等方面按规定格式编制，避免内容遗漏，减少不必要的浪费。

4.2.7.3　加强对目前市场上主流设施设备的性能、参数的了解

二期扩建工程实施过程中，施工图配合甲购或乙购设施设备进行了不少调整，比如，电梯安装时，发现原设计电缆过粗，无法接入设备自带的开关箱，不得不增加T接箱；因采购的配电箱尺寸普遍比原设计大，导致许

多配电房空间不足，不得不从建筑空间上扩建了一些配电房；空调系统局部部件的配电原设计为单相，实际产品需要三相电源等，因设备这些问题都导致设计不断修改，现场已敷设的管线也需要拆改，比原设计预算增加了费用。因此，需要加强对目前市场上主流设施设备的性能、参数的了解；设施设备进场后应及时提供具体参数，进行设计复核和调整，尽量减少不必要的现场拆改。

4.2.7.4　二次装修区域的设计预留

对于商业、南航办公区域等需要进行二次装修的区域，需要提前规划并在给排水、电气、暖通、消防等专业设计上做好独立的预留。比如火灾自动报警系统，二次装修区域作为航站楼整体建筑内的一部分，需要接入大的火灾自动报警系统，但因二次装修实施较迟且后期常常改变前期确定的功能用途和装修方案，因此实施二次装修时，过多调整已完成的报警系统容易产生系统故障，往往会影响整体的消防验收工作，对于这种情况，设计时在报警系统中预留单独的回路给二次装修区域，可减少问题的产生。

4.2.7.5　工程策划成果从设计阶段开始落实

扩建工程的设计阶段，工程策划未提出先后投入使用的区域需求和具体计划，因此设计文件没有细致考虑局部区域先投入使用和不同区域轮换施工的情况，导致施工阶段需要重新确定方案和增加措施签证费用。

建议进一步做好做细工程策划，可"走出去"——借鉴同行业建设经验，或"请进来"——在设计阶段引进有经验的工程建设咨询单位，从设计阶段开始考虑先投产先运维的需求，为先期投用的区域、设施设备设计符合使用需求的管线路由、防水、防盗等保护措施，避免施工过程中反复修改。

4.2.7.6　弱电设计管理的经验总结

（1）设计合同签订过早，2007年合同签订至2012年可研批复五年间设计工作几乎没有实质性开展，设计单位项目部成本虽然相对较低，但一样要计入，造成后期设计资源投入略显困难。

（2）参建各设计单位整体设计理念均较稳健，加上系统规划较早，设计周期太长，市场环境技术更新迭代快，导致最终完成设计、实施时部分系统先进性不足，或体现为设计创新意识略显不足。

（3）用户参与度不够，需求不稳定。主要导致基础平面调整较多，较大。弱电系统相应调整频繁，变动较大。

（4）项目周期时间跨度大，信息弱电系统具有先天优势即计算机类信息弱电产品更新迭代快，但是价格呈下降趋势，这保证了本次项目的概算未突破。项目周期时间跨度大会增加项目概算风险。

4.3　招标与合同管理

4.3.1　合同规划

合同管理是工程管理三大控制目标实现的重要基础，从横向和纵向两个维度来支撑工程管理的推进。纵向的合同管理包括合同洽谈、草拟、签订、生效执行，直至合同失效为止。横向的合同管理包括合同标段的划分、衔接、合同管理主体的职责和边界、合同造价的预算、合同实施进度等主要工作内容。由此，可以说合同管理是工程建设实体推进的后台支撑的主线，也是最能体现工程管理能力和水平的重要管理实践。

在合同管理过程中，横向的合同管理工作尤其重要，它的实质是建设方资源和能力的全面梳理整合，以最优的合同组合、最省的合同成本、最快的合同工期实现工程建设的目标。在这个过程中，合同规划发挥着关键的作用。扩建工程非常重视合同规划工作，在项目实施过程中，合同规划也发挥了较好的作用，有力地推进了整个项目的实施。

4.3.1.1　高度重视、落实责任

指挥部非常重视合同规划工作，由历任指挥长亲自主抓、多部门共同参与，多次召集会议、安排工作、明确责任、推进落实。

合同规划中涉及的关键项目，主体合同中除征地拆迁外，主要通过公开招标采购来确定缔约主体，因此确定合同规划以招标采购部牵头，在主要的专业部门抽调骨干组成编制小组，根据批复扩建工程内容和各工程管理部门职责，梳理出各合同规划初稿，明确工程内容、标段数量、工程投资、落实各业务部门的责任，如表4.3.1.1所示。

保证高度的目的是加大工作的力度和深度。通过公司整体的重视，需要确定一些方向性的大问题和工作原则，包括管理方式是总承包还是平行发包，掌握、理解行政主管部门的监管力度和市场习惯，最重要还是对项目自身特点的分析和把控。

合同规划责任分工及计划表 表 4.3.1.1

项目名称	工作内容	主管部门	启动时间	备注
航站区工程	二号航站楼土建、机电	航站部、机电部、弱电部	2013 年 1 月	包含城轨、地铁建设
交通中心工程	交通中心土建、机电	航站部、机电部	2014 年 1 月	—
三跑道工程	三跑道及站坪工程	飞行区部、机电部	2012 年 8 月	—

4.3.1.2 明确原则、层层分解

工程建设管理目标就是合同规划的工作目标，工程建设的目标要求工程优质、造价合理、工期确定可控。围绕这一目标，扩建工程分为三跑道工程、交通中心工程、航站区工程三大块，根据建设主管部门不同，建设要求、标准、资质不同，把扩建工程进一步分解为若干子项目，由于工程和设施、设备的市场成熟度及行业监管的要求不同，也进行了区分，以利实际执行。

合同规划最终是为了实现总体策划的工作目标，任务分解后，具体实施的安排直接决定可操作性，要避免挂在墙上、摆在桌上。为此，从设计出图、技术标、商务要求、发布公告、资格审查、开标评标、直到合同签订各个环节，明确时间任务、工作要求、责任部门，对于重要的关键项目，甚至明确到每个人，这样才能保证各个部门在这样一个超大项目中知道干什么、怎么干、时间要求是什么。这样才能将各项资源、各个人员的行动方向和能力素质整合起来，形成合力、形成联动。

要提高合同规划的可操作性，除了要关注项目的特点和目标外，还应当充分考虑建设方的工作特点，只有这样才能保证合同规划的可执行。因此在制定过程中，要注意全面性和统一性原则，既保证所有项目不偏、不漏，还必须和公司的标准合同范本一致，并和公司的职责、职能紧密地结合。合同之间在工作上有必然的关联，管的要求不同，也进行了区分，以利实际执行。

机场建设一般体量巨大，尤其是航站楼，应当由总承包来实施管理，以利于抓住管理的头，由于设计分阶段出图，各项专业工程如钢结构、幕墙、机电、弱电、精装修实际都是平行发包，但要很好地与总承包衔接，发挥总包的管理作用和能力。对于核心的设备，直接关系到项目的投产和使用效果，应给予重视，有必要制订单项的招标计划和策略。

扩建工程的关键线路是航站楼施工，航站楼标段划分如表 4.3.1.2 所示。

航站楼施工标段划分表 表 4.3.1.2

项目名称	工作内容	设计完成	公告发布	开标	造价
土建	主楼土建	2013 年 07 月	2013 年 08 月	2013 年 12 月	12 亿
机电	二号航站楼机电	2014 年 02 月	2014 年 05 月	2014 年 10 月	9 亿
行李分拣	行李分拣	2014 年 09 月	2014 年 11 月	2015 年 01 月	7 亿
弱电	生产弱电系统	2014 年 08 月	2014 年 10 月	2015 年 01 月	6 亿

4.3.1.3 统筹推进、动态调整

扩建工程总投资 197 亿，新建一条跑道，新建约 65 万 m² 二号航站楼，工程量多、投资额大、工期要求紧、使用单位需求复杂、施工场地紧邻运行现场，不确定因素多。此外，在交通中心范围还设置了地铁和城轨站，都有各自的建设标准和进度要求，要保证实现建设目标，必须统筹各方，协同推进。在合同规划阶段必须协同各方，为此，指挥部多次征求业主各方意见，汇总各项制约因素，并与地铁、城轨制订联合招标方案，保证各方的建设标准不走样，工作衔接不扯皮，工期安排有弹性，从实际效果看，取得了较为满意的成绩。

在总体推进的要求下，合同规划还必须动态调整、及时更新。调整的原因主要是关键线路工程由于地质条件、变更需求引起和外部政策环境变化带来，如扩建工程中业主要求增加商业面积约 3 万 m² 导致工程延后；由

于交通中心下城轨因地质原因进展缓慢，导致市政及高架桥的规划和时间进度进行动态调整。此外，由于政策环境带来的调整有时会产生严重的不利影响，其中典型的是行政主管实施取消基坑监测、材料检测收费后，对相应的工作内容全部实行业主委托第三方，这一政策变动导致整个计划招标数量增加一倍以上，由于市场还未发育成熟，实际推进中又多次流标，导致原先不太重要的附属工作，对整个关键线路工程实施产生重大滞后影响。这也说明了合同规划工作必须高度关注政策调整。

4.3.1.4 总结反思

合同规划是总体策划的实操手册，具体指导总体策划的落地。同时，总体策划在广度和深度上较合同规划高一个层级，是合同规划编制和推进的重要依据。虽然有存在的作用和侧重不同，但总体策划和合同规划是重

大项目推进的车之两轮。

合同规划对整个项目推进作用明显，效果显著，建设方应给予足够重视，提高决策层次，对重大项目来说，最好在由地方政府牵头的领导小组层面以总体策划组成部分的形式予以通过和确认，或在建设方或业主方的上一级审批同意，这样有利于保证编制、执行过程中的高度和刚度，减少工作推进中的随意性，这是合同规划成功的关键，也是工程建设顺利推进的关键。

同时，合同规划自身的深度也很重要，在整个过程中要把握好合同规划启动的工作时间。根据合同规划这项工作自身的性质，应当在整个项目建设条件清晰、设计基本稳定后，在总体策划的架构明确后再来启动。这样才能对工作的质量和工作的深度有保证，避免为了规划而规划，也减少工作中的虚功，有利于落实工作的基础。

合同规划的实施过程中，应当设立常设工作机构或机制来保证推进，并动态总结调整。这一机制应当是由各主要部门参与的，有一定层级的，最好由负责全面工作的领导亲自挂帅，以定期组织会议形式开展工作。这样才能保证合同规划是科学的、全面的调整和实施。

此外，在合同管理的实践中，有一个好的工作平台非常重要，能够极大地提高工作效率，减少差错，提升管理能力。当前社会分工非常完善，好的平台很多，且开发能力强，但是能够和自身特点、项目特点契合才是最好的，而自身的特点又包含了管理能力和企业文化，有一个健全的机制、昂扬向上的状态是整个工作的关键。

4.3.2　招投标管理

4.3.2.1　概述

白云机场扩建工程（以下简称"扩建工程"）招标工作涉及二号航站楼、交通中心、第三跑道和110kV变电站等工程，共招标177个标段（含招标失败项目），中标金额约114.3亿元人民币和1.1亿美元（不含招标失败项目和造价咨询等按费率结算合同）。

招标采购工作是扩建工程建设的一个重要环节，同时也是利益集中、风险集中、关注度集中的环节。国家开展工程建设领域突出问题专项整治以来，中纪委、民航局、省工程专项治理办公室、省国资委、省审计厅等部门和巡视组对指挥部的历次检查中，招标采购工作一直是检查、审计的重点。招标采购工作的高质量完成具有重要意义，从工程来讲，可以有效保证工程质量和工程进度，对企业来说，降低工程造价，直接为企业节约采购成本；对市场而言，可以有效引导竞争；此外，招

标采购工作的规范运行可以最大限度地降低廉政风险和法律风险、保护干部，有效降低政府检查、督察、审计风险，从而实现"好、快、省、廉"的工程建设管理目标。

1．完善组织机构，形成集体决策、高效运作的工作机制和工作团队

集团公司工程建设招标领导小组作为机场建设工程招标采购工作的决策机构，根据招标领导小组的章程、工作原则、主要职责、议事规则，对集团公司范围内重要的招标方案、招标计划和重大投诉（或质疑）事件等问题通过会议纪要和集体会签形式进行审议和决策。指挥部设有招标采购部，在招标领导小组和指挥部的领导下承担扩建工程项目的招标采购工作。

在机构改革和流程再造过程中，指挥部将招标采购部的工作范围进行了扩充，纳入了合同管理和造价管理的职能，部门更名为合约部。

除合约部外，指挥部各个专业工作部门也对整个扩建工程招标采购工作形成了有力支撑。各有关工程管理部门负责编制用户需求书，技术工作部组织指挥部技术委员会成员对用户需求书进行审核，纪委（监察审计部）负责对招标采购工作进行全过程监督，行政综合部档案科负责与招投标相关的程序文件和招投标文件的档案管理。相关部门各司其职，形成既互相配合，又互相把关的高效运作机制。

2．建章立制，狠抓落实

指挥部依据国家、省、市有关法规和集团公司的管理规定，制定了《建设项目招标管理规定》《甲供设备（材料）采购管理规定》，明确了招标采购的业务流程、工作职责、工作制度，做到有法可依，有章可循。

为了使制度落到实处，指挥部多次组织了招标采购相关制度的培训。注重工作程序的正确和完善，用正确的方法、程序干正确的事情，从领导管人转变为制度、规范、程序管人。

3．加强集体领导和公开透明，规范招标运作

（1）加强合同规划和招标计划管理。指挥部加强了扩建工程合同规划和招标计划管理，将项目分解为不同的合同段，确定每个合同段的投资概算，明确每个合同段承包人的确定方式、责任部门以及时间要求，明确招标项目的招标方式和招标组织形式。合同规划和招标计划经批准后下发各部门遵照执行。

（2）加强招标文件的编制审核管理。招标文件确定招标的规则，规则往往决定结果。指挥部高度重视扩建工程各项目招标文件的编制审核管理，要求有国家和地方政府制定的范本的，一律以范本为基础进行编制。降低门槛要求，规定除技术上有特殊要求的项目以外，不对业绩做出要求，只要具备国家规定资质能力的企业

均可参加投标，扩大竞争，防止围标。规范评标办法对评分办法中的技术分评分项目和分值相对固定，根据项目特点通过招标文件审核会议方式进行微调；固化商务评分标准，取消评委打分，通过数学公式、按照开标现场随机抽取的下浮率直接计算投标人的报价得分，减少主观因数，力求更加公平、公正。加大集体领导、集体决策，由指挥部相关领导和各有关部门通过会议方式对编制的招标文件初稿进行讨论审核，合约部再根据会议审核意见对招标文件进行修订，办理内部会签、审批程序，经政府主管部门审查备案后对外发布招标公告。加强对推荐材料设备清单的管理，要求推荐的材料设备不少于三种且处于相当的质量、价格水平。禁止设立具有倾向性或歧视性的技术条款。

（3）规范招标运作。提高招标项目的公开性和透明度、实现阳光操作，扩建工程项目的招标采购工作均进入地方政府有形市场交易。加强评标委员会招标人代表的管理，设置招标人代表库，邀请集团范围内的经济、技术专家入库。对于评标委员会设有招标人代表的招标项目，由合约部专人于开标当日在指挥部纪检人员的监督下从相应专业的招标人代表库中随机抽取招标人代表。加强设计和图纸管理，改变片面追求工程进度的做法，要求一律使用经过审查的、稳定的施工图招标，使用完整的工程量清单招标，有效减少工程变更，降低合同履行风险，有效防范因工程变更可能引起的廉政风险。加强招标控制价的管理，通过招标方式委托专业的造价咨询单位编制各招标项目的工程量清单和招标控制价，招标控制价经指挥部专题会议审核，会议由指挥部全体领导成员、纪委（监察审计部）和其他有关部室参加，逐项审核，确定招标控制价，以会议纪要形式固定会议结果。

（4）注重自身能力建设，加强对招标代理的管理。扩建工程招标项目涉及施工招标、工程的勘察、设计、监理、测量、检测等服务招标和工程设备材料等货物采购招标。这些项目又划分为民航专业和非民航专业，分别接受民航局和地方建设行政主管部门监管，其中设备项目中还有个别进口机电设备采用国际招标方式，接受外贸主管部门的监管。在招标组织形式上，严格按照发改委立项批复的《项目招标核准意见》实施。面对复杂的市场情况，指挥部通过"请进来""走出去"等形式加强人员培训，加强招标采购工作能力建设，牢牢掌握招标工作的主动性。扩建工程选择了实力强、信誉高、服务好、管理规范的企业承担招标代理服务，并建立相关的评价机制，加强了对招标代理的管理。

（5）加强纪委监督，实现招标工作全过程监管。指挥部制定实施了《广东省机场管理集团有限公司工程建设指挥部招投标监督管理办法（试行）》《广东省机场管理

集团有限公司工程建设指挥部招投标监督工作规范（暂行）》和《广东省机场管理集团有限公司工程建设指挥部物资设备招标采购效能监察实施方案》等一整套招标采购监督管理规范，加强内控，实现对招标前期工作、招标公告、招标文件编制、审核、报批、招标公告、资格审查、评委抽取、开标、评标、公示、质疑处理、合同签订等招标工作全过程的无缝监督，实现实时监督，实时提醒，做到纪委（监察审计部）对招标全程工作了如指掌，将廉政风险和违规风险降至最低。

（6）加强信息公开，实现阳光招标。扩建工程所有招标项目均按照国家、省、市政府、民航局以及集团公司要求，在建设工程交易中心网站、中国采购与招标网、中国招标投标公共服务平台、民航专业工程建设项目招标投标管理系统、广东省招标投标监管网、中国国际招标网、集团公司网站等媒体上发布招标公告、资格审查结果、中标候选人公示等信息，接受社会监督。

4.3.2.2　企业诚信管理体系建设

1.　建立企业诚信管理体系的背景

机场建设属于国有资产投资的大型建设项目，对于质量、安全、工期等方面有着较高的要求。同时由于机场作为交通枢纽，是一个城市的门户形象，对于当地经济社会有很大的推动作用，因此企业内部、上级部门和社会各界都希望能在尽短的时间内建出一流的精品工程。结合目前的招投标制度，建立参建企业的诚信管理体系是近年来地方行政管理部门以及业主企业在共同研究并大力推行的新型管理体系，能通过定期对参建企业的现场表现和履约行为等全方位地打分，从而直接影响该单位在未来机场项目中标的可能性，甚至于反馈到广州市的企业诚信系统，这样一来将大大加强业主的管理力度，参建企业必然有所忌惮，希望通过提高诚信评价来赢得未来继续中标的可能性，从而达到双赢的效果。

2.　企业诚信管理的建立

指挥部上下对于建立企业诚信管理体系十分重视，经各相关部门多次讨论研究，在2015年底初步拟定了《广东民航机场建设有限公司参建单位（合作企业）诚信综合评分暂行管理办法》以及《广东民航机场建设有限公司黑名单暂行管理办法》，并报送广州市住建委审阅。

2016年正值白云机场扩建项目施工的重要阶段，指挥部希望抓住这个很好的时机，全面推行企业诚信管理体系，从而达到加快推进机场二期工程建设、进一步地规范招投标与合同履约的目的。建立起奖优罚劣的良性机制是确保扩建工程建设的质量、工期、安全、造价、廉政等管理目标实现的重要保障。

指挥部建立诚信管理体系的议案得到了省纪委和广

州市住建委的大力支持，在工作调研座谈会上，广州市住建委提出了许多建设性的建议，强调了诚信评分应注意廉洁风险的防范。会后，指挥部优化了程序设置和评分权重：第一，在程序设置上，诚信分数是由多个部门参与打分，设置了严格的审核、公示程序，杜绝个人或个别部门操纵分数的可能。指挥部招标领导小组为合作企业诚信综合评分的主管机构，由指挥部工程管理部牵头，合约部、经营管理部、安全质量部、监察审计部等派人组成的评审委员会，负责对合作企业进行诚信综合评审，评审结果报招标领导小组批准，并在省机场集团招商采购网络平台进行公示，并设置了投诉复核机制，保证公平、公正。第二，在评分权重上进一步完善，以实际表现的客观分为主（占85%），其中劳动竞赛作为指挥部多年以来一直实施的工程建设争先创优激励项目，在评分标准占据着重要的地位（占20%），而劳动竞赛评选本身具有严格的程序设置和科学的评选标准，由指挥部、总承包单位、施工单位等多主体参与，通过民主、透明、公平、公正的方式评选出获奖单位，进而保证了诚信评分能够较好地体现合作企业在工程建设中的表现情况，避免了根据个人喜好评定诚信分数的情况。

3．企业诚信体系的试运行

经过指挥部上下努力，在2016年10月27日《广州市住房和城乡建设委员会关于协调白云机场扩建工程有关问题的会议》中，广州市住建委明确同意《广东民航机场建设有限公司参建单位（合作企业）诚信综合评分暂行管理办法》《广东民航机场建设有限公司黑名单暂行管理办法》试点工作，请指挥部参照广州地铁集团的成功经验，按照"公平、公开、公正"的原则，完善管理办法后可试行三个月，试行结束后及时总结试点情况，再报市建委申请正式运行。

随后，在2016年12月、2017年6月和9月，指挥部共三次对白云机场扩建工程的五大专业的16家在建施工企业进行了企业综合诚信评价的试打分。从试打分的结果来看，总体达到预期目标，试打分客观公正地反映了参建单位的综合履约情况，与现场业主、监理和总包对大部分被评价施工单位的总体印象相一致。在几次试打分过程中，通过不断深入研究，并结合各方的反馈建议，对评委组成、评分办法和评分流程都做了优化完善，最新版本的诚信评价体系已得到公司上下的基本认可，具备可操作性，初步具备了常态化运行的前提条件，以下是试打分工作的总结：

（1）制订诚信综合评分手册，工作流程具体可操。

在《管理办法》的基础上进一步细化，制定了《广东民航机场建设有限公司参建单位（合作企业）诚信综合评分手册（试行）》，手册中明确了组织机构和职责，其中包括领导小组、常务办公室、评审委员会和监督机构。

手册还明确了评分流程和评分办法。按季度评分；分数构成为基准分30分，现场综合评价15分，加分项（特别贡献、劳动竞赛、合同履约情况、安全文明、工程奖项）55分以及扣分项。手册更具体明确地指导综合诚信评价体系的日常操作，为诚信评价提供了制度上的保障。

（2）不同评分主体对不同内容打分，权力分散，针对性强。

综合诚信评分的评价主体由七个部门（负责人）组成，其中包括两名现场副总监及合约部、土建工程部、机电工程部、安全质量部、财务部的负责人。评价主体覆盖项目实施过程中的各个方面，各主体对评分内容负责。而现场综合评价、合同履约情况则由多个相关部门的评分结果进行加权平均。特别贡献和工程奖励等加分项需要提供书面证明材料，不提供不予加分。

（3）建立监督体系，公司纪委全程参与，保证体系运作公平、公正、公开。

公司纪委全程参与综合诚信评价过程，包括体系建设的监督、打分评审会的现场监督、信访异议的监督处理。监管的内容主要包括对于评分体系建立的公平合理性、过程的规范性，以及事后投诉异议的监督处理。

（4）建立公示和反馈机制，接受参建单位的监督。

参建单位综合诚信试打分的结果在指挥部办公楼、现场指挥部第一会议室和二号航站楼的主楼进行公示。同时，也在机场集团官网的招商采购平台公布了结果，将来沿用公示机制。如果被评价的参建企业对评分的结果有异议，将直接向监督部门提出。反馈机制的建立，对业主的权利进行了制约，增加了公平性和透明度。

4．企业诚信体系下一步工作的展望

综上所述，指挥部建立的参建单位综合诚信评价体系有制度上和流程上的规范和保障，评审过程顺畅。从三次评分的结果上看，能较客观地评价参建企业的综合表现。并且从第三次试打分与前两次的比较中看，一些之前较差的企业也有了一定程度的分数提高，诚信评价对参建企业起到了正向的激励效果。从参建企业的反向监督来看，暂无对诚信评价体系制度及试打分结果提出异议，该评价体系已初步具备了常态化实施的前提条件。

由于机场项目生产周期较长、涉及的专业较多，与重复性高、专业较单一的项目相比，业主的企业诚信体系管理难度增加。但在上下一致、希望提高公司综合管理能力的愿景下，大家必将克服各种困难，不断推进指挥部企业诚信体系的健全和完善。

4.3.2.3　物资设备招标采购总结

扩建工程物资设备招标采购作为扩建工程招标工作

的一个重要组成部分，依据国家招投标法律法规，遵循公司各项招标管理制度，按照公司甲供设备（材料）采购管理规定开展实施，共计完成扩建工程（含二号航站楼、交通中心、第三跑道和110kV变电站等工程）设备材料招标45个标段，中标金额约17.7亿元人民币，招标采购价格在概算控制价范围内，有效保障了扩建工程的物资设备供应。

1. 根据物资设备招标采购特性，制定原则、目标

扩建工程设备材料种类繁多，按区域可划分为航站楼设备设施、站坪跑道设备材料、配套工程物资设备；按专业主要分为水、电、风等设施设备；按行业主管部门分为民航专业设备和非民航专业设备。根据物资设备的种类及特性采用不同的招标采购方式，主要有机电产品国际招标、民航局监管的民航专业设备招标、地方行政主管部门监管的设备材料招标。

为实现"好、快、省、廉"的工程建设管理目标，保障扩建工程的品质和效能，按照集团公司选大、选强供应商的原则，通过公开招标，选取安全可靠、性能优良的设备产品。

2. 制定完善的招标采购计划，整体布局、分段实施

物资设备招标计划围绕工程整体进度计划，以合约部为归口部门，由扩建工程各相关部门联动配合，从立项准备开始，不断细化完善，分阶段按步骤有序推进，主要有以下几个阶段：

（1）可行性研究报告阶段。将物资设备招标纳入招标情况说明，包含物资设备招标组织形式（委托招标）、招标方式（甲供设备公开招标）、招标估算金额，体现在工程立项批复的《项目招标核准意见》书中，作为今后物资设备招标报备的政策依据。

（2）初步设计及概算批复阶段。初步设计列出主要设备子项及规模数量，考虑大型设备如行李系统、安检系统的模式、新技术的运用、节能环保理念等影响投资金额的重要方面，形成设备材料概算核定表，作为今后招标采购控制价的基础。

（3）工程计划阶段。按照扩建工程整体工期计划制定甲供物资设备招标采购计划，由于物资设备有一定的生产供货期，特别是大型、进口、特种设备供货期更长，尽早启动招标采购整体计划，再按时间制定分段进度计划。招标采购计划清单主要包括以下几个方面内容：所在区域（航站楼、站坪跑道、配套工程等）、设备材料专业及名称（民航专业设备、空调系统设备、供电系统设备等）、规模数量、技术标书编制部门及提供时间、标书合成及审定时间、定标时间、到货时间。

（4）招标采购准备阶段。主要准备工作是进行市场调研，了解潜在设备供应商的资质情况和技术水平，根据设备材料的特性和供货市场情况制定招标策略；技术需求书的准备，以技术部及相关工程部门为主，提出设备材料的详细技术规格和参数要求，形成技术文件；根据国家、地方的规范性文件范本编制招标文件，招标文件主要包括合格投标人条件等资质要求、设备材料清单、技术需求书、评标办法及合同条款；委托招标代理机构，签订招标代理服务协议；经公司会议讨论审议后确定招标方案和招标文件。

（5）招标采购实施阶段。按物资设备招标监管部门进行招标备案，进入公共交易平台发布招标公告、接受报名、发售招标文件、进行招标答疑、组织开评标及办理中标公示。

3. 建立招标完成后跟踪配合机制，完成归档和信息存储

招标完成后移交招投标资料，配合合同主办部门进行物资设备合同谈判，配合工程部门进行到货验收、仓储保管，对招标程序文件进行归档，配合档案室工作。在公司合约管理系统中保存招标项目信息，完成电子信息存储。

4.3.2.4 地铁城轨共建段联合招标

白云机场扩建工程是国家、省、市重点工程项目，初步设计批复投资197亿元。二号航站楼又是白云机场扩建工程的主体工程，面积约65万 m^2。交通中心是整个扩建的重要配套项目，是发挥综合枢纽的关键工程，面积约23万 m^2。

二号航站楼的主体工程包括二号航站楼的主楼土建工程和城轨、地铁下穿工程，工程量大、施工难度高、工期要求紧，是二号航站楼工程最重要的一个分部工程。交通中心项目在面临上述挑战的同时，还包含了城轨、地铁的站台、站厅的施工。这两个项目均是不同业主各自生产经营的重要设施，也是展示服务、形象的重要窗口。其施工、管理责任贯穿了整个二期扩建建设期，对扩建工程的安全、质量、进度、投资以及各标段间的协调管理起着举足轻重的作用。

如何在不同建设要求和标准下，实现工程建设的目标，指挥部和珠三角城轨公司、广州地铁公司进行了有益探索。

1. 统筹协调，合力共建

二期扩建工程是国家重点建设任务，是整个珠三角和粤港澳大湾区的重要基础设施，省、市各级政府高度重视，成立了由广东省主要领导挂帅的领导小组，统筹推进整个项目建设。高层领导的重视，总体建设目标的明确，使得各方有了统一推进、共建发力的良好基础。

本项目从启动到实施的各个阶段，三方业主标准和进度虽有各自不同的要求，但在共同目标的基础上，建立起了良好的协调机制，设计和业主管理上有定期的会议和不定期的磋商，对于重要设施、结构，采取就严、就高原则，对各自功能性、配套性的建设在保留各自特色基础上加强协调。在最重要的施工环节，为了保证建设的顺利，加强统筹、减少矛盾、形成合力，机场、城轨、地铁三方商定施工环节统一招标，由一家单位统一施工，更加高效地推进整个项目。

2. 分工明确，紧密衔接

二号航站楼建设定位是广州综合枢纽的关键组成部分，而城轨和地铁又是二号航站楼发挥功能的重要配套。为此，各自的基础结构、建筑装饰、设施设备是紧密衔接的，在实际设计、施工上，按结构逻辑、重要性程度和施工便利的原则，明确区分各自设计施工边界，同时服从于统一的标准和进度。

城轨以及地铁区间段工程从二号航站楼主楼下方南北贯穿通过，二号楼主楼相应区域的基础工程与区间段有紧密的衔接。由于扩建工程整体工期紧张，城轨和地铁区间段工程采用大开挖的施工方式，二号航站楼主体工程预留相应跨度延后施工，待区间段封顶之后上部土建再进行施工。如此一来，机场工程与下穿的城轨地铁工程存在着互相牵制的大量交叉作业。由同一家施工队伍进行施工，将大大减少协调工作量、同时节省工程。

由同一家施工队伍施工，还能有效降低由于责任难以界定而产生的潜在质量风险。同时，联合招标产生规模效应，大量同类材料的采购和运输，将有效降低成本。在施工现场的项目部搭建以及施工措施的共享，也能更有效地利用起来。就联合招标问题城轨公司请示了广东省发改委，得到了广东省发改委的同意。

二号航站楼主体结构上部土建工程于2013年9月在广州公共资源交易中心发布了招标公告，三个分项工程分别设置了招标控制价，机场部分7.54亿元、城轨部分4.16亿元、地铁部分5000万元，投标人各分项的报价均不能超过招标控制价。交通中心主体结构在2014年10月1日发布招标公告，整体招标控制价为9.09亿元，其中机场部分5.46亿元，城轨部分2.20亿元，地铁部分1.43亿元。

评分办法按广州市大型复杂项目范本采用综合评分法，技术分权重40%，经济分权重60%，再结合广州市企业综合诚信得分计算投标人的总得分。经济分中，除了按惯例设置的总报价得分外，还设置了重要材料的10个综合单价得分。某一单位的单项报价偏离所有投标人的评价单项报价的将扣分。

最终，广东省建筑工程集团有限公司以12.46亿元的报价获得航站楼主体工程一标段的中标；中国建筑第八工程局有限公司以9.01亿元的报价获得交通中心主体工程的中标。本次招投标竞争激烈，国家、省、市的许多优秀大型施工企业都来参与。招标过程是优中选优，经过资格审查、技术标评标、经济标评标等环节才最终确定了中标施工企业。中标的几家施工企业都是业绩优秀、项目管理经验丰富、技术力量雄厚的优秀施工企业，具备了能把白云机场扩建工程二号航站楼和交通中心工程建设成为"好、快、省、廉"的国家优质工程的能力。

3. 保障有力、成效明显

二期扩建工程是广东省、广州市的窗口，是走在前列的样板，得到省市领导与社会各界的高度重视。能够参与白云机场扩建工程的建设，这样的机会也是来之不易的。因此，承建项目的施工企业，从单位领导到项目经理，再到普通的员工都要对白云机场扩建工程的建设给予最高的重视，发挥各自的优势，能够做到项目资金专款专用、及时到位，项目经理、安全经理管理到位，机械设备和劳动力投入充足，必要时要做好加班、抢工的思想准备，有打硬仗打胜仗的信心与决心，"好、快、省、廉"把白云机场扩建工程做好。

（1）质量管理

工程质量验收等级评定按现行《建筑工程施工质量验收统一标准》的有关规定执行，同时应以确保创国家优质工程"鲁班奖"为质量的最终目标进行施工管理。

施工单位必须建立并健全全面质量管理体系、施工质量检验制度和综合施工质量水平评定考核制度，严格按照操作工艺流程、技术要求施工，设置具备资格的各级技术管理和质量检查人员。

（2）工期管理

二号航站楼土建工程一标段总包工期为1500天。其中航站楼土建工期24个月，地铁工程12个月，城轨20个月。

承包单位严格按合同计划落实管理责任，为整个扩建工程如期投入使用提供保障。

（3）安全管理

①严格落实建筑施工通用安全管理要求，健全规章制度，保证人力、资金投入，加强检查整改，确保安全生产万无一失。

②必须按照广州市建设委员会（穗建筑〔2006〕635号）、（穗建筑〔2006〕668号）文件规定办理建设工程平安卡。

③按照《关于加强建设工地民工安全教育和现场出入管理的通知》（穗建筑〔2006〕655号）的规定，加强对施工人员、材料、设备的进出工地管理。

④落实安全生产三级教育制度，未经承包人组织进

行安全生产教育并考核合格，且未与用工单位依法签订书面劳动合同的人员，工程监理单位将不确认其进入施工现场作业资格。

⑤施工使用的材料和机具设备应按规定进行质量安全检测，未经工程监理单位按规定确认的作业人员、施工材料和机具设备不得进入施工现场；对已进场的施工材料和机具设备进行动态管理，定期安全检查，不合格的坚决停用，并清出施工现场；施工机械操作人员实施机组责任制管理，并依照有关规定持证上岗，严禁无证操作。

⑥施工单位应按照《关于加强市政重点工程文明施工管理的通知》（穗建筑〔2006〕411号）、《广州市建设工程现场文明施工管理办法》（穗建质〔2008〕937号）、《关于进一步规范建设工程施工现场围蔽的通知》（穗建质〔2008〕1008号）、《关于再一次明确市政工程施工围蔽设置要求的通知》（穗市政园林函〔2009〕265号）等的规定做好现场文明施工的管理工作。

4.3.3　合同管理

合同管理是工程管理三大控制目标实现的重要基础。通过工程合同双方责、权、利关系，内化建设工程项目的工期、质量、投资等目标。合同管理也是指挥部组织项目建设、配置项目建设过程中各种资源的重要手段。合同管理贯穿于扩建工程的全过程和各个方面，对整个项目的实施起总控制和总保证作用，是整个建设项目的核心推动力。

合同管理作为工程项目管理的一个重要组成部分，必须融合于整个项目管理中，并以实现项目顺利完成为目标。合同管理必须对全部项目、项目实施的全过程和各个环节、项目的所有工程活动实施有效的管理。

指挥部对工程合同管理工作予以高度重视，通过建立科学的合同管理体系、设立电子信息合同管理审批平台、制订合同管理制度、配备合同管理的专业人员和法律顾问、不断加强员工的合同意识教育等手段，严格按照合同法的要求，做好合同的管理，保证了扩建工程项目的顺利进行。指挥部的合同管理部门和相关职能部门也密切配合，共同完成扩建工程所有项目的管理任务，实现扩建工程顺利投入使用的总目标。

白云机场扩建工程共签订各类合同658份，涉及金额约156.99亿元。主要通过以下几个方面进行扩建工程的项目合同管理工作：

1. 建章立制，明确权责

制订并实施《广东民航机场建设有限公司合同管理办法》（以下简称《办法》），规范指挥部的合同管理，明确合同管理过程中各相关部门的职责和管理流程，建立高效的合同管理机制。

（1）《办法》明确了合同管理机构，制定了合同管理各项职责分工，并形成一套严谨科学的合同管理体系。合同管理涉及项目建设过程中的各个方面，合同管理职能也需分配到指挥部项目管理机构内部的各个部门中。

《办法》中明确合约部作为合同归口管理部门，统一负责所有工程建设合同的管理工作，根据具体的业务类别，由各业务部门作为合同的具体协办部门，从不同角度和在各自的业务范围内进行审核和把关，如主办部门负责起草合同计划，负责启动合同委托、合同支付、合同变更、合同结算等流程及准备相关文件；财务部侧重对合同项目的资金来源、合同支付、税务和资产管理及财务决算方面进行把关，审核合同支付申请；技术工作部参与技术复杂合同项目技术条件和技术需求书制定，参加合同谈判，负责对合同技术方案进行把关；监察审计部参与招标、合同谈判、合同变更会审会，对合同管理的主要环节进行事中监督，对合同管理重要环节或事项开展不定期的专项审计，促进指挥部合同管理的不断改善，对合同整体程序合法性、有效性进行审核会签等。由于指挥部对合同管理工作做到统一管理、分工明确，公司内部各个部门之间责任明确，各司其职，分工协作，合同管理效率得到了很大提高。

（2）《办法》建立和健全了合同管理中每一项工作和内容，每一项具体可操作的制度使合同管理有章可循，也提高了合同管理质量和效率。

为保障合同管理流程的顺利实施、规范相应的合同管理工作制度，《办法》对指挥部合同管理组织形式及职责、合同规划、合同委托方式和管理、各类合同的审批与订立、合同执行、合同后续管理、印章使用管理等工作都制定了严谨且完善的制度，方便了指挥部对合同管理工作的统一管理，也保证了合同实施的连续性和一致性。《办法》中清晰的使用指引，也很好地实现了合同的标准化管理。

2. 创新系统，提高效率

扩建工程早期的合同均以纸质版的文档进行备案和审批，一些重要的施工合同仅内容就上百页，一些重要的修改内容和关键的条款审查很容易出现错漏；合同文本不方便交接，审批周期长，当遇到审计和检查合同台账时，由于统计的维度和要求不一样，相关合同台账记录形成困难，反馈周期滞后。为加快合同审批进度，提高合同管理的工作效率，指挥部根据实际需求情况，建立了合约管理系统。系统主要有以下优点：

（1）通过合约管理系统，实现对所有项目合同的在线修改、审批和监控，合同台账自动生成，合同信息和相关依据一目了然。集中统一的信息平台，使指挥部更加及时、全面、真实地掌握工程实施的进度和情况。

（2）合约管理系统的应用，优化了合同管理的流程，使各部门之间权责更加清晰，对于每一个时间节点和修改痕迹都能有迹可循，合同管理更加规范化和标准化。

（3）依据合约管理系统进行公司的合同管理，规范了公司各部门的工作制度，有效提升了部门间的协同、提高了职能部门的工作效率，合同审批流程更加高效，固化的流程也更有利于指挥部进行精细化管理。

合约管理系统的应用对于完善公司治理、实现高效组织和精细运营、控制各类风险起到了关键作用，也提升了指挥部的核心竞争力和管理能力，为扩建工程后期的合同管理提供了有力的支持。

3. 法务参与，防范风险

对重要合同和合同范本引入律师审查机制，进一步保护建设公司的权益，避免或减少损失的发生。

指挥部每年都会签订大量的合同，涉及工程建设的合同金额动辄以亿为单位计算，若工程建设中产生纠纷将对项目进度和工程管理产生非常严重的影响。为此，合约办理中，强制要求律师参与合同审核工作，可以更好地保障公司的利益，控制合同签订和履行中引发的法律风险。

经营活动中最为重要的法律风险就是合同法律风险，指挥部通过对重点合同和合同范本让律师参与审查、起草和修改，预防和控制了合同文本及签订与履行中的各类法律风险。律师工作有机地融入合同管理工作中，使法律风险控制从事后补救转变为事先预防，以最低的成本实现法律风险的最小化和安全利益最大化。

指挥部在合同管理中让业务人员、法务人员、专业律师相互配合、梯次搭配，共同实施合同的法律风险管理。业务人员负责合同的内容及方式，法务人员处理常规问题并负责与律师沟通，而律师则审核和分析其中最为重点、复杂和关键的问题并从法律风险控制的角度设计应对方案，从而进一步保护了指挥部的利益，避免或者减少损失的发生，合同纠纷的法律官司也大大减少。

4. 标准合同，规范管理

指挥部每年都会签订及履行大量的合同，各级人员也要审核或者修改大量的合同。但许多合同大同小异，每份合同均从头审查、修改花费的时间和精力大多属于浪费。而且部分工作人员沿用的合同文本过旧，甚至某些文本引用已经废止多年的法规，文本与现实需求严重脱节，有些内容因不了解实际情况而不切实际，与现实脱节。指挥部的工作要求是每份合同都要审查，而无论其是否相同或相似，加上没有建立合同标准文本体系，每份合同均需从头审查。在早期的合同管理中，各业务部门所需要的合同没有建立文本库，业务部门负责合同的人员也经常变化，对于业务所需要的文本也随意变更。为解决这种状况，合约部适时地建立了指挥部标准合同文本体系，改变过去合同一事一审的状况，既提高合同文本的质量，也提高合同工作的效率。合约部相关人员还根据不断变化的法律法规对合同范本进行更新，使范本不会出现脱节的情况。合同标准得到统一，可以快速复制，有效提高了合同管理的工作效率。

指挥部通过建立科学的合同管理体系、建设电子信息合同管理审批平台、制订合同管理制度、配备合同管理的专业人员和法律顾问、不断加强员工的合同意识教育等一系列手段，将复杂的合同管理简单化，为扩建工程的顺利完工打下了坚实的基础。

4.3.4　投资控制

4.3.4.1　投资控制概况

扩建工程批复概算为197.3976亿元；其中工程费用为136.0905亿元，工程其他费为48.0261亿元，基本预备费4.4905亿元，建设期贷款利息为8.7905亿元。

扩建工程共合同499份，合同金额159.40亿元，对应概算金额为181.35亿元，截至目前，结算工作已接近尾声。工程结算价约为185.64亿元，节余约11.75亿元。

4.3.4.2　投资控制措施

1. 管理制度措施

（1）完善各项造价管理制度

为规范建设工程造价管理，明确工程造价管理职责，建立有效的工程造价管理机制，根据《建设工程工程量清单计价规范》《建设工程价款结算暂行办法》等有关法律法规，结合实际情况、扩建工程的管理模式，修订完善《广东民航机场建设有限公司工程造价管理办法（试行）》《广东民航机场建设有限公司工程现场签证管理办法》。根据业务管理需要制定《广东民航机场建设有限公司造价咨询公司考核办法》，在项目竣工前，制定《扩建结算实施方案》，为各项造价工作开展提供指引。

（2）建立工程造价工作例会制度

在项目实施过程中，按月定期组织召开工程造价工作例会，保持施工单位、监理单位、造价咨询单位、建设单位等各方沟通渠道顺畅，及时了解各单位在工程造价管理工作中的难点及诉求，解决造价上的各项问题，为工程建设现场推进创造良好环境。

（3）抓好细节，规范工作

根据建设公司工程造价管理办法，抓好投资控制各个环节的细节工作，规范清单控制价编制、进度申请审核、合同变更、结算文件编制等一系列具体工作流程及文件要求，要求各参建单位、各造价咨询公司按照指挥部规范办理。同时，在内部管理中，统一建立各项目的造价管理台账，使得项目各项信息（合同名称、履约单位、合同金额、项目结算办理情况、合同主办部门、造价咨询单位、造价人员等）一目了然，便于总体了解项目情况，以及对外输出有关信息。

2. 依托社会力量参与造价管理

（1）选择优秀的造价咨询合作伙伴

根据公司目前的造价管理实力及管理模式，需要专业的造价管理合作伙伴参与本项目，这也符合目前建设管理"小业主、大社会"的情况。为此通过公开招标选定建设银行、深圳永达信、北京建友等三家具有实力及同类业绩造价咨询公司参与扩建工程建设。

（2）严格管控造价咨询单位

指挥部根据工程实际制定《广东民航机场建设有限公司造价咨询公司考核办法》，从人员到位、成果质量、工作实效、廉洁自律等各方面对造价咨询公司进行考核。考核结果直接跟造价咨询费用及后续工作量挂钩，实现奖优惩劣，有效地调动造价咨询公司的工作积极性，实现三家造价咨询单位之间形成"比学赶超"的良好局面。

（3）充分发挥监理公司的造价管理力量

监理公司作为工程建设第三方，投资控制作为其"三大控制"的重要组成部分。在项目实施过程中，充分发挥监理公司的造价管理团队技术能力，参与到投资控制包括进度款、变更价款、结算审核等各个环节中。

3. 指挥部全员参与投资控制

白云机场扩建工程作为重大公共建筑投资项目，涉及专业多、技术复杂。而投资控制涉及方案选定、工程现场管理等各个方面，需充分发挥技术工作部、工程部的技术能力。动员全公司力量参与到投资控制环节中。

4.3.4.3 做好各环节的投资控制、注重抓好细节管理

1. 抓好事前控制，制造投资控制的主动性

因工程的特性决定工程造价管理的单件性、多次性、复杂性，前期造价是后期造价的基础，工程造价的事前控制是主动控制，可以取得事半功倍的效果。做好事前控制有利于在招标阶段通过投标竞争解决如施工措施费

和项目综合单价等价格问题，避免在工程施工中与施工单位反复谈判，既影响工程顺利推进，价格也难以下降。因此做好事前造价控制工作非常重要。

（1）抓好设计，从源头控制投资

①在初步设计、施工图设计各环节中，严格执行限额设计，在源头控制投资。

②方案比选：在扩建工程前期进行设计方案比选，选择最优方案。例如钢结构项目，在钢结构的设计、站坪地基处理方案、做好了施工方案的比选工作，如上部土建基坑开挖放坡系数，根据已开挖部分的土质及周边已施工项目的土质判断，减小了放坡系数，节约造价400万元。

③设计完成后做好内部审查与外部监督，使施工图纸有足够的深度，避免招标后修改，增加工程造价。

（2）招标文件、合同商务条款的合理约定

合同条款中设置支付条款时，充分考虑施工情况，解决资金合理支付，可以让承包商尽快拿到已完成的项目，加快后续项目的推进，而且合理支付资金，投标人降低资金成本，也可以降低投标报价。如行李系统项目，第一版招标没有考虑设备进场后就支付设备款部分进度款，按正常安装调试完成后支付。第一次招标控制价7.7亿元，但项目招标失败。第二版招标，招标控制清单按设备采购、设备安装分别开项，设备进场后就支付到进场设备采购价的75%，修改合同条款后第二次招标，中标金额比招标控制价低1.21亿元；钢结构项目，在钢材加工完成，尚未吊装时，支付该清单单价的50%进度款，解决了钢结构吊装完成后才支付的弊端，解决了工程资金，推进了工程进度。

（3）编制合理完整的清单控制价

招标工程量清单控制价的合理、完整直接影响后续施工顺利与否。合理、完整招标工程量清单控制价能有效地减少施工过程中的价格谈判，有利于工程进度的推进及投资控制。

①与设计单位的沟通联动

招标工程量清单控制价是基于设计院提供的招标图基础上开展工作，招标图的质量直接决定了招标工程量清单控制价的质量。在清单控制价编制过程中，建立设计院、造价咨询公司、建设单位的沟通渠道。在扩建工程项目工期紧、任务重的情况下，设计图纸与招标工程量清单同步开展工作的情况下，尤其需要注重工程量清单与招标图的联动，尽量减少施工过程中的设计变更，使得招标工程量清单尽量贴近现场实际施工状况。例如在上部土建标段的工程量编制过程中，指挥部先后9批次（通过联系单）反馈给设计院需明确的104个事项，设计院均作了相应回复，沟通良好，取得较好成效。

②合理考虑施工措施费用

设计图纸一般不反映施工措施，二号航站楼规模大，施工措施十分复杂，在图纸无法反映的情况下，需要结合现场实地情况，依据施工经验才能合理确定。

编制招标工程量清单时，特别是重大复杂项目的清单时，重视施工措施项目的编制。加强与工程部门等项目一线主管人员的沟通，借助公司技术委员会的资深专家，对工程实施过程中的措施方案进行请教讨论，尽量使得招标工程量中的措施与日后施工单位进场后现场实际实施相匹配，尽可能减少因施工措施变更导致投资不可控。例如上部土建一标段与城轨、地铁交叉施工，该施工措施复杂，考虑工期场地等各方面制约因素，造价人员提出是否存在逆作法施工的可能性，为此，工程部与设计院召开专题会议，对此进行研究，最终认定按正常施工工艺，不采用逆作法可以按期完成。现场实践证明该认定是科学合理的，该项目招标清单措施项目开列齐全，没有重大的措施项目变化，在清单阶段措施项目开列齐全既保证了现场的施工进度，又控制了造价。又如在钢结构招标清单编制过程中，造价人员与技术委员会的资深专家研究讨论制作、吊装、运输等方案措施，在招标阶段将方案措施明确细化，并据此计算措施费用，使得该费用与现场实际相匹配。

③注重工程量清单项目特征描述、计量规则等细节设定

建设工程工程量清单计价规范是合同双方执行造价工作的依据。项目特征描述、计量规则是工程量清单的重要组成部分，计价规范中的描述为通用要求，在实际具体项目中，部分描述存在不够清晰，容易引起分歧，导致纠纷、索赔。这就需要造价人员熟悉施工工艺、施工流程，据此细化清单项目特征，达到工程量清单项目特征描述准确、细致、不漏项，同时在计量规则设定时，需考虑到可操作性。

④合理、科学的确定设备、主材单价

设备、主材价格是招标控制价的最重要的组成部分，其价格的合理性直接影响了招标控制价的合理性。扩建工程作为重大建设工程项目，涉及的设备、主材品类繁多，很大一部分又无造价站的信息价可执行，需要通过市场来确定价格。因此，在确定此类主材设备的控制价时，需做好"横向、纵向"比价，结合经验来确定价格。具体来说，在具备多家供应商的情况下，按招标文件品牌要求，通过市场询价3～5家，进行横向比较，同时利用指挥部其他工程以及兄弟机场同类设备的价格信息做纵向对比分析，据此确定较合理的设备价和材料价。例如金属屋面的控制价编制过程中，通过多次向包括国内金属屋面几大承建商询价，同时对照同期招标的

郑州机场金属屋面价进行对比，1.0厚铝镁锰板的材料价格由555元/m²调整为最终的310元/m²，项目控制价由45803.20万元（含暂列金10%）（霍高文建筑系统（广州）有限公司提供，曾承担白云机场一期工程屋面）调整为39898.17万元（含暂列金5%）。

2. 做好事中管理，严格执行合同约定

施工阶段是将项目"蓝图"变成工程项目实体，在这个阶段工程建设周期中工作量最大，投入的人力、物力和财力最多，节约投资的空间不大，但浪费投资的可能性却很大。事中控制以招投标文件、工程合同等为依据，在造价管理中主要抓好施工方案、设计变更、签证、合同变更的管理工作、月进度款的计量支付工作。

在事中管理过程中主要做好以下工作：

（1）在招标工程完成后，工程开工前的图纸会审，对施工单位做好造价资料及要求的交底工作，如签证和设计变更才是结算可以计算的造价资料，签证是在竣工图纸上无法反映的工作内容，设计变更在竣工图纸上反映才能计算造价，其余不能计算造价。施工单位在实施过程中做好造价资料，避免后期结算时反复补充资料，影响结算进度及造价。

（2）按照合同的约定和工程形象进度的要求，对已达到合同质量要求的分部分项工程，及时进行计量和支付。

（3）规范现场签证管理。现场签证是指发包人现场代表（或其授权的监理人、工程造价咨询人）与承包人现场代表就施工过程中涉及的责任事件所作的签认证明。合约部人员与工程技术人员相互配合，不仅要求签证合理和及时，还要求做到签证清晰，表明工程部位、工程名称、工程内容、所用材料品牌、规格、厂家及工程量计算过程，能提供图纸的必须提供附图等资料，做到签证内容与实际相符。从程序上要求按指挥部的管理规定办理，如设计图纸范围内的因技术要求发生的签证内容，工程部门有权及时办理。而设计图纸范围外新增的工作内容，要求报指挥部批准后，再根据批准内容实施后相应办理签证。

（4）施工过程中设计变更的管理

①影响工程造价的重大变更，用先算账后变更的方法解决，使工程造价得到有效控制。通过以上造价管理措施的实施，在灯光桥设计阶段，在交通中心地坪油漆施工中，在行李系统预埋件施工中都在满足功能使用要求的前提下节省了投资。

②对于施工单位提出的便于施工或可以加快施工进度的设计变更，对应技术上没有影响或提高工程质量的，指挥部同意变更，但不增加造价，如上部土建工程管廊混凝土标号修改，是为了方便施工单位施工，结算时此

变更没有给予计算。但此项修改既加快了施工进度，又不增加造价。

（5）及时推进合同变更的工作，合同变更在施工阶段，设计变更或现场签证造成造价的变化，及时办理增加造价或减少造价的审批流程。及时办理合同变更的好处在于：根据已办理的合同变更金额及时支付进度款，避免因增加造价，导致进度款拨付不足，影响工程顺利推进。如设计变更导致工程减少，也可以及时计算，避免超额支付，后期结算后很难追回超额支付的建设资金。办理合同变更相当于该项的中间过程的结算，可以把争议和问题在施工阶段解决，避免在工程完工后结算，造成结算造价的不准确。同时在合同变更办理过程中，同步解决双方的争议问题，为后期尽快办理工程结算和财务决算打好基础。

（6）做好动态的概算执行情况管理，将发生的设计变更和签证及时计算预计的造价费用，登入变更台账中，动态地反映每个合同的预计结算价，与批复概算对比，采取有效措施控制工程造价。

3．做好事后管理，注重结算的合法合规

工程造价的事后管理，主要是结算阶段的工作。工程竣工结算是指按照合同规定的内容全部完成所承包的工程，经验收质量合格，并符合合同要求之后，建设单位进行审核确认的工程价款。经审核的工程竣工结算是核定建设工程造价的依据。

工程结算以合同和招标文件为依据，根据竣工图，结合现场签证和设计变更、过程办理的合同变更进行审核计算，审查是否按图纸及合同规定全部完成工作，认真核实每一项工程变更是否真正实施，该增的增，该减的减，实事求是。主要抓好以下几个方面的工作：

（1）为规范及加快结算办理工作，指挥部制定了扩建工程结算方案，并向各参建单位进行培训交底，统一要求。

（2）审核工程量的准确性。工程量的审核是竣工结算审核过程中最重要、最繁琐、最细致的一项工作，必须以工程竣工图、设计变更及现场签证、施工方案为依据，严格按照合同约定的计算原则逐项进行审核，防止施工单位在工程竣工结算上虚增工程量来增加工程造价。在结算审核过程中，做到每个项目的工程量都仔细核对计算过程，并复核资料是否合理，是否存在逻辑错误。

（3）审查新增项目单价分析是否正确。根据设计变更及现场签证审核新增项目内容是否符合，套用定额是否合理。

（4）审查各项计算标准是否符合合同原则和施工期间有关工程造价政策规定，如行李系统因税费调整，结算时未开发票，部分税费比合同约定减少了63万元。

4.4 财务管理

根据《国家发展改革委关于广州白云国际机场扩建工程可行性研究报告的批复》发改基础〔2012〕2171号，进行白云机场扩建工程初步设计。本次批复内容包括站坪、航站楼、交通中心、停车楼、停车场及总图等工程。

4.4.1 投资概算

各主要项目投资，航站区工程1197182万元（其中航站区工程中主要项目如下：站坪工程100925万元，航站楼824436万元，交通中心106888万元，停车场工程2318万元，总图工程152642万元）、飞行区工程112316万元、工程其他费480261万元、基本预备费44905万元、建设期贷款利息87905万元。

4.4.2 资金来源

资本金比例为30%，其中民航发展基金6亿元，其余资本金由广东省和广州市政府分别按51%和49%的比例安排财政性资金解决，其余资金由业主公司利用银行贷款解决。

扩建工程的前期项目法人为广东省机场管理集团有限公司，2015年4月项目法人转为白云机场股份有限公司。股份公司充分利用上市公司的有利条件，采用国内银行贷款和上市筹资平台筹集建设资金，不但取得了充足的贷款资金和授信额度，更以有利的营收能力证明自己的保值增值能力和还贷能力，在国内贷款争取到总体利率水平比同期基准利率水平有5%的下浮，并且利用上市筹资平台筹集了一定的建设资金，最大限度地降低了资金的借贷使用规模，从而大大地减少了后期借贷利息的支付量，减轻了经营生产的压力。

4.4.3 资金使用和管理

为了提高建设资金的使用效率，杜绝资金在使用过程中存在不规范的行为，保证建设资金的安全，制定一系列的财务管理制度。如《广东民航机场建设有限公司开支报账管理办法》《广东民航机场建设有限公司工程建设项目款项支付实施细则》《广东民航机场建设有限公司工程保证金（保函）管理办法》《广东民航机场建设有限公司质量保修金支付管理细则》《广东民航机场建设有限公司关于监管施工承包商建设资金的规定》等财务管理制度。

指挥部作为受委托建设管理单位，全过程参与编制项目建议书及可行性研究，及时作出投资估算并参与制定筹资计划。准确的投资计划是筹资的依据，也有效地促进工程的进度。

公司财务部门根据计划经营部门下达的项目年度投资计划，按合同进行详细分解后汇总报公司领导，批准后报送项目业主单位作为年度筹资的依据。并在每季度初根据上季度实际完成的情况并结合年度投资计划制定当季度的资金使用计划，报公司领导批准后报业主单位进行筹资作为业主单位使用。在每月初根据季度投资计划和工程实际推进情况制定每月资金使用规模，并报送现场指挥部和公司领导，批准后报送业主单位。对实际施工过程中，由于工程变更引起的投资计划调整，财务部门及时会同合约部门及现场指挥部核对并进行计划调整，报送领导审批后及时报送业主单位，对当月筹资进行及时调整。确保资金的及时筹集全额使用，避免建设资金的不足或呆账闲置，提高资金使用效率，节省财务费用。

4.4.4　工程风险管理

在工程建设过程中存在着履约风险和自然风险，为有效的规避风险，达到避免和减少风险的损失，指挥部从工程资金、技术、质量、工期、合同履约等方面构建了项目的风险防范和控制架构，如采取了签订投标保证金、预付款保函、履约保函、工程质量保函（保证金）和工程保证保险，并在资金使用过程中，与银行、施工单位签订资金监督管理协议等一系列规避风险的方法。

4.4.4.1　投标保证金

投标保证金是指保证人受投标人（以下称被保证人）的委托向招标人（以下称受益人）出具投标保函（以下称保函），如被保证人在投标文件有效期满前撤回投标；或在收到中标通知书后，未能按中标通知书的规定签订合同；或未按招标文件和中标通知书的规定向招标人提交履约保函的，则由保证人按保函约定承担保证责任。即在保证期限内，被保证人在投标保函列明的保证范围内发生违约事故，给受益人造成直接损失，保证人依据招标文件和保函的约定承担保证责任。投标保证金作用在于：①为工程项目的市场准入增设门槛，起到防火墙的作用，并保证签约和促进履约；②合理地筛选投标人，有效遏制投标中的投机行为和恶意串通损害招标人利益行为，保障了招投标活动顺利进行和项目合同的签订，为项目的全面履约和完成创造了条件，有效地维护了招标人的利益。

4.4.4.2　预付款保函

预付款保函是指保证人受被保证人的委托向受益人出具预付款保函，保证被保证人将受益人支付的工程预付款项用于工程建设，以保证收益人（业主）的资金安全，如被保证人发生违约事故，则由保证人按保函约定承担保证责任。即在保证期限内，如果被保证人未能正确和合理地使用预付款并按时扣还预付款，保证人在受益人（业主）提出索赔并核实后予以代付。签订预付款保函作用在于：①保证工程预付款专款专用，监督掌握工程进度，促进履约；②保障有限资金的安全，保证工程款用于建筑工程而不挪作他用，从而在一定程度上确保工程施工能按期完工，确保合同的顺利进行；③提供预付款保证担保，使业主避免了可能引起的法律纠纷和管理上的负担。

4.4.4.3　工程履约保函（履约保证金）

工程履约保函是指保证人受被保证人的委托向受益人出具履约保函，如果被保证人没有按照与受益人签订的《合同》履行除保修条款以外的义务，则由保证人按保函约定承担保证责任。即在保证期限内，被保证人发生履约保函项下的事故，给受益人造成损失，受益人依据履约保函提出索赔的，保证人依据主合同和保函的约定，保障合同的继续履行或者保函金额内进行赔付（累计保证责任所赔付的最高金额不得超过保函金额）。签订履约保函作用在于：①履约保函具有将信用风险转移回风险源本身的作用，增强承包商履约的自觉意识，加强对承包商合同义务履行的监督和制约，减少违约事件的发生概率；②通过加大被保证人违约成本等制约机制对履约过程进行监督，能有效促使当事人提高素质、规范行为，保障合同正常履行。

4.4.4.4　工程质量保证金

工程质保期满后使用单位出具相关证明后，经指挥部相关部门确认后，予以支付。但施工单位必须出文承诺，如以后政府审计发生合同结算款的差异，应无条件退回扣减款项。

对于质保期尚未结束而申请质保金的合同编的单位采用等价保函的方式予以支付，并出具相关保修责任承诺函。

4.4.4.5 工程保证保险

由建安工程一切险与施工方相关保险制度组成。建安工程一切险：由业主购买投保。保险人主要承担的安全责任包括：①洪水、地震、暴风雨、山崩等自然灾害造成的经济损失；②火灾等意外造成的经济损失；③盗窃、恶意行为、原材料缺失等人为事故所造成的经济损失；④不在施工单位投保范围内的施工造成的意外伤害。施工方相关保险制度：①承包人购买施工人员工伤、意外伤保险；②承包人应对施工场地内自有的施工设备、材料、工程设备的保险。

4.4.4.6 资金监督管理协议

资金监督管理协议是指承包人根据出包人要求在指定银行开立银行结算账户，并由三方签订用于保证工程款项的资金安全，专款专用的协议。其作用在于全过程监督控制资金，确保建设资金的安全、合理和有效使用。施工方应在每月报送下月款项支用计划表及本月实际用款明细表，如涉及发放农民工资，农民工资发放后应按时提交农民工资发放名册。银行应在支付款项后及时将已支付的明细表报给财务部，以便财务部核实施工方提供的实际用款是否存在虚假情况。财务部定期抽查施工单位工程款支付情况，如发现施工方将本项目资金外接、挪用、转移时，有权通知银行停止支付，确保工程资金专款专用和资金安全，并要求施工方予以改正。

4.4.5 税务管理

（1）工程营业税：在2016年5月1日以前，工程实行增收营业税，现在公司作为代建单位，受广州市地税制定委托，实行营业税代扣代缴，确保税收准时代扣与代缴，保证了税票的真实性，受到广州市税务征税机关的好评。

（2）营改增：2016年5月1日以后，国家全面实行营改增，为了保证项目业主的权益，减轻税负，合理安排工程合同签订范围，财务部门与业主单位积极沟通，合理地划分招标工程的合同签订范围，把工程设备、材料、劳务等非工程施工类签订相对应采购与劳务合同，收取相应的增值税专用发票，对进项税额最大限度地抵扣。在收取承包人增值税专用发票后，及时与业主进行发票交换认证，为业主全额抵扣创造了条件。据不完全统计，目前已对进项税抵扣3亿元，取得了很好的经济效益。

4.4.6 工程资金管理及支付

财务部门严格按照指挥部相关财务制度的规定，完成资料的审核流程审批，针对扩建工程的支付审批流程，增加业主单位授权代表的审批环节，保证业主及时准确获取支付信息。

通过业主单位开放的专门账户、采用网银形式支付。参与支付的节点有业主、委托建设的单位，保证金过程授权确保资金安全，也避免支票支付时背书转让可能产生的纠纷，提高了支付效率，促进工程建设进度。

4.4.7 财务管理软件的开发和应用

本工程投资量大、子项目多、会计核算任务十分繁重，如果没有先进的辅助手段，很难按照业主有关工程建设管理的要求真实、完整地反映整个建设期间的财务状况，及时、准确地向公司领导提供有关的财务信息。因此，工程指挥部经过慎重比较，与具有丰富财务管理软件开发经验的单位一起开发新型财务管理软件。经过开发、调试、试运转、培训等工作，建立了适合本工程需要的财务管理信息管理系统，完成了基于原来财务管理软件的工程资金核算管理模块、大型基本建设项目结算模块、明细固定资产产生模块、跨年度合同核算管理模块等一系列模块的开发工作。实现了现有工程财务管理软件由事中核算、事后反映，到财务管理事前预测的飞跃，并与上级单位财务系统的对接。该系统不仅能够进行规范的会计核算，并能从财务管理和投资控制等不同角度及时准确地提供数据资料。

4.5 航站区工程管理

4.5.1 工程概况与策划

4.5.1.1 工程概况

1. 二号航站楼及配套设施

二号航站楼主体结构采用冲孔灌注桩基础，地下设备管沟采用预应力管桩基础。主体结构形式为现浇钢筋混凝土框架结构，屋盖采用网架结构，登机桥采用钢框架结构。抗震设防烈度6度，建筑防火分类为一类，地面建筑耐火等级为一级，地下建筑部分耐火等级为一级。屋面防水等级为Ⅰ级。

二号航站楼工程包括土建工程、机电安装、弱电安装等专业工程。其中，航站区工程部主要负责土建工程管理，土建工程按专业划分为基础工程、上部土建结构、网架钢结构、屋面工程、幕墙工程、装修装饰工程及配套座椅、标识工程等项目。前期土建工程的施工是整个项目的关键部分，为后续施工顺利开展起到了决定性作用。

土建专业各施工标段主要工程量或材料用量如表4.5.1.1-1～表4.5.1.1-6所示。

土建专业桩基础工程各标段主要工程量表　表4.5.1.1-1

专业类别	标段	主要工程量	
		冲孔灌注桩（根）	预应力管桩（根）
桩基础工程	一标	1214	307
	二标	1226	324
	三标	921	2040
	总计	3361	2671

土建专业主体结构工程各标段主要工程量表　表4.5.1.1-2

专业类别	标段	主要工程量或材料用量	
		钢筋用量（t）	混凝土用量（m³）
主体结构工程	一标	40582	303844
	二标	21420	124903
	三标	15247	75000
	四标	10254	50306
	总计	87503	554053

土建专业钢结构工程各标段主要工程量表　表4.5.1.1-3

专业类别	标段	主要工程量或材料用量
		用钢量（t）
钢结构工程	一标	12000
	二标	7214
	三标	4952
	总计	24166

土建专业幕墙工程各标段主要工程量表　表4.5.1.1-4

专业类别	标段	主要工程量或材料用量	
		玻璃幕墙（m²）	铝板幕墙（m²）
幕墙工程	一标	49800	24000
	二标	50000	40000
	三标	36500	32000
	总计	136300	96000

土建专业金属屋面工程各标段主要工程量表　表4.5.1.1-5

专业类别	标段	主要工程量或材料用量
		金属屋面面积（m²）
屋面工程	一标	135600
	二标	62700
	三标	61700
	总计	260000

土建专业装饰工程各标段主要工程量表　表4.5.1.1-6

专业类别	标段	主要工程量或材料用量		
		地面石材（m²）	铝板（m²）	玻璃（m²）
公共区装饰工程	一标	183000	339677	22000
	二标	55000	29000	10000
	三标	40000	97635	3925.4
	总计	278000	466312	57925.4
贵宾室装饰	一标	3737	110	730
	二标	4358	96.3	1246
	总计	8095	206.3	1976

2. 交通中心

（1）能源中心

能源中心位于交通中心及停车楼东西两侧，为地下一层建筑（-10.02m～-1.2m）局部有夹层。主要有消防水池、设备机房和配套服务用房组成，通过能源中心北侧的地下管廊与新建二号航站楼连接。

（2）停车楼

停车楼是交通中心及停车楼项目的主体建筑，为地下二层、地上三层。其下有下穿隧道、地铁三号机场北站台、站台和城轨机场北站贯穿通过，如图4.5.1.1所示。

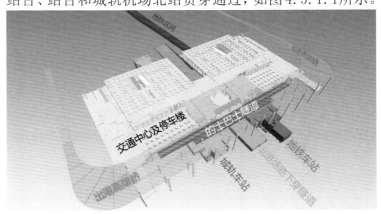

图4.5.1.1　交通中心及停车楼综合交通示意图

（3）交通中心

交通中心位于停车楼北侧，二号航站楼南侧，是连接停车楼与二号航站楼的出发和到达旅客的出行交通枢纽。其首层通过旅客大厅与二号航站楼连接，二层通过东西两侧的旅客通道与二号航站楼连接。

（4）巴士、的士通道

巴士、的士通道位于交通中心主体北侧，横穿首层旅客大厅，贯通路面东西的士、大巴道路的重要地下隧道。

（5）北进场路下穿隧道南段

北进场路下穿隧道是白云机场南北走向的主要通道，按照标段划分为南北两段。本项目所负责的下穿隧道南段位于交通中心及停车楼中部下方，属全封闭箱体结构。

3．总图工程

总图工程包括室外工程（陆侧）、市政工程、出港高架桥工程、跨线桥工程、隧道工程、景观工程等六个子单位工程。

（1）室外工程（路侧）、市政工程：主要包括北进场隧道、VIP东路、连接东路、到港道路及的士隧道、VIP西路、连接西路、交通中心南一路、交通中心南二路、交通中心东西冷却塔检修车道、大巴东路、大巴西等16条道路，总长为5792.28m；交通中心南面北进场隧道东西两侧的两个地面停车场，停车场总面积为5.31万m²，共有私家车位1528个，还包括配套的照明机电工程、整个室外交通系统的交通工程及室外附属设施工程。工程造价约1.19亿元。

（2）出港高架桥工程：本工程总体规模为4.6万m²，结构类型为预应力钢筋混凝土，基础类型为桩基础。主桥全长918m，私家车道138m，为现浇预应力钢筋混凝土和现浇钢筋混凝土多室箱梁结构，采用满堂支架现浇工艺施工，主桥面由10联（32跨）箱梁、私家车道2联（7跨）组成，整个桥体由266根地下桩基础、73个承台和88根墩柱支撑，全桥使用钢筋约10966吨、混凝土约5.3万m³、钢绞线约760t、沥青混凝土约2.7万m²，工程造价约1.74亿元。

（3）景观工程：本工程包括二号航站楼三层中庭花园、五层屋面、室外市政东西环路、东西停车场、下穿隧道南北端头、出港高架桥、南往南高架桥、横一路、交通中心及贵宾室区域等专项园建、绿化工程等，工程造价0.56亿元。

4.5.1.2　参建单位情况

1．二号航站楼及配套设施

本项目建设单位为省机场集团工程建设指挥部；质量监督单位为广州市质监站（通用工程）、民航质监总站（民航专业工程）；设计单位为广东省建筑设计研究院有限公司、中国电子院、民航成都电子院；监理单位为上海、珠江监理联合体（通用工程）、西北监理（民航专业工程）；勘察单位为中国有色金属长沙勘察设计研究院；施工总承包单位为广东省建工集团。

二号航站楼土建工程专业标段总体上以航站楼主变形缝或功能分区为分界原则，各专业工程由各专业分包单位承担，包括桩基一、二、三标，土建一、二、三、

四标，钢结构一、二、三标，钢管柱工程，幕墙一、二、三标，屋面一、二、三标，公共区装修一、二标、三标，贵宾区装修一、二标以及张拉膜工程、自动感应门系统、座椅安装、标识、柜台安装等。主要专业分包单位（简称）包括广东省建工、广州二建、东南网架、上海宝冶、沈阳远大、沪宁钢机、城建装饰、广东美术、中建三局装饰等单位。

2．交通中心

本项目建设单位为省机场集团工程建设指挥部；质量监督单位为广州市质监站；设计单位为广东省建筑设计研究院有限公司；监理单位为广建监理；勘察单位为中国有色金属长沙勘察院；施工总承包单位有中建八局，专业分包单位（简称）包括广州承总、城建装饰、花木公司、沈阳远大、厦门群力等，本项目检测和监测内容的单位为广州建设工程质量安全检测中心。

3．总图工程

总图工程建设单位为省机场集团工程建设指挥部；质量监督单位为广州市政质监站、广州市园林绿化质监站；设计单位为广东省建筑设计研究院有限公司、中国民航机场建设集团规划设计总院；监理单位为广建监理、上海和珠江监理联合体；勘察单位为中国有色金属长沙勘察院；检测单位为广州建设工程质量安全检测中心；专业分包单位（简称）包括市政机施、省机施、花木公司等。

4.5.1.3　建设历程

本工程于2013年5月开工，2018年2月竣工，施工进度满足合同要求。由于整个航站楼及交通中心体量较大，结构复杂，尤其是受北进场隧道、城轨和地铁施工影响，因此整个土建施工必须抓好四个"攻坚线"，即桩基础阶段、土建结构阶段、钢结构工程阶段及金属屋面安装阶段（图4.5.1.3）。这四个阶段的节点把控对后续施工起着决定性作用。同时，这四个阶段亦是在主体工程施工中难度最大、危险性最高、技术条件最复杂的阶段。通过综合运用新设备、新技术、新工艺，确保了几个阶段的质量与安全把控。其中，主要分部工程建设历程如下：

桩基础工程：2013年5月开始施工，2016年3月基本完成。

土建工程：2014年3月开始施工，2016年1月30日土建一标中间段首层至三层主体结构完成，2016年3月30日土建一标主楼中间区域主体结构完成，2016年6月土建一标凸出段主体结构完成。

钢结构工程：2014年10月开始施工，2016年1月东、西指廊钢结构施工完成，2016年7月10日主楼钢网架（除

中间段）施工完成，2016年8月30日钢结构一标中间段钢网架完成。

幕墙工程：2015年9月开始施工，2016年4月东、西指廊幕墙工程基本完成，2016年10月主楼幕墙工程基本完成。

屋面工程：2015年10月开始施工，2016年3月及5月分别东、西指廊屋面完成，2016年5月30日屋面一标非中间段屋面完成，2016年10月30日屋面一标中间段屋面完成。

图 4.5.1.3　土建施工必须抓好四个"攻坚线"示意图

4.5.1.4　工程管理策划

根据本工程任务重、工期紧、结构关系复杂、施工交叉协调难度大、安全管理要求高等特点，航站区工程部通过强化自身的系统性和精细化管理，以超常规的工作机制克服各项困难，实现工程五大控制目标，把"安全、质量、进度、投资、廉洁"要求全力落实到位。整个部门的"十九把枪杆子"如何管控好此项重大工程，是全体航站部员工着重思考的问题。主要包括以下几个方面：

1.　搭建完善的管理体系

省政府成立了由省市政府主要领导组成的广州市白云机场扩建工程领导小组协调解决建设中包括报批、用地、空域和其他重大事项的决策；集团公司成立由集团董事长任组长的扩建工程建设协调领导小组负责扩建工程的统筹部署，协调解决工程重大问题和重要事项决策，指挥部班子参加扩建工程工作会、碰头会、工程例会和安全例会、现场巡场等决策会议和协调会议，搭建了由指挥部、设计、监理、施工总承包和专业单位完善的管理体系，对工程质量、安全和进度实施系统性管理。

2.　加强统筹规划和技术管理

根据总体工期策划，航站区工程部组织总包单位对总平面整体规划进行动态管理，加强整体工程统筹，合理分配施工资源。同时加强技术管理，强化图纸会审和设计交底，认真审核施工组织总设计和专项施工方案，对复杂问题进行专项技术攻关。

在进度管理方面，按照工期要求倒排制定节点工期计划，编制一级进度计划，并逐层细化至二级、三级、四级进度计划，每周对进度完成情况进行对比，及时发现进度偏差并采取有效措施纠偏，通过层级计划的按期实现，保证整体工期目标。针对滞后单位及时与市住建委、集团公司对接启动约谈公司法人机制，确保计划目标实现。建立并严格执行工程例会制度、现场巡视制度、早晚碰头会制度等。在工程实施过程中，组织监理、总包、专业分包施工单位详细制定三、四级施工计划，将施工进度计划分解到每一道工序，不断优化施工方案以保证工程按照规定工期节点进行。在安全管理方面，结合本项目不仅是场地内机场地下管线复杂，更有隧道结构施工场地所处的特殊位置，因与多处其他工程项目的结构共建，施工交叉作业频繁，安全隐患问题突出，尤其是隧道顶板施工均为危险性较大的高支模工程，基坑临边防护范围大，起重作业频繁，施工用电作业多，高空作业安全保护不足，消防安全管控难度大等特点。航站区工程部要求监理、总包和各专业施工单位必须严格落实项目安全文明施工的各项制度，对施工现场的安全文明施工进行监督、指导、检查，对违反相关规定的行为，责令限期整改或停工整顿，甚至处罚。每周召开安全例会，对安全隐患进行分析和明确整改要求，各专业分包能较好地配合完成航站区工程部、监理、总包下达的各项安全隐患整改指令，从而保证整个施工期间未发生任何安全事故，现场文明施工情况良好。

在质量管理方面，坚持"百年大计、质量第一"的宗旨，以高度的责任心和敬业精神，精心组织、科学管理，严格把控质量关，自开工起即制定明确的质量目标，为确保质量目标的实现，需要将各工程的质量管理落实到人，充分调动监理、总包、各专业施工单位管理人员的主观能动性。从各个方面严把质量关，严格按照图纸、规范、施工组织设计、各分项工程施工方案组织施工，确保施工的每个环节都处于受控状态，引入专业的第三方检测单位按规范进行质量和功能检测，保证各分部、分项工程的质量符合国家及相关行业验收标准，满足设计要求，达到合格标准。

3．档案资料管理

为做好项目实施过程中资料流转及管理工作，航站区工程部建立了专门的档案资料室，由专人负责收集、整理、汇总和发放工程技术资料，确保档案资料齐全有效，保证工程技术资料的及时、完整和真实。对分包单位报送的工程资料的完备性、有效性进行检查，对不符合要求的资料，责令其进行限期整改直至符合要求等。

4．交通中心及停车楼总体策划情况

（1）土方和桩基施工在上部结构图纸没出来时作为一个标段先行招标施工（为减少桩基在基坑内施工的难度，基础标段施工时考虑了先行施工桩基再开挖土方的顺序）；上部结构及相关附属专业工程（如机电安装、装修、绿化、停车楼智能停车系统等）合并为一个总包施工管理标段。

（2）结合二期项目的整体策划，交通中心工程特别关注几个重要部位的施工优先考虑和专题研究，如下穿隧道的施工（要求2016年10月30号必须通车）；交通中心与航站楼结构重叠的部分施工（直接影响航站楼结构闭合工期及出港高架结构的施工工期）；两侧能源中心结构的施工（影响航站楼主能源系统的安装工期）。

4.5.1.5　工程重点、难点与对策
1．航站区工程重点、难点

（1）机场北进场路下穿隧道受地铁、城轨的影响

机场北进场路下穿隧道、地铁机场北站和其东侧的城轨机场、二号航站楼站和线路工程横穿交通中心及停车楼项目和二号航站楼地下，如图4.5.1.5所示。

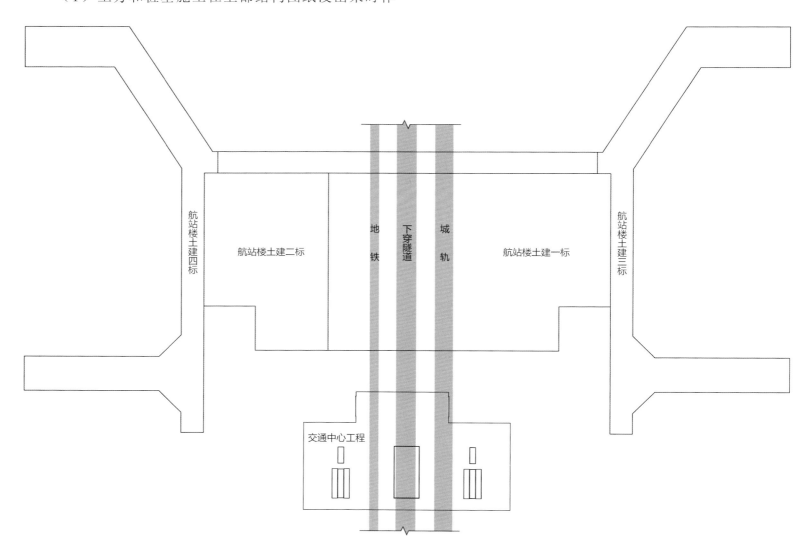

图4.5.1.5　机场与地铁、城轨交叉施工平面图

（2）出港高架桥与交通中心、二号航站楼交叉施工

出港高架桥四、五、六联部分桥墩基础设置在交通中心及停车楼基坑范围之内，地上有第五联箱体桥梁结构紧邻交通中心屋面和东西人行天桥。二号航站楼部分承台与交通中心共用承台，交通中心中墙内有二号航站楼的结构暗柱。

2．协调难度大、工期紧张

（1）本工程施工内容多，交叉施工协调量大，施工道路紧张，施工组织安排困难，不仅要保质保量完成施工内容，还要及时协调各专业之间相互影响的工序内容，协调事项往往涉及多家业主、监理和施工单位，协调难度大，施工进度经常受制于其他专业。

（2）地铁车站和城轨车站结构底板的埋深均深于交通中心及停车楼底板结构的埋深，且地铁车站和城轨车站底板结构施工方案均采用了放坡开挖的支护形式，以至于必须在地铁车站和城轨车站完成顶板施工并回填后，才能开始本项目的底板结构施工，施工作业面难以按计划进度全面展开。

（3）出港高架桥第五联是整个扩建项目的关键线路，必须确保其工作面。为此，交通中心屋面及东西人行天桥近两跨结构梁板进行避让延后施工，给后续消防空调、装修等专业施工造成较大工期压力。

3．工程技术复杂，施工管控难度大

（1）白云机场场区土洞、溶洞发育，冲孔灌注桩施工时处理不当会造成掉钻、卡锤、漏浆、塌孔等事故，甚至影响周边构筑物的结构安全，该项目桩基位置超前钻揭露溶洞最高达18.1m，部分为串珠溶洞，增加了桩基施工成孔的困难。

（2）为确保下穿隧道能按2016年10月30日重要节点计划通车，必须克服地铁车站和城轨车站施工的影响，将隧道独立出来，方能实现隧道的按期通车。通过采取一系列的技术和管理措施，确保下穿隧道"10·30"目标，按时通车。

4．总平面管理协调难度大

本工程点多面广，交叉施工严重，协调难度大。本身由于城轨、地铁下穿隧道与交通中心、二号航站楼、出港高架桥、地下管廊、大巴及的士隧道等都集中在一个区域交叉施工，施工平面和工序安排特别复杂，特别是站坪提前投入使用后，加剧了施工平面资源的紧缺。

5．用户需求不稳定

在用户后期商业规划变化以及联检单位需求稳定滞后，导致规模和技术变更大，规模调整极大影响了消防报建工作，给工程实施带来巨大困难。

4.5.1.6　交通中心及停车楼工程重点、难点及对策

1．地质条件复杂

砂层厚度达15m，且溶洞强发育（少量串珠状），遇洞率56%，线岩溶率32.48%，溶洞高度达18.1m，平均3.31m。岩面起伏及溶洞发育均无规律，对地连墙及桩基础施工非常不利。

对策：依据详勘和超前钻报告有关数据，并考虑造价控制，确定桩基土溶洞处理方案：

（1）对于土洞一般采用抛填复冲处理，现场提前备好片石、黏土和水泥等材料，在冲进过程中，如发现孔内泥浆缓慢下降3m以内，采取回填黏土进行重复回填复冲并补充泥浆处理；如泥浆面突降3m以上，发生严重漏浆或塌孔情况，按片石：黏土=2：8的比例抛填复冲并补浆处理，以上过程可以视实际处理效果进行多次重复回填复冲（以上数据是现场试验确定）。

（2）溶洞处理：对于一般溶洞（单层溶洞，高10m以内）处理，当冲孔至溶洞顶板1m左右时，加大泥浆比重，采用低冲程（高度控制在1m内）慢速冲进逐渐击穿顶盖，防止卡锤，同时，安排专人观测护筒内泥浆面变化情况，当缓慢下降或突降3m以内时，以片石：黏土=6：4的比例进行抛填复冲并补浆处理；如下降或突降3m以上时，可以采用片石：黏土：水泥=6：2：2比例抛填并补浆处理。

（3）对于串珠溶洞及较大溶洞处理（多层溶洞或单层溶洞高10m以上）应沉放钢护筒进行桩孔防护，钢护筒采用Q235材质，壁厚按桩径选择，建议1～1.5m桩为12mm，1m以下桩为10mm。钢护筒沉放长度根据超前钻地质报告揭示的土层厚度确定，原则上需穿过砂砾层至亚黏土层以下2m或最浅岩面上，按照现场实际经验，一般下沉6至12m。其余再结合一般溶图抛填比例进行处理，如重复10次以上措施还不能解决漏浆或塌孔问题，则必须灌注素混凝土至溶洞顶2m处进行复冲。

2．提前做好溶洞应急处理预案

在桩基或地连墙施工过程中，以防止因溶洞漏浆引发地面塌陷，造成桩机倾翻，避免人员伤亡事件发生。

3．深基坑施工难度大

基坑面积约8万㎡，周长约2100m，且有多个坑中坑项目，基坑最深达22m，基坑支护形式多种多样，施工难度大。

对策：本项目北侧基坑紧邻二号航站楼（凸出部），东西南侧均设有施工主干道，来往施工车辆众多，对基坑支护产生较大的侧压力，另外，二号航站楼已完成主体土建结构，而本项目则刚刚进入土方施工阶段，整个扩建项目场地形成北高南低之势，雨水及地下水均流向本项目基坑内，止水排水难度大。再者，地铁、城轨基坑也分布在内，形成坑中坑。针对以上现场实际情况，

制定以下措施方案:

(1) 大基坑主要按土坡喷锚+地下连续墙+角撑方案进行支护(凸出部还加设三道混凝土梁水平支撑+钢管支撑);

(2) 坑内坑采用拉森钢板桩+钢管对撑支护;

(3) 结合本项目整个平面布局,划分三个排水区域,设置三道素混凝土桩止水帷幕,在整个基坑内每隔20m左右设置降水井,基坑顶、底部设置排水沟,沿排水沟每隔30m或50m设置一个集水井;

(4) 为密切观测基坑持续降水对周边建筑或施工道路有可能造成不利影响,于基坑外周边设置水位观测点和水位回灌井,以防止水位下降太快造成地质破坏;

(5) 对整个基坑支护,设置支护结构变形、沉降、位移和挠度等方面的监测,确保支护体系处于受控状态。

4．施工环境复杂，组织难度大

本工程内容包括交通中心及停车楼、下穿隧道、东西能源中心、的士巴士隧道等主要四部分,且北与二号航站楼、出港高架桥紧邻,南接市政停车场、南往南高架桥。地铁、城轨区间段也穿行其下。

对策:

(1) 分清主次,按扩建项目重要节点目标进行本项目施工组织策划,以关系二号航站楼的内容作为核心组织推进,如下穿隧道关系飞行区站坪移交计划、东西能源中心关系二号航站楼用电计划等;

(2) 统筹优化各专业分包作业内容,减少施工交叉影响;

(3) 优化施工技术措施,为各专业交叉工序创造有利条件;

(4) 建立项目三级组织制度,抓好设计、监理和总包管理工作,统一协调各专业施工节奏。

5．工期紧，总工期压缩率达30%，局部工期压缩率达56%

对策:

(1) 按照扩建工程总体一二级进度计划编制本项目三四级计划,明确关键线路,制定重要节点目标完成时间;

(2) 梳理本工程重点和难点内容,分析设计和现场施工存在的主要问题,提前优化设计方案和调整施工组织,以匹配计划目标的实现;

(3) 增加人力、措施材料、机械设备等资源的投入,在有限的场地内实现最大限度的流水化施工状态;

(4) 落实主要材料到场计划,跟踪重要构配件生产加工进度,确保施工材料供应到位;

(5) 强化现场安全和质量管控,为计划推进保驾护航;

(6) 建立每日现场协调例会制度,及时解决现场问题;

(7) 建立本项目微信管理平台,及时了解掌握现场情况并协调解决;

(8) 按指挥部有关二号航站楼劳动竞赛方案,制定本项目进度方面的奖罚措施,提高参建各方的积极性。

6．总包管理难度大

本工程建设过程涉及三家建设单位、三家监理单位、六家设计单位,以及近20家施工单位,但纳入本工程总包管理范围的施工单位仅六家,协调管理难度大,尤其是在中间段、北衔接区等重要部位。

对策:

(1) 明确总包管理范围,划定责任边界;

(2) 建立地铁、城轨、二号航站楼、市政总图、交通中心等五方业主、设计、监理、总包及各专业单位联席例会制度,协调解决道路交通、施工组织、设计界面等问题。

7．平面协调管理难度大

本工程施工场地狭小,近乎"零富余",紧邻二号航站楼甚至伸入二号航站楼,无法形成环路。且在下穿隧道提前通车后,施工场地被一分为二,交通组织困难。

对策:

(1) 根据现场情况,对照施工组织计划,在非重要区域或已完成的结构楼面上重新设置加工场、仓库、材料堆场等平面布置;

(2) 重新布置临时交通道路、排水及临电系统;

(3) 协调二号航站楼总包,规划非重型机械设备从二号航站楼内通行通道,制定楼内通行方案,贯通东西场区。

8．施工前期场地内管线迁移对基础施工的影响太大，施工顺序安排及安全管理的难度增大不少

对策:

(1) 协调管线主管部门了解本项目场地内管线分布情况,制定管线探测方案;

(2) 安排专人跟踪地下管线排查、迁移确认,制定地下管线开挖前确认手续;

(3) 按照施工组织策划,对本项目场地划分网格,对各网格限定地下管网迁移计划,分期移交场地。

4.5.2　施工管理

4.5.2.1　二号航站楼施工管理

1．施工进度管理

(1) 严格审查施工组织设计

施工组织设计是用来指导施工项目全过程各项活动的技术、经济和组织的综合性文件,是施工技术与施工项目管理有机结合的产物,是工程开工后施工活动能有序、高效、科学合理地进行的保证,须严格进行审查。

①核查项目部人员组织架构、项目部的质量保证体

系等是否满足投标书的承诺；对主要关键工序采用的措施部署是否能满足工期要求；大型机械设备的调度安排及各项资源使用计划，包括劳动力、机械和运输设备、主要材料、构件成品、半成品的需求量和供应计划及来源等进行逐一审查，能否满足工程进度安排和工程实际需要。

②在施工总平面图布置方面，审查施工各阶段是否合理利用场地布置各项临时设施及施工材料、机具等。

③在技术组织措施方面，审查是否有保证工程质量和施工安全管理等方面的具体措施。

④对施工技术方案中应用的新工艺、新技术、新材料进行审查（如有）。施工单位为了节约施工成本，在施工技术方案中提出使用新工艺、新技术或新材料时，审查其是否满足施工工艺要求，是否符合国家验收规范和质量检验评定标准的有关规定，并在满足质量、进度的前提下，进行技术经济分析，必要时召开专家论证会讨论、分析技术方案的可行性。

⑤审查施工组织方案中是否制定了应急预案及方案的可行性。白云机场二号航站楼项目工程量大、专业面广、内容复杂，必须制定应急方案，特别是施工过程中容易发生问题的工序。

（2）树立科学的施工进度控制理念，协调、抓好三方进度计划的一致性

白云机场扩建工程二号航站楼项目工程具有工期紧、建筑规模大、配套功能设施复杂和协调难度大等特点，是一项系统工程，工程内容涉及众多专业，需要投入大量的人力和物力，需要过硬的组织协调能力，需要科学的进度控制理念，需要较强的执行力，才能确保工程保质保量按期完成。

①制定科学的施工计划

根据指挥部总体部署的施工进度计划要求总包单位、各专业分包单位编制施工进度计划，内容包括：材料进场计划、机械设备进场计划、施工人员计划及保障此计划实施的相关管控措施等，具体细化量化至月、周计划，督促总包单位和各专业分包单位项目经理落实。（实行三级计划控制，总进度控制计划为一级计划，确定总体进度目标，为主要分部、分项工程确定开工、完工时间，反映各分部、分项工程中相互间的逻辑制约关系，以及关键路线；分部、分项工程或阶段性进度计划为二级计划，二级计划的编制是为了保证一级计划有效落实；周月计划为三级计划，周月计划是最基本的操作性计划，具备很强的针对性、及时性和可控性。）

②重视总控计划管理，抓住关键线路并重点保障

施工进度计划管理的核心为总控计划的管理，而总控计划管理的核心是对进度有较大影响的关键路线工作，

必须对各关键线路工作有明确的控制目标（时间节点要求）并抓落实。在工程进度管理中，要确保关键线路工作按既定的时间节点要求完成，还须结合施工中具体实际情况对季度、月及周计划不断进行动态调整，对资源配置等执行情况进行及时检查和动态管理，分析进度偏差，并及时采取强有力的有效管理措施纠偏，直至能满足完成关键线路工作所需求的一切工作抓落实，使工期处于受控状态，为实现总体部署的施工计划目标顺利推进、完成提供保障。

（3）组织召开专题会、工程进度例会、月进度讲评会等

根据进度报表进行检查，及时掌握工程的进度情况，并及时解决技术问题及发现施工中存在的问题，使工程能顺利推进，工期处于受控状态。

（4）加强现场施工管理的协调力度

与监理单位、总包单位及专业分包单位共同商讨、研究优化现场工作面的环境，以解决施工中上部结构土建工程与桩基础工程、钢结构工程与屋面、幕墙工程等各专业工程的交叉作业和配合问题，使各专业分项工程能按进度计划有序进行。

2．施工质量管理

（1）建立质量管理体系和制度

要求总包单位按《质量管理体系要求》GB/T 19001建立涵盖总包管理项目全过程的质量管理体系，规范工程施工总包管理的质量管理。同时，要求各分部工程施工单位须根据此制定有针对性的切实可行的质量保证体系和质量控制措施，狠抓各单位的质量控制体系的建立和有效运作。并要求总包单位制定看样定板、样板引路、工序三检等质量管理制度，每一个单位工程的主要工序首先提交工程样板，在样板通过业主代表、设计代表、监理及总包单位等验收合格后方可按照样板全面铺开施工。样板引路为工程建设施工提供了参照标准，同时方便了工程验收，对提高工程质量起着较大的推动作用。样板引路方法同时提高了工人的质量意识，以规范化标准对施工班组的施工质量进行验收，施工质量得到了保证。

（2）重视质量监控制度，定期召开质量分析会

认真做好图纸会审、重视施工前的技术交底工作。采用事前和事中质量监控制度、工序质量监控、质量关键点控制、质量通病防治细部做法等监控制度。根据项目质量计划，明确施工质量标准和控制目标；同时，明确总包单位及各分包单位应承担的质量管理职责，审查各单位的质量计划与项目质量计划相一致。

定期召开质量分析会，对影响工程质量的潜在原因要求总包单位及各分包单位采取预防措施，并敦促落实

到位。对施工过程中的质量控制绩效进行分析和评价，明确改进目标，从而进行持续改进。

（3）设置、管理施工质量控制点

要求各专业分包单位编制施工质量计划并组织召开专题会讨论其核心内容，施工质量计划的核心内容是设置施工质量控制点；设定了质量控制点，质量控制的目标及工作重点就更加明晰。一般来说，对工程质量形成过程产生直接影响的关键部位、工序、环节及隐蔽验收应设为控制点，管理好这些质量控制点是指挥部重点研究琢磨的地方。

首先，要做好施工质量控制点的事前质量控制工作，包括：明确质量控制的目标与控制参数；编制专项施工方案，落实质量控制措施；确定质量检查检验方式及抽样的数量与方法；明确检查结果的判断标准及质量记录与信息反馈要求等。其次，要求各专业分包单位要向施工作业班组进行认真交底，使每一个控制点上的作业人员明确工艺标准、质量要求、明白施工作业规程及质量检验评定标准，掌握施工操作要领的基础上进行作业；在施工过程中，相关技术总工、技术管理人员和质量控制人员要在现场进行重点指导和检查验收。同时，还要做好施工质量控制点的动态设置和动态跟踪管理。随着工程的展开、施工条件的变化，随时或定期进行控制点的调整和更新。督促、落实专人负责跟踪和记录控制点质量控制的状态和效果，并及时向相关管理人员反馈质量控制信息，保持施工质量控制点处于受控状态。

（4）按规范和设计要求严把材料质量关

原材料、半成品及工程设备是工程实体的构成部分，其质量是工程项目实体质量的基础。加强原材料、半成品及工程设备的质量控制，不仅是提高工程质量的必要条件，也是实现工程项目投资目标和进度目标的前提。

对原材料、半成品及工程设备进行质量控制的主要内容为：控制材料设备的性能、标准、技术参数与设计文件的相符性；控制材料、设备进场验收程序的正确性及质量文件资料的完备性；根据实际情况必要时对进场材料、设备、构配件进行平行检验，禁止使用国家明令禁用或淘汰的建筑材料和设备进场。

（5）对监理单位进行周、月、季度考核，狠抓施工质量

建立监理单位管理办法，实现对监理单位的规范化、标准化和量化管理，提升监理单位的整体素质，同时确保工程的质量和安全施工。

对项目总监和专业监理工程师日常工作到位情况每周考核，重点检查材料、试验工作；旁站检查工作是否到位，特别是对关键部位、质量控制点的监理是否及时准确；预先发现问题，避免质量事故发生的专业能力；

工序检验到位情况等。每月和每季度组织月、季度监理工作考核，对监理单位管理办法的六大方面：组织管理、质量控制、进度控制、投资控制、合同控制、资料管理进行逐一考核打分，并召开讲评会进行表彰或下发业主通知单通报批评，建立优胜劣汰的市场竞争意识。同时，管理好监理单位对各专业分包单位搞好工程施工质量起到积极的指导作用。

3．施工安全管理

（1）建立健全的安全管理体系

贯彻"安全第一，预防为主"的方针，结合二号航站楼工程项目特点，要求总包单位按《安全管理体系规范》GB/T 28001建立涵盖总包管理项目全过程的安全管理体系，各分部工程施工单位也须据此制定相应的安全保证体系和安全管控措施，并对分部工程施工单位进行评审，建立相应档案，记录其安全管理能力。由总包单位统一领导和管理施工安全工作，并成立以总包单位为主，分部工程施工单位专职安全管理人员参加的联合安全生产领导小组，统筹、协调、管理施工现场的安全生产工作。

（2）建立安全管理制度

对施工安全实施监督层、控制层、实施层三个层次的管理，三个层次各负其责，确保工程施工全过程安全目标实现。根据项目安全管理实施计划进行施工阶段安全策划、编制施工安全计划、明确安全生产的责任，使安全管理纵向到底，横向到边，把安全生产工作落实到位。牵头组织总包单位按安全检查制度召集各分包单位对现场安全状况进行巡查，及时掌握安全信息；召开安全例会，及时发现和消除安全隐患，防止事故发生。对施工各阶段、部位和项目部场所的危险源进行识别和风险分析，要求相关单位制定应急预案，落实救援措施，并建立、保存完整的施工安全记录及报告等台账资料。

（3）组织定期和不定期的安全检查

要求总包单位编制安全监督检查和奖罚办法，明确检查内容、方法及要求。定期或不定期组织检查各级管理人员对安全施工规章制度的建立、完善情况；检查施工现场安全措施的落实和有关安全规章的执行情况；检查有否完善消防管理制度，消防设施、设备的完好情况，配置的合理性、标志是否明显、操作是否符合规范等。组织总包单位和各专业分包单位每周召开安全生产例会讲评，对有安全隐患或有安全漏洞的情况及时下发安全整改通知单督促其采取有效措施整改，直至整改复查能完全消灭安全隐患为止。同时，严格按照广州市建设工程安全监督站的监督要求，与总包、监理和施工单位密切配合，狠抓安全文明生产责任制，扎扎实实做好各项安全文明施工工作。

4．施工项目合同管理

（1）掌握项目合同关键内容和相关条款

施工合同签订生效后，对应招标文件相关要求，熟悉、掌握该项目工程合同约定的建设范围及内容、合同工期、施工质量与工程安全管理标准、合同价款、预付款和进度款支付、工程变更和工程量偏差等重点内容条款。

（2）合同支付管理

严格按照合同履行支付义务，及时按财务部制定的相关规定督促对方办理合同支付申请。根据合同条款约定及时检验项目工程质量，核实完成的工作量，验收项目成果，督促合同缔约方办理竣工结算、竣工资料归档等工作，完善管理合同支付依据。

（3）建立合同管理台账

按照月、季、年时段建立合同项目名称、工作内容、累计支付金额、变更后合同金额、合同实际终止时间等信息台账，便于各施工项目合同日常管理。

5．施工项目资料、档案管理

（1）根据项目合同档案条款督促缔约方及时办理

项目工程从开工实体实施到竣工验收期间，督促总包单位及各专业分包单位严格按照合同档案条款和指挥部档案室下发的有关制度，将施工过程中形成的有保存价值的包括文字、图表、声像、电子文件等各种形式的文件及时归纳、送审归档。

（2）组织定期施工文件、归档资料检查

每月组织总包单位对各专业分包单位召开资料档案专题会，重点检查工程施工过程产生的相关施工文件的收集时间、整理和编制、组卷流程等情况，保证文件归档质量。

总体而言，施工进度、质量、安全施工、合同投资、资料归档管理是贯穿整个施工项目的全过程管理，在施工过程中加强各方信息沟通，采取有效管控措施和加强执行力度推进项目建设尤为重要。坚持计划、实施、检查、处理的循环工作方法，持续改进施工管理各方面的管控，使项目工程有序进行，最后能按时、顺利交付投产使用。

4.5.2.2 交通中心及停车楼施工管理

1．质量管理方面

针对上述工程特点和实施难点，指挥部自开工起即制定明确的质量目标：符合国家及相关行业验收标准，满足设计要求，达到合格标准。为确保质量目标的实现，指挥部将各工程的质量管理落实到人，充分调动监理、总包、各专业施工单位管理人员的主观能动性。从各个方面严把质量关，严格按照图纸、规范、施工组织设计、各分项工程施工方案组织施工，确保施工的每个环节都处于受控状态，保证各分部、分项工程的质量。

2．进度管理方面

北进场路隧道通车和交通中心及停车楼封顶计划目标必须按期完成，这关系到整个白云机场扩建工程的整体推进速度，关系到交通中心及停车楼能否按期投入运营。对此，指挥部组织监理、总包及各专业单位编制了科学合理的施工总控计划和三四级详细施工计划，并组织每月每周监理、总包例会，每日召开早晚碰头会，做到及时发现问题、及时解决问题，对于有滞后的分项内容，及时采取推进有关赶工措施的落实，确保进度受控。

3．安全管理方面

本项目主要危险源不仅是场地内机场地下管线复杂，更有隧道结构施工场地所处的特殊位置，因与多处其他工程项目的结构共建，施工交叉作业频繁，安全隐患问题突出，尤其是隧道顶板施工均为危险性较大的高支模工程，基坑临边防护范围大，起重作业频繁，施工用电作业多，高空作业安全保护不足，消防安全管控难度大。对此，要求监理、总包和各专业施工单位必须严格落实项目安全文明施工的各项制度，对施工现场的安全文明施工进行监督、指导、检查，对违反相关规定的行为，责令限期整改或停工整顿，甚至处罚。

以上管理，在各单位的支持和配合下，指挥部针对本工程的特点采取了多项有力措施，并得到落实，确保了工程质量、进度和安全等各项管理目标得以实现。

4．质量检测情况

为科学全面掌握工程质量，指挥部根据相关验收规范，委托了专业的第三方检测机构对桩基础、天然基础、混凝土结构、钢结构、沥青路面等结构实体进行了检测，如下所述：

（1）桩基础：采用抽芯、小应变和超声波等检测方法，对270根灌注桩进行了全数检测，结论显示：Ⅰ类桩201根，Ⅱ类桩69根，无Ⅲ、Ⅳ类桩，满足设计要求和规范规定。

（2）天然基础：在北进场路下穿隧道范围内选取了10个检测点，进行了压板试验检测，均满足设计要求和规范规定。

（3）主体结构：在隧道主体结构和防撞墙上分别选取了3个点和1个点，进行了回弹法检测混凝土结构强度，满足设计要求和规范规定。并在隧道主体结构和防撞墙上分别选取了10个点和5个点，进行了钢筋分布及保护层厚度检测，满足设计要求和规范规定。

（4）沥青路面：按设计要求和规范规定进行了沥青路面的抗滑检测，结果合格。

4.5.3　协调与接口管理

二号航站楼建设具有结构交叉施工多、协调难度大、工期紧张、工程技术复杂、施工管控难度大、总平面管理协调难度大等难点，根据指挥部的要求，认真加强对工程建设的监督管理，逐步实现规范化、标准化、程序化、系统化管理模式；进一步注重工作计划的准确性、全面性和前瞻性；在组织协调上，坚持统筹兼顾，积极与指挥部各级管理部门做好协调工作，采取的措施如下：

（1）及时向指挥部领导汇报工程进展，确保二号航站楼项目运行轨迹始终在指挥部的正确领导下向前推进。主要工作有：专题会汇报；在指挥部领导巡场检查时口头汇报；安排总包人员在航站楼动态微信群里图文并茂汇报各专业工程进展。

（2）与指挥部各级管理部门积极沟通，避免单干、盲干、瞎干，主要工作有：积极组织召开各类专题会，例如设计例会、钢结构幕墙屋面协调专题会，以及其他一些工程造价方面的专题会等。

（3）根据新的施工总承包管理模式，制定了《施工总承包管理办法》，进一步加强了对施工总承包单位的管理力度。

（4）针对二号航站楼工程进度的紧迫性，建立业主24h的值班制度，坚持每天晚上7点钟召开现场碰头会，听取各单位的加班情况，解决各单位需要协调的问题，7点30分参加指挥部组织的巡场检查，整理汇总晚间施工情况，向当天值班的公司二级领导汇报。

（5）实行部门周计划督办机制。每周一由部门领导向项目经理下达周工作计划表，每周五由项目经理向部门领导汇报工作计划落实情况，由部门领导督办计划落实情况，确保每一项工作计划得到落实。

（6）全力开展航站区赛区的劳动竞赛，为做到公平公正，采取各标段交叉评比打分制度，同时建立"项目经理月度之星"评比活动。

（7）认真落实工程质量管理工作。要求各施工单位建立质量控制体系并有效运作，做到处处有人管，事事有落实，保持纵向全过程、横向全系统、意识全方位、时间全控制的强化管理。

（8）积极主持召开各类专题会，及时向指挥部领导汇报工程进展，和各管理部门做好协调。

（9）主持或参与成立各专项小组累计四个，加大建设管理力度，提高协调工作效率。

①主持成立二号航站楼工程安全专项督查小组，建立常态化的安全检查制度，制定奖惩措施，对存在安全隐患比较严重的施工单位除要求其限期整改外，还扣罚一定数量的安全保证金，对一些安全管理工作做得比较好的监理、施工单位的安全管理员给予一定的奖励，这一措施极大地调动了监理、施工单位的安全管理积极性；

②主持成立二号航站楼施工总平面管理小组，重点跟踪二号航站楼、站坪区，以及油料等一些外单位的施工平面组织协调工作，有效解决施工平面范围大、涉及施工单位多而引起的交叉施工混乱的局面；

③根据关键线路集中在航站楼主楼中间区域的特点，主持成立二号航站楼主楼中间区域进度协调专项小组，有效加强了主楼中间区域的进度协调，确保中间区域各项工程施工进度按计划推进；

④参与成立航站楼室外60m范围专项协调小组，有效解决航站楼土建、钢结构、幕墙、屋面、机电、站坪、油料等各专业日常施工协调。

通过采取以上措施，二号航站楼建设在安全、质量、进度、投资基本达到了指挥部的要求。

4.5.4 改进与提升方向

4.5.4.1 二号航站楼工程管理

1. 项目开始进入实施阶段

首要工作是编制项目整体实施方案（整体策划），内容涉及图纸的出图进度情况、合同规划情况、投资控制策略、施工组织设计情况、工期控制情况几个重要环节，每个环节均相互关联，相互影响，牵一发而动全身。项目的整体策划方案应做到深思熟虑，多层次、多方面沟通和优化，以达成共同的执行方针，才能真正贴近现实，落到实处，并能可靠和有效地执行。

2. 设计管理方面

设计是龙头，整个项目的开头最关键的环节是设计，设计能够配合得紧凑，设计质量能保证，项目的实施就能开个好头，设计对第一批标段的顺利有质量的招标成功，其影响特别明显，所以项目实施前最应关注的是设计的进度和质量，往往每次项目开工前，留给设计的时间都是很紧迫的，对设计单位的考验和要求也较高，对此方面，应在招设计标及后面跟设计单位沟通中突出强调这一点，应有充分的准备。

项目实施过程中的设计管理应进入常态化的管理，首先要求业主代表及监理和总包应花足够的时间和精力熟悉图纸，其次要求设计代表应全过程参与现场管理，动用各方技术力量尽可能对施工图进行详细的内审，争取在招标前能尽可能发现设计问题，详细的内审过程应较安全地按规定严格贯彻。

3. 监理及总包的管理方面

最迫切改进的是如何让监理和总包能积极主动负起各自职责的作用，确保现场管理可控、安全，项目能得以顺利实施。首先要求监理和总包需建立起标书中承诺的完整项目部架构。其次与监理和总包项目部的公司高层建立良好关系，以便从上往下督促和改进工作，并定期约谈其分管高层和邀请他们到现场督办，效果方为明显，然后在日常工作中应对监理和总包管理建立考核制度，定期考核检查，对现场的细节管理，在开始阶段就应以严字当头，如发现监理和总包有松懈、马虎、不尽职责的情况就应在初露苗头时予以严厉制止和纠正。

4. 装修标段的划分

各标段工作量应分配均衡，避免因工作量分配不均衡影响工程进度。

4.5.4.2　交通中心及停车楼工程管理

1. 梳理各专业交叉作业内容，策划好施工组织

本工程先后参与的施工单位多达11家，其中涉及交叉施工的单位有隧道结构空九段、二号航站楼土建单位广东省建工、出港高架桥省机施，市政单位广州机施等施工单位，各专业工程交叉施工点多面广，相互制约。如要组织好上述单位能进退有序，各工序及时衔接到位，必须要做好施工组织的策划：

（1）梳理各专业交叉作业内容，对不清晰或未确定的设计界面必须及时进行确认；

（2）对工程场地进行网格化管控，按照节点目标计划倒排各区各工序衔接时间计划；

（3）做好场地总平面管理，要提前考虑到现场临时施工道路、临时排水设施、加工场、堆料场等二次或多次迁改，确保场地能及时移交；

（4）梳理已有地下管线的内容，做好管线保护技术交底工作，制定管线区域施工报批制度。

2. 建立计划落实机制，重视过程中质量、安全和进度的控制

计划是指向目标的方向，施工组织策划是向目标前进的路径，如要确保计划不出现落空，施工组织不出现较大偏差，在工程推进过程中，必须做好以下工作：

（1）成立由业主、设计、监理、总包及各单位组成的组织架构，明确各方管理职责及分工内容；

（2）创建各方成员微信群，随时掌握现场动态；

（3）建立监理和总包周月例会制度，掌握各专业周进度完成情况，分析月计划完成情况，及时解决现场制约施工进度的问题；

（4）建立设计例会制度，及时解决设计中存在的问题，确保现场施工不停滞；

（5）建立每周各方巡场制度，对重点部位、关键环节的推进，采取专人跟踪，日夜巡查监控；

（6）建立每周质量、安全、进度问题的销项清单，定人定时跟踪落实；

（7）强化现场施工安全的监管，牢固树立保安全就是保生产的思想，严格按规范、专项方案对属于重大危险源范畴的内容进行监控。

3. 常抓监理、总包工作管理，做好合同履约核查情况

监理及总包单位，是执行计划落实和施工组织的终端管控架构，因此，对监理和总包合同履约情况必须做好管理和考核。

（1）严格对监理和总包合同内主要管理人员到岗情况进行核查，确保其按投标要求承诺人员履职到位；

（2）建立具有可操作性的管理人员考核制度和办法，设置有关质量、安全、进度和造价等四大控制目标与其收益直接挂钩；

（3）对监理、总包工作责任心不积极和工作主动性不足的管理人员应及时进行清退和更换。

4. 对以后工程管理方面的建议

（1）抓好设计源头管理，重视图纸会审工作；

（2）注重招标文件细节内容编写，确保各专业施工界面的清晰；

（3）科学合理地划分招标界面，为后续各单位施工创造有利条件。

4.6　飞行区工程管理

4.6.1　管理概述

白云机场二期扩建项目，飞行区土建工程包括第三跑道及配套设施工程、航站区站坪工程、航站区永久围界、临时围界及安防工程、空侧市政工程、二号航站楼施工临时围界及安防工程等。

第三跑道位于现东跑道东侧400m处，跑道长3800m、宽60m。在新老跑道之间及其新跑道东侧各设置一条平行滑行道，飞行区等级为4F；建设6条快速出口滑行道、垂直联络滑行道，设置双向Ⅱ类仪表精密进近仪表着陆系统及助航灯光系统。

4.6.2　工程特点、难点及对策

4.6.2.1　工程特点

施工区域占地面积大；施工区域与运行区域交叉；施工周期长；地质条件复杂；不停航施工；地下管线多。

4.6.2.2　工程难点

（1）施工区域面积大，施工作业面多，管理难度大。

（2）施工区域与运行区域交叉，与机场管理、空管及驻场单位协调问题多，协调难度大。

（3）施工周期长，给施工带来了不确定性，加大了管理难度。

（4）地质条件复杂，施工区域存在地面河渠、鱼塘，同时土溶洞、地下水位高、淤泥及浅层淤泥质土多而厚，造成换填施工难度大。

（5）不停航施工，施工区域位于机场控制区内，为不影响机场的正常运行，施工需安排在后半夜进行，管理难度大。

（6）地下管线较多，新建各类管网众多，管线交错复杂，土建工程与管线施工之间协调配合难度大。施工区域与机场原有管线交叉，必须保证施工过程中不伤及原有管线，管理难度大。

4.6.2.3　难点对策

针对施工区域面积大的问题，要求施工及监理单位配备安全员，将施工区域划分为多个小区域，每个区域配置安全员进行现场监督，项目管理方每天进行检查；针对地下管线错综复杂问题，制定了地下管线施工专项方案及应急预案；针对地质条件复杂问题，制定了《地基处理管理办法》。

4.6.3　施工管理

施工管理是决定一个项目能否优质完成的重要工作，是为了完成建筑工程的施工任务，从接受施工任务起到工程验收为止的全过程中，围绕施工对象和施工现场而进行的生产活动，飞行区项目大部分为不停航施工，需进入机场控制内施工，主要从以下几方面进行管理：

4.6.3.1　安全管理及文明施工

进入控制区施工的人员需接受机场驻场单位的不停航施工管理培训；机场控制区内施工区域需与运行区域物理隔离，现场材料堆放有序，易漂浮物及时清理；地下管线开挖，开挖前要与管线单位确认管线平面位置及埋深，并制定管线保护方案；施工区域确保没有扬尘，

施工车辆行驶路段需及时清理，不得有泥土和碎石撒落；施工区域临电必须按照用电规范执行，电线不得席地铺设，配电箱不得在地面摆放，配电箱内需设置漏电保护开关；特种作业人员须持证上岗。

4.6.3.2　质量管理

施工图技术交底，开工前需对施工单位进行技术交底；发挥监理单位作用，监理员需现场旁站，每个施工工序完成后须由监理验收；建立项目质量安全体系，由业主、监理及施工方组成，对施工质量进行实时监控；建立奖罚制度，对于经检验不合格的工序，除返工外还要进行经济处罚。

4.6.3.3　进度管理

根据项目特性，编制施工总进度计划；将施工总进度计划分解至月计划和周计划；每周例会对比完成计划情况，并对未完成计划进行纠偏；项目完工前需编制项目投产和陪伴运行计划。

4.6.3.4　不停航施工管理

1.　组织机构及岗位职责

为从组织机构上保障不停航施工期间机场的安全运行，飞行区工程部成立了三级安全管理体系，即成立由建设单位、监理单位和施工单位各自为责任主体的安全管理体系。形成各责任主体分工明确、责任落实到位的安全保障体系。

2.　规章制度

（1）不停航施工申报制度

（2）人员培训上岗制度

（3）值班制度

（4）安全协调会制度

（5）安全生产例会制度

（6）每日施工控制程序

（7）适航检查制度

3.　管理办法

（1）安全管理规定

（2）安全责任书

（3）证件管理规定

（4）应急预案管理

（5）管线保护办法

（6）文明施工管理办法

（7）现场水、电及消防管理

（8）劳动竞赛管理

4.　不停航施工管理手册

根据白云机场不停航施工的要求，特制定了不停航

施工管理手册，必须严格遵守不停航施工手册的相关条款。

4.6.4　改进与提升方向

4.6.4.1　项目招标阶段

飞行区场道工程施工标均达到 2 亿以上的规模，施工单位选择尤为重要。建议优先选择大体量的施工企业，可保证工程的安全、质量及进度可控，同时也可以借助施工企业的技术力量，解决施工过程中遇到的难题。

4.6.4.2　项目实施阶段

加强对现场的管控。安全管控：发挥监理单位的作用，监理每周定期进行安全检查，建设单位每月抽查监理检查记录，并召开安全生产例会，将每次安全检查找到的问题进行剖析，争取后续施工中避免发生；质量管控：引入第三方检测机构，对原材料及施工成品按照相关规范要求进行平行检测，加强对监理单位的管理，重要工序及重要部位监理单位必须旁站；变更管控：避免出现重大设计变更，控制签证数量及金额，避免重复计费，严格落实项目管理责任制，工程项目品牌推荐、施工管理等均要明确责任领导、具体责任人，并将责任落实到工程管理的各个环节。

4.6.4.3　管线探测与保护处理

扩建工程飞行区施工范围内分布各类管网和既有管线，既涉及土建、机电、弱电、消防、油料的多专业交叉施工配合，又面临对现有灯光、高压、弱电、油料等既有管线的保护或迁改，各专业之间、各工序之间协调配合难度非常大。管线安全一直是飞行区内施工管理的主要风险点，建议联合股份公司及场内其他单位，采集基础信息数据建立白云机场全场管线分布图，明确管网实际分布和权属等特性作为后续施工的基础数据。

4.6.4.4　土溶洞处理控制

土溶洞工程量变化的原因主要包括以下两方面：一方面为勘察资料和一序孔资料推算出的理论计算差异，即设计变更变化的部分。根据《民用机场勘测规范》MH/T 5027-2013，详勘勘探点间距采用 50～75m 的中心线勘探点，而本场的石灰岩地区地层起伏变化较大，但选用了 70m×70m 的钻孔间距，而施工一序孔的间距为 4m×4m，较为准确地圈定了土溶洞不良地质体的范围，前后两个阶段的钻孔间距直接导致了土溶洞理论洞体的

较大差异；另一方面为实际灌注量与理论计算量的差异，即工程量签证的部分。设计院依据勘察资料和一序孔资料计算得出了土溶洞处理的理论处理工程量，但本场区基岩相对较为破碎、裂隙及裂隙水较为发育，对于基岩之上存在冲积中粗砂层或砾砂层没有稳定连续的隔水层，注浆段的岩层平均裂隙率 n（本砂层段为 0.35）与浆液充填系数 β（一般取为 0.9～0.95）及其损失系数（1+β）大小对于实际注量影响较大，浆液消耗系数在《煤炭行业标准》MT/T 1058-2008 中取为 1.2～1.5，在《岩土注浆理论与工程实例》中取为 1.1～2。土溶洞处理施工过程中，带有压力的浆液和混凝土均存在向洞体外挤压的情况，故而会引起实际处理的工程量均不同程度突破理论计算量的情况。

为解决目前土溶洞在招标后较大数额的工程量变化问题，可在以下方面予以改进提升：

由勘察单位进行一序孔勘察，在施工招标前即详细探查土溶洞边界，避免施工进场后较大设计变更。建议做法为：(1) 勘察单位完成详细勘察后，对于物探和详勘揭示的溶洞进一步作一序孔勘察，勘察布孔为 4m×4m 间距正方形布置，直至圈定土溶洞的边界，一序孔勘察需钻探至洞体底板（孔径 90～110mm）。勘察单位出具的土溶洞报告中应明确一序孔勘察的机场平面坐标及钻孔深度；(2) 施工单位进场后，依据勘察单位一序孔勘察原位扩孔至 168mm 后（无需取芯），下低标号混凝土注浆管开展低标号混凝土灌注，后续再由施工单位按 2×2 施工袖阀管注水泥浆。

借鉴前期本场土溶洞处理的相关经验，总结实际处理工程量与设计理论计算工程量之间的比例关系经验值（即浆液消耗系数），并逐步探索土溶洞处理工程量包干的各项条件，类似于二期扩建时冲孔灌注桩的充盈系数（超灌系数）按 1.2 系数包干工程量。然而，鉴于机场工程建设行业暂无相关法律和技术规定可以借鉴，工程量包干与勘察工作的质量和浆液消耗系数的确定直接相关，必须要有详尽准确的土溶洞勘察资料和充分的经验数据作为支撑。施工招标阶段选取的包干工程量过高，则损害建设单位利益不利于投资控制；选取的包干工程量过低，则损害施工企业的合理利润甚至施工成本，工程质量难以保证的同时，也将增加现场管控的难度。

引入数字化监控等先进手段监控施工过程，对于水泥注浆和低标号混凝土的灌注过程，以及水泥等原材进行监控。具体做法为：

由施工单位将注浆施工区域围闭，保证原材料运输唯一通道；由监控单位安装电子地磅，在地磅安装传感器，采集原材运输车牌号码，进出场时间和车载重信息，并实时上传到云端；在注浆泵和混凝土输送泵安装传感

器，采集注浆压力、油泵压力和注浆速度数据，并实时上传到云端；安装视频监控，覆盖地磅，注浆泵和混凝土输送泵等区域，并实时上传视频数据到云端；通过对云端存储的原始数据进行分析，即可获取土溶洞处理的原材料数量、处理部位和处理时间等信息，从而达到客观监控施工过程的目的。

4.6.5　东跑道穿越道工程小结

在二期扩建项目实施过程中，还同步建设了白云机场东跑道穿越滑行道工程，该工程位于东飞行区东跑道两侧。

指挥部按照使用单位的要求，在东跑道穿越滑行道工程施工招标时增加了东跑道快速出口滑行道沥青道面修复工程、东西跑道所有快滑出口加装禁止进入排灯工程这两个单项工程。将这两个单项工程连同东跑道穿越道工程等三个项目一起打包招标、施工。习惯上这三个项目统称东跑道穿越道工程。本节重点从工程特点、难点、项目策划、管理举措等方面论述这三个单项工程的建设过程。

4.6.5.1　项目概况

1．东跑道穿越滑行道工程

东跑道穿越滑行道工程是在A滑与Y滑之间建设三条垂直联络道，穿越滑行道按照4F等级设计，道面宽度为30m，每侧道肩宽度为17.5m。从Y滑行道开始垂直穿越东跑道直至A滑行道，可满足A380及以下机型的使用要求。采用水泥混凝土道面结构，42cm厚水泥混凝土道面3.2万m²，12cm厚水泥混凝土道肩3.2万m²。工程内容主要包括地基处理工程、土方工程、道面工程、现有排水沟改造工程、现有消防管改造工程、助航灯光及供配电工程、标线及标记牌等工程。

2．加装禁止进入排灯工程

在白云机场原有的18条快速出口滑行道按照《民用机场飞行区技术标准》MH 5001-2013加装禁止进入排灯。

3．东跑道快速出口滑行道沥青混凝土道面修复工程

改造修复东跑道连接Y滑的六条快速脱离道和P3、P4穿越道沥青道面。包括拆除损坏的沥青混凝土道面、道肩，加铺沥青道面，重新涂画标志线、回装助航灯光灯具。修复沥青混凝土道面4.0万m²、道肩4.1万m²。

以上三项工程概算投资合计1.28亿元。

4.6.5.2　工期节点

1．计划工期

（1）2015年6月东跑道穿越滑行道工程立项，原计划工期6个月，考虑到春运期间运行压力和雨季影响，将工期压缩至100天，计划2015年10月15日开工、2016年1月31日完工、3月31日投产。

（2）为支持机场放量和航班时刻拍卖工作，2015年12月9日工期进一步压缩，需在2015年12月31日完工。

2．工程实际实施主要时间节点

（1）2015年10月12日，完成工程监理、施工招标；

（2）2015年10月15日，正式开工建设；

（3）2015年12月31日，完成全部工程内容。从开工建设到工程完工实际工期77天；

（4）2016年1月8日，通过竣工验收；

（5）2016年1月15日，通过行业验收；

（6）2016年2月1日，东跑道恢复使用；

（7）2016年2月5日，航行资料生效，东跑道穿越滑行道工程、东跑道禁止进入排灯工程、沥青道面修复工程同步投产；

（8）随后，禁止进入排灯工程完成第二阶段位于西跑道部分，工程全部完工。

4.6.5.3　项目特点、难点

1．项目建设手续与施工同步

考虑到将在关闭东跑道的条件下进行穿越滑行道施工，股份公司拟在东跑道关闭期间，将加装禁止进入排灯和沥青道面修复这两个项目与穿越道工程同步施工。这样可以减少后期再实施两个项目对运行的压力。而在穿越道工程施工招标时，这两个项目尚未立项，还没有开展设计工作。按照正常的工程建设程序，这两个项目根本不具备实施条件，没办法进行施工招标和工程施工。

2．沥青道面修复方案不稳定

在工程立项阶段，股份公司基于原来的沥青道面损坏严重、耐久性不强、运行期间的维护量大等原因，原计划提出要将现有沥青道面全部拆除，改为水泥混凝土道面。这种方案不但投资大、造成极大的浪费，而且工程工期长、实施难度大。

3．项目专业多且为不停航施工

项目包含场道工程、排水工程、消防工程、助航灯光及供电工程等专业，沥青混凝土施工期间广州温度已相对降低，对沥青混凝土道面施工也有较大的影响。且项目施工地点位于机场核心运行区域，不同于以往的不停航施工，进出项目施工地点须穿越正在运行的滑行道。

4．改扩建工程地下管线复杂

施工区域东西侧分别为第三跑道和站坪，南北测为滑行道及空管导航台，项目下方有众多高低压电缆、灯光一二次电缆、空管管线等，稍有不慎造成地下管线破坏损失难以估量。

5. 安全压力大，施工与运行的冲突与矛盾突出

该项目不同于以往的不停航施工，施工区域南北端为运行中的A1滑和A10滑，东西侧为运行中的A滑和Y滑。施工区域位于机场运行核心区域，被运行区域全部包围。施工人员、车辆均需穿越在运行的滑行道进出施工现场。施工高峰期每天有数百辆次车辆与飞机交叉通行、有数百名工人在现场施工。

6. 工程工期特别紧张

经测算，穿越道加上其他两个项目，合理工期约需六个月，竣工时间在2016年5月底。使用单位要求工程要在2016年1月底完成，3月份穿越道投入使用，招标确定的合同总工期仅为100天。

在施工阶段，为支持机场放量和航班时刻拍卖工作，需在2015年底完工，实际工期仅有77天。实际工期较计划工期压缩近58%。

4.6.5.4 项目策划与管理举措
1. 项目前期策划与准备
（1）对设计方案的研究与优化

股份公司提出沥青道面改造方案为全部拆除改为水泥混凝土道面。项目部管理人员发挥工程技术专业优势，对改造方案究竟是采用水泥道面或沥青道面这两个方案从工程造价、施工工期、工程实施难度和技术应用等各方面进行了详细对比论证。通过论证，说服了股份公司决策层将沥青道面修复方案由全部拆除修建水泥混凝土道面改为采用SMA改性沥青混凝土修复原道面。设计方案的优化不但使工程节约2000多万，而且也大大缩短了工程工期，为穿越滑行道项目能提前完工奠定了基础。

（2）细致工作、省略工程勘察流程

按照正常建设程序，设计单位提出来穿越道项目要进行地质勘察，提交勘察报告后才能进行初步设计和施工图设计。如果要进行勘察工作，从委托勘察单位到提交勘察报告，至少需要三个月时间才能完成。项目部管理人员到档案室查阅了相关资料，找到了前期项目中已经完成的本项目场地内的勘察报告。此举不但为项目节约了几十万的投资，更重要的是使工期能够提前三个月。

（3）超常规推进施工招标工作、精心策划施工招标方案

针对禁止进入排灯和沥青道面改造项目在施工招标时没有设计图纸、无法与穿越道同步进行施工招标的问题。项目部积极寻求公司领导支持，尽快确定了设计单位，

并与设计单位共同认真研究了这两个项目的设计方案。在招标前将设计方案深化到施工图设计深度，给出相对准确的工程量清单，满足了施工招标的要求。使得这两个项目纳入东跑道穿越滑行道施工招标，提前三个月完成了施工招标工作。

根据工程专业众多、不停航施工的特点与难点，项目采用联合体模式招标，充分发挥联合体优势，各专业共同推进，尽可能减少建设单位协调工作量；根据工程建设范围在招标中要求不停航施工业绩、沥青道面业绩等，确保招到业界实力强的施工单位。最终经过公开招标，工程由西北民航机场建设集团有限责任公司与白云机场建设发展有限公司联合体承建。

（4）施工方案的科学论证与决策

针对本项目的位置和对运行的影响，项目部提出了在关闭东跑道的条件下施工穿越滑行道的方案。这样不仅能将施工对机场运行的影响减到最低，也能增加有效施工时间，大大缩短工期。之所以提出关闭东跑道施工，也是基于三跑道已投入使用，航班量增长还不大，可以用三跑道代替东跑道，恢复到两条独立跑道运行的模式。经过股份公司组织空管局和指挥部等有关单位认真评估论证，认为关闭东跑道对航班量的影响可以接受。下决心在施工期间关闭了东跑道，为施工争取了时间。

（5）提前编制不停航施工方案和工期计划

按照正常程序，不停航施工方案是由施工单位在中标后编制，经建设单位批准后报股份公司、由股份公司报监管局、监管局批复后才能进场施工。如果按照这个程序，施工单位中标后至少要20天才能进场施工。

项目部在工程策划阶段就同步研究制定了不停航施工方案和工期计划安排，并与多方沟通确定了施工方案。打破常规由项目部为主体向监管局申报了不停航施工方案，经过大力协调，监管局在施工单位进场前就取得了不停航施工批复。前期的充分准备使得工程提前具备了正式施工条件，施工招标开标6天后就进场施工。

（6）细化不停航施工方案

根据项目建设范围、施工区域位置，除履行民航局等相关管理规定以外，有针对性地采取措施以解决该项目所面临的难点：

①充分利用东跑道关闭前的时间完成临时道口、临时进场路的建设，高效率地利用有效的施工时间。

②针对本项目的施工区域对运行的影响不同，项目部提出了将施工区域与机场运行区域相综合考虑，详细划分施工区域，将施工区域划分为全时段关闭施工、部分时段关闭施工和每天停航后关闭施工三类29个子区域。通过这种施工区域的划分，合理安排施工顺序和时间，采取不同的施工管理措施，降低了对机场运行的影响。

（7）项目管理举措

针对该项目工期紧、安全压力大的情况下，重点从对人的管理、安全管理、进度管理、对外协调等方面采取主要管理措施：

①人员配置

2015年8月为东跑道穿越道工程成立了项目三部，因白云机场扩建工程紧锣密鼓实施中，专业技术人员无法抽调，在有限的条件下抽调了10名同志组成了项目团队。组成人员中仅有四人承担过飞行区工程不停航施工管理，另有四人从司机和行政岗位转岗过来。

项目部新组建，技术力量薄弱，管理经验缺乏。且东跑道穿越滑行道项目任务重、时间紧、安全压力大、管理要求高，相应对值班要求高，任何微小的纰漏都可能造成机场运营事故或航空安全事故，项目管理人员责任巨大。

为此，部门实行传帮带培养、规范化管理：每周召开部门工作会，总结和讲评上周工作，安排下周工作，让每位同志都了解项目管理中的工作，逐渐熟悉并掌握项目管理的各项工作；制定现场工作检查单明确现场工作管理要求，组织多种形式的专业培训学习，让每位同志掌握工作要点和管理要求（如组织不停航施工管理安全培训，明确安全管理的具体要求；组织施工图纸演练和现场演练，让大家知道现场如何组织；讲解不停航施工方案和控制程序，使大家懂得具体操作的程序和内容）；以"师傅带徒弟"的形式，安排现场管理工作，24小时施工中，由有经验人员进行现场带班传授管理经验；将现场管理要求和检查要点制成表格，现场值班人员按表逐项对照检查，督促落实，促进监理、施工单位按要求做到位。

②建立协调联动工作机制

根据项目的特殊性，每周定期召开由空管局、监管局、机场公安局、股份公司（场道、灯光、运控）、设计单位、监理单位、施工单位等参加的例会。有特殊情况时，随时立即组织召开协调会。尤其在工期压缩后，车辆、人员进出场量增大，在各单位的支持下，在履行各种管理程序的情况下，高效地解决了人证、车证的办证困难。

③开创性地开展安全管理工作

进出场施工车辆采用双层保证措施，一是由具备引领资质的驾驶员驾驶车辆从入口引领至指定地点，二是清扫人员随后清扫施工车辆行经路线，避免车辆遗漏材料造成FOD事件，最大限度地消除施工车辆与飞机冲突的安全隐患；针对现场施工面大、施工人员众多的情况，围闭施工区域、按施工区域加派安全员并由机场运行单位、建设单位不定时检查安全员的履职情况。

针对车辆需穿越四个飞机运行的滑行道情况，经过与空管及机场运行单位协商，在白云机场乃至国内民航界首次采用了不经过塔台指挥，而由地面人工指挥车辆穿越运行滑行道。通过实践摸索，经对指挥人员耐心培训和安全交底，制定了一整套标准的穿越道口障碍灯和标志线设置方案、指挥手势旗语和放行流程。

经估算，在东跑道穿越道工程施工期间，飞机通过这四个滑行道约4万架次，车辆通过这四个穿越道口上万辆次，未发生一起车辆与飞机抢道不安全事件。东跑道穿越道既解决了安全穿越的问题、保证了机场安全运行，又提高了车辆的通行效率。

④进度目标得到了实现

由于工期从开工时的100天进一步压缩至77天，原计划流水施工调整为全面推进，打乱了原有施工节奏。工期在最终调整时，各专业采取按照剩余工程量倒排工期计划，计算出剩余工程量，如剩余灯具套数、剩余电缆米数、剩余混凝土方量等，配置劳动力和设施设备，按周列出子进度计划（表4.6.5.4）、按天检查完成情况，如有滞后则立即采取措施，最大可能地保障了工期。

东跑道穿越滑行道施工进度计划表　　　　　　表4.6.5.4

序号	工程项目名称	单位	总量	上周计划	本周完成量	累计完成量	剩余量	完成单项工程量 %	下周计划完成量	本周未按计划完成原因
一	增加禁止进入排灯工程（东跑）					—				
1	禁止进入排灯坑钻孔	个	292	0	0	116	176	39.73%	30	—
2	禁止进入排灯安装	套	292	30	30	116	176	39.73%	30	—
3	二次电缆敷设、灌缝	米	45000	4000	4000	17876.71	27123.3	39.73%	1500	—
4	隔离变压器安装	套	312	120	120	120	192	38.46%	32	—
5	隔离变压器箱、标记牌基础安装	套	312	8	8	128	184	41.03%	23	—
6	二次电缆切缝	米	19000	400	400	7547.95	11452.1	39.73%	1950	—

东跑道穿越滑行道施工进度计划表（续表）　　表 4.6.5.4

序号	工程项目名称	单位	总量	上周计划	本周完成量	累计完成量	剩余量	完成单项工程量 %	下周计划完成量	本周未按计划完成原因
7	标志牌安装	套	20	8	8	8	12	40.00%	2	—
	完成增加禁止进入排灯工程总量							39.77%		
二	沥青道面修复工程							—		
1	跑道边灯拆除	套	20	0	0	20	0	100.00%	—	—
2	跑道边灯安装	套	20	0	0	0	20	0.00%	—	—
3	滑行道中线灯拆除	套	108	0	0	108	0	100.00%	—	—
4	滑行道中线灯安装	套	108	0	0	0	108	0.00%	—	—
5	滑行道边灯拆除	套	78	0	0	78	0	100.00%	—	—
6	滑行道边灯安装	套	78	0	0	0	78	0.00%	—	—
7	隔离变压器安装（边灯更换）	套	206	0	0	0	206	0.00%	—	—
8	二次电缆敷设(更换)	米	10000	0	0	0	10000	0.00%	—	—
	完成沥青道面修复工程总量							37.50%		—

4.6.5.5 项目基本经验

本项目能在工程任务增加、工期一再提前的情况下顺利完成，重点在于决策及时、外部相关单位支持、项目实施策划细致，针对项目特点、难点制定对应的管理措施，充分利用有限的施工时间，严密组织。工期目标提前后，增大人力、机械投入，所有工作面同步开展。工期目标的实现离不开以下几点：

1．科学决策

项目能够顺利完工得益于各级领导的及时决策，实践证明此类位于机场核心运行区域的大型施工项目采取关闭跑道措施是英明之举，既能最大限度地减小空防安全压力，又能保质保量尽快完工，为机场运行做出贡献。

2．建立协调联动工作机制

机场的运行依靠不同部门不同分工相互配合、相互监督，不停航施工则在一定程度上干扰既定分工的正常运转。例如施工期间进出飞行区人员车辆证照办理、运行滑行道穿越施工车辆、灯光接线迁改、FOD管理、施工复航后的检查离不开机场公安局、空管局、运行单位的协助与支持。提前与各单位建立及时的协调联动工作机制不可或缺，采取联合检查联合现场办理相关手续是有力保障措施。

3．加强对人的管理

管理人员实践经验、施工人员对规则遵守程度不一是项目管理的突出难点，不停航施工既要遵守民航局及相关部门的规章制度，更应重视现场的实践。理论教育不能代替实践经验，规范化教育、传帮带培养、及时总结后才能更好地管理施工现场。

4．加强项目的实施策划

（1）项目实施环境的调查与分析

根据项目的位置及进出场环境等各种影响项目进展的因素，对施工方案、进出场路线等进行详细的比对分析，如为减小运营道口的通行压力，适当设立临时施工道口，在赶工期间错峰利用永久道口，提前做好进场道路的规划与建设。

（2）根据工程特点有的放矢，采取与项目相适应的招投标模式

本项目采取联合体模式招标，其优点较为突出。本项目时间紧迫、工期紧张，采用联合体招标可以有效地缩短招标周期、减少招标工作量，同时又能将各专业一同发包减少工艺交接的协调，在一定程度上减轻了专业和工作面交接等协调工作。

（3）针对项目的特点与难点重点管理，采取措施

该项目不同于传统意义上的不停航施工，其施工区域位于机场运营核心区域、施工边界紧邻正在运行的滑行道，安全管理是重中之重。事前做好安全计划、事中按计划落实、事后及时总结。该项目施工期间对于人员车辆进退场采取的引领、值守双重保证，为项目的顺利推进起到至关重要的作用。

5．加大赶工的投入

至2015年12月9日，工期过半、进度过半的情况下，要求工期进一步压缩。为此，在原进场人员、机械、设备的基础上，又加大了投入，将原来流水作业方式改为成本较高、全面推进的施工方式。为此向股份公司提出来赶工带来的投入增加情况，后经股份公司认可同意增加赶工费450万元。

项目工期的不断缩减必然需要施工单位有力配合与响应，股份公司决策同意增加赶工费，既能保障项目的工期目标，又能给予施工单位相应赶工增加投入措施的

补偿，二者在某种程度上组成"利益共同体"。事实证明，此举措是符合市场经济规则的重要决定，也是项目能够按期投入的重要保障。后期针对性质较为特殊的项目可参考该项目，前期策划时考虑工期需求并制定压缩工期的投入实施细则，实现建设项目各参建方共赢的局面。

4.7 机电工程管理

4.7.1 工程概况与策划

扩建项目包括第三跑道、北站坪及远机位、二号航站楼和交通中心、市政总图和隧道工程、110kV机场北变电站及10kV外线工程等，机电工程必须在实现二期扩建项目使用功能的同时，还要确保在建过程中一期项目的正常运营和无缝对接。

本期机电工程策划主要是根据工程管理重点，涵盖工程建设全过程，预先评估项目的工程特点、难点及存在风险，对工程各环节进行梳理、预估，提出相应管理重点及应对措施，以期保证工程各环节进展顺畅，降低成本，提高效率，提高工程实体质量和工程策划、管理水平。

4.7.1.1 项目概况

1. 飞行区机电安装工程概况

（1）第三跑道工程助航灯光工程：第三跑道双向按Ⅱ类仪表精密进近运行类别、设置进近灯光及顺序闪光灯、跑道灯光系统、滑行道灯光系统、滑行引导标记牌、灯光计算机监控系统，以及2200㎡的灯光变电站。

（2）飞行区消防工程：在第三跑道两侧设置11km的消防管线，在第三跑道北部设置面积为1100㎡的消防值勤点，配备三辆消防车（一辆主力泡沫车、两辆重型水罐车）。

2. 航站区机电安装工程概况

白云机场航站区机电安装工程主要包括二号航站楼机电安装工程、交通中心及停车楼机电安装工程及市政机电安装工程。

（1）航站楼机电安装工程：机电安装工程包括了通用机电安装工程及安检、行李、登机桥等民航专用设备安装工程。通用机电包括给排水系统、空调系统、电气系统、建筑智能化系统及电梯、扶梯工程。空调系统主机房设置设于航站楼南侧的交通同中心地下的能源中心内，东西各一个，总制冷量为35680冷吨，分别按区域设置了主楼东、东指廊、主楼西及西指廊四个系统，另

加东西各一个420冷吨的夜间运行小主机，除夜间小机外均采用10kV变频主机。空调冷冻水管设置于地下管廊的水仓内，按系统设置。在贵宾室及计时旅馆、登机桥固定端内采用VRV系统。

给排水系统的消防水系统的消防水泵设于交通中心的消防泵房内，采用临时高压系统，分别设置了消防栓泵组、喷淋泵组及水炮泵组，地下管廊的电仓内设置了高压细水雾灭火系统。屋面系统采用虹吸雨水系统，并采用雨水收集系统后供园林用水；生活给水一至二层采用市政水，三层以上采用无负压供水设备，设置于航站楼东南角的水泵房内。

航站楼电气系统设置16个变电站，设备中心设置了两个变电站，10kV用电从新建北110kV站引来，行李系统采用独立变压器。备用电源采用10kV柴油发电机组，设于交通中心的发电机房内。消防报警系统设置了六个消防分控中心，并与主楼西南角设置了消防主控室。

建筑智能化弱电系统总控中心设于二号航站楼主楼西南区二层的设备管理中心机房，各系统主服务器均设于该机房内。二号航站楼内根据建筑分区和管理需要，分别设置16个设备管理机房，其中部分机房兼具分控室功能。包括建筑设备管理系统、能效管理系统、智能照明控制系统、电梯多方通话系统、电子会议系统及电力监控系统。

电梯工程包括垂直电梯、自动步道及扶梯。二号航站楼设置了电梯总共335台，其中垂直电梯119台（含3吨电梯20台），自动扶梯144台，自动步道路72台。

二号航站楼行李系统工程是国内民航机场首次采用DCV技术实现行李分拣处理全流程应用的案例。共安装DCV高速输送机约18km，皮带输送机约14km，可实现每小时10456件出发行李、4946件中转行李以及7921件到达行李的处理能力。同时，设置了4000个可随机存储的早到行李货架，对早到行李实现全自动的准确定位及便捷的存取。二号航站楼安检系统设置了托运行李安检设备206台，手提行李安检设备124台，CT安检设备4台。

旅客登机桥及桥载设备：二号航站楼停机坪登机桥活动端92条，飞机400Hz电源110台，飞机空调84台，92条桥的登机桥综合管理系统，合同金额约为18269.85万元。

（2）交通中心及停车楼机电安装工程：交通中心及停车楼位于二号航站楼的南面，主要包括交通中心、停车场及设备中心三大部分，其中地下二层、地上三层，建筑高度约12.95m。其机电安装工程包括给排水工程、电气工程、空调工程、电梯工程及智能化工程。

（3）市政机电工程：扩建工程市政机电安装工程包括管线迁改、下穿隧道机电安装工程。

3.　110kV机场北变电站工程概况

白云机场扩建工程110kV机场北变电站总负荷120MW，主要提供二号航站楼、交通中心、第三跑道及北工作区用电。场内部分由机场投资建设，外线工程由广州供电局投资建设。包括：110kV机场北站外线工程代建段、110kV机场北站、10kV场内配网工程。

4.7.1.2　机电组织架构及责任分工

指挥部机电工程管理归口管理部门在机电工程部，根据工程特点，机电工程部主要分为二号航站楼机电项目组、交通中心项目组、110kV项目组、飞行区项目组及民航设备项目组（图4.7.1.2）。

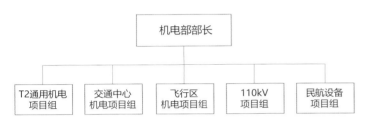

图 4.7.1.2　机电工程管理分组架构图

各岗位的工作内容、职责描述如下：

二号航站楼机电项目组：负责二号航站楼的通用机电安装管理工作；

交通中心项目组：负责交通中心的机电安装管理工作；

110kV项目组：负责110kV变电站、外线及10kV出线工程管理工作；

飞行区项目组：负责飞行区所有机电安装管理工作；

设备项目组：负责设备的管理工作，包括电梯、行李、登机桥及桥载设备、安检等项目管理。

4.7.1.3　机电工程策划及方案制定

1.　扩建工程极其复杂且难度大

时间跨度大，对项目的策划尤其重要，同时把策划和设计方案有机地结合极其重要。针对机电工程特点，机电工程部对前期对项目进行了策划，并根据实际情况进行调整，主要包括方案的策划及合同策划。

2.　方案策划

（1）确定管廊及管线迁改方案，根据现有地下管线及二号航站楼的北指廊方案，明确原有北机场大道的管线需要迁改，但该部分管线现在正在使用，故在迁改过程中不能影响现有生产系统，否则会造成严重后果。同时该管线迁改相关工程是下穿隧道能否顺利开工的前置条件。鉴于其重要性，故在方案制定时，着重考虑：

管廊布置方式：是单侧布置还是双侧布置；造价是否会超出概算；管线连接是否容易进行；管廊及管沟对交通中心、城轨、地铁及高架桥的相互影响程度。

根据以上考虑，最终选择了两侧布置，二号航站楼与东三、西三之间部分采用直埋的方式。需要迁改的管线包括给排水管线、消防管线、电气管线、10kV电力管线、中国电信管线、航空通讯管线。

以上管线均对白云机场的运营及其重要，故不能出错。在前期阶段充分分辨及识别有关风险及其重要。根据竣工图资料及物探结果，发现直埋及接驳部分，同时在此基础上编制了管线接驳方案、交通组织施工方案及应急预案，确保管线迁改对运营的影响减到最小。

（2）确定临时用电方案

施工时期的临时用电是一个比较复杂的部分，对其方案的策划直接影响建设时期的后期临时用电对施工的影响程度，必须尽量减少施工过程中由于位置冲突而引起的反复拆改。

（3）对标志牌改造的不停航施工方案进行策划

由于本工程属于不停航施工，施工面积大，施工难度和安全要求高，所以把现有三大施工区域（西飞行区、东飞行区和联邦快递区）根据机场运行情况进行划分105个小施工区域。包括：西飞行区42个；东飞行区46个；联邦快递区17个。

3.　合同策划

根据专业特点及工期因素，同时为了降低合同实施的风险，根据策划，扩建工程机电安装工程分如下标段：

（1）飞行区机电工程

根据工期及地域等因素，飞行区机电工程策划成如表4.7.1.3-1所示。

飞行区机电工程标段划分表　　表 4.7.1.3-1

区域	专业	标段
站坪	站坪照明与供电工程	1个标段
	助航灯光工程	1个标段
	站坪消防工程	1个标段
第三跑道	助航灯光、供电和灯光站工程	2个标段
货运机坪	站坪照明与供电、助航灯光、站坪消防安防工程	1个标段
北区远机位停机坪	照明、助航灯光及安防工程	1个标段
全场	标记牌改造工程	2个标段

（2）航站区机电安装工程

①根据实际情况，考虑到工期、合同执行风险、专业特性、整个系统是否容易切割及对总体调试的影响等各种因素下，扩建机电工程分成如下几个标段（表4.7.1.3-2）。

航站区机电工程标段划分表　表 4.7.1.3-2

区域	专业	标段
航站楼	防雷检测及评估	1 个标段
交通中心	防雷检测及评估	1 个标段
航站楼及交通中心	建筑智能化及节能检测	1 个标段
全场	临电工程	1 个标段
航站楼机电	航站楼机电安装（含水、电、风）（含设备房装修）	3 个标段
	消防报警系统（含自动报警、气体灭火、水炮）	1 个标段
	建筑智能化（含楼宇自动控制、智能照明、五方通话、能源管理等）	1 个标段
交通中心机电	交通中心及停车楼机电安装	1 个标段
室外工程	管线改造	1 个标段
	下穿隧道机电安装	1 个标段
110kV 机场北变电站	土建机电安装（含 110kV 通讯）	1 个标段
二号航站楼安检机	托运行李安检（含远程判图系统）	1 个标段
	手提行李安检	1 个标段
	CT 安检	1 个标段
	爆炸物衡量探测仪	1 个标段
	金属探测门、手持金属探测仪及防爆罐	1 个标段
空调系统设备	空调主机（二号航站楼、交通中心，包括能源群控系统）	1 个标段
	冷却塔（二号航站楼）	1 个标段
	风柜、风机、空气处理器（二号航站楼、交通中心）	2 个标段
	VRV 变冷媒流量多联空调系统（二号航站楼，包安装）	1 个标段
	空调水泵	1 个标段
电气系统设备	10kV、400V 电柜、直流屏（二号航站楼、交通中心、停车楼）	2 个标段
	10kV 变压器（二号航站楼、交通中心、停车楼）	1 个标段
	10kV 发电机组（二号航站楼、交通中心、停车楼）	1 个标段
	10kV 电力监控（含自动抄表）（二号航站楼、交通中心、停车楼）	1 个标段
	EPS 设备	1 个标段
	灯具（二号航站楼大空间灯具）	1 个标段
电梯	扶梯（二号航站楼、交通中心、停车楼）	1 个标段
	自动步道（二号航站楼、交通中心、停车楼）	1 个标段
	垂直梯（含观光梯）（二号航站楼、交通中心、停车楼）	1 个标段

航站区机电工程标段划分表（续表）　表 4.7.1.3-2

区域	专业	标段
民航专业设备	行李系统	1 个标段
	登机桥	1 个标段
	登机桥桥载空调	1 个标段
	登机桥桥载 400Hz 电源	1 个标段
110kV 站设备	110kV 站 GIS	1 个标段
	110kV 站变压器	1 个标段
	110kV 站电柜（含交直流电源系统）	1 个标段
	110kV 站监控及保护	1 个标段
	SVG	1 个标段

②其中二号楼航站楼的标段划分范围如图 4.7.1.3 所示。

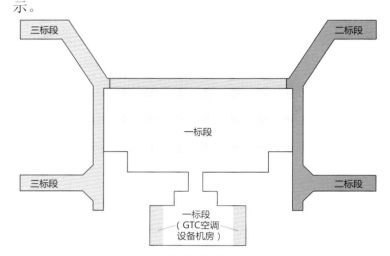

图 4.7.1.3　二号楼航站楼的标段划分平面图

4. 总平面策划

对于一个复杂项目来说，好的总平面策划为项目能否按期完成提供了保证。对机电单位说，此将直接影响项目成本。机电安装部分的总平面策划主要是包括消防系统及临时电系统的策划。

航站楼内临时电系统策划在项目实施前，制定详细的临时用电施工方案，减少拆改及对施工的影响。由于大部分专业分包尚未招标进场，未能落实各专业分包的用电负荷，设置了总配电箱为 630A、400A 两种型号（总箱内设置充值付费电表），设置了二级箱容量为 400A、250A 两种型号；将根据不同单位不同容量给予配给。主干线采用 ZR-YJV22 电缆埋地敷设，过路采用电缆穿钢套管理地敷设，重复接地电阻 $R \leqslant 10\,\Omega$。

4.7.1.4　招标管理

招标阶段的任务主要是确定施工范围、明确服务内容、提出工期要求、质量目标，即为了达到以上目标需要的最少资源。

确定施工范围：根据合同策划结果，会同设计一起制定标段施工范围，尽量使图纸表达范围与招标内容相一致。

明确服务内容：在范围的基础上进一步明确关键的内容，比如是否需要总承包管理，是否有深化设计要求，是否有陪伴运行等。

提出工期要求：根据总体策划要求，提出工期目标，对于机场项目，一般提出开工日期、实体完成日期、竣工验收及行业验收四个工期节点。

质量目标：提出明确的质量目标、获奖要求及各种施工的技术标准。

资源保证：为了达到工期、质量目标，需要资源保证，而人力资源就是一个最大的保证，标书中应对项目经理、安全经理、商务经理、施工员及资料员提出明确要求。

4.7.1.5 现场项目管理

扩建工程机电项目管理面积大、项目多、合同数目多、施工单位多、工期紧急，机电各专业之间、机电专业与土建专业之间、机电专业与设计之间矛盾突出，为了第一时间解决有关的问题，需要各有关单位第一时间出面协调，才能保证工期能够顺利完成。

1. 进度管理

二号航站楼机电各系统能否按期完成，关系到二号航站楼是否可以按期投入运营。对此，指挥部组织监理、总包及各专业单位编制了科学合理的施工总控计划和三四级详细施工计划，并组织每月每周监理、总包例会，每日召开早晚碰头会，做到了及时发现问题、及时解决问题，对于有滞后的分项内容，及时采取推进有关赶工措施的落实，确保进度受控。

制定分部工程产值计划：在工程实施时，制定每2周为周期的产值计划，并制定成产值计划曲线张贴于项目经理办公室及会议室。实际产值与计划产值进行对比，并制定实际产值曲线，使计划落实情况一目了然。

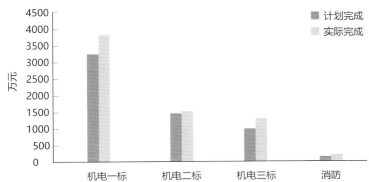

图 4.7.1.5 二号楼航站楼机电计划与实际对比图

制定重要里程碑计划：里程碑计划的实现是项目能否按时完成的最重要的保障。根据各合同及项目的具体情况，制定各项目的里程碑计划，包括深化设计、材料采购、重要设备到货及安装、送水送电、调试等。

制定工程量百分比计划：制定工程量周、月、季度或年计划，并与实际计划对比，以检验计划的执行情况（图4.7.1.5）。

根据土建进度计划，划定流水作业区域，把进度计划按区域进行分解，以控制总体进度。

2. 质量管理

严格控制材料质量，除按正常严格进场报验手续外，加强现场抽检力度；严抓工程实体质量，应加强分级管理，督促监理跟踪到位。

3. 成本管理

以科学公正的原则处理好合同双方之间的收支关系，坚持按建设单位和承包人签订的已完工并合格工程进行计量支付。对未完成的不合格的或未经验收的工程决不予以计量。反之，对验收合格的工程及时予以签认，确保计量支付在一种公平公正的基础上良性循环，确保工程进度、维护了建设单位利益，保护了承包人的合法权益，对工程变更监理单位严格按招标文件及合同文件要求执行变更申报程序，积极做好议价协调工作，有效地控制了投资。

4. 项目协调

二号航站楼建设规模大，专业之间交叉复杂，工作面冲突明显，沟通协调尤其重要。

与设计协调：定期召开设计例会解决设计问题，会同设计人员查看现场一并解决技术及冲突问题；绘制综合管线解决管线冲突问题；通过管线碰撞表快速解决现场局部管线冲突问题等。

与各施工单位协调：机电各单位之间定期召开机电例会解决机电内部问题，与土建单位召开例会解决与土建的矛盾。

通过召开专题会解决重大的协调问题。

5. 安全文明施工管理

本项目主要审查施工单位施工组织设计中的安全措施，并督促施工单位进行落实；要求施工单位在落实施工质量责任的同时落实安全责任。牢固树立"安全第一"的思想，要求监理每次检查现场质量和进度的同时检查现场安全，并作为监理例会的一项讲评内容，高标准、严要求，从而保证了施工的安全。

加大监理的安全巡视，将存在的安全隐患提前消除。对此，要求监理、总包和各专业施工单位必须严格落实项目安全文明施工的各项制度，对施工现场的安全文明施工进行监督、指导、检查，对违反相关规定的行为，责令限期整改或停工整顿，甚至处罚。

以上管理，在各单位的支持和配合下，指挥部针对本工程的特点采取了多项有力措施，并得到落实，确保了工程质量、进度和安全等各项管理目标得以实现。

特别需要说明的是为做好安全文明施工管理，安全管理人员的到位及重视极其关键，就二号航站楼来说安全检查常态化，班前安全教育常态化，各种安全方案齐全并得到落实，是这个项目能够顺利完成的一个关键因素。

6．施工资料管理

对一个项目来说，施工资料管理极其重要，其中专职资料员的配齐到位是保证资料完备的关键。机电单位的施工资料在指挥部组织的参建单位资料评比中始终排在最前面就是一个较好的证明。

4.7.2 工程特点、难点与对策

扩建项目包括第三跑道、北站坪及远机位、二号航站楼和交通中心、市政总图和隧道工程、北110kV变电站及10kV外线工程等，机电工程必须在实现二期扩建项目使用功能的同时，还要确保在建过程中一期项目的正常运营和无缝对接，其工程特点与难点如下：

4.7.2.1 飞行区重点、难点

三跑道与全场标记牌改造同步启用，并需与原系统无缝连接与转换。

4.7.2.2 航站区重点、难点

二号航站楼面积大，体积大，机电系统齐全，专业多，机电系统庞大结构标高变化多、结构复杂，机电安装准确定位难度大，机电专业协调配合多，高大空间多，区域面积大，高空作业量大，故对其的管理也具相当的难度。

1．机场北主干管线迁改需确保不影响机场正常运行，施工与原系统强相关

2．航站楼综合管线布局及深化

由于局部楼层矮，机电管线特别是主楼部分与弱电管线、行李路由冲突明显，机电、弱电及行李的设计单位不是同一家，同时刚开始的时候没有综合管线图，造成靠机电单位进场后自己深化不太现实，且其对其余单位没有约束力，故造成在局部地方反复拆改。在早期管线施工过程中，综合管线的布局花费了各方较多的精力。

鉴于现实情况，为了解决综合管线问题，经过协调由广东省建筑设计研究院有限公司出综合管线图，弱电设计单位配合，并制定详细的综合管线出图计划。在此综合管线的基础上由机电单位进行图纸深化，并经各方签字确认后再实施。在实施过程中如有问题，则通过设计例会或现场协调解决。

根据规范要求明确机电综合管线绘制的原则（表4.7.2.2-1）。

机电各专业管线综合平衡施工协调管理，在施工时应严格按照管线综合平衡布置原则进行施工（表4.7.2.2-2）。

机电系统管线综合平衡布置图绘制原则表一　　　　　　　　　　表4.7.2.2-1

序号	实施原则	内　　　　容
1	必须符合设计要求并不影响系统的使用功能	管线综合合理布置的深化设计不得影响原机电系统的设计要求，如：不得随意变更管线的材质及规格、管道的走向应基本与施工图相同；布置时尽量减少弯头等影响系统运行阻力的因素；雨水、污水、排水、冷凝水系统等有排水坡度要求的管道，严格按设计图纸要求的安装坡度、标高和介质走向进行布置。进行机电深化设计只是使管线布置更加合理而不是修改原设计，不可避免地要出现一些管线移位，但必须忠于原设计意图。因此，绘制出的机电深化设计图需要业主、监理、设计院的认可及确认后方可执行
2	必须符合国家有关施工质量验收规范的要求	严格按照国家有关施工质量验收规范对机电安装工程进行深化设计，使机电系统的安装符合规范要求，这是保证机电工程使用及安全功能的关键。例如：水管（包括给水、排水、冷冻水、冷凝水管道等）与电气桥架、线槽平行安装，安装间距应大于200mm；在水管与电气桥架、线槽安装位置的交叉处，电气桥架、线槽爬升至水管上方安装；规范明确规定的管道离墙、柱等支撑物、障碍物的距离；当风管与消防喷淋头位置重叠时，按消防规范要求设置喷淋头与风管的间距或将消防喷淋头引至风管底部安装，并避开风口位置
3	尽量采用联合支架、提高楼层净空	管线综合布置时充分考虑建筑结构的特点，合理设计管线布置位置及空间，尽量采用联合支架（即多种管道共用支架），使支架简洁，具有统一性，减少支架的数量，减少支架和结构的连接点数量，将支架固定点安装在建筑的承重部位。把管线尽量提高，以留下尽可能高的楼层净高，提高建筑内部的使用空间

机电系统管线综合平衡布置图绘制原则表一（续表）

表 4.7.2.2-1

序号	实施原则	内　　容
4	考虑管线之间的安装、操作空间	管线安装及维护时，均预留一定的安装操作空间以及各管线安装顺序。如：焊接管道需要考虑焊接空间；丝扣连接的管道需要预留安装喉钳操作空间；保温管道需要预留保温层的安装空间；阀门安装位置除按设计及规范安装要求外还需要考虑阀门操作手柄的操作位置，以及日后运行时操作的方便性；电气系统功能变化较频繁（如电缆、电缆的增减等）和系统检修护的方便及安全性，将电气桥架、线槽设置于水管上位或主干风管下方，以便进行电缆的敷设和线路维护等
5	考虑管线的安装顺序影响	由于管线安装不是同时进行，有一定的先后次序。如先安装上层管线再安装下层管线；先安装里层管线再安装外层管线；先安装较大的管线后安装较小的管线（风管先装后装线槽等）。故管线的布置要避免部分管线安装后，后装的管线安装困难或需要拆除原已安装的管线后再重新安装
6	考虑管线之间的安全及相互干扰距离要求	管线的布置还需要预留一定的安全距离。如电缆桥架与水管道之间的距离应符合相互之间的安全距离，以免由于管道漏水而影响电缆的安全运行；强电桥架、线槽应与弱电（带电信号）分别设置，以免相互干扰；电缆与人行通道尽可能隔离并留有检修空间

机电系统管线综合平衡布置图绘制原则表二

表 4.7.2.2-2

序号	管线综合平衡布置原则	内　　容
1	管线互相谦让布置原则	电气管线位上方，风管位下方；电气、水管分开平行布置；强电、弱电分槽、井布置；有压管线让无压管线；无保温管线让保温管线；小管线让大管线
2	各种水管线系统布置原则	雨水、污水、排水、冷凝水系统、消防水管的管道等有排水坡度要求的管道，严格按设计图纸要求的安装尺寸、标高和流体走向进行布置
3	通风管线系统布置原则	通风（包括防排烟）与空调风管紧贴消防喷淋管道安装（需要预留保温层空间），当风管与消防喷淋头位置重叠时，按消防规范要求设置喷淋头与风管的间距或将消防喷淋头引至风管底部安装，并避开风口位置
4	电气管线系统布置原则	考虑电气系统功能变化较频繁（如电缆、电缆的增减等）和系统检修维护的方便及安全性，将电气桥架、线槽设置于水管上位或主干风管下方，以便进行电缆的敷设和线路维护
5	弱电系统管线布置原则	弱电桥架、线槽、管线与水管（包括给水、排水、冷冻水、冷凝水管道、消防管道等）平行安装，安装间距应大于200mm，在弱电桥架、线槽、管线安装位置与水管的交叉处，电气桥架、线槽、管线应在水管上方安装
6	提高观感质量原则	为创造较高的建筑空间，还应尽量把管线提高，以留下尽可能高的净高，提高建筑的观感，明露部分尽量采用成品支吊架系统，采用装配式安装

3．航站楼空调主机吊装

二号航站楼及交通中心共设置冷冻水系统四个，制冷机房两个。分别设在交通中心外左右（东、西）两侧地下负二层，每个制冷机房约3700m²，净高7.8m。二号航站楼及交通中心总冷负荷约为119553kW（34000冷吨），另加夜间运行小主机冷量，总装机冷量为35680冷吨［主楼2×（10000RT＋420RT）＋指廊2×（7000RT＋420RT）］。主楼两个制冷系统，指廊两个制冷系统。交通中心含在西指制冷系统中。从交通中心到主楼及指廊设有综合地沟走冷冻水管。现场条件如下：

A．东西两侧制冷机房在首层均设有吊装孔：①东制冷机房设备吊装孔位于交通中心首层G-40、G-41和G-D、G-1/D底板，尺寸：8500mm×5000mm；②西制冷机房设备吊装孔位于GTC首层G-02、G-03和G-D、G-1/D底板，尺寸：8500mm×5000mm。

B．东西两侧制冷机房吊装口钢筋较多，影响设备吊装，需土建单位往上下扳弯或者切割掉。

C．西能源中心吊装口吊车、运输汽车位硬化面积不够，导致冷水机组运输车难以进入吊装口位置，汽车吊打开支腿不稳。需八局总包单位协调做好运输通道及站车位硬化。

为确保顺利完成，无安全事故，且冷水机组需一次安装完成、一次验收合格，各种方案及措施都极其重要。

①明确吊装方案并选定吊装设备，确定吊装顺序

设备进场前设备准备→设备进场→240t汽车吊机支腿吊装→将设备逐台由室外首层垂直吊至负二层制冷机房→用运输小坦克将设备移至设备基础，一次性就位。

②严格施工方法及工艺要求

A．吊装主要采用一台240t汽车吊机进行垂直吊装，将机组逐台由运输车辆上吊至首层吊装口进入负二层室内后，再采用错位抬高法，使用运输小坦克和卷扬机进行水平运输就位，水平搬入机房移至设备基础上一次性

就位。吊机开至吊装指定位置A点，展开四只吊车脚，脚垫好枕木及专用钢板后，做好吊装前准备工作后，设备运输车停靠在B点，空载试吊，确保吊机的操作半径在安全吊装范围之内，并检查吊机四只脚的受力情况，一切正常后，设备一头吊点挂好两条长10000mm、ϕ26的钢丝绳，原地先试吊后停顿2～5min，观察起重性能及稳定程度，待程序稳定后开始实施吊装；负二层摆放一台拉力机（D点），吊机将设备吊到首层吊装口高度后（C点），调整位置后，把设备从吊装口缓慢往负二层下吊，在设备离负二层地面只剩0.5m高度左右时，将拉力机的挂钩挂至设备上，然后缓慢把设备缓慢下吊，使其重心慢慢放置在坦克车上，另在此端连接至拉力机，利用拉力机（E点）将设备慢慢拉至机房，整体需要吊车慢慢配合往楼层方摆臂，同时拉力机将设备缓慢的完全拉入楼层，待设备完全进入楼层后，在设备后方垫上另一组坦克车，吊车此时慢慢卸力，另一端拉力机配合往负二层深处拉，致使设备完全脱离悬空，将设备移至方向不变的指定位置（图4.7.2.2-1、图4.7.2.2-2）。

图 4.7.2.2-2 冷水机组吊装示意图

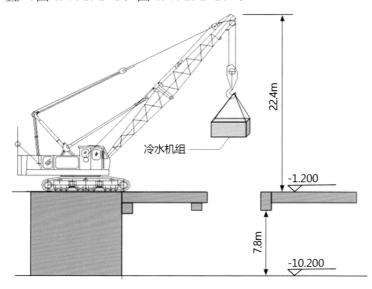

图 4.7.2.2-1 冷水机组吊装立面图

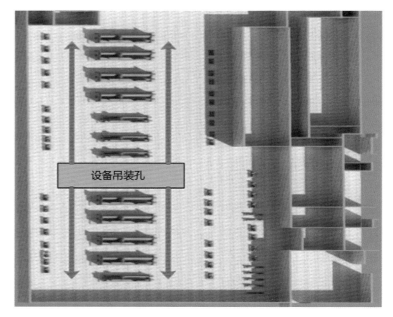

图 4.7.2.2-3 设备运输路线

B. 设备水平运输就位流程如图4.7.2.2-3所示。

C. 安装路线

设备运输路线吊装之前必须清理干净，本工程利用专用坦克车，配合拉力机牵引进行水平运输，运输过程中，专用滑轮车下面根据需要垫铺钢板，以减少牵引时专用坦克车与楼面的摩擦力和力的分散（图4.7.2.2-4）。

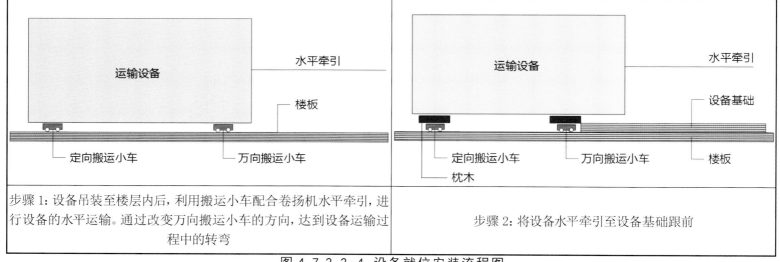

步骤1：设备吊装至楼层内后，利用搬运小车配合卷扬机水平牵引，进行设备的水平运输。通过改变万向搬运小车的方向，达到设备运输过程中的转弯

步骤2：将设备水平牵引至设备基础跟前

图 4.7.2.2-4 设备就位安装流程图

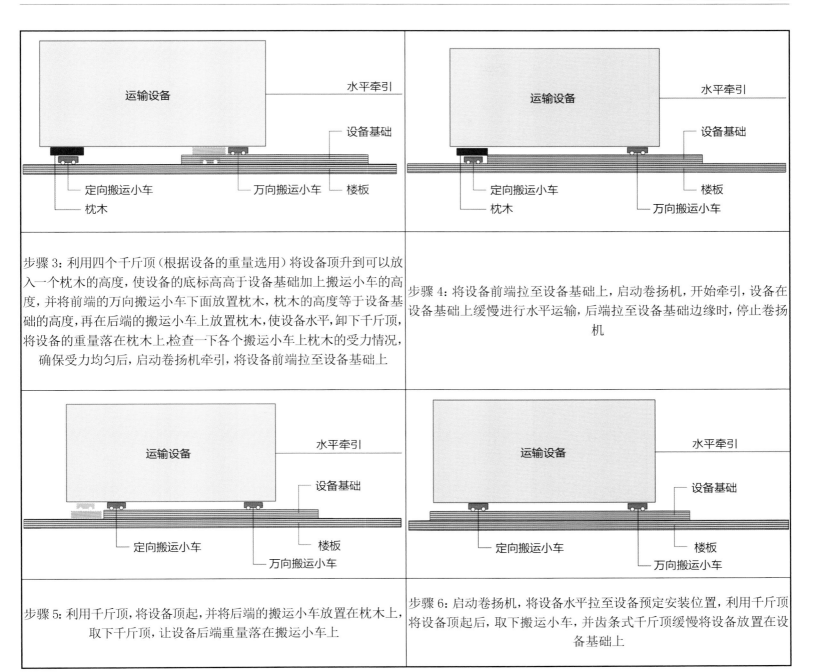

步骤 3：利用四个千斤顶（根据设备的重量选用）将设备顶升到可以放入一个枕木的高度，使设备的底标高高于设备基础加上搬运小车的高度，并将前端的万向搬运小车下面放置枕木，枕木的高度等于设备基础的高度，再在后端的搬运小车上放置枕木，使设备水平，卸下千斤顶，将设备的重量落在枕木上，检查一下各个搬运小车上枕木的受力情况，确保受力均匀后，启动卷扬机牵引，将设备前端拉至设备基础上

步骤 4：将设备前端拉至设备基础上，启动卷扬机，开始牵引，设备在设备基础上缓慢进行水平运输，后端拉至设备基础边缘时，停止卷扬机

步骤 5：利用千斤顶，将设备顶起，并将后端的搬运小车放置在枕木上，取下千斤顶，让设备后端重量落在搬运小车上

步骤 6：启动卷扬机，将设备水平拉至设备预定安装位置，利用千斤顶将设备顶起后，取下搬运小车，并齿条式千斤顶缓慢将设备放置在设备基础上

图 4.7.2.2-4　设备就位安装流程图（续图）

4.　高大空间安装组织

问题描述：主航站楼区域，地上四层（局部五层），地下一层为设备管沟。建筑高度 43.500m，地下管廊部分相对标高 -4.850m，首层相对标高 ±0.000m，二层相对标高为 4.500m，三层相对标高为 11.250m，四层标高 16.875m。交通中心制冷主机房为地下二层，相对标高 -10.200m。大空间管线施工安全隐患大，与其余专业交叉多，在保证安全的前提下按进度计划完成具有相当的难度。

采取措施：针对高空作业，创造施工条件加大预制深度，采取分段流水作业的安排，创造安全有效的施工作业条件，设置安全可靠的高空作业平台；针对交叉作业，在施工之前，与行李系统一道做好行李分拣机房的综合 BIM 模型，将机电管线与行李系统结合起来，在 BIM 模型中，优先解决冲突问题，根据 BIM 综合模型，与行李单位，确定机电专业与行李单位交叉施工的顺序，尽量避免减少交叉。在施工过程中，机电服从行李系统为大原则，进行交叉施工协调处理。同时加强安全管理，采取针对性的安全防护措施，行李区施工顺序如图 4.7.2.2-5 所示。

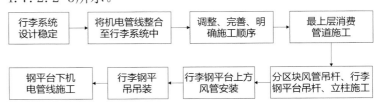

图 4.7.2.2-5　行李区施工流程图

5.　登机桥增加消防喷淋

根据消防要求，需在新建的 58 条登机桥固定端及

地下管廊水仓进行消防喷淋的施工。主要工程量有喷淋管道约40000m、喷头约7800个。从2018年4月26日开始通航，现西五指廊、东连廊、东五指廊及相应的251～255、257～260、152、154、155、167共13条登机桥已投入使用，本工程的施工以不影响通航为前提下进行，严格执行安全文明施工，达到文明工地的标准。

由于本工程以不停航施工为前提，且有以下客观条件制约：工期以5月18日和6月30日这两个为节点，任务量大、时间非常紧迫；现场不允许动火作业，管道需现场定位测量、场外加工后再到现场安装（装配式作业），导致工效下降的情况且材料运输难度大、距离长、手续繁琐；原工程已完工验收，现人员、机械、材料进入施工区域受场地限制，相关的成品保护工作量大，为满足材料进场的需要须对管材进行裁断，故对材料耗损率增加、配件辅材等费用增加；现场安检流程繁琐，人员的出入要办理通行证，并要有引领人从工作人员进出通道，排队接受安检，到达飞行区出口处时集合再接受二次安检；材料、机具进出均要求先申请后审批、符合要求后再经安检、引领车辆、引领人等流程，从专门通道进入，且施工现场现场涉及新增喷淋区域的面积约为16万㎡，工作区域分散、每天从开始安检至施工点（上下班）需耗时约3h，大大压缩了正常施工时间，降低了施工效率。

在工程实施前与股份安检及场道等单位密切沟通，制定详细的各种专项方案，规定运输线路及施工工序，制定各登机桥的节点施工计划并严格执行，确保按期完成。

6. 成品保护

由于二号航站楼施工单位及工种众多，工期紧急，成本保护就显得特别关键，为了加强互相成品的管理，减少重复施工，为保障工程按量完成提供保障。

敦促施工单位成立成品保护小组，加强成品保护意识。成品保护小组在施工组织设计阶段应对工程施工工艺流程提出明确要求。严格按顺序施工，先上后下，先湿后干，防止流水混乱。地面装修完工后，各工种的高凳架子、台钳等工具原则上不许再进入房间。最后油漆及安装灯具时，梯子脚要包胶皮，操作人员及其他人员进楼必须穿软底鞋，完一间锁一间。上道工序与下道工序之间要办理交接手续，保证上道工序完成后再进行下道工序。各楼层设专人负责成品保护，结构施工阶段，每栋楼安排专人巡检；装修安装阶段，每个楼层安排两人检查。各专业队伍必须设专人负责成品保护。成品保护小组每周举行一次协调会，集中解决发现的问题，指导、督促各单位开展成品保护工作，并协调好各工种的成品、半成品保护工作。加强成品保护教育，质量技术交底必须有成品保护的具体措施。

现场材料保护责任：所有材料、半成品、设备进场后，由材料部门负责保管，各部门进行协助管理，分包单位的材料、半成品、设备，由各工种分包单位负责保管、使用。

结构施工阶段的成品保护责任：管工、电工、通风工的工长为主要成品保护责任人，机电各专业施工项目完成并进行必要的成品保护后，向土建相关工种进行交接。对于一些关键工序（钢筋、模板、混凝土浇筑、线管敷设、水暖预埋），土建、水电安装均要设专人共同维护。装修、安装阶段特别是收尾、竣工阶段的成品保护工作尤为重要，设备的成品保护的责任人是水电安装各个专业工长。施工必须按照成品保护方案要求进行作业。

工程收尾阶段（户门安装完后）采取以下管理措施：

①分层、分区设置专职成品保护员，其他专业分包队伍要根据项目经理部制定的"入户作业申请单"并在填报手续齐全经生产部门批准后，方准进入作业，否则成品保护员有权拒绝进入作业。施工完成后要经成品保护员检查确认没有损坏成品，签字后方准离开作业区域，若由于成品保护员的工作失误，没有找出成品损坏的人员或单位，损失将由成品保护责任单位及责任人负责赔偿。

②上道工序与下道工序要办理交接、会签手续。交接工作在各分包之间进行，由工程部和质量部协调监督，各责任人要把交接情况记录在施工日记中，以便核查。

③夜间加班须提前申请，经过生产部批准办理进户加班手续后方可进入作业区，并自觉接受成品保护员的监督。

④进户作业的人员，必须严格遵守现场各项管理制度，不准吸烟。如作业用火，必须取得用火证后方可进行施工。所有入户作业的人员必须自觉主动接受成品保护人员的监督、管理。

⑤分包单位在进行本道工序施工时，如需要碰动其他专业的成品时，分包单位必须以书面形式上报总包，总包经与其他专业分包协调后，派其他专业的人协助分包单位施工，待施工完成后，其他人员恢复其成品。

⑥各专业制定施工进度计划时，要根据总控计划进行科学合理的编制，防止工序倒置和不合理赶工期的交叉施工以及采取不当的防护措施而造成的互相损坏、反复污染等现象的发生。

⑦各专业责任人对班组及成员进行技术交底时，必须对成品保护工作进行交底。

成品保护领导小组对所有入场单位都要进行定期的成品保护意识教育工作，依据合同、规章制度、各项保护措施，使各单位认识到做好成品保护工作是保证自己的产品质量、荣誉以及切身的利益。

4.7.2.3　110kV机场北变电站重点、难点

根据广州供电局对白云机场110kV机场北变电站"N-2"运行方式的要求，110kV机场北变电站须从南航110kV变电站T接第三路电源进线，整个T接方案过程无差错，较好地保障机场北区生产用电。

4.7.2.4　其他的技术难点

（1）三跑道与全场标记牌改造同步启用,并需与原系统无缝连接与转换。

（2）机场北主干管线迁改需确保不影响机场正常运行,施工与原系统强相关。

（3）下穿隧道启用带来的机电配套施工困难和工序混乱。

（4）远机位和北站坪提前启用需增加临时保障措施。

（5）施工期间临时水电的设置与维护。

4.7.3　调试与联调

4.7.3.1　单系统调试工作重点

1.　供配电系统三级调试（110kV站内设备、10kV站及外线、400V动力与照明）

新建110kV机场北变电站按综合自动化无人值班设计，变电站自动化系统选用南瑞继保PCS-9700系列产品。

本期工程规模：110kV出线为GIS出线，共三回。主变三台，每台主变额定容量为63MVA；一次接线：110kV采用单母线双分段接线；主变进线为架空、出线为电缆；10kV配电装置采用单母线双分段四段接线；#1主变接10kV Ⅰ母，#2主变接10kV ⅡA、ⅡB母线，#3主变接10kV Ⅲ母；每台主变本期带20回出线，10kV系统中性点经小电阻接地，曲折变接于变低母线桥上；110kV PT三台；10kV馈线60回；10kV电容采用SVG静态无功补偿自动投切装置三套；10kV PT四台；10kV曲折变三台；10kV站用变装置两套。

主变测控和保护各自独立，在主控室集中组柜，每台主变组一面测控柜、一面保护柜。10kV部分测控、保护装置二合一，布置在10kV开关柜上。母线PT并列装置：110kV、10kV各在主控室组一面柜。110kV线路两套保护装置组一面保护柜，两套测控装置组一面柜。110kV分段两套保护装置组一面屏，两套测控装置组一面屏。110kV出线装设有备用电源自动投入装置，两套装置在主控室组一面屏。10kV母线装设有备用电源自动投入装置，两套装置在主控室组一面屏。公用测控装置负责全站公用部分的采集测量，包括10kV母线电压、380V进线及分段电流、电压测量，各类开关、保护装置硬接点信号量的

采集，在主控室组一面柜。全站配套一台故障录波装置，对全站母线PT电压，110kV线路及分段电流、主变各侧电流、10kV曲折变零序电流及主要设备开关位置及保护动作进行录波，在主控室组一面柜。指挥部的职责是在为施工方的调试创造外部条件，督促其在规定的时间内按规范完成调试工作，作业流程如图4.7.3.1-1所示。

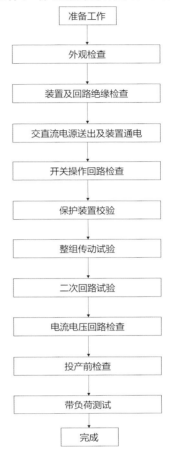

准备工作
↓
外观检查
↓
装置及回路绝缘检查
↓
交直流电源送出及装置通电
↓
开关操作回路检查
↓
保护装置校验
↓
整组传动试验
↓
二次回路试验
↓
电流电压回路检查
↓
投产前检查
↓
带负荷测试
↓
完成

图 4.7.3.1-1　供配电系统三级调试作业流程

2.　空调主机调试

根据建筑物的特征、面积和使用功能以及业主的要求，二号航站楼及交通中心共设置制冷机房两个，分别设在交通中心地下一层的东边和西边。二号航站楼及交通中心总冷负荷为119553kW（34000冷吨，为10V变频控制），另加夜间运行小主机冷量，总装机冷量为35680冷吨［主楼2×（10000RT＋420RT）＋指廊2×（7000RT＋420RT）］。二号航站楼及交通中心共设置冷冻水系统四个，为主楼东西两个制冷系统及指廊东西两个制冷系统，交通中心含在西指制冷系统中。冷冻水供回水温度分别为7℃/15℃，冷却水进出水温度分别为 32℃ /37℃。

（1）机组无负荷机械运转试验

①机械运转

机组在充注冷媒前应先进行无负荷机械运转试验，目的是确保润滑油能充分润滑到各个轴承，且机组经长途运输后压缩机内部构件的机械配合精度仍能满足工作要求，同时确认主电机的旋转方向正确。

机组模拟试车合格后合上机组开关启动柜主电源开关；

确认满足机组开机要求；

用户冷冻水开始循环；

确认没有人为短接各检测、控制线路；

按正常开机操作程序启动（点动）主电机，确认电机旋转方向正确后重新启动电机运行，空车运行时间不超过5min；

确认机组无异常电流、油压、油温、压差、异响、振动、异味等。注意以上操作不得在高真空状态下实施，若真空度过高，可加入适量干燥氮气。

②充冷媒开机调试运行

冷媒在调试前其他准备工作全部完成后的最后一刻充注，充注完成即可开机调试。

机组抽真空（可在机构运转试验后立即实施），真空度越高越好；同时关闭各压力变送器阀门；

开启冷冻水和冷却水系统并确保冷媒充注期间水系统持续正常循环；

将导管的一端连接到蒸发器的制冷剂充注阀上，另一端接到冷媒容器的排液阀上，两阀应处于关闭状态。导管应尽可能短以减少充注损耗；

打开冷媒容器排液阀，公开另一端制冷剂充注阀上的接管螺母，排尽管道中的空气，待白色冷媒气体开始冒出后立即拧紧接管螺母，开启制冷剂充注阀，冷媒即被自动吸入机组内（在高真空状态下，冷媒罐上阀门开度微开，最大开度不允许差过阀芯一圈，待机内压力平衡后再开大阀门）；

冷媒充注量应参考机组铭牌上的标示，当充注量估计达到铭牌上额定充注量的80%或因压力平衡无法再向机组充入时，关闭制冷剂充注阀；

开启机组压缩机抽氟。也可用加氟机从蒸发器顶部角阀或下部制冷剂充注阀向机组内压氟，但需重新接管。

（2）调试机组

合上机组启动柜空气开关，将控制方式键置于自动位置，确认油位正常、机组内压正常。单开油泵检查机组的启动过程是否正常、转动件是否有异响。

检查机组供油系统、油冷却系统及冷媒提纯装置的运转情况，观察机组是否有异常振动、噪声。

将能调方式变更为手动，在主电机运行电流不超过额定电流的前提下逐渐加载负荷，待冷冻水温逐渐下降至正常值后可加载负荷到100%。检查机组制冷量。

检查确认各项运行参数正常，调试结束。

记录运行参数，填写调试记录表。

收拾工具、剩余辅料、冷媒包装，清理现场。确保完工后现场整洁，所有固体垃圾和废水皆按甲方和当地

政府相关规定处理完毕。

（3）高压变频器试运转

变频器柜体及现场环境检查：

高压变频器安装完毕，现场清理干净且照明充足。有380V及220V电源插座供调试仪器用。

高压变频器柜体接地正确可靠，并与基座槽钢有多处焊接。

高压变频器进、出线高压电缆已敷设完毕，电缆头已做好且电缆高压试验合格。

与高压变频器配套的高压断路器已准备好，高压变频器可以随时送高压。进线高压断路器的速断整定值应为8～10倍高压变频器内主变压器的一次侧额定电流。

高压变频器如果配有工频旁路刀闸柜，则该刀闸柜与高压变频器进线刀闸之间的联锁已经做好且测试通过。

高压变频器的控制电源（380V）电缆已接入，且随时可以对其送电。

高压变频器与上位机控制器（如 DCS、PLC）的所有控制信号电缆都已敷设完毕，其中模拟量信号需使用带屏蔽层的电缆且屏蔽层一端接地。

高压变频器室的冷却通风管道或空调装置已安装完毕，并已具备投入条件，空调机房的调试效果及系统运行状态如图4.7.3.1-2、图4.7.3.1-3所示。

图 4.7.3.1-2 空调机房总体现场照片

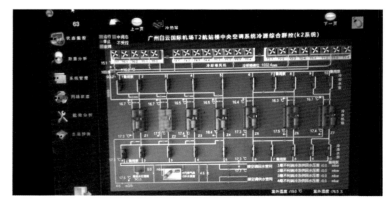

图 4.7.3.1-3 空调系统运行状态图

3．空调系统调试

（1）系统简介

二号航站楼采用集中式水冷中央空调系统，仅设夏季空调，冬季不设空调采暖。除特殊功能用房（如登机桥、贵宾、两舱、国际计时旅馆等）采用智能变频多联冷暖空调系统，指廊部分两舱采用风冷热泵机组专门负责冬天空调。

① 制冷系统

根据分区和功能的不同，冷冻水立管布置成异程式，各层水平干管布置成异程式。在每个空调器设静态平衡阀和压差控制器，风机盘管采用片区大支路加设静态平衡阀和压差控制器。空调水系统主楼为一次泵，指廊为二次泵变频变水量双管系统。

② 空调末端

办票大厅、旅客出发厅、到达厅、行李提取大厅等大空间采用全空气系统。在供冷期根据室内外的焓值确定新风量，在夜间或过渡季节，当室外空气焓值低于室内空气焓值时尽量采用最大新风运行，空气处理机组最大限度地利用室外新风，减少制冷机组的开启。新风进入空调机房内与回风混合，过滤后由空调机组处理后，通过侧送风口（球型喷口或鼓型风口）、下送旋流风口及风亭送风的气流组织方式送入室内，根据使用情况，调节喷口的送风角度和调节送风支管多叶阀调节风量。在主楼三层建筑的上部设有电动排烟窗，在过渡季节，尽量采用自然通风，根据室内外压差开启电动排烟窗，把热气排出室外。

小空间房间（如办公室、小会议室等）采用风机盘管加新、排风系统，节能、提高控制的灵活性。部分采用热泵式热回收型溶液调湿新风机组（新风量≥3000cmh 的采用）。

全年需要空调确保的房间如贵宾室、两舱等则采用风冷智能多联冷暖式空调方式，夏季制冷，冬季供暖。指廊部分两舱采用风冷热泵机组（由于室内无法布置室内机，仅能采用风柜空调）。热泵机组仅提供冬季热量。

③ 通风系统

各层公共卫生间：换气次数≥15次/h，排风经排风机或排气扇排出室外。厕所旁边的小母婴室（约5m²），设排气扇接厕所排风系统，另外预留冬天电暖用电量，电暖气热量400W。

设备房及行李库采用机械（自然）进风、机械排风。

事后通风：设有气体消防的房间（如所有变配电房、发电机房及弱电机房、弱电间、配电间、UPS间、设备监控机房）在灭火完毕后开启事后排风机和防烟防火阀排风。部分事后排风与平时排风合用系统。事后排风系统按5次/h计算。所有气体灭火的事后排风均排出室外。

厨房及制作间消防排烟及事故防爆排风：当面积 $F>$ 50m²无窗，设排烟及事故防爆排风，两者风机可兼用。

当面积 $F\leqslant 50m²$ 不管是否有窗，都不作排烟，但有煤气点的设事故防爆排风。事故通风量按12次/h计算。

（2）空调系统调试程序

空调系统的调试程序如图4.7.3.1-4所示。

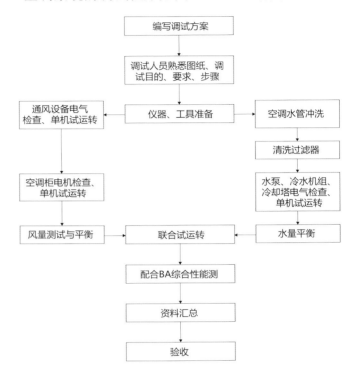

图 4.7.3.1-4 空调系统调试程序

（3）水量平衡调试

空调水系统中，水力失调是最常见的问题。由于水力失调导致系统流量分配不合理，某些区域流量过剩，某些区域流量不足，造成某些区域冬天不热、夏天不冷的情况，系统输送冷、热量不合理，从而引起能量的浪费，因此必须对系统流量分配进行平衡。

4. 建筑智能化系统调试

二号航站楼智能建筑工程广州市机电安装公司进行施工，主要包括智能化中央集成和能效管理系统、设备管理网布线系统、设备管理计算机网络系统、建筑设备监控系统（BAS系统）、智能照明系统、能源自动计费系统、视频会议系统，本工程的调试工作主要针对以上几个子系统展开。由于本工程调试工作面广、调试设备量庞大、调试系统多、调试周期短、各系统技术等级相对较高等特点，成立专门的工程调试工作组织管理机构进行集中管理、分工组织十分必要。本工程调试工作组织管理机构成员以项目部施工管理人员、子系统技术设计人员为基础，配合以厂家技术人员、辅助工作人员组成。

针对智能化系统特点系统调试的大概顺序为：先通讯类，然后控制类；调试单位以楼栋为单位，哪个楼栋先满足调试前提条件，哪个楼栋先开始调试；在楼内，调试顺序为先控制中心机房，然后设备管理间，最后末端点和软件功能。

智能化调试涉及的其他标段及人员众多，需协调内容复杂且专业，督促各施工单位安排足够的调试人员并建立协调机制极其重要。结合二号航站楼项目的特点建立智能化联合调试小组来协调有关调试事宜。

4.7.3.2　联合调试工作重点

联调工作的核心是理清各单系统和专业搭接的逻辑关系，由此制定合理的调试工作顺序和优先级关系，最终实现功能的整合并满足使用需求。二期扩建项目的联调工作重点和难点主要有：

三跑道、北进场隧道、综合管廊、远机位、行李系统机房、弱电核心机房等功能区域需早于二号航站楼等核心功能区分批投用，相关供配电、给排水、空调、消防等系统设施，尤其是供配电系统需制定针对性的调试投用计划，确保工期节点要求。

飞行区内新建跑道、联络道及站坪区域需分批建设和投用，也应配合机场运行单位和空中管制单位的要求，制定相应的分批联调和试运行方案。

行李及安检系统是航站楼运行的核心系统之一，其与供配电、消防、离岗、航显、安防等系统高度关联，且自身系统构成非常复杂，联调方案和计划极其复杂和重要。在联合调试前进行周到的计划尤其必要。

二号航站楼与交通中心消防联调涉及专业众多（各机电、装修、弱电、设备等数十家分包单位）、区域广泛（总建筑面积约90万㎡）、末端数量庞大（约10万末端点位）、逻辑关系复杂、需根据末端设备特性采取多样的调试和检测手段，对联调工作的组织和方案制定与落实是巨大的挑战。

4.7.3.3　联合调试及试运行后用电计量

1.　前提条件

鉴于工程量计费规则中水电费的计量与现场项目实际有矛盾，项目分阶段实行时也和工程量综合单价计费有矛盾，因此，在招标时设定了水电费的计取原则：

中标单位需负责该项目各系统的联合调试及试运行，调试及试运行的时间除应满足有关法律、规范要求外，还必须满足业主或使用单位的要求。

（1）规范及法规要求时间内的联合调试费用（电费、水费）包括在综合单价里面，在正式用电送电后，验收或移交之前发生的水电费按如下原则分担：

动力用电：动力设备单机试运行合格48h之内的费用由施工单位承担，之后的费用由建设单位承担。

照明用电：在系统正常连续运行48h之内的费用由施工单位承担，之后的费用由建设单位承担。

水费：设备或管道验收合格并正常供水48h之内的费用由施工单位承担，48小时之后的费用由业主承担。

具体计量根据现场计量表具读数或技术参数估算。

（2）涉及系统调试或试运行所发生费用不可分别计量部分，原则上由本项目各个标段按面积分摊，在调试前由机电安装一标段牵头制定具体实施方案，其余单位必须服从并承担有关费用。

（3）各中标单位在使用正式用电进行调试时，应做好各种计量表读数的记录及统计工作，并派专人管理，未计量的，相关费用由中标方承担。

如配合其他单位（如消防、弱电等）联合调试的费用一并包括在综合单价里面，无法计量部分按以上原则分摊。

2.　现场条件

（1）主楼、连廊、指廊涉及的专业分包多，分别有钢结构一标（上海宝冶）、幕墙一标（沈阳远大）、幕墙二标（世纪达）、幕墙三标（中建装饰）、装修一标（城建装饰）、装修二标（广东美术）、装修三标（中建三局装饰）、贵宾区一标（四川华西装饰）、贵宾区二标（广东装饰）、屋面绿化、机电一标（中建安装）、机电二标（广东安装）、机电三标（广州机装）、弱电一标（民航成都）、弱电二标（北京中航）、弱电三标（北京中航）、弱电四标（厦门兆翔）、消防工程（深圳因特）、BA系统（广州机安）、电梯工程（奥的斯、蒂森、日立）等。

（2）低压柜每个出现回路均带有智能数字电力仪表，该仪表具有如下功能：能检测回路的三相电压、三相电流、有功、无功、视在功率、有功电能、开关分合状态、开关故障状态等参数。

（3）智能数字电力仪表已随甲供低压柜一起到场，但该仪表需单独供电，供电由电力监控厂家施工，目前未施工。如果该仪表投入使用的话，需单独从低压柜的备用回路取电并保证该回路不断电。

（4）电梯电源箱、平时风机配电箱、VRV配电箱、空调配电箱、部分照明配电箱等均已安装了低压电能表。

（5）变配电所的用电管理单位为机电一标、机电二标、机电三标。各专业单位为其所属末端配电箱的用电管理单位，配电箱或者电缆为机电一标、机电二标、机电三标安装的，由机电各标段向末端配电箱所属分包单位办理移交手续。各用电管理单位由总包单位统筹。

（6）各用电单位需向上一级电箱安装单位申请用电。

（7）根据航站楼给水系统设计特殊性，每一个机房、卫生间、商铺基本给水末端都设智能水表计量器。智能水表与BA系统联动，具有自动读取水表的用水量的功能。

（8）总水表的用水管理单位为机电一标、机电二标、机电三标。各专业单位为其所属末端水表的用水管理单位，给水管和水表组为机电一标、机电二标、机电三标安装的，由机电各标段向末端水表所属分包单位办理移交手续。各用水管理单位由总包单位予以统筹。

（9）各用水单位需向上一级水表安装单位申请用水。

3. 计量方案

（1）电量计量方案

电费计量应同时考虑两部分：一是各专业分包单机调试的电费计量。二是调试中交叉使用的电费计量。单一考虑未有合适的方法进行，故应选择各方可接受的方案进行电费计量，将两部分的电费计量同时考虑。

根据实际情况及以往的施工案例，提出以下电费计量方案：

① 照明系统

各用电单位填写用电申请表后，机电各标段、用电单位、总包、监理应共同确认仪表读数，并做好记录，作为用电计量的起点。终点为回路或区域内设备单机试运行验收合格48h后的电表读数，正常情况下，按此原则作为用电单位的计量终点。如在此时间段内不能完成验收或完成电表读数，计量时间则顺延。如在工程交接时，记录智能电表的读数和以上统计的读数出入过大，且无相关确认手续或总包指令需要提前使用该区域的照明系统，相关费用将由用电单位承担。

如智能电表计量存在多个用电单位的，则按照第二条的原则执行。

② 动力部分

以用电单位各用电设备的额定功率总数为基数，计算48h的总用电量，无法准确计量的用电以配电箱一次图的计算功率为基数，根据计算所得即为各用电单位承担的费用。

各专业单位根据设计图纸或者设备选型功率自行上报总的设备功率清单，上报总包、监理、业主共同确认。审批完成的设备功率清单需转发机电各标段。由业主发文或会议要求在指定日期内上报，如未上报，由机电各标段自行估值上报总包、监理、业主确定。

A. 根据各用电单位的设备总负荷计算总用电量（动力部分），形式如表4.7.3.3所示。

总用电量表　　表4.7.3.3

序号	用电单位	配电箱编号	用电设备	功率	用电量
—	—	—	—	—	—

B. 计算出的总用电量，发各用电单位确认。

C. 各用电单位确认的总用电量，发总包、监理、业主确认。

D. 指挥部根据该程序确定各单位的最终用电量。

各用电单位按该管理规定的原则深化用电方案，做到谁用电、谁统计、谁承担责任，如用电单位用电方案不明确或未有确认相关数据，则有关风险由用电单位承担。

如各用电单位需从配电房或者正式电取用临时电，则由用电单位单独装设电表、并向总包单位申请。如巡场发现有人私自取用正式电的，则按总承包管理规定进行处罚。

因低压柜每个出线回路均带有智能数字电力仪表，根据第一条的原则同时记录低压柜智能数字电力仪表的数值，作为指挥部决定最终用电量的考量。

任何回路，无论是动力还是照明回路，如果需要提前使用，均需要具有总包或业主的正式指令，并清晰表明开始时间与结束时间。

（2）水量计量方案

水费计量应同时考虑两部分：一是各标段调试或现场临时用水的接水水表计量水费；二是损耗分摊。

根据实际情况及以往的施工案例，提出以下水费计量方案：

① 各用水单位填写用水申请表后，机电各标段、用水单位、总包、监理应共同确认仪表读数，并做好记录，作为用水计量的起点。终点为运行验收合格48h后的水表读数（包括但不限于此表之后至各个末端用水计量出来的现场临时用水，由相应申请单位承担负责），该申请正常情况下，按此原则作为用水单位的计量点。如在此时间段内不能完成验收或完成水表读数，计量时间则顺延。如在工程交接时，记录智能水表的读数和以上统计的读数出入过大，且无相关确认手续或总包指令，相关费用将由用水单位承担。

② 如智能总水表计量总数超过各个标段申请水表数之和，根据计算所得即为各用水单位按照总用水比例承担相应分摊费用。

如各用水单位填写用水申请表后（各用水单位再最多申请两个用水点），调试用水或者现场临时用水，则由用水单位单独装设水表及进行维护保养，并向总包单位申请。如机电各标段巡场发现私自取用正式水的，进行罚款，由总包单位或者建发公司收取，造成损坏的，由收款单位负责修复。

4. 管理方案

（1）用电管理方案

机电各标段负责在高低压配电房验收并正式送电后，整体项目未移交前的高低压配电房管理。在管理期间严格执行高低配电房管理制度，在变电站内委派具有电工证件的人员负责值班，做好监盘、设备巡视、安全操作、办理工作票、顺序化、安全保卫（清洁卫生、进站人员登记）等工作。

（2）用水管理方案

机电各标段负责在正式给水系统验收并正式送水后，整体项目未移交前的用水管理。在管理期间严格执行用水管理制度，在总水表间内委派具有专人负责值班，做好监控、管路巡视、安全操作、办理工作票、顺序化、安全保卫（清洁卫生、进站人员登记）等工作。

4.7.4　廉政建设

机电工程部在指挥部党委、纪委的领导下，与工程建设指挥部监察审计部保持紧密联系、及时有效沟通，将扩建项目机电工程管理纳入白云机场扩建工程廉洁风险同步预防工作体系，保障项目建设和各项业务工作。同时，延伸监督触角，整合机电各参建单位，互相监督，形成监督合力。与机电施工单位和质量检测单位签订廉洁协议书，压实各参建单位的廉洁风险防控主体责任。落实党中央关于坚持党的领导、加强党的建设的部署，要求参建单位在项目部设立党支部，配备专责廉洁工作联络员，将全面从严治党各项工作要求落实到每一位参建单位党员干部身上，从而构建起一张横到边、纵到底的监督网络，形成齐抓共管的强大合力。

机电各参建单位按照廉洁协议、兑现各项廉洁防控条款。全体员工不得利用工作之便谋取任何私利，不得接受施工单位、材料设备供应单位等以加班费、辛苦费、奖金或其他名义给予的经济报酬，忠于职守，不发生其他违反廉洁自律、职业道德要求的行为。

4.7.5　改进与提升方向

加强整体策划：对于一个整体项目来说，前期整体策划极其重要，包括施工及服务合同策划、管理模式的策划。

加强总平面及作业面管理：总平面及作业面管理的好坏将会影响一个工地的实施氛围，应该尽早确定独立的总承包管理，并努力使之项目建设过程中能尽量保持中立，各种决策具有专业性。

重视专业特点：每个专业都有各自的特点及各自的难点重点，特别是机电专业，需要大量的时间形成系统并进行调试，不应该只关注单个施工作业面。

加强项目协调，建立逐级协调机制：当各施工单位与各专业之间有矛盾时，应该把着专业的精神去解决各种矛盾，解决办法应向着有利于项目总目标的方向。同时应建立制度解决设计与实施之间的矛盾，及协调解决工程部门与设计意见不一致时的机制。

加强里程碑管理：应该始终坚持已经制定的里程碑计划，以免前期的里程碑一再推迟，影响后续工序的施工，但总工期又不变。

提高纠偏效率：建设项目是一个动态管理的过程，当建设项目各个方面有问题时，应该鼓励采取手段进行纠偏。

4.8　弱电工程管理

4.8.1　管理概述

白云机场扩建工程二号航站楼弱电及配套系统工程位于现有一号航站楼以北，由主楼、前列式北指廊及西五、西六、东五、东六指廊组成。

白云机场扩建工程二号航站楼弱电及配套系统工程将各弱电系统分为四个工程标及一个设备标进行施工管理。工程合同工期总体为770日历天（于2015年12月至2018年2月）。

（1）二号航站楼机场运行信息集成平台及应用系统工程包含信息集成系统、航班信息显示系统、二号航站楼公共广播系统、时钟系统、内部调度通信系统、基础云平台系统（网络及网络安全系统、计算及存储系统）、工程地理信息系统，以及东西三指廊端围界光纤迁改工程，总投资约为2.72亿元。

（2）二号航站楼离港控制等系统工程包含离港控制系统、安检信息管理系统、UPS及弱电配电系统、机房工程，总投资约为2.23亿元。

（3）二号航站楼安防系统工程包含安保监控整体管理平台、二号航站楼视频监控系统及门禁系统（包含综合管廊监控及门禁系统、广告监控系统）、机坪视频监控系统、陆侧交通及交通中心视频监控系统，合同总投资约为1.50亿元。

（4）二号航站楼综合布线系统、弱电桥架及管路系统、有线电视系统工程总投资约为1.19亿元。

（5）白云机场扩建工程泊位引导系统采购项目合同总投资为3380万元。

4.8.2　工程特点及难点

4.8.2.1　施工关系复杂

（1）管综碰撞问题。本项目与各专业交叉施工点多面广，与土建、装修、机电、弱电、消防、给排水等各专业均存在不同程度的碰撞问题。由于标高的调整、管线综合不准确等原因，导致现场一定数量已完工桥架的拆改返工。

（2）其他专业的进度影响。本项目的工程进度受到土建、装修、机电进度的一定影响，管线预埋及线缆敷设待具备施工条件方能进场实施。针对这种情况指挥部采取化整为零的策略，哪里具备条件就往哪里施工，每天整理、总结具备施工面的区域，虽然增加了人力物力以及成品保护的难度，但是对于保证工期起到了积极的作用。

（3）成品保护任务艰巨。二号航站楼有几十家单位同时施工，工人成品保护意识参差不齐，导致成品保护压力巨大，为此指挥部要求施工单位加强巡视力度，做好自我的成品保护措施，同时，在各种会议上加强各专业单位成品保护意识。

（4）机房工程。机房工程与装修施工单位、机电施工单位以及弱电其他标段施工单位交叉施工繁多，移交工作面以及成品保护问题影响施工进度和质量。故需积极与相关施工管理部门和施工单位沟通，提前提供施工计划，要求按优先等级分批次移交机房工作面，并制定了详细的机房施工管理制度，有效保证了机房设施设备安装。

4.8.2.2　工期紧

（1）不停航施工。室外通信管网为连接 T1-T2-ITC 的主干光缆，是机场正常运行的主动脉，由于该工程穿越航站区、飞行区及综合区，涉及的区域广、部门多，且地下管线复杂，导致施工难度非常大。通过多次组织路由勘察及地下管线的勘探，确定了合理的路由，并按民航相关管理规定组织了不停航施工，最后克服重重困难顺利完工。

（2）设备安装、单机调试。项目设备（尤其前端设备）安装时间短、现场灰尘大、安装条件恶劣。通过多次调整的方法将设备用防尘袋保护，设备调试时拆开，调试完成后重新封住，确保有效调试时间。

（3）系统调试。受现场条件及设备不具备安装条件影响，民航弱电各系统调试时间不足。通过临时搭建测试机房，提前一年将集成、离港、安防等主要系统进行稳定及压力测试，确保设备安装后正常、稳定运行。

本工程施工内容多，交叉施工协调量大，时间紧张，施工组织安排困难，不仅要保质保量完成施工内容，还要及时协调各专业之间相互影响的工序内容，协调事项往往涉及多家业主、监理和施工单位，协调难度大，施工进度经常受制于其他专业。

4.8.2.3　工程技术复杂，施工管控难度大

（1）弱电工程设计及招标功能新颖、详细、复杂，尤其跟多项系统建有接口，加大了软件开发和调试难度。

（2）在离港控制系统 CUPPS 平台上部署 11 家计划搬迁的外航应用系统是这些外航从一号航站楼搬迁至二号航站楼的前提条件，由于外航总部都在国外，相关网络配置、主机配置和应用测试等对接工作沟通、协调存在较大困难。因此积极与股份公司、二号航站楼管理公司和外航 AOC 通过多种渠道沟通，编制和定期发送工作事项和进度汇总表等措施，大大提升了外航应用部署的效率和进度。

4.8.2.4　总平面管理协调难度大

本工程点多面广，交叉施工严重，协调难度大。组织监理、总包单位详细制定三、四级施工计划，同时严格检查和督促监理、总包认真履行各自管理职责。按照指挥部工程节点计划，对涉及各专业单位的施工内容进行整合，并形成清晰有效的整体施工组织计划，建立现场协调问题销项清单，全力推动各专业科学、有序地进行交叉施工。

4.8.2.5　工程亮点以及新技术应用

（1）布线管理系统。为了更好地进行布线系统及端口的管理，使用布线管理软件进行管理，支持二维码功能。

（2）桥架及管路系统。采用 BIM 技术，进行合理排布管线综合设计，减少在施工阶段可能存在的错误和返工的可能性，并且可以优化空间，优化管线排布，减少管综碰撞，方便施工。

（3）采用服务器资源虚拟化、网络资源虚拟化、云存储的技术搭建应用程序及数据库的运行平台。

（4）建设运行资源可视化管理系统、应急救援系统、旅客服务系统等新的应用系统。

（5）建立灾备系统，使 ITC 大楼与航站楼互为备份。

（6）在保证二号航站楼新系统的建设同时，充分整合一号航站楼现有生产系统，使二号航站楼与一号航站楼两个航站楼的信息和数据互为共享，数据充分整合。

（7）安防系统从前端摄像机到平台软件均采用了 SVAC 编解码技术，大大地提高了安全性。通过科学的

工程管理，无缝地将一号航站楼安防系统中门禁系统、CCTV监控系统、围界安防系统有效整合。

4.8.3　"五个控制"执行情况

4.8.3.1　质量管理方面

针对工程特点和实施难点，自开工起即制定明确的质量目标：符合国家及相关行业验收标准，满足设计要求，达到合格标准。为确保质量目标的实现，工程建设指挥部将各工程的质量管理落实到人，充分调动监理、总包、各专业施工单位管理人员的主观能动性。从各个方面严把质量关，严格按照图纸、规范、施工组织设计、各分项工程施工方案组织施工，确保施工的每个环节都处于受控状态，保证各分部、分项工程的质量。

4.8.3.2　进度管理方面

二号航站楼弱电及配套系统工程弱电各系统能否按期完成，关系到二号航站楼是否可以按期投入运营。对此，指挥部组织监理、总包及各专业单位编制了科学合理的施工总控计划和三四级详细施工计划，并组织每月每周监理、总包例会，每日召开早晚碰头会，做到了及时发现问题、及时解决问题，对于有滞后的分项内容，及时采取推进有关赶工措施的落实，确保进度受控。通过与股份公司信息管理单位提前沟通，股份公司先后派遣30多名技术骨干参与二号航站楼弱电建设管理，既有效地解决了管理人员不足的难题，又让股份公司提前了解各弱电系统，更好地从建设管理过渡到运行管理。

4.8.3.3　工程投资管理

以科学公正的原则处理好合同双方之间的收支关系，坚持按建设单位和承包人签订的已完工并合格工程进行计量支付。对未完成的不合格的或未经验收的工程决不予以计量。反之，对验收合格的工程及时予以签认，确保计量支付在一种公平公正的基础上良性循环，确保工程进度，维护了建设单位利益，保护了承包人的合法权益。对于工程变更，监理单位严格按招标文件及合同文件要求执行变更申报程序，积极做好议价协调工作，有效地控制了投资。

4.8.3.4　安全管理方面

本项目主要审查施工单位施工组织设计中的安全措施，并督促施工单位进行落实；要求施工单位在落实施工质量责任的同时落实安全责任。牢固树立"安全第一"

的思想，要求监理每次检查现场质量和进度的同时检查现场安全，并作为监理例会的一项讲评内容，高标准、严要求，从而保证了施工的安全。

加大监理的安全巡视，将存在的安全隐患提前消除。对此，指挥部要求监理、总包和各专业施工单位必须严格落实项目安全文明施工的各项制度，对施工现场的安全文明施工进行监督、指导、检查，对违反相关规定的行为，责令限期整改或停工整顿，甚至处罚。

以上管理，在各单位的支持和配合下，针对本工程的特点采取了多项有力措施，并得到落实，确保了工程质量、进度和安全等各项管理目标得以实现。

4.8.3.5　廉政管理

弱电各施工参建单位与指挥部签订了《廉政合同》，指挥部以防控为主体，兑现各项廉洁防控条款。不得利用工作之便谋取任何私利，不得接受施工单位、材料设备供应单位等以加班费、辛苦费、奖金或其他名义给予的经济报酬，忠于职守，不发生其他违反廉洁自律、职业道德要求的行为。

廉政工作只有起点，没有终点。指挥部一如既往的加强廉政建设，确保管理工作规范有序地进行，真正的按"严格管理、热情服务、秉公办事、一丝不苟、廉洁自律"的原则，独立公正切实有效地开展施工管理，以优质、高效、安全、廉洁的品质推进工程。

4.8.4　协调及接口管理

在现今大数据及各方驻场单位多功能需求的背景下，机场弱电系统的内外部接口种类繁多，实现的技术手段也各不相同。下面从内外两个方面，介绍在本次扩建中接口的管理特点。

4.8.4.1　内部接口

机场弱电系统主要处理三类数据：航班保障数据、旅客服务数据、安全视频数据。三者数据之间相互搭配，互通有无，从而实现本场大数据的整合。然而目前旅客数据的开放性存在一定的弊端和保护主义，一定程度上限制了旅客服务质量的提升。选用何种技术方式开发接口，这已不成难题，无论是用数据请求（航班计划等）的方式，还是用主动推送（旅客行李报文等）的方式，或者地址访问（GIS底图等）的方式，又或者提供sdk开发包（安防接口）的方式，承建商在进场实施深化设计阶段相互协商好接口协议，都可在三个月之内完成接口模型的开发工作。相信在今后几年的发展过程中，接口互通程度会继续扩大，数据响应速度会更加快速。

4.8.4.2　外部接口

本次扩建工作，主要与以下外部单位产生接口关系：

1. 空管

首先，机场为了获取官方航班数据，必须建立与空管航班报文的数据接口。从最早期的蓝波终端，到目前方便快捷的Web Service接口，空管方的数据准确性也一直在发展、在进步。虽然有的机场已逐步选择第三方运营公司的航班数据，但这个作为官方数据发布的直接接口，是所有新建机场必不可少的。

其次，空管也通过这个接口，获取我方机场现场实际保障生产数据，从而为空管的调度系统计算更准确的飞机预计起飞时间。

2. 中航信北京离港主机

机场为了获取旅客主机数据，必须建立与中航信北京离港主机的接口。

3. 航空公司

首先，航空公司尤其是基地航空公司南航，机场除了满足他们对航班计划信息的需求外，还尽可能地满足其个性化的使用功能。为此，机场方根据接口的形式，为其开放了机场部分广播和航显设备的控制功能。尽管这大大浪费了机场的建设资源，但赢得了用户广泛的认可程度。

其次，机场在通过数据交换的同时，获取了南航旅客行李及名单信息、南航SOCC航班飞机调度时刻表等数据。

4. 国家安全、联检机构

出于安全角度，机场方开放了视频的接口，通过综合安保平台，机场公安可以查看本场的视频监控录像或者实时视频。根据海关的个性需求，开发了国际行李预检系统，目前对南航的进港国际航班行李进行行李预检，大大提高了国际托运行李过机率，提高了通关效率。

5. 原有机场弱电系统

考虑到白云机场全场统一管理、统一运营的关系，新建的信息系统要整合一号航站楼在运行的集成系统、广播系统、安防系统。为此，相关系统在二号航站楼投产前做了相应的规划及策略，并在二号航站楼投产时顺利融合运行。

6. 其他外部信息系统

为了提高航班信息的准确性、为旅客提供优质的出行服务，白云机场与"飞常准""机场高速公路"等公司开发了数据接口，为机场运营决策提供了数据参考。

4.8.5　施工管理

机场弱电系统的施工与传统建筑业中的智能建筑设备安装有一定的差异。机场弱电系统中含有多项需求复杂的应用类软件。加上相关行业特有的应用系统，设备和软件的选型有一定的局限性、特殊性。因此，在施工管理过程中，不仅要遵从建筑业的规范要求，还要注重系统开发及实施的自身特性，尤其注重用户需求。用户需求是否明确、稳定，直接影响机场弱电系统的施工进度，也直接影响了项目能否顺利投产使用。在本次机场弱电系统施工过程中，从初步设计评审，到后期的施工图设计，再到招标文件的编制工作，以及施工单位进场后的实施过程，都邀请用户单位派代表参加，共同协商处理需求，以及施工过程中出现的问题。大大缩短了项目投产移交的时间，缩短了用户的熟悉和受训时间。

现场各系统之间，以及与外部土建、机电、装修之间，都应该紧密配合。综合布线在施工图设计阶段，尽早与机电管线槽做碰撞审核，同时与土建核实预埋件或孔洞的定位。坚决杜绝专业之间的扯皮现象，共同为单位工程整体竣工而努力。

4.8.6　调试与联调

在二号航站楼核心机房建成之前，指挥部要求集成商提前搭建临时测试机房，提前测试新技术，尤其是新应用。主要在临时测试机房测试了集成的虚拟化平台的搭建，以及安防平台的搭建，在时间允许的情况下，尽可能地测试了更多的功能，发现了不少技术方案上的问题，及时做了相应的方案调整。在近六个月的临时机房测试中，弱电集成商每天汇报测试情况，并在每周的监理例会上报告每周的测试情况，从而实现了业主方的实时管控，如图4.8.6-1、图4.8.6-2所示。

核心机房建成之后，主要进行系统的搭建工作，并在操控室或机房进行接口程序、服务器应用、系统平台、核心交换机级别的调试。尽最大可能，联合行李分拣、安检设备等机电设备集成商共同调试和联调。在现场联调前三个月，在ITC的操控室总共进行了六次测试和联调，如图4.8.6-3、图4.8.6-4所示。

图 4.8.6-1　临时测试机房一

图 4.8.6-4　核心机房系统联调二

图 4.8.6-2　临时测试机房二

图 4.8.6-5　弱电系统现场联调一

图 4.8.6-3　核心机房系统联调一

图 4.8.6-6　弱电系统现场联调二

现场终端安装完毕后，各个功能区域选择了30%的终端设备进行联合调试。在2017年11月至12月期间，弱电部组织进行了四次大联合调试，为12月底的模拟演练打下坚实的信心和基础，如图4.8.6-5、图4.8.6-6所示。

在最后四次大型联合调试期间，指挥部根据用户的培训情况，邀请了使用单位及维护单位参与其中，听取了大量用户的宝贵意见，及时调整系统功能，为用户的接收使用打下了基础，如图4.8.6-7、图4.8.6-8所示。

图 4.8.6-7　用户培训一

图 4.8.6-8　用户培训二

4.8.7　改进与提升方向

4.8.7.1　项目建设阶段

（1）抓好前期设计工作，争取少变更。

（2）与机场公司、航司等用户单位充分沟通，避免没必要的投资。

（3）重要系统提前搭建测试实验室进行相关测试，提前配置好设备，便于后期快速安装。

（4）用户单位提前介入，顺利交接。

（5）弱电项目要有创新精神，要敢于尝试新技术应用，提前布局。在实施工程中出现新的应用点，在合法合规且没有安全问题的情况下通过合理变更，适应当期新技术的发展趋势。

4.8.7.2　项目移交阶段

弱电系统建设的目标是为了运行主体更好地运营。在施工单位进场后三个月内，二号航站楼弱电系统顺利完成了用户需求调研工作，出具了调研报告和深化设计文件。然而用户的需求不稳定，一方面造成了投资的浪费，另一方面也影响了工期。对此，建设方和需求方在项目实施过程中的相互了解和支持尤为重要。

4.9　风险控制与验收管理

白云机场扩建工程自2012年8月开工建设以来，在集团公司的领导下，指挥部组织全体干部员工全力以赴，努力做好本职本岗工作，把白云机场扩建工程事项列为重点工作。六年来，在扩建工程安全管理、工程质量管理（质量安全监督申报、施工许可办理、竣工验收组织、配合组织行业验收等）、专项报建及验收（消防、人防、卫生、环保、水保、绿色建筑等）、工程实物移交组织、扩建工程噪声监测系统等方面做了大量工作。安全方面未发生一起责任原因的人员死亡事故，未发生较大的安全事故，未造成较大以上的经济损失，达到每年与集团公司签订的安全责任书目标；质量管理方面严格落实建设基本程序，各工程项目竣工验收合格，通过局方组织的行业验收，使扩建工程各工程项目在集团公司规定的时间节点内顺利投产。

4.9.1　风险控制

从2014年6月份工程开工至2018年4月份工程结束，在这长达四年的工程建设时间里，指挥部各部门以及各参建单位各尽其责，通力配合，分别为扩建工程任务的圆满完成贡献出自己一份力量，尤其在安全方面，虽然扩建工程存在的各专业施工作业交叉、建设与运营交叉、施工工地与飞行区围界交叉三方面客观原因使得安全管理工作难度高、风险大，但是为贯彻落实中共中央习近平总书记"安全事故零容忍"的工作指示，保证建设过程不出事故，安全质量部恪尽职守、兢兢业业，使得现场没有发生一例伤亡事件。此外，此次扩建工程安全管理工作之所以能够顺利圆满完成，除了安全质量部本身的工作态度端正、工作努力外，还有以下四点原因：

4.9.1.1　广东省领导高度重视

白云机场扩建工程是广东省重点工程项目之一，自开工以来便受到广东省政府的高度重视，为此省政府专门成立了扩建工程领导小组，时任省长的朱小丹同志亲自任领导小组组长，并且安排省公安厅派出二号航站楼专项工作组进驻扩建工程现场办公，维持施工现场治安秩序。在工程建设过程中，广东省省委书记与省长多次派人或亲自莅临现场视察工作并对现场施工安全工作方面做出重要指示。如果没有广东省领导的高度重视，扩建工程安全管理工作不会取得如此优秀的骄人成绩。

4.9.1.2　健全的安全规章制度

随着扩建工程的进展，发现问题并及时开会研究解决问题，实行形成制度、规定，然后常态化管理。在指挥部的《工程建设类管理制度汇编（试行）》中，有专门章节详细介绍建设公司各项安全管理制度，如《安全生产文明施工管理办法》《安全文明施工措施费管理办法》《安全例会制度》《安全检查办法》《安全管理风险分析》等。执行管理规定，每周发现问题，及时消除并及时总结同类问题，采取措施，不允许再次出现。同时，指挥部要求总包根据扩建工程实际情况，制定《总包管理手册》，大幅增加安全文明规章部分。使得扩建工程从上至下，由内至外，从业主到总包、监理乃至各专业施工单位，都有了切实可行的安全生产管理制度，为确保白云机场扩建工程圆满结束打下坚实基础。

4.9.1.3　安全规章制度执行到位

为保证安全规章制度执行到位，落至实处，指挥部采取了各种符合实际情况的执行措施。如每周召开安全生产例会，听取总包、监理以及各参建单位对上一周安全生产工作的总结汇报并对本周安全工作进行专题布置；其次，召开扩建工程各层级安全生产工作专题会议及扩建现场各种定期不定期巡场检查，为应对现场突发事件而制定各种应急预案；每年定期开展的"安全生产月"活动确保了白云机场扩建工程安全规章制度执行到位。

4.9.1.4　兄弟部门以及参建单位的大力支持

白云机场扩建工程能取得如此骄人的成绩，绝不是单单依靠个别部门的努力，而是指挥部所有部门、所有参建单位齐心协力而取得的成果。在实际建设过程中，由于二号航站楼单体面积大，专业复杂且交叉施工面多，导致了各部门、专业施工单位工作需穿插进行，这无疑提升了现场的管理难度。所以，指挥部积极利用各种现代沟通工具，建立工作微信群，实时信息发布、提醒、反馈，大大提高了工作效率。现场图片、隐患排查一目了然，让领导更全面、实时掌握现场情况，及时提供决策参考，使扩建工作稳定、有序往前推进。

各设计、总包、监理及专业施工单位对白云机场扩建工程也是大力支持。据了解，各参建单位派出的管理及施工人员专业技术水平高，民航机场建设经验丰富，各单位的管理及建设水平也属国内前列。同时，各参建单位领导层级也非常重视白云机场扩建项目，除了派出专业技术水平高、建设经验丰富的人员外，各参加单位领导也多次到白云机场现场对所属单位工作进行调研并对工作中遇到的困难进行指导，确保了各项施工"保质量、保安全、保节点"完成。

4.9.2　安全管理

4.9.2.1　概述

工程建设始终是安全事故高发领域，在本扩建工程建设期间，同时开工建设的还有梅县、惠州、湛江等机场建设项目，作为省市重点工程项目，不停航施工、多专业、工种交叉作业、消防安全等，点多面广，安全生产压力大，安全工作备受各级领导关注。为此，指挥部领导高度重视，在抓好工程进度、质量的同时，狠抓安全生产，树立牢固的安全红线意识。签订安全责任书、完善安全生产制度、召开每周安全例会400余次、开展大型现场隐患排查治理200余次；在中后期大型现场隐患排查治理工作已形成常态化管理、日常化安全管理检查排查工作已达每天一次或多次的频次、开展公司层面联动应急演练100余次；项目部层面安全应急演练400余次，安全文明措施费优先支付、现场高峰期安保人员150余人、公安安保专项组常驻现场等一系列安全预防措施，确保扩建工程安全生产六年以来零责任伤亡事故，安全生产得到很好的控制及贯穿，并获2012年民航"安康杯"竞赛优胜单位、2013年民航"安康杯"广东省优秀组织者、2014年民航"安康杯"竞赛达标单位、2015年民航"安康杯"竞赛优胜单位。

4.9.2.2　完善安全生产体系

指挥部制定完善安全生产责任制度，建立安全工作委员会及其办公室，设立专职安全管理职能部门；白云机场扩建工程成立现场指挥部，协调解决现场安全生产问题；各机场建设办和项目部指定专职安全员；二号航站楼现场进驻公安安保专项工作组，协调公安保卫、治安维稳、交通秩序、人员出入办证调查摸底等工作，有效管控施工秩序。总包和监理单位按职责成立专业安全组，配置安全工程师，施工单位配安全经理和安全员。施工现场区域实行网格化和信息化管理，建设方、监理方和施工方明确区域责任人，挂牌公示。按照国家《安全生产法》《建设工程安全生产管理条例》和省市建设工程安全文明施工措施费要求，完善安全责任制度，指挥部优化安全费用拨付流程，优先确保安全文明施工措施费及时足额拨付至施工单位，专款用于安全生产保障项目。

4.9.2.3 施工安全是管理目标的要求

白云机场扩建工程自2012年8月开工建设以来，在各级领导部门关心支持下，经过指挥部为代表的建设者们多年艰辛努力，二号航站楼及配套设施工程于2018年2月7日通过竣工验收，2月10日通过民航行业验收，4月26日正式启用，5月19日南航顺利转场。为加强白云机场二号航站楼项目管理，加快各项施工生产的推进，严格执行《白云机场二号航站楼项目管理手册》的基础上，以施工现场为着重点，以消除安全隐患为抓手，把压制事故苗头为主要目的。实行四大板块区域安全经理负责制，并明确施工单位现场管理（协调）人员的安全责任，实行一岗双责。注意抓好各施工标段安全管理人员的到岗到位和做好自查自纠工作。同时，在施工的不同阶段，分时段分板块分楼层实行网格化管理，从总包到专业标段，从人员到场地，均明确了各方的责任与义务。做到安全目标明确，安全制度措施落实，安全管理及时到位，实施执行力强。从而大大提高了施工各方及相关人员落实安全生产的责任感。作为建设单位，始终把安全文明工作放在首位，认真负责地担当起施工的各项职责和义务，不断强化各项施工管理，坚持全方位一线管控，做到生产进度与安全工作同时抓，专职部门与现场协调齐共管。

4.9.2.4 具体安全工作的情况

2013年成立扩建工程安保领导小组，根据白云机场扩建工程领导小组的指示，广东省公安厅成立了白云机场扩建工程安全保卫工作领导小组，组长由郑东副厅长担任，副组长由中南管理局公安局、机场公安局、广州市公安局以及集团和指挥部的主要领导组成，成员单位有省公安厅直属局、市公安局、白云分局、花都分局，

有力地保障了扩建工程的建设期间的安全工作。

2016年台风"妮妲"期间，根据《广州市防台风防汛全民动员令》，指挥部立即发出了停工令，带领各部门负责人赶赴现场，与总包、监理、各标段项目经理将所有施工单位住板房的工人约4000人全部转移安置，其中民航学院安置约2000人，股份公司中区礼堂安置约300人，机场周边宾馆、酒店、招待所、民房等安置1000多人并安排配备饮水、食物，秩序良好，未造成任何人员损伤。

做好每年的消防安全保卫工作，对指挥部下属各单位、项目部、员工宿舍、建材仓库、危化品仓库等消防安全情况进行备案，并定期或不定期地联合机场公安、消防等对重点隐患单位、场所的安全管理进行重点排查和检查。

做好每年的反恐安保维稳工作，联合机场公安对进入施工现场，特别是控制区内作业的单位、个人及进入控制区内的施工材料及物品进行严格审核，确保施工作业的安全。

对扩建工程各施工单位（标段）的日常安全教育、安全技术交底、施工安全方案进行重点管控，现场指挥部总监在安全检查过程中，如发现安全隐患应当立即发出口头指令，要求施工人员停止作业，并要求施工单位项目部经理到场，采取有效措施，消除隐患。发现重大安全隐患，总监应安排监理工程师监督整改，直至消除隐患为止。

每周召开安全工作例会，重点讲评安全生产情况，依法依规按照规范标准，图文并茂准确分析各类施工过程中的安全问题，并提出指挥部的安全管理要求和意见；每月月底与监理组织各施工标段安全负责人参加月度安全文明评比，对各施工标段安全生产、文明施工管理及现场情况，依据《建筑施工安全检查标准》JGJ 59—2011，进行一次综合的检查评分及评价，讲评本工程及各标段当月的安全状况，提出改进和完善的要求。

根据各季节的特点、专业特性开展各类专项检查。如节假日前后、防风防台、高温雨季天气、高空作业、施工用电、吊装作业、外脚手架、临边防护、加工场、易燃易爆危险品、宿舍防火、厨房食品卫生、防火安全、雨雾天气防滑等专项检查。

定期召开各种形式的专题活动，坚持民航"安全隐患零容忍"要求，指挥部深入持续开展"平安民航"建设活动、自查自纠专项整治行动、安全生产月、安全消防月活动、安全生产特别防护期等工作的各项安全专项活动，通过开展多种形式的安全活动，有效防止和减少生产安全事故的发生，着力抓好安全标准体系建设和安全主体责任落实。

做好各种防洪、防汛、防雷、防地震、防台风；突发公共卫生事件；地下管线突发事件等各种突发事件风险的防控措施，制定各防控措施应急预案。

通过开展多种形式的安全培训工作来强化全员安全意识，提升扩建工程的安全管理水平。

4.9.3　质量管理

4.9.3.1　建设工程质量、安全监督申报及施工许可办理

2014年5月20日，完成了二号航站楼主体结构上部土建工程（一、二、三、四标段）的质量安全监督登记，6月5日取得了《临时施工复函》；2016年2月25日取得了《施工许可证》。

2014年6月11日，完成了二号航站楼出港高架桥工程质量安全监督登记；7月1日取得了《临时施工复函》。

2014年8月5日，完成了交通中心及停车楼基坑支护结构、钻（冲）孔桩工程施工总承包质量安全监督登记；8月20日取得了《临时施工复函》。

2014年12月31日，完成了扩建工程跨线桥、雨水调蓄池、交通疏解工程质量安全监督登记；2015年3月2日取得了《临时施工复函》。

2015年5月4日，完成了交通中心及停车楼主体土建施工总承包质量安全监督登记；2016年4月25日取得了《施工许可证》。

2015年11月5日，完成了隧道及市政机电安装工程质量安全监督登记；2017年5月8日取得了《临时施工复函》。

2016年10月19日，完成了二号航站楼及配套设施景观工程质量监督登记。

2016年11月3日，完成了二号航站楼及配套设施室外工程（陆侧）、市政工程质量安全监督登记；2017年5月19日取得了《临时施工复函》。

2016年3月31日，完成了110kV变配电工程质量监督申报工作。

4.9.3.2　民航专业工程质量监督申报

经与民航专业工程质量监督总站协商，同意将扩建工程民航专业工程作为一个统一项目进行申报。2013年在收集完成第三跑道相关报检资料后向民航质监总站进行了申报，并于9月18日取得了扩建工程第三跑道、二号航站楼、站坪的《民航专业工程质量监督受理书》。鉴于二号航站楼和站坪尚未招标，要求在招标完成后将

相关资料补交完善。2014年至2016年，多次将新纳入民航质监范围的北进场路隧道、室外工程（空侧）以及站坪、二号航站楼民航专业工程的相关资料报民航质监总站。

4.9.4　专项报建

4.9.4.1　消防报建及验收

二号航站楼作为目前国内单体规模最大的航站楼，其消防设计有很多地方已超出国家现有消防规范。为此，在设计初期多次与省市消防主管部门进行协商，并委托国家消防工程技术研究中心进行性能化防火设计与评估。2014年6月13日，经公安部消防局批准，广东省公安消防总队组织召开了二号航站楼项目消防设计专家评审会，专家组认为提交的消防设计基本可行，并提出了相关意见。随后，设计单位根据专家组意见对消防设计进行了修改，据此向广州市公安消防局申请消防设计审核。2014年7月18日，广州市公安消防局出具了二号航站楼工程《建设工程消防设计审核意见书》。2014年底，因白云机场航空业务使用需求，设计单位在原消防报建的设计基础上，对二号航站楼的平面布局进行了优化调整，二号航站楼增调后总建筑面积为658745.6m²，增加建筑面积24841.19m²。根据原审核意见书要求，如消防设计变更，需重新申请消防设计审核。2017年6月29日，广东省消防总队再次组织二号航站楼消防设计变更工程专家评审会，认为变更后的消防设计基本可行，并提出"优化地下管廊高压细水雾系统设计"的意见。根据专家意见修改消防设计后向广州市公安消防局重新申报消防设计审核，于2017年9月15日取得《建设工程消防设计审核意见书》。

配合合约部于2016年12月22日完成了二号航站楼和交通中心及停车楼消防设施检测服务的招标工作，及时协调好现场消防设施检测工作。

交通中心及停车楼工程于2015年8月3日完成消防设计审核申报，并取得广州市公安消防局《建设工程消防设计审核意见书》。

下穿隧道（含北进场路隧道、下穿巴士隧道、下穿的士隧道）工程于2016年5月30日完成消防设计审核申报，并取得广州市公安消防局《建设工程消防设计审核意见书》。

110kV变配电工程于2016年6月17日完成消防设计审核备案并取得受理，该项目未被确定为抽查对象。

4.9.4.2　人防报建及验收

根据广州市人防工程建设相关规定，2013年9月，将白云机场扩建工程人防工程的相关资料及图纸报市民防办审核，并取得《防空地下室建设意见书》（穗民防审〔2013〕59号），批复白云机场扩建工程应建防空地下室面积84169㎡（包括扩建工程二号航站楼和交通中心及停车楼应建防空地下室面积以及白云机场一期工程、东三西三指廊工程欠缺防空地下室面积）。因二号航站楼未设地下室，全部人防工程在交通中心及停车楼地下一、二层统筹建设，并取得市民防办同意统筹建设的复函。2017年，因二号航站楼整体布局功能调整，增加了部分办公和商业用房，重新办理了规划许可，面积为658745.6㎡。2018年5月8日，广州市民防办重新出具了《防空地下室建设意见书》，批复扩建工程应建防空地下室面积85627㎡。

交通中心及停车楼作为综合性地面、地下立体交通枢纽，广州地铁三号线（北延段）机场北站和广东珠三角城际轨道白云机场二号航站楼站均设置在地下，其站厅占用交通中心及停车楼负二层部分面积，因此由机场投资的最大可建防空地下室面积为6.7万㎡，未能达到批复应建面积，余下欠缺的面积待安排统筹建设。为此，在交通中心及停车楼工程建设前期，与广州地铁集团有限公司和广东珠三角城际轨道交通有限公司多次研究，并在市民防办的大力指导下，初步认可白云机场扩建工程人防功能布局，地铁和城轨公司亦同意配合机场，将占用白云机场交通中心及停车楼负二层及以下的地铁和城轨站厅、站台同步按兼顾人防功能进行设计和施工，统筹合并计算作为白云机场扩建工程的防空地下室面积。其中地铁三号线（北延段）机场北站（站厅、站台）人防面积约1.4万㎡；珠三角城际轨道白云机场二号航站楼站（站厅、站台）人防面积约3.9万㎡。这样，白云机场扩建工程二号航站楼和交通中心及停车楼投影面积下共计建设防空地下室面积约12万㎡，满足扩建工程人防工程验收备案的要求。

经多次协调，2018年3月9日，市民防办领导班子以及相关处室对白云机场扩建工程人防工程进行了现场检查督导，调研会议深入研究讨论，并建议我司将地铁、城轨在白云机场扩建工程交通中心及停车楼地下的站厅、站台人防面积统筹纳入白云机场人防面积的问题上报广州市政府层面的工作会或协调会上予以明确。2018年4月3日，广州市政府就白云机场扩建工程人防工程统筹建设验收事宜召开专题协调会，同意将地铁、城轨在白云机场扩建工程交通中心及停车楼地下的站厅、站台人防面积合理的统筹纳入白云机场人防面积，以满足人防专项验收备案要求。

2018年3月27日，组织对白云机场扩建工程人防工程进行了竣工验收，经现场检查和资料核查，形成竣工验收意见为：工程质量合格，同意通过竣工验收。市民防办和市人防质监站对验收过程进行了全程监督。同年8月7日，取得市民防办《防空地下室竣工验收备案意见书》，同意竣工验收备案。

亮点工作：经统计，迁建工程应建欠缺、东三西三指廊及相关连接楼工程应建未建以及扩建工程应建防空地下室面积共计为85627㎡，因城轨和地铁占用交通中心及停车楼地下一、二层部分面积，导致交通中心建设的人防面积约6.7万㎡，尚欠缺1.8万㎡无法解决，如按2500元/㎡的易地建设费标准来计，需补缴易地建设费4500余万元（不含处罚费用）。经协调，圆满地解决了迁建工程和东三西三指廊及相关连接楼工程人防历史遗留以及扩建工程与城轨、地铁人防区统筹建设问题，同时给集团公司节省了较大的成本（经估算，白云机场人防欠缺面积须缴纳易地建设费的费用约4500万元，不包括应建未建的行政处罚部分）。

4.9.4.3　卫生学报建及验收

二号航站楼工程于2015年12月18日取得白云机场出入境检验检疫局《建设项目设计卫生审查认可书》。

交通中心及停车楼工程于2015年8月28日取得广州市疾病预防控制中心《关于广州白云国际机场扩建工程二号航站楼配套设施——交通中心及停车楼项目建筑设计卫生学意见的复函》。

4.9.4.4　环保报建及验收

（1）2017年7月19日，完成了扩建工程110kV机场北站环保验收工作，取得《广州市环境保护局关于110千伏机场北站接入系统工程建设项目竣工环境保护验收的意见》，验收合格。

（2）扩建工程其他项目按2017年最新环保验收要求，由建设单位自行组织竣工环境保护验收，目前正在推进环保验收工作。

4.9.4.5　水保报建及验收

于2017年8月22日完成了扩建工程水土保持验收技术服务单位的招标工作。

4.9.4.6　绿色建筑申报

二号航站楼和交通中心及停车楼工程于2015年2月5日完成了建筑节能设计审查结果备案，并申报了三星级绿色建筑设计标识，于2015年10月9日取得建设部《三星级绿色建筑设计标识证书》，并于2020年9月18日取得中国城市科学研究会《三星级绿色建筑标识证书》，正式获得"三星级绿色建筑运行标识"。

4.9.5 竣工验收与行业验收

2013年起，指挥部先后组织了扩建工程场地平整项目、临时北进场道路工程、第三跑道软基堆载试验段工程、第三跑道及其配套工程土石方和排水工程、二号航站楼及配套设施设计咨询成果、二号航站楼桩基础超前钻项目、综合管廊工程（一、二标段）、飞行区综合管线迁改工程、北站坪地基处理试验段工程、二号航站楼施工监控安装工程（一期）、第三跑道及配套工程、全场标记牌改造工程、临时机位项目、航站区站坪工程机坪照明与供电配套工程——项目部建筑工程（食堂及宿舍）、北进场路隧道（航站楼及北站坪段）项目、跨线桥工程、二号航站楼及配套设施桩基础工程（一、二、三标段）、二号航站楼主体结构上部土建工程（二、三、四标段）、110kV变配电工程、北进场路隧道及配套市政工程、综合信息大楼工程、航站区站坪及配套设施工程、二号航站楼（单位）工程、交通中心及停车楼（单位）工程、总图工程（出港高架桥工程；室外工程（陆侧）、市政工程；隧道及市政机电安装工程；景观工程）等工程项目的竣工验收工作。

配合局方组织第三跑道及配套工程、临时机位项目、全程标记牌改造工程、航站区站坪及配套设施工程、二号航站楼及配套设施工程的行业验收工作。

4.9.5.1 验收流程

施工单位整改（设计单位修改）——施工单位自检——监理单位对工程资料及现场组织初验收——提请各行政主管部门进行专项验收——建设单位组织设计、勘察、监理、施工等各单位进行竣工验收，建设行政主管部门及有关单位参加——完成竣工验收，并办理竣工验收备案手续，进入保修期。

4.9.5.2 分部验收注意事项

建设项目的各分部验收由监理组织，但在各分部工程施工及验收工作中，需要业主方注意的工作事项如下：

1. 地基与基础工程

（1）工程定位测量、放线记录

邀请当地规划主管部门进行放桩，并提供放线册，施工单位、监理单位按规划放桩实施测量。

（2）按设计要求进行桩基础检测

编制桩基检测方案，确定检测数量、方法，经设计确定后，委托第三方检测机构进行检测。

（3）地基基础分部工程质量验收记录

此分部验收须邀请质监站参与。

（4）土壤氡浓度检测

业主委托有资质的第三方检测机构实施。

2. 混凝土主体结构工程

（1）有地下室的，须进行地下室防水效果检查（监理组织）。

（2）主体结构检验及抽样检测资料

此工作须业主委托有资质的第三方检测单位进行主体结构实体检测。检测方法根据相关验收规范进行。

（3）建筑物沉降观测记录

此工作须业主委托有资质的第三方监测单位进行沉降观测。

（4）主体结构分部工程质量验收记录此分部验收须邀请质监站参与。

（5）建筑物垂直度、标高、全高测量记录

（6）节能保温测试记录

上述（5）、（6）两项由施工单位实施，监理单位复核。

3. 钢结构工程

（1）钢结构探伤检测

钢结构施工有1、2级焊缝的须委托有资质的第三方检测单位进行钢结构探伤检测。

（2）钢结构防火性能检测实验

根据设计文件、相关消防设计、施工规范进行。如属于招标范围内容，由施工单位委托实施。

（3）钢结构分部工程质量验收记录

此分部验收须邀请质监站参与。

4. 幕墙与屋面工程

（1）屋面淋水实验记录

（2）玻璃幕墙及外窗气密性、水密性、耐风压检测实验

上述工作由施工单位实施、监理单位复核。

5. 建筑装饰装修工程

室内环境污染物检测：由业主委托有资质的第三方检测机构进行。

6. 节能工程验收

建筑节能分部工程完工后，施工单位应按照规范要求整理施工技术资料。同时，由总监理工程师（建设单位项目负责人）组织施工、设计等单位对建筑节能围护结构和建筑设备（含照明）安装两部分分别组织工程质量验收，并在质量监督机构办理建筑分部工程中间验收登记手续。

工程质量监督机构应对建筑节能分部工程质量验收

进行监督并办理中间验收登记手续，建筑节能工程达不到建筑节能标准或不符合建筑节能管理有关规定的，不予办理单位工程质量验收手续。建筑节能分部工程验收后，建设单位应编写《建筑节能分部工程施工质量验收报告》和《广州市民用建筑节能工程施工质量验收备案表》，并到广州市墙体材料革新与建筑节能管理办公室进行建筑节能验收备案后，方可进行单位工程竣工验收备案。

7．白蚁防治验收

参考专项验收程序由监理组织专项验收，并邀请白蚁防治所参加，发包方组织合同验收。所需资料：

（1）施工合同；

（2）施工单位资质证书；

（3）施工技术方案；

（4）每次施工记录（须有甲方代表或监理签名）；

（5）药物检测报告书；

（6）收费依据；

（7）竣工证明书（附每次施工记录）；

（8）验收合格后由白蚁防治站发给《竣工证明书》（其中有六份资料）。

8．人防工程验收备案

（1）申报条件

①工程结构完好、内部整洁，无渗漏水；

②防护密闭设备、设施性能良好，供电、供水、排水、排风系统工作正常，符合设计要求的人防防护战术技术要求；

③金属、木质无锈蚀或者损坏；

④内部装饰材料应当符合防火技术规范要求；

⑤进出口道路畅通，孔口伪装设施完好；

⑥防护区与非防护区结合部的穿墙管线密闭处理符合要求；

⑦关键部分和隐蔽工程的施工记录、竣工资料齐全、合格；

⑧法律法规规定的其他条件。

（2）申报材料（资料份数及要求见广州市人防工程验收备案办事指南）

①委托代理人需持建设单位授权委托证明书；

②广州市人防工程专项竣工验收备案申请表；

③现场情况检查表；

④人民防空主管部门出具的《防空地下室建设意见书》；

⑤人民防空工程设计文件的专项审查意见；

⑥人民防空工程竣工图纸资料（含建筑、结构、通风、给排水、电气等平时、战时图纸，另附电子文件）；

⑦人民防空工程质量控制资料核查记录；

⑧人民防空工程设计质量检查报告；

⑨人民防空工程验收记录；

⑩人民防空工程专项竣工验收备案表；

⑪平战转换预案。

4.9.5.3　档案资料验收

1．城建档案预验收

（1）列入城市建设档案管理机构档案接收范围的工程，建设单位在建设工程规划验收前，应当提请工程所在地城市建设档案管理机构对建设工程纸质档案、声像档案、电子档案进行预验收并由城市建设档案管理机构出具建设工程档案认可文件。

（2）工程档案预验收应当具备下列条件：

①工程档案文件材料（除有关专项验收文件外）按有关规定已基本收集齐全；

②工程档案文件材料已开展初步整理工作，形成案卷目录及卷内目录；

③已经开展声像档案、电子档案工作。

（3）工程档案预验收的主要内容包括：

①工程档案是否整理立卷，立卷是否符合城建档案有关规定；

②工程档案文件资料签字、盖章手续是否完备，竣工图编制是否符合要求；

③是否按标准开展声像档案、电子档案收集整理工作。

（4）工程档案预验收按下列程序进行：

①工程档案预验收前，监理单位、施工单位档案管理人员应对本单位形成的档案按照有关规定进行自行验收，报建设单位审查；

②建设单位汇总各监理、施工单位报送的工程档案后，档案管理人员应对各单位报送的和本单位形成的工程档案按照有关规定进行审核和自行验收，向城建档案管理机构填报《建设工程档案预验收申请表》；

③城建档案管理机构接到《申请表》后5个工作日内进行预验收；

④工程档案预验收由建设单位组织本单位、设计、监理、施工单位技术负责人和档案管理人员参加，城市建设档案管理部门主持；

⑤档案预验收合格，城市建设档案管理部门出具建设工程档案认可文件（一式两份），一份作为规划验收凭证，一份作为档案正式验收、移交凭证；

⑥工程档案不符合国家法规、规范和城建档案有关规定未能通过预验收的经整改后依照以上程序重新组织预验收。

2．城建档案验收

（1）建设单位应当在工程竣工验收后3个月内向工程所在地城市建设档案管理机构报送一套符合规定的建设工程纸质档案、声像档案、电子档案及其电子目录数据。建设单位报送的建设工程档案符合要求的，由城市建设档案管理机构出具建设工程档案验收合格证明文件，双方签订《建设工程档案移交书》，并办理档案移交手续。

（2）城建档案验收应具备下列条件：

①通过工程档案预验收；

②工程档案经建设单位、监理单位、施工单位自行验收完毕；

③全部工程档案文件、声像材料按有关规定已收集齐全、整理完毕。

（3）城建档案验收的主要内容包括：

①工程档案在预验收过程提出意见是否整改完善；

②完成的各项（质量、消防、规划、环保等）验收文件是否按城建档案有关规定组卷；

③工程档案（纸质档案、电子档案、声像档案）是否符合城建档案有关规定。

（4）城建档案验收按下列程序进行：

①工程项目竣工验收前，监理单位、施工单位档案管理人员应对本单位形成的档案按照有关规定进行自行验收，报建设单位审查；

②建设单位汇总各监理、施工单位报送的工程档案后，档案管理人员应对各单位报送的和本单位形成的工程档案按照有关规定进行审核和自行验收，向城建档案管理机构填报《建设工程档案验收申请表》；

③城建档案管理机构接到《申请表》后对申请进行审查，申请符合规定的，应自收到《申请表》之日起10个工作日内进行验收；

④工程档案验收合格后，由城建档案管理机构在验收后五个工作日内发出《建设工程档案验收合格证》；

⑤工程档案不符合国家法规、规范和城建档案有关规定未能通过验收的经整改后依照以上程序重新申报。

4.9.5.4 竣工验收

1. 竣工验收必须资料（二号航站楼）

建设工程竣工验收，须提供如下资料到质监站审核，质监站在7个工作日内审核完毕；建设单位组织有关单位验收时，质监站派员现场监督。

（1）已完成工程设计和合同约定的各项内容；

（2）《工程竣工验收申请表》；

（3）《工程质量评估报告》；

（4）《勘察、设计文件质量检查报告》；

（5）完整的技术档案和施工管理资料（包括设备资料）；

（6）工程使用的主要建筑材料、建筑构配件和设备的进场试验报告；

（7）地基与基础、主体混凝土结构及重要工程部位的分部验收报告；

（8）建设单位已按合同约定支付工程款；

（9）施工单位签署的《工程质量保修书》；

（10）市政基础设施的有关质量检测和功能性试验资料；

（11）规划部门出具的规划验收合格证；

（12）消防、环保、节能、防雷、电梯、人防、白蚁防治、卫生检疫、规划等部门出具的验收意见书或验收合格证；

（13）建设行政主管部门及其委托的质监机构等部门（质监站）责令整改的问题已全部整改好；

（14）建设工程施工安全评价结论（安监站）。

2. 竣工验收程序

（1）由建设单位组织勘察，设计、施工、监理等有关单位人员组成验收组进行工程竣工验收；

（2）建设、勘察、设计、施工、监理单位分别向验收组汇报合同履约情况和在工程建设各个环节执行法律、法规和工程建设强制性标准情况（各单位竣工验收报告）；

（3）验收组审阅建设、勘察、设计、施工、监理单位的工程档案资料；

（4）实地查验工程质量；

（5）对工程勘察、设计、施工（含土建、设备安装等）质量和各管理环节等方面作出全面评价，形成经验收组人员签署的工程竣工验收意见，由建设单位提出《工程竣工验收报告》。《工程竣工验收报告》主要包括：工程概况，建设单位执行基本建设程序情况，对勘察、设计、施工、监理等方面的评价，工程竣工验收时间、程序、内容和组织形式，工程竣工验收意见等内容。

（6）列入城建档案馆档案接收范围的工程，其竣工验收应当有城建档案馆参加。建设单位应当在工程竣工验收备案后六个月内，向城建档案馆报送一套符合规定的工程建设档案（质监机构对工程竣工验收的有关资料、组织形式、验收程序、执行验收标准等情况实施现场监督。发现工程竣工验收有违反国家法律、法规和强制性技术标准行为或工程存在影响结构安全和严重影响使用功能隐患的，责令改正，并将对工程竣工验收的监督情况作为工程质量监督报告的主要内容）。

3. 竣工验收备案

工程竣工验收合格后，建设单位应当自工程竣工验收之日起15个工作日内，向备案机关提交《工程竣工验收报告》、相关文件及办理备案。

（1）竣工验收备案资料：

①《房屋建筑工程和市政基础设施工程竣工验收备案表》（建委网上申报系统填写申报）；

②《工程竣工前质量检查情况通知书》；

③工程质量保修书；

④电梯验收合格证明；

⑤单位工程施工安全评价书；

⑥预拌砂浆使用报告；

⑦建设工程竣工验收报告；包括：

A. 建设工程施工许可证复印件

B. 工程施工质量验收申请表（原件）

C. 工程质量评估报告（原件）

D. 勘察文件质量检查报告（原件）

E. 设计文件质量检查报告（原件）

F. 单位（子单位）工程质量验收记录（原件）

G. 市政基础设施的有关质量检测和功能性试验资料等资料（原件）（房屋建筑工程不需提供）

H. 工程款已按合同支付的证明（建设单位、施工单位双方法人代表签字并加盖公章）

⑧建设工程规划验收合格证；

⑨建筑工程消防验收意见书；

⑩民防工程验收证明；

⑪环保验收意见；

⑫建设工程档案验收文件；

⑬建设工程质量监督报告；

⑭广州市城市基础设施配套费缴费证明书（规划验收增加面积缴费证明）。

（2）竣工验收备案程序：

①建设单位向备案机关领取《房屋建筑工程和市政基础设施工程竣工验收备案表》；

②建设单位持有建设、勘察、设计、施工、监理等单位负责人、项目负责人签名并加盖单位公章的《工程竣工验收备案表》一式四份及相关文件（相关文件见后），向备案机关申报备案；

③备案机关在收齐、验证备案文件后，根据《质量监督报告》及检查情况，15个工作日内在《工程竣工验收备案表》上签署备案意见，由建设单位、城建档案部门、质监机构和备案机关各存一份。

第 5 篇
新技术应用

5.1 新技术研究专题

5.1.1 金属屋面研究专题

5.1.1.1 工程概况

二号航站楼金属屋面的支撑结构——钢结构主要为钢网架结构形式，在网架球节点上部设置屋面主檩，主檩条间距随网架网格确定。屋面防水等级：I级。二号航站楼金属屋面总面积约26万㎡，根据《新白云国际机场二号航站楼风洞试验报告》和一期航站楼的使用效果，本次设计方案沿用了白云机场航站楼一期的屋面系统，即屋面系统采用1.0mm厚65/400氟碳辊涂铝镁锰合金直立锁边金属屋面系统，如图5.1.1.1-1、图5.1.1.1-3所示。建成后的金属屋面效果图，如图5.1.1.1-2所示。

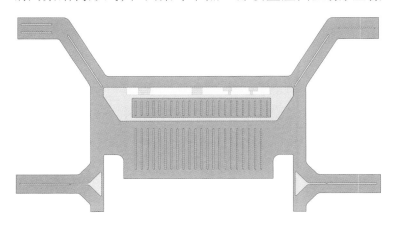

图 5.1.1.1-1 二号航站楼金属屋面平面图

图 5.1.1.1-2 建成后二号航站楼金属屋面效果图

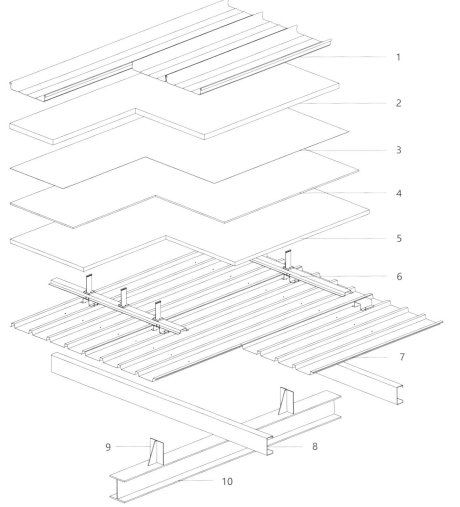

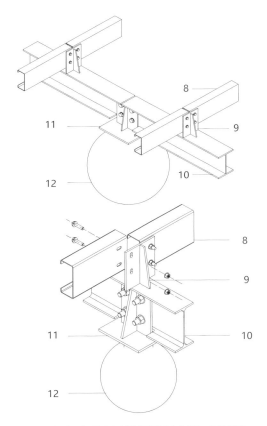

1. 屋面板（1mm厚氟碳预辊涂直立锁边铝镁锰合金板）
2. 保温层（两层50mm厚玻璃丝棉错缝铺设）
3. 防水层（1.2mm厚TPO防水卷材）
4. 支撑层（12mm厚纤维水泥板）
5. 支撑层（35mm厚岩棉层，下带加筋铝箔贴面）
6. 铝合金固定支座，"几"字形衬檩及衬檩支撑
7. 支撑层（0.6mm厚镀锌亚型钢底板，肋高为35mm）
8. 次檩条
9. 主檩及次檩托板
10. 主檩条
11. 网架球支托
12. 网架球

图 5.1.1.1-3 二号航站楼金属屋面典型大样图

1. 研究原则和思路

（1）设计方案的原则

根据二号航站楼规模大、屋面结构复杂、使用时间长和重要的公共建筑等特点，指挥部一开始就确立了方案的设计原则：技术成熟、防水防风性能好、耐久性好、构造美观、性价比较高等。

（2）方案研究的思路

屋面系统形式的确立。

在屋面系统形式选择的研究中，主要有两种方案：一种是铝镁锰合金屋面系统，另一种是不锈钢屋面系统。

借鉴已建机场屋面系统设计和使用经验，特别是白云机场一期航站楼的金属屋面系统的15年的使用良好情况，与设计院经多次郑重研究和论证后，决定采用近十几年来设计成熟、应用广泛的铝镁锰合金直立锁边屋面体系，该系统具有抗风性好、防水效果好、耐久性好、性价比较高、施工方便等优点。

先从设计上采取加强屋面的抗风措施，然后按1：1的模型进行屋面的抗风揭试验，根据屋面试验成果及专家评审会优化调整屋面设计，并在屋面实施过程中进一步完善屋面设计。

2. 金属屋面第一版设计方案

二号航站楼屋面钢结构主要为钢网架结构形式，在网架球节点上部设置屋面主檩，主檩条间距随网架网格确定，网架厚度一标段为2.5m，二、三标为2.6m。在主檩条上设置次檩条，次檩条间距不超过1.5m，局部加密为1.0m。金属屋面系统采用1.0mm厚65/400氟碳辊涂铝镁锰合金直立锁边金属屋面系统，屋面板基材合金成分为A3004，合金状态为H46，面层为PVDF涂层，两辊两烤。要求采用进口品牌，屋面板要求现场压型生产，免维护使用年限要求达40年以上。

主要构造有铝镁锰合金屋面防水板、保温层、柔性防水层（TPO）、纤维水泥板支撑层、岩棉支撑层、隔汽层、压型钢底板支撑层、主次檩条、主次檩的檩托、屋面附加钢结构、屋面系统配件、屋面天窗系统（含排烟开启系统）、屋面排水系统、防跌落系统、屋面避雷系统等。金属屋面典型标准大样，如图5.1.1.1-3所示。

3. 金属屋面设计方案的优化过程

初步设计中，金属屋面按一号航站楼构造进行预估，后根据屋面防水规范2012版，一级防水屋面须做双层防水，一号航站楼的构造是单层防水，已不能满足新规。因此参照最新的国内机场案例，改进其屋面做法，设计了白云机场二号航站楼金属屋面系统。

（1）金属屋面第一版设计方案深入研究——抗风揭试验

①试验方案的确立

2014年04月，金属屋面设计完成后，按照1:1构造，进行屋面抗风揭试验及水密性试验，取风洞试验中屋面边缘处最大风压的2倍，对其进行最大风压试验和疲劳试验。

本次金属屋面实验检测标准参考国外相关检测标准：

A.《动态风荷载作用下卷材屋面系统抗风掀承载力的标准测试方法》CSA A123.21-2014。

B.《采用均匀的静态空气压差分析外部金属屋面板系统防水渗透性能的标准试验方法》ASTM E1646-1995（Reapproved 2012）。

C.《薄板金属屋面和外墙板系统在均匀静态气压差作用下的结构性能检测方法》ASTM E1592-2005（Reapproved 2012）。

具体检测标准及检测要求如表5.1.1.1-1所示。

金属屋面的检测标准及检测要求表   表 5.1.1.1-1

白云机场航站楼抗风揭试验检测要求			
顺序	检测项目	参照标准	检测要求
1	动态抗风揭性能检测	CSA A123.21-2010	-1600Pa 无破坏
2	静态抗风揭性能检测	ASTM E1592-2005（Reapproved 2012）	记录破坏时最大压力
3	水密性能检测	ASTM E1646-1995（Reapproved 2012）	137Pa 无渗漏

②试验过程及效果

A.静态抗风揭性能检测（依据ASTM E1592-2005（Reapproved 2012））

测试程序：

静态风荷载加载分级如表5.1.1.1-2所示。

荷载加载分级   表 5.1.1.1-2

荷载分级	荷载值（Pa）	荷载分级	荷载值（Pa）
1	-400	11	-4400
2	-800	12	-4800
3	-1200	13	-5200
4	-1600	14	-6000
5	-2000	15	-6400
6	-2400	16	-6800
7	-2800	17	-7200
8	-3200	18	-7600
9	-3600	19	-8000
10	-4000	20	-8400

步骤1：荷载加载均由参考零位开始均匀的加载至表3所示的各级荷载分级，荷载加载速度应≥100Pa/s。当荷载加载至分级压力值后，压力保持时间应不小于1min（60s），然后卸载至参考零位，卸载速度应≥300Pa/s。

步骤2：荷载达到参考零位后，至下一级荷载加载之间的间隔时间，应不少于1min（60s），在加载间隔时间中，应通过观测窗或箱体内部摄像设备观测试件的状态，检查试件是否有破损或功能性损坏。

重复上述步骤1～2，对试件分级施加风荷载，记录及观察试件，若在该加载过程中，试件出现破损或功能性破坏的情况，试验相应停止，并记录当时的荷载分级及荷载值。

静态抗风揭性能检测试件（一）布局图：

报告编号：CH2014CR-003，如图5.1.1.1-4所示。

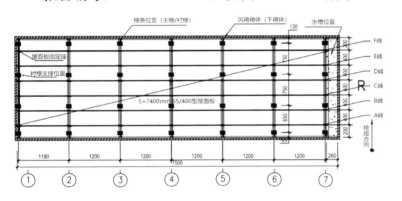

图 5.1.1.1-4 静态抗风揭性能检测试件（一）布局图

静态抗风试验完成试件状态图，如图5.1.1.1-5所示。

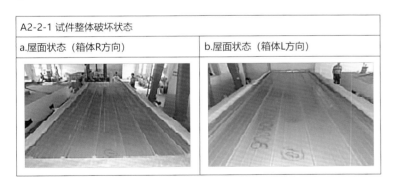

图 5.1.1.1-5 静态抗风试验完成试件状态图

测试结果：

当测试进行到第5荷载分级加载试验，对应的上箱体目标压力值为−2000Pa，在加载过程中，当压力达到−1987Pa时，D4位置屋面板首先隆起，D3和D5相继隆起，屋面系统失效，停止测试，试验终止。

静态抗风揭性能检测试件（二）布局图：

报告编号：CH2014CR-006，如图5.1.1.1-6所示。

静态抗风试验完成试件状态图，如图5.1.1.1-7所示。

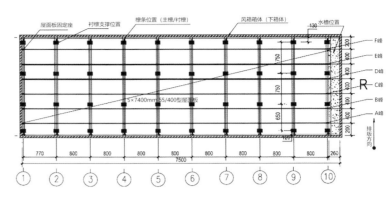

图 5.1.1.1-6 静态抗风揭性能检测试件（二）布局图

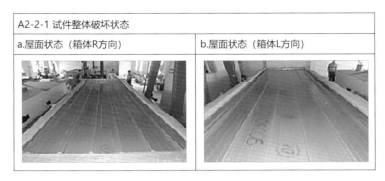

图 5.1.1.1-7 静态抗风试验完成试件状态图

测试结果：

当测试进行到第15荷载分级加载试验，对应的目标压力值为−6000Pa，在加载过程中，当压力达到−6008Pa时，持续保压60s后，屋面系统无破坏现象发生，但试件整体气密性不好，中断测试，对试件进行观察后，持续进行测试，以−200Pa为一级增加压力测试，当目标压力为−6200Pa，因试件气密性原因，加载压力最终在−6151Pa，保持压力60s后，试件仍未出现破坏现象，停止测试，试验终止。

静态抗风揭性能检测试件（三）布局图：

报告编号：CH2014CR-013，如图5.1.1.1-8所示。

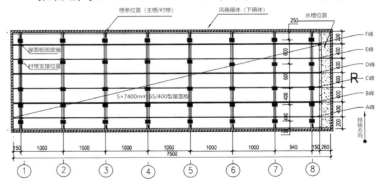

图 5.1.1.1-8 静态抗风揭性能检测试件（三）布局图

静态抗风试验完成试件状态图，如图5.1.1.1-9所示。

测试结果：

当测试进行到第15荷载分级加载试验，对应的目标压力值为−6600Pa，在加载过程中，当压力达到−6609Pa

时，持续保压4s后，屋面系统F3、F4、F5、F6固定座位置有隆起现象，试件并无明显破坏现象，测试继续进行，当测试进行到第23荷载分级加载试验，对应的目标压力值为-7000Pa，测试完成后，试件漏气严重，停止测试，试验终止。

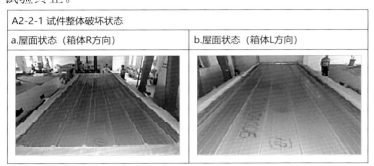

图 5.1.1.1-9 静态抗风试验完成试件状态图

B. 动态抗风揭性能检测（CSA A123.21-2010）

测试程序：

测试风荷载 $pte=-800$

动态抗风试验完成试件状态图，如图 5.1.1.1-10所示。

图 5.1.1.1-10 动态抗风试验完成试件状态图

动态抗风试验结论：

屋面系统承受的动态风荷载值：-1600Pa

屋面系统失效时动态风荷载值：无失效

所在动态风荷载等级：E

所在风荷载载入阶段：8

完成的阵风次数：5000次

屋面系统失效模式：试件无失效

试件安装/试验的环境温度：20℃

测试总时：11h59′

预载荷荷载值　　　　　　　　表 5.1.1.1-3

载入阶段	目标表压力值(Pa)	保压(Sec)	卸载时间(min)	备注
1	137	10	2	—
2	-1600	10	2	—
3	137	10	2	—
4	-1600	10	2	—
5	137	10	2	—
6	-1600	10	2	—

C. 水密性能检测（CSA A123.21-2010）

测试程序：

对试件进行预载荷加压，加载阶段及荷载值如表5.1.1.1-3所示。

测试试件表面的温度，调整喷头的喷水速率。

对试样表面进行加载并保压，同时开启喷淋系统，保压并喷水15min后，停止测试。

停止测试后观察试件表面是否有积水，如有积水需测量试件表面积水温度及积水深度，并做好记录。

测试结果：如表5.1.1.1-4所示。

水密性能测试结论　　　　　　表 5.1.1.1-4

测试项目	测试结果
预加载压力差	正压:137Pa 负压:-1600Pa
测试前屋面板温度	20℃
喷头系统流量	0.42L/min/个×42个
喷淋试件表面压力	137Pa
喷淋时间	15分钟
测试后积水温度	测试后无积水
测试后积水深度	测试后无积水
屋面漏水情况	无漏水

③试验效果

如表 5.1.1.1-5所示。

金属屋面的检测标准及检测要求表　　表 5.1.1.1-5

顺序	检测项目	参照标准	检测结果	检测报告编号
	白云机场航站楼抗风揭试验结果汇总			
1	静态抗风揭性能检测	ASTM E1646-1995 (Reapproved 2012)	破坏时最大压力 -1987Pa	CH2014 CR-004
2	动态抗风揭性能检测	CSA A123.21-2010	-1600Pa 无破坏	CH2014 CR-004
3	水密性能检测	ASTM E1646-1995 (Reapproved 2012)	137Pa 无渗漏	CH2014 DR-005
4	静态抗风揭性能检测	ASTM E1592-2005 (Reapproved 2012)	破坏时最大压力 -6151Pa	CH2014 DR-006
5	静态抗风揭破坏检测	ASTM E1592-2005 (Reapproved 2012)	破坏时最大压力 -6609Pa	CH2014 ER-013

根据试验结果，将屋面周边边缘区檩条间距由1.5m加密到1m。周边T码固定座螺钉加密到6颗。

（2）金属屋面第一版设计方案第二次优化完善——外部专家论证

2014年04月10日，由指挥部主持，于南航明珠酒店举行了二号航站楼金属屋面设计方案专家评审会。主要意见如下：

二号航站楼金属屋面设计方案基本可行，可满足使用要求，但尚需补充以下内容：

①设计方案与现行规范尚有差距，需满足规范中上限要求；

②部分材料等级偏低，要求有一定安全度；

③屋面系统构成需要调整，可去掉硅酸钙板；

④屋面排水措施需进一步细化；

⑤要重视施工措施，确保屋面工程质量；

⑥业主应加强使用管理措施。

（3）二号航站楼金属屋面最终设计方案的形成

指挥部组织设计院认真研究并归纳总结专家会议意见，重点在以下几个方面进行了优化：

①材料选取标准

专家意见认为目前设计中选取材料标准不高，提出0.9厚铝镁锰合金屋面板加厚，0.5厚压型钢板加厚，次檩条加厚，由C型钢改为方通，衬檩加厚，天沟加厚，35厚岩棉提高容重等问题。

经研究认为目前采用材料型号均为国内同类工程中常用型号，提高设计标准可提高外围护结构的安全性，但也提高造价。为兼顾安全和造价，研究决定只提高面板和底板厚度，0.9厚铝镁锰合金屋面板加厚为1.0厚，0.5厚压型钢板加厚为0.8厚。

②抗风安全问题

专家意见风荷载设计取值等级由50年提高到100年。檩条间距进一步加密。固定座T码螺钉加密。檐口天沟、天窗边等部位加强抗风措施。

经研究认为目前风荷载设计取值现按50年的1.1倍取用，已考虑一定的安全储备。且初步设计评审通过按50年作为设计依据，风洞试验也是按50年。檩条间距按照专家意见进一步提高安全系数，建议边缘区檩距由1.2m加密到1m。边缘区固定座螺钉由4颗加密到6颗。天沟、天窗等部位设计方案中已经考虑加强措施。

③屋面构造

原设计方案参照金属屋面构造做法国标图集中双层防水做法，同时参考国内建成工程中采用金属屋面双层防水做法的类似案例，例如深圳会展、福州会展等，防水性能可满足使用要求，并按照专家意见优化了构造做法，在岩棉下增加铝箔防潮层。

（4）实施过程中方案再优化完善

与最初招标使用的V1.0图对比，最终用于施工深化的V2.0图纸，对金属屋面天窗做法及开启扇位置进行了优化，提高其防水性能。调整主楼正面檐口造型。

二号航站楼屋面系统面板固定方式与一期航站楼相同，一期航站楼经历10年考验，局部屋面抗风出现问题，根据2014年04月10日指挥部组织的屋面专家评审会专家意见，屋面增加抗风系统（图5.1.1.1-11）。经研究决定增加三道措施加强屋面抗风性：

①屋面板板尾是最危险的位置，没有封口铝板保护。板尾增加两排抗风夹，抗风夹固定于屋面板最边缘两道T码上，抗风夹用10mm不锈钢棒连接成整体。

②屋面板板头有屋脊或是天窗收口保护。板头也增加两排抗风夹，抗风夹固定于离天窗最近的两道T码上，抗风夹用10mm不锈钢棒连接成整体，作为第二道保险。

③顺板方向，从檐口到天窗增加一条8mm不锈钢索，每36m一根，两端与檐口龙骨固接（钢索不需张拉受力），与不锈钢棒形成纵横交错。万一整块板掀起，将被索栓在屋面上，作为第三道保险。

（5）实施的效果及经验总结

①实施后的效果

通过以上的设计和优化、加强措施，屋面抗风、防水达到了预期效果，完工后经历了多次台风的检验。

②经验总结

A. 屋面设计和施工要密切配合。

B. 抗风揭试验是屋面抗风设计的有效手段和措施。

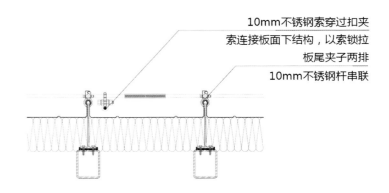

图 5.1.1.1-11　屋面抗风夹系统

5.1.2　装修设计方案专题

5.1.2.1　设计亮点

1．入口挑檐和雨篷

入口挑檐流线型设计，突出显示广州"白云"概念，默契嵌入机场地处广州白云区地理位置信息，同时融入一号航站楼流线造型的大环境中，与周边建筑形成整体，充分体现当初总规"一次规划，分期建设"指导思想；另外与挑檐呼应的圆弧型张拉膜雨篷，既表达了白云的概念，又给旅客带来亲切的感受（图5.1.2.1-1）。

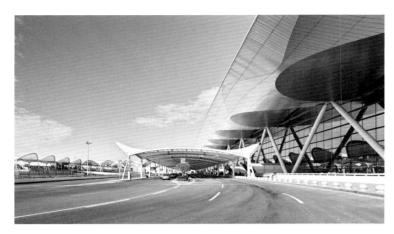

图 5.1.2.1-1 三层主入口挑檐和张拉膜雨篷

2. 轻盈的主楼山墙

主楼山墙大部分与连接楼相接，仅留出部分在东西两侧凹口位，主要作为工作人员和后勤出入口。设计师采用非常轻盈的山墙处理手法，与喧闹的建筑主入口区分出来，让内部工作人员享受另外一种宁静，上下班都可以感受到建筑美感（图 5.1.2.1-2）。

图 5.1.2.1-2 主楼东侧山墙

3. 神秘的连接楼大眼睛

位于东西两侧连接楼空侧外墙，使用大面积的屋面板延伸至二、三层外墙，为了克服一种材料占据过大的呆板，用少量玻璃侧窗来打破这个僵局，玻璃窗后的网架结构若隐若现，别具韵味（图 5.1.2.1-3）。

图 5.1.2.1-3 神秘的连接楼大眼睛

4. 动感登机桥外立面

登机桥外立面造型与登机桥功能、结构相吻合，铝板与玻璃分隔得体，登机桥幕墙玻璃与主体建筑幕墙玻璃呼应，倾斜的屋面既与飞机舱门高度相适应，又具有强烈的动感，整个造型一气呵成（图 5.1.2.1-4）。

图 5.1.2.1-4 动感登机桥外立面

5. 出发大厅天桥

图 5.1.2.1-5 主楼三层出发大厅人行天桥

出发大厅天桥侧面用整片彩釉玻璃包封，与扶手栏板局部彩釉玻璃浑然一体，旅客进入天桥，如信步于白云之中，延续了白云概念，同时减轻了天桥侧面用其他材料装饰的厚重感（图 5.1.2.1-5）。

6. 通透的办票岛

图 5.1.2.1-6 通透的办票岛

办票岛之间完全通透，归功于岛内行李输送带的隔离采用玻璃分隔，在H岛办理值机手续，可以透过岛身看到G岛的字样，非常方便走错办票岛的乘客寻找其他岛；岛上方固定显示屏的大悬挑，极大减轻了办票岛体量（图5.1.2.1-6）。

7. 空中花园、墙面绿化

主楼与北指廊连接的三层屋面设计的空中花园、部分办票岛的绿化墙面、国际到达二楼的绿化墙面，打破了传统的机场空间过于平淡严肃的装饰，给旅客耳目一新回归自然的感受（图5.1.2.1-7）。

图 5.1.2.1-7　主楼三层与北指廊之间岭南花园

8. 墙面突异造型

墙面突异条形造型，让人眼前一亮，打破大面积使用平面铝板的单调局面，同时具有引导性。这类造型在出发大厅和安检大厅墙面均有布置（图5.1.2.1-8）。

图 5.1.2.1-8　安检大厅墙面突异造型

9. 国际商业区空间

东侧国际商业区设计突破二号航站楼其他区域常规做法，无论是天花还是墙面，运用大量弧线造型，

设计的特别灵活自由，营造了安心舒适的购物环境（图5.1.2.1-9）。

图 5.1.2.1-9　国际商业区空间

10. 电梯间外墙装饰

部分观光梯外装饰独特，顶部铝板延续了墙面铝板，底部的玻璃又透露出里面的结构，整个设计延续了旅客从国际购物商业区出来的感受，从自由慢慢过渡到规整、典雅（图5.1.2.1-10）。

图 5.1.2.1-10　观光电梯造型

5.1.2.2　结语

白云机场二号航站楼整体装饰效果风格统一，处处体现白云概念元素，与一号航站楼对比，在素雅宁静之中多了一份灵气，体现了一定的个性设计，例如让人心动的入口挑檐、绿化装饰和简洁干练的办票岛几何造型。装饰艺术，本身就是一门遗憾的艺术，也是见仁见智的学术，每个设计师都想在建筑上抒发个人情怀，展示自己个性，建筑给每个参观者的感受也不一样，需要设计单位在实际工程设计中，结合施工技术，不断总结经验，探索分析建筑装饰带给人们的各种心理感受，以求做出尽量完美的建筑装饰作品。

5.1.3 全自助值机系统研究专题

5.1.3.1 业务处理流程（图5.1.3.1）

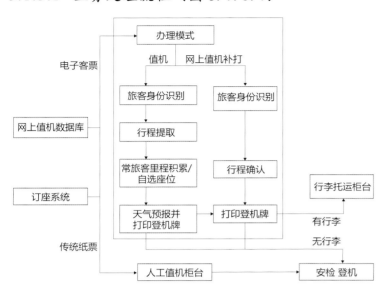

图 5.1.3.1 全自助值机流程图

5.1.3.2 业务功能详述

自助值机应用可以为众多航空公司电子客票旅客提供自助值机业务。同时也可为其提供网上值机旅客的补打登机牌功能。

1. 自助值机办理时，系统向旅客提供的功能包括：

- 多语言选择，以友好的图形化界面引导旅客办理；
- 提供多种方式进行旅客身份验证，提取旅客行程；
- 支持旅客自助选择行程；
- 支持旅客自助选择座位；
- 支持旅客选择常客卡类型，进行历程累积；
- 打印中文登机牌，并向旅客提供目的地天气、行李办理等友好信息提示；
- 系统相关信息提示（系统无法办理原因等），疏导旅客去人工柜台完成值机（图5.1.3.2）。

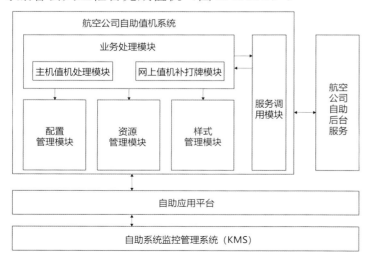

图 5.1.3.2 全自助值机功能图

2. 网上值机补打牌

随着航空公司网上值机服务的开展，很多旅客在网上办理了值机，但是由于没有打印机无法打印登机牌，自助值机系统提供的补打登机牌服务为这些旅客提供了方便。

3. 信息发布

自助平台提供自助柜机信息发布功能，机场用户可在自助柜机的空闲待机页面上发布特定的信息。包括但不限于：

- 紧急事件通知和业务公告
- 机场宣传页
- 公益广告
- 租车、酒店等商业广告

4. 与移动设备交互

随着移动互联网业务的发展，越来越多的旅客习惯于使用移动设备方便地获取信息和服务。自助平台支持自助值机柜机与移动设备交互，例如手机值机旅客可通过扫描柜机上的二维码，在该柜机上补打登机牌。

5. 多家航空公司的自助应用

全自助平台支持各种类型的 CUSS应用。一个自助KIOSK柜机可以同时运行数个自助应用程序，也就是说，一个自助业务办理点可以同时运行两个或多个不同航空公司的自助应用。网页包装器是一种由自助柜机应用程序，允许自助柜机客户提供那些并非专门为自助柜机编写的基于网页的或 Java应用程序，例如航空公司网上值机应用程序，或者机场网页应用程序。对于那些希望快速跟踪自助柜机的使用但目前还没有安装 CUSS应用程序的航空公司而言，这是非常有用的。

网页浏览器是专为桌面环境而设计的，没有考虑到无人值守环境中的独特需求。对于自助服务而言，仅需要一组工具就可以控制浏览器环境。网页包装器是为了设置环境而专门开发的一种程序工具，无论是用于 Java自助柜机或用于基于网络的自助柜机。网页包装器与标准的网页浏览器实现交互。浏览器被网页包装器用作显示引擎，为用户显示 HTML页面。网页包装器控制浏览器的外观，隐藏桌面属性。还可以保证浏览器能够正常运行，屏蔽那些不适合自助柜机用户的任何消息。

5.1.3.3 自助行李交运

提供自助旅客行李交运设备，旅客通过自助方式打印行李牌，自助拴挂，最后将行李放入传送带，完成整个自助行李托运过程。自助行李托运能够有效解决机场资源紧张的问题，并且能够提高机场资源的利用率和旅客处理能力。对旅客来说能够方便、快捷地完成行李托运的过程，使旅客值机过程更加可控。

产品符合 IATA 标准，为携带行李旅客办理自助值机提供补充解决方案。旅客办理自助值机后，可以到自助行李交运柜台进行行李称重，有效节省旅客行李交运办理时间。

自助行李交运实现：

旅客先通过网上、手机、自助等渠道完成值机，然后在自助行李交运机具上通过自助方式打印行李牌，自助挂挂，最后将行李放入传送带，完成整个自助托运过程。

这种自助行李交运模式能够最大程度利用机场设备资源。旅客可以在自助行李设备上打印，也可以在家中打印行李标签，甚至可以使用航空公司永久行李标签，最后到机场完成自助行李托运。

该自助行李交运应用在自助平台基础上开发，分为用户登录、旅客检索、旅客信息、航班信息、行李信息等几个模块。

①用户登录

根据配置文件判断是否只有登录用户才能使用本系统，如需要验证用户信息，则弹出登录对话框，用户需输入 Agent 号、密码、级别、Office，以上信息均与数据库中的用户信息一致才能使用本系统。

②旅客检索

支持通过扫描登机牌或手工输入条件检索旅客，检索结果分别显示在旅客信息、航班信息、行李信息界面。

检索条件：航班号、登机号、航班日期、当前航站，在使用扫描方式时，可通过登机牌获得前三项信息，当前航站从配置文件读取。用户也可通过快捷方式一次录入检索条件。

③旅客信息

以列表方式显示旅客的详细信息与航班信息。航班列表包含内容：AIR、航班号、日期、出发站、BD、STD、ETD、布局、GATE、机型、状态、模式。旅客列表包含内容：姓名、CS、状态、BN/SB、座位、GRP、ICS、BAG、ITEM。

④航班信息

显示值机员所关注的与该旅客相关的部分航班属性信息。航班信息主要包含以下方面：机号、航班备注、速运行李、航班控制。

⑤行李信息

显示旅客 INACTIVE 行李信息，确认行李件数与重量，激活行李，打印 receipt 条。行李信息以列表方式显示，包含以下内容：行李号、目的站、行李类型、行李状态、行李重量。

系统支持通过扫描行李牌或手工输入行李号（后 6 位），查找匹配行李。找到匹配行李后，系统自动选中该行李，并将焦点切换到行李重量输入框。

系统调用服务激活行李，如有未选中行李，则先删除行李，然后激活行李，修改行李件数与重量。在激活行李后，对成功确认的每件行李，打印出 Receipt 条。

1．全自助平台共用主机接口

全自助平台提供一个公共的主机接口，这种接口独立于所选择的自助行李硬件。全自助平台的共用主机接口平台采用分布式构架设计，提供通用网络服务 API 接口。其显著价值是它允许那些仍然使用传统 DCS 且不具备开放服务能力的航空公司实现自助行李。航空公司的 DCS 不需要进行更改，这对于机场是非常有益的，因为它使传统航空公司的 DCS 可以兼容自助行李托运装置。这一重要功能使更多的航空公司能够参与机场自助行李托运计划，并能够实现机场邀请尽可能多的航空公司参与，同时具有较低的进入门槛。

不同于值机和登机工作站，在主机资源充足的情况下，自助系统前端柜机，可以无限制地扩展物理数量。

2．网络

• 自助柜机内的航空公司应用程序将从中央主机应用程序中获取旅客和航班信息

• 通过广域网连接至机场的主机应用程序

• 自助柜机采用机场局域网连接至核心机房

• 支持有线网卡和 802.11b/g 无线以太网连接

3．自助应用的备份

基于全自助平台的自助值机应用和自助交运行李应用能够使用本地备份的数据库。当自助应用与航空公司主机连接中断的情况下可启用备份模式，使用实时更新的本地备份数据在任意自助设备上继续进行相关业务的自助办理。

自助应用备份流程如下：

（1）异常发现

自助监控平台检测到系统异常后，会报警通知工作人员。

（2）航班转备份

工作人员根据机场情况判断是否将航班转为备份模式，如果人工柜台可以正常办理，则继续使用人工柜台办理；如果人工柜台无法办理，将航班转备份后，可选择开通自助服务的备份航班办理功能。

（3）航班办理

自助应用办理备份航班时对旅客完全透明，不会对旅客造成影响。可以支持最基本的旅客提取、座位选择、旅客值机和行李交运功能。

（4）报文回传

网络或者航空公司主机故障恢复后，可将旅客报文回传至航空公司主机，同步电子客票状态。

（5）取消备份

一旦某航班切换为备份状态，必须完成所有的值机操作，至该航班离港处理结束。即使航空公司主机或通信线路恢复，也不能中途取消备份而切换回正常模式。

4．自助服务的应急处理

当离港主机失效或网络中断时，国内航空公司的自助值机、登机系统可以切换到备份模式下，使用机场离港数据库的信息数据为旅客办理值机、登机。

外航自助值机、登机系统的应急处理方式通常由各个航空公司自行决定。全自助应用系统平台为外航提供了一种通用的应急备份方式，即航空公司将旅客报文发送到离港主机，用全自助平台备份离港系统作为紧急情况下的备用手段。航空公司可以根据自身的情况决定是否选用平台备份离港功能。

自助行李交运系统目前依赖于离港主机，在主机失效或者网络中断时，自助交运将停止服务。

5.1.4　BIM技术研究专题

5.1.4.1　项目概况

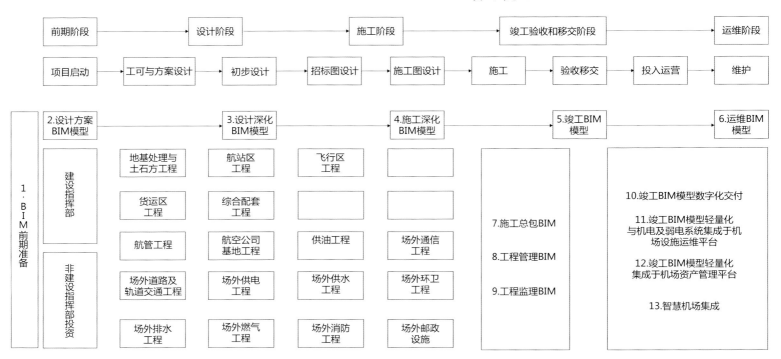

图 5.1.4.1　机场建设 BIM应用

白云机场建设工程BIM应用项目是以真实的机场建设工程为载体，利用先进的BIM技术，结合历年广东机场集团指挥部的项目管理经验，搭建BIM应用管理平台，涵盖设计、施工到运维的项目全过程（图5.1.4.1），从进度、质量安全、成本、变更、文档五大方面进行管控，通过软件技术的信息提取、数据录入等手段，向上打造并丰富BIM的应用价值，落实现场进度、安全、质量、成本、变更和过程文件的追踪与管理，并通过项目经验的积累，最终形成属于广东机场集团工程建设指挥部的大数据云平台，有效地提取和复制丰富的机场建设工程经验。

5.1.4.2　特点、难点

（1）工程体量大、要求高、任务重：本项目施工区域广，累积建筑面积约90万㎡；从施工区域来看，外围有一号航站楼、站坪、交通中心，前有高架桥、站前广场车库使得本工程施工条件十分复杂，影响施工影响因素多。

（2）专业多、流程多、碰撞干涉多，设计协调困难：本项目土建工程、机电工程、幕墙、屋面、行李系统等专业多，加上民航弱电系统等，智能化、信息化、集成化程度高，设计协调难度大。

（3）工程工期紧张，交叉作业多，协调工作重：二号航站楼以2018年4月底为通航目标，工期紧张；施工期间将与周边紧邻工程，存在大量技术与现场协调界面。工程在施工高峰时期将有多家施工单位同时开展施工作业，给工程施工管理提出很高的要求。

5.1.4.3　BIM应用主要内容

根据白云机场二期扩建工程特点，制定BIM实施规划，逐步推进BIM实施工作。在确定平台模块功能之前，分别开展问卷调查与核心人员访谈，以了解业主现行管理流程、管理办法、工作表单等信息，根据需求要点，进行平台功能点归集、细化，形成BIM应用解决方案，主要的应用内容如下：

1．BIM统一标准

为了充分地利用BIM及相关技术解决用户实际业务中的管理难点和痛点，重点进行了BIM应用管理平台的研发，为确保平台的顺利实施，同步依据政府标准、行业标准和企业的相关制度制定BIM标准。

BIM标准包含两部分内容：BIM建模标准和BIM应用管理标准。按照以下五个原则来建设民航建设项目BIM标准：

· 充分发挥在BIM应用、BIM标准领域丰富的实战经验，达到起点高、出成果快、少走弯路的效果；

· 充分吸收利用国内外现有的国家级、省级、行业级和企业级的各种BIM标准，制定适合本企业的标准；

· 结合民航工程的特点和业主的要求，对BIM标准做修改完善；

· 快速依据各方经验及已有的标准基础，制定企业BIM标准初稿并在实际项目中实施和完善；

· BIM标准是一个系统化工作，需要充分考虑以后和其他成套BIM标准的衔接，比如招标文件BIM规则内容、BIM交付标准等，确保建立的标准在后续的执行过程中能够落地实施。

建模标准是BIM实施标准之一，以规范设计单位、施工单位、BIM咨询等单位的模型创建。其目的是使所有工程项目中涉及的模型具有统一的建模行为要求，从模型创建上保证模型的有效传递和共享，是BIM标准体系的基础标准之一。

此外，在BIM平台开发的过程中，为保证平台的顺利实施，同步制定《BIM应用管理规定》。《BIM应用管理规定》主要针对指挥部实施的项目中BIM应用管理和成果验收等需求而制定，并为模型管理、进度管理，质量、安全管理、成本管理等BIM应用提供管理规范和依据。将来通过修订、更新，逐步形成民航行业的BIM实施管理条例。

2．项目过程的BIM应用

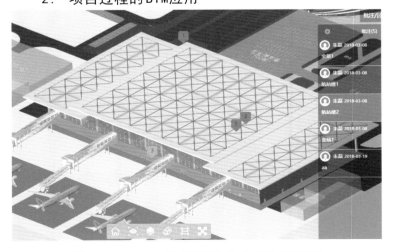

图 5.1.4.3-1　设计阶段的BIM协同管理

（1）BIM可视化协同设计：在白云机场扩建工程提出应用BIM技术，在项目设计阶段，利用BIM软件对建筑、结构、钢结构、机电、幕墙、行李系统等专业分别建立BIM模型，对设计效果和成果进行把控，对不同方案的比选做出最优设计，提升设计质量（图5.1.4.3-1）。

（2）三维协同、碰撞检查与管线综合优化：白云机场扩建工程二号航站楼专业多、体系复杂、技术难度大，利用BIM软件进行三维协同、碰撞检查、管线综合优化，实现BIM模型导出图纸，跟踪解决碰撞问题，提高设计质量（图5.1.4.3-2）。

楼梯立面图所标示的标高与登机桥主体结构的标高不一致，放置楼梯时找不到连接构件

图 5.1.4.3-2　BIM软件进行碰撞检查

（3）可视化交底、4D进度模拟、关键区域施工模拟：针对白云机场扩建工程二号航站楼与交通中心交界处有地铁城轨隧道、巴士的士隧道、出港高架、钢结构网架、幕墙、张拉膜等工程，工程界面复杂，应用BIM技术对关键区域进行施工模拟分析（图5.1.4.3-3），提前暴露可能出现的施工问题。

（4）BIM应用平台现场协同：针对白云机场扩建工程BIM应用平台，编制技术方案和操作指引，多次组织指挥部相关人员和各参建单位、人员，设定对应的角色、权限，对每一个功能模块进行现场协同，包括信息录入、数据流转、流程审批，录入项目管理信息数据，提升工作效率（图5.1.4.3-4）。

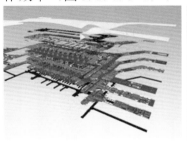
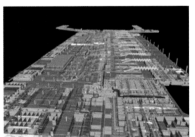

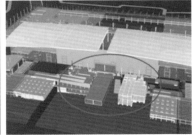

图 5.1.4.3-3　BIM技术对关键区域进行施工模拟分析

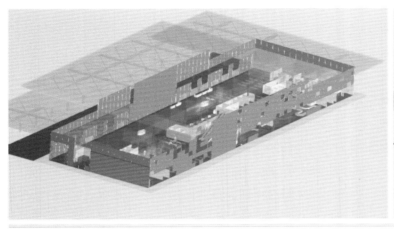
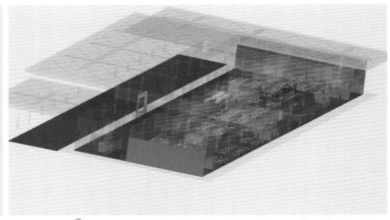

图 5.1.4.3-4　可视化的多方进度协同管理提高工作效率

5.1.4.4　BIM应用效果总结

图 5.1.4.4　基于BIM的大型机场项目多方协同管理平台

　　白云机场建设工程BIM应用协同平台，是国内机场行业首个基于业主方管理的企业级BIM协同平台，通过调研确定需求，制定符合机场行业的相关BIM技术标准、管理标准、管理模式、管理流程、管理样板，运用和集成先进BIM技术和多年积累的机场建设项目管理经验，研发、搭建工程项目设计、施工、运维全过程的BIM应用管理平台，对项目进度、质量、安全、成本、廉政等五大方面进行管控，实现公司总部、各项目、参建各方协同与管理（图5.1.4.4）。

　　BIM应用协同平台具有多项目、跨部门、跨组织、全员参与的特性，平台数据实时动态更新，多项目数据存储和积累，形成项目大数据，对大数据进行分析，辅助决策，为企业和项目领导提供科学依据。

BIM技术及BIM应用协同平台在白云机场二期扩建工程、韶关机场改扩建工程、湛江机场迁建工程等项目中应用，取得了较好的示范效应。使得指挥部获得了编写行业BIM标准（《民用运输机场建筑信息模型应用统一标准》）的机会，得到了民航局机场司的肯定和认可。BIM应用协同平台为机场项目提供了全新的手段和方法，在进度、质量、安全、成本等方面将取得了良好的效益。通过项目实施，积累了BIM应用经验，培养了BIM技术人才，结合BIM应用协同平台，能够在国内其他机场项目中进行复用和推广，进一步提升工程建设指挥部机场建设管理和运营管理的能力和水平。

5.1.5　信息系统运控模式研究专题

依照白云机场二号航站楼信息集成系统建设需求，为实现多航站楼统一管控、信息统一发布、资源统一分配的建设目标，需要在二号航站楼集成系统与一号航站楼航显、行李处理等业务子系统之间建设一套航站楼适配器网关TAG。TAG负责处理新老航站楼之间的数据传输和信息交互，以实现两者间的协同作业，从而使多航站楼之间，航班运营相关的业务信息实现无缝集成。

当时一号航站楼内部署的众多业务系统处于在线运行状态，支撑了白云机场的目前日常生产运营。二号航站楼启用后，一号航站楼要继续作为国内、国际进出港航站楼使用，并与二号航站楼实现联合运营。因此，一、二号航站楼两楼联合运营的模式既要保证二号航站楼各业务系统的顺利上线启用，也要保证在不影响一号航站楼现有各系统稳定运行的情况下，实现二号航站楼信息集成系统与一号航站楼现有各业务系统实现无缝集成、整合。

由于白云机场一、二号航站楼两楼各业务系统的系统结构、开发技术和部署环境均存在较大差异，所以联合运营模式对两楼适配器网关的技术要求高、难度大，容易造成一、二号航站楼各业务系统不能稳定运行，出现一、二号航站楼各系统业务数据不一致的情况，甚至对一、二号航站楼的航班运行保障造成一定程度的影响和混乱。

两楼适配器网关方案的实施存在一定的风险，为有效降低和控制风险，在设计及实施过程中，遵循了以下原则：

1. 将二号航站楼部分业务系统的操作终端延伸至一号航站楼

在具备技术和业务条件的情况下，二号航站楼启用前将部分业务系统的操作终端部署到一号航站楼。二号航站楼启用后，部分一号航站楼业务系统停止使用，使用二号航站楼对应业务系统统一处理一、二号航站楼的相应业务。尽量减少一、二号航站楼中两套业务范围相同系统同时运行的情况。

2. 对一号航站楼现有业务系统的改造

尽量减少对一号航站楼现有业务系统的改造，最大程度降低对一号航站楼现有业务系统的影响。核心业务系统航显、广播、集成的数据接口，在二号航站楼新集成系统上线前完成了升级改造工作。

3. 处理好一、二号航站楼各业务系统的技术冲突问题

一、二号航站楼各业务系统的系统结构、开发技术和部署环境均存在较大差异。二号航站楼集成系统与一号航站楼各业务系统进行无缝集成时，优先保证核心、重要业务系统的技术要求。

4. 适配器网关的架构和数据流向设计

设计清晰、简单的架构和数据流向，避免同一类型的数据和消息，通过适配器网关在一、二号航站楼业务系统间进行双向传递而造成的数据冲突、不一致，杜绝了消息传递过程中形成的死循环。

5. 做好适配器网关上线前的准备工作

开发工作完成，具备上线条件后，利用近5个月的时间，共计8次适配器网关的验证工作，逐步深入测试，尽可能地模拟了投产后的运行环境和场景，并提前做好设备部署及一号航站楼、二号航站楼网络联通及空管报文接入工作。

6. 适时编写、逐步完善TAG上线切换方案及相关应急预案

由指挥部弱电部、股份信息科技部、运行指挥中心、信息公司、民航电子及相关单位人员，组建适配器网关上线切换工作组，制定完整的人员组织结构和工作协调处理机制。

（1）阶段一（联合运行）

①多楼运营适配器网关架构示意

如图5.1.5-1所示。

②适配器网关设计思路

白云机场二号航站楼启用时，二号航站楼航班、资源管理系统负责全场航班、资源的管理。通过网关过滤一号航站楼航班、资源后，发布给一号航站楼CIIMS（T1 AODB暂时保留，接收网关航班计划、动态、资源作为备份手段）。实现AOC、TOC使用二号航站楼一套航班、资源管理系统管理全场航班、资源信息，达到业务目标。

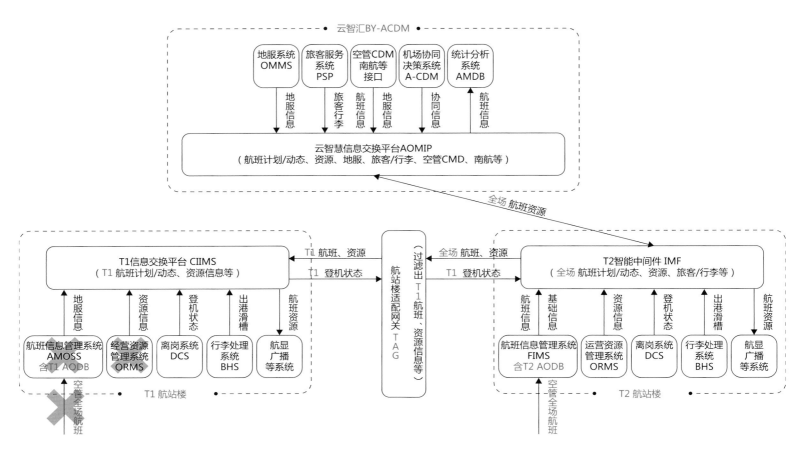

图 5.1.5-1 多楼运营适配器网关架构示意图

③业务要求

AOC、OC、TOC 使用 1 套二号航站楼航班信息管理和资源管理系统，管理全场航班、资源，达到业务目标。

④技术要求

如图 5.1.5-2 所示。

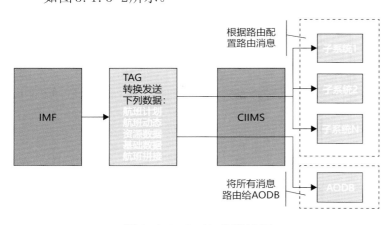

图 5.1.5-2 技术路线图

A. 要求 TAG 从全场航班、资源、基础数据中，过滤出一号航站楼数据，连接一号航站楼信息交换平台 CIIMS，模拟一号航站楼航班、资源管理系统的数据发布机制和格式，向一号航站楼航显、行李处理等系统提供一号航站楼航班、资源信息。一号航站楼航显、行李处理、离港系统等保留与一号航站楼 CIIMS 平台的接口不变。

B. 要求一号航站楼 AODB 自动接收二号航站楼 TAG 发送的航班计划、动态信息、基础信息和航班拼接信息，作为一号航站楼的备份系统。

网关收到 IMF 消息后，按下面两种模式进行处理：

第一类是适配器网关模拟子系统向 AODB 发送的消息。例如，机位变更消息 PSDT 原本由 ORMS 系统产生并发送给 AODB，消息的 SNDR 为 ORMS。网关在收到 IMF 的机位变更消息后，模拟 ORMS 拼装 PSDT 消息并将 SNDR 设为 ORMS 后发送给 AODB。再如，航班预计时间消息 ESTT 原本由 IMG 发送给 AODB，消息 SNDR 为 IMG。网关在收到 IMF 的机位变更消息后，模拟 IMG 拼装 ESTT 消息并将 SNDR 设为 IMG 后发送给 AODB。由 AODB 作为冷备数据库接收、处理。

第二类是适配器网关模拟 AODB。除子系统发送给 AODB 的消息外，还有一部分消息是无子系统向 AODB 发送的，由 AODB 自动计算或人工录入 AODB 后产生的 AODB 消息。对于这类消息，网关要模拟 AODB 拼装消息，并将消息的 SNDR 设为网关后将消息发送给 AODB。例如修改进出港航班的关联关系（TAOP）。当网关收到 IMF 的航班拼接变更消息时，模拟 AODB 拼装 TAOP 消息，并将 SNDR 设为网关后发送给 AODB。由 AODB 作为冷备数据库接收、处理。

网关对 IMF 消息进行转换，全部模拟 AODB 的方式进行消息拼装，将消息的 SNDR 全部设为 AODB。消息拼装完成后向 AODB 以外的其他子系统发送。

C. 要求一号航站楼云智汇 AOMIP 平台与二号航站楼 IMF 平台实现联通和数据交换。二号航站楼 IMF 上线前进行长时间验证测试工作。

D. 要求需要获取白云机场整场航班和资源的系统连接二号航站楼 IMF（此部分工作由股份公司自行完成）。

（2）阶段二（信息平台整合）

① 信息系统架构

如图 5.1.5-3 所示。

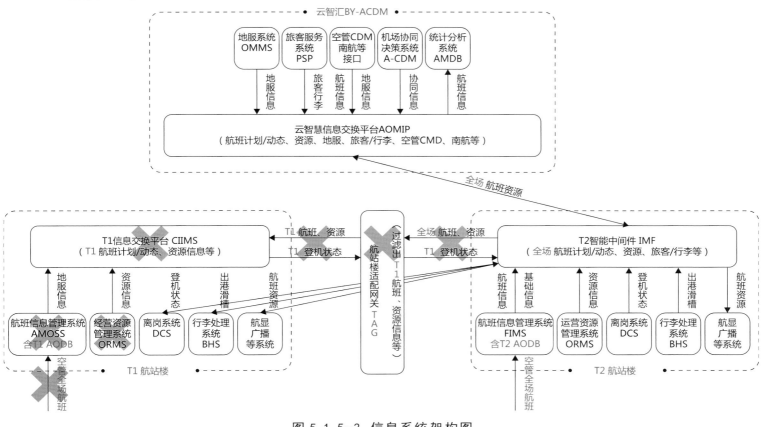

图 5.1.5-3　信息系统架构图

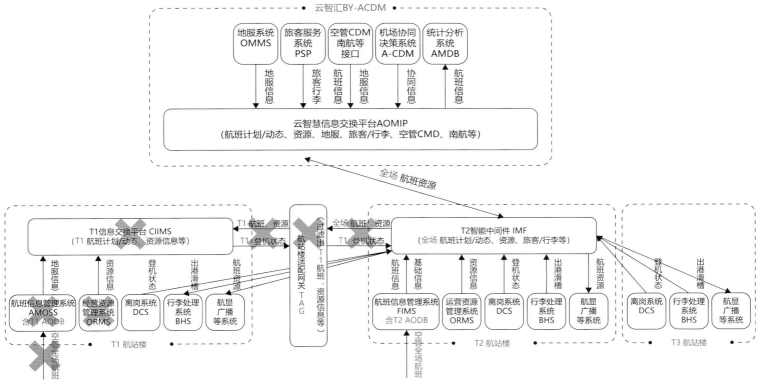

图 5.1.5-4　信息系统架构图

② 设计思路

一、二号航站楼信息系统联合运行稳定后，一号航站楼航显、行李、离港等系统新增与二号航站楼信息交换平台的接口，一号航站楼各系统从全场航班、资源信息中过滤一号航站楼相关信息（或把二号航站楼的航显、离港系统终端延伸到一号航站楼）。停用一号航站楼信息交换平台CIIMS和TAG，实现信息平台的整合。

③技术要求

一号航站楼航显、行李、离港等系统新增与二号航站楼信息交换平台的接口，各系统从全场航班、资源信息中过滤一号航站楼相关信息（或者把二号航站楼的航显、离港系统终端延伸到一号航站楼）。

（3）阶段三（初步实现对未来三号航站楼的扩展支持）

①信息系统架构

如图5.1.5-4所示。

②设计思路

三号航站楼航显、行李、离港等系统建立与二号航站信息交换平台的接口，各系统从全场航班、资源信息中过滤三号航站相关信息（或者把二号航站的航显、离港系统终端延伸到三号航站楼）。

初步实现对未来三号航站楼的扩展支持。

③技术要求

三号航站楼航显、行李、离港等系统建立与二号航站楼信息交换平台的接口，各系统从全场航班、资源信息中过滤三号航站楼相关信息（或者把二号航站楼的航显、离港系统终端延伸到三号航站楼）。

5.1.6　信息系统新技术研究专题

作为国内最大单体航站楼的白云机场二号航站楼，其信息系统也是当前最为先进的，采用了大量当前最为流行的系统架构及技术手段，创造了多个新技术特点及亮点，主要体现在以下几个系统中：

5.1.6.1　信息集成系统

1．DC融合技术

DC用于多数据源数据融合处理。DC采用微服务架构，将数据接入、保存、解析和发送拆分为不同服务。这种低耦合架构降低了系统崩溃的风险，同时为系统升级扩展提供了良好的机制。业务上DC基于历史数据分析，根据数据质量，确立不同系统的数据源优先级。处理上DC根据优先级顺序自动对各个数据源的数据进行判断，提高了发送给生产系统的数据质量。

2．资源分配

资源分配中停机位自动分配有重大改进，其中基于进化算法设计开发的停机位分配算法能提供全局最优的分配结果。采用0～1整数规划模型的数据描述带来更快的计算处理效率，满足对多个分配指标同时优化的需求。

简单直观的规则配置方式，支持丰富完善的约束规则类型，能满足广州机位管理工作中多种业务场景需求。

在实际生产使用中，有效缩短系统计算时间，在2min内完成对1100航班在近200个机位上的分配工作。分配结果中，靠桥率维持在80%以上，成功率超过95%，超过90%航班按用户设定的优选规则进行分配。每天的工作人员完成机位分配工作的耗时，由使用前60～70min，减少至10～30min（图5.1.6.1-1、图5.1.6.1-2）。

图5.1.6.1-1　机位分配功能图一

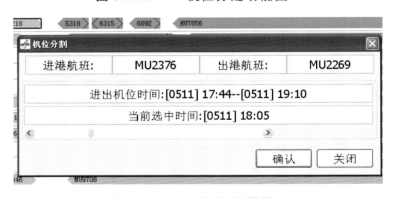

图5.1.6.1-2　机位分配图二

3．IMF技术

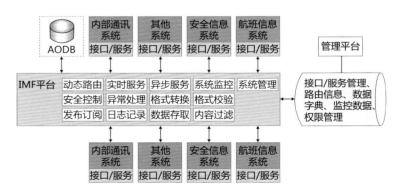

图5.1.6.1-3　IMF架构示意图

IMF智能中间件平台系统是集成系统内基于中间件平台的业务、信息交换平台，利用企业服务总线（ESB）的概念构建出智能中间件平台系统（IMF）成为当今机场弱电系统建设的最新模式。IMF平台基于服务总线的概念构建消息传输的整体架构，面向各接入系统提供统一规范的各种服务，各系统都遵循统一制定的基于标准XML数据格式在IMF中进行消息的传输，IMF对服务及消息的传输进行监控、管理、统计，实现对机场弱电系统消息传输的整体掌控（图5.1.6.1-3）。

4. 云平台

白云机场搭建的IaaS架构的云平台，做到了计算资源虚拟化，存储集中化。首次将集成系统等核心应用部署到云平台上，为保证核心系统的安全性、稳定性和可靠性，使用了多种技术手段使系统运行在安全可控的范围。除使用虚拟化HA、自动化弹性调度、虚拟化安全隔离等功能外，还使用了专业的备份系统对虚拟服务器备份，搭建灾备云平台，同时使用实时同步机制的存储两地容灾方案及定时导出数据文件等手段（图5.1.6.1-4）。

图 5.1.6.1-4　二号航站楼计算及存储架构示意图

5. TAG

TAG航站楼适配器，采用微服务架构，将数据接入、保存、解析和发送拆分为不同服务。业务上TAG作为白云机场一号航站楼和二号航站楼间的数据交互适配器，承担着两个航站楼不同消息平台间信息的转换、过滤和传递，在两边消息平台及其子系统在不做任何改动的情况下，使平台间的信息交互成为可能。

5.1.6.2 航班信息显示系统

参考传统航班信息显示系统的主要业务流程，以面向服务的体系架构为基础、以云技术作为技术依托、使用SaaS方式实现，本期航显系统充分体现了信息系统的高可靠性、可扩展性、易维护性、节能的标准要求，建立了一套航显云服务的解决方案体系，支持国际国内先进水平的TFT-LCD显示器、LED和智能型输入终端等设备，保证了机场在航班信息显示服务方面，既能满足企业自身节能减排、创新发展的要求，也能在较长时间满足国际型机场的航班信息显示要求。

二号航站楼的航显系统管理楼内总数超过1500块的显示终端，包括TFT-LCD、LCD拼接屏、LED条屏、LED全彩大屏、LCD模块大屏、行李控制面板等六种终端，覆盖了楼内包括值机、安检、边检海关检疫、登机、行李提取、迎客、中转、交通中心等所有旅客服务区。与常规的航显不同，为了让更多人看到"母语"目的地的显示，白云机场二号航站楼的航班信息显示系统，开启国内首创"2＋X"语言显示模式，二号航站楼航显系统除了提供中英文"2"种语言的航班信息外，还可根据国际航班目的地、始发地或经停地所在的国家或地区的不同，自动匹配其对应官方语种并进行动态显示。二号航站楼航显屏可提供在白云机场通航的、所有母语非英语国家或地区的100多种官方语言服务。

除此之外，为了让航显信息更直观，考虑到旅客的用户体验，过安检口后的登机引导屏在登机口信息一栏中采取"登机门＋距离"动态显示，分布不同区域的航显屏更可"自动识别"航班所分配的登机口并"计算"出前往登机口的距离，实现了航显服务智能新变化。

5.1.6.3　机场运行综合信息可视化管理系统

机场运行综合信息可视化管理系统（CIVM）是基于GIS可视化的综合监控系统，利用机场工程地理信息系统（EGIS）搭建的空间地理信息平台，集成机场生产运行各类系统信息，在一个统一的可视化平台中提供综合监控。机场运行综合信息可视化管理系统为机场生产运行管理人员监控管理提供了便利，提高了机场生产运行管理水平，增强了机场生产运行安全性，可辅助机场运行管理人员进行应急事件调度指挥决策。技术亮点如下：

亮点一：采用二三维一体化技术

该系统进行了白云机场二维地图和三维模型的建设，使机场二号航站楼室内场景、白云机场室外场景直观形象地展现在系统中，使用户一目了然，更加迅速地了解白云机场的整体情况。

白云机场仿真三维场景是用户浏览机场的"第三只眼"。三维模型的建设实现了机场三维空间景观以及二号航站楼室内景观的高精度重塑。在三维场景构建的过程中，用CAD图纸进行模型框架的搭建，保证了三维模型的准确性，对航站楼内部景观进行拍照，用来制作三维模型的纹理贴图，保证了三维场景的真实性（图5.1.6.3-1～图5.1.6.3-3）。

采用统一的工作空间、图层、图例管理、专题图构建方式，实现了表现方式的一体化，使三维系统内容更丰富，组织更清晰；采用同样的符号库、填充库、线型库，实现了符号的一体化，丰富了系统的表现手段，降低了符号管理的复杂度；采用二、三维室内室外一体化操作方式，实现室内外场景实时第一人称视角的交互漫游，而且可以实现图形与属性数据的编辑、查询、统计以及分析等GIS基本功能，同时针对室内场景进行可见性剔除方法，以及建筑物背面不可见优化室内场景显示效率。

图 5.1.6.3-1 三维效果图一

图 5.1.6.3-2 三维效果图二

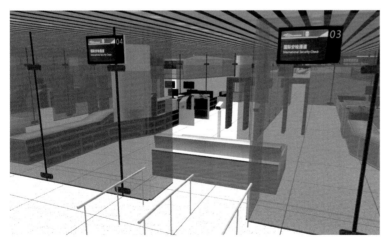

图 5.1.6.3-3 三维效果图三

亮点二：监控设备调用技术

二号航站楼智能楼宇设施设备、安防监控定位与信息展示对接机场电扶梯、建筑设备监控（空调/排风）、电力、GPS车辆监控系统集成做接口获取各类实时信息，并加载在不同的专题电子地图上进行显示。用户可以实时调用摄像头，调用视频信息，了解实时情况。而且可以快速查询定位到摄像头的位置。同时也能查看车辆的运行轨迹。

亮点三：作业工单处理

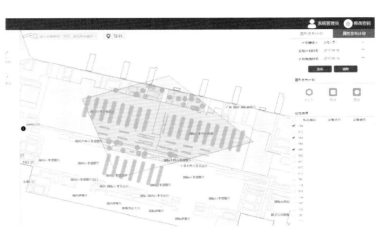

图 5.1.6.3-4 工单指派功能

系统为机场运行指挥中心值班管理人员提供一个基于PDCA闭环管理的电子化日常维护、检修作业处理办公平台，可实现对维护/检修作业工单的自动生成、流转、处理及打印等。该模块能为日常维护、检修工作提供一个协同办公平台，实现无纸化办公，提高工作效率（图5.1.6.3-4）。

亮点四：巡检维修管理巡检人员可以对巡检计划进行管理，包括对巡检计划的增加、删除、修改等操作。此外，巡检人员还可以根据巡检计划，利用手持设备，结合电子地图，查询要巡检系统的具体设备，对计划进行执行。故障分析功能能够帮助用户进行设备故障的分析，找出系统和设备故障的主要原因，减少不必要的故障，从而有效提升机场生产运行管理水平及效率，保障机场安全运行（图5.1.6.3-5）。

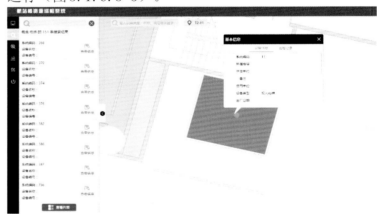

图 5.1.6.3-5 资源巡检系统

系统建成后，将在一个统一的可视化平台中提供综合监控，便于机场生产运行管理人员监控管理，提高机场生产运行管理水平，增强机场生产运行安全性，并且可以辅助机场运行管理人员进行应急事件调度指挥决策。

5.1.6.4 机场工程地理信息系统

机场工程地理信息系统项目（简称"EGIS项目"）由一个平台、两个数据库、两个数据库管理系统、三个子系统组成，并支持未来应用的扩展及对外提供标准接口的地图数据。一个平台是指机场工程地理信息公共服务平台，两个数据库是指工程文档库和地理信息库，两个数据库管理系统是指工程文档管理系统和地理信息管理系统，三个子系统包括飞行区道面管理系统、航站楼巡检系统和机场地下管网综合管理信息系统，作为EGIS项目可持续利用的多项数字化成果，均可以根据相关业务需要进行扩展应用开发，为机场精细化管理和相关业务更好地发展提供支持，目前已经持续为机场运行综合信息可视化管理系统、机场运行站坪管理系统、旅客信息服务系统、安保大平台等多个系统提供地图服务支持。白云机场将GIS技术与机场建设相结合，是白云机场"智慧机场"建设的重要组成部分，也是GIS技术应用于广东省民航业的一项重要突破（图5.1.6.4）。

技术亮点如下：

亮点一：基于GIS建设白云机场地理信息库，为白云机场提供基于位置的地理信息服务。目前白云机场所建设的信息化项目中普遍没有提供基于位置的地理信息服务。机场工程地理信息系统的创新之处在于，它将白云机场建设工程区域内具有地理空间信息的数据，包括机场基础地理信息数据、影像数据、高程数据、三维模型数据、综合管线、飞行区道面、航站楼数据、相关地名地址数据以及其他配套建设设施设备数据，采用一张图的模式对地理信息数据进行整合，对白云机场内的各项地理要素进行精确定位和地图展示，促进了白云机场的信息化、智能化、可视化管理模式。

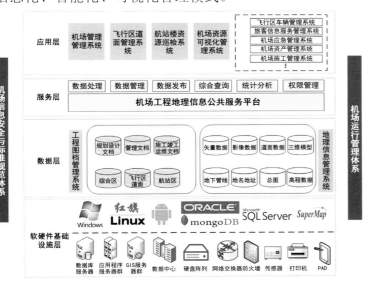

图 5.1.6.4　系统架构图

亮点二：基于GIS建设白云机场工程文档库，为白云机场提供基于地图的文档管理机制。对于大型机场的建设工程，无论建设过程中还是建设完成后的运行维护，都会产生大量且种类繁多的工程图档、电子表格、工程技术文档、图片、视频等资料，对这些文档的规范化管理是机场工程管理中的痛点难点。工程文档库收集并管

理白云机场工程建设中的原始数据，以工程文档管理系统为前端管理应用系统，对工程建设阶段的设计文档、施工文档、竣工文档等进行全过程跟踪和管理，基于GIS技术对工程施工地点及范围进行地图展示，满足建设工程的过程管理、交付验收、档案交接和后续运维的要求，为白云机场建立科学规范的文档管理机制。

亮点三：实现WIFI室内定位技术，提高设备室内定位精度。利用WIFI室内定位技术，对航站楼内的设备进行定位，并将位置在地图上显示，便于系统使用者在看到地图时准确地找到设备的位置，有效地提高了工作人员的设备巡检效率。

亮点四：实现跨层导航技术，解决跨层导航问题。各项目进行了二号航站楼、交通中心的路网制作，实现了 PISS终端到登机口、电梯口的路径导航，解决了跨楼层路径导航的难题，为旅客在航站楼内规划路径、节约时间提供了便利。

5.1.6.5　安保监控整体管理平台

根据白云机场安保监控整体管理平台的要求，本次定制开发了安防集成平台软件（简称ISI-Airport）来作为白云机场二号航站楼扩建安防工程安保监控整体管理平台。ISI-Airport安防集成平台基于ACSS核心开发框架，面向机场行业的核心业务需求，接入门禁控制、视频监控、防范报警、周界报警、员工通道管理、巡更管理、消防、道口等子系统，集统一界面管控、运行状态监控和报警联动处置等多功能于一体，全面应对安防一体化操作的业务需求。平台可提供直观的3D电子地图界面和向导式的联动预案管理，安保人员能根据报警信息和报警视频及时复核和处置报警事件。

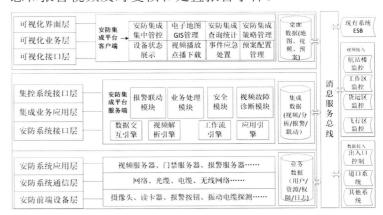

图 5.1.6.5　软件结构拓扑图

ISI-Airport平台是面向机场安防领域复杂的综合集成业务进行设计研发，基于软件分层设计思想的强大中间件和组件体系。其不仅提供了机场安防业务所需要的平台服务（PaaS），而且深度整合了最新的架构层技术和接口（IaaS），PaaS和IaaS，可以直接通过SOA/Web

Services向用户提供安防通用服务,在业务层提供强大的快速业务交付能力。同时ISI-Airport集成平台还提供了安防业务中的常规核心组件,集成厂商可以此为基础快速构建行业的集成应用解决方案。

软件结构拓扑图如图5.1.6.5所示。

可收集机场运行相关数据,技术亮点如下:

（1）安保资源基础运行数据

摄像机、门禁等设备基础信息;设备实时运行状态信息;安防保障资源信息;资源空间信息;机场公共资源信息等。

（2）安保业务运行数据

安保事件数据;实时事件信息、实时报警信息、历史记录数据、事件处置预案信息;业务运行信息;安保管理重点区域信息、业务区域信息;旅客和工作人员信息;流程信息、控制区域信息等。

（3）安保相关的机场生产运营数据

离港数据;行李数据、安检信息数据;航班运行数据等安保相关的数据信息。

（4）定位数据

包括安保人员、车辆、航班的实时定位数据,历史轨迹信息。

（5）文档文件数据

报警录像文件、音频文件;图片文件;关联配置文件;规章制度文件等。

（6）公安黑名单数据

（7）系统管理数据

用户及权限信息;系统字典数据;系统运行日志信息;系统运行配置信息。数据特点:构建IMF-S。

为确保安保监控整体管理平台能够无缝集成接入信息集成系统、AOMIP、安检信息管理系统、离港系统、行李分拣系统、控制区管理系统、机场公安分局系统等系统,实现安保监控整体管理平台的统一呈现和集中管理,平台软件使用机场安全数据交换与共享总线IMF-S。

安全数据交换与共享总线IMF-S是白云机场安保监控整体管理平台的数据交互中枢系统,直接完成和安保核心业务系统的对接,实现核心业务系统内部的控制消息及数据的采集接入交互;通过核心业务系统整合接入下级基础业务系统的各类数据和消息;对数据进行解析处理入库存储;对安全业务数据及交互接口进行了标准化定义,形成安全数据交换数据规范,解决原有业务系统很难互联互通的问题,降低数据传输、数据交互及信息分发的难度和成本;同时支持安全防范体系内部系统的接口级数据共享交换,以及对外部运营系统的数据接入共享,真正形成一个机场安全数据交互总线。

5.1.7　进境行李风险拦截系统研究专题

5.1.7.1　概述

根据白云机场海关业务要求,指挥部负责建设此次项目中的国际行李预检系统和行李探测拦截系统。通过使用RFID标签标记的方式,在旅客提取到交运行李后,对旅客和可疑行李进行拦截和查验处理,实现对可疑交运行李的100%查验。

5.1.7.2　业务流程设计

业务流程如图5.1.7.2所示。

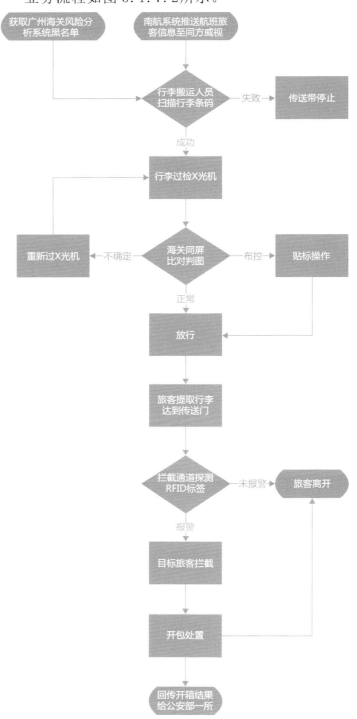

图5.1.7.2　业务流程图

5.1.7.3　系统方案

（1）系统服务器每天从广州海关风险分析系统获取抵达广州的黑名单信息。

（2）航班抵达机场前，由航空公司（南航）系统推送进境行李预检系统所需信息至系统服务器。

（3）托运行李上线前，搬运人员扫描行李条码后搬运行李至传送带，行李间距不小于80cm。如扫码不成功，传送带停止运转。扫码同时系统记录扫码时间，并与行李条码绑定。

（4）行李过检X光机，X光机扫描图像和行李外观图，并将航班旅客信息与行李信息一一对应，给海关判图员同屏展示。

（5）海关判图发现问题，远程拍停传送带。

（6）根据通话系统，现场人员找到目标行李。

两种情况：

①海关判定为可疑行李。拍停传送带，现场人员把行李放回到X光机之前，再过一遍光机。

②海关判定为可疑行李或者匹配到黑名单的旅客，下达布控指令。拍停传送带，现场人员在行李标签上贴RFID，用扫码枪将RFID条码与行李条码进行扫描，系统将二者信息与航班旅客信息绑定，再启动传送带。

（7）旅客从行李传送盘提取贴有RFID经过RFID探测通道。

（8）RFID探测通道读取到RFID信息，并立即报警。

（9）海关关员将报警通道的旅客带领到开包站。

（10）用手持RFID条码扫描枪读取RFID信息，开包站显示经X光机扫描后存储发送的相关行李信息，包含航班旅客信息、X光图片等信息。

（11）海关关员对旅客进行开包处置，并在开包站录入查验结论。

（12）完成开包处置，行李预检系统服务器返回开包信息至X光机同屏比对系统。

（13）第二日零时，行李预检系统推送第一日全部行李条码与对应扫码时间信息至航空公司（南航）系统。

5.2　施工阶段研究专题

5.2.1　施工总平面专题

为了二号航站楼及配套设施工程建设的顺利推进，在项目进行施工图设计的同时，指挥部未雨绸缪，对航站楼工程结构正式开工前的准备工作抓得非常紧，特别是面对航站楼这一复杂的、超大型的建筑单体，可以预计现场施工管理肯定非常复杂，在施工过程中一定会遇到很多意想不到的困难和问题。因此，如何使工程能顺利开工及在施工过程减少问题和困难，施工前的施工总平面方案就显得非常重要。为此，指挥部于2013年初要求航站区土建工程部牵头对二号航站楼及配套设施工程的施工总平面管理方案提前进行研究。

面对如此复杂的二号航站楼及交通中心等项目，由于施工环境所限，需在确保施工安全的同时确保机场的正常运营；同时涉及地铁、城际轨道进入交通中心的方案未确定，特别是地铁和城际轨道的路由方案及施工方案未确定；此外，由于没有完成监理单位和施工总包单位的招标。因此，如何高质量地完成施工总平面方案的研究，困难重重：一是没有总包和监理的协助，二是没有如此复杂的航站楼建设实例和经验可借鉴。通过白云机场一期建设考验的航站区土建工程部团队并没有被困难吓倒，而是充分总结了一期经验和教训，通过对施工现场的实地勘察、测量及对股份公司的走访和专题研讨，以及对初步设计方案的系统研究，并运用了新的工程管理方法，逐步形成了总平面管理的方案。

5.2.1.1　施工总平面管理方案研究的思路

在施工总平面管理方案上需对以下几方面的思路进行研究和部署：

（1）必须树立"一盘棋"的思路，即要遵循系统工程原则。在总平面方案的编制是绝对不能"各自为政"，不能航站楼一块、飞行区站坪一块、交通中心一块、地铁一块、城际轨道一块。方案考虑必须以施工最复杂工期最长的航站楼工程为中心点，统筹考虑飞行区、交通中心等项目的施工特点。

（2）必须遵循先深后浅、先基础后地上结构的思路，在平面布局优先考虑地下结构的实施，否则会打乱整个平面的管理顺序。

（3）充分利用价值工程理论(VE)进行研究，尽最大可能减少工程成本。根据价值工程理论，即$V=F/C$（V为价值，F为功能，C为成本），在满足功能的前提下，尽量减少成本。因为总平面管理涉及很多临时的措施，涉及的费用很多。如临时道路的路由及标准、临时水电的敷设路由、施工围蔽等，因为根据施工阶段的不同，需经常转换路由，使用的时间不长，故在满足基本功能的情况下，可以尽量降低标准，减少成本。

（4）要遵循动态原则和前瞻性，敢于创新，要求总平面的管理方案特别是平面布局不能一成不变，必须根据工程的不同阶段及特点进行动态调整，并要预判每一阶段可能会遇到的困难和问题，敢于创新，提出新思路新措施。

（5）需遵循施工总进度计划要求，满足施工进度的需求。

（6）遵循统一管理的原则。各行业各专业的业主代表、监理单位及施工单位，必须服从指挥部设立的总平面管理小组的统一管理和协调，不得各自为政，各管各的。

5.2.1.2　本工程总平面布置方案的难点和特点

要编制出科学的合理的可操作性的总平面管理方案，就必须要了解其难点和特点，才能对症下药，尽量避免走弯路多花钱。经过梳理，有如下难点和特点：

（1）由于本工程属于不停航施工，必须保证地下管线的安全和航站区的交通顺畅，施工难度大、施工风险高。因此，施工平面布置难度大，需要不断地动态调整。

（2）施工用地资源有限，施工单位多，同时存在大量交叉作业，场地划分管理难度大。

（3）机场运营的道路交通压力非常大，必须保证机场南北工作的畅通，同时站坪施工需保证飞行区的安全，这些给施工平面布局和管理带来很大挑战。

（4）地下管线的迁移工作量非常大、难度大，严重地制约了施工现场的总平面布置方案及主航站楼的基础工程施工进度。

（5）本工程规模大、工期紧，很多专业需同时实施，施工组织复杂。

（6）地铁和城际轨道项目的方案和路由未确定，其施工进度计划严重滞后机场工程进度计划，严重影响施工总平面的布置方案。

（7）二号航站楼与交通中心衔接段涉及的施工单位最多、工序最复杂、施工场地资源最紧张，是总平面布置和管理方案的重点和难点。

（8）由于站坪工程进度计划较航站楼滞后，造成航站楼周边的站坪无法为航站楼施工创造施工场地条件，从而会给总平面布置和管理带来很大难度。

（9）使用单位要求提前使用飞行区站坪及机位，给总平面的管理带来极大挑战。

（10）协调工作量很大很复杂，不同专业施工单位多、工序穿插作业多、场地移交次数频繁、工作面划分等要统筹考虑等。

5.2.1.3　研究的重点及第一版理论成果的形成

1.　总原则

研究的总原则是紧紧围绕工期总进度计划目标（即第一版总进度计划，2016年底完成），以节约土地资源和工程成本及利于施工为中心、以各专业工程相互配合使用为重点、以阶段为控制点的布置原则。为此，根据施工现场的实际情况，把施工现场分为施工区域和临时设施区域，统一规划了现场的施工道路、临时水电的布设点及路由，详见施工总平面布置方案图（第一版），制定了《施工总平面管理办法》。并根据施工进度计划，模拟编制了二号航站楼各施工阶段的平面布置方案。涉及二号航站楼和交通中心衔接段，由于施工场地狭小和施工交叉界面复杂，相应制定了各阶段的平面布置方案。同时，制定了全场临时排水排污的方案、施工临时路和社会车辆临时道路的驳接和使用方案及管理办法等。

2.　施工总平面管理架构确立

针对本工程规模大、技术复杂、工期紧、施工交叉作业面多、施工协调工作量大、施工环境复杂的特点，结合一期管理经验，建立总平面管理架构，健全施工总平面管理架构职能，实现"扩建工程指挥部总平面管理小组→总承包管理项目部→各专业标段项目部"的管理体系。

《施工总平面管理办法》明确规定：施工总平面布置管理工作由指挥部成立的总平面管理小组总协调，由二号航站楼总包管理单位具体负责管理，各监理单位（含地铁、城际轨道项目）协助管理。指挥部各工程部门和各参建单位必须服从总包管理单位的管理。

3.　明确管理思路

本项目协调管理施工范围广，工程建筑面积大，施工单位众多，工序穿插作业复杂，平面布置及周边场地协调工作量大，工程工期长，节点工期要求高，工程社会影响力大，这些都对施工平面管理提出了很高的要求。为此，确定了"规范化、标准化、系统化、制度化"的思路，充分发挥总平面管理架构的管理职能。为圆满地实现各项目标，需重点抓好以下工作：

（1）强化现场协调管理功能。建立横向以区域管理、纵向以职能管理全覆盖的矩形管理架构，同时根据各阶段施工进展情况对现场管理形式进行动态调整和完善。各管理区域小组要下延到各施工区域，完成相关区域的总平面管理工作；超出区域负责人协调管理范围的，及时上报管理领导小组，降低现场管理应变时间。

（2）加强重点各阶段各施工区域管理的策划和落实。根据不同的施工阶段加强重点区域和关键工序的管理，将管理目标分解落实到周计划、日计划中，每天及时汇总工程进展情况，对影响工程进展的问题及时解决，努力保证工程关键线路的顺利推进。

（3）强化进度计划的关键节点落实工作。本项目施工工期非常紧张，加上穿插施工工序多，进度影响环环相扣。因此，总平面管理必须服务进度计划的要求，围绕工程进度计划及时调整总平面管理方案和管理。

（4）加强进场各专业施工单位（含地铁、城际轨道项目）的组织管理。每家专业施工单位进场，应根据管理规定与二号航站楼施工总承包单位签订相关管理协议，完善管理手续；招标文件中明确各进场单位必须遵守总平面管理规定、服从总包单位管理；落实进场单位责任，总包单位要对进场单位进行管理规定的交底，形成有效的管理协调沟通机制；各专业单位按照本标段本专业的要求编制专项施工方案，并报总包单位审核及确认是否与总平面管理有冲突、是否利于总平面布置方案的动态调整和完善。

（5）突出管理重点。总平面协调管理的任务非常艰巨和繁杂，因此管理必须要有管理的重点，必须以二号航站楼工程为中心，统筹好飞行区和交通中心，兼顾到地铁和城际轨道项目。

4．明确管理目标

通过制定科学的、合理的、系统的施工总平面管理方案及过程中的方案动态调整和完善，通过全过程的精心管控和全方位的协调，保证施工现场的用地资源得到合理利用、施工场地规范整洁、施工道路通畅、材料设备堆放有序、施工安全便利、施工用水用电统一规范、施工排水排污规范，满足工程施工要求。

5．管控要点

（1）分阶段合理制定施工平面布置整体规划，制定施工区域场地、主干道、供水供电设施、物资进出场、污水排放等管理制度，对施工区域进行系统规划，根据各标段的责任范围，划分施工界面，规划主要道路和围挡、临时排水排污、供电供水线路，统一标志标识。

（2）审核各标段临时设施建设规划，协调和督促各标段按规划实施；对各标段供电供水总接口进行规划管理，监督各标段按照界面负责进行设施管理和维护。

（3）每周召开现场协调例会，协调解决总平面布置、设备使用、物资进出、物料堆放、人员出入、场地

交接等工作中出现的问题和矛盾，保证施工顺利进行。

（4）二号航站楼涉及很多的施工单位，施工条件极其复杂，现场的平面布置要经常动态调整，总平面管理小组要根据施工进度和各单位的进场情况，实施动态的总平面管理，确保整个航站楼施工平面各阶段的规划布置合理有序。

（5）由于用地资源很紧张，办公区、生活区建设用地需统一规划、统一调配，避免引起争端。应当根据场地情况和施工工况，按照不同施工阶段统一对场地进行整体规划和布置。

（6）总平面布置方案既要考虑整个工程的施工期管理要求，也要考虑不同施工阶段的特殊要求，长期规划和短期布置要综合考虑，合理平衡，动态调整，既要保证每个施工阶段的施工需求，也要减少不必要的变动，避免浪费，减少平面布置变化对施工的影响。

（7）空间上，不同专业施工单位使用场地尽量独立，尽量避免交叉，减少相互影响；时间上，对准备进场、已进场施工、施工作业基本完成以及准备退场的施工单位场地进行合理及时调整，尽量充分利用。

（8）二号航站楼和站坪交接的60m范围非常重要，其场地的规划使用是否合理，是确保航站楼能否顺利实施的关键，同时也是确保环形施工道路畅通的关键，需制定60m范围场地使用和管控方案，以及环形施工道路整体规划和管理制度。

（9）二号航站楼和交通中心衔接区域的施工条件非常复杂，同时还涉及地铁、城际轨道、机场大道下穿隧道、大巴隧道和出租车隧道、出港高架桥等项目的施工，场地小、单位多、交叉界面多、相互制约因素多，是管控的重中之重，必须分阶段动态调整和完善布置方案。

此外，各阶段施工内容不同，其管控重点也有所区别，如表5.2.1.3所示。

各施工阶段总平面管控重点汇总表　　　　表 5.2.1.3

序号	施工阶段	管控重点
1	航站楼基础工程及土方施工	确保施工道路的畅通和施工用水用电的正常文明施工管理
2	航站楼土建结构工程施工；飞行区站坪、交通中心、隧道、地铁、城轨项目同时实施	1. 基础施工与土建施工工序、场地移交协调；2. 各专业施工平面规划布置和动态管理；3. 施工道路的动态规划及转换；4. 安全文明施工管理，特别是塔吊群和深基坑安全的管控；5. 施工设备和材料的堆放；6. 下穿隧道、地铁、城轨区间及二号航站楼与交通中心衔接段的施工顺序和界面的协调
3	航站楼钢结构、幕墙和屋面等工程施工；交通中心结构工程、飞行区站坪道面工程施工	1. 航站楼土建、钢结构、幕墙、屋面之间工序、作业面的协调；2. 航站楼周边60m范围场地布置的规划和动态管理；3. 施工安全管理，特别是高空作业、立体交叉作业、动火作业的安全管理；4. 二号航站楼与交通中心衔接段上部结构施工顺序的协调；5. 施工材料设备的统一堆放管理

各施工阶段总平面管控重点汇总表（续表）　表 5.2.1.3

序号	施工阶段	管控重点
4	航站楼、交通中心室内装修工程及机电安装工程施工	1、装修工程与机弱电之间工序、交叉作业面的协调；2、楼内场地布置的规划和动态管理；3、材料设备运输路线的规划；4、施工安全文明管理，特别是高空作业、立体交叉作业、动火作业的安全管理；施工场地工完场清
5	工程收尾阶段	1、施工安全文明管理，特别是高空作业、立体交叉作业、动火作业的安全管理；施工场地完工清场；2、材料设备的堆放

5.2.1.4　施工总平面管理方案实施及动态调整

二号航站楼及配套设施工程的第一阶段是航站楼的基础工程及土方工程，于2013年5正式开工（飞行区站坪、下穿隧道、交通中心、地铁及城轨项目因其他原因未开工），由于地铁和城轨项目的施工方案未确定，无法评估其对二号航站楼及配套设施工程的影响，故施工总平面管理方案编制按2016年12月完工的目标进行编制。

1.　二号航站楼及配套设施基础及土方工程施工阶段

（1）本阶段现场总平面布置基本上按照预先研究的布置方案进行。施工工作面基础工程分东翼和西翼、主楼东、主楼西三个标段，同步施工。主航站楼基础施工受到制约因素很多，如上所述的地下管廊、地下管线、地下交通隧道、地铁、城轨和高架桥及大巴隧道等。为此，主楼基础的施工顺序原则是"分区域实施、协同管理"。施工区域可分为九大块。施工顺序为：1、2、7及9区→5、6区→8区→4、3区。

（2）临时设施的布置和建设标准

各项目部临时设施区由指挥部航站区项目管理部统一规划。严格按广州市有关要求和机场运营的有关要求进行建设。

（3）施工临时道路使用方案

本阶段，由于社会车辆北进场路处于修建状态且原有的北进场道路暂时保留至2013年6月份，因此社会车辆以及施工车辆继续使用原北进场路至2013年6月份。计划2013年6月份开始封闭原北进场路，社会车辆改使用新修建的社会车辆临时道路。施工现场的车辆可以使用新修建的施工临时道路。

（4）施工临时排水排污方案

在基础工程的施工阶段，施工现场的排水排污主要是合理地使用现有的排水排污设施，但在排入之前，必须进行必要的处理。具体是：航站楼及交通中心和市政工程的排水排污主要使用现有的市政排水排污设施，但必须设置处理及过滤设施；东西侧指廊和站坪的排水排污主要使用现有的东西站坪的排水排污设施，但必须设置处理及过滤设施，以免堵塞。

施工项目部的排污问题，要求各项目部必须设置化

粪池，经处理后才能排到市政的排污设施。

小结：基础阶段的总平面管理相对简单，基本上按已定的方案按计划实施，在此阶段，充分利用价值工程理论，为节约成本做了很大的贡献。考虑到本阶段需经常转换施工道路的特点，在临时道路的建设采用了最简单的结构，以混石层为主的道路结构，既能满足道路材料的要求，又能重复利用；围界采用了最简单的机场工程的安全围界，即满足了安保的要求，材料又方便拆装和重复利用；施工用水的路由由于经常变，故采用了利用天然水和地下水的方案。

2.　二号航站楼及配套设施上部结构施工阶段

（1）本阶段是施工最复杂的阶段，一是航站楼基础工程和主体结构工程的交叉，二是飞行区站坪、交通中心、出港高架桥、地铁、城轨所有项目的基础工程同时开工，三是地铁和城轨的施工方案和工期未确定，对机场工程影响很大，导致施工总工期需延长一年，即完工时间推迟至2018年2月。

（2）临时设施区的布置方案

进入主体结构施工阶段后，部分已完成施工的单位将要退场，为了合理利用临设用地，对基础阶段的临时设施布置区域进行了调整。

（3）临时道路使用方案

本阶段，社会车辆临时北进场路已修建完毕，社会车辆主要使用新修建北进场路，使用时间为2013年4月至下穿隧道工程完成；部分施工车辆在本阶段的前期（即站坪土方没有完全完成之前）可以暂时使用原有的北进场路，后期主要经由新修的社会车辆北进场路进入施工现场的施工临时道路。交通中心项目和市政工程的施工车辆主要使用新修的社会车辆北进场路。下穿隧道具备使用条件后，社会车辆使用下穿隧道，做到社会车辆与施工车辆分离。

本阶段，施工现场的临时道路已贯通，现场的施工车辆主要使用临时道路。

（4）临时排水排污方案

在基础工程的施工阶段，由于施工场地的限制，施工现场的排水排污只能使用现有的排水排污设施，在排入之前，必须进行必要的处理。在进入主体结构施工阶

段后，对施工现场内的排水系统进行了完善。

3. 中间段结构及装修工程施工阶段

进入中间段结构及装修工程现场施工后，分别在2016年4月～7月、2016年8月～12月、2017年1月～11月三个时间内制定了对应的现场施工总平面布置方案。

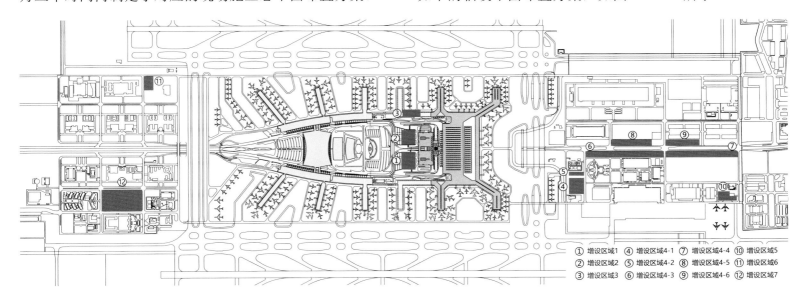

图 5.2.1.4 航站楼工程施工办公区、宿舍区总平面布置图

① 增设区域1　④ 增设区域4-1　⑦ 增设区域4-4　⑩ 增设区域5
② 增设区域2　⑤ 增设区域4-2　⑧ 增设区域4-5　⑪ 增设区域6
③ 增设区域3　⑥ 增设区域4-3　⑨ 增设区域4-6　⑫ 增设区域7

（2）临设用地概况

临设用地共分七大区域，总面积约22万㎡，其中：

A. 临设区域1、2、3分别位于交通中心东南、正南、西南，现主要为业主、总包、监理、设计和各分包单位办公场地，临设区域1、2使用期至2016年6月止。临设区域2、3部分地块为幕墙和交通中心机电工程拟建办公场地。

B. 临设区域4位于1号门北主进场路周边，为各施工单位已建和拟建工人宿舍场地。

C. 临设区域5位于经十四路和纬十路交汇处，为空九、交通中心工人宿舍用地及110kV总包工程临建用地。

D. 临设区域6位于经三路和纬一路交汇处，其中6000㎡为总包、监理和设计拟搬迁的办公及管理人员宿舍场地。

E. 临设区域7位于经六路和纬六路交汇处，为后续37家专业单位的拟建办公场地。

（3）总平面布置遇到的问题调整思路

临设区域4-2、4-3、4-4地块为机场扩建二期工程所属施工单位生活区部分用地，位于白云机场北工作区北主进场路旁。为支持城轨工程施工，该三块用地及已建临设需重新安置。针对这一问题，理清思路，经过研究讨论，最后两个步骤解决上述问题：

第一，对需要搬迁的项目部及附近用地情况进行勘查，经现场确认，原地块面积为40400㎡，拟给扩建工程16家施工单位作为项目部使用，现场临设已供9家单位。

（1）临时设施区的使用方案

进入中间段结构及装修工程阶段后，将会增加几十家新施工单位进场，临设用地压力大大增加，因此对原有的临设平面布置方案进行重新梳理及调整，最后确定如下的临设平面布置方案，如图5.2.1.4所示。

另外根据周边用地情况勘查结果，拟定出了两套方案：

方案一：拟定在北进场路西侧民航快递以西绿化带内占地约23244㎡。

方案二：在北进场大道西侧分两个地块建设，拟建设在"国内快递、邮件及物流区"以东绿化带内占地约16224㎡。

最后机场集团公司经过审批，采用了方案二。

第二，确定拆除板房及新建板房相关事宜，经过多次的专题会议讨论，最终确定了如下事项：

A. 同意城轨公司提出的新建临设板房置换方式搬迁工人生活区；

B. 同意由建设发展公司统一进行北进场大道工人生活区的建设及搬迁，并且制定搬迁方案和搬迁计划；

C. 指挥部在一个月内完成新板房的搭建和人员搬迁，向珠三角城际公司移交场地，珠三角城际公司按照相关规定给予货币补偿；

D. 各单位根据建设发展公司的平面布置图，计划、安排好各自板房使用情况，并做好搬迁的配合工作。

经过各单位的一致努力，严格按照制定的搬迁方案及计划执行，顺利完成了工人生活区、宿舍的建设工作。

5.2.1.5 总平面实施效果及经验总结

白云机场扩建工程是国家、省市的重点项目，其中扩建工程的核心二号航站楼及配套设施工程具有投资规模大、参建单位多、专业交叉施工界面多、不停航施工及施工环境复杂等难点和特点,其施工总平面方案确定与实施是否合理和科学必将成为扩建工程顺利进展的关键因素之一。本文主要介绍了该工程施工总平面方案布置与管理方面的思路、实施的经验,并运用了系统论、价值工程等理论对工程施工不同阶段的总平面施工道路转换、临设布置的转换、施工塔吊的布置、施工材料的堆放与管理的原则和具体措施进行了总结和探讨。施工总平面管理是工程管理策划最重要的内容之一,也是最具"含金量"的部分,合理、前瞻性强的总平面管理方案可以有效地降低项目成本,保证项目发展进度。施工总平面管理工作,是从施工前期准备阶段开始,到竣工结束,贯穿整个施工过程。经过实践的检验,白云机场扩建工程施工总平面方案的研究是科学合理的,其思路和方法论对大型的公建项目施工总平面方案实施具有一定的借鉴意义。现把研究和实施的经验总结如下:

1. 充分利用价值工程理论,减少投资

本项目施工临时主干道,在前期策划时,即依照施工图纸空侧的服务车道和陆侧的市政道路设计线路,设置施工临时道路,此策划不仅最大限度减少占用主体施工阶段的施工区域,更是为最后阶段的永久道路地基提前进行了夯实处理,节省了投资更减少了市政道路的施工时间。

2. 树立系统化的思想,前瞻统筹,科学策划

临电设施,是项目推进的动力源泉,临电设施布置是否科学合理,关系到电力损耗大小及工程进度。如本项目共计约16座变压器分布在场地内,随着主体项目进入上层结构施工阶段,后续配套项目陆续进场,在清场后,经测量放线才发现有几座变压正处于出港高架桥四五六联区域,而此时,主体结构施工正进入争分夺秒阶段,高架桥也必须进入正式施工阶段,为此,只能先尽量通过其他变压器调配或是各标段自行配备柴油发电机现行施工,由此造成不小影响。

为避免迁移后再出现类似情况,确保工程进度不受影响,在经过分析项目总体进度计划后,认为市政道路项目是最后施工阶段,且施工难度较主体项目要低,因此,意见是初步选定在市政区域安排地方重新布置,但最好的目的是"一劳永逸",尽量不影响市政方面的施工,那最理想的区域就是市政绿化带,由此,经排查地下管线不受到影响后,再确认不在塔吊装范围内,最终确定了该方案,结果证明,该迁移的变压器一直使用到最后阶段,也没有干扰其他的施工作业。

3. 掌握各专业内容,发挥临久结合作用

场地排水系统是总平面五大要素之一,其在土方基础作业和雨季阶段施工发挥重要作用,直接关系着工程推进,更可能存在安全隐患,为此必须予以高度重视。

本项目在航站楼、飞行区站坪全面推进阶段,原有的排水系统都存在不同程度的损坏,尤其是不同区域的场地标高不一致,导致新改排水路由往往受到坡度不够而影响排水效果。2015年,随着飞行区站坪项目全面推进,有两座位于此区域的排水出口受到影响,场区内排水不能及时排除,以致雨水天气常受到水浸,影响整个项目的推进,直到站坪下的排水箱涵完善后,才得以彻底解决。如前期策划排水方案时,考虑临久结合,提前做好永久箱涵的施工,就能避免出现场地积水的情况,确保工程整体实施进度。

5.2.2　施工临设专题

为了确保白云机场扩建工程航站区项目(包括北站坪项目)施工现场临时设施区域地下管线的安全和项目部的临设标准达到广州市的有关规定,所有施工项目的项目经理部的临时设施由指挥部统一规划,由各施工单位自行建设。统一建设项目部的临时设施,还可以统一建设标准、统一管理,树立良好的形象;同时环保节约、避免临时设施重复建设和拆除、防止施工项目部竣工后仍长期占用项目部用地、节约临时设施用地。各施工单位应按照以下标准进行临设的建设:

(1)施工现场内设置的临时设施(办公室、宿舍、厨房、厕所、仓库)统一采用活动板房,不得采用石棉瓦盖顶。若采用砖砌墙体,办公室、宿舍、仓库内外墙面需批荡刷白,要求宽敞、明亮、整洁;

(2)施工现场工人宿舍必须具备防潮、通风、采光性能,宿舍内净高不得小于2.4m,走道宽度不得小于0.9m;每间居住人员不得超过16人,人均占有面积不少于1.7m²;宿舍内的床铺不得超过2层,严禁使用通铺;施工现场宿舍内必须设置可开启式窗户;宿舍内应设置生活用品专柜;严禁男女混居;

(3)项目部砖砌围墙的高度必须大于2m,墙脚埋深必须大于0.5m,墙柱间距不大于3m并压顶,保证墙体结构安全稳固并批荡粉刷;

(4)项目部围墙必须按指挥部的规定设置公益宣传,内容突出体现"扩建工程建设"主题;

(5)要求每个项目部必须设置不小于60m²的会议室;

(6)项目部出入口、办公室、宿舍、厨房、厕所、材料堆放场、加工场、仓库、工地内外通道必须混凝土硬化;

(7)按要求设置生活垃圾收集点;

（8）厕所要求：厕所内墙裙应铺贴高1.5m瓷片，设置洗手槽和便槽。便槽内底部和旁侧应铺贴瓷片，并设置自动冲洗设施。厕所排污应设加盖化粪池。

5.2.2.1　临水、临电管理

由于本工程规模大、专业分包单位多、施工工期紧张，为确保安全用电，首先进行事前控制，在预测工程用电高峰后，督促各分包单位准确测算电负荷，合理配置临时用电设备，对已经编制好的用电方案进行优化，在不影响施工进度的前提下，尽量避免多台大型设备的同时使用。对用电线路的走向做出调整，重点部位施工线路、一般用电施工线路以及办公区用电线路分开，按区域划分，做到合理配置、计划用电。同时，科学配置备用发电机组，以确保施工进度。为能达到合理配置用电的目的，要求各施工单位做好以下工作：

①施工现场实行用水、用电审批制度，开工前各专业分包单位要按照所承担工程的实际需求提前申报用水用电（列明使用部位、使用时间及使用量），在总包统一协调下形成用水用电计划或方案，并报监理、经指挥部批准后实施。因用水用电情况发生变化，需要修改方案的，专业施工单位在总包协调下进行修改，报审通过后方能实施；

②由总包与专业施工单位签订用水用电协议，明确责任与义务，确保用水用电安全；

③由总包根据专业施工单位用电要求进行整体用电布置，设置二级箱到达位置，采用用电管理卡进行管理。施工单位提出用电申请，提交临电方案和临电布置图，总包审核通过后，办理用电登记，领取用电管理卡，交付一定押金，按总包编制的用电制度安全用电；

④各分包必须服从总包的用电管理，配备具有相应资格的用电管理人员，线路的管理、维修需停电的，提前通知总包，进行统一协调停电。需增加总箱的单位，须向总包单位申报协商处理；

⑤施工用水和消防用水采用同一个临水系统，指挥部已在施工现场设置整个二号航站楼工程施工用水接水点，总包根据实际情况统一规划布置临水管网，各专业施工单位按审批后的方案自行在总包提供的接水口接水；

⑥专业施工单位的消防用水接口应与施工用水、生活用水接口分开设置，加强日常维护，保证消防用水畅通；

⑦专业施工单位对各自范围的用水用电设施进行日常维护，总包定期展开用水用电检查，对不符合总包要求的专业施工单位，督促其限期改正，对屡次不改的单位给予罚款。

5.2.2.2　临时道路施工

1.　施工现场临时道路布置图

（1）基础施工阶段以原有北进场路作为施工道路。

（2）上部主体结构施工阶段断开原北进场路，启用环场路及临时北进场路。

（3）机电、装修施工阶段下穿隧道开通，临时北进场路作为施工道路使用。

2.　施工临时道路管理

（1）保障道路畅通的措施

①全线道路硬化：环场路全程进行硬化处理，满足施工车辆进出要求，并设置必要的减速带和洗车装置。

②道路维护：由于道路使用频率高、荷载重，道路破损现象难以避免。总包项目部制定维护保洁方案，对破损路面及时修复，修复时要考虑施工情况保证道路满足施工需要。

③临时便道：当施工需要修建临时便道时，预早做好临时便道修建的相关准备，制定交通引导措施，避免因环场路局部段断开而影响其连通性及施工车辆的正常行驶。

（2）交通标识的设置

为保证道路使用安全，在环场路根据需要设置转弯位减速带、限速牌、转弯导向牌、反光镜、转弯位路中线等交通标志等警示标志，保证道路运输安全。

（3）道路日常管理

①环场路面积大，约几万㎡，用环卫专业设备清扫冲洗。清扫车清扫路面，每天上下午各一次。洒水车冲洗路面，每天上下午各两次。

②要求总包单位配清洁作业工班和铲车，负责清除路面土堆、土石块、杂物等路障，清扫路面污泥、积水。

③施工期间，督促总包、监理、各专业施工单位配合做好交通疏导工作，及时改进不足。

④要求每个工程项目工地内的现有车辆出入口均设有洗车槽、沉淀池、配冲洗设备，并有专人对所有进出场地的车辆冲洗干净。凡有新开运输出入口需报总包单位审批。

⑤要求每个工程项目土石方施工单位管好运输车辆车厢覆盖，不得落石掉渣，不得污染道路，并有专人负责沿运输线路巡检，发现散漏及时铲除、清洗。

5.2.3　航站楼中间段钢结构施工技术研究专题

5.2.3.1　工程概况

白云机场二号航站楼中间段位于航站楼主楼15～25轴区域，其中东西向施工段中东四、西四区域最为复杂，其余区域按原方式施工。东四、西四南北向三层至地面（标高0.00m层）为错层结构，高差最大约15m，其中凸出段为-3.9m；地下西侧为地铁施工区间，中间为航站楼下穿隧道，东侧为城轨施工区间，最南侧为交通中心与航站楼的连接通道。

由于受城轨、地铁区间施工（注：城轨、地铁立项、施工均由另外单位主导）的影响，中间段的施工均落后于其他区域，同时，因为其他区域同时施工，导致中间段施工材料进出、施工场地、网架配装场地、吊车行走路线均受严重制约。

5.2.3.2　施工重点与难点

（1）中间段的地下二层地质结构比较复杂，施工周期长；

（2）航站楼东西两侧以及交通中心与航站楼连接处同时施工，严重影响场内材料进场、堆场、拼装、吊装；

（3）中间段南侧地下结构复杂，深基坑三道支撑施工周期长；

（4）地铁、城轨区间与航站楼三层错层，措施多、吊装难度大；

（5）地铁、城轨区间吊车行走路线需预先处理；

（6）地铁、城轨区间涉及不同业主和多家施工单位，协调管理难度大。

5.2.3.3　施工总体思路

为确保安全、优质、高效地完成总体目标，认真贯彻"安全第一、预防为主、综合治理"的方针，确保安全措施有效、到位。针对主楼受交通中心中出段影响范围内的钢网架结构，在施工组织设计、网架提升专项方案的基础上，根据现场条件变化，工期调整，修改钢网架在中出段范围内的吊装方式，从而促进、指导项目的安全生产。

图5.2.3.3　航站楼主楼中间段南侧现场剖面图

航站楼主楼中间段南（图5.2.3.3）分布在西四区、东四区两个区。网架安装采用吊机地面分块安装，与主楼西四、东四三层楼面拼装网架对接，最后整体提升施工工艺。吊装主要采用260t履带吊，70t及130t汽车吊，配合25t汽车吊完成网架的拼装、吊装及胎架吊装作业。路线涉及的楼板洞口需封闭，下部结构可靠支撑。履带

吊行驶作业必须保证横向满铺刚性路基箱，路基箱下方垫10cm细沙，吊机距离基坑边缘距离不得小于1m。每个单元吊装之前应将马道、防护栏杆、安全网等安装好，再进行吊装作业。

5.2.3.4　施工准备

（1）要求专业施工单位技术总工编制中间段专项施工组织设计，并根据现场实际情况组织专家进行方案论证（图5.2.3.4），确保施工方案技术可行，安全可靠。

（2）组织设计院对地铁、城轨、下穿隧道结构在吊车行走时的加固结构安全验算。

（3）协调航站楼土建施工单位、交通中心总包单位，提出中间段施工关键线路和具体施工时间，要求各单位在关键线路上投入足够的人力、物力，保证施工进度。

（4）协调航站楼土建施工单位、交通中心总包单位，服从总体规划，按时移交施工场地，及时撤出材料堆场和加工场给钢结构施工单位。

（5）协调航站楼土建施工单位、交通中心总包单位，错峰施工保证材料运输通道的畅通。

（6）协调水电管理部门，特别是施工用电，优先保证钢结构焊接用电。

（7）根据施工条件，利用事故链理论模型，充分分析、识别各个施工阶段、部位和场所需要控制的危险源和不利环境因素，对这些危险源和不利环境因素进行安全风险和不利环境影响的评价。

图5.2.3.4　凸出段网架吊装方案专家论证会

5.2.3.5　网架施工阶段

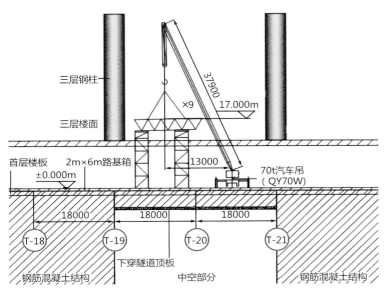

图 5.2.3.5-1 70t 吊机吊臂方位和角度示意图

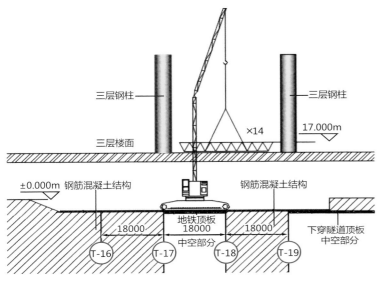

图 5.2.3.5-2 260t 吊机吊臂方位和角度示意图

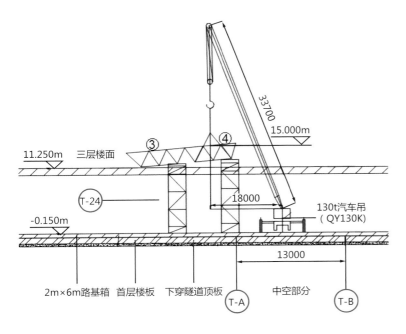

图 5.2.3.5-3 130t 吊机吊臂方位和角度示意图

（1）要求施工单位严格按照既定 260t 吊车行走

线行走。

（2）要求施工单位严格按照方案施工，对胎架、杆件规格、使用部位、拼装工艺、焊接水平进行交叉检查，并要求技术员和质检员到场监督、检查。

（3）要求总包、监理对胎架、杆件规格、使用部位、拼装工艺、焊接水平进行复检。

（4）要求测量人员用水准仪、全站仪、水平尺、钢尺对轴线、位移、标高、起拱进行复检。

（5）要求安全员、吊车指挥等根据施工条件，充分分析、识别各个施工阶段、部位和场所需要控制的危险源和不利环境因素，做好各项应对措施和应急方案。

（6）要求施工单位做好焊缝内应力的消除和焊缝。

（7）要求施工单位在网架提升时，提升设备的状态检查，发现异常及时报告和处理。

（8）安排检测单位对提升过程中、就位时杆件变形进行观察、记录，发现异常及时报告。

（9）网架提升就位后及时安排补档。

（10）要求施工单位在各项指标和安全措施到位后及时拆除胎架。

各类型吊机吊臂方位和角度如图 5.2.3.5-1～图 5.2.3.5-3 所示。

5.2.3.6 安全文明施工

本工程施工面积大、体量大、涉及的施工工艺种类多，而且全部涉及高空作业，现场施工条件复杂，因此，现场施工安全保证是本工程工作的重点内容。由各项施工工艺介绍可知，本工程的安全重点主要是吊装机械、高空作业和杆件运输等。

（1）要求施工单位在现场建立以项目经理为组长，项目副经理为副组长，专职安全员、各部组负责人为组员的项目安全生产领导小组，形成安全管理组织网络。

（2）要求施工单位根据施工特点和施工条件，利用事故链理论模型，充分分析、识别各个施工阶段、部位和场所需要控制的危险源和不利环境因素，对这些危险源和不利环境因素进行安全风险和不利环境影响的评价。

（3）根据钢结构施工过程中主要伤害形式如高空坠落、物体打击、起重作业的安全风险、使用电器设备的安全风险、动火作业的安全风险等危险源制定专项的管理制度和安排专职安全管理人员。

（4）要求做好安全教育与培训

①安全教育和培训按等级、层次和工作性质分别进行，管理人员的重点是安全生产意识和安全管理水平，操作者的重点是遵守纪律、自我保护和提高防范事故的能力。

②每个进场工人必须进行公司、项目和班组的三级安全教育。教育的方针包括安全生产方针、政策、法规、标准及安全技术知识、设备性能、操作规程、安全制度及本工种的安全操作规程，了解相关危险源和严禁事项。

③电焊工、电工、起重工、架子工和各种车辆司机等特殊工种工人，除经一般安全教育外，还要经过本工程的安全操作规程。

④采用新技术、新工艺、新设备施工和调换工作岗位时，对操作人员进行新技术、新岗位的安全教育。

（5）做好安全防护措施

①所有进入施工现场的员工必须使用符合国家标准的个人防护用品。

②施工现场员工必须穿戴下列个人防护用品：

工作服、安全帽、安全鞋、安全带、手套。

A. 安全帽颜色区分：现场管理人员佩戴黄色安全帽；现场安全管理人员佩戴白色安全帽；现场作业人员佩戴灰色安全帽。

B. 工作服颜色区分：现场管理、作业人员穿戴统一的蓝色工作服（春秋冬）、灰色工作服（夏）；现场安全管理人员穿戴桔红色工作服。

C. 安全鞋：必须是嵌入式有钢板保护的工作鞋。

D. 安全带：必须是双挂双扣式安全带。

E. 手套：非特种作业人员必须佩戴帆布手套进行施工作业，特种作业人员佩戴专业手套进行施工作业，如：电焊、气割作业必须佩戴专用皮制手套。

③项目部有义务让员工了解个人防护用品目的和使用方法，同时做好监督工作。

④进入施工区域必须戴好安全帽并扣好安全帽帽带，施工时必须正确穿戴好劳防用品。

⑤2m以上高空作业必须用安全带且必须系在固定物上，安全带高挂低用。

（6）做好安全用电管理

①现场施工用电必须采用三相五线制，严格执行一机、一箱、一闸、一漏电保护的"三级配电""二级"保护措施。配电箱应设门、设锁、编号，并注明责任人；

②一切电线接头均要接触牢固，严禁随手接电，电线接头严禁裸露空间；

③任何拖地电线必须做好防水、防漏电工作；

④照明灯泡悬挂，严禁近人及靠近木材、电线、易燃品；

⑤凡用电工种须配备测电笔、胶钳等常用工具，严禁任何危险操作；

⑥手持电动工具均要求在配电箱装设额定工作电流不大于15mA，额定工作时间不大于0.15s的漏电保护装置，电动机具定期检验、保养；

⑦每台电动机械应有独立的开关和熔断保险，严禁一闸多机；

⑧电工须经专门培训，持供电局核发的操作许可证上岗，非电气操作人员不准擅动电气设施，电动机械发生故障，要找电工维修；

⑨施工现场内一般不架设裸导线。现场架空线与施工建筑物水平距离不小于10m，与地面距离不小于6m，跨越建筑物或临时设施时垂直距离不小于2.5m；

⑩各种电气设备均须采取接零或接地保护。

（7）做好消防管理工作

①现场要有明显的防火宣传标志。定期对职工进行一次治安、防火教育，培训义务消防队。定期组织保卫、消防式作业检查，建立保卫、防火工作档案；

②施工现场要配备足够的消防器材，并做到布局合理，经常维护、保养，保证消防器材灵敏有效；

③电工、焊工从事电气设备安装和电、气切割作业，要有操作证和用火证。动火前，要清除附近易燃物，配备看火人员和灭火用具。用火证当日有效。动火地点变换，要重新办理用火证手续；

④使用电气设备和易燃易爆物品，必须采取严格的防火措施，指定防火负责人，配备灭火器材，确保施工安全；

⑤施工现场严禁吸烟。必要时，应设有防火措施的吸烟室；

⑥施工材料的存放、保管，应符合防火安全要求，库房应用非燃材料支搭。易燃易爆物品（如油漆等），应专库储存，分类单独存放，保持通风，用电符合防火规定，不准在库房内调配油漆、稀料；

⑦施工现场和生活区内，未经保卫部门批准不得使用电热器具；

⑧氧气瓶、乙炔瓶（罐）工作间距不少于5m，两瓶同时明火作业距离不小于10m。禁止在工程内使用液化石油气"钢瓶"、乙炔发生器作业。

（8）做好夜间施工安全措施。

（9）做好防火、防台风、防雷击措施。

（10）车辆、起重设备、用电设备的管理措施。

（11）做好氧气瓶、乙炔瓶、油桶等易燃易爆物品管理措施等。

（12）严格遵照广州市标准化工地建设有关规定，做好安全警告标志、环境卫生制度等措施。

5.2.3.7 应急救援预案

（1）要求做好应急救援组织机构和制度。

（2）做好急救援程序及设备、设施管理。

（3）做好应急救援程序管理

①项目部建立安全值班制度，凡有工人在现场作业，必须有管理人员值班。值班人员电话必须24h开机。

②应急小组成员必须熟知自己的职责，一旦发生安全事故，必须马上就位，听从现场总指挥的调配。

③应急救援小组成员必须熟悉现场消防、急救设施及设备的存放位置及使用方法。

④应急小组成员必须定期学习安全营救的基本知识以及逃生方法，熟知以人为本的概念。

⑤施工管理人员及班组长对每天安排的工作任务必须全面了解，及时追踪，安全重点防护部位必须做好详细的班前交底。

⑥安全员坚持每天的现场巡查及安全隐患整改追踪工作，对发现的安全隐患应及时下发安全整改通知单，做到"定人、定时间、定措施"，并组织复查工作。

⑦生产安全事故应急救援程序

如发生产安全事故立即上报，具体上报程序如下：

现场第一发现人→现场值班人员→现场应急救援总指挥→公司值班人员→公司生产安全事故应急救援小组→向上级部门报告。

（4）应急救援步骤

①一旦发生安全事故，应立即呼叫在场人员进行抢救，并保护好现场。

②现场人员应迅速打电话及时向项目部应急指挥部报告事故的发生情况，实行逐级上报制度，讲清楚事故发生时间、地点、受伤人数、事故类型。

③发生险肇事故在没有人员受伤的情况下，项目部负责人应根据实际情况研究补救措施，组织恢复正常施工秩序。

④安全事故应急指挥小组相关人员应对事故原因进行分析，制定相应的改正预防措施，认真填写伤亡事故报表，事故调查等相关处理报告，并上报公司。

⑤应急指挥部留存专项应急资金10000元，以备急需。

医院急：120，消防：36063119、119，公安：110。

（5）应急培训和演练

①项目部安全员负责主持、组织全项目部在开工前及施工过程中定期进行按坍塌、倾覆事故、物体打击、高处坠落事故、机械伤害事故、触电事故、火灾事故、环境污染事故、食物中毒等事故"应急响应"的模拟演练，各组员按其职责分工，协调配合完成演练。演练结束后由组长组织对"应急响应"的有效性进行评价，必要时对"应急响应"的要求进行调整和更新。演练、评价和更新的记录应予以保持。

②施工管理部负责对相关人员定期进行培训。

5.2.3.8　小结

在各方努力下，中间段凸出段比原计划提前四个月完成施工任务，同时，施工过程未发生一起安全事故，达到了良好的效果。在中间段的项目管理中也存在一些教训经验：

（1）组织架构是完成各项任务的最基本核心，在今后的项目招标过程中必须更加严格要求中标单位必须按照合同承诺投入对应的管理人员，特别是项目经理、技术负责人、安全总监和质量总监。

（2）中间段处在关键线路上，但是由于种种原因导致该区域进度严重滞后，在今后的项目管理中必须在关键的线路上投入足够的人力和物力，并在过程中不断地纠偏。

（3）在业主方组织架构上必须有项目执行经理统筹各专业，加强各专业管理人员的沟通，要求其有大局意识和强有力的执行能力。

（4）充分发挥总包、监理的专业知识，为工程的进度、安全、质量和总平面管理保驾护航。

（5）在总平面管理和场地协调方面，一切为关键线路服务。在有限的场地范围内，关键线路上的工序必须要优先保证。

（6）制度管人、流程管事。在要求总包、监理建立并完善各项制度的同时，也应该根据各自的职责，考虑制定分包、总包、监理之间的有效工作流程，避免职责不分、越位或不尽责。

（7）加强管理人员专业知识培训和交流。

5.2.4　航站楼金属屋面安装技术研究专题

5.2.4.1　工程概况

白云机场二号航站楼金属屋面总面积约26万m²，屋面系统采用了1.0mm厚65/400氟碳辊涂铝镁锰合金直立锁边金属屋面系统，主要构造有铝镁锰合金屋面防水板、保温层、柔性防水层、纤维水泥板支撑层、岩棉支撑层、隔汽层、压型钢底板支撑层、主次檩条、主次檩檩托、屋面附加钢结构、屋面系统配件、屋面天窗系统（含排烟开启系统）、屋面排水系统、防跌落系统、屋面避雷系统等。屋面防水等级：Ⅰ级。

根据项目的特点和实际情况，白云机场二号航站楼屋面工程项目共分三个标段（图5.2.4.1）：

一标段——二号航站楼主楼及北指廊（含登机桥固定端），屋面工程面积约为135600m²。

二标段——二号航站楼东五东六指廊（含登机桥固

定端）及相关连接楼，屋面工程面积约为62700m²。

三标段——二号航站楼西五西六指廊（含登机桥固定端）及相关连接楼，屋面工程面积约为61700m²。

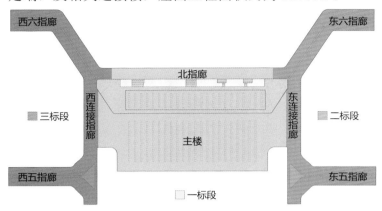

图5.2.4.1　金属屋面工程标段划分图

5.2.4.2　本工程重点、难点及解决方案

1．屋面伸缩缝及檐口封板处理

屋面的伸缩缝及檐口封板交接部位历来是工程的漏雨多发地带，而该部位漏雨将对建筑物造成极大的损失。

解决措施：

金属屋面高低交接处采用"7"型折件、滴水片结合防水卷材处理，保证屋面板的热胀冷缩，保证泛水板的自由滑动，封堵与疏导相结合，完善整体屋面的防水性。

屋面伸缩缝处采用主结构断开保证其自由伸缩，结合铝单板、防水卷材、泛水板等柔性处理保证其防水效果。

2．虹吸排水系统及导流系统设置

虹吸排水系统采用特制的雨水斗，配合精确的计算，在设计条件下，充分利用与地面的高差所形成有效作用，水头形成虹吸，使屋面雨水得以快速排泄。

本工程虹吸雨水排水系统选用专用虹吸雨水斗，一个计算汇水面积内，宜放置不少于两个虹吸雨水斗，屋面汇水最低处至少应放置一个虹吸雨水斗；虹吸雨水斗的距离不大于设计长度；同一悬吊管上接入的雨水斗应采用同一规格，其进水口应在同一水平面上；虹吸雨水排水系统的悬吊管设计流速不宜小于1m/s，立管设计流速不宜小于2.2m/s，不宜大于10m/s，悬吊管计算负压值不大于80kPa。

同一系统不同支路的节点压差不应大于10kPa；排水管道总水头损失与流出水头之和不得大于雨水系统进、出口的几何高差；虹吸雨水排水系统接入市政重力流系统之前应放大管径，起流速不宜大于2.0m/s,否则需设置消能设施；凡设计虹吸雨水排水工程的建筑屋面均应设置溢流口（外檐沟除外）、溢流堰、溢流管系等溢流设施。溢流排水设施不得危害建筑设施。在雨季前后，应及时清理屋面及虹吸雨水斗导流罩上的杂物。

3．屋面系统的抗风揭性能保证

屋面檐口周边为风荷载较为集中区域，极易受到强风的破坏；天沟处屋面板收口及天沟部位屋面板断面处，为抗风薄弱环节，需加固措施。

解决措施：

（1）受力计算

根据提供的基本风压进行风荷载组合，计算屋面板的咬合力，支座与檩条的抗拔力，保证此部位的受力达到两倍计算极限值。

（2）屋面固定方式

屋面系统采用高强铝合金固定座与檩条固定，再将屋面板卡在固定座的梅花头上，然后用电动锁边机将板肋锁在固定座上，这种固定方式不需穿透板面，因而屋面板没有任何损伤，当然也就不会产生应力集中问题。

屋面固定座，每个支座打四颗自攻螺钉，能够满足受力计算需要。

为了避免热膨胀引起屋面板弧线处下滑在一些位置设置"固定点"。在天沟边屋面板被切断形成了自由边，形成"固定点"。

（3）天沟端部收口的固定

天沟处的收口、咬合的薄弱点极易被强风撕裂，因此对此区域的屋面板要进行多次的收边咬合，确保此部位屋面板咬口紧密，且咬合完毕后马上进行端部抗风件的固定，确保形成整体抗风。

（4）屋面板抗风揭措施

图5.2.4.2-1　屋面板的锁边工序

①屋面板安装要做到随时安装随时锁边，及时跟进检查，杜绝漏锁，防止遇瞬时大风将未咬合的屋面板掀翻；

②屋面板的锁边工序有严格规定，在正式电动锁边前，应将安装完的屋面板进行手动预锁边，以保证铝合金固定座的梅花支座完全扣合进屋面板中，对不能扣合或扣合时有偏差的固定座要及时调整、改进，如图5.2.4.2-1所示；

③手动咬合完毕后，进行电动锁边，电动锁边应缓慢、连续，如图5.2.4.2-2所示；

④电动咬合完毕后,应对已锁边的屋面板进行检查,防止漏锁或部分未锁现象,保证每个单块屋面板最后连接成一完整的屋面整体,实现设计的结构抗风性能。

图 5.2.4.2-2　屋面板的锁边机检查

（5）屋面支撑二次结构檩条边缘区加密安全

①深化设计时要参照设计院提供风洞实验报告对檐口等边缘区域承受风荷载较大的部位在进行二次支撑钢结构檩条深化时进行加密处理;

②在二次檩条正式安装前对安装技术要求及安装精度等对施工人员进行详细交底,尤其对加密区域范围的理解要有一个准确的认识,防止施工人员因对其加密区域理解不到位,在施工时漏排檩条,造成加密区域设计时考虑了檐口支撑加密区域,但由于施工人员的施工素质及技术水平差异,在安装时对加密区域的理解会造成偏差,在进行二次檩条的正式施工前,要进行详细的技术及设计交底,防止出现檩条加密区域不到位的情况。

（6）保证铝合金固定座安装质量、材料质量

①铝合金固定座的加工材质及加工尺寸应严格按设计要求,不合格的产品禁止用于工程中;

②铝合金固定座的固定螺钉在加密区的使用数量有严格规定,通常区域为两颗固定,加密区的普通固定座必须为四颗固定,以加强其固定座的抗拔性能;边缘区的加强型固定座（超宽）必须为六颗螺钉固定。

（7）保证连接螺钉的材料质量、安装质量

①铝合金固定座的固定螺钉禁止使用碳钢钉,应使用符合要求的不锈钢自攻螺钉;

②正确选用自攻钉的螺牙间距:粗纹用于小于 3.0mm 厚构件,细纹用于大于 3.0mm 厚构件;

③自攻钉正确施工方法是在拧紧前放缓打钉速度,使其缓慢拧紧,以免自攻钉内部产生过大拉应力和破坏螺牙,正确的拧紧程度为自攻钉胶垫压不与钉帽平齐,但不大量挤出。

4.　金属屋面防雨性能保证

本工程金属屋面设计对防水等级要求高,从设计、材料、安装等方面进行严格把控,确保做到滴水不漏。

（1）保证屋面板的成型板的材料质量,同时在安装时要加强成品保护,防止因板被破坏而形成漏雨隐患。

出现的质量问题分析:由于屋面板在加工时或运输时或安装时被破坏,板面有裂纹、折痕或穿孔,用于屋面工程后,由破损处渗水。

解决方法:

①屋面板的加工、运输（水平运输、垂直运输）过程中,应保证足够的人力及机械,保证板在此过程中不被损坏;

②安装好的屋面板不允许踩踏、不允许金属物品敲击;

③安装好的屋面不允许放置重物,尤其是金属材料;

④对于破损的屋面板,不能使用到工程上;

⑤对于安装到工程上后受破坏的板,应及时更换。

（2）节点部位为了保证整个屋面系统的防雨功能,会采用铝焊接的方式,要保证铝焊接的质量（图 5.2.4.2-3）。

出现的质量问题分析:由于焊接质量不好;或焊接件单件过长,长时间温度变形过大,导致屋面需焊接的部位焊缝开裂,造成漏水。

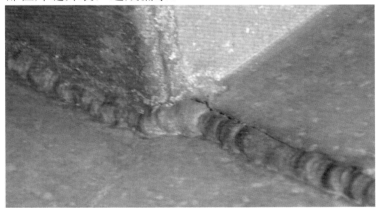

图 5.2.4.2-3　屋面节点部位质量检查

解决办法:

①铝焊接工作专业性很强,要选用专业氩弧焊工,普通焊工不能从事此项工作;

②在正式操作前,要对铝焊工进行培训,并进行样板实现,焊接质量达到要求才能正式操作上岗;

③焊接件尽量要短,并尽可能地选择一端焊接,一端物理连接的方式,以保证其自由伸缩,焊缝处不致拉裂。

（3）屋面板连接部位要进行锁边,此处易出现因锁边不到位而出现雨水沿缩缝渗透进入屋面内部,使屋面丧失防水功能。

解决办法:

①每一块屋面板安装后及时采用手动锁边机进行预锁边,在每个支座处都要进行预锁边,不可跳跃;

②同一区域的屋面板安装完成后立即进行锁边,锁

边机设置好以后，从屋面板一端开始，不间断地锁边到另一端，中间若出现间断或锁边机故障，需从锁边间断处后方重新开始锁边。

③锁边时按照一个方向进行，锁边机匀速前进，防止出现漏锁、忽快忽慢的情况。

5. 天沟排水、防渗、防堵问题及解决措施

（1）保证天沟的排水、设置溢水装置。

出现的问题分析：

①天沟遇瞬时暴雨，天沟内雨水短时间内急骤增多，排水系统来不及外排，造成雨水漫过天沟上檐，流入室内。

②天沟为外露部位，经过一段时间，天沟内虹吸雨水斗处会被落叶，塑料袋等外吹的杂物堵塞，造成下雨时虹吸排水系统起不到排水作用，天沟内雨水聚集，漫过天沟，流入室内。

③在有斜坡的天沟内，雨水瞬间会流向最低点，导致斜坡中间、顶部的虹吸不能正常工作，且加大最低点虹吸的超负荷工作，雨水容易溢出天沟。

解决办法：在天沟长度每隔≤40m内设置一道伸缩缝，本工程伸缩缝具有专利性，不仅保障天沟热胀冷缩整体自由活动性，同时阻隔一定的水流，也保证各个虹吸雨水斗能正常排水（图5.2.4.2-4）。

在天沟虹吸排水雨水口部位加上钢丝网，过滤塑料袋等外吹的杂物，防止雨水斗堵塞。

图5.2.4.2-4 屋面天沟虹吸排水示意图

（2）天沟设置刚性伸缩缝保证天沟的正常伸缩。

出现的问题分析：不锈钢天沟为多块单板焊接而成，天沟有许多连接焊缝，若天沟单向较长，由于长时间的温度变形，造成天沟材料不断伸缩，在焊接处形成较大的应力，时间长会将焊缝拉裂，造成天沟漏水。

解决方法：在单向较长的天沟内设置刚性伸缩缝，在此距离内的天沟的温度变形由伸缩缝处消化，使中间焊缝处不会聚集伸缩应力，不致将焊缝拉缝拉裂，保证天沟的不渗水性（图5.2.4.2-5）。

（3）保证天沟焊接的质量，防止因焊缝处渗水。

出现的问题分析：由于焊工的水平较差，焊接质量不好，焊缝出有夹渣、气泡产生或焊接不到位，导致在焊缝处有细微裂纹，形成漏水隐患。

解决办法：

①选用专业氩弧焊工，持证上岗，普通焊工不能从事此项工作。

②在正式操作前，要对焊工进行培训，并进行样板实现，焊接质量达到要求才能正式操作上岗。

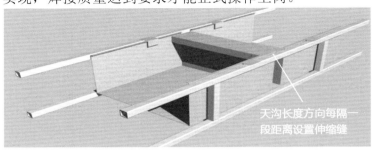

图5.2.4.2-5 屋面天沟设置伸缩缝示意图

（4）天沟处面板固定加强措施。

当屋面板与天沟斜交时，面板端头斜边较长，从而加大了面板在边口处支座间距，降低了面板的抗风性能。

屋面板在伸入天沟后其板斜边长度很大，而在板端部又是面板抗风薄弱部位，因此，针对上述情况，应对面板天沟处采取措施。

屋面板与天沟斜交，交口处板的自由边（没有板肋固定座）很长，自由边的固定是本工程施工时必须要考虑的技术问题，固定方法要保证板既能自由伸缩，又能起到固定作用，也就说固定方法是限制板上下运动，不限制板的前后伸缩，做法如图5.2.4.2-6所示：

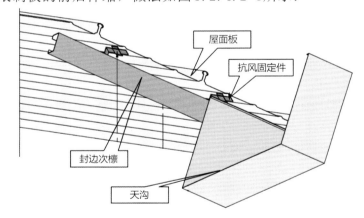

图5.2.4.2-6 屋面天沟余屋面板斜交意图

6. 高空施工安全保障

屋面围护板材施工，均为高空施工，人员高空行走、材料搬运等工作较多。同时，由于屋面施工属于外围护工程，施工过程中，可供施工人员安全带的位置不多，且屋面施工时在高空材料运输、堆放及安装等方面需注意防止材料、机械高空坠落，以防砸伤行人，造成安全事故。因此，如何安全施工是本工程的第一要务。

解决措施：

（1）防止高空坠落：在檩条、保温岩棉等安装过程中需在施工区域满铺安全网，并拉设生命线，配备安全带，避免人员高空坠落（图5.2.4.2-7）。

图 5.2.4.2-7　屋面高空施工安全网

（2）屋面施工人员施工时必须戴安全带。施工人员利用专用活动锁扣扣件，直接锁定于屋面板板肋处，并有防震器作防震保护，确保施工人员施工安全（图5.2.4.2-8）。

安全锁扣　　　　　　　安全绳锁扣方式

钢丝索防震器

图 5.2.4.2-8　屋面高空施工安全措施

（3）屋面施工时，在作业区域利用脚手片及木板等材料铺设高空走道，高空走道外围边线，以脚手管及安全绳布设一圈安全生命线，确保施工及行走安全（图5.2.4.2-9、图5.2.4.2-10）。

图 5.2.4.2-9　高空走道现场照片

图 5.2.4.2-10　安全网及临边防护现场照片

（4）设置专门的屋面上下通道及爬梯，方便工人及相关人员上下，并做好冬季的防护措施，保证工人的通道安全（图5.2.4.2-11）。

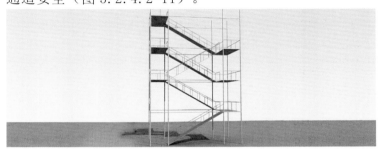

图 5.2.4.2-11　屋面上下安全通道效果图

（5）在材料搬运、堆放时均进行打包捆扎，且在材料高空垂直运输时，需将材料捆紧装入专用的吊篮，以防材料滑落砸伤行人。安装时需注意施工机械的摆放固定，防止机械坠落砸伤行人。在两个屋面卸料部位各布置一处材料堆放区，用于屋面安装材料、机械工具等临时堆放，避免堆放散乱，容易坠落。从堆放区向施工区域转移材料时，需通过专用通道。

（6）定期召开安全会议、实施班前交底制度、工人进场教育制度，提高工人安全意识。

7. 屋面施工火灾的控制和预防

屋面施工时的材料、材料的包装物以及焊接工艺等容易引起火灾，且下方土建专业存在大量木板等易燃物，因此屋面施工，尤其是屋面结构焊接时，务必做好防火措施。

解决措施：

（1）屋面钢构件的焊接应设置兜火篮，防止焊渣跌落造成火灾。

（2）焊接前，需确认焊接区域无可燃、易损材料。

（3）屋面安装后留下的易燃物，如包装盒、包装袋等及时清理，防止此部分材料引燃引起火灾。

（4）施工时合理安排工序，安排专人监控。

（5）局部有铝焊接工艺时，必须在焊节点下方设置镀锌钢板将焊接时产生的高温和保温岩棉隔离开。

同时专人监控，配备灭火设备、消防斧、防火布、消防用水及老虎钳等以防止发生火灾时及时灭火。

8．民用机场不停航施工管理规定

本工程属于不停航施工，屋面施工属于高空作业。施工现场风险较大，易将屋面材料吹落至跑道，引起重大事故。灯光照射易干扰飞机正常航行。

解决措施：

制定详细施工安装计划，根据安装计划合理安排材料进场及吊运至屋面，确保材料能够及时使用完，现场及高空屋面不得放置过多的材料。材料堆放点安排人员巡查，保证堆放稳固、覆盖全面且牢靠。对材料堆场设置二次围蔽，防止材料在大风时被吹到站坪、跑道、飞机机体内，避免尘土、草垫、薄膜等轻质物件飞过安检栏杆，进入站坪或者飞机体内，造成安全隐患。

岩棉、吸音棉堆放必须采用8mm呢绒安全网覆盖绑扎牢固，屋面板、底板叠放需用钢丝绳与主结构绑扎牢固，防止风吹落。其余构配件采用角钢焊制的材料箱统一存放在指定位置并固定牢固，必须保证不破漏、不滑落。

夜间施工及照明灯光必须朝下照射至相应施工部位，严禁照向高空、飞机和跑道。

施工前学习并严格遵守《民用机场不停航施工管理规定》。

工场区的围蔽应设置专人负责监控、巡视，任何人不得擅自穿越围蔽、进入站坪等影响飞机正常起降区域。

现场严格按照动火审批制度向机场公安局申报手续。围蔽位置与安检栏杆的距离应该满足《民用机场不停航施工管理规定》。

5.2.4.3　施工计划安排

1．施工分区划分

根据本工程屋面结构特点、伸缩缝的布置及相应的主体钢结构的完工日期，现将本标段的金属屋面划分11个施工分区，详见图5.2.4.3-1、图5.2.4.3-2所示。

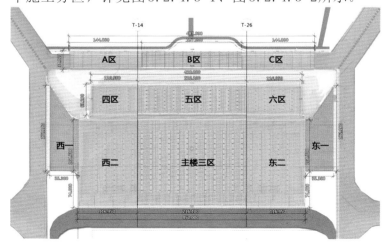

图5.2.4.3-1　屋面施工分区图

2．屋面施工安装流程图

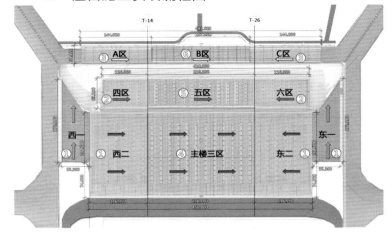

图5.2.4.3-2　屋面施工安装流程图

注：①～⑥表示施工区域的先后施工顺序，①标注区域先施工，以此类推。

3．施工计划

（1）施工方案的选择，如表5.2.4.3所示。

屋面施工方案选择　　　　　　表5.2.4.3

序号	内容
1	根据本工程现场情况，结合本屋面工程施工特点及施工的先后顺序，将1标段航站楼屋面分为11个施工区域
2	同一个施工区域分两组施工队伍同时进行安装，施工时从屋面外檐口往中心方向安装；天沟等分项工程进行相互穿插作业。屋面工程施工在同一区域内，根据施工进度计划安排，先进行结构、骨架部分的施工作业，然后采取从下往上的施工顺序，逐层向上安装。屋面天沟在金属屋面板施工之前安装完毕
3	2台50t汽车吊，主要用于屋面板、屋面檩条等构件吊装；2台屋面板压型机，在现场进行加工制作，单台屋面板压型机每天出板约3000㎡

（2）工期保障措施

为确保本工程按业主要求的竣工时间，针对工程实施的各个环节，各方面给予高度重视，分别从方案选择、深化设计、加工制作、施工前期准备、施工过程中资金、技术、人员、组织管理、材料供应、机械设备等方面着手制订详细的资源供应保障计划与措施，并按工程项目排定工期，实行严格的计划控制，做到预控、预测到位，资源配置合理，保障工程供给；做到项目安排合理，穿插有序，以确保整个施工计划的顺利完成。

（3）材料采购阶段进度保证措施

针对本项目所使用的材料，要求监理、总包单位对原辅材料、外协件和外购件的供应方进行调查，通过现场查验、抽样检验、验证质量体系文件等手段，了解供应方的生产能力，产品质量状况、供货能力、服务信誉等，然后确定合格原材料供应方，材料供应处编制合格原材料供应方清单，建立合格原材料供应方档案，原辅材料必须在合格原材料供应方进行采购。

（4）工程施工材料的选定及封样

要求各承包单位在工程材料采购前向指挥部提供本工程使用的各种材料的样品，及相关的产品技术资料，产品企业相关资料应由指挥部确认。

每种材料样品不少于两种，确保原材料为品牌产品。

各种材料必须预先取样，交指挥部封样备案。指挥部、监理选定后，由指挥部代表、监理负责人、承包单位三方联合签字封口，每方各执一份。

（5）原材料的检验

要求各承包单位所使用的金属屋面部分的原材料，应严格按照指挥部及合同要求的材料进行订货，对于工程所采用的材料，需严格把好质量关，不得以次充好，以保证整个工程质量。

根据金属屋面部分安装的特点及要求，原材料的检验一般应分为两个地方进行。

需要工厂加工的构件、板材等，如底板、泛水板、包边收口件、型钢、天沟等。原材料的到货地点为各承包单位工厂，在到货时，由监理或指挥部见证取样；

不需要工厂进行二次加工，或需要在现场进行加工的原材料，如吸音棉、螺钉、屋面铝合金板等，将直接由供货方运至现场，由监理或指挥部见证取样检测。

原材料到位入库前，需由相关部门组织查验、清点，进行相关的签收及入库手续。

材料入库前，应通知监理和业主检验其出厂合格证，质保书等质量证明是否齐全，是否达到订货要求。由公司生产计划部分统计员根据订货清单、购销合同条款，清点到货材料的数量、规格、型号、尺寸、重量等是否符合订货清单或购销合同的订购要求。

原材料随机抽检样品，对其进行物理试验、化学分析。根据供货方提供的铝卷（现场检验）、铝板、不锈钢板、型钢和钢板等材料的尺寸及公差要求，对于各种材料进行检验：

对于铝卷，抽查表面涂层厚度、卷材宽度、壁厚及材质性能等；

对于型钢，抽查其断面尺寸，表面光洁度，核对材料性能单据，并抽样进行物理性能测试；

对于各种规格钢板、不锈钢板，抽查其长宽尺寸、厚度及平整度，并检查卷材的涂层表面质量、型钢及钢板的外表面质量；

汇总各项检查记录，报请业主监造人员，对原材料

的保证资料、外观情况进行检验，各种材料的检验必须请业主监造人员到场。

选取合适的场地或仓库位置储存该工程材料，按品种、按规格集中堆放，加以标识和防护，以防未经批准的使用或不适当的处置，并定期检查质量状况以防损坏。

（6）材料供应保证措施

本工程材料种类繁多，用量大，各承包单位必须派遣专人负责本工程的材料采购工作，材料采购负责人必须有相关金属屋面工程材料的采购经验且对本工程有比较深刻的理解。本工程各细部材料的材质以及质量等级标准各不相同，在采购之前需要对各种材料进行统计。合理的安排采购计划以保证工程施工的顺利进行。

5.2.4.4　现场物料吊装运输方案

1.　各分区物流通道的部署

考虑到现场场地实际情况，现场临时材料仓库和加工区域设置为四点，每个点约250m²。现场材料堆放及材料吊运采用两个方案。

方案一：主楼前方高架桥施工未完成，屋面板加工方式选择用脚手架搭设施工平台，各类施工材料采用高空制作并运输至屋面（红色路线），如图5.2.4.4-1、图5.2.4.4-2所示。

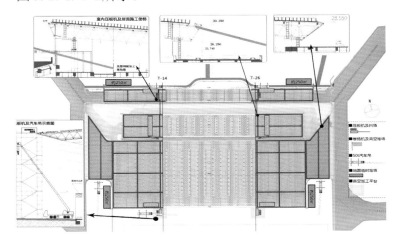

图 5.2.4.4-1　屋面施工便道及材料运输通道一

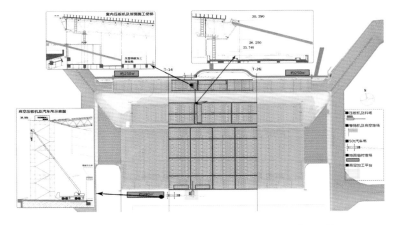

图 5.2.4.4-2　屋面施工便道及材料运输通道二

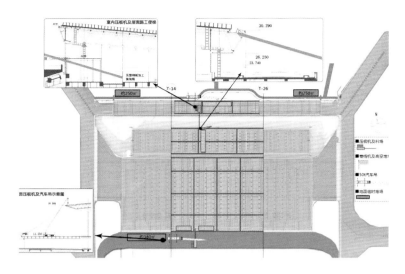

图 5.2.4.4-3　屋面施工便道及材料运输通道一

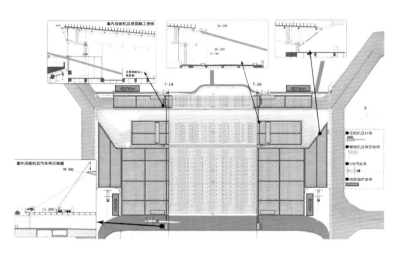

图 5.2.4.4-4　屋面施工便道及材料运输通道二

方案二：主楼正前方高架桥完成施工，主楼区屋面板加工选择在高架桥前面上进行，通过索道直接运输至屋面（红色路线），如图 5.2.4.4-3、图 5.2.4.4-4所示。

2．屋面板的吊装及运输

（1）屋面板垂直运输方案

①指廊部位：40m以下屋面板的垂直运输方案，如表 5.2.4.4-1所示。

屋面板垂直运输方案　表 5.2.4.4-1

步骤	示意图
1．屋面板在现场加工成型，地面出板	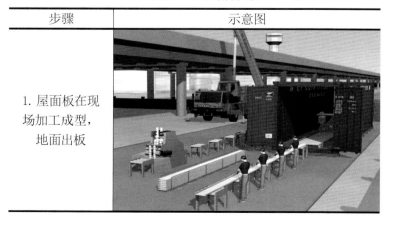

屋面板垂直运输方案（续表）　表 5.2.4.4-1

步骤	示意图
2．为顺应吊装需要，将屋面板置于特制的提升吊篮内	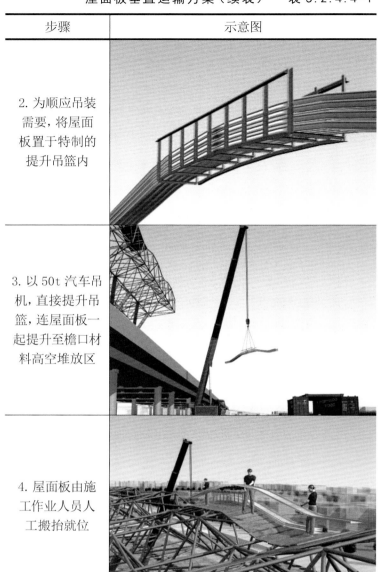
3．以50t汽车吊机，直接提升吊篮，连屋面板一起提升至檐口材料高空堆放区	
4．屋面板由施工作业人员人工搬抬就位	

②主楼及安检区：40m以上的长板屋面板的垂直运输方案。

此方法是在檐口与地面间拉设两排钢丝绳，钢丝绳宽度间距500mm，在钢丝绳上安装吊卡，吊卡与钢丝绳通过滑轮连接，吊卡之间通过软绳连接，如图5.2.4.4-5所示。

图 5.2.4.4-5　吊卡与钢丝绳连接示意图

图 5.2.4.4-6　长板屋面板的垂直运输方案

运板时将板放在吊卡上，通过人力拉动板没滑绳向上滑移，将板运上屋面，如图 5.2.4.4-6 所示。

板运上屋面后通过支架继续向前滑动直至到屋面顶部，运至屋面顶部后，堆放在檐口附近设置好的区域范围。

（2）屋面板水平运输方案

较短屋面板在地面压制成型后需要转移至上料点位，采用汽车吊装。屋面板在地面转移采用焊接方管平板车进行，较长屋面板转移时需采用两台同时进行，防止挠度过大，折弯损坏屋面板。

屋面板运输至屋面后，由工人水平抬至安装部位进行安装。

屋面板的堆放需用木板搭设临时平台，减少对已完施工面及屋面板的破坏。屋面板堆放高度不得超过 50cm，必须用麻绳捆绑牢固，以防被风吹落。

3. 屋面钢檩条的吊装

本工程航站楼主楼屋面檐口标高为 38.5m，北指廊屋面檐口高度为 26.74m，屋面施工时，采用 50t 汽车吊进行屋面材料的运输。

50t 汽车吊性能及选用分析如下：

主臂吊装性能参数，如表 5.2.4.4-2 所示。

主臂吊装性能参数　表 5.2.4.4-2

工作半径（m）	主臂长度（m）				
	10.70	18.00	25.40	32.75	40.10
3.0	50.00	—	—	—	—
3.5	43.00	—	—	—	—
4.0	38.00	—	—	—	—
4.5	34.00	—	—	—	—
5.0	30.00	24.70	—	—	—
5.5	28.00	23.50	—	—	—
6.0	24.00	22.20	16.30	—	—

主臂吊装性能参数（续表）　表 5.2.4.4-2

工作半径（m）	主臂长度（m）				
	10.70	18.00	25.40	32.75	40.10
6.5	21.00	20.00	15.00	—	—
7.0	18.50	18.00	14.10	10.20	—
8.0	14.50	14.00	12.40	9.20	7.50
9.0	11.50	11.20	11.10	8.30	6.50
10.0	—	9.20	10.00	7.50	6.00
12.0	—	6.40	7.50	6.80	5.20
14.0	—	—	5.10	5.70	4.60
16.0	—	—	4.00	4.70	3.90
18.0	—	—	3.10	3.70	3.30
20.0	—	—	2.20	2.90	2.90
22.0	—	—	1.60	2.30	2.40
24.0	—	—	—	1.80	2.00
26.0	—	—	—	1.40	1.50
28.0	—	—	—	—	1.20
30.0	—	—	—	—	0.90
各臂伸缩率 %	二	0	100	100	100	100
	三	0	0	33	66	100
	四	0	0	33	66	100
	五	0	0	33	66	100
钢丝绳倍率		12	8	5	4	3
吊钩重量（t）		0.515		0.215		

主臂加副臂吊装性能参数，如表 5.2.4.4-3 所示。

主臂加副臂吊装性能参数　表 5.2.4.4-3

吊臂位于起重机侧方或后方						
主臂仰角（°）	吊臂长度（m）					
	40.10+5.10 主臂+副臂		40.10+9.00 主臂+副臂		40.10+16.10 主臂+副臂	
	0	20	0	20	0	20
78	4.0	3.6	3.2	1.9	1.5	0.8
75	3.8	3.2	3.0	1.8	1.3	0.8
72	3.2	2.9	2.8	1.7	1.2	0.7
70	3.0	2.5	2.5	1.6	1.2	0.6
65	2.5	2.0	2.0	1.4	1.1	0.5
60	1.9	1.6	1.5	1.0	0.8	0.5
55	1.4	0.8	1.0	0.6	0.6	0.4
各臂伸缩率	二	100%				
	三					
	四					
	五					
钢丝绳倍率		1				
吊钩重量（t）		0.1				

50t吊机吊装屋面材料分析，如表5.2.4.4-4所示。

50t吊机吊装屋面材料分析　　表5.2.4.4-4

吊装单元	标高范围（m）	长度（m）	重量（t）
檩条、屋面板等	23.74～38.74m	6	0.5
单次吊升檩条、屋面板等材料3t	50t汽车吊臂长56.2m作业半径11m		
吊装机械	臂长（m）	工作半径（m）	提升高度（m）	起吊性能（t）
50t汽车吊	49.1	10	45	3.0

檩条堆放平台需用100mm×3mm的方管、木板铺设，绑扎牢固。在堆放平台坡面下边缘用钢跳板设置挡板，防止檩条顺屋面滑落。平台设置需选在下方有钢结构立柱的地点，需设置在桁架即钢结构受力较强部位，不得设置在平面网架处，屋面主次檩不得超过3层。

4. 天窗玻璃的吊装

天窗玻璃的垂直运输及搬运，天窗玻璃采用玻璃厂专用运输钢架，现场采用50t汽车吊垂直运输直接吊运至屋顶，天窗玻璃较重，运输至屋顶比较危险，吊装时将玻璃用木箱子装好，每次吊装为5～6块玻璃，玻璃为竖放，绑扎牢固，绑扎绳与玻璃接触处需垫方柔性垫块（如橡胶块、棉布等），如图5.2.4.4-7所示。

图5.2.4.4-7　天窗玻璃绑扎

由于玻璃较重，吊装前必须进行试吊，检查吊车支撑平稳性，钢丝绳牢固度，以及玻璃绑扎是否牢固。

玻璃运至屋面后用人工搬运，将玻璃运至天窗附近，平放至铺设的木板之上，玻璃和木板必须垫方橡胶皮，玻璃临时放置不得与金属物直接接触且不得堆放，并采

用铝合金咬合锁扣阻挡滑移（图5.2.4.4-8）。

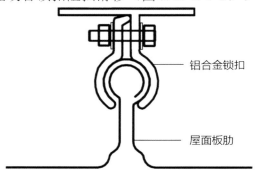

图5.2.4.4-8　铝合金锁扣（防滑措施）

5. 其他物料的吊装

本工程拟采用垂直吊升的方法将屋面构造层材料吊升至屋面，航站楼主楼及北指廊采用50t汽车式起重机进行吊升，安检厅介于航站楼主楼与北指廊中间，为了方便材料的运输，将材料运至其室内，采用卷扬机（图5.2.4.4-9），通过天窗洞口，提升屋面材料。屋面均采用脚手管及走道木板等搭设一个高空临时物料平台供屋面材料的堆放及水平运输，物料平台外围用脚手管及安全网搭设安全防护围栏。

屋面构造层材料堆放需用防水油布遮盖，防止材料淋雨、被风吹落。对岩棉、吸音棉等制定严格的施工计划，根据施工计划控制每天垂直运输的量，在不影响施工的同时尽量做到当天吊运的量当天用完。

图5.2.4.4-9　卷扬机提升材料示意图

6. 高空材料堆放

屋面材料堆放必须在下方铺设木板并固定牢固，不得与已完的施工面直接接触，做到轻放、不滑移，做好对成品的保护。

高空材料堆场沿屋面檐口周边布设，平台用方钢框

架上满铺跳板制成5m×5m，高空材料临时堆放材料重量不得超过网架承受的施工活荷载重量1.5t，运至屋面临时卸料平台的材料要通过安全走道及时倒运就位。

在临时卸料平台与屋面安装位置间，通过水平运输坡道完成屋面材料运输，屋面水平运输坡道用脚手架钢管搭设骨架，上铺两块木跳板，钢管搭设在网架弦杆上。坡道扶手栏杆高1m，两侧满挂密目安全网，坡道跳板上钉设防滑条，在檐口平台间搭设环向通道，将各平台间连接在一起，坡道之间材料运输通过木跳板搭设在网架弦杆上的通道完成，跳板与网架弦杆必须做可靠固定，在跳板通道边通长拉设一条安全绳，以保障工人安全。

屋面货运通道的布置：在施工区域固定位置配置汽车吊处，屋面上方相应的搭设上料平台，平台规格为8m×10m；并通过屋面上搭设1.5m宽的脚手架通道把屋面材料运输到各个施工作业面（屋面压型钢板运输时通道需达到2m宽）。

由于屋面上料平台、运输通道及排架脚手架所承运的为重型材料，其脚手架必须能满足运输材料产生的最大荷载，确保频繁往复运输所产生的移动荷载，故对以上三项货运脚手架的稳定性、耐久性、安全性的要求很高。为达到货运脚手架底板的平整与承载能力，要求铺设两层模板，并固定在脚手架钢管上，以防松动。同时要求在货运脚手架的两侧设置200mm高的挡脚板、1200mm高的围护栏杆，并张挂安全网，以提高上料平台、运输通道、排架、悬挑架的安全性，防止材料意外坠落。

5.2.5 桩基成桩技术研究与实践专题

5.2.5.1 场地工程地质条件

本工程场地位于广花凹陷盆地内，受广从断裂、新市—嘉禾断裂影响，区域构造线总体方向为北东向，广州市断裂构造比较发育，可划分为东西向、北东向、北西向三组，工程场地区域上位于广从断裂以西，新市—嘉禾断裂北端部及新市—嘉禾向斜以东区域，场地区域地质如图5.2.5.1所示。

岩土勘察资料显示，场区上覆第四系土层为松散至稍密状的砂土，下伏岩为下石炭统石磴子组石灰岩，各种岩溶发育。及软可塑的黏性土，地基承载力标准值低，且不同程度地发育土洞。场区属隐伏岩溶型场地，基岩面变化大、起伏剧烈，岩面埋深最浅16.02m，最大45.04m，同一承台相邻两桩孔（桩中心距4m），岩面高差最大达12.36m。

灰岩表面的岩溶形态可分为：陡坎（高差在10m以

上）、高倾角溶隙（倾角在70°以上）、溶沟、溶槽、石柱、残余岩盖、鹰咀石、溶斗（落水洞）等类型。基岩溶洞发育规模大小不一，形态各异，孔内溶洞最多达4层，洞高最大达18m。溶洞见洞隙率详勘阶段揭露的结果达27.5%；而超前钻阶段揭露的溶洞见洞率达50%以上。属于岩溶发育地区，工程地质条件异常复杂。拟建场地内不良地质作用主要为溶洞。

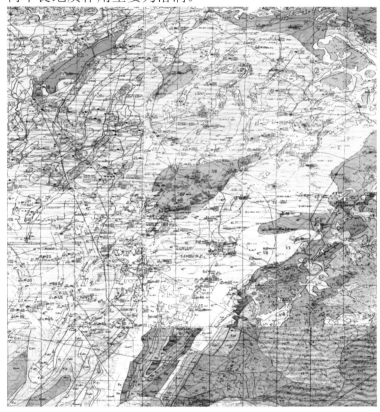

图 5.2.5.1　勘察场地区域地质图

5.2.5.2　成桩的关键技术确定

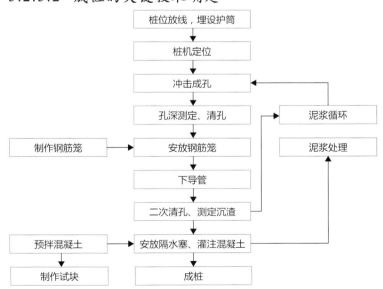

图 5.2.5.2　成桩的施工流程图

岩溶发育地区的冲孔桩成桩技术一直都是难点和难题，白云机场二号航站楼恰好地处岩溶发育异常的地区，虽然有一号航站楼的桩基施工管理经验，但由于此区域地质条件过于复杂，因此在冲孔灌注成桩的施工技术上给施工管理带来很大挑战。经过一期项目的经验梳理和现场的试桩情况，在岩溶发育地区成桩的施工技术关键有三方面：

（1）溶洞的判别及预防塌孔措施；

（2）成孔的工艺，关键技术有两方面：一是桩基全岩面的判定；二是溶洞的判别和处理措施；

（3）水下混凝土的浇灌技术。

成桩的施工流程，如图5.2.5.2所示。

5.2.5.3　溶洞的判别及处理措施

1. 溶洞的判别

溶洞的判别在岩溶地区施工冲孔桩是非常重要的，判别准确，能大大减少塌孔和发生桩机被陷埋的安全事件。根据现场的经验总结，主要通过以下方法进行判断：

（1）准确的地质资料图；

（2）听声音，看气泡：如遇岩溶空洞时能听到"咚咚"的声音，并能看到有大量气泡往上冒；

（3）孔内水位突然下降；

（4）与其相邻的孔内水位下降至同一个水平面：下部岩溶已连成一体形成空洞；

（5）钻孔钻进速度，遇有溶洞时钻进速度较快；

（6）当击穿面超过中心面，钻头突然倾斜、下落；

（7）地面沉降、塌方。

溶洞的危害：

①造成卡钻、掉钻、埋钻等事故；

②造成漏浆、塌孔等事故；

③处理不当造成桩基混凝土灌注失败；

④成桩端承载力不满足设计要求或桩基失稳等事故。

2. 溶洞处理

本工程地质为发育岩溶地质，但溶洞多有填充物。溶蚀充填物为：主要为褐红、褐灰等色软塑至流塑状态黏性土混5%～30%的粗砂组成，局部夹少量灰岩碎石，局部充填物为石英质砂，充填于土洞、溶洞中。

根据白云机场一号航站楼桩基础成桩施工经验，可采用抛填片石和土袋、下钢护筒和一定比例的水泥和黏土混合物等的方法进行处理溶洞。具体方法如下：

（1）根据每根冲孔桩的超前钻报告，了解桩位的溶洞位置、大小、溶洞发育情况、填充物的密度和填充物的构成。

（2）冲孔桩施工前准备大量的片石、黏土和泥浆，以备穿过溶洞使用。

（3）冲孔冲至超前钻显示的溶洞顶部，冲锤应低锤密击，待孔内泥浆比重变大，符合穿过溶洞要求，可

适当增加冲锤的高度。当发现冲孔桩内的护壁泥浆出现突然下沉或消失，判定为漏浆，即到达溶洞位置。

（4）当穿越土洞时，可抛填泥块或袋装黏土填充。

（5）当判定为穿越溶洞或溶沟槽时，须及时往桩孔填充黏土泥块、片石，并用冲孔桩机反复冲击，使其密实，形成片石夹黏土的溶洞护壁墙。保持孔内的护壁泥浆高度，使冲孔得以顺利穿过溶洞，如发现继续漏浆，必须停止冲孔，往孔内加水泥和锯木碎末，增加泥浆稠度和密度，再冲孔。

（6）当岩层面倾斜较大，冲孔桩头摆动撞击护筒壁或护壁，要反复修孔，纠正无效则须及时重新回填片石和黏土，使孔底出现一个新平台，再进行正常冲孔成孔。

（7）为避免在溶洞区域发生卡锤、掉锤现象，接近岩溶区域时，要采用轻锤冲击和加大泥浆密度的方法成孔。若遇到卡锤，应采用交替紧松吊绳，慢慢将冲孔桩锤吊上来，不得猛拉、快拉、硬拉，必要时用打捞钩和千斤顶辅助。若遇到掉锤，必须马上打捞，用打捞钩钩住锤头预设的打捞环，把桩锤吊上来。

（8）当遇到直径大于5m的溶洞时，采用套内钢护筒的方法进行施工。首先确定钢护筒的长度，同时把上部桩径扩大10～15cm，钢护筒采用8mm厚钢板制作。当冲锤穿过溶洞顶部时，反复提升冲锤，在溶洞顶部低锤轻击，当发现冲锤阻碍不明显时，说明冲锤成孔垂直，则用钢丝绳吊住钢护筒放入桩孔内。钢护筒沉放必须准确到位，才可顺利成孔。钢护筒的作用是避免泥浆流失、塌孔的出现。

5.2.5.4　桩基全岩面（即桩基全截面入岩）的判定

非岩溶地区嵌岩冲孔灌注桩的全岩面容易确定一般情况下，其基岩地质条件简单，岩面变化平缓，基岩面与全岩面基本一致，其判定标志就是岩碴的出现与否。但在岩溶发育地区嵌岩冲孔灌注桩的基岩面与全岩面是两个不同的界面，两者的标高往往相差很大（图5.2.5.4），岩碴的出现只能作为入岩的标志，不能作为入全岩的标志，也就是说岩碴的出现，是冲孔桩入全岩的必要条件，而不是充分条件。所以要充分研究详尽的岩土勘察资料，依据岩碴的特征（包括岩性、成分、含量等），冲进速度等方面综合分析判定。全岩面的判定是冲孔灌注桩成孔质量控制的关键，进而影响成桩质量。而现行的国家桩基施工技术规范及验收标准等对岩溶地区冲孔桩全岩面的确定无统一的标准，有关参考文献对此未有详细的论述。为了确保新机场航站楼桩基质量，有关各方的工程技术人员针对场地复杂的岩溶地质条件，共同研究判定全岩面的方法，分析影响全岩面判定的因素，制订了全岩面的判定标准。

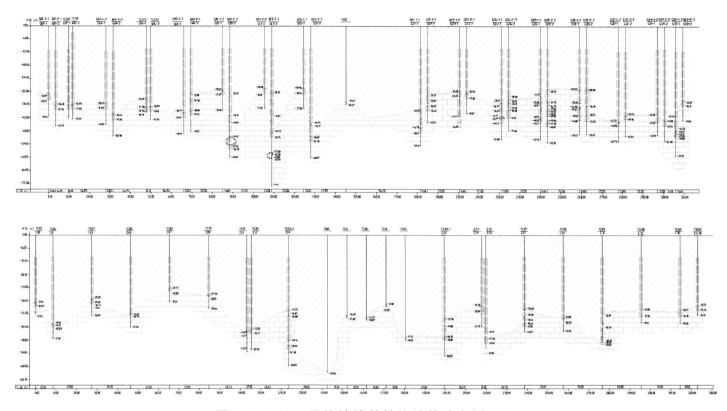

图 5.2.5.4　二号航站楼某轴线桩基综合剖面图

1．影响因素

影响冲孔灌注桩全岩面判定的因素较多，通过对场区与临区工程资料及试桩结果的总结分析，影响全岩面判定的主要因素有：岩土工程地质条件、施工机械设备的性能、工程施工技术措施和其他因素。

2．岩溶工程地质特征

影响冲孔桩全岩面判定的决定因素是岩溶工程地质条件。主要有以下几方面：①上覆第四系土层的类型及特性；②土洞的发育及冲填情况；③灰岩基岩面的起伏特征；④基岩面岩溶的类型（溶沟槽、石牙、石柱、鹰咀石、岩溶裂隙等）及复杂程度；⑤灰岩中溶洞的发育特征及充填情况；⑥岩性特征；⑦地质构造（断裂、破碎带、裂隙）。

3．施工机械设备

这是影响全岩面判定的重要因素，包括以下内容：①设备的型号、设备的功率、设备的自动化程度；②冲击能的大小、冲锤的大小、冲程的高低、冲击频率的大小；③设备的工作性能；进行中的稳定性。

4．施工工艺及措施

这是影响冲孔桩全岩面判定的主要因素：①护壁形式：泥浆护壁、钢护筒护壁；②清渣工艺：泥浆循环返渣、清渣筒、掏渣频率；③纠偏措施：四填黏土、块石或混凝土。

5．其他因素

施工单位的质量控制程序、工程技术人员的素质及其岩溶地区的工作经验等。

6．判断全岩面的标准

由于二号航站楼场地岩溶地质条件十分复杂，而影响冲孔桩全岩面判定的因素较多，且现行的国家规范及有关参考文献对此也无统一的判定标准。为此，参建各方的工程技术人员共同研究，在场区不同地段分别选择了部分桩进行了试桩，经过详细的分析对比，共同制订了场地冲孔桩全岩面判定标准，以指导冲孔桩施工。

①依据桩位及邻桩超前钻探资料揭示的地质特征推断全岩面的标高；

②岩碴特征：灰岩岩碴含量大于85%，岩渣颗粒细少，形如大米，其颜色一般呈灰黑色或灰白色；

③冲击钻进的速度较慢，一般为10～15cm/h；

④钢丝绳反弹明显且无偏离桩孔中心现象。

只有同时满足以上四方面的条件，才可以判定这桩孔已进入全岩面，否则一般情况下不能判定为全岩面。判断标志不明显，各方人员的意见分歧较大时，可采用钻探揭露的办法来解决。即在桩孔中均匀布设3～4个钻孔点，用小型勘察钻机进行触探，以判断是否是全岩面。

5.2.5.5　水下混凝土的浇筑关键技术

（1）水下混凝土灌注是成桩过程的关键工艺，施工人员应从思想上高度重视，在做好准备工作和技术措施后，才能开始灌注。

（2）采用同标号混凝土隔水塞隔水。料斗混凝土灌注量应计算准确，保证导管入混凝土中不小于1～1.2m。

（3）本灌注工艺，采用自由塞隔水（即充气球胆），充气球胆直径大小能自由通过导管即可。导管下入长度和实际孔深必须做严格丈量，使导管底口与孔底的距离能保持在0.3～0.5m。导管下入必须居中。

（4）灌注混凝土，首浇混凝土必须保证埋管深度不小于1.5m。在实际操作中，投入球胆，放入锥塞，当混凝土灌满漏斗，立即拔起塞子，同时继续向漏斗补加混凝土，使混凝土连续浇注。

（5）在完成首浇后，灌注混凝土要连续从漏斗口边侧溜滑入导管内，不可一次放满，以避免产生气囊。

（6）拔管时，须准确测量混凝土灌注深度和计算导管埋深。导管埋深不得大于6m，且不得小于2m。

（7）为确保桩顶质量，在桩顶设计标高以上加灌一定高度，不宜小于0.5m，一般在0.8～1.0m。

（8）在灌注将近结束时，由于导管内混凝土柱高度减少，超压力降低，如出现混凝土顶升困难时，可适当减小导管埋深使灌注工作顺利进行，在拔出最后一节长导管时，拔管速度要慢，避免孔内上部泥浆压入桩中。

（9）在灌注混凝土时，每根桩应制作不少于3组混凝土试件。

（10）钢护筒在灌注结束，混凝土初凝前拔出，起吊护筒时要保持其垂直性。当桩顶标高很低时，混凝土灌不到地面，混凝土初凝后，回填钻孔。

（11）灌注混凝土主要技术要求

①首批灌注桩混凝土的数量应能满足导管首次埋置深度（≥1.0m）和填充导管底部的需要。

②混凝土到场后，应检查其均匀性和坍落度等各项性能，如不符合要求时，不得使用。

③首批混凝土拌合物下落后，混凝土应连续灌注。

④在灌注过程中，应保持孔内水头。

导管的埋置深度应控制在2～6m。应经常测探孔内混凝土面的位置，及时调整导管深度。为防止钢筋骨架上浮，当灌注的混凝土顶面距钢筋骨架底部1m左右时，应降低混凝土的灌注速度。当混凝土拌合物上升到骨架底口4m以上时，提升导管，恢复正常灌注。

5.2.6　全DCV系统应用专题

5.2.6.1　国内外应用情况

随着国内外民航事业的蓬勃发展，机场建设规模也日益扩大。由于DCV系统具有传输速度高，而且小车与行李采用了一对一的绑定，跟踪准确率达100%等特点，使得DCV系统在民航机场行李处理系统中的应用得到了广泛

的认可和支持。

全球排名（按2016年旅客吞吐量）前30的民用机场，其中已经采用或正在实施DCV技术的机场总共有19个。

现阶段，主要的DCV行李系统供应商有Vanderlande（荷兰）、Beumer（德国）、Crisplant（已被伯曼收购）、西门子和英国Logan（昆船逻根）等。国际上民用机场的DCV系统均是由以上几个公司提供的。如伯曼提供了阿布扎比机场行李系统、新加坡机场四号航站楼等；范德兰德提供了伊斯坦布尔、阿姆斯特丹、希斯罗机场四号航站楼等；西门子提供了迪拜国际机场、法兰克福机场一号航站楼和二号航站楼、马德里机场四号航站楼、戴高乐国际机场、吉隆坡国际机场、仁川机场等；部分机场在不断地扩建中，分别采用了不同公司的系统，如正在实施的香港机场扩建，西门子和范德兰德分别拿了不同的订单；也有在同一项目中DCV系统的控制与机械分别由不同厂家完成，如慕尼黑机场二号航站楼采用的托盘系统，西门子为行李系统总承包供应商，负责整体项目的建设，提供了所有控制和IT软硬件，但DCV机械部分是由Crisplant分包完成的。

5.2.6.2　白云机场二号航站楼行李系统概况

二号航站楼行李系统是国内民航机场首次采用DCV技术实现行李分拣处理全流程应用的案例。共安装DCV高速输送机约18km，皮带输送机约14km，可实现每小时10456件出发行李、4946件中转行李以及7921件到达行李的处理能力。同时，设置了4000个可随机存储的早到行李货架，对早到行李实现全自动的准确定位及便捷的存取。

图5.2.6.2-1　全DCV系统机械结构图

本项目应用了西门子高速托盘DCV（图5.2.6.2-1），其主要机械结构特点是DCV托盘由其下面的两条齿形皮带带动，并由中间轨道进行引导。托盘底部的两个导轮安

装在轨道上。行李托盘最高运动速度可以达10m/s。本项目由于线路复杂，在统筹考虑运输安全及系统运行效率的因素下最终选择了2.5m/s的运行速度。

旅客在三层值机柜台交运行李，安检及联检查验合格的行李在值机岛北侧开包间内通过皮带输送机送往二层。在二层通过钢平台将行李输送线架空安装在天花内。行李在这里通过装载站，由皮带输送机将行李导入至DCV托盘上。DCV托盘带着行李通过二层的预分拣线路进入位于航站楼北侧首层行李分拣大厅内的主分拣环线。为保证系统冗余，国内、国际分别设置两个分拣环线。每个环线都能去往任意目的地离港转盘。DCV托盘在完成分拣倾翻后，将进入空车回收线上的托盘堆垛机临时存储。接到系统指令后，堆垛机中的DCV托盘自动释放并通过空车线送往对应装载站进行行李装载任务。在分拣大厅北侧，国内、国际区分别设置了两组各2000个存储位的货架式早到行李存储系统（EBS）。特殊情况下国内、国际EBS可相互共享存储资源。早到行李按随机分配的原则储存到货架内的存储位。EBS除了提供早到行李存储功能以外，同时也兼备作为第二级的空托盘缓存。二号航站楼的行李系统线路，如图5.2.6.2-2所示。

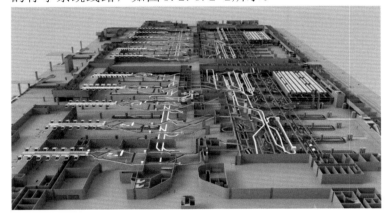

图 5.2.6.2-2　白云机场二号航站楼行李系统线路图

位于航站楼三层的11个值机岛均设置了直通线，共22条收集输送机均可绕开DCV系统直接将行李输送至对应的离港转盘。直通线可实现在HLC（高端控制）与LLC（低端控制）均失效的情况下，通电即可进行输送工作。在正常运行的状态下，直通线亦可作为一种降效运行的处理措施。

本项目国内、国际各设置26个行李自助托运柜台。通过两站式流程，通过自助值机设备和自动化的行李交运设备完全替代了传统托运行李值机流程。

5.2.6.3　系统优点

1. 中转行李线路的建设匹配枢纽机场发展趋势

行李处理系统的后台中转能力是制约航空公司中转业务发展的一个重要条件。作为一个枢纽机场，航空公司也在加快中转航班航路的开辟贯通，同时着力挖掘机场硬件设施的潜力，在提升后台行李中转量的同时保证航班正点率，提升服务质量。

转场前南方航空公司在一号航站楼行李日均中转量为11000件。受到硬件设备的制约，为满足海关、安检的监管要求，需要采用离线安检或人工将行李运送至始发值机柜台的方式处理中转行李。需要大量人工操作干预，中转延误率为4‰左右。南方航空公司转场至二号航站楼后，中转行李均采用行李系统进行分拣处理，既保证了海关及安检的监管需求，也减轻了人力的投入。从2018年5至10月的数据（图5.2.6.3-1、图5.2.6.3-2），白云机场二号航站楼中转行李占比约为三分之一，日均在12000件以上。根据南航的统计数据显示，2018年第三季度广州枢纽运输中转行李110万件，同比增长10%，相应中转延误率控制在3.3‰左右，延误率同比下降0.7‰。主要延误原因为中转前序不足。

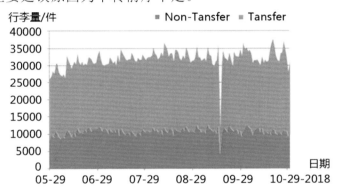

图 5.2.6.3-1　白云机场二号航站楼中转行李量比图

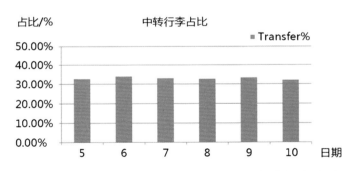

图 5.2.6.3-2　白云机场二号航站楼中转行李占比

2. DCV自动寻址功能提升系统运行可靠性

为实现DCV自动规避障碍点的自动寻址功能，在系统冗余线路的分流点前均设置了通告点，系统可针对当前系统故障或线路拥堵等情况对小车路由进行动态调整。当小车由HE017行至MY021通告点时，系统会将当前系统故障点与该小车路由表进行比对，若故障点对路由没有影响，小车将继续按原路由前进（图5.2.6.3-3）；若在原有路由上有故障或拥堵发生，系统将更新小车路由表，小车可在下一个分流点改变路由，两条通路均可到达目的地转盘。

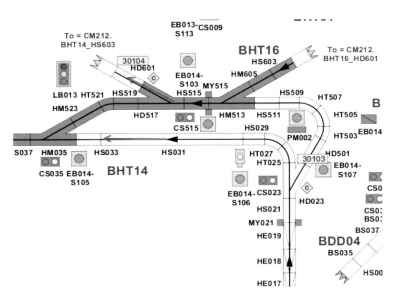

图 5.2.6.3-3　DCV寻址示意图

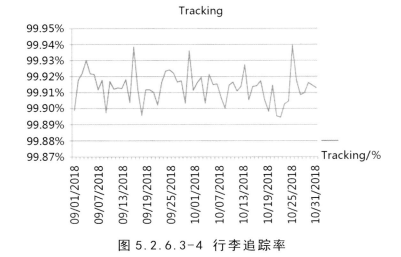

图 5.2.6.3-4　行李追踪率

5.2.6.3-4所示，2018年9月、10月份的追踪率保持在99.91%左右，暂时仍未把RFID的优点发挥出来。

3．RFID的应用将大大提升行李跟踪率

白云机场二号航站楼行李系统的RFID建设是全方位的，值机岛始发行李通过收集线进入开包间处均设置了RFID读取装置。在旅客行李交运时，安检机判读数据与行李条码绑定。行李在收集线的输送过程中除常规跟踪手段外，经过RFID读取装置时可再次判断行李是否需要开包检查。即便常规跟踪手段失效，仍可保证安检和海关拒绝的行李下线的可靠性。同时，始发或中转行李在进入分拣环线前即便出现跟踪丢失，也可以由后续的RFID读取装置正确读取，完成正常的分拣程序。减少由于跟踪丢失导致行李被送至人工编码站重编码的过程，减轻人工处理的工作量，缩短行李在系统上的停留时间。

由于航空公司仅在中转预布控的行李采用了RFID标签，始发行李、一般中转行李现仍采用光学扫码，如图

4．分拣准确率高

根据DCV系统的特点，小车自身也带有RFID芯片进行跟踪，只要正常完成行李装载以后，理论上是很小概率出现丢包或分错的。自二号航站楼启用以来的分错滑槽行李极少，根据每日进行的延误行李原因分析，每个月至多有1件行李分错滑槽。主要原因为人员操作不规范，如手动拖拽行李、重复扫描条码或条码无法扫描等。

5．分拣时间短，分拣效率高

据系统后台记录，随机选取2018年10月31日运行数据，行李在系统中停留时间如表5.2.6.3-1、表5.2.6.3-2所示（表中的数据基于行李交运时扫码记录的初始时间以及经过分拣机的倾翻时间计算。分拣机倾翻后行李下落至离港转盘仍有一小段输送距离，实际行李在系统中的停留时间需在表中数据基础上增加约1min）。

国内分拣时间记录表　　　　　　　　　　　　　　　　表 5.2.6.3-1

序号	导入柜台编号	导出转盘编号	导入时间	导出时间	时长（min）
1	F17	MU_DOM_12	20181031 06:36	20181031 06:39	2.63
2	G09	MU_DOM_13	20181031 06:19	20181031 06:22	2.83
3	H33	MU_DOM_15	20181031 06:05	20181031 06:07	2.82
4	F30	MU_DOM_15	20181031 06:42	20181031 06:43	1.34
5	C08	MU_DOM_11	20181031 06:25	20181031 06:28	2.86
6	H15	MU_DOM_17	20181031 06:39	20181031 06:40	0.92
7	D06	MU_DOM_06	20181031 06:54	20181031 06:57	2.84
8	H31	MU_DOM_19	20181031 06:18	20181031 06:19	1.43
9	R01	MU_DOM_06	20181031 06:45	20181031 06:48	2.71
10	R01	MU_DOM_06	20181031 06:46	20181031 06:49	2.8
11	H06	MU_DOM_15	20181031 06:50	20181031 06:53	2.5
12	R02	MU_DOM_16	20181031 06:36	20181031 06:38	2.13
平均时长					2.32

国际分拣时间记录表　　　　　　　　　　　　　　　　表 5.2.6.3-2

序号	导入柜台编号	导出转盘编号	导入时间	导出时间	时长（min）
1	P28	MU_INT_36	20181031 06:52	20181031 06:55	2.97
2	Q08	MU_INT_34	20181031 06:39	20181031 06:42	3.07
3	L32	MU_INT_29	20181031 06:27	20181031 06:29	1.76
4	R02	MU_INT_35	20181031 06:16	20181031 06:19	2.56
5	R04	MU_INT_29	20181031 06:11	20181031 06:14	3.16
6	L30	MU_INT_29	20181031 06:32	20181031 06:34	1.54
7	L32	MU_INT_29	20181031 06:23	20181031 06:26	2.97
8	R03	MU_INT_27	20181031 06:53	20181031 06:55	1.79
9	R03	MU_INT_27	20181031 06:56	20181031 06:58	1.79
10	P28	MU_INT_36	20181031 06:51	20181031 06:54	3.11
11	P09	MU_INT_30	20181031 06:30	20181031 06:34	3.27
12	N13	MU_INT_33	20181031 06:26	20181031 06:27	1.07
平均时长					2.42

将10月份随机3天的所有进入系统的行李停留时长进行分布（图5.2.6.3-5），其中绝大多数行李均在7min内处理完成。通过进一步查询系统记录，分拣时间较长的行李主要为安检或海关扣留导致，另有部分属于早到行李。

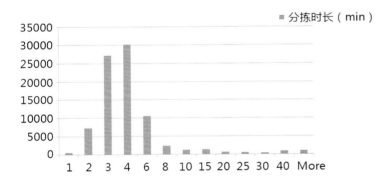

图 5.2.6.3-5　行李分拣时长分布图

6. 早到行李的灵活存储

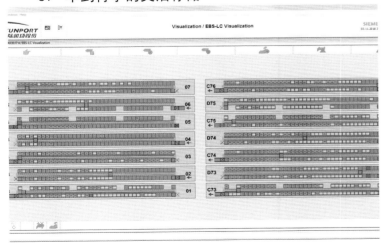

图 5.2.6.3-6　早到行李存储监控界面

距国内航班起飞3h之前（国际航班4h之前）的始发交运或中转行李作为早到行李暂存在早到行李存储中，待到分拣开放时间行李会自动从早到存储提取并分拣到预定转盘。起飞时间提前20h进入行李系统的为过早行李，不进入早到存储将被直接分拣到转盘。

早到行李的路由可根据航班计划动态调整，例如对于延误航班的起飞时间变更，系统可自动更新相应行李的状态以对相关早到行李进行存储、提取或重路由，如图5.2.6.3-6所示。

7. 自助行李托运设备的使用提升了旅客体验及运行效率

国内值机区26台自助行李托运设备自投入运行以来业务量逐月上升。截至2018年10月6日，累计业务总量已达33万余件（331431件，图5.2.6.3-7）。其中单台设备日最高办理395件，26台单日办理总量最高6095件。中间经历了中秋节、国庆节旅客高峰的考验。

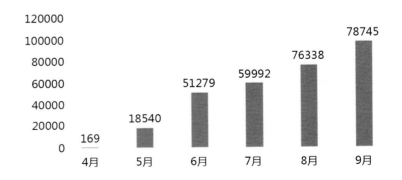

图 5.2.6.3-7　二号航站楼自助托运设备2018年4月～9月业务量统计（国内）

经过现场长时间实际测试，人工、自助办理托运行李时间对照表如表5.2.6.3-3、表5.2.6.3-4所示。

使用自助托运行李系统的旅客滞留值机岛的时间相比人工托运少了3′57″，这可以大大推进旅客人群向安检区移动，提高移动效率，如表5.2.6.3-5所示。

自助托运单件行李时间明细表 表 5.2.6.3-3

指标	自助托运单件行李总时间 /s	选座、打印登机牌时间 /s	打印行李条时间 /s	自助拴挂行李条时间 /s	旅客屏幕操作时间 /s	完成信息对比时间 /s	安检判图时间 /s
平均值	176.8	53	38	23.6	18.8	6.3	37.1
最大值	427	135	120	47	55	8	62
最小值	59	9	17	4	8	5	16

注：自助托运行李排队时间按 0s 统计，计入了等待安检判图时间。

人工托运单件行李时间明细表 表 5.2.6.3-4

指标	托运操作时间 /s	排队等候时间 /s	人工托运单件行李时间总计 /s
平均值	90	360	450
最大值	100	990	1090
最小值	85	0	85

自助托运与人工托运旅客滞留值机岛时间对比表 表 5.2.6.3-5

指标	自助托运	人工托运
最大值	7 分 07 秒	18 分 10 秒
最小值	59 秒	1 分 25 秒
平均值	2 分 57 秒	5 分

目前自助托运时旅客大都第一次使用，拴挂行李条和系统操作熟练程度不足，操作时间比专业工作人员的要长。对于熟练的旅客实际托运单件行李的效率高于人工。随着自助业务的普及，自助托运的平均时间有很大的上升空间。

5.2.6.4 施工及调试碰到的问题及改进反思

1. 从系统角度优化布局，利于系统布置

白云机场二号航站楼行李系统自身是一个非常复杂的系统，各类输送机线路交错、分合流众多。同时在这种大型公共建筑中机电设备及管线同样复杂且交织在一起，给各系统的施工及调试均带来了很多不可预测的问题。另外，根据航站楼消防的新规范，行李系统穿越公共区必须进行防火包封，天花上空的施工难度更大。

① 增加设备夹层

根据消防规范要求的防火包封，从本次施工情况来看，施工难度大，工序上无法先包封再做设备管线等，待其余专业施工完成后再包封又会导致局部区域没有充足的施工空间，致使成品质量不佳。建筑中可考虑设置专用的行李系统夹层，为控制航站楼整体的建筑面积增加，可考虑将夹层空间控制在 2m 内。同时在结构梁上预留消防喷淋、消防报警、照明系统等管道的预留孔，可相应控制净空高度满足行李系统使用。其余机电设备及管线布置在夹层下，可大大减少行李设备与机电管线的交叉。同时在行李夹层内设备维护通道的空间亦可保证。

行李输送及装载的噪音也可以得到有效控制，不会影响到办公或公共区域。

② 装载站布局合理

装载站作为皮带输送机与 DCV 输送机的接口，在系统中担负着非常重要的角色。行李在装载站是否能够成功且正常地装载对 DCV 后续的正常输送起着关键作用。是系统中容易报错、需要经常性复位操作的节点装置。

本项目始发输送线路的装载站均设置在二层夹层内，净空不高，且部分输送线还有交叠，导致各装载站之间互通很难，给装载站的维护操作带来不便。可考虑将装载站统一设置在分拣厅内，通过一通长的钢平台将所有装载站连接便于维护，在需要复位操作时也可非常方便地到达。

③ 部分工艺设备布局可以进一步优化

可增加行李在系统上的排队缓冲功能，提升皮带输送机的利用率，在设备故障状态下可以缓解行李堵包至值机区的压力。

2. BIM应用

在本项目施工初期，指挥部组织西门子和机电一标进行过多次行李系统与管线综合碰撞协调，行李系统的 BIM 模型与机电各专业模型整合后发现了很多问题。但是部分问题没有最终落实到施工图纸上，班组现场施工依然采用最初的蓝图，导致现场碰撞情况没有达到预期。需要在工作流程上进行反思，包括施工依据的确认，施工班组的交底，设计院的联动。

3. 前期需求变化导致的冗余不足

在白云机场一期建设时就提出了枢纽机场的概念，但受制于当时的各种条件，并未形成真正意义上的枢纽模式。在扩建工程建设项目初期需求调研时，无论是机场当局还是航空公司对枢纽机场行李系统的运行模式及发展趋势的理解也并不充分。

① 中转线建设

近年来航空公司着力发展通程联运后台中转行李量急速增多。二号航站楼项目投产初期，日始发行李量约 30000 件，其中约 1/3 为后台中转行李，且比较集中在早晚两个高峰时段。同时，海关对于行李的监管政策也在不停地发生变化。根据最新监管规定要求所有行李人包对应，且 100% 过安检机查验。在高峰时段，本期建设的六条中转线有可能出现同时使用的情况。当中转行李进入主环路后与始发行李共享分拣环线，不利于航空公司后续航班衔接很近的急转行李第一时间完成分拣，依然会出现行李延误的情况。可考虑针对急转行李采取相对独立的线路完成海关监管的流程并实现分拣。

②二层海关开包线

项目前期，根据对海关的监管模式调研，中转行李开包率并不高。本项目海关监管开包间仅设置了一条线路。在投产后，根据海关监管政策的变化，该配置无法应对海关的严格监管模式。随着开包率大大增加，进入开包间的线路排队缓冲冗余不足的问题较为突出。为保证小车等待队列不会过长进而影响到主环线的运转，调试人员调整了运行策略，当同时下线行李超过10件后，后续下线的行李会在环线上绕圈等待。当下线行李量进一步增大后，则下线行李会进入早到行李中临时缓存，待线路具备条件后再释放出来送至开包间。但这种运行模式也大大增加了系统环线的压力，同时进入早到行李缓存会导致行李在系统中停留的时间过长，影响下线效率。最终将运行策略调整为设定42号离港转盘为海关监管专用转盘，当下线行李过多出现队列时，后续行李直接被分拣至42号转盘，由人工送至开包间处理。

4. 产品模块化设计不足导致的安装及调试问题

DCV输送机采用光电感应进行控制，但光电模块并未与输送机集成在一起，而是在输送机安装完成后另行安装光电支架，部分支架甚至是脱离开输送机直接安装在钢平台上，有一定的随意性。在静态和动态调试过程中也可以测试到光电感应实现了基本的功能，但是在压力测试中由于光电感应安装位置或角度不合适，会出现DCV小车相撞、装载失败、输送机超载等问题，后续又用了大量的时间重新调整光电感应器的安装方式。这种散件式的光电感应安装模式在场地安装条件复杂的情况下具有一定的灵活性，但对安装人员的素质要求非常高。

5. 施工人员经验不足

本项目是国内首个全DCV系统的行李分拣应用，北京三号航站楼也曾局部使用DCV系统进行分段式输送，并于2008年投产，距本项目实施也有近10年时间。国内施工人员对DCV系统的安装经验依然非常欠缺。通过本项目的实施，现场安装人员对DCV系统的安装也积累了一定经验。

正是因为DCV系统比传统行李分拣系统具有更大的灵活性，也就必然造成更大的调试及测试难度。各种应用场景都应当在测试阶段全部进行实际的真包测试并要有足够的测试量，以排除隐藏在系统深处的程序BUG，才能保证在投产后，面对各种复杂的实际运行情况，减少系统出现崩溃的概率。

5.2.6.5 结语

行李系统作为机场运营的核心系统，其运行能力是衡量机场保障能力的重要指标，行李系统的安全、稳定性能直接影响着机场服务品质。在行李系统建设中除了引进国际上成熟的、具有先进性的行李系统外，也要充分总结建设以及运营的经验，将建设为了运营这一理念落到实处。

5.2.7　航站区站坪提前启用及切换专题

航站区站坪总占地面积约105.2万㎡（含停机坪、滑行道及道肩、服务车道），新建近机位60个（32个C类、25个E类、3个F类），其中包括7个组合机位，最多可提供67个机位（46个C类、20个E类、1个F类）；新建远机位14个（C类），改造过夜机位6个（C类）。

该工程于2014年7月1日开工，2017年8月1日通过了建设单位组织的竣工验收。工程建设过程中，根据白云机场股份公司的机位使用需求，指挥部结合工程现场实际，科学制定了33个临时机位提前启用和永久机位及切换计划，并合理安排施工力量如期完成了各阶段的施工任务，充分保障了机位提前启用和永久切换的顺利推进，有效缓解了白云机场股份公司机位数量紧张的运营压力。

第一阶段：33个临时机位提前启用

根据股份公司提出的临时机位交付使用要求，共有33个临时机位需于2015年11月投入使用，包括11个固定远机位、22个临时机位。其中A区设置14个机位，其中12个临时机位，2个永久机位；B区设置8个临时机位；C区设置6个永久机位；D区设置5个永久机位。

为此，指挥部制定了以下施工计划：（1）北站坪33个临时机位将于2015年10月10日完成土建及助航灯光工程；（2）2015年10月11日至10月21日完成竣工验收及整改工作；（3）2015年10月22日至2015年11月5日完成行业验收及整改工作；（4）2015年11月6日至2015年11月11日完成实物工程移交工作；（5）2015年11月12日具备使用条件。

为满足33个临时机位启用所需的建设实体和配套设施运行需求，着重完成了如下设施的运行调试等工作：（1）消防设施：消防管网、灭火器组合箱；（2）助航设施：滑行道中线灯、滑行道边灯、站坪高杆灯、滑行指引标记牌、机位标记牌；（3）排水设施：设计排水能力、排水沟警示标志、铸铁钢箅子；（4）航空器系留设施：机位地锚；（5）航空器加油设施：加油栓井；

（6）站坪安防设施：机位监控系统、围界监控系统、围界报警系统；（7）站坪服务车道：A区服务车道、B区服务车道、C区服务车道、D区服务车道；（8）站坪地面标识：滑行通道中线、机位引入线、机位号码标识、飞机推出线、飞机推出启动点、鼻轮停止线、翼尖净距线、机位编码、机位标记牌、地面信息标志、保障作业等待区、设备停放区；（9）道路交通标志：服务车道中线、服务车道边线、停止线、等待位置标志、限速标志、指示标志、警示标志；（10）站坪配套设施：垃圾桶、机位标记牌防撞护栏、高杆灯防撞护栏、电箱防撞护栏、服务车道边缘设置护栏、机位标记牌（原机位）背面喷涂机位号码、FOD防范标识、反光警示标识、机位空调设施。

作为白云机场二期扩建工程的提前投产项目，33个临时机位需克服扩建工程的交叉施工和工期紧张等诸多压力，为保证机位如期投入使用，指挥部协调解决了以下突出问题：（1）临时机位工程作为站坪工程一部分，在站坪工程整体完工前，存在临时机位滑行道灯因形成不了回路无法亮灯问题，民航中南空管局曾提出按现行运行模式使用临时机位无法满足运行标准，经股份公司牵头协调民航中南空管局，出具了临时机位运行模式方案；同时，股份公司提前进行了机场管理手册的修编工作。（2）根据民航相关规定，航行情报资料生效日期前，必须提前80天完成原始资料收集，提前49天送印，提前28天发布航行情报资料。临时机位将于2015年11月12日使用，该工程必须在9月24日前完成行业验收及相关整改工作，达到航行情报资料送印标准，10月15日前航行情报资料必须进行公布。但根据临时机位建设情况，在全力抢工状态下能保证临时机位工程10月10日完工，10月底前完成竣工验收和行业验收及相关整改工作，无法满足规定要求的航行情报资料送印时间和公布时间。通过集团公司协调了民航中南管理局解决缩短航行情报资料发布周期问题。（3）协调集团公司召开了专题会议，并邀请民航中南管理局、空管局、监管局和股份公司、指挥部等相关单位参会研究，讨论解决了上述问题，充分保证了33个临时机位如期投入使用。

第二阶段：航站区站坪永久机位启用及切换

站坪工程通过竣工验收后，二期扩建工程新建机位已具备永久启用的基本条件，指挥部也结合工程建设实际和民航航空资料申报的相关规定，制定了2017年10月永久机位启用及后续部分机位改造切换的工作目标，根据机位的使用情况共分为五个区域。

Ⅰ区为正在使用的过夜机位，改造时关闭6个机位，之后可永久启用6个机位；Ⅱ区为正在使用的临时机位，改造时关闭5个机位，之后可永久启用6个机位；Ⅲ区为正在使用的临时机位，改造时关闭14个机位，之后可永

久启用16个机位；Ⅳ区为正在使用的临时机位，改造时关闭8个机位，之后可永久启用6个机位；Ⅴ区为本期修建完成的机位，包括东侧和北侧共计33个机位，计划10月12日启用后使用。

为全力推进二号航站区站坪工程机位启用及切换工作，指挥部制定了工作计划（表5.2.7），并部署了机位切换的相关工作。顺利在2017年10月12日启用了Ⅴ区33个机位，并在后续陆续完成了Ⅰ、Ⅱ、Ⅲ、Ⅳ共四个区的改造和切换，永久启用了34个机位。

站坪工程机位启用及切换工作计划表　　表5.2.7

序号	项目名称	完成时间	备注
1	站坪工程完工	2017.7.10	—
2	站坪工程竣工验收	2017.8.1	—
3	站坪工程行业验收	2017.8.2～8.20	—
4	原始资料收集截稿日	2017.7.24	—
5	送印日期	2017.8.24	—
6	空侧围界通过验收	2017.8.1	—
7	站坪东侧和北侧围界拆除	2017.9.20	—
8	站坪Ⅴ区启用	2017.10.12	窗口日
9	4个区域机位改造	2017.10.13～12.31	—
9.1	Ⅰ区	2017.10.13～10.23	—
9.2	Ⅱ区	2017.10.24～11.14	—
9.3	Ⅲ区	2017.11.15～12.15	—
9.4	Ⅳ区	2017.12.16～12.31	—

5.2.8　城轨工程与航站楼交叉施工专题

5.2.8.1　工程概况

城轨工程与航站楼交叉段处于二号航站楼土建一标T-20至T-25轴的位置，土建一标建筑面积约30万㎡，其机场工程部分为二号航站楼主航站楼及北指廊东翼部分上部土建结构工程（即主楼T-14轴至T-37轴范围）。北指廊及其固定端东翼部分上部土建结构工程（即T-14轴至T-1/34轴范围）；主航站楼与交通中心连接的地下管廊以主楼南侧边线（即T-A轴）为标段分界面。

城轨工程为白云机场二号航站楼扩建工程的重要组成部分，位于白云机场南北中轴线东侧，车站含站前折返线和停车线总长930.60m，由北向南分别下穿机场二号

站停机坪、二号航站楼、交通中心停车楼以及室外停车场。车站位于白云机场的交通中心及二号航站楼下方，呈南北向布置，与地铁3号线机场北站对称布置。其中下穿二号航站楼段长288.0m（采用双层双跨矩形框架结构，宽25.6m，高14.48～16.48m，埋深约4.7～7.0m）。机场航站楼仅设置地面层，无地下层，航站楼主受力柱最大轴力达43730kN，航站楼柱网均落在车站结构中线上，考虑结构的受力特点以及施工的便利性，采取柱网与车站结构合建的方式，柱网下桩基承台与车站底板一起浇筑，同时在两侧墙下方亦设置桩基承台与车站底板一起浇筑。

1. 航站楼段结构尺寸

航站楼段（横断面一）如图5.2.8.1-1所示。

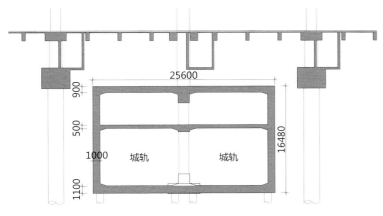

图 5.2.8.1-1　航站楼段（横断面一）

本段采用双层双跨矩形框架结构，宽25.6m，高16.48m，顶板900mm，底板1100mm，中板500mm，侧墙1000mm。

航站楼段（横断面二）如图5.2.8.1-2所示。

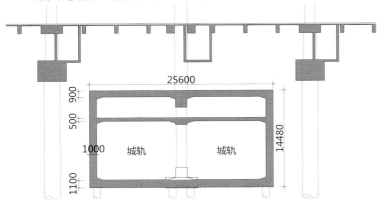

图 5.2.8.1-2　航站楼段（横断面二）

本段采用双层双跨矩形框架结构，宽25.6m，高14.48m，顶板900mm，底板1100mm，中板500mm，侧墙1000mm。

航站楼段（横断面三）如图5.2.8.1-3所示。

本段采用双层双跨矩形框架结构，宽25.6m，高15.48m，顶板900mm，底板1100mm，中板500mm，侧墙1000mm。

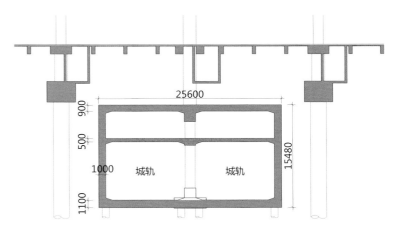

图 5.2.8.1-3　航站楼段（横断面三）

2. 基坑围护结构设计

下穿航站楼段基坑总长292.9m，基坑宽25.6m，深约23.56m，车站主要位于粉质黏土、粉砂、中砂、砾砂，底板处于粉质黏土、砾砂及灰岩层。地下水位很高，水量丰富，基坑体量大。车站主体围护结构采用1000mm厚地下连续墙（共105幅，幅宽6m），墙幅间采用 $\phi 800mm$ 的双管旋喷桩止水。

明挖基坑围护结构采用连续墙加内支撑形式，车站墙顶设一道1.0m×1.0m冠梁，在开挖期间共设置四道支撑加一道倒撑，在墙顶冠梁位置设第一道钢筋混凝土支撑，支撑截面为0.8m×1.0m，在支撑端部设置八字撑，截面为0.6m×1.0m，其余各道支撑采用钢管撑，管径600mm，$t=16mm$，围檩采用钢腰梁。

5.2.8.2　工程特重点、难点分析

（1）本工程周边环境特殊，施工期间不停航管理要求高。本工程紧邻白云机场，周边环境复杂，管线较多，航空和供给保障设施保护要求高，而且施工生产活动可能受到机场运营和区域管制影响。

（2）多标段、多单位交叉平行施工，平面管理和协调要求高。现场施工区域内有多标段、多部门和单位共同施工，存在大量的空间交叉作业。

（3）工程量大，一次性施工资源投入大。本工程土方开挖量近48万㎥，为满足施工要求必须投入大量的机械设备、周转架料、劳动力、资金等，场地平面布置难度大。

（4）承台大体积混凝土施工难度大。本工程承台尺寸比较大，且部分与底板相连，施工时同时浇筑，属大体积混凝土施工。大体积混凝土施工质量控制是本工程的重点。

（5）楼板大面积混凝土平整度及裂缝控制难度大。T-16至T-25轴部分按招文需要后做，平面结构施工面积各约为5.9万㎡。将该部分梁板分割成30大块，每块最大面积约2000㎡。超长超大面积混凝土结构的裂缝控制

是本工程施工的重点与难点。

（6）预应力工程量大，要求高，对施工的连续性和受力情况控制要求高。

（7）预埋件数量大，精确度要求高。

（8）材料运输及组织量大，交通管理难度大。大量的物资、半成品和设备主要从机场花东出口进入航站楼施工区域，需要有完善的交通疏解措施，保障施工阶段交通道路的通畅是施工组织的重点。

5.2.8.3　总体计划安排

受城轨工程施工的影响，其上部航站楼主体结构的施工遵循先地下后地上、从主楼东西侧方向向中间推进的原则。具体安排如下：

（1）航站楼土建工期为24个月，2013年12月31日进场，2015年12月前通过验收。

（2）除T16至T25轴范围外的其余区域在2015年3月完成所有结构，满足钢结构工程的吊装安装，节点工期为15个月。

（3）T16至T25轴范围从2014年12月开始施工，在2015年12月完成所有结构及粗装修，以满足钢管混凝土柱和钢结构工程的吊装安装和土建结构工程验收，节点工期为12个月。

5.2.8.4　交叉段施工部署

该区域在城轨工程完成后进行施工，从2014年12月开始施工，并在2015年12月完成所有结构及粗装修，满足钢结构工程吊装及土建结构工程验收。由于该区域工期紧张，砌体工程在三层结构完后插入施工，装修工程紧跟其后。

具体施工程序如表5.2.8.4所示。

交叉段具体施工程序表　　　　　　　　　　　　　表5.2.8.4

序号	项目名称	开工时间	完成时间	工期（天）
1	首层以下结构（含承台、地梁、管沟等）	2014年12月1日	2015年1月31日	62
2	首层楼板结构	2015年2月1日	2015年4月19日	78
3	二层楼板结构	2015年4月20日	2015年6月3日	45
4	三层楼板结构	2015年6月4日	2015年8月17日	75
5	四层楼板结构	2015年8月18日	2015年9月16日	30
6	五层楼板结构	2015年9月17日	2015年10月16日	30
7	砌体工程	2015年8月18日	2015年11月10日	85
8	室内粗装饰	2015年9月24日	2015年12月21日	89
9	水电及结构预埋件预埋预设	2015年2月4日	2015年10月13日	252
10	防雷工程	2014年12月4日	2015年10月12日	313

1.　首层以下施工阶段（包括承台、地梁及地下管沟）

本阶段采用全面开展、见缝插针的形式进行施工；

本阶段是在地铁、城轨及隧道工程完成后进行，因此承台、地下管沟可以按标高分别进行土方回填后施工；

该阶段初期进行本区域内的塔吊（三台）基础施工，塔吊基础采用四桩承台，基础定位应准确，避开管沟、地梁及承台结构；

该阶段材料运输可利用东西侧的六台塔吊（覆盖范围内区域），覆盖不到的区域利用汽车吊辅助进行材料运输，混凝土浇筑采用泵车为主、塔吊为辅的方法进行。

2.　上部结构施工阶段

（1）首层楼板施工阶段

该层面积大，本阶段按南北侧划分为两个施工区。南区建筑面积约2.4万㎡，北区建筑面积约1.9万㎡，两个区域同时进行施工；考虑到资源需要量均衡配置及流

水施工，南区及北区均划分两个施工段（南-1、南-2、北-1、北-2），先进行南-1及北-1施工段的施工，后进行南-2及北-2施工段的施工；施工段内按后浇带组织施工，施工段间从外围南北两侧向中间靠拢进行流水施工，以便日后周转材料可以从外向里先后安排清运。

本阶段由九台塔吊负责材料垂直运输（包括前期东西侧已安装的六台及本区域内新安装的三台），八台地泵及四台汽车泵负责混凝土浇筑。

（2）二层楼板施工阶段

本阶段按南北侧划分为两个施工区。其中南区建筑面积约1万㎡，北区建筑面积约0.8万㎡，两个区域同时进行施工；施工区内按后浇带组织施工，南区从南往北进行流水施工，北区从北往南进行流水施工。

本阶段设置九台塔吊负责材料垂直运输，八台地泵及四台汽车泵负责混凝土浇筑。

（3）三层楼板施工阶段

该层面积较大，本阶段按南北侧划分为两个施工区。南区建筑面积约 2.4 万 m²，北区建筑面积约 1.9 万 m²，两个区域同时进行施工；考虑到资源需要量均衡配置及流水施工，南区及北区均划分两个施工段（南 -1、南 -2、北 -1、北 -2），先进行南 -1 及北 -1 施工段的施工，后进行南 -2 及北 -2 施工段的施工；施工段内按后浇带组织施工，施工段从外围南北两侧向中间靠拢进行流水施工。

本阶段由九台塔吊负责材料垂直运输，八台地泵及四台汽车泵负责混凝土浇筑。三层楼板结构施工后，插入砌体工程施工。

（4）四层楼板施工阶段

四层楼板为结构内缩。本阶段按南北侧划分为两个施工区。其中南区建筑面积约 0.65 万 m²，北区建筑面积约 0.8 万 m²，两个区域同时进行施工；施工区内按后浇带组织施工，南区从中间板块向两侧板块进行流水施工，北区从北往南进行流水施工。

本阶段设置九台塔吊负责材料垂直运输，八台地泵及四台汽车泵负责混凝土浇筑。

（5）五层楼板施工阶段

本层建筑面积较小，本阶段按南北侧划分为两个施工区。其中南区建筑面积约 0.45 万 m²，北区建筑面积约 0.35 万 m²，两个区域同时进行施工；施工区内按后浇带组织施工，南区从中间板块向两侧板块进行流水施工，北区从北往南进行流水施工。本阶段设置九台塔吊负责材料垂直运输，八台地泵及四台汽车泵负责混凝土浇筑。

（6）砌体及装修施工阶段

砌体在三层结构完成后插入施工，由于工期紧张，砌体施工不分区域，采取见缝插针、全面开展的形式组织施工，施工时应先进行外立面位置的砌体，以便外墙饰面可以提前插入施工，室内粗装修工程紧跟砌体工程进行。该阶段布置 10 台施工电梯及五台钢井架负责垂直运输。

5.2.8.5 站坪与城轨、综合管廊的交叉施工专题

1. 北站坪与城轨、综合管廊的工程概况

根据白云机场扩建工程平面布置，北站坪下有珠三角城际轨道和白云机场综合管廊横穿。其中新塘至广州北项目城际轨道工程下穿二号航站区站坪工程（二标段），二者交叉施工范围约 30m×290m，位于已完成的 169、170 机位下方；白云机场综合管廊东侧和西侧均下穿站坪工程（二标段），交叉施工范围均为约 7m×280m，分别位于已完成的 168～170 机位和 280～282 机位的下方。

与新建城际轨道和综合管廊相交区域的站坪为 42cm 厚水泥混凝土道面和两层共计 40cm 厚的水泥碎石基层结构，并新建有一条贯穿站坪的 II 类铸铁篦子单孔箱涵。

城际轨道工程在该区域采用连续墙支护形式，明挖拱形明洞结构，结构宽度为 26.4m，结构扩大位置宽度为 29.6m，相交区域站坪混凝土道面标高为 14.65m，距离拱顶结构深 8～12m。

综合管廊结构顶覆土在 3～4.5m，机场 A、B 管廊为普通钢筋混凝土结构，A 管廊结构宽度 7.1～6.8m，B 管廊结构宽度 6.7～6.4m，均采用明挖现浇施工，其中 A2、B2 管廊位于站坪区域，地面活荷载按 E 类飞机荷载。

2. 交叉区域的工程设计

民航总院设计文件提出，由于城轨所在上部机坪、滑行道为 F 类标准，因此飞机荷载应按 A380-800F、B777-300、B747-400 型飞机中最大荷载进行设计。基坑两侧回填宽度小于 2.5m 处，由于施工机械不易压实，宜采用 28 天抗压强度 3MPa 湿贫混凝土回填；其余部位采用素土回填，压实度不小于 0.95（重型击实试验）；无法达到上述压实度要求处，可采用 8% 灰土回填。

根据城轨相关设计文件，城轨主体结构完成后，穹顶两侧基坑底 3m 高范围采用素混凝土回填，3m 至城轨回填顶部采用土方分层碾压，回填深度 8～10m，基坑宽度 26.5～31m。

民航总院对于交叉区域的工后沉降提出如下要求：（1）道面高程施工区域与周边产生的沉降差异不大于 50mm；差异沉降不大于 1‰；（2）排水沟沟顶高程（站坪钢箅子盖板明沟及联络道钢筋混凝土盖板暗沟）：施工区域与周边产生的沉降差异不大于 50mm；差异沉降不大于 1‰；沟体位移不大于 15mm。并要求在道面工程施工完成后，应在城轨影响范围内进行为期不小于 1 年的监测，监测项目建议：a. 道面沉降监测；b. 道面差异沉降坡度监测；c. 道面裂缝监测和道面接缝开裂监测；d. 排水沟沟顶沉降监测；e. 排水沟沟体位移监测；f. 排水沟沟体裂缝监测。

3. 交叉区域的施工及局部处理

站坪基底是城际项目的回填土，属于高填土地基。停机坪段基坑宽 25.6m，基坑回填高度为 8.6～12.6m。基坑回填施工由城轨方实施，采用的回填材料为黏性土或砂性土，填土中不含草、垃圾等有机杂质，不得采用淤泥、粉砂、杂土、有机质含量大于 8% 的腐殖土、过湿土、冻土和大于 150mm 粒径的石块，在防水层以上 500mm 回填采用透水性较差的黏性土，基坑两侧回填 C20 素混凝土高度为 2.7m。根据《民用机场飞行区施工技术规范》要求，飞行区土方回填在土基面层 2m 范围内压实度需达到 95%，2m 以下压实度需达到 93%，土方回填需分层碾压，层厚为 30cm，回填料粒径小于层厚的 2/3。

2016 年 7 月，城轨方施工单位完成 28 联结构施工，

开始进行基坑回填作业,随后珠三角城际轨道公司于2016年11月和2017年3月完成基坑回填并移交指挥部;指挥部在接收城轨回填段后为保证站坪工程进度,组织站坪工程施工单位进行北站坪道面、排水工程施工。2017年3月中旬,城轨回填区域填筑土体出现不均匀沉降,引起已完工的部分道面板断裂、排水箱涵沉降开裂等。珠三角城际轨道公司组织施工单位城轨与站坪的交叉区域,即里程DK51+279.714～DK51+543.914填土区域进行袖阀管注浆加固。

工程采用袖阀管注浆,把凝胶性能的水泥浆液材料,通过配套的注浆机具压入填土中,凝胶硬化后能固结使填土强度和自稳能力得到提高,避免停机坪工后沉降过大。具体范围为连续墙以内,拱形结构以上0.8m或者1.5m,对该范围土体采用袖阀管注浆进行加固。技术指标如下:

（1）注浆孔平面布置,车站横向间距2000mm、3400mm、3500mm,纵向3000mm、梅花形布置的形式施做袖阀管注浆钻孔;

（2）注浆材料采用纯水泥浆,水泥采用42.5R级普通硅酸盐水泥,水灰比0.8～1.2,宜为1:1;

（3）注浆压力按0.8～1.0MPa控制,2～3次,每次持续10～20min。在达到设计注浆压力后,地层的吃浆量小于2～3L/min,且地面无隆起、跑浆、冒浆时终止注浆。

4. 工后沉降监测

根据设计文件关于站坪和城轨工程交叉区域工后沉降的技术要求,指挥部委托监测单位编制了为期一年的专项监测方案,监测期约400日历天。监测项目具体包括:（1）道面:道面沉降监测28点,裂缝监测(道面、接缝)10点,土体水稳层沉降监测22点;（2）排水沟:排水沟体沉降监测11点,排水沟体位移监测11点,裂缝监测10点。

本项目从2017年7月开始监测,至2018年8月止,在整个监测期间,各项监测数据情况如下:（1）道面沉降监测:累计沉降最大点为M14,最终沉降量为14.9mm,未超出控制值(50mm);（2）水稳层沉降监测:累计沉降最大点为W10,最终沉降量为19.12mm,未超出控制值(50mm);（3）排水沟体位移监测:累计位移最大点为P1,最终位移量为7.3mm,未超出控制值(15mm);（4）排水沟体沉降监测:累计位移最大点为PD5,最终位移量为14.2mm,未超出控制值(50mm)。各项目监测数据均处于正常范围。

经工后监测,监测期间现场巡检未见明显裂缝、塌陷等异常情况。结合各监测项目数据和现场巡检情况,整个监测期间北站坪城轨回填段区域处于安全稳定状态。

5.2.9 全场标记牌改造及转换专题

5.2.9.1 项目背景

白云机场一期工程共建成两条跑道(图5.2.9.1-1),整个飞行区按两跑道规模进行跑道、滑行道、标志标识进行编号,运行至2014年。2014年底三跑道工程基本建成(图5.2.9.1-2),按远期飞行区规划五条跑道的情况重新对全场跑道、滑行道编号变更。为配合第三跑道启用,全场标记牌改造工程应运而生,同时也因为航行情报生效的缘故,全场标记牌变更是三跑道启用的前置条件。根据飞行区标准更新(《国际标准和建议措施—机场》(国际民用航空公约附件十四,第五版)《民用机场飞行区技术标准》MH 5001-2013),第三跑道将在全场标记牌实施成功转换后投入运行。

5.2.9.2 工程概况

白云机场全场标记牌改造作为第三跑道配套项目,于2008年8月18日经国家发展改革委《国家发展与改革委员会关于白云扩建工程项目建议书的批复》(发改交运〔2008〕2177号)批准立项,于2012年7月20日经国家发展改革委《国家发展与改革委员会关于白云扩建工程可行性研究报告的批复》(发改基础〔2012〕2171号)批准建设。全场标记牌改造工程合同总造价为2484.6801万元,合同工期150日历天,于2014年6月16日开始施工,计划于2014年11月13日完成合同范围内所有项目的施工并完成自检工作,由于全程不停航施工,每天施工时间受运行限制,工程后期申请工程延期100天,本工程于2015年2月5日"一夜转换"完成竣工预验收、竣工验收和行业验收。2015年2月4日至2015年2月5日监理单位分别对各单位工程组织了工程初验,各项评定指标均符合设计与规范要求,质量优良,竣工资料整理齐备,具备竣工验收条件。

全场标记牌工程主要内容如下:

本期白云机场扩建工程飞行区全场标记牌改造工程,包括东、西飞行区的跑道、滑行道、联络道及站坪的标记牌改造工程,以及上述区域与原有助航灯光系统、道面标志标识系统连接处的改造施工。

（1）滑行引导标记牌安装516块(含配套基础、灯箱、隔离变压器等);

（2）电缆保护管敷设3283m;

（3）一次电缆敷设39800m;

（4）灯光二次电缆敷设2000m;

（5）拆除原有旧标记牌490块;

（6）地面标志线划设面积7000m²。

5.2.9.3　实施方案策划

（1）由于本工程属于不停航施工，施工面积大，施工难度和安全要求高，所以把现有三大施工区域（西飞行区、东飞行区和联邦快递区）根据机场运行情况进行划分为105个小施工区域。

①西飞行区：42个；

②东飞行区：46个；

③联邦快递区：17个。

（2）由于全场道面地面标志标识修改面广量多，无法在一夜完成所有新的标志标识更改工作，征求各方同意以下建议：

①除涉及跑道、滑行道编号修改的地面信息标识外，其余地面标志标识照常施工。

②涉及跑道、滑行道编号修改的地面信息标识，以11月13日三跑道启用为界，11月13日前全场按旧编号方案运行，此前28天开始擦除现有需要修改的地面信息标识，实施擦除期间只看标记牌不看地面信息标识；11月13日后按新编号方案运行，此后28天内完成施工新地面信息标识，施工期间只看标记牌不看地面信息标识。

③塔台管制室建议全场四条垂滑W、H、V、G（T1、T2、T3、T4）相关的地面信息标识也应在切换当晚完成。

（3）全场标记牌的切换、六处跑道编号的修改与增加应在切换当晚一夜完成。

（4）联邦快递航班在凌晨0:00到5:00五小时内起降，到切换当夜若完全关闭机场飞行区会对联邦快递运营造成影响，需重新研究，包括当晚提前启用三跑及联邦快递区域供联邦快递使用的可行性。

5.2.9.4　存在的主要问题及对策

1.　存在的主要问题

（1）工作时间严重不足

从2014年6月16日开工到6月27日，排除各种客观不可改变原因，实际进场施工时间为5天，根据每天值班记录进退场时间计算，五天合计工作时间8h50′，平均每天不到2h的工作时间。

（2）施工车辆办证问题

本项目需要浇注商品混凝土，因此有不少场外混凝土车需要办理证件，但是办证手续、程序流程太长，而车辆证件有效期仅为一个月，待证件下发有效使用时离失效期限只有几天，严重制约了施工计划的落实。

2.　实施对策

积极向局方汇报，争取空管和机场运行指挥的最大支持，主要协调和解决问题如下：

（1）车辆进入控制区证件

提请集团根据本工程实际情况，协调公安适当简化申报程序或延长车证有效期。

（2）白天施工问题

为提高施工效率及更有效的安全监管，协调空管局在不影响运行的前提下，批准在部分滑行道区域进行白天施工（比如联邦快递区域、东跑道安全距离外的Y滑西侧、Y滑东侧及其他可能的区域）。

（3）A380航班问题

东跑道由于每早A380航班影响，造成施工时间非常短，协调空管采取以下两措施解决：①在A380航班到达前所有施工人员、车辆及机具设备撤离到安全区，在A380落地滑行到机位后，再次进入东跑道区域施工至早上开航前；②适当提早东跑道关闭时间。

（4）机位协调问题

协调机场运行指挥中心提前妥善安排机坪区域飞机停场，尽可能增加该区域的施工时间。

（5）清场检查问题

协调机场动力场道部增加一个班组专门负责本工程的清场检查工作，尽可能缩短清场检查等待时间。

5.2.9.5　工程特点与难点

（1）工程量大，单次转换的牌面数量全国第一，数量达到522块，地面标志线（图5.2.9.5-1）、地面信息划设面积7000m²。

图5.2.9.5-1　地面信息标识划设

（2）施工工期紧。本工程从2014年6月中旬开工，适逢雨季，造成施工的不确定性，给工程施工管理带来诸多困难。

（3）飞行区新建各类管网众多，管线交错复杂，本工程在施工过程中土建工程与管线施工之间协调配合难度大，部分施工区域与机场原有管线交叉。为保证机场正常运行，施工过程中不伤及原有管线，因此，在进行标记牌基础制作土方开挖前，需按规定进行地下管线开挖审批，然后对原有管线采用仪器探测和挖探坑相结合的方法，确认电缆埋设位置深度，以及回路走向，确保地下管线的正常运行，如图5.2.9.5-2所示。

图 5.2.9.5-2　电缆沟开挖作业

（4）不停航施工是本工程实施的一大难点。本工程不停航施工根据白云机场的运行情况约安排在夜间凌晨01:30至04:30之间，每天施工时间短、强度大、效率高。约3h的夜间不停航施工含组织施工单位十几辆施工车辆及上百名施工人员进场、围蔽施工区域、开挖标记牌基础、预埋灯箱线管、浇筑混凝土、拆装牌、接线、回路测试检查、开灯调试等多个环节。

本工程标记牌的安装方式分为原位安装和新位置安装二种方式，为了满足现有的运行，施工单位精心准备各种施工方案，采取多种方案相结合的方式进行施工。例如：①原位安装的标记牌需要临时拆除原有标记牌（图5.2.9.5-3），在原有的标记牌基础上安装新标记牌，并且在施工结束开航前，需将原有标记牌固定在新装的标记牌上，恢复原有标记牌的使用。②对于原有双面字符的标记牌，需要重新制作一块显示为原有其中一面字符的标记牌，改造时用来临时固定在新装标记牌的另一面，施工结束后均要恢复原有的标记牌使用。③移位安装的标记牌在启用前，需要用不透光的挡板遮盖字符面。这些措施都有效保障了施工过程中的运营。

图 5.2.9.5-3　原位改造标记牌

迁移及改接原有标记牌灯光回路是不停航施工的一项重点工作，涉及与机场运行的紧密协调，每一个回路的驳接均需保证次日开航前的正常使用。本次跑道和所有滑行道、联络道最后的灯光系统调试工作及外场灯光

回路亮灯调试，必须结合机场现运行模式安排调试时间。

建立有效的沟通机制，形成不停航施工标准化程序，做到计划安排、申报、实施、检查、完成总结一个闭环管理系统。民航安全生产无小事，为了更好地保障每天的机场运行，建立周协调例会制度（图5.2.9.5-4）。会议邀请了空管塔台、股份指挥中心、股份动力场道部作为每周生产管理的常邀参加方，配合股份的关闭跑道计划、空管塔台的指挥区域制定一周的施工计划，协调一周的生产任务。总计召开周协调会31次，各类专题会6次，分别制订《全场标记牌不停航施工组织方案》《全场标记牌施工专项安全管理规定》《全场标记牌专项施工方案》《全场标志线划设专项施工方案》《全场标记牌回路调试方案》等管理规定和报告，另每周总结一次上周的施工内容，把每天的航行情报公告、申报不停航施工计划、进退场路线图纸、施工区域图纸和联合检查退场销项表按工作日期进展汇总归档以便查阅。

图 5.2.9.5-4　专项方案协调会现场图

"一夜转换"方案是本工程最大的亮点。在2013年7月新飞标实施之后，各机场逐步把旧跑滑编号系统更新为新飞标下的编号系统。由于联络白云机场的东西跑道的四条垂直联络道都重新更名，整个飞行区无法做到分开转换，且同时三跑道也在新跑滑编号系统生效后正式启用。因此，白云机场全部跑道、滑行道编号变更；全部标志线、地面信息标志按照新飞标的标准重新划设生效必须在新编号航行情报生效当天同时启用，其难度相当于一次运行中的机场转场。纵观国内机场，尚无这样的全场一夜转换的先例。

为了实现该目标，指挥部从2014年9月提出第一次方案提交集团公司，期间多次联系空管、股份公司、南航、联邦快递公司各大单位组织专题会讨论并向管理局、监管局请示，最终于2014年11月13日确定了最终的"一夜转换"方案。白云机场将于2015年2月4日晚12:00至2015年2月5日8:00全面关闭机场配合"一夜转换"施工，直至重新开航。

为了实施"一夜转换"，指挥部在2015年1月8日和1月22日分别组织施工单位、监理单位，联系股份公司一起进行了"一夜转换"的第一次白天演练和第二次夜间演练，准确计算转换当晚的施工时间，拟定当晚组织施工的机具设备、人力配置，验证当晚的应急施工方案以保障当晚施工的顺利完成及第二天机场的开航（图5.2.9.5-5）。"一夜转换"当晚，指挥部组织施工单位人员400余人、车辆110辆进行转换工作，于7h内完成所有新旧标记牌的转换和标志线、地面信息标志的划设工作，并于2015年2月5日7:00完成竣工验收和行业验收，重新把飞行区移交股份公司开始运营。

图 5.2.9.5-5　集团公司、中南管理局领导视察第二次演练情况

5.2.9.6　建立完善的质量安全管理体系，严把质量安全关

为了圆满完成指挥部工程管理任务，全体人员牢固树立"质量第一、安全至上"的指导思想，建立各项行之有效的管理制度，使工程管理规范化、制度化。如每周五的工程例会制度、技术交底制度、工程签证制度、材料进场检验制度、工序报验制度、不停航施工管理手册等，这些制度与办法的实施有力地保障了工程质量与施工安全。指挥部全体现场管理人员克服雨季施工、不停航施工等不利因素影响，精心组织严格管理，放弃节假日与夜班补休，和监理单位、施工单位的参建人员共同战斗在施工第一线，全年节假日周末无休，协调施工单位进退场，担任施工车辆及外购材料大型车辆的引领工作，处理不停航施工中的问题，会同指挥中心、场道做好联合检查，在整个施工过程中未发生因施工原因导致的航班延误或者不正常生产事件。

在指挥部的正确领导和各部室的大力支持和配合下，工程管理部门针对本工程的特点采取了多项有力措施，高标准严要求，狠抓工程质量、进度，加强投资、安全、文明施工等全方位的管理。通过精心组织、科学管理，

克服了种种困难，确保了工程管理目标的实现，工程质量符合设计和规范要求，未发生任何工程质量事故和问题，工程进度、投资严格受控。

5.2.9.7　工程启示

一年运行客流量过千万及以上的机场，从项目规划开始就必须按远期总规进行飞行区跑滑系统的命名设计工作；从运行保障角度来看，标记牌和标志线施工区域应独立成区，分批转换，不到万不得已不要实施全部一次转换；重视航行公告情报的核实和发表工作，以免发生航空器滑错滑行道的不安全事件；夜间不停航施工是迫不得已的，有条件还是尽量在白天关闭相对独立的区域进行施工，同时做好飞行区人员、车辆、证件的管理协调工作，极大提高施工效率。

5.2.10　飞机地面专用设备管理系统的实践应用专题

5.2.10.1　登机桥活动端及桥载设备的工程概况

二号航站楼停机坪登机桥活动端92条，飞机400Hz电源110台，飞机空调84台，92条桥的登机桥综合管理系统，合同金额约为18269.85万元。

5.2.10.2　登机桥活动端及桥载设备的设计和招标阶段

登机桥活动端及桥载设备项目的招标文件是从2014年的5月开始编写的，约12月完成全部招标合同的签订。股份公司相关技术人员都参与了设备标书编写的讨论和确认。

（1）讨论机位布置图的合理性，登机桥活动端各厂家与设计核对和确定飞机机位和桥的位置

坪机位32C+24E+4F，为了满足停机位数的最大化，设计了10个复合机位，造成登机桥活动端设计复杂化和难度增加。

为此指挥部多次与登机桥厂家召开登机桥设计协调会，与设计反复核对技术参数，反复进行机位调整，以满足规范要求。

（2）登机桥桥载设备飞机空调和400Hz电源安装位置的确认

桥载设备招标后，又与飞机空调和400Hz电源厂家进行设备安装深化设计和协调。近机位的六台飞机空调由于登机桥和机位的原因只能落地安装。

飞机400Hz电源电缆收放装置标书本来是电动卷筒

式的，但股份来文提出坚持要采用电动悬挂式（电葫芦升降）方案，安装完毕后，股份设备使用单位又觉得电动悬挂式不美观不好用，又想要改成电动卷筒式，由此看来股份公司的需求要认真进行充分的讨论和论证。

（3）登机桥立柱预埋螺栓施工图的确认

由于土建基础进度较快，登机桥还未招出来，因此登机桥立柱基础预埋螺栓先要按两家厂家都要满足的方案提供给基础施工单位实施，保证不影响施工的进度。因为，目前两家登机桥厂家的立柱预埋螺栓规格尺寸和强度要求都不相同，因此最好登机桥活动端先进行招标，以确定立柱预埋螺栓实施方案。

（4）登机桥综合管理系统的用户需求的确认

登机桥综合管理系统是第一次在二号航站楼实施，它对站坪机位登机桥及桥载设备的运行情况进行有效的监视和停机位安排都是非常重要的，并且还能记录各种设备信息和统计各桥载设备的使用时间，为各航空公司提供设备使用收费的依据。为此，与股份使用单位多次进行沟通，将很多运行维护的实用功能要求加入系统中，满足今后运行维护使用。

5.2.10.3　登机桥活动端及桥载设备的施工和竣工验收阶段

1．登机桥活动端运输方案的制定和实施

二号航站楼登机桥活动端共92条，登机桥设备厂家中集天达计划分为8批次进场安装，第一批10条桥于2017年2月9日到货，安排20辆拖车从深圳运输到白云机场二号航站楼施工区域。由于机场规定货车只能从机场北进场路进入，二号航站楼的下穿隧道限高登机桥到货后，就开始了登机桥及桥载设备的安装，高4.5m，滑行道桥限高4m，4.8m高的运输车辆无法通过，所以只能考虑走没有限高的飞行控制区站坪服务车道，运输到达二号航站楼施工安装区域。由于登机桥运输走飞行区，属于不停航施工，机电部专门多次召开了由股份安全监察部、运行指挥中心、安检、公安、GEMECO等相关单位参加的协调会，制定了登机桥运输实施方案，经相关部门审核后实施。不停航施工涉及安全教育学习培训、人员车辆办证、运输计划申报、应急措施、协调各相关单位等方面面，并且运输时间都是在飞机航班结束后深夜2：00左右进行，如何精心组织、工程建设指挥调度和安全运输都是极大的挑战。2017年6月完成全部登机桥运输，2017年11月份全部设备调试完毕。

登机桥到货后，就开始了登机桥及桥载设备的安装，2017年11月份全部设备调试完毕。

2．登机桥新标准的要求和实施

二号航站楼92条登机桥活动端是2015年10月按标准

MH/T 6028-2003招标，12月完成与中集天达公司合同签订的。中国民航总局于2016年5月9日发布了《旅客登机桥》MH/T 6028-2016新标准，2016年8月1日起实施，要求自2018年1月1日起，新投入使用的旅客登机桥应符合新修订的标准要求。因此，经请示集团公司和股份公司批准同意按2016新标准执行。按民航总局新规范增加设备和功能的要求，经合同双方多次会议讨论协定为9项增加项目，审核谈判总价：5798028.86元。新标准涉及新设备的第三方机械、软件的重新检测和民航局民航设备通告信息的重新审批，新检测标准和方法未确定，第三方软件硬件检测难度大、耗时长，历经波折。中集天达是国内首家获得新标准审批合格的厂家，白云机场二号航站楼也是第一批使用新标准登机桥的机场。

5.2.10.4　工程建设经验和建议

1．设计是龙头，是招标的基础，施工的依据

民航设备由于其特殊性，设计单位要与设备厂家和用户单位充分沟通，设计方案要满足用户的需求和工程的整体需求，为招标和施工打下良好的基础。

2．前期用户需求非常重要，是初步设计的基础

股份公司要重视用户需求，要做到合理性和必要性，尽早提出和明确用户需求。股份公司应该召集相关使用单位认真讨论研究和论证，在不超概算基础上，尽早提出和确定设计需求，避免到中后期甚至竣工验收后，还不断地提出新的需求和要求，既可能超概算，又增加施工的难度，影响整体工期。

股份公司对设备的要求要在充分调查了解和论证的基础上慎重地提出来，避免出现类似400Hz电源收放装置方式意见反复的情况。

3．技术标书的编写也是一项重要的环节

标书要提高施工单位的项目管理队伍、管理经验和管理能力的评分，加强对施工单位的项目部的管理对工程管理非常重要。

4．工程管理方面

指挥部要制定有效的管理措施，真正落实各级管理职责，奖惩分明。

（1）管理组织架构合理，职责要真正落实

本工程是集团委托指挥部代建，指挥部、总包、监理、各施工单位等工程管理架构，实行施工总承包管理，对工程的施工进度、施工质量和投资进行管理。

指挥部管理好总包和监理，总包监理真正履行职责，管好各施工单位，施工单位按要求管好施工队伍，这三级管理架构职责真正落实了，管理工作才能理顺。各就各位，各负其责，各尽其能，奖惩分明，才能做到真正有效管理和可控管理，才有可能完成整体施工计划和工程任务。

（2）强化指挥部项目管理功能

建议指挥部实行统一的项目部管理机制，土建、机电、弱电、招标、合约等各相关专业的人员组成一个大的项目部，由项目经理主负责，统一指挥协调各专业人员和各方面的工作。

（3）加强设备厂家施工管理，奖优惩差

标书要求中标单位要组建高效的项目管理部，配备足够的各级专职的管理人员，制定合理的考核标准，奖优惩差。机电部多次约谈设备厂家主管领导加强管理，协调解决施工存在的各种问题，由于各厂家领导对机场项目还是非常重视，在资源上和技术上给予了大力的支持，基本上保证了工程的进度。对表现优秀的项目部进行表彰和鼓励，对表现差的进行批评和处罚。机电部对设备厂家表现良好的发放表扬信和锦旗，对表现差的发业主通知单，鼓励先进，鞭策落后，推动大家共同进步。

5.2.11　110kV机场北变电站工程建设实践专题

5.2.11.1　工程概况

白云机场扩建工程110kV机场北变电站总负荷120MW，主要提供二号航站楼、交通中心、第三跑道及北工作区用电。场内部分由机场投资建设，外线工程由广州供电局投资建设。

5.2.11.2　项目推进情况

（1）项目目标明确，受重视程度高

根据扩建项目总工期计划，机场110kV北站项目830节点非常明确，所有相关的项目工作均围绕此节点开展，执行过程中也一直没有因故调整。项目团队的所有成员也非常了解该节点的重要意义和刚性要求。项目执行过程中，从省市领导、机场集团、供电局的各级领导对项目的关注度一直很高，因此在诸多事项的协调和推进上比较顺利。

（2）项目前期准备充分

①建设标准明确。从工程、设备招标阶段开始直至项目实施，始终把南方电网质量验评标准和验收规范作为强条实施，不符合的坚决返工，不符合南网运行标准的设备一律不允许进入场地，所有这些工作都为最后的质监验收奠定了一次通过的基础。

②设计工作把握到位。本项目以电气主设备为核心，业主根据设计初设图进行主设备招标，招标结束后根据中标厂家的设备情况进行设计联络，再出施工图。这样的做法虽然设计的工作量增加，前期设计时间相应增加，但带来的好处也是显而易见的——设计变更极少，后期设计基本不需要介入。后期的电气变更只有三份，其中两份是根据用户意见修改的，也就是说在工程实施过程中的变更都在前期阶段消化了。

③设备采购得力。项目核心设备甲购，均为国内知名大厂。各主设备供应商在电网、发电集团都有着比较良好的口碑和专业水平，各自之间，与安装单位之间的配合也相当默契，启动方案一次顺利实现，真正体现了各家的技术水平。

（3）项目施工顺利

①参建队伍专业素质高。电气主设备施工真正进场到最后调试完毕不过两个多月的时间，但能完成所有的一次二次的安装连线调试，没有一只强硬的队伍是不行的。电气安装队伍在进驻后克服现场环境差，和土建交叉作业，甚至部分土建基础没完的主动帮助完成，分为四个班组每天18h赶工。靠着一定要完成的信念，完成了如此大工作量的安装调试工作。启动方案的撰写体现了施工单位的水平和与供电局沟通的良好反映。

②本监理单位合同执行到位，人员配备到位，现场监管到位，技术能力到位，是非常出色的业主臂助。

③项目管理各尽其责。参与项目的业主代表、设计、监理、施工、第三方检测等单位，在整个施工过程中，都认真履行了各自的岗位职责，基本上没有发生过相互指责、推诿等不利于项目推进的情况。尤其在项目冲刺阶段，彻夜奋战、不计得失、全力以赴的团队战斗精神确保了项目的顺利收官。

5.2.11.3　需改进和提升之处

（1）项目完成的整体性有缺陷

前期项目土建施工的基础和结构部分的进度和质量控制均比较到位；进入建筑施工阶段后，因工期紧张和受雨季影响，设备安装不得不提前，交叉施工多。由此凸显出项目土建班组在赶工状态下专业能力不足：对工序的错误处理时有发生；对材料和人员安排混乱，浪费施工时间；工人的手工粗糙，不得不经常返工等。

（2）对项目制管理的全面性把握不够

110kV机场北站工程，可谓"麻雀虽小，五脏俱全"，白蚁、沉降、防雷、消防等各种类型的检测、验收缺一不可，投产前必须要完成提供报告的项目较迟拿到，显得有点被动；究其原因，主要是过去专业化施工管理向项目制管理过渡期间的经验欠缺和考虑不周。

5.2.11.4　对标南方电网的精细化管理水平

1．南网精细化施工

南网精细化设计、施工工艺标准针对各专业施工工艺的不同特点，从设计和施工角度，分设计要求、施工工艺要点和样板图片，采用图文并茂的方式，对各工程提出相应的建设标准和要求，目的在于提升变配电工程建成后的观感效果，进一步实现设计、施工工艺的统一化、规范化和标准化。

2．精细化施工三大原则

（1）注重细节（设计院图纸）：基于南网精细化设计标准，电力设计院对图纸深度、精度的要求非常高，约4000m²的建筑，总共分了26个卷册，每个卷册都单独成袋装订，所有一次、二次图纸全部在甲方招标设备参数基础上深化出图，避免了施工图下发后更新版本的问题。

（2）注重细节（主控室作业）：主控室施工屏柜排布合理有序（图5.2.11.4-1），二次线布置整齐划一，横平竖直，虽然赶工但确保了质量。

图 5.2.11.4-1　施工屏柜排布

（3）注重细节（VI标识）：可视化标识（图5.2.11.4-2）给运行单位带来清晰的指引。

图 5.2.11.4-2　南网 VI 标识一

（4）注重细节（VI标识）：室内可视化标识对运行带来安全，操作时黄线不能超越，接地保护线清晰可见（图5.2.11.4-3）。

图 5.2.11.4-3　南网 VI 标识二

（5）注重细节（工作接地线保护锁）：室内环绕一圈的黄绿间隔的工作接地线，每隔1m设置一个工作接地锁（图5.2.11.4-4），安全防患于未然。

图 5.2.11.4-4　南网工作接地线保护锁

（6）注重细节（二次接线竖井的创新）：室内配电箱属于集中式放置，不锈钢外壳操作集中；二次竖井采用模块板箱式结构（图5.2.11.4-5），美观易拆卸检修。

图 5.2.11.4-5　南网室内配电箱

（7）立足专业（GIS）：GIS属于电网内高科技、高价值、高风险的设备，是电力网架构成的主要组成元器件，本次设备采用甲购招标形式，中标厂家为厦门华电电气开关有限公司，厂检设计联络如图5.2.11.4-6所示。

图 5.2.11.4-6　南网厂检设计联络

（8）立足专业（GIS）：GIS的安装具备行业顶尖专业水平，从安装、接线、试验一气呵成，关键节点试压一次成功（图5.2.11.4-7）。

图 5.2.11.4-7　南网 GIS 的安装

（9）立足专业（SCADA）：变电站二次系统，为变电站控制、保护、报警、遥控、通讯、传输等控制系统，本次设备采用甲购招标形式，运行、设计院、厂家设计一致确认方案后，设计院出具二次控制蓝图（图5.2.11.4-8），设计变更为零。

图 5.2.11.4-8　南网变电站设计控制

（10）立足专业（SCADA）：运行、设计院、业主确认方案后，厂家演示输入方案进行一周的不断电测试，以上软件的精细化测试让后期的二次施工调试缩短了大量的时间，把软件的主体架构调试提前在工厂内完成（图5.2.11.4-9）。

图 5.2.11.4-9　南网软件的主体架构调试

（11）科学量化管理：北外线代建段采用科学量化管理手段，对比南网基建线路工程（图5.2.11.4-10）的管理模式，代建段的工作计划粗糙但仍然有效。

图 5.2.11.4-10　变电站外线工程路由

（12）该路由全长3.6km，在飞行区围界外土方开挖难度极大，征地、穿越东跑道、三跑道顶管和流溪河排洪渠钢桥施工均遇到不少难度，工期一度吃紧，最后个别电缆接头井在送电后再行完善，外线工程管沟如图5.2.11.4-11所示。

图 5.2.11.4-11　变电站外线工程路管沟

（13）变电站启动前，按南网精细化验收投产制作工期倒排进度树，每天检查节点完成情况，反馈闭环，一步一脚印才能保证项目按时完成。

（14）投产当天由广州局金牌调度亲自主持，变电站启动当天从线路启动开始，变电站从中午1：30开始直至第二天凌晨4：30，完成启动方案内容149项，顺利投产（图5.2.11.4-12）。

图5.2.11.4-12　变电站验收投产现场

3．对照南网精细化施工管理标准，本项目的收获

（1）站内设计变更得到控制。

（2）电气精细化施工达到预期效果。

（3）质量验收标准、程序耳目一新。

（4）按节点投产送电。

4．对照南网精细化施工管理标准，本项目的不足之处

（1）土建分包单位施工标准低。

（2）南网工程标准与用户标准不统一。

（3）个别专业未能达到预期要求。

（4）交叉施工造成成品保护的困难。

附录

附录一　项目科研及成果

项目		内容	备注
专利、著作权		"一种能够减轻自重且具有良好结构刚度的混合型楼盖"的发明专利	［证书号：2715387］
		"灌注桩桩基施工期间同步进行的大直径灌注桩控壁岩体完整性探测方法"的发明专利	［证书号：2891085］
		"一种用于种植大型乔木的梁柱节点"的实用新型专利	［证书号：201620423948.2］
		"登机桥固定端的控制方法、装置、计算机设备和储存介质"的发明专利	［证书号：4206441］
		"全自助值机行李托运系统防入侵装置"的发明专利	［证书号：10795236］
		"机场信息的展示方法、装置、计算机设备和存储介质"的发明专利	［证书号：10461474］
		"登机桥及其固定端"的实用新型专利	［证书号：10870988］
		"登机桥固定端、登机桥及登机系统"的实用新型专利	［证书号：10811486］
		"登机桥固定端及登机桥"的实用新型专利	［证书号：10912643］
		"登机桥及固定端"的实用新型专利	［证书号：11088864］
		计算机软件著作权（机场建设工程 BIM 应用管理平台）	［证书号：2817682］
科研成果		广州白云国际机场屋面抗风揭试验报告	—
		广州白云国际机场钢管柱检测报告	—
		广州白云国际机场铸钢节点试验报告	—
		广州白云国际机场支座试验检测报告	—
		广州白云国际机场钢结构工程施工监测与健康监测报告	—
		岩溶地区管波探测试验	—
		屋面抗风试验（包含抗风试验、疲劳试验、防水试验）	—
		万向支座试验	—
		膜结构铸钢节点试验、淋水试验	—
		钢管柱—混凝土土框架双梁节点设计试验	—
		大直径钢管混凝土柱混凝土浇筑及检测	—
		大直径钢管混凝土柱焊缝应力消除及检测	—
		建立包含施工过程的长期健康检测体系，全面监控施工质量及后期健康检测，检测内容包含：(1)应力应变；(2)风压；(3)温度；(4)挠度；(5)加速度与频率	—
专著		《广州白云国际机场二号航站楼及配套设施》	2020 年 6 月出版
论文	综合	《建设单位项目实施阶段管理初探》	2018 年《中国建设信息化》第 10 期
		《大型国际机场与综合配套交通枢纽项目的建设管理》	2017 年《建筑施工》第 6 期
		《民用机场规划布局的战略性思考》	2016 年《工程建设与设计》第 5 期
		《白云机场综合交通枢纽模式探索》	2015 年《中外建筑》第 8 期
	建筑	《枢纽机场航站楼旅客候机大厅空间形态设计研究——以广州新白云国际机场 T2 航站楼为例》	2020 年《建筑技艺》第 10 期
		《大湾区机场航站楼设计的加速发展——以广州机场深圳机场和珠海机场为例》	2020 年《世界建筑》第 6 期
		《施工管理 BIM+GIS 技术应用研究》	2019 年《建筑技术开发》第 10 期
		《新岭南门户机场设计——广州白云国际机场二号航站楼及配套设施工程创作实践》	2019 年《建筑学报》第 9 期
		《广州白云国际机场 T2 航站楼装饰设计探讨》	2018 年《建筑·建材·装饰》第 12 期
		《广州白云国际机场二号航站楼公共空间照明设计》	2018 年《云南建筑》第 6 期
		《大型航站楼建筑设计的多学科一体化设计——以新白云国际机场二号航站楼为例》	2017 年《城市建筑》第 31 期
		《超大型航站楼设计实践与思考——广州新白云国际机场二号航站楼设计》	2017 年《建筑技艺》第 11 期

附录一 项目科研及成果（续表）

项目		内容	备注
论文	建筑	《BIM 在民航机场航站楼行李系统项目管理中的应用》	2017 年《建筑经济》第 4 期
		《大跨度建筑的形态与空间建构——以机场航站楼与体育馆为例》	2016 年《建筑技艺》第 2 期
		《机场航站楼：非典型城市综合体设计研究》	2016《云南建筑》第 3 期
		《高效·清晰·便捷——广州新白云机场 T2 航站楼旅客流程设计》	2016 年《建筑技艺》第 7 期
		《深基坑监测技术的应用》	2015 年《建筑工程技术与设计》第 26 期
		《建设单位施工现场建筑装修专业管理人员的工作研究》	2015 年《建筑安全》第 3 期
		《大面积空心楼板施工质量管理控制》	2014 年《广东土木与建筑》第 12 期
		《航站楼绿色建筑设计研究——以广州新白云国际机场二号航站楼为例》	2014 年《南方建筑》第 3 期
		《航站楼进出港旅客流程组织与登机模式设计研究——以广州新白云国际机场二号航站楼为例》	2014《a＋a 建筑知识》第 6 期
	结构	《Mechanical Behavior of Nine Tree——Pool Joints Between Large Trees and Buildings》	2018 年《KSCE Journal of Civil Engineering-eISSN》第 22 卷第 8 期
		《大直径钢管混凝土柱密实度检测及对接焊缝残余应力消减试验》	2017 年《建筑结构》第 9 期
		《广州新白云国际机场二号航站楼混凝土结构设计》	2016 年《建筑结构》第 21 期
		《广州新白云国际机场二号航站楼钢屋盖结构设计》	2016 年《建筑结构》第 21 期
		《广州白云国际机场二号航站楼预应力混凝土柱结构设计》	2016 年《建筑结构》第 S2 期
	机电	《基于 PLC 技术在电气设备控制系统中的应用分析》	2021 年《今日自动化》第 6 期
		《广州白云机场 T2 航站楼冷源群控系统的应用分析》	2020 年《中国新技术新产品》第 1 期
		《大型机场航站楼办票大厅照明设计》	2019 年《照明工程学报》第 3 期
		《广州白云国际机场航站楼光伏发电项目设计》	2019 年《建筑电气》第 4 期
		《大型国际机场航站楼用电负荷研究》	2019 年《建筑电气》第 2 期
		《交通建筑高大空间火灾探测器适用性分析》	2018 年《智能建筑电气技术》第 6 期
		《浅谈航站楼强电系统设计》	2018 年《低碳世界》第 7 期
		《探析高大空间 LED 照明调光控制方案》	2017 年《江西建材》第 9 期
		《浅谈一体化污水提升装置》	2014 年《中国给水排水》第 8 期
	弱电	《机场陆侧交通智能化管理平台优化设计研究》	2019 年《交通世界》第 12 期
		《机场新航站楼弱电系统的设计及应用研究》	2016 年《科技与创新》第 1 期
	市政	《跨线桥钢箱梁在雨水调蓄池上吊装的施工技术研究》	2017 年《广东土木与建筑》第 2 期
		《某机场航站楼高架桥桩基施工的土溶洞处理方案》	2014 年《广东土木与建筑》第 10 期
	民航	《我国民航工程数字化转型关键技术与发展趋势》	2020 年《大型航空交通枢纽探索之路》论文集
		《机场跑道及场道工程的施工管理》	2020 年《装饰装修天地》第 5 期
		《多跑道飞行区标记牌标志转换的研究》	2019 年《交通世界》第 3 期
		《国内大型枢纽机场行李分拣系统比较分析》	2019 年《自动化应用》第 2 期
		《广州白云机场扩建站坪地基处理方案研究》	2015 年《城市建筑》第 9 期
	造价	《民用机场工程造价市场化模式》	2021 年《建筑技术开发》第 11 期
		《大型工程建设项目的投资控制管理分析》	2017 年《建筑工程技术与设计》第 14 期
		《大体积混凝土裂缝的成因与控制策略分析》	2016 年《建筑工程技术与设计》第 14 期
	档案	《档案开放程序规制构建的流程与方法》	2015 年《北京档案》第 3 期

附录二 国家、省部级主要奖励

序号	获奖时间	奖项名称
1	2015 年 6 月	广东省优秀工程勘察设计奖 BIM 专项一等奖
2	2015 年 10 月	国家三星级绿色建筑设计标识证书
3	2015 年 12 月	中国建设工程 BIM 大赛卓越工程项目一等奖
4	2016 年 10 月	广东省首届 BIM 大赛二等奖（BIM 应用）
5	2016 年 12 月	中国建设工程 BIM 大赛三等奖
6	2017 年 3 月	全国青年文明号
7	2017 年 6 月	广东省土木建筑领域科学技术奖
8	2017 年 11 月	全国优秀工程勘察设计行业奖（市政给排水）一等奖
9	2017 年 12 月	第九届广东省钢结构金奖"粤钢奖"
10	2018 年 12 月	广东省第二届 BIM 大赛一等奖（BIM 平台）
11	2018 年 12 月	首届"优路杯"全国 BIM 技术大赛银奖、铜奖
12	2019 年 1 月	SKYTRAX"全球五星航站楼"认证
13	2019 年 3 月	SKYTRAX"全球最杰出进步机场"及"中国最佳机场员工"奖
14	2019 年 5 月	第十三届第二批中国钢结构金奖
15	2019 年 6 月	广东省土木工程詹天佑故乡杯奖
16	2019 年 7 月	广东省优秀工程勘察设计奖建筑工程一等奖
17	2019 年 7 月	广东省优秀工程勘察设计奖建筑装饰设计一等奖
18	2019 年 7 月	广东省优秀工程勘察设计奖建筑结构一等奖
19	2019 年 7 月	广东省优秀工程勘察设计奖建筑环境与设备一等奖
20	2019 年 7 月	广东省优秀工程勘察设计奖水系统工程专项一等奖
21	2019 年 7 月	广东省优秀工程勘察设计奖道路、桥梁、轨道交通一等奖
22	2019 年 7 月	广东省优秀工程勘察设计奖绿色建筑工程设计一等奖
23	2019 年 7 月	广东省优秀工程勘察设计奖建筑电气专项二等奖
24	2019 年 7 月	广东省优秀工程勘察设计奖园林和景观工程二等奖
25	2019 年 8 月	第十届中国威海国际建筑设计大奖银奖
26	2019 年 11 月	全国行业优秀勘察设计奖优秀（公共）建筑设计一等奖
27	2019 年 11 月	全国行业优秀勘察设计奖优秀绿色建筑一等奖
28	2019 年 11 月	全国行业优秀勘察设计奖优秀建筑结构二等奖
29	2019 年 11 月	全国行业优秀勘察设计奖优秀建筑环境与能源应用二等奖
30	2019 年 11 月	全国行业优秀勘察设计奖优秀水系统工程二等奖
31	2019 年 11 月	全国行业优秀勘察设计奖优秀建筑电气二等奖
32	2019 年 11 月	全国行业优秀勘察设计奖优秀市政公共工程设计三等奖
33	2020 年 9 月	国家三星级绿色建筑标识证书
34	2021 年 2 月	2020 年度全国绿色建筑创新奖一等奖

附录三 参建单位

序号	工作角色		单位名称
1	建设单位		广东省机场管理集团有限公司工程建设指挥部
2	规划设计及勘测单位	规划	民航机场规划设计研究总院有限公司
3		设计	广东省建筑设计研究院有限公司、民航机场规划设计研究总院有限公司、民航机场成都电子工程设计有限责任公司、中国电子工程设计院有限公司
4		勘察	中国有色金属长沙勘察设计研究院有限公司
5		测量	广州市城市规划勘测设计研究院
6	监理单位	航站楼监理	上海市建设工程监理咨询有限公司及广州珠江工程建设监理有限公司联合体
7		交通中心监理	广州建筑工程监理有限公司
8		市政及绿化监理	广州建筑工程监理有限公司
9		民航专业工程监理	西安西北民航项目管理有限公司
10	施工单位	施工总承包	广东省建筑工程集团有限公司、中国建筑第八工程局有限公司
11		综合管廊、管线迁改	上海市公路桥梁工程有限公司、中国水利水电第十六局、广州市水电设备安装有限公司
12		超前钻、桩基础	广州中煤江南基础工程公司、广州机施建设集团有限公司、广州工程总承包集团有限公司、广东省地质建设工程集团有限公司
13		主体土建	广东省建筑工程集团有限公司、中国建筑第八工程局有限公司、广州市第二建筑工程有限公司、中国建筑第四工程局有限公司、广州市房屋开发建设有限公司
14		钢结构、钢管柱	上海宝冶集团有限公司、浙江东南网架股份有限公司、浙江精工钢结构集团有限公司
15		玻璃幕墙	沈阳远大铝业工程有限公司、广东世纪达装饰工程有限公司、中国建筑装饰集团有限公司
16		金属屋面	江苏沪钢机股份有限公司及山东雅百特科技有限公司联合体、上海宝冶集团有限公司及霍高文建筑系统(广州)有限公司联合体、中建钢构有限公司、森特士兴集团股份有限公司联合体
17		机电安装	中建安装工程有限公司、广东省工业设备安装有限公司、广州市机电安装有限公司
18		行李系统	西门子邮政速运及机场物流股份有限公司和西门子物流自动化系统（北京）有限公司联合体
19		电梯	广州奥的斯电梯有限公司、蒂森电梯有限公司、日立电梯(中国)有限公司
20		登机桥活动端及系统	深圳中集天达空港设备有限公司、广州白云空港设备技术发展有限公司
21		安检设备及系统	广东创能科技股份有限公司、北京启安恒亚科技有限公司、北京世林泰都商贸有限公司
22		其他设备	广东申菱环境系统股份有限公司、广州白云电器设备股份有限公司、威海广泰空港设备股份有限公司、北京世林泰都商贸有限公司等
23		消防工程	深圳因特消防工程有限公司
24		智能建筑	广州市机电安装有限公司
25		装饰装修	广州城建开发装饰有限公司、广东省美术设计装修工程有限公司、中建深圳装饰有限公司、四川华西建筑装饰工程有限公司、广东省装饰有限公司
26		民航弱电	民航成都电子技术有限责任公司、北京中航弱电系统工程有限公司、厦门兆翔智能科技有限公司、新荣国际商贸有限责任公司
27		标识、柜台	厦门群力金属制品有限公司
28		石材	福建省华辉石业股份有限公司、福建省凤山石材集团有限公司
29		出港高架桥、张拉膜	广东省建筑工程机械施工有限公司、浙江精工钢结构集团有限公司
30		跨线桥	广东省基础工程集团有限公司
31		市政及下穿隧道	广州市市政工程机械施工有限公司、广东水电二局股份有限公司、（原）中国航空港建设第九工程总队
32		绿化工程	广州市花木有限公司
33		110kV 机场北变电站	广州市电力工程有限公司
34		飞行区工程	西北民航机场建设集团有限责任公司、广州白云国际机场建设发展有限公司、中国水利水电第十六工程局有限公司、中南航空港建设公司、北京金港场道工程建设股份有限公司、四川华西安装工程有限公司、中航机场系统设施建设有限公司、四川省场道工程有限公司、上海公路桥梁(集团)有限公司、西北民航机场建设集团有限责任公司等
35	咨询单位	BIM 平台、BIM 咨询	北京互联立方技术服务有限公司、上海建科咨询工程有限公司
36		造价咨询	深圳市永达信工程造价咨询有限公司、北京建友工程造价咨询有限公司、中国建设银行股份有限公司广东省分行、广州菲达建筑咨询有限公司